U0276337
THE BOUNDLESS SEA
无垠
世界大洋人类史
A Human History of the Oceans

之海
社会科学文献出版社
SOCIAL SCIENCES ACADEMIC PRESS (CHINA)

FAIR AMERICAN

我的慷慨像海一样浩渺。

——莎士比亚

献给圣保罗公学的老师们

PNB CED TEBH AHM JRMS PFT necnon INRD

目　录

上　册

下 册

第四部 对话中的大洋，1492—1900 年

插图清单

出版社已尽力与所有图片的权利人取得联系。若有错误或遗漏，欢迎读者指正，出版社将很高兴在新版本中进行修改。

1 “蒂普基号”，一艘基于古波利尼西亚设计模式的现代划艇，由 Vaka Taumako Project 建造。(照片：Wade Fairley，2008)

2 毛伊岛的奥洛瓦卢，岩石雕刻描绘的配有爪形帆的船，或许可以追溯到波利尼西亚人最初定居夏威夷的年代。(照片：Bill Brooks/Alamy)

3 远航蓬特之地时期的埃及船队，浮雕，古埃及第十八王朝。埃及代尔巴哈里，哈特谢普苏特的陵寝神庙。(照片：Prisma Archivo/Alamy)

4 远航蓬特之地的埃及船队的浮雕线图。（照片：Interfoto/Alamy)

5 描绘四只瞪羚的印章，迪尔穆恩（巴林），公元前 3 千纪后期。巴林国家博物馆。(照片：由 Harriet Crawford 提供，她是 *Early Dilmun Seals from Saar: Art and Commerce in Bronze Age Bahrain* 的作者)

6 图案是一艘缝合船的印章，印度（可能出自孟加拉或安得拉邦)，4—5 世纪，于泰国出土。泰国国家博物馆，曼谷。(照片：Thierry Ollivier)

7 维克多利努斯皇帝的钱币，约 270 年在科隆铸造，出土于泰国。泰国素攀府乌通县国家博物馆，由空军少将 Montri Haanawichai 遗赠。（照片：Thierry Ollivier）

8　一位波斯或阿拉伯商人的陶俑头像，出土于泰国西部，7世纪或8世纪。泰国国家博物馆，曼谷。（照片：Thierry Ollivier）

9　白瓷水罐，中国（可能出自广东），约1000年。大英博物馆，伦敦。（照片：© The Trustees of the British Museum）

10　安江省美林村澳盖遗址的三件凹雕，扶南时期，6世纪。越南历史博物馆，胡志明市。（照片：© Kaz Tsuruta）

11　出自南印度奎隆的铜板（849年），19世纪的复制品。剑桥大学图书馆，MS Oo. 1. 14。（照片：Syndics of Cambridge University Library 授权使用）

12　现代复原的“马斯喀特之宝号”，这是一艘9世纪的阿拉伯船，在印度尼西亚的勿里洞海岸失事。（照片：Alessandro Ghidoni，2010）

13　长沙窑瓷碗，唐代，湖南，9世纪，出自勿里洞的沉船。（照片：© Tilman Walterfang，2004 / Seabed Explorations New Zealand Ltd）

14　14世纪的木质货物标签，出自1323年在今韩国新安郡海岸失事的一艘中式帆船。（照片：韩国国立中央博物馆）

15　青瓷龙柄花瓶，中国，元代，14世纪，出自新安沉船。（照片：韩国国立中央博物馆）

16　中国古代货币，北宋时期。（照片：Scott Semens）

17　1281年被日本武士袭击的蒙古船，13世纪晚期《蒙古袭来绘词卷》的摹本细部，原作存于日本东京皇居三之丸尚藏馆。（照片：Pictures from History/Bridgeman Images）

18 展现印度、锡兰和非洲的航海图，基于郑和的航行，雕版插图，出自茅元仪《武备志》，1621 年。（照片：Universal History Archive/Bridgeman Images）

19 《哈里里故事集》（*Maqamat Al-Hariri*）中的细密画，1237 年。法国国家图书馆，巴黎。（照片：Heritage Image Partnership Ltd / Alamy）

20 表现圣布伦丹和僧侣的细密画，约 1460 年，英格兰画派。德国奥格斯堡大学图书馆。（照片：Picture Art Collection/Alamy）

21 金船，公元前 1 世纪或公元 1 世纪，发现于北爱尔兰的布罗伊特尔。（照片：Werner Forman/Getty Images）

22 铁器时代的定居点，葡萄牙维亚纳堡的圣卢西亚。（照片：João Grisantes）

23 “鲤鱼舌”剑，公元前 850—前 800 年，出自西班牙西南部韦尔瓦湾的一处窖藏。（照片：Miguel Ángel Otero）

24 维京船，约 820 年，发现于奥塞贝格。挪威奥斯陆文化史博物馆。（照片：© 2019 Kulturhistorisk Museum，UiO / CC BY-SA 4.0）

25 瑞典哥得兰岛维京人纪念石上帆的细节，8—9 世纪。哥得兰博物馆，瑞典维斯比。（照片：W. Carter/Wikimedia Commons）

26 出自丹麦南部海塔布的钱币，出土于瑞典中部的比尔卡。（照片：Heritage Image Partnership/Alamy）

27 格陵兰的因纽特人雕刻品。（照片：丹麦国家博物馆，哥本哈根）

28 加达主教奥拉维尔的主教牧杖，13世纪。（照片：丹麦国家博物馆，哥本哈根）

29 出自格陵兰的15世纪服装，反映了当时欧洲的时尚。（照片：丹麦国家博物馆，哥本哈根）

30 青吉托尔苏阿克的如尼文石刻，由两个诺斯格陵兰人题写，13世纪或更晚。（照片：丹麦国家博物馆，哥本哈根）

31 德意志吕贝克的商人家宅。（照片：Thomas Radbruch）

32 描绘约拿和鲸鱼的细密画，出自 *Spiegel van der Menschen Behoudenisse*，荷兰画派，15世纪初。大英图书馆，伦敦，Add. 11575, f. 65v。（照片：© British Library Board All Rights Reserved / Bridgeman Images）

33 豪梅·费雷尔，《加泰罗尼亚世界地图集》的细部，一般认为作者是亚伯拉罕·克雷斯克斯，1375年。（照片：法国国家图书馆，巴黎）

34 戈梅拉岛的土著居民，插图出自 Leonardo Torriani, *Descripción e historia del reino de las Islas Canarias*，1592。（照片：Universidade de Coimbra. Biblioteca Geral）

35 描绘一艘葡萄牙卡拉维尔帆船的碗，出自西班牙马拉加，15世纪。（照片：© 维多利亚和阿尔伯特博物馆，伦敦）

36 马德拉群岛，《科比蒂斯地图集》（*Corbitis Atlas*）的细部，威尼斯画派，约1400年。（照片：Biblioteca Nazionale Marciana Ms. It. VI

哥艺术博物馆，美国。（照片：EdwinBinney 3rd Collection / Alamy）

47 葡萄牙瞭望塔，约 15 世纪，俯瞰阿拉伯联合酋长国富查伊拉的比迪亚清真寺。（照片：Genefa Paes / Dreamstime. com）

48 哈吉·艾哈迈德·穆希丁·皮里（又称皮里雷斯）绘制的大西洋地图，1513 年。托普卡帕宫图书馆，土耳其伊斯坦布尔。（照片：Turgut Tarhan）

49 《杀人湾的景致》，Isaac Gilsemans 绘制的插图，1642 年。（照片：亚历山大·特恩布尔图书馆，新西兰惠灵顿）

50 暹罗大城的景致，一般认为作者是 Johannes Vinckboons，约 1662—1663 年。（照片：© 阿姆斯特丹国立博物馆）

51 澳门风光，中国画派，18 世纪末。（照片：香港海事博物馆）

52 李舜臣时期的朝鲜龟船，插图，出自《乱中日记》，1795 年。（照片：Fine Art Images / Heritage Image Partnership Ltd / Alamy）

53 丰臣秀吉画像，日本画派，16 世纪。（照片：Granger Historical Picture Archive /Alamy）

54 北极地图，出自 Gerhard Mercator，*Septentrionalium Terrarum descriptio*，1595。（照片：普林斯顿大学图书馆，历史地图收藏）

55 巴伦支的探险队携带这些欧洲商品穿过北冰洋，最远到达新地岛，1596—1597 年。（照片：© 阿姆斯特丹国立博物馆）

56 描绘荷兰船只和商人的碗，日本，约 1800 年。（照片：作者）

57 想象中的出岛鸟瞰图（复制自 1780 年丰岛屋文治右卫门的雕版画，发表于 Isaac Titsingh，*Bijzonderheden over Japan*，1824-25）。（照片：Koninklijke Bibliotheek，The Hague）

70　“玛丽王后号”邮轮抵达纽约，1938年。（照片：Imagno/Hulton Archive/Getty Images）

71　2010年，丹麦，“海洋魅力号”驶向大贝尔特桥。（照片：Simon Brooke-Webb/Alamy）

72　2015年，集装箱船“中海环球号”抵达费利克斯托。（照片：Keith Skipper/Wikimedia Commons CC BY-SA 2.0）

前　言

在人类社会建立联系的过程中，海洋发挥的作用特别有趣。人类跨越广袤的开放空间，以激动人心的方式，将各民族、各宗教和各文明连接起来。有时，联系是通过个人的相遇实现的，比如旅行者（包括朝圣者和商人）来到了陌生的环境；有时，联系是大规模移民的结果，移民改变了许多地区的面貌；有时，联系是商品流通的结果，比如远方的居民看到、欣赏、引进或复制来自另一种文化的艺术品，或者阅读其文学作品，又或者对一些稀有和珍贵的物品感到惊艳，从而认识到了异域文化的存在。这样的接触是通过陆路、河流系统以及海路进行的。在陆路，接触是以沿途的各文化为中介的；而跨海的联系可以将截然不同的世界连接在一起，比如相隔遥远的葡萄牙和日本，或瑞典和中国。

我打算将本书与我的旧作《伟大的海：地中海人类史》（首版于2011年）[①] 并列。与《伟大的海》一样，本书讲述的是人类的历史，而非自然的历史，强调了热衷于冒险的商人在建立和维持联系方面发挥的作用。地中海仅占全球海洋总面积的0.8%，但海洋整体占地球表面的70%左右，而这一水域空间的大部分，就是我们

① 中译本同样由甲骨文工作室推出：《伟大的海：地中海人类史》，徐家玲等译，北京：社会科学文献出版社，2018。

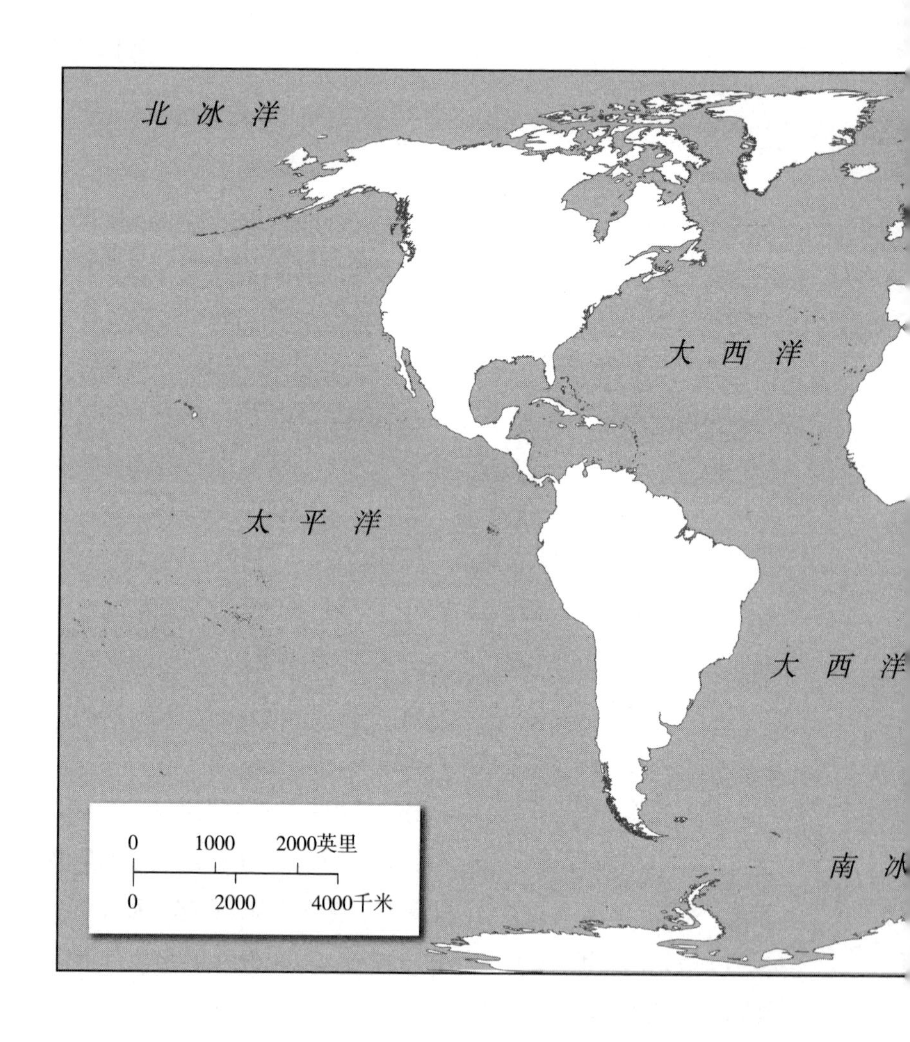
北 冰 洋
大 西 洋
太 平 洋
大 西 洋
南 冰
0 1000 2000英里
0 2000 4000千米

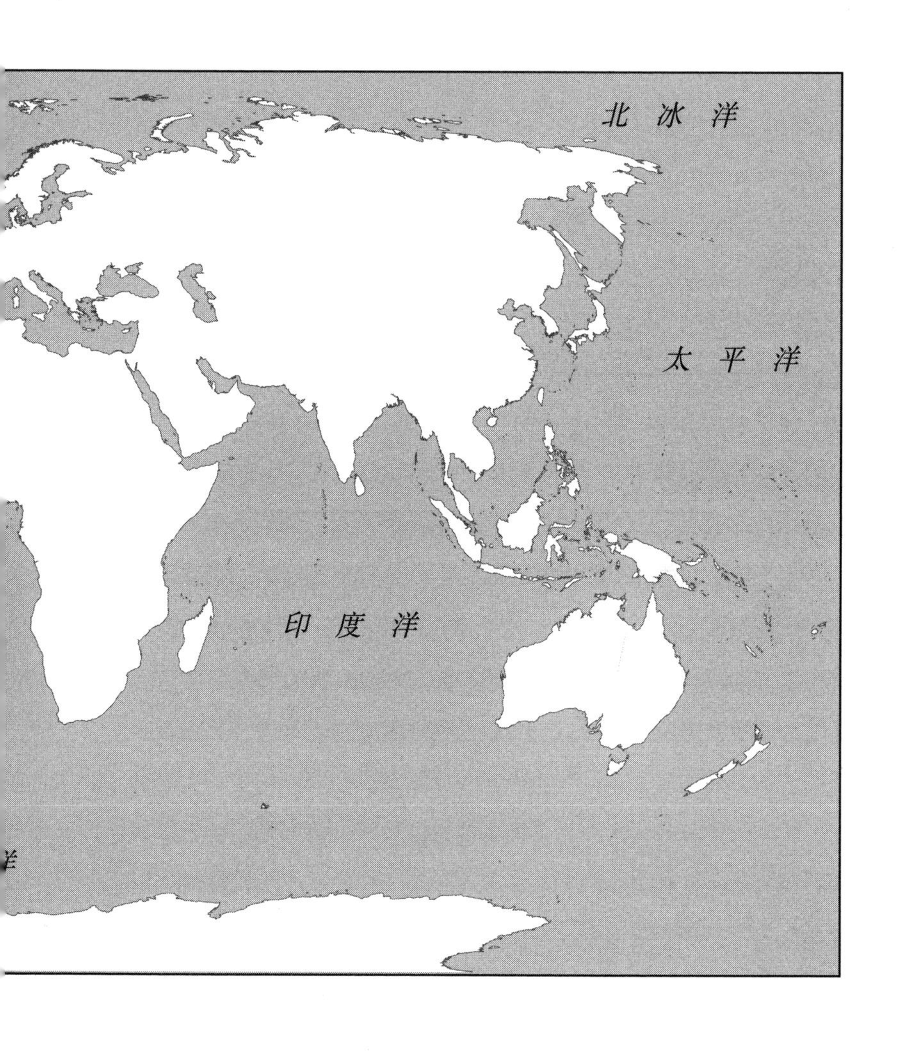
北 冰 洋
太 平 洋
印 度 洋

称为大洋的广袤开放区域。从外太空看，地球主要是蓝色的。大洋拥有独特而庞大的风系，风系诞生自空气在体量巨大的温水和冷水之上运动。我们只要想想印度洋的季风，就会明白。“咆哮40度”① 的西风会帮助帆船从大西洋进入印度洋，同样的风也使从大西洋南部的合恩角（Cape Horn）进入太平洋的航行变得极其危险。一些洋流绵延数千英里，如使英伦三岛保持相对温暖的墨西哥湾流，或与之类似的黑潮（也称日本暖流）。[1]我们将包罗万象的全球海洋划分为五大洋；但古代地理学家（不无道理地）认为它是一个由混合水域组成的单一大洋（Okeanos），这一概念在现代有所复苏，现代人使用“世界大洋”一词来描述作为统一体的所有大洋。[2]

若干年来，海洋史的研究领域有了大规模的拓展，不再局限于集中研究海面上的战争（或维和行动）的海军史，而是更多地涉及更广泛的问题，即人们如何、为何、何时跨越广袤的海洋空间（无论是为了贸易还是移民），以及这种跨越海洋的活动在彼此相距甚远的土地之间创造了什么样的相互依存关系。随着海洋史研究的拓展，人们对主要的三大洋的兴趣也越来越浓厚。这引发了关于全球化起源的争论，其中一些争论是由于互相误解而产生的，因为“全球化”是一个模糊的概念，可以有多种定义。有一个与全球化相关的问题经常被提出来，那就是为什么欧洲人在哥伦布和达·伽马之后，也就是在1500年之后开辟了横跨世界的航线；而中国人在郑

---

① “咆哮40度”是水手对南纬40—50度海域的俗称，这里吹着强劲的西风。在风帆时代，“咆哮40度”的西风对从欧洲到东印度或大洋洲的帆船特别有利。

和的率领下，在 15 世纪初发起了雄心勃勃的航行，之后却突然止步不前。这引发了一系列关于欧洲和亚洲或其他大洲之间“大分流”的问题。不过，与全球化一样，这在很大程度上取决于人们采用何种标准来衡量这一过程。本书清楚地阐释了在哥伦布和达·伽马的航行之后进入远洋的欧洲商人和征服者所产生的戏剧性影响，同时也认为，对于哥伦布、达·伽马和他们探索的世界，只能通过研究更早期的历史先例来阐释。

本书还认为，只有考虑到非欧洲商人和水手的记载没有那么丰富的活动，才能理解欧洲人在大洋沿岸的存在。非欧洲商人和水手当中一些是土著，另一些则是四处流散的人群，如来自埃及的希腊人、犹太人，还有亚美尼亚人、华人、马来人等。有时，海路是以“接力”的方式维持的，货物从一组商人传到另一组商人，从一种船传到另一种船，地方统治者在每个停靠点征收关税。有时，例如在希腊-罗马时期的印度洋，海路是由企业家管理的，他们会亲身走完全程，比如从埃及红海海岸的贝勒尼基（Bereniké）到印度东南海岸的本地治里（Pondicherry）的完整路线。这并不是要否认欧洲人给各大洋几乎每个角落带来的变革效应。在哥伦布和达·伽马之后，各大洋及其岛屿以新的方式联系在一起。雄心勃勃的新航线，比人类以往尝试过的任何航线都更长，纵横交错，通过马尼拉将中国和墨西哥连接起来，或者把东印度群岛与里斯本和阿姆斯特丹连接起来。19 世纪，当轮船开始取代远洋航线上的帆船时，又发生了一场革命，而苏伊士和巴拿马的两条大运河改变了航线本身。20 世纪末的更多革新，引入了能够运载数千个集装箱的大型船舶，以及能够搭载数千名乘客的游轮。

本书的主人公往往不是开辟大洋航线的探险家，而是在他们之后行动的商人。无论是在跨越印度洋的希腊-罗马商业的时代，还是在哥伦布航行到加勒比海之后，商人都看到了机遇，将新航线开辟者建立的脆弱联系变成了牢固、可靠和定期的联系。商人在后来成为主要港口的贸易站定居下来，比如亚丁、哈瓦那、澳门、马六甲、泉州，类似的例子还有很多。但是，一直到轮船航海时代的早期，海上旅行都面临着海难、海盗和疾病的风险；更重要的是，王公、苏丹和其他统治者将商人视为肥羊，通过没收和征税从商人身上敛财。跨海长途旅行的历史，就是人们承担风险的历史，包括身体上和经济上的风险：（主要是）男人在遥远的土地捕捉商机，追逐利润。使用一个宽松的定义，我们可以把这些人称为资本家，也就是说商人对自己的资源进行再投资，希望能获取越来越多的财富。在印度洋贸易历史的开端，在青铜时代美索不达米亚的城市，以及在随后的许多个世纪里，都可以看到这样的商人。

海上贸易的历史并非全都涉及充满异域风情的物品，如东印度香料。历史学家越来越重视将初级产品（粮食、油、葡萄酒、羊毛等）运到市场和城镇的普通地方贸易网络。但那些追寻真正丰厚利润的人，被诱惑到更远的地方，最终创造了跨大洋的联系，这些联系能够刺激漫长的交通线路两端的经济增长，例如，中国的城市生产精美的瓷器，而荷兰的城市购买大宗瓷器。有时，贸易被伪装成纳贡和接受贡品，特别是在古代中国和日本。朝廷可能会说明他们渴望哪些异域商品，但统治者永远无法阻止外交人员私下从事贸易，而关闭港口的企图只会使新的非官方港口出现，如古代中国的泉州，它成为来自爪哇、马来半岛、印度、阿拉伯世界，甚至威尼斯和热那亚的商人的聚集点。

可以肯定的是，除了和平的商人之外，还有大量的海上掠夺者，其中最有名的是维京人；但对利润的追求也使掠夺者至少成为兼职的商人。看着那些跨越遥远距离而来的异域食品和其他商品，思考这些东西［无论是来自格陵兰的海象牙，还是来自日本的漆盒，或是来自摩鹿加群岛（Moluccas）① 的一袋袋丁香和肉豆蔻］对接收它们的人意味着什么，无疑是一件非常有趣的事情。来自遥远国度的珍稀物品的永恒吸引力，以及对遥远国度的好奇心，促使商人和航海家尝试新的航线，并冒险进入未知的土地（尤其是美洲的两片广阔大陆）。但同样重要的是，不要忘记那些被视为货物一般、用后即弃的人，特别是在近代早期被运过大西洋的数百万奴隶。在寻找跨越大洋的女性旅行者时，我们将在奴隶当中发现大量女性。在抵达维京人居住的冰岛、清教徒生活的北美和毛利人生活的新西兰等不同地方的移民当中也有女性，女性甚至出现在维京时代试图在北美定居的诺斯旅行者当中。不过，除了关于海洋女神的传说之外，历史文献往往对女性的航海史只字不提。

将跨海运输与陆路运输做比较，是很有启发意义的。陆路运输大量货物和人员的问题在 19 世纪铁路建成后才得以解决，例如，

---

① 摩鹿加群岛位于印度尼西亚的苏拉威西岛东面、新几内亚西面以及帝汶北面，是马来群岛的组成部分。中国和欧洲传统上称为香料群岛者，多指这个群岛。今摩鹿加群岛属于印度尼西亚。

将大宗茶叶从印度的偏远地区运往印度洋沿岸，最终运到伦敦熙熙攘攘的茶馆。再往前追溯，著名的丝绸之路连接着中国和西亚，在某些时期也连接着欧洲。在相对较短的时期内，特别是在 9 世纪和 13 世纪末至 14 世纪初，丝绸之路欣欣向荣。丝绸之路的文化意义是毋庸置疑的，因为佛教和伊斯兰教的思想和艺术通过丝绸之路传至广袤的欧亚大陆两端。但是，丝绸之路运输的货物量与海运相比就黯然失色了，因为大宗货物通过海路从中国和东南亚经马来半岛和印度，运往埃及和地中海。这条横跨印度洋的"海上丝绸之路"的历史可以不间断地追溯到两千年前的奥古斯都皇帝时代，而在南海沉船中发现的数量惊人的瓷器也清楚地说明了这一点：中世纪晚期的中式帆船运载的数十万件盘和碗是要运往红海的（比如 11 世纪的一艘沉船上有 50 万件中国瓷器），这些商品根本不可能用骆驼通过陆路来运输。中国瓷器在中世纪的埃及非常珍贵，以至于埃及人试图仿制：在福斯塔特（开罗古城）地下发现了至少 70 万块瓷器碎片。但与 18 世纪从中国运往欧洲的瓷器数量相比，这些数字就不足挂齿了。

历史学家对"大西洋"、"太平洋"和"印度洋"这三个术语何时开始使用，使用范围有多广，以及它们是否合适，进行过辩论。毕竟，印度洋的海水冲刷着东非、阿拉伯半岛、马来半岛以及印度。近代早期的地理学家倾向于将北大西洋与南大西洋（同撒哈拉以南非洲邻接的那部分大西洋）区分开来。太平洋中部和南部经常被称为"南海"。尽管如此，研究大西洋、太平洋和印度洋的历史学家的流派已经分别建立起来。从费尔南·布罗代尔的开创性著作开始，地中海长期以来是最受历史学家青睐的水域，但近期的一项调查显示，如今关于大西洋历史的出版物比关于地中海的出版物还要多。著名的哈佛大学历史学家大卫·阿米蒂奇（David Armitage）表示："我们现在都是大西洋学家。"他提出了撰写大西洋历史的不同方式，即比较的、地方的，还有跨大西洋的（关于跨洋联系）。[3]但是，将海洋史分割成四大块，即大西洋史、太平洋史、印度洋史和地中海史，这样的做法招致越来越多的批评。我们不应当忽略它们之间的互动。本书试图将三大洋的历史写在一起。这就意味着，在哥伦布之前的几千年里，我要将三大洋分开处理，因为它们构成了人类活动的三个相对孤立的区域，并没有被人类从一个大洋到另一个大洋的活动直接联系起来，尽管货物（主要是香料）从遥远的东印度群岛到达中世纪大西洋的港口，途中经过了不算大洋的地中海。在 1492 年之后，我尽可能地强调各大洋之间的相互联系，因此，即使是关于英国人和他们在 17 世纪加勒比海的竞争对手的章节，我写的时候也着眼于全球背景，这样会让过去五个世纪的内容比较容易写。但这也反映了现实：只要快速浏览一下葡萄牙、荷兰或丹麦的海上网络就会发现，各大洋已经紧密地联系在一起。各大洋的相互联系，是欧洲人"发现"美洲和发现从欧洲经非洲南端到亚洲的航道之后的一场伟大革命，但它得到的关注非常少。

本书的一个重要主题是人类在曾经无人居住的岛屿定居，首先是波利尼西亚水手在最大的大洋（太平洋）上诸多分散岛屿定居的非凡成就。在大西洋，马德拉岛、亚速尔群岛（Azores）、佛得角群岛和圣赫勒拿岛（St Helena）的面积虽小，却很重要。在印度洋，有一个非常大的岛，即马达加斯加，它是一片微型大陆，有自己独特的野生动植物。在欧洲历史学家所说的中世纪，来自东印度群岛的南岛民族到马达加斯加定居。在某些情况下，人类和他们带来的动物完全改变了这些岛屿的环境，最著名的例子是人类定居毛里求斯之后渡渡鸟的灭绝。[4]但本书不可能做到面面俱到，它没有收录的东西难免比收录的东西多得多。我并没有试图写一部完整或全面的大洋史，那会需要很多卷书。我的目标是写一部综合的、平衡的大洋史，聚焦于我眼中的远途海洋联系的最佳例证。其中一些，如中国的茶叶和瓷器贸易，对距离中国十分遥远的瑞典和新英格兰等地也产生了巨大的文化和经济影响。

对大洋史书写方式的另一个保留意见涉及时间的跨度，尤其是大西洋，有些人认为它的历史是从哥伦布时代才开始的，只需顺带提一下诺斯人（Norsemen）① 在北美某地的短暂停留（尽管他们在格陵兰的停留超过四百年，绝非短暂）。但除了可以追溯到几千年前的前哥伦布时期加勒比海地区的贸易和移民证据之外，我们还有从新石器时代开始的大西洋东部海域贸易的丰富证据，可以将奥克尼群岛和设得兰群岛（Shetland）联系起来，将丹麦与法国的大西洋沿岸地区和伊比利亚半岛联系起来；在更晚的时期，我们可以看到中世纪晚期的汉萨同盟商人从但泽（Danzig）到里斯本的贸易。

---

① 诺斯人（英文字面意思为“北方人”）是中世纪早期的一个北日耳曼语言和民族群体，说古诺斯语，即今天斯堪的纳维亚诸语言的前身。诺斯人是今天丹麦人、挪威人、瑞典人、冰岛人等民族的祖先。

波罗的海和北海之间的密切关系，以及它们后来与大西洋的关系，意味着我们应当将波罗的海和北海视为大西洋的延伸。古代和中世纪的印度洋比早期的大西洋吸引了更多的关注，并且印度洋也有延伸的部分，其中之一是位于太平洋入口处的南海。可自古以来，远至朝鲜半岛和日本的海洋都与印度洋有积极的互动。朝鲜半岛和日本的海洋与波利尼西亚航海家的太平洋相距甚远，后者是一个独立的世界，通常由散布在广阔的、似乎没有边界的空间中的小岛组成。出于这个原因，我把大约公元 1500 年之前日本、朝鲜半岛和中国的航海史放到了关于印度洋的章节。印度洋的另一个延伸是红海，它通向埃及和更遥远的地中海；本书也会密切关注这一点。[5]至于北冰洋，如果它可以被称为大洋，而不是像有些人认为的那样，仅仅是卡在欧亚大陆和北美洲之间的一个封闭的、基本冻结的“地中海”的话，我会借助反复尝试寻找西北水道和东北水道（在冰封的北冰洋，开辟一条从欧洲通往远东的航道）的故事，来讲述人类在北冰洋的历史。而南冰洋或南极洋只是我们星球底部寒冷水域的一个标签，它实际上是主要的三大洋的一部分，从新西兰所在纬度的某地开始算起。不过，本书记述了人类寻找假想的南方大陆的活动，南方大陆的气候被认为比南极洲要温和。[6]

有很多内容，本书完全没有涉及。尽管正如本书的副书名所坚持的那样，本书是一部人类史（human history），而不是自然史（natural history），但本书并不关注人类对大洋环境的影响，即所谓“水下的”大洋史。除了经常使用来自沉船的证据外，本书仍然停留在海面上，而这些沉船毕竟原本是要留在海面上的。海洋生态学是 21

世纪的一个重要而紧迫的问题，环境专家对此做了热烈的讨论。[7]人类向海洋倾倒塑料和污水，破坏了海洋环境，海洋生物为此付出了沉重的代价。气候变化可能最终会使通过北冰洋在欧洲和远东之间运送大宗货物的海上通道变得畅行无阻。这些都是至关重要的问题，但本书关注的是人类跨越海洋的接触，这样的接触连接了各个海岸和岛屿，主要是在人类对海洋本身影响有限的时代，不过人类对马德拉岛或夏威夷岛等远离海岸的岛屿影响很大。我也不太关心捕鱼，除非它带来了远途接触；所以我对汉萨同盟和荷兰船只在大西洋捕捞鲱鱼和鳕鱼有相当多的话要说，也会谈到可能在约翰·卡博特（John Cabot）于1497年到达纽芬兰之前冒险靠近纽芬兰捕鳕鱼的英格兰船只。之后，在讨论世界范围内的鲸鱼产品贸易时，我会简要地提到美国捕鲸船。在这方面，我们可以指出，早在1900年的很久之前，由于大片海域的鲸鱼种群被猎杀殆尽，生态环境遭到了严重破坏。

在相距遥远的陆地之间建立新联系的一个非常重要的结果，是在远离原产地的地方引进和种植外来作物。最典型的例子是马铃薯，这种南美作物成为爱尔兰穷人的主食（这造成了悲惨的后果）；在此之前，伊斯兰世界提供了输送橙子和香蕉的渠道，把这些水果向西传播并远至西班牙；而亚洲的糖在地中海、马德拉等大西洋岛屿以及最终在巴西和加勒比地区扎根。本书只能讲述这类故事的一部分，即与这些作物的传播路线有关的部分。阿尔弗雷德·克罗斯比（Alfred Crosby）的一部经典著作和安德鲁·沃森（Andrew Watson）关于伊斯兰土地上食品流通的开创性研究，已经着眼于更广阔的图景。[8]在这些进程当中，地中海发挥了重要作用；但地中海不是本书的主角。地中海是一个大体上封闭的内陆海，又长又窄，各海岸之间有持续而紧密的联系。它在性质上与开阔的大洋迥异，就像山脉与平原不同。此外，我在之前的书中已经详细描写了地中海。

写作本书时，我进入了与地中海相距甚远的时期和地点。但本书的起源是我为哥伦比亚大学的威廉·哈里斯主编的一本题为《反思地中海》（*Rethinking the Mediterranean*）的书所写的一篇文章，标题很简单，就是《地中海人》。在这篇文章里，我将“经典”的地中海与其他封闭或半封闭的水域空间（如波罗的海和加勒比海）做了比较，[9]这让我更深入地研究了其他更大海域的历史。另外，我写了一本关于中世纪末期大西洋的一个独特方面的书，题为《人类的发现》（*The Discovery of Mankind*）。我在该书中描写了西欧人第一次遇到加那利群岛、加勒比海和巴西的土著民族时的惊讶，因为西欧人之前根本不知道还有这些民族存在。[10]更久以前，应伟大的经济史学家迈克尔·（“穆尼亚”）波斯坦爵士［Sir Michael（‘Munia’）Postan］的邀请，我为新版《剑桥欧洲经济史》撰写了关于“亚洲、非洲和中世纪欧洲贸易”的长篇章节。[11]在剑桥大学彼得学院的一次午餐会上（那次我目睹了一些研究员毫不留情地逗弄院长休·特雷弗·罗珀），波斯坦问我，在关于中世纪马来半岛的章节中会写什么。我意识到自己对它一无所知，于是开始了一项研究，涉及苏门答腊岛的三佛齐王国和了不起的《马来纪年》（*Malay Annals*）中描绘的早期新加坡和马六甲。在这之后，我一直对东南亚早期历史兴趣盎然。

本书主要是在剑桥写的，其次是在牛津。若没有剑桥大学冈维尔与凯斯学院提供的设施和陪伴，本书是不可能写成的。我特别感谢该学院的慷慨校友安德烈亚斯·帕帕索马斯（Andreas Papathomas），他设立了“帕帕索马斯教授研究赞助项目”，这反映了他本人作为一位著名的船主对海洋事务的兴趣。我很荣幸地获得了该赞助。在冈维尔与凯斯学院的众多历史研究员中，苏吉特·西瓦松达拉姆（Sujit Sivasundaram）和布朗温·埃弗里尔（Bronwen Everill）一直在为我提供意见和建议，我也从与约翰·凯西（John Casey）、露丝·斯科尔（Ruth Scurr）、林坤景（Kun-Chin Lin）和始终朝气蓬勃的谢灵顿学会（Sherrington Society）成员的多次交谈中获益匪浅，他们听我朗读了关于波利尼西亚的部分章节的早期草稿。牛津大学的两所学院非常友好地向我敞开大门，我对此非常感激：感谢冈维尔与凯斯学院的姊妹学院布雷齐诺斯学院的院长（艾伦·鲍曼和约翰·鲍尔斯）与研究员们；感谢玛格丽特夫人学院的院长（弗朗西丝·兰农和艾伦·拉斯布里杰）和研究员们，尤其是玛格丽特夫人学院的讲席教授兼公共休息室主管安娜·萨皮尔·阿布拉菲亚（Anna Sapir Abulafia）。我也非常感谢那些听过基于本书的讲座或关注我的观点（关于如何撰写海洋史）的人士，这些讲座的主办方包括：伦敦的勒加图姆研究所（Legatum Institute）和伊拉斯谟论坛、英国学术院晚会、戈里齐亚的埃斯托里亚（èStoria）文化节、珀斯学校、北伦敦学院、圣保罗公学、里斯本新大学、格赖夫斯瓦尔德大学（热烈感谢米夏埃尔·诺特）、罗斯托克大学、海德堡大学、约翰·达尔文（John Darwin）在牛津大学的研讨会、牛津大学希伯来和犹太研究中心、哈佛大学、普林斯顿大学、乐卓博大学（墨尔本）、新加坡的南洋理工大学和亚洲博物馆、华沙的欧洲学院（特别感谢理查德·巴特维克-帕利科斯基和尼古拉斯·尼佐维奇），以及新成立的直布罗陀大学（感谢丹妮埃拉·蒂尔伯里，该大学富有想象力和活力的第一任校长，我特别高兴能与该大学保持密切联系）。在海峡的另一边，我很感谢休达的休达研究所（Instituto de Estudios Ceutíes）在2015年纪念葡萄牙人于1415年征服该城的会议期间的热情接待。伦敦雅典娜俱乐部（Athenaeum）的文学圈子“海藻”（Algae）的成员，特别是科林·伦福儒（Colin Renfrew）、罗杰·奈特（Roger Knight）、大卫·科丁利（David Cordingly）和费利佩·费尔南德斯-阿梅斯托（Felipe Fernández-Armesto），在本书撰写过程中与我进行了富有成效的讨论。约翰·盖伊（John Guy）客气地为我解释了托马斯·格雷沙姆爵士（Sir Thomas Gresham）的成长经历。我还感谢阿图罗·希拉尔德斯（Arturo Giráldez）关于马尼拉大帆船的建议，感谢安德鲁·兰伯特（Andrew Lambert）关于海权性质的思考，感谢巴里·坎利夫（Barry Cunliffe）与我讨论早期的大西洋，感谢耶路撒冷的西德尼·科科斯（Sidney Corcos）提供关于科科斯家族的丰富数据，感谢南京的常娜在中文名字拼音方面给予的热情和宝贵的帮助。

我要特别感谢那些在我跨大洋旅行期间给予我极大帮助的人，首先要赞扬一下英国在几个国家的外交机构。在剑桥大学的一次晚宴上，我偶然坐在英国驻多米尼加共和国前大使史蒂文·费希尔

（Steven Fisher）的旁边，他敦促我访问圣多明各，那里有美洲最大、最古老、保存最完好的殖民时代城区。他帮我联系了他的继任者克里斯·坎贝尔（Chris Campbell），坎贝尔把我介绍给大使馆的参赞塞尔玛·德·拉·罗萨·加西亚（Thelma de la Rosa García），她在多米尼加共和国为我提供了出色的支持，特别是安排我参观多家博物馆，并与多米尼加人民博物馆（Museodel Hombre Dominicano）馆长胡安·罗德里格斯·阿科斯塔（Juan Rodríguez Acosta）进行了一次非常宝贵的会面。史蒂文·费希尔安排我与多米尼加历史学院（Academia Dominicana de História）院长贝尔纳多·维加（Bernardo Vega）阁下会面，我有幸在该学院做了讲座；费希尔还把我介绍给负责管理圣多明各大教堂和其他古建筑的建筑师埃斯特万·普里特·比西奥索（Estebán Priete Vicioso），他非常客气地带我参观了当地所有的主要景点。对于以上这些人士，以及圣多明各宏伟的尼古拉斯·德·奥万多（Nicolás de Ovando）酒店（位于可上溯到 1502 年的奥万多宫殿内）给人如沐春风之感的工作人员，我对他们的热情好客表示无尽的感谢。剑桥的乔·莫申斯卡（Joe Moshenska）在我访问圣多明各前夕提供了宝贵的信息。在访问佛得角群岛期间，我也得到了非常慷慨的帮助。我要感谢玛丽-路易丝·瑟伦森（Marie-Louise Sørensen）和克里斯·埃文斯（Chris Evans）的热情支持。他们是剑桥大学考古队的领队，正在旧城（Cidade Velha）发掘热带地区最早的欧式教堂。佛得角文化部的何塞·席尔瓦·利马（José Silva Lima）和雅尔森·蒙泰罗（Jaylson Monteiro）非常客气地带我参观了旧城的世界文化遗产地和普拉亚的多家博物馆。

在世界的另一端，A. T. H.（托尼）·史密斯[A. T. H.（Tony）Smith]欢迎我访问新西兰惠灵顿，詹姆斯·凯恩（James Kane）带我参观了新南威尔士州悉尼的一些地方。在香港，王式英法官是一位令人愉快的东道主，他带我参观了他深度参与相关工作的辉煌的新海事博物馆；我也衷心感谢阿伦和克里斯汀·尼格姆（Arun and Christine Nigam）、安东尼·菲利普斯（Anthony Phillips）、保罗·塞尔法蒂（Paul Serfaty）和皇家地理学会（香港）。在新加坡，英国驻新加坡高级专员安东尼·菲利普森（Antony Phillipson）介绍我参观了福康宁山（Fort Canning Hill）的发掘现场；约翰·米克西克（John Miksic）向我介绍了他激动人心的发现；帕特里夏·韦尔奇（Patricia Welch）在我两次访问新加坡期间非常好客地招待了我；安德烈亚·纳内蒂（Andrea Nanetti）是我在南洋理工大学的热情东道主。我的妻子和我受益于高山博以及他在东京、镰仓、京都和奈良的同事及学生的无限热情，包括小泽实、朝治启三和山边规子。当人们的接待如此慷慨和亲切时，我觉得很难充分地表达感激之情。我也非常感谢上海、杭州和南京的东道主：米歇尔·加诺特（Michelle Garnaut）和上海文学节的工作人员，社会科学文献出版社的陆大鹏，复旦大学的贾敏博士，南京大学的朱锋教授和常娜博士，以及其他许多人。

我特别感谢彼得·范·多梅伦（Peter van Dommelen）领导的朱科夫斯基研究所（Joukowsky Institute）和尼尔·萨菲尔（Neil Safier）领导的约翰·卡特·布朗图书馆，感谢他们在2017年11—12月接待我访问罗得岛州布朗大学，感谢他们听取我的演讲，也感谢他们允许我作为研究员在约翰·卡特·布朗图书馆度过一段短暂的时光，并使用该馆极佳的文物藏品（从欧洲对外探索的最早时期开始）。我之所以得到布朗大学的邀请，要感谢两位非常热情的东道主，米格尔-安赫尔·考·翁蒂韦罗斯（Miguel-Ángel Cau Ontiveros）和卡塔利娜·马斯·弗洛里特（Catalina Mas Florit）。韦尔瓦大学的大卫·冈萨雷斯·克鲁斯（David González Cruz）在纪念哥伦布抵达新大陆五百二十五周年的那次气氛活跃的会议期间，非常友好地引导我和其他人参观与哥伦布有关的遗址，包括帕洛斯和拉比达修道院。剑桥大学伊斯兰研究中心的亚西尔·苏莱曼（Yasir Suleiman）和保罗·安德森（Paul Anderson）安排剑桥大学的一个团队对伊斯兰世界的多所大学进行了多次访问；特别要感谢我在摩洛哥和阿联酋的旅伴艾丽斯·威尔逊（Alice Wilson），她目前在萨塞克斯大学，以及我在阿联酋和卡塔尔的旅伴约纳坦·门德尔（Yonatan Mendel），他当时在以色列的范·李尔研究所（Van Leer Institute）的犹太-阿拉伯关系中心，目前在内盖夫大学。本书引用的谢默斯·希尼译本《贝奥武甫》的诗句获得了费伯与费伯出版公司的许可。

若没有企鹅出版社的编辑斯图尔特·普洛菲特（Stuart Proffitt）和纽约牛津大学出版社的编辑蒂姆·本特（Tim Bent），以及我的经纪人 A. M. 希思公司的比尔·汉密尔顿（Bill Hamilton）的支持，这一切都不可能实现。坎迪达·布拉齐尔（Candida Brazil），我的文字编辑马克·汉兹利（Mark Handsley），校对斯蒂芬·瑞安（Stephen Ryan）和克里斯·肖（Chris Shaw），我的图片研究员塞西莉亚·麦凯（Cecilia Mackay），以及企鹅出版社的本·希尼约尔（Ben Sinyor）为我的文本做了出色的工作。他们都是极好的合作伙伴。如果没有剑桥大学图书馆和冈维尔与凯斯学院图书馆无与伦比的设施，我也不可能写出这本书，在此要特别感谢马克·斯泰瑟姆（Mark Statham）。与此同时，我的妻子安娜“忍受”了所有的海事博物馆和书店，这些都不知不觉地闯入了我们的海外假期。我对她以及我的女儿比安卡（Bianca）和罗莎（Rosa）的感谢“像海一样浩渺”。

大卫·阿布拉菲亚

剑桥大学冈维尔与凯斯学院

2019 年 5 月 8 日

注 释

1. 关于风，参见 F. Fernández-Armesto, 'The Indian Ocean in World History', in A. Disney and E. Booth, eds., *Vasco da Gama and the Linking of Europe and Asia* (New Delhi, 2000), pp. 14-16; A. Dudden, 'The Sea of Japan/Korea's East Sea', in D. Armitage, A. Bashford and S. Sivasundaram, eds., *Oceanic Histories* (Cambridge, 2018), pp. 189-90。

2. D. Armitage, A. Bashford and S. Sivasundaram, 'Writing World Oceanic Histories', in Armitage et al., *Oceanic Histories*, pp. 1, 8, 26.

3. D. Armitage, 'Three Concepts of Atlantic History', in D. Armitage and M. Braddick, eds., *The British Atlantic World* (London and New York, 2002), pp. 11–27; also now D. Armitage, 'Atlantic History', in Armitage et al., *Oceanic Histories*, pp. 85–110; R. Blakemore, 'The Changing Fortunes of Atlantic History', *English Historical Review*, vol. 131 (2016), pp. 851–68.

4. D. Quammen, *The Song of the Dodo: Island Biogeography in an Age of Extinction* (London, 1996).

5. E. Tagliacozzo, 'The South China Sea'; Dudden, 'Sea of Japan/Korea's East Sea'; J. Miran, 'The Red Sea': all in Armitage et al., *Oceanic Histories*, pp. 156–208.

6. S. Sörlin, 'The Arctic Ocean', and A. Antonello, 'The Southern Ocean', in Armitage et al., *Oceanic Histories*, pp. 269–318.

7. C. Roberts, *Ocean of Life: How Our Seas are Changing* (London, 2012), 以及其更早的作品 *The Unnatural History of the Sea: The Past and Future of Humanity and Fishing* (London, 2007)；关于大洋的起源，见 D. Stow, *Vanished Ocean: How Tethys Reshaped the World* (Oxford, 2010); J. Zalasiewicz and M. Williams, *Ocean Worlds: The Story of Seas on Earth and Other Planets* (Oxford, 2014); H. Rozwadowski, *Vast Expanses: A History of the Oceans* (London, 2018)。

8. A. Crosby, *Ecological Imperialism: The Biological Expansion of Europe, 900–1900* (Cambridge, 1986); A. Watson, *Agricultural Innovation in the Early Islamic World: The Diffusion of Crops and Farming Techniques, 700–1100* (Cambridge, 1983).

9. D. Abulafia, 'Mediterraneans', in W. Harris, *Rethinking the Mediterranean* (Oxford, 2005), pp. 64–93.

10. D. Abulafia, *The Discovery of Mankind: Atlantic Encounters in the Age of*

Columbus (New Haven, 2008).

11. D. Abulafia, 'Asia, Africa and the Trade of Medieval Europe', in M. M. Postan, E. Miller and C. Postan, eds., *The Cambridge Economic History of Europe* (2nd edn, Cambridge, 1987), vol. 2, pp. 402–73.

关于音译和年代的说明

对于一本涵盖如此长的时期、涉及如此多的文化以及政权更迭的书来说，人名和地名的音译不啻一场噩梦。我力图把准确和清晰结合起来。对于希腊名字，我倾向于采用更接近希腊语发音的形式，而不是长期使用的拉丁化形式：例如，用 *Periplous*（《周航记》）指代描述航海路线的希腊文著作，而不用拉丁化的 *Periplus*；用 Herodotos（希罗多德），不用 Herodotus。古诺斯语的名字尽可能与史料一致（省略了主格形式词尾的 r）；而且，如今冰岛的犯罪故事得到广泛阅读，所以我相信读者能够应付Ð和ð（如英语 that 中的 th）以及Þ和 þ（如英语 thin 中的 th），英语字母表已经可悲地失去了这些宝贵的字母。土耳其语的 ı 是一个短元音，类似于 sir 中的 i，c 相当于英语的 j，ç相当于英语的 ch。我用 ’ 表示波利尼西亚语的清喉塞音，尽管我知道许多转写系统使用 ‘；而我用 ‘ 表示阿拉伯语名字中被称为‘*ayin* 的喉音。

地名尤其困难。有些地名在近期被正式更改过，即便它们有更古老的起源（Mogador 改为 Essaouira；Bombay 改为 Mumbai；Ceylon 改为 Sri Lanka；Danzig 改为 Gdansk），我有时会来回切换。如果欧洲人对某地的称呼和本土名称非常相似，并且本土名称目前通行，我倾向于采用本土名称，例如，“马六甲”用 Melaka 而不是 Malacca，因为我认识到这座城市在被葡萄牙征服的一百年前就已经存在了

（但“马六甲海峡”仍然用 Malacca Strait）；“澳门”用 Macau 而不是 Macao。我交替使用 New Zealand（新西兰）和可爱的毛利语名字 Aotearoa（奥特亚罗瓦，意思是“长白云之乡”）。广州被西方人称为 Canton，这是葡萄牙人对广东（范围更广的地区的名称）称呼的讹误；但将古代广州称为 Canton 是不恰当的，因此，我只在写到欧洲人在珠江上游进行大规模贸易的时期才使用 Canton。一般来说，我尽量使用中国人名的现代拼音形式，如将著名的航海家郑和称为 Zheng He，而不是 Cheng Ho；“泉州”用 Quanzhou，而不是更古老的音译 Ch'üan-chou，尽管拼音中的 q 音更接近英语的 ch 或 ts，而不是 k。不过，朝鲜半岛地区的海盗张保皋一般以其名字的旧版本 Chang Pogo 为人所知，我更喜欢这种写法。

如今，使用 BCE 和 CE 来代替 BC 和 AD 是很常见的做法，尽管实际的日期是完全一样的。对于那些不想使用基督教纪年法的人来说，BC 可以代表 Backward Chronology（向前倒推的纪年法），也可以代表 Before Christ（基督以前）；AD 可以代表 Accepted Date（公认的日期），而不是 Anno Domini（在主之年）；所以我保留了传统形式。另外，考古学家使用的 BP 表示 Before the Present（距今），一般从 1950 年开始向前倒推，所以不完全是距“今”。

第一部

最古老的大洋

太平洋

公元前 176000—公元 1350 年

第一章

最古老的大洋

※ 一

太平洋无疑是地球上最大的大洋，覆盖了地球表面的三分之一，从苏门答腊到赤道上厄瓜多尔海岸的距离约为 1.8 万公里。即便波利尼西亚水手可能偶尔在南美洲海岸登陆，但在 16 世纪西班牙人的马尼拉大帆船将菲律宾和墨西哥连接起来之前，太平洋两岸之间不存在定期接触。在大海之中，几十个群岛包含的数百个岛屿构成了波利尼西亚、密克罗尼西亚和美拉尼西亚这三个广义的区域。19 世纪的人类学家严重夸大了这三个区域居民的种族差异。有些群岛，如所罗门群岛（Solomon Islands），排布得很紧密，居民可以看到或以其他方式发现近邻的存在。其他岛屿，特别是复活节岛（拉帕努伊岛）、夏威夷群岛和新西兰（奥特亚罗瓦），则与外界相对隔绝，而且夏威夷群岛和新西兰离波利尼西亚人的主要航道还有一段距离。

不过，在这个广阔的空间里，有着不寻常的统一的迹象。库克船长和博物学家约瑟夫·班克斯（Joseph Banks）在 1770 年前后探索了太平洋的大片海域。他们饶有兴趣地发现，夏威夷、塔希提和新西兰的语言是相通的，并且今天被统称为“大洋洲语族”的诸语言在整个波利尼西亚的南北各地都有使用。库克说：“这很不寻常。同一个民族的不同分支各自采纳了一些特殊的风俗或习惯，但细心的观察者很快就会发现他们之间的亲缘关系。”[1]果然，后来的研究表明，这些语言与今天马来西亚和印度尼西亚的语言有联系，甚至与马达加斯加语也有联系，这就形成了一个庞大的“南岛语系”。例如，波利尼西亚语 *vaka* 或 *waka*，意思是划艇，与马来语 *wangka* 相似。根据与船舶和航海有关的非常丰富的共同词汇，可以对南岛语系的始祖语言进行还原，结果显示，波利尼西亚人的上古祖先是航海家，他们谈及由船长指挥的划艇，这种划艇有舷外浮材（outrigger）、平台、桅杆、帆或桨，甚至还有带雕刻的船桨和船尾。[2]不过，有独特之美的太平洋诸语言在几千年前就脱离了东南亚的语言，这表明太平洋地区的早期定居者有共同的语言起源。使用“语言起源”这一短语很重要，因为语言起源和种族起源可能并不一致。[3]

太平洋既是（数万年前）人类定居的第一个远离陆地的地区，也是最后一个。这种说法需要加以限定：大西洋和印度洋上的一些无人居住的小岛从 15 世纪起有人定居，如马德拉岛、圣赫勒拿岛、毛里求斯等，这些地方在葡萄牙人、荷兰人和其他竞争者对世界各地的海路宣示主宰权时，在航海网络中发挥了与其面积完全不相称的巨大作用；而南极洲没有常住人口，可以不考虑。人类定居的最

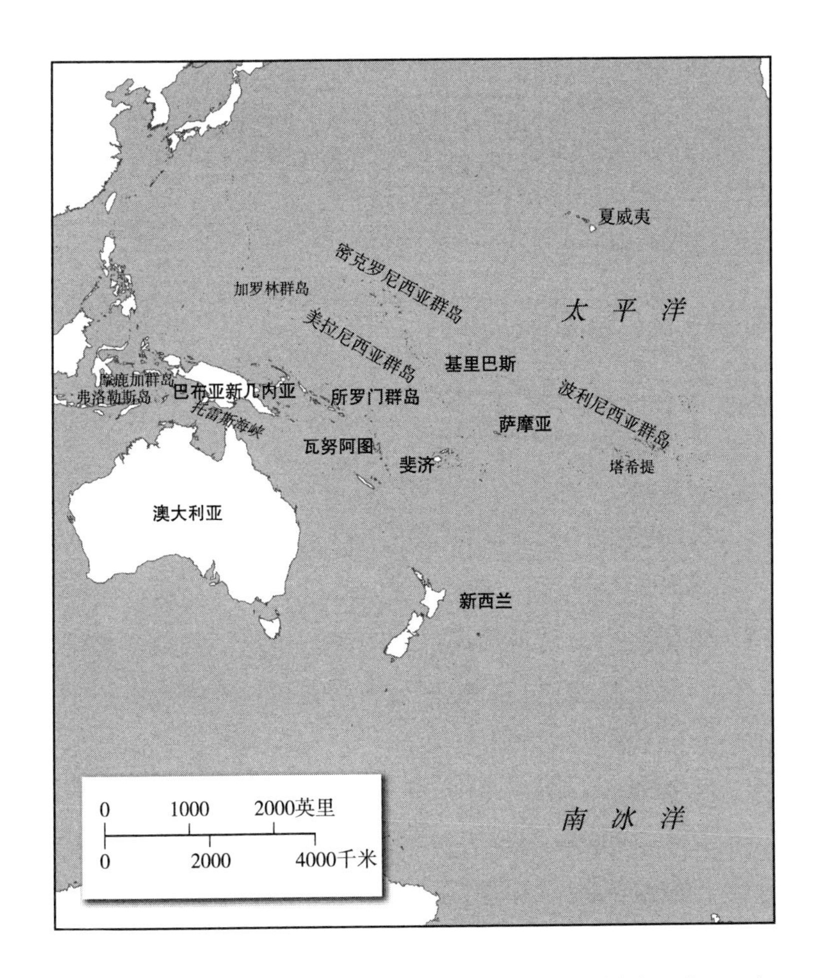

后一个较大地区是新西兰，其最早定居时间有多种说法，在 950 年至 1350 年之间。尽管新西兰的许多原始居民最初集中在较温暖的北岛，并居住在远离海洋的内陆地区，但关于第一批划艇抵达新西兰的故事俯拾皆是；毛利人和夏威夷人毫不怀疑自己是外来的移

民。定居下来以后，毛利人就对大型远洋海船失去了兴趣，而把他们的航行局限在更适合沿海水域的小船上。他们对自己的老家所知甚少，只知道它有一个很常见的名字“夏威基”（Hawaiki），这个名字的意思是“我们的祖先很久以前生活的地方”。再往北走，在一连串的岛屿间，跨海旅行一般来讲仍然是常态。这些人对大海就像图阿雷格人（Tuareg people）① 对撒哈拉沙漠或印加人对安第斯山脉那样熟悉：只要有精确的知识、决心和信心，这些（大海、沙漠、山脉）都是可以克服的障碍。

几千年来，形成了一种非同寻常的海洋文化，它位于大洋中央，没有长长的海岸线，没有大型港口，也没有从广袤大陆内部运来农产品的长河。相反，这是一个由环礁、珊瑚礁和火山岛组成的相互关联的世界：一个非常多样化的世界，为定居者提供了迥异的机会，从而为本地的甚至远距离的交流提供了巨大的刺激。[4]这些波利尼西亚人缺乏航海家所需的复杂工具，最重要的是缺少书写技术。他们的知识是口口相传的，但非常详细和准确，在许多方面优于西方航海家（如麦哲伦和库克）的工具。对西方航海家来说，太平洋是一片不断出现意外和充满不确定性的海洋。有很简单的一点可以概括波利尼西亚航海家对海洋的掌控：除了维京人及其后代经营了几个世纪的横跨大西洋的北方航线之外，西欧水手直到中世纪末期才敢于深入与他们毗邻的大洋。

① 图阿雷格人是柏柏尔人的一支，主要在撒哈拉沙漠地区生活，信奉伊斯兰教，传统上是游牧民族。

要还原人类定居太平洋的过程是很困难的。这个过程是自西向东、横跨太平洋诸岛，还是一系列的螺旋线，逐渐覆盖了这些岛屿，形成了几个单独的定居网络？先驱们是在何时抵达的？如果我们连他们到达最后一块处女地新西兰的时间都不能确定，那么在诸多小岛的定居时间就更难确定了，因为那里的考古研究是断断续续的，既要靠偶然的机会，又要靠精心设计的发掘计划。第一批航海家使用什么样的船？在整个太平洋地区出现了不同类型的船，配备不同形状的帆（大三角帆、方帆、爪形帆和被称为撑杆帆的倒三角帆）。但最具有挑战性的问题是，航海家为什么要去寻找更多的岛屿。令这个问题更加棘手的是，历史上有扩张的阶段，也有停止扩张的阶段。专家之间经常发生激烈的争论，这使问题变得更加复杂，其中一些专家试图通过乘坐复原的波利尼西亚船在海上航行，来证明自己的观点。

在本节关于太平洋岛屿定居点的论述中，一些较大的地区基本上没有被提及：日本列岛、台湾岛、菲律宾和印度尼西亚的岛屿。它们与亚洲大陆保持着密切的关系，形成了可以被称为“小地中海”的几片海域的外围。这几个小地中海当中，北方有日本海和黄海，南方有南海（经常被比作地中海）。在另一块土地，澳大利亚大陆，居住着一些以海洋为食物来源的人，他们非常尊重海。但据我们所知，自从他们在这片干旱的大陆定居，就没有再尝试去劈波斩浪。我们这里主要关注的是开阔的大洋，以及散布在波利尼西亚、密克罗尼西亚和美拉尼西亚的诸多社群，他们居住在新西兰以外的小岛上，这些小岛虽然相距数百甚至数千英里，但其间通常仍然有频繁的互动。

※ 二

人类能够抵达澳大利亚，这一点就足以证明跨太平洋的航行有多么悠久的历史。古人需要航行的路程比今天的要短，因为在十四万至一万八千年前，海平面比今天的海平面要低得多，大量的水被锁在北方的浮冰和冰川中。在一个极端的例子里，海平面比今天的海平面低100米，但在那个时期，海平面不时地上升和下降，所以在某些地方，海平面只比现在的海平面低20米左右。[5]在这个时代，即更新世，澳大利亚大陆包括整个新几内亚和塔斯马尼亚。但澳大利亚大陆仍然与亚洲大陆（当时包括爪哇）隔绝，被开阔的海面包围，这些海域里的岛屿被命名为华莱士群岛（Wallacea），华莱士就是与达尔文同时代的那位杰出学者①。澳大利亚大陆与亚洲大陆的分离发生在四千万年前，这确保了澳大利亚特有的动物物种继续在那里繁衍，特别是有袋类哺乳动物。若干岛屿组成的“桥”（地质学家称之为巽他古陆）将东南亚与莎湖古陆（澳大利亚和新几内亚）连接起来，桥中包括弗洛勒斯岛（Flores）。在这里，我们遇到了第一个大谜团。2003年，考古学家在弗洛勒斯岛发掘一个洞穴庇护所时发现了几具早期人类的遗骸，其年代大致为低水期（巽他古

---

① 即阿尔弗雷德·拉塞尔·华莱士（1823—1913年），英国博物学者、探险家、地理学家、人类学家和生物学家，以独立构想“天择”演化论而闻名。华莱士在马来群岛做了八年广泛的田野调查，确定了现在生物地理学中区分东洋区和澳大拉西亚区的分界线（华莱士线）。他被认为是19世纪研究动物物种地理分布的权威专家，有时被称为“生物地理学之父”。

陆露出水面的时期）的后半段，也可能是低水期的几个世纪之后。更新的发现表明，其他的早期人类最远到达了菲律宾。[6]这些人非常矮小，身高略高于一米，脑容量不超过黑猩猩。不过，其他身体特征清楚地表示他们是人类的一种早期形态。他们的体型较小，很可能是适应岛上有限的饮食的结果，类似于世界上其他生活在困难环境中的物种的侏儒化。这只是许多假设之一，但如果是这样的话，他们可能是更早期、更高大的人类的后代，这些更高大的人类在公元前 10 万年之前到达了弗洛勒斯岛；但从那时起直到现在，该岛一直被一片海域与巽他古陆和亚洲大陆隔离开来。撇开 19 世纪理论家的猜测，即太平洋的居民是上帝单独创造的一种人类，我们剩下的证据表明早期人类曾经渡海来到弗洛勒斯岛，但他们是通过什么方式渡海的，我们只能猜测。还有人认为，弗洛勒斯人（被媒体不厚道地称为“霍比特人”）在公元前 12000 年前后与岛上的现代人类（智人）共存，民间故事保留了人类关于这些小矮人的记忆。但这种民间故事在每个社会中都很普遍，所以很难相信它们是可靠的。在弗洛勒斯岛和菲律宾部分地区，同时生存着剑齿象（一种与大象有联系的动物），它们似乎是游过大海到达这些地方的，这就使证据更显复杂。弗洛勒斯岛仍然是一个谜。

现代人类在六万多年前走到了更远的地方，这一点从新几内亚、澳大利亚和塔斯马尼亚（当时与澳大利亚相连）的考古发现中可以看出。在新几内亚发现的一些石斧的年代是六万至四万年前。[7] 2017 年，澳大利亚考古学家宣布在澳大利亚北部发现了一个岩洞，里面有可以追溯到六万五千年前的工具，并怀疑第一批澳大利亚智人与仍然可以在东亚发现的其他类型的人类之间存在互动，特别是神秘的丹尼索瓦人（Denisovans），他们被认为与欧洲的尼安德特人相似但又不同。[8]因此，毫无疑问，最初的澳大利亚原住民（很可能是现代澳大利亚原住民的祖先）是在六万多年前到达澳大利亚大陆的；他们一定穿越了100多英里的远海，航行途中经常看不到陆地。[9]考古学家有时对早期智人能够航海感到惊讶和困惑，但这一点也不奇怪。当各种类型的人类走出非洲，走陆路去世界的大部分地区定居时，他们必须跨越河流，并利用在河上学到的技能来跨越湖泊；在熟悉了湖泊之后，海洋固然还是一个挑战，但也是可以应对的挑战。最早的人类在离开非洲、向东移动时进行的短途海上旅行很可能包括在亚丁附近跨越红海，以及在霍尔木兹（Hormuz）附近跨越波斯湾。这些早期人类拥有足够的智力，能很好地运用自己的头脑去主宰自然，就像今天的澳大利亚原住民仍然拥有对自然的非凡掌控力。所以，认为早期人类拥有克服自然障碍的能力，比猜测这些旅行者可能使用什么类型的船只更有意义。学术界提出过，早期人类可能使用了竹子、原木、树皮做成的船，芦苇船和其他许多东西，但没有发现考古证据，这并不奇怪。如果有最早旅行的遗迹幸存下来，那它们就会在莎湖古陆早已被大海淹没的海岸上。[10]因此，最好的答案是，在六万五千年的旅行中，船的设计一定发生过变化，而且人们肯定会对船加以改良，以适应具体的条件；当风是前往一个地方的重要因素时，可能会发明风帆；但当岛屿间的航行可以在陆地视线范围内的平静水域进行时，就不会发明风帆。[11]

在研究澳大利亚原始居民与海洋的关系时，我们必须牢记几个问题。一个问题是海岸食物资源的开发。无论是乘船捕鱼还是在海滩上觅食，都不能证明存在较长距离的跨海旅行，也不能证明海岸上的原始居民与澳大利亚其他地方或海岸以外岛屿上的其他社群建立了联系。另一个问题是，使用现代证据（如今天的澳大利亚原住民对海洋的看法）虽然在所难免，却很成问题：部落已经多次迁移；物理条件已经改变；原住民的技术也已经改变，因为这片土地上的人们已经适应了当地的条件，而且与欧洲人的接触已经从根本上（而且往往是灾难性地）改变了原住民的日常生活、继承的知识和社会观念。

在若干时期，澳大利亚内陆比今天更宜居，最早的定居者前往内陆地区，寻找淡水；原住民部落开始在海岸定居的时间相当晚，从目前的考古证据来看，最早是在三万年前，因为在沿海地区没有发现比公元前 33000 年前后更早的遗址。澳大利亚大陆的人口仍然非常稀少，显然没有压力迫使原住民去占领沿海土地，因为在其他地方很容易获得食物。在距离海岸较近地区的洞穴遗址中发现的贝壳，显示了沿海定居点和内陆人口之间的联系；但几乎可以肯定，这些贝壳被当作装饰品而不是食物，而且靠近海岸的早期遗址往往显示了以当地动物［如小袋鼠（wallaby）］而不是鱼类为基础的饮食习惯。[12]然而，澳大利亚的内陆变得越来越干旱，于是沿海地区的生活变得更有吸引力。在西澳大利亚州北岸的金伯利地区发现的石制捕鱼器，其年代最早为三千五百年前，但我们有充分理由认为，这些捕鱼器与早期澳大利亚沿海地区广泛使用的捕鱼器一脉相承。[13]

这些捕鱼器是托雷斯海峡群岛（澳大利亚和新几内亚之间的岛

链）生活的一个常见特征。如今，澳大利亚人对那里居民的标准称呼是“澳大利亚原住民和托雷斯海峡岛民”，即承认这些岛民的独特地位、起源和文化，也承认他们的技术长期以来比澳大利亚原住民的技术更先进：更多属于新石器时代，而不是旧石器时代。在种族上，托雷斯海峡岛民更接近巴布亚新几内亚和美拉尼西亚的各民族。至少在近期，来自新几内亚的文化，包括神话、仪式和技术，对托雷斯海峡岛民的影响很深。在托雷斯海峡，可以发现在一些群体中运行着迥异的经济模式：一些人依靠小规模的农业，另一些人则是“咸水人”，他们广泛利用海洋，乘坐配有舷外浮材和帆的独木舟，在岛屿之间来回航行，并前往新几内亚和澳大利亚的海岸。[14]这些来自北方的影响，后来沿着澳大利亚东北海岸传至生活在海边的原住民：当第一批欧洲人探索今天被称为昆士兰的地方时，巴布亚新几内亚人熟悉的面具和头饰类型正在昆士兰的海岸上被使用，其他从巴布亚新几内亚引入的东西可能包括多种鱼叉和鱼钩。在现代，鱼类和其他海洋生物，如海龟和儒艮，是托雷斯海峡岛民的主食，平均每人每天消耗约三分之二公斤这类食物。“咸水人”驾着树皮船到远海捕捞浅海鱼类，也就是生活在海面附近的鱼。他们与邻人建立了贸易联系，这可以明确地追溯到公元1650年前后，当时来自望加锡（Macassar）的印度尼西亚商人成为定期访客。不过，所有迹象都表明，澳大利亚与外界的联系比这更古老。由于更广泛的接触，一些原住民民族，如雍古人（Yolŋu），对澳大利亚海岸线以外的世界有所了解。[15]

根据一个传说，托雷斯海峡的梅尔岛（Mer）是一只巨型儒艮，它躺在海中央，变成了陆地。在梅尔岛，有大量证据表明，该地区在两千年前肯定已经成为一个活跃的海上贸易网络中央的贸易站，并且我们几乎可以肯定，在更遥远的过去也是如此。[16]狗、老鼠、儒艮、海龟和许多种类的鱼的骨头提供了部分证据，证明丰富的海洋资源得到了充分开发，但一支可追溯到公元 1 年前后的骨笛表明存在更广泛的贸易联系。梅尔岛的岛民似乎已经开发出配有舷外浮材的划艇，这使跨海联络变得安全而有规律。他们的船型影响了昆士兰海岸的划艇设计。[17]那么，托雷斯海峡的群岛及其海上人口，构成了史前美拉尼西亚文化和澳大利亚北部文化之间的海上桥梁。由于海洋的存在，这些文化并不像人们轻易认为的那样与外界隔绝。托雷斯海峡岛民是富有冒险精神的水手，但其他人在与远海打交道时谨慎得多。澳大利亚的一个原住民民族认为，大海是有生命的，它发怒时可能会杀人：“当你在海上时，你不能说它的坏话。不要批评它。因为大海是有生命的，就像人一样。”[18]在离北领地（澳大利亚的一个行政区）的达尔文市不远的克罗克岛（Croker Island），原住民声称伟大的彩虹蛇居住在海底，人们必须通过特殊的仪式来安抚它，因为大蛇会利用海来杀人和害人。在同一地区，延羽瓦人（Yanyuwa）自称“起源于海的人”，[19]他们的船和海一样变得有生命。人类可以通过吟唱“力量之歌”为他们的船注入神奇的力量，并使大海平静下来。这些歌留在船内，仿佛船拥有自己的灵魂。[20]

随着人类在太平洋诸岛定居，新几内亚以北发生了真正引人注目的变化。新几内亚北岸的一些岛屿在三万五千年前就有人类定居了。所罗门群岛在二万九千年前就有人来过。许多个世纪以来，来自新几内亚的袭掠者一直对所罗门群岛的居民构成威胁。[21]阿德默勒尔蒂群岛（Admiralty Islands）在一万三千年前（如果不是更早的话）就有人定居，第一批定居者抵达那里需要走近100英里的海路，包括在看不见陆地的远海航行。在所罗门群岛的布卡岛（Buka），考古学家在一个地点发现了证据，证明定居者在公元前26000年前后的食物包括鱼类、贝类、哺乳动物和蜥蜴。[22]但人类不能仅靠鱼类生存，一种关键必需品的获得并不能弥补其他必需品的缺乏。有时，没有适合切割的硬石头。在这种情况下，就必须从更远的地方获得黑曜石，或另一种主要用于切割的石头。在新爱尔兰岛发现了来自新不列颠岛的黑曜石，年代为距今二万年。这两个岛都在新几内亚附近，距离并不遥远。不过，也有很多人对此表示怀疑。有人认为，海平面下降的时候恰恰是人们没有动力去渡海的时候，因为此时有更多的土地可以定居。当海平面上升时，土地减少，人们才会去寻找新的土地。[23]但这都只是猜测。我们完全不知真相是什么。

※ 三

遍布史前太平洋广袤海域的文化被命名为拉皮塔（Lapita）文化。我们对它做了很多猜测。不足为奇的是，拉皮塔并不是任何一个民族给自己取的名字，而是首次确认这种独特文化的考古遗址的名字。拉皮塔文化的一个不寻常的特点是它的传播之广。没有其他任何一种史前文化能囊括如此广大的地理区域。拉皮塔文化的地理区域既包括很早就有人定居的所罗门群岛，也包括像斐济和萨摩亚那样的遥远岛屿。[24]拉皮塔定居者到达的绝大多数岛屿都是处女地，远远超出最早的南岛语系航海家的活动范围。这并不是说拉皮塔航海家是几千年前冒险离开新几内亚的最早的南岛语系定居者的后代。拉皮塔人的遗传身份仍然不确定，最好的答案是，他们由不同起源的多个民族组成，这些民族构成了波利尼西亚和美拉尼西亚大部分地区的人口；他们在文化上具有统一性，但外貌不一定相同。卷发的美拉尼西亚人和直发的波利尼西亚人（这已经是过于笼统的概括了）共处同一种文化之中。这种文化似乎在太平洋西部有一个最初的焦点，可能是在中国的台湾岛，那里居民的语言与整个大洋洲的语言有联系。后来，该文化从更深入太平洋的一些更新的焦点（特别是萨摩亚）向外传播。在公元前 3 千纪，台湾岛本身就是一种活跃的史前文化的发源地，而且在摩鹿加群岛北部发现的陶器与波利尼西亚的拉皮塔陶器惊人地相似，这表明拉皮塔人与亚洲东南沿海岛屿居民的祖先有联系。随着讲南岛语系语言的人与新几内亚沿岸和近海的人口混杂在一起，一个种族混杂的人群形成了，脱氧核糖核酸（DNA）能够反映他们的不同起源。因此，许多个世纪以来，他们走的路线是从俾斯麦群岛开始的，然后通过所罗门群岛向东散布。[25]

拉皮塔文化反映了人类在大洋上扩张的变化。直到公元前 1500 年，岛屿之间的交流很容易从黑曜石的碎片中得到证明，不同岛屿的人们交易这种锋利的“火山玻璃”，但换取什么东西就很难说了，可能是食品。然而，即使是“贸易”这个词也必须谨慎使用，因为人们可能只是去火山岛的海滩上收集黑曜石。拉皮塔人带来了陶器，这是他们独特的考古学“标志”；他们也带来了没有早期证据证明此前生活在岛屿上的动物，特别是猪、狗和家禽。[26]此外，他们还带来了太平洋鼠，我们可以用这些“偷渡者”的骨头来确定航海者到达太平洋大部分岛屿的时间。这方面的证据再次有力地表明人类在太平洋上是从西向东逐步推进的。[27]广义上讲，拉皮塔人是新石器时代的民族或多个民族的混合体，熟悉农业、畜牧业和制陶业。[28]农业改变了一个又一个岛的环境，因为土地被开垦用于农业，当地的鸟类被猎杀、吃掉，最终灭绝。最著名的案例是许久之后新西兰的巨型恐鸟，但当地也有一些鳄鱼和巨蜥无法抵御人类的进犯。

另外，有证据表明这些定居者是农学专家，因为他们改造了“远大洋洲”（Remote Oceania，斐济和萨摩亚周边地区）① 诸岛通常有限的资源。这些岛屿非常孤立，几乎没有水果，也没有能够提供主食淀粉的块茎。已经确定有 28 种植物被拉皮塔人携带着跨越了大洋。香蕉、面包果、甘蔗、山药、椰子、野姜和竹子是其中最重要的一些，不过不同类型的岛屿适合不同类型的植物，比如，山药在美拉尼西亚长得最好。（另一种到达这里的植物是红薯，它显然来自南美洲，这就提出了一个问题，即波利尼西亚的航海家是否

① “远大洋洲”是指大洋洲在 3500—3000 年前开始有人类定居的那部分，包括斐济、密克罗尼西亚、新西兰、新喀里多尼亚、波利尼西亚、圣克鲁斯群岛和瓦努阿图。

在某个阶段到达了太平洋的对岸。）语文学家重建的原始大洋洲语的词汇中有种植、除草、收获和种植山药的土丘等用语，这再次表明拉皮塔人的园艺传统可以追溯到他们的祖先生活在台湾岛的时代。[29]从更西边的地方运来的植物表明，向东的航行确实是有意识的殖民冒险，而不是迷失的航海家被困于荒岛上时的偶然探索。这是个有必要再回来讨论的问题。拉皮塔诸民族跨越大洋的行动似乎并不迅速。据估计，拉皮塔人从俾斯麦群岛到达波利尼西亚西部的时间跨度为五百年。不过，这可能只代表二十代人。在更大的历史尺度上，这种扩张算是相当快了，在史前史学家的时间尺度上，甚至可以算是爆炸性的。

这种人口流动背后的动机难以捉摸。研究波利尼西亚人航海的历史学家大卫·刘易斯（David Lewis）指出，波利尼西亚人有一种冒险精神，一种“不安分的冲动”。他给出的例子是塔希提的赖阿特阿人（Raiateans），他们会一连航行几个月，巡视那片海域的岛屿。库克船长的科学搭档约瑟夫·班克斯对他们做了观察，因此这些证据是晚近的，而且有些是间接的。大卫·刘易斯还指出了波利尼西亚水手“充满自豪感的自尊”。例如，如果水手们看到他们到访的岛屿的当地人正在出海，哪怕只是为了捕鱼，自豪感就会促使水手们在恶劣的天气下出海。这种想法与研究这些海洋社会的人类学家所写的荣辱概念非常吻合。也有人提出，波利尼西亚人航海的目的可能是开展岛屿之间的维京式袭掠。我们可以想象，在最早的阶段，袭掠者带走了他们在荒岛上发现的椰子、黑曜石和面包果；并且在有人定居之后，岛屿之间的战争肯定是很常见的。[30]但是，这些情况适用于已经有人定居的世界；我们的问题是，最早的定居如何发生，又为何发生。人口过剩似乎是显而易见的解释，但没有足够的证据表明在西部的岛屿发生了密集定居，并导致了无法忍受的资源压力。[31]

随着定居者进一步向东移动，他们不再受几千年前从新几内亚和东亚带来的疾病（如疟疾）的影响。未受污染的岛屿栖息地通常是卫生的，那里居民的预期寿命较长。但是，人们的寿命越长，身体越健康，他们就可能会有更多的孩子，孩子也有更好的机会长大成人。在这样的环境里，次子们可能会参加移民。这几乎是理所当然的，因为众所周知，在大洋中有很多地方可供定居。波利尼西亚人非常重视家谱，强调长子的权利，而兄弟姐妹之间的竞争是波利尼西亚传说中司空见惯的元素。这意味着次子们的最好选择是不断迁移，直到找到新的家园。[32]有一种观点认为，早期的波利尼西亚人主要依靠海洋提供的产品来生活，他们是“大洋觅食者”，为了搜寻海产品而越来越深入大洋。随着先驱者在新的家园安顿下来，农业定居点也发展壮大。在“远大洋洲”，他们的海鲜食物不仅包括牡蛎、蛤蜊和海贝（cowrie），还包括海龟、鳗鱼、鹦鹉鱼和鲨鱼。这些海鲜食物大多来自珊瑚礁的边缘或较靠近海岸的地方。没有证据表明航行者在岛上逗留期间建立了短期营地。他们到达新的地方，就在那里建立家园。他们更喜欢住在岸边，仔细选择那些可以通过环绕许多岛屿的珊瑚礁的缝隙进入大海的地方。他们在那里建造木制的高脚屋，这种类型的房屋广泛散布于整个南岛世界。这并不是对一连串无人居住的岛屿的突然入侵，而是一个稳步向东扩张的过程，不过不一定是直线推进的。[33]

陶器证据之所以引人注目，是因为它清楚地表明这是一种具有区域差异的单一文化。这些陶器是手工制作的，没有使用陶轮，也没有窑，这意味着它们可能是在户外烧制的。在这些陶器当中，我们发现了一种常见的"齿状"风格，陶器上通常有一个齿状工具的印记。人们创造了复杂的图案，它们具有很强的艺术性。这些图案被看作一种词汇，传递着今天已经失传的信息。陶器的风格也有地方性的变化，留存下来的最引人注目的碎片上刻画着人脸，或者至少是眼睛等特征。这些可能是代表神或祖先的图案，而且可能类似于当时广泛使用的文身图案（考古学家在发掘中发现了文身用具）。这种陶器在"远大洋洲"的传播，提供了关于第一批人类到达太平洋偏远岛屿的重要线索。公元前1500年前后，俾斯麦群岛的居民开始制作拉皮塔式陶器。在接下来的约一个世纪，陶器到达了"近大洋洲"（Near Oceania，瓦努阿图、基里巴斯和邻近的岛链）①。到公元前1200年，萨摩亚也开始生产这种陶器。有趣的是，只有斐济最古老的陶器显示出对复杂装饰的关注。这种艺术是否在一两代人的时间里消失了？装饰是否失去了它的意义，特别是在尚未加入互惠交换（reciprocal exchange）网络的新社会中？奇怪的是，随着拉皮塔人进一步向东迁移，他们带来了动植物及航海知识，但最终完全失去了对陶器的兴趣。[34]

---

① "近大洋洲"是指大洋洲在3.5万年前开始有人定居的部分，包括澳大利亚、新几内亚、俾斯麦群岛和所罗门群岛等。

太平洋上存在单一的文化，但是否存在共同的文化？对黏土的化学分析证明，壶被从一个岛带到另一个岛，尽管毫无疑问，一些壶仅仅是作为盛放水手所需食物的器皿而在太平洋地区移动的。许多无装饰的壶适合用作盛放西米粉的容器，西米粉容易保存，可作为水手的理想营养来源。有人认为，这些货物和其他物品——如黑曜石和硅质岩（包括燧石在内的岩石品种）——的流动加起来就是“贸易”。我们要对这种观点保持谨慎。贸易可以被定义为商品的系统性交换，并为商品设定一个名义上的但通常可变的价值。正如伟大的民族志学家勃洛尼斯拉夫·马林诺夫斯基（Bronisław Malinowski）阐明的那样，在太平洋岛屿社会中，商品的交换不仅是为了商业上的获取；互惠交换是一种手段，个人通过这种手段确立自己在社会和政治秩序中的地位。所以，交换是确立领导地位的一种方式，也是强调谁是谁的附庸的方式。[35]对于富足的社会（这些岛屿社区通常是如此）来说，这一点更加真实。不过，肯定有一些食品和工具，最明显的是切割工具和锛，在珊瑚环礁上找不到，需要通过海路获得。人们越是仔细观察这个世界，就越觉得它是连通起来的。

拉皮塔世界西端的一个例子提供了丰富的证据。塔勒帕克马莱（Talepakemalai）位于俾斯麦群岛的北部边缘。对这个村庄的历史，我们可以从公元前2千纪中叶开始，连续追踪五个甚至七个世纪。那时，在拉皮塔历史的早期，黑曜石被从不远处的岛屿运到塔勒帕克马莱，还有用于制造工具的锛和燧石，以及来自十二个不同地方的陶器。这些陶器虽然不能被全部识别，但其黏土的成分都很有特点。同时，塔勒帕克马莱岛民善于制作鱼钩，以及首饰，包括用贝壳制成的珠子、戒指和其他物品。考古学家因此推测，某种交易网络将塔勒帕克马莱与“近大洋洲”西部的一系列岛屿社区联系起来。不过，到了公元前 1 千纪，早期的扩张已经放缓，这表现为拉皮塔世界这一部分的收缩（或“区域化”）。这可能反映了更高程度的自给自足，也就是说，某些类型的商品可以在当地生产，不需要依赖邻人。本地的经济也许得到了发展，但考古学家倾向于认为外部联系的证据变少，这给人一种“拉皮塔衰落了”的错觉。这可能与我们稍后要观察的一个现象有一定关系，即拉皮塔扩张时期与公元 1 千纪的探索和定居新阶段之间有一个漫长的间隔。[36]

我们对拉皮塔人的船所知甚少。有一两件石刻提供了关于船帆形状的线索（船帆是有趣的“爪子”形状，轮廓大致为倒三角形，但其顶边是凹进去的）。但这在很大程度上取决于语文学家重建的南岛民族词汇，因为考古记录中没有任何原始船只的资料。大体上，我们可以设想拉皮塔人使用的是配有舷外浮材的帆船，与后来几个世纪使用的帆船类似；有些可能是双体船，但这种双体划艇似乎主要是在“远大洋洲”的斐济周边发展起来的。到了现代，船的种类相当多，但它们属于一个共同的类型——帆船，其建造者密切关注其稳定性。[37]人们知道，单一船体的设计不适合在远海航行的小船。而波利尼西亚人的船很难倾倒。前往新土地的船必须足够大，可以装载男人、女人、食物和水（通常储存在竹筒里）、家畜，以及准备在新土地种植的种子或块茎。前往熟悉地区的人则显然携带了要交换的物品，如陶器、当地农产品、工具或用于制作工具的石块。毫无疑问，船的种类繁多，尽管有些特点（如使用植物纤维将各部分捆绑在一起）可能是标准操作。由椰壳纤维制成的纽带牢固而有韧性，它们提供的灵活性使船体更加安全。

波利尼西亚航海家不得不面对艰巨的挑战。最显而易见的挑战是东风。人类在太平洋的定居活动是逆着风进行的，而不是因为水手被风吹到了未知岛屿这样一种幸运的意外。信风和洋流都指向西方；信风从东南到西北，穿过拉皮塔定居区，形成一个与拉皮塔地区相当重合的连贯带。太平洋洋流由四条主要的跨太平洋洋流组成：离开所有岛屿的南部洋流；南赤道洋流向西，略微向南偏移；在赤道北方有两个方向相反的洋流，将夏威夷与波利尼西亚世界的其他地区隔开。我们看一下南赤道洋流和风向就会发现，洋流和风从萨摩亚向西运动的大致形状与拉皮塔定居区基本吻合。显然，波利尼西亚航海家完善了逆风航行的技艺。他们需要确保结束探索后能够返回，而做到这一点的最好办法就是挑战风和洋流，做之字形运动，缓慢而安全地前进。

随着他们在许多个世纪中发展了这些技术，他们也学会了航位推测法，在航行中判断距离，从而对经度有了一定程度的了解。他们似乎比欧洲水手更容易做到这一点。欧洲水手要等到18世纪航海钟发明之后才能确定经度。陪同库克船长的波利尼西亚航海家图帕伊亚（Tupaia），在没有仪器或书面记录的情况下，几乎是本能地知道船的位置，这让库克的同伴们大吃一惊。波利尼西亚航海家证明，不需要任何技术，只需利用人脑这台超级计算机，就可以解决一些具有挑战性的问题。[38]纬度更容易判断，他们可以通过观星来判断纬度："借助季节性的风在所罗门群岛主岛南部和圣克鲁斯群岛之间航行，就像追踪天顶星辰的东西向运行轨迹一样简单。"[39]了解星辰是成功导航的关键。这不是随随便便就能学到的知识，而是在长期的学徒生涯中，通过实践经验和详尽的口头传说学习的科学。这也是一门秘密的科学，是为精心选拔的入门者准备的，他们学成之后能够为船只导航，其他船员则从事更琐碎的工作。

甚至到了 20 世纪 30 年代，波利尼西亚男童也要学习这些技术，一般从五岁开始，如一个来自加罗林群岛（Carolinas）、名叫皮亚鲁格（Piailug）的知名水手就自幼学习航海技术。在皮亚鲁格的祖父决定让这个男孩成为一名航海家之后，皮亚鲁格就不得不花时间聆听大海的故事，学习航海科学的知识。他的祖父向他保证，作为一名航海家，他会过得比酋长还好，吃得也比别人好，并将在整个社会得到尊重。十二岁时，他就和祖父一起在大洋上航行，开始掌握海洋的秘密，比如，鸟类的运动、星星的变化图，但也包括魔法的传说。所有这些都被记在脑子里，直到他在十六岁左右正式被认可为航海家。在那之前，他要隐居一个月，在此期间老师们向他灌输他需要的知识。他不使用书面文字，但用树枝和石头制作了模型。当指导下一代人学习航海技艺的时候，他就可以回忆并重建这些模型。[40]在加罗林群岛，航海家们会准备一个星座罗盘，即夜空中关键点的星图。即便到了现代，他们也更喜欢这种传统罗盘，而不是磁罗盘。在太平洋的其他地区，人们用树枝和石头制作类似的罗盘式星图，以显示风向或太阳在天空中的运动。[41]

波利尼西亚人不一定需要罗盘。有这样一个故事：一艘双桅纵帆船（schooner）的船长在船上丢失了罗盘，不得不向他的波利尼西亚船员承认他迷路了。船员们告诉他不要担心，并将他带到了他想去的地方。船长对他们轻松实现这一目标感到疑惑，问他们怎么知道岛在哪里。他们答道："怎么啦？它不是一直就在那里吗？"[42]波利尼西亚航海家对自己的航海技术有非凡的信心，这一点也可以从1962年对马绍尔群岛的一位航海家的采访中看出："我们老一辈马绍尔人既靠感觉也靠视觉来驾船，但我认为了解船只的感觉才是最重要的。"他解释说，一位熟练的航海家在白天或晚上航行都不会有困难，重要的是要适当考虑海浪的运动：

> 一名受过这种导航训练的马绍尔水手，通过船的运动和波浪的形态，可以知道他离一个环礁或岛是否有30英里、20英里或10英里，甚至更近的距离。他也知道自己是否迷失了方向。通过寻找某种波浪的结合点，他能够回到正确航线上。[43]

在多云的天气里，如果夜间云层有任何缝隙，就必须立即加以利用；但一位熟练的航海家也可以利用其他迹象（如海浪）来判定船的方向。还有另外很多迹象，通过了解这些迹象的不同组合，水手必然能找到陆地。通过观察燕鸥等鸟类出海觅食的飞行，可以发现陆地。鸟类从陆地出发的最远飞行距离是已知的，它们早上来的方向和晚上回的方向是寻找陆地位置的最佳线索。其他迹象包括云层，它的颜色可能改变，这表明下方有陆地（珊瑚环礁会将上空的云层映上蛋白石的颜色）。海中的磷光斑是附近有陆地的另一个迹象。越来越多的漂浮残骸通常表明附近有陆地。[44]海上空气的气味有助于引导水手到已知的避难所。[45]水手需要考虑到洋流和风，白天利用太阳，夜间利用星辰，来调整航线。最特别的导航手段之一是可称为“波利尼西亚相对论”的方法，这种方法在加罗林群岛被称为“依塔克”（*etak*）。该方法假设船保持静止，而世界的其余部分在移动。因此，必须对岛屿相对于船的位置变化做出判断。这不仅是船和目的地之间的关系，还是目的地和附近另一个岛之间的关系。这种方法取决于将这第三点与星星准确地联系起来。这也许不是爱因斯坦的相对论，但它需要使用它的人掌握一些高水平的、仅靠人脑的几何学，甚至牢记惊人详细的天体运行图。[46]

因此，“没有文字就不可能有精确科学”的结论是完全错误的，尽管波利尼西亚人的航海科学中有相当分量的咒语、魔法和对神灵的祈求。波利尼西亚水手对海洋及其反复无常的特点形成的非凡理解，以及越来越多表明他们在逆风的情况下航行到新岛屿（而不是被风吹到新陆地）的证据，都对解释他们的航行有重大意义。安德鲁·夏普（Andrew Sharp）的《太平洋上的古代航海家》（*Ancient Voyagers in the Pacific*）一书于1956年被首次提交给波利尼西亚学会。夏普认为，那些发现新土地的人基本上是靠意外才取得那些成就的，比如，被风吹离航线或以其他方式迷失时偶然发现了新土地。夏普的观点看起来可信，但有许多学者表示反对。夏普并没有质疑波利尼西亚水手技艺超群，但他确实低估了他们的非凡能力。[47]夏普真正证明的是另一件事：我们仍然不知道为什么拉皮塔人和他们的后继者，包括毛利人，会在浩瀚大洋上的一片又一片新土地定居。我们对“他们如何做到这一点”有一定的把握，也能比较确定地判断他们是在哪个时期做到的（不过在这方面也有很大的分歧）。但他们为什么一直在迁移，仍然是一个我们只能猜测的话题。

公元前 1000 年前后，当人类在瓦努阿图和斐济群岛定居时，拉皮塔文化的快速扩张达到了高潮。这涉及远在陆地视线之外的雄心勃勃的航行，特别是为了到达斐济必须要进行这样的航行。而在波利尼西亚人前往萨摩亚和汤加的东行路线上，还有一些踏脚石。拉皮塔人已经达到了他们扩张的极限，并在太平洋上建立了横跨约 4500 公里的一系列网络，从新几内亚到汤加，形成了一个巨大的弧形。[48]拉皮塔人扩张的起源是一个巨大的谜团，另一个巨大谜团是扩张为什么中断了长达一千年的时间。这是因为波利尼西亚人的船只无法冒险进入将拉皮塔人的土地与夏威夷、新西兰和复活节岛隔开的远海吗？这种观点的矛盾之处在于，拉皮塔水手已经设法到达了远在大洋深处的斐济和萨摩亚。[49]这些人是非常熟练和富有想象力的航海家，我们很难相信他们没有能力改造他们原本就令人肃然起敬的耐用船只来面对更大的惊涛骇浪。人口过剩对他们来说显然不是问题。尽管需要在岛屿上大面积地重新开垦种植，但那里已经实现了良好的生态平衡。对这个问题进行唯物主义解释的麻烦之处在于，世界上许多地方的移民往往受到宗教信仰的刺激，而我们已经没有办法去了解遥远古代的宗教信仰。假设波利尼西亚探险家是在追寻东升太阳的宗教要求下航海的（诚然，这种假设甚至连间接证据都没有），那么文化时尚可能随着宗教观念的改变而改变。一旦对本地祖先的崇拜强有力地发展起来，一种扎根于自己所生活的岛屿的更强大意识，就会对进一步的扩张起到抑制作用。不过，事实证明，扩张并没有遭到无限期的抑制。

注　释

1. Cited from Cook's journals by K. R. Howe, *The Quest for Origins: Who First Discovered and Settled the Pacific Islands?* (Auckland and Honolulu, 2003), p. 33.

2. P. V. Kirch, *On the Road of the Winds: An Archaeological History of the Pacific Islands before European Contact* (Berkeley and Los Angeles, 2000), p. 93; B. Finney, 'Ocean Sailing Canoes', in K. R. Howe, ed., *Vaka Moana-Voyages of the Ancestors: The Discovery and Settlement of the Pacific* (Auckland, 2006), p. 109. 丰富的新观点见 C. Thompson, *Sea Peoples: In Search of the Ancient Navigators of the Pacific* (London, 2019)。

3. Kirch, *Road of the Winds*, p. 91, citing the work of P. Bellwood.

4. Kirch, *Road of the Winds*, pp. 44-50.

5. G. Irwin, *The Prehistoric Exploration and Colonisation of the Pacific* (Cambridge, 1992), p. 19.

6. G. Irwin, 'Voyaging and Settlement', in Howe, ed., *Vaka Moana*, p. 59; M. Morwood and P. van Osterzee, *A New Human: The Startling Discovery and Strange Story of the 'Hobbits' of Flores* (Washington DC, 2007).

7. Howe, *Quest for Origins*, pp. 64-5.

8. C. Clarkson 及其他 28 位作者，'Human Occupation of Northern Australia

by 65,000 Years Ago', *Nature*, vol. 547 (20 July 2017), pp. 306-26。

9. S. O'Connor and P. Veth, 'The World's First Mariners: Savannah Dwellers in an Island Continent', in S. O'Connor and P. Veth, eds., *East of Wallace's Line: Studies of Past and Present Maritime Cultures of the Indo-Pacific Region* (Rotterdam, 2000), pp. 99-137; Kirch, *Road of the Winds*, pp. 67-8.

10. Finney, 'Ocean Sailing Canoes', pp. 106-7.

11. Irwin, *Prehistoric Exploration and Colonisation*, p. 27; B. Fagan, *Beyond the Blue Horizon: How the Earliest Mariners Unlocked the Secrets of the Oceans* (New York, 2012), pp. 17-30.

12. O'Connor and Veth, 'World's First Mariners', pp. 100, 114, 130.

13. N. Sharp, *Saltwater People: The Waves of Memory* (Toronto, 2002), p. 77; A. Barham, 'Late Holocene Maritime Societies in the Torres Strait Islands, Northern Australia-Cultural Arrival or Cultural Emergence?', in O'Connor and Veth, eds., *East of Wallace's Line*, pp. 223-314.

14. Barham, 'Late Holocene Maritime Societies', pp. 230, 233.

15. A. Clarke, 'The "Moorman's Trowsers": Macassan and Aboriginal Interactions and the Changing Fabric of Indigenous Social Life', in O'Connor and Veth, eds., *East of Wallace's Line*, pp. 315-35.

16. Barham, 'Late Holocene Maritime Societies', pp. 228, 234; Sharp, *Saltwater People*, pp. 74-5, 78, 80.

17. Barham, 'Late Holocene Maritime Societies', p. 248, fig. 5.

18. Sharp, *Saltwater People*, p. 25.

19. Fagan, *Beyond the Blue Horizon*, pp. 22-3; Sharp, *Saltwater People*, pp. 71, 78-9.

20. Sharp, *Saltwater People*, p. 84.

21. D. Roe, 'Maritime, Coastal and Inland Societies in Island Melanesia: The Bush-Saltwater Divide in Solomon Islands and Vanuatu', in O'Connor and Veth, eds., *East of Wallace's Line*, pp. 197–222.

22. J. Allen, 'From Beach to Beach: The Development of Maritime Economies in Prehistoric Melanesia', in O'Connor and Veth, eds., *East of Wallace's Line*, pp. 139–76; Irwin, *Prehistoric Exploration and Colonisation*, p. 19.

23. Irwin, *Prehistoric Exploration and Colonisation*, p. 29.

24. Ibid., p. 53.

25. Finney, 'Ocean Sailing Canoes', p. 133; A. A. Perminow et al., *Stjernestier over Stillehavet–Starpaths across the Pacific* (Oslo, 2008), pp. 54–6.

26. Kirch, *Road of the Winds*, p. 111.

27. A. Couper, *Sailors and Traders: A Maritime History of the Pacific Peoples* (Honolulu, 2009), p. 24; see also P. Rainbird, *The Archaeology of Micronesia* (Cambridge, 2004).

28. Irwin, *Prehistoric Exploration and Colonisation*, p. 37.

29. Howe, *Quest for Origins*, p. 79; Kirch, *Road of the Winds*, pp. 109–10.

30. D. Lewis, *We, the Navigators: The Ancient Art of Landfinding in the Pacific*, 2nd edn (Honolulu, 1994), pp. 297–303; on whom see Thompson, *Sea Peoples*, pp. 262–73.

31. Lewis, *We, the Navigators*, pp. 303–4.

32. Kirch, *Road of the Winds*, p. 98.

33. Ibid., pp. 97, 106–7, 111; Howe, *Quest for Origins*, p. 75.

34. Kirch, *Road of the Winds*, pp. 101–6.

35. B. Malinowski, *Argonauts of the Western Pacific* (London, 1922); M. K. Matsuda, *Pacific Worlds: A History of Seas, Peoples, and Cultures* (Cambridge,

2012), p. 16.

36. Kirch, *Road of the Winds*, p. 113.

37. 关于大洋洲的帆船的插图，见 Finney, 'Ocean Sailing Canoes', pp. 110–17, 出自 A. Haddon and J. Hornell, *Canoes of Oceania* (3 vols., Honolulu, 1936–9)。

38. B. Finney and S. Low, 'Navigation', in Howe, ed., *Vaka Moana*, p. 165; also Lewis, *We, the Navigators*, pp. 139–91.

39. Irwin, 'Voyaging and Settlement', p. 73.

40. Finney and Low, 'Navigation', pp. 170 – 71; J. Evans, *Polynesian Navigation and the Discovery of New Zealand* (Auckland, 2011; rev. edn of *The Discovery of Aotearoa*, Auckland, 1998), pp. 55–8.

41. Lewis, *We, the Navigators*, pp. 102–11.

42. D. Lewis, *The Voyaging Stars: Secrets of the Pacific Island Navigators* (Sydney, 1978), p. 19.

43. Cited in Finney and Low, 'Navigation', p. 174.

44. Finney and Low, 'Navigation', pp. 172, 178–9.

45. Irwin, *Prehistoric Exploration and Colonisation*, pp. 46–7; Howe, *Quest for Origins*, pp. 104–5.

46. Lewis, *We, the Navigators*, pp. 173–91; Finney and Low, 'Navigation', pp. 166–8; Howe, *Quest for Origins*, p. 103.

47. A. Sharp, *Ancient Voyagers in the Pacific* (Harmondsworth, 1956), on which see Thompson, *Sea Peoples*, pp. 250–61.

48. Kirch, *Road of the Winds*, p. 96.

49. Irwin, 'Voyaging and Settlement', p. 76.

第二章

航海家之歌

※ 一

5世纪，太平洋的航海活动复苏了。为什么会发生这种情况，以及为什么在拉皮塔文化晚期航海活动会停止，我们无从得知。有人认为这与所谓的“小气候最适期”（或称中世纪温暖时期）有关，但这与年代学不完全吻合。年代学显示，太平洋航海至少在小气候最适期的几个世纪之前就已经恢复了。气候变暖时海平面上升，可能使居民在岸边有种植园的低洼岛屿的生活变得困难，这就刺激了移民。[1]只有在大约公元300年之后的一千年里，定居点才向北和向南扩展，并向西扩展到气候和资源各异的地区，北至夏威夷，南至新西兰。在这一阶段，塔希提和社会群岛（Society Islands）① 是定居的重点。如果莫雷阿岛（Mo'orea）上驯化椰子的

---

① 社会群岛实际上得名自英国皇家学会（Royal Society），并非“社会”，但这个误译在中文世界已经约定俗成，不得不沿用。

证据能得到充分肯定的话，人类在塔希提和社会群岛的定居大约从公元600年开始。不过，在这些岛屿实际发现的最早的人类居住地的年代在800—1200年，尽管许多更早的居住地可能由于海岸线改变而被淹没了。[2]

从塔希提岛或马克萨斯群岛（Marquesas）向北到夏威夷的旅程可能需要三四个星期，而且必须设法应对不同的风向：风向先是从东到西，然后从西到东，最后再从东到西。20世纪70年代，本·芬尼（Ben Finney）乘坐划艇“霍库雷阿号”（*Hokule'a*），试图模仿波利尼西亚人的航行，证明这样的旅程（从塔希提岛或马克萨斯群岛向北到夏威夷）是可行的。芬尼和新西兰人杰夫·埃文斯（Jeff Evans）是复原传统船型和鼓励波利尼西亚人对其古老的航海技能产生兴趣的先驱。芬尼的实验性航行得到了重视。[3]一个更难解的问题是，夏威夷群岛是否像更南边的岛链一样，在被发现后立即有一群带来植物和动物（包括猪和狗）的移民定居。我们不能假设人类在夏威夷这一连串岛屿的定居是单一事件。不同的岛屿可能在不同的时间有人定居，有时定居者来自夏威夷群岛中的邻近岛屿，有时来自更南边的塔希提和萨摩亚周围的岛链。

夏威夷群岛不可能是偶然被发现的，因为风向根本不允许人们从萨摩亚等地偶然到达夏威夷。[4]人们去寻找新的岛屿，他们的活动范围已经远离他们熟悉的岛屿。这一定是对他们航海能力的极限考验。他们不再能看到南十字座这样的夜间指路星辰。一旦进入北半球，他们就进入了对他们来说崭新的世界。口头传说讲述了他们的发现，以及他们返回起点的旅程（从而传递有新土地可供定居的消息）。这些口头传说中充满了关于航海的有趣信息，甚至还有一些流传下来的历史记忆，但其中夹杂了许多神奇的故事（涉及巨型章鱼），所以这些历史记忆是否准确，颇值得商榷。

波利尼西亚开始出现两种基本的社会类型，一种是所谓的开放社会，在这种社会中，各种不同的群体，包括武士和祭司，为权力和土地而竞争；另一种是所谓的分层社会，早期的塔希提岛和夏威夷就是很好的例子，这种社会中的流动性要小得多，出现了明确的精英阶层，权力集中在世袭酋长手中。在塔希提岛和它的近邻社会群岛，酋长们期待别人向他们进贡食物和树皮布；他们通过与战神奥罗（Oro）的关系来表达自己的权力，并通过人祭来巩固人与神的关系。[5]大约公元 1200 年，塔希提人开始建设梯田，并修建果园来种植面包树。他们为面包果建造了储存坑。他们还建造了带平台的石制神庙［称为“马拉埃”（marae）］，这些神庙就在海边，有时会延伸到海里。作战用的划艇会从马拉埃出发，新的酋长则会乘船来到这里就任。这些都是与海洋紧密联系的社会。东部一些较贫瘠岛屿的酋长劫掠中部较富裕的岛屿，向其索取贡品。战争中的领导地位在奥罗崇拜中得到颂扬，巩固了较贫瘠岛屿的酋长对邻近土地的控制。小小的海洋帝国出现了，酋长们绝非局限于一个岛或一个岛的一部分。酋长之间的紧张关系，特别是他们的儿子之间的紧张关系，可以解释去寻找新土地的冲动，但并不能完全解释为什么新的殖民化会在那个时候（5 世纪）爆炸式地出现。不过，到达已经有人居住的岛屿可能是危险的事情：某些地方显然有在发现新来者时将其杀死的习俗。[6]

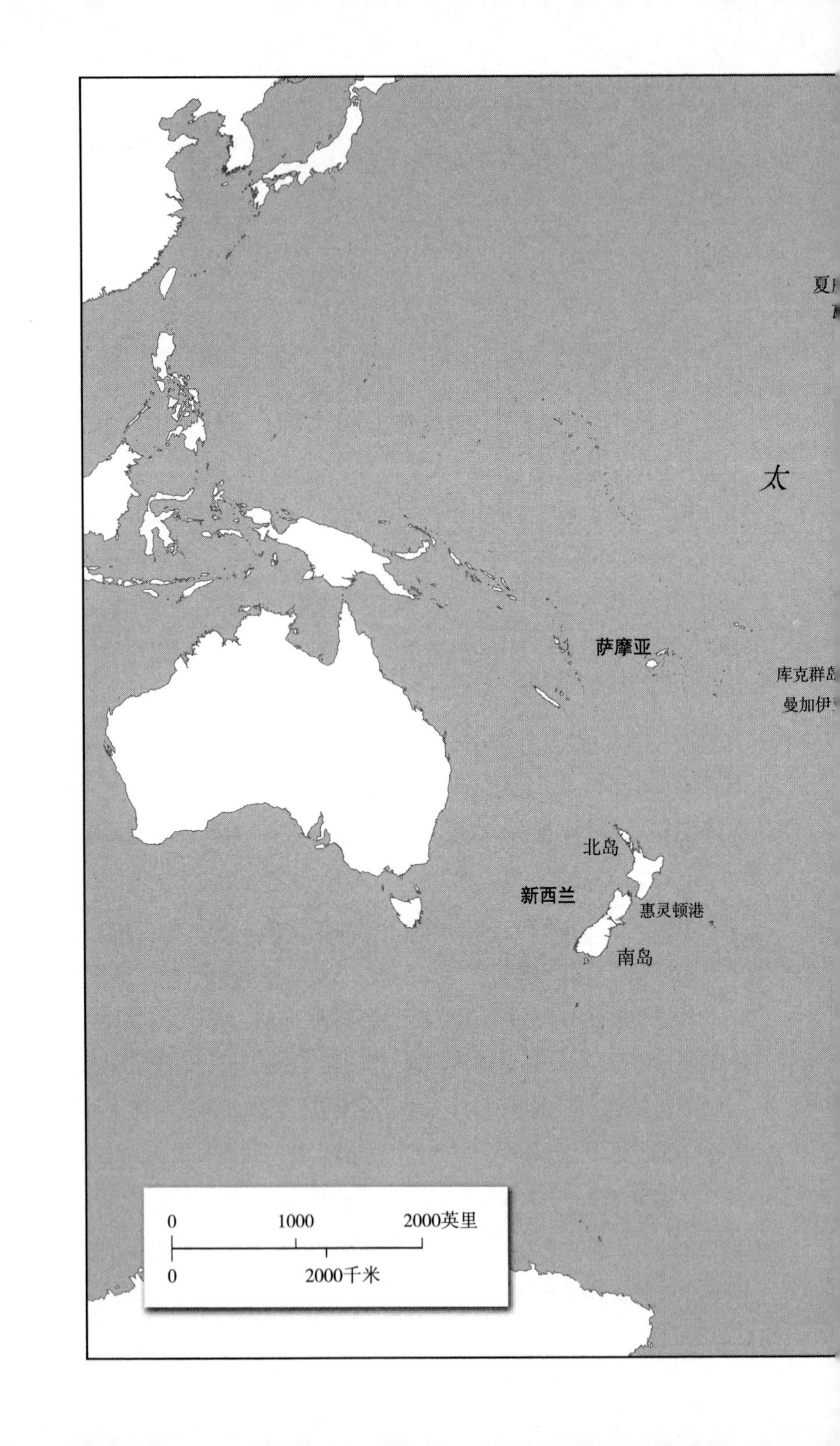
夏
太
萨摩亚
库克群
曼加伊
北岛
新西兰
惠灵顿港
南岛
0
1000
2000英里
0
2000千米

洋
加拉帕戈斯群岛
南美洲
马克萨斯群岛
土阿莫土群岛
塔希提
皮特凯恩岛
复活节岛
（拉帕努伊岛）
南　冰　洋

※ 二

美国考古学家对美利坚合众国第50个州的古代史表现出浓厚的兴趣，这一点可以理解。来自夏威夷群岛的证据也很丰富：有考古学证据；也有19世纪详尽记录的口头传说的证据，尽管这很难评估。在19世纪，阅读和书写在夏威夷人中成为一种风尚，这是基督教传教士积极活动的结果，一时间令夏威夷的识字率比美国本土的更高。[7]夏威夷群岛受到关注的另一个原因是，这里出现了波利尼西亚世界不曾出现的有组织的等级制国家。[8]在夏威夷，波利尼西亚定居者发现了一个天堂：南太平洋岛链上的每个环礁和珊瑚礁都有各自的特点，往往条件不理想的土壤可生产的东西有限，而夏威夷是一座名副其实的花园，拥有肥沃的火山土壤，尽管各岛之间存在差异。来自瓦胡岛（O'ahu）的证据显示，公元800年之前就有人在那里的海岸定居，尽管第一批人的到达可能比那还要早几百年。这表明人类在夏威夷的定居不是一次性完成的。特别有说服力的是来自瓦胡岛和其他地方的鼠骨。太平洋鼠只有在波利尼西亚划艇上作为偷渡者，或者可能作为活的食物储备，才能到达这样遥远的地方。在落水洞（sinkhole）中发现了许多鼠骨，其年代为900—1200年。[9]

学界普遍认为这些定居者来自马克萨斯群岛，因为两地使用的工具有相似之处，特别是锛和鱼钩。不过接触可能是双向的，所以很难确定是谁影响了谁，而且公元1200年前后被采用的一种新式鱼钩表明夏威夷与塔希提周边地区有联系。我们将看到，口头传说谈到了夏威夷与塔希提和社会群岛的密切联系，至少在 14 世纪是这样。因此，我们可以认为定居者是从两个主要方向汇聚而来的，不管其中一个群体是否听说过另一个群体发现了这些岛屿。在 19 世纪的夏威夷仍在讲述的关于早期航海的故事中，有两个故事很突出，尽管其中事件发生的假定年代是 14 世纪的某个时间点。能得出这样的年代，是经过了对世代的计算，但这种计算说得客气点也是很粗略的。夏威夷的叙述者对准确的年代不感兴趣。他们用统治者的名字来衡量时间，难免有些统治者在位的时间比其他人长。这些故事讲述了横跨太平洋广大地区的航行，反映了夏威夷与大洋洲其他地区隔绝之前的时代。

其中一个故事开始于夏威夷群岛外围的瓦胡岛，那里的统治者穆利埃利阿里（Muli'eleali）试图将他拥有的那部分岛屿分给他的三个儿子，就像他从自己父亲那里继承了瓦胡岛的三分之一那样。但显而易见的问题是，经过世代传承，可供生存的土地越来越少。因此，他的两个最小的儿子掀起反叛并被流放，搬到了较大的夏威夷岛上。他们引进了在瓦胡岛发明的新的灌溉手段，种植作为主食的根茎类蔬菜（特别是芋头）。但飓风和洪水破坏了他们的工作，他们觉得受够了夏威夷群岛，于是打算回到祖先的土地，一个叫卡希基（Kahiki）的地方。如果这个故事有任何真实性的话，他们搭乘双体划艇驶向的目的地是今天的塔希提西南部，这个地区与夏威夷有惊人的文化相似性。塔希提这个地区的塔普塔普阿泰（Taputapuatea）神庙与瓦胡岛北部的卡普卡普阿基（Kapukapuakea）

神庙有相同的名字，因为夏威夷方言把 t 转换成 k［所以卡希基（Kahiki）是夏威夷版本的塔希提（Tahiti）］。然后，其中一个兄弟思乡心切，返回北方，他在那里与一位酋长的女儿喜结连理，并被任命为考艾岛（Kaua'i）的最高酋长。考艾岛是瓦胡岛以外的一个外围岛屿。但他的岳父有一个儿子，是在卡希基/塔希提的另一次婚姻中所生的。这个故事讲述了往返卡希基的旅程。另一个相当血腥的故事叙述了出身于社会群岛的帕奥（Pa'ao）在同一时期的经历。当帕奥的儿子被帕奥的兄弟指控偷窃面包果时，帕奥把自己的儿子开膛破肚，以显示他的胃是空的，然后把划艇推到海里，轧过自己的侄子（指控者的孩子）的身体。在这场血仇中，两个家系绝嗣了。帕奥随后前往夏威夷，建造神庙，并有了新的后裔，他们成为夏威夷群岛上一个重要的世袭祭司家族。这些故事表明，夏威夷和塔希提或汤加周围岛屿之间的旅行很容易，这种情况一直持续到 14 世纪。

其中一个故事保存了一首歌，比较清楚地显示了夏威夷人对自己的塔希提起源的至少部分记忆：

Eia Hawai'i, he moku, he kanaka,

He kanaka Hawai'i-e,

He kanaka Hawai'i,

He kama na Kahiki...

这里是夏威夷，一座岛，一个人，

这里是夏威夷，确实如此，

夏威夷是个男人，

塔希提的孩子……[10]

DNA 证据表明，这些故事并不完全是幻想。DNA 证据将现代夏威夷土著人群与波利尼西亚东部的马克萨斯群岛以及更西边的社会群岛的人群联系在一起。[11]能够证明夏威夷与社会群岛之间联系的考古发现比较少。在距离夏威夷 2500 英里的土阿莫土（Tuamoto）群岛的一个珊瑚岛上，出土了一个用夏威夷的石头制成的、具有塔希提风格的锛，这提供了微小但宝贵的接触证据。这块“夏威夷石”可能来源于夏威夷。在土阿莫土周边，人们一般用从波利尼西亚东南部许多岛屿运来的石头制作锛。所以，发现夏威夷的一个例子，哪怕只有一个，也表明土阿莫土和夏威夷之间存在长距离的（虽然不一定是直接的）联系，远超出一般的邻居贸易的范围。可惜的是，我们无法确定这类材料的年代。[12]

关于夏威夷后来发展的口头传说，完全没有提及帕奥和瓦胡岛人时代之后的海上旅行。所有的考古证据也表明出现了中断：无论出于什么原因，夏威夷与波利尼西亚世界的其他地方隔绝了。公元 1400 年前后，尽管关于夏威夷居民跨海抵达的口头传说不断流传，但从夏威夷出发的航行陷入了长期的停滞。[13]不过，夏威夷本土社会并未因此而收缩。夏威夷人口迅速增长，到 18 世纪末库克船长到达时，当地人口已达 25 万。当这片土地上的人口越来越稠密时，人口压力造成的紧张局势部分通过战争解决，部分通过酋长们行使强大的中央权力来解决。根据某些阐释，这是一个“国家建构”的过程。与塔希提岛的情况一样，夏威夷的战神［名为库伊（Kuy）］需要人祭。石制的神庙平台变得越来越精致。随着时间的推移，酋长们自称为神的后裔，将自己与普通人明确区分开。普通岛民在小酋长控制的土地上劳作，提供劳役，定期进贡。所有这些都是大酋长和小酋长们的巨大财富的来源，因为人口增长的问题也得到了解决，这反映在农业的日益集约化上，出现了有组织的耕作体系、鲻鱼养殖场，以及在流水之神凯恩（Kane）佑助下的灌溉项目。到16世纪，夏威夷已经出现了类似于有组织国家的形态——一个分层的社会，我们可以非常粗略地将它描述为"封建"社会。[14]土地的肥沃和夏威夷农业的高效减少了人们对海洋的依赖（当地的渔业除外）。夏威夷群岛从来没有依赖波利尼西亚其他地区的重要物资，因为它们离得太远了。夏威夷群岛成了一个小小的"大陆"，背离了曾将夏威夷第一批定居者带到安全港湾的大海。

※ 三

我们在将目光转向东方的拉帕努伊岛（Rapa Nui，即复活节岛）和南方的新西兰（人类在大洋洲最晚定居的地区）之前，需要解决关于横跨整个太平洋的联系的问题。既然波利尼西亚的航海家最远到达了东边的拉帕努伊岛（它被广袤大洋孤立，与世隔绝），那么我们是否可以想象，有些波利尼西亚人还会进一步到达南美洲？很多人试图搞清楚是哪一个民族最早到达美洲，但这种追寻是以许多错误的前提为基础的，首先是假设人们会认识到他们发现的地方是两片巨大大陆的一部分（哥伦布就没有做到这一点）；只有认识到自己发现的是新大陆，那些人才有资格被誉为新大陆的“真正发现者”。但是，波利尼西亚和南美洲之间联系的问题是由爱自吹自擂的挪威探险家托尔·海尔达尔（Thor Heyerdahl）以相反的形式提出的：南美洲人到达波利尼西亚，并在那里定居。他开始痴迷于这样的观点：波利尼西亚人是美洲人的后裔，他们利用东风驾船驶入太平洋深处。他认为，可以在无数的波利尼西亚工艺品上看到美洲原住民的影响。他建造的“康提基号”（*Kon-Tiki*）木筏与波利尼西亚航海家在整个大洋洲使用的船只没有任何相似之处。“康提基号”复制的是西班牙征服印加帝国之后时期的秘鲁风帆木筏。[15]尽管如此，他于 1947 年乘木筏驶过大洋，奇迹般地活了下来，并假定，仅仅因为有可能在波利尼西亚登陆（他实际上是紧急靠岸的），这种航行在过去一定发生过。来自 DNA 和南岛语系语言传播的证据明确显示，波利尼西亚人是由西向东迁移的，而不是由东向西。即使在海尔达尔起航时，克里克和沃森还没有确定 DNA 的结构，但语言学证据早已明确了波利尼西亚人由西向东迁移这一点。这并不妨碍海尔达尔被选为有史以来最著名的挪威人（阿蒙森或南森没有获得这样的荣誉，这里只考虑挪威的探险家），也不妨碍他在奥斯陆建造一座参观人数众多的博物馆，在那里展示他那艘奇特的远洋船。

现代挪威学者的圆滑说法是，海尔达尔提出了一些重要的问题。而大洋洲和南美洲之间的联系，是一个真正的问题。有证据表明，在波利尼西亚人的航海时代，大洋洲和南美洲就有接触，尽管这些证据不容易解读。在大洋洲和美洲海岸生产的物品之间的大多数所谓相似之处，都有功能上的解释。人类在不同的时间、不同的地点发明了相同的简单物品，这并不超出人类的能力，例如，鱼叉、用贝壳制造的鱼钩，以及加利福尼亚圣巴巴拉（Santa Barbara）附近的丘马什印第安人（Chumash Indians）和波利尼西亚大部分地区的人们喜欢的那种木板结构的船。[16]丘马什印第安人经常被认为是可能冒险渡海的人，因为他们是繁忙的造船者，专门在大陆和圣巴巴拉对面的海峡群岛之间航行。他们也是这条海岸线上经济最发达的民族之一，他们的货币体系以用穿孔贝壳制成的货币（定期销毁，以防止严重的通胀）为基础。但他们的船很难在恶劣天气下穿过圣巴巴拉海峡，而且太小、太简单，无法冒险进入大洋。此外，内陆水域的鱼类供应很丰富。[17]当我们沿着美国海岸线走时，就会更深刻地感到，那里的社会对海洋的兴趣仅限于沿海捕捞：下加利福尼亚的库米艾印第安人（Kumiai Indians）喜欢沙丁鱼、龙脷、金枪鱼（包括狐鲣）和贝类，但他们不是航海家，他们使用的小型芦苇船通常只能载几个人。[18]也没有迹象表明这些民族从遥远的波利尼西亚获得过商品。

托尔·海尔达尔急于证明加拉帕戈斯群岛及其周边富饶的渔场是他所谓的美洲印第安航海家进入太平洋的第一块踏脚石。他希望这样可以让那些对他的“康提基号”远航持尖刻批评态度的人尴尬。[19]加拉帕戈斯群岛位于厄瓜多尔以西600英里处，因此从美洲到达这些岛屿并非易事。西班牙人于1535年发现（也可能是重新发现）了加拉帕戈斯群岛，由此，在“康提基号”远航的几年后，海尔达尔和他的同伴去寻找人类早期到访这些岛屿的证据时，发现了相当多的西班牙陶器，这并不奇怪。尽管挪威人确认另外几十块陶器碎片是南美的，主要来自厄瓜多尔，但他们不得不承认，他们发现的大部分东西的年代无法确定。这些陶器非常简单，可能是在西班牙征服印加帝国之前或之后制作的。一些更精致的碎片可能只是表明，在 16 世纪，印第安人土著陶工延续了印加时代的风格。这是理所当然的，因为那时南美绝大多数的人口仍然是印第安人。所以，我们可以得出结论，南美印第安人确实曾乘船出海，至少远至加拉帕戈斯。问题是，这些船是西班牙的盖伦帆船①，还是海尔达尔寄予厚望的巴沙木（balsa）做成的木筏。最可能的解释是，这些陶器是西班牙的盖伦帆船运抵的。不过，印加人确实保存了关于统治者出海进行神秘航行的神话，也许我们不应该完全否定这些神话。

前西班牙时代南美与太平洋接触的最佳证据，是由那些不太可能通过自然手段进行如此远距离的旅行、在风和海洋中幸存下来而没有被破坏的植物提供的：葫芦和红薯在太平洋传播，但它们起源于南美洲；在相反的方向上，椰子传播到了巴拿马。南美洲的克丘亚印第安人（Quechua Indians）对红薯的称呼是 *kamote*，有人富有想象力地将其与复活节岛语言中的 *kumara* 和波利尼西亚语言中的

---

① 盖伦帆船是至少有两层甲板的大型帆船，在 16—18 世纪被欧洲多国采用。它可以说是卡拉维尔帆船与克拉克帆船的改良版本，船身坚固，可用作远洋航行。最重要的是，它的生产成本比克拉克帆船低，生产三艘克拉克帆船的成本可以生产五艘盖伦帆船。盖伦帆船被制造出来的年代，正好是西欧各国争相建立海上强权的大航海时代。所以，盖伦帆船的面世对欧洲局势的发展亦有一定影响。

kuumala 相比较。[20]季风使从太平洋前往南美洲的旅行成为可能，但没有证据表明有波利尼西亚人试图在南美定居，也没有证据表明南美洲和波利尼西亚的任何地方之间有活跃的贸易。[21]也许红薯是西班牙人在16世纪控制了跨太平洋贸易航线之后传播出去的。但是，红薯种植最多的地方（夏威夷、新西兰和复活节岛）离西班牙的贸易路线有一段距离。考古学家在新西兰、夏威夷和曼加伊亚岛（Mangaia）发掘出的红薯的碳化块茎都可以追溯到欧洲人到来之前的时期。曼加伊亚岛位于库克群岛，是位于新西兰东北方的“远大洋洲”的一部分。放射性碳定年法表明这些红薯块茎的年代约为公元1000年。虽然可以想象鸟类携带种子跨越数千英里，但块茎是另一回事。因此可以说，波利尼西亚的航海家在这个雄心勃勃的第二阶段扩张期间，将他们的活动范围扩大到了整个太平洋。

如果向东走得足够远，就不可能错过拉帕努伊岛（复活节岛）的定居点。波利尼西亚人在这里的定居，比他们与南美洲广阔陆地的可能接触更引人注目，因为拉帕努伊岛的位置极其偏僻。不过，与夏威夷相比，拉帕努伊岛至少位于波利尼西亚的范围之内，所以到达该岛在应对风向方面的挑战较小。关于岛上神秘巨型雕像的含义，众说纷纭。这里的问题是，航海家通过什么方式到达拉帕努伊岛，以及岛民在发现该岛和定居之后保持什么样的对外联系。海尔达尔自然而然地将复活节岛视为他的秘鲁先驱水手的首批基地之一。当地人非常热心地向他提供了南美的一些陶器碎片，但那只是现代的智利陶器（该岛由智利管辖）。他们想取悦这位古怪的挪威绅士。

第一个困难是确定人类最早在拉帕努伊岛定居的年代。岛民自己传说的一个版本是，他们的祖先是由来自希瓦（Hiva）的霍图·玛图阿（Hotu Matu'a，意思是“伟大的父亲”）带领到那里的，后者在寻找日出。在拉帕努伊岛东北的马克萨斯群岛中，有好几个岛的名字中含有“希瓦”一词，而且，如前文所述，马克萨斯群岛很可能是夏威夷居民的来源地。[22]这些传说还提到，霍图·玛图阿的文身师说自己梦见东方有一座美丽的火山岛，霍图·玛图阿在他的启发下进行了为期六周的航行，抵达拉帕努伊岛。最引人注目的一点，不是故事中的细节，而是岛民认识到自己是漂洋过海来到此地的，世界不仅仅由他们自己的岛屿组成。在极端孤立的情况下，他们原本很容易相信自己的岛就是整个世界，并且其他没他们那么孤立的岛屿民族也持有这种观点。[23]

从霍图·玛图阿的事迹发生到这个传说被记载下来，据说经过了 57 代人，这样得出的年代是公元 450 年。但是，从新西兰的情况来看，这种计算方法的用处不大，有些人在处理同样的口头材料时，得出的年代是 12 世纪甚至 16 世纪。幸运的是，现代科学在一定程度上解决了这个难题。对在一座神庙平台上发现的材料进行碳 14 测年，结果显示大约在 7 世纪末（690±130 年），定居者已经在拉帕努伊岛安顿下来。不过，这也不是确定年代的完美方法。一个更早的年代是公元 318 年，材料出自一座坟墓，墓中还有一块公元 1629 年的骨头。虽然岛民的语言明显属于波利尼西亚语的一种（特别是从地名中可以看出），但有一些显著特征让专门研究语言年代学的语言学家得出结论，复活节岛的语言在公元 400 年前后脱离了邻近的语言；它混合了西部和东部波利尼西亚语的特征，并且有时间来发展本地的特色词汇，如*poki*（孩子）一词。岛民还发明了一种非常独特的文字，也可能是从其他地方带来的，而原来那个地方放弃了使用这种文字。当然，这种文字也有可能是在与欧洲人接触并模仿他们之后发展起来的。这是一种神圣的文字，几乎总是被小心翼翼地刻在木板上。遗憾的是，目前还没有办法令人信服地破译这种文字。[24]

拉帕努伊岛最著名的是遍布全岛的非凡雕像与神庙平台。1200—1600年，建设的高潮期持续了数百年之久。这些雕像最初背对大海，朝向火山岩构成的岛屿内部，似乎代表着祖先；而那些往往设计精巧的平台似乎不仅用于宗教仪式，还用作天文观测台。这样看来，岛民对航海失去了兴趣，但没有丧失对天文的兴趣。土著祭司将夜空视为日历，用来确定他们的节日。[25]与世界其他地方隔绝后，该岛试图靠自己的资源生存，但由于居民不断砍伐树木，拉帕努伊岛变得穷困不堪。环境的崩溃，就是建造了这些平台和雕像的繁荣时代之所以结束的最好解释。在接下来的几个世纪里，雕像被推倒，居民互相争斗，经常住在山洞里，对稀缺资源的争夺也加剧了。

一般来讲，波利尼西亚航海家是有意识地寻找新岛屿来定居的，复活节岛很可能是最大的例外。无论是不是偶然被发现的，它都没有出现在波利尼西亚航海家脑海中的地图上。像夏威夷和新西兰一样，它没有出现在波利尼西亚航海家图帕伊亚为库克船长手绘的地图上，该地图向东只延伸到马克萨斯群岛。[26]皮特凯恩岛

（Pitcairn Island）也与波利尼西亚其他地区隔绝，1790 年“邦蒂号”（*Bounty*）的叛变者到达时，岛上空无一人；但它过去曾有人居住，因为人们发现了石头遗迹。显然，岛上曾有一个极其孤立的人群，但他们已经灭亡或迁移了。“邦蒂号”的叛变者最终去了圣诞岛（在基里巴斯），那个岛的故事与皮特凯恩岛的类似。[27]某些殖民定居的尝试没有成功，因为这些岛屿社区的命运取决于它们在更大的群岛社区中的地位，这些岛屿通过贸易、战争和婚姻关系在大洋上进行互动。

所以，这些最偏远的岛屿就像冥王星和最外围行星，是波利尼西亚诸多酋邦互动世界的外缘之外的地方。波利尼西亚的各酋邦彼此交战，民众互通有无，他们一代又一代地保存着他们不成文但详细且非常有效的航海科学。下面我们就谈谈波利尼西亚最大也是气候最恶劣的岛屿——新西兰的南岛与北岛的发现和定居。

※ 四

新西兰的发现史一直很混乱。在欧洲人的描述中，阿贝尔·塔斯曼（Abel Tasman）和库克船长作为发现这些岛屿并确定其形状的探险家，占据了显要位置。这就忽视了原住民毛利人。新西兰最初定居者的后代仍然将新西兰称为奥特亚罗瓦，这个名字据说是由第一位到达北岛的波利尼西亚航海家库佩（Kupe）的妻子希内-蒂-阿帕兰吉（Hine-te-aparangi）取的。许多个世纪以来，南岛多山，气候寒冷，虽然也有人来此定居，但绝大多数毛利人选择生活在更温暖的北岛。该岛的毛利语名字的意思是“长白云”（*ao* + *tea* + *roa*，即“云白长”），因为这就是库佩的妻子第一次接近该岛海岸时以为自己看到的东西，她没有意识到这是陆地。根据对族谱世代的计算，正统的观点认为，毛利人对新西兰的发现发生在10世纪中叶，通常被细化为925年。但更多的现代研究认为，假定这些族谱有价值，而且库佩真的存在，或者他确实是一个人（而不是很多人的集合体），那么所谓的创始人抵达新西兰的年代可能迟至14世纪中叶。[28]据称，在库佩之后，由某个叫托伊（Toi）的人领导的第二个定居点在1150年前后建立，然后一整支划艇船队在1350年前后到达。这至少是毛利人以及在19世纪和20世纪试图撰写新西兰早期历史的欧洲白人（Pakeha）都接受的观点。库佩被热情地描述为毛利人的“哥伦布、麦哲伦或库克”，一个肯定存在的历史人物，是太平洋上数百代波利尼西亚航海家的最杰出代表。[29]毛利人的一首歌是这样的：

Ka tito au, ka tito au,
Ka tito au ki a Kupe,
Te tangata nana i hoehoe te moana,
Te tangata nana i topetope te whenua.
我要唱，我要唱，
我要歌唱库佩，
那个划过海洋的人，
那个分割土地的人。

麻烦在于，我们掌握的关于库佩的所有信息都来自口头传说。口头传说对家谱细枝末节的掌握令人印象深刻，连奴隶的妻子的名字都有，但满是传奇怪谈，有时是巨型章鱼，有时是妖精部落，更不用说变成石头的划艇和搅动海面的神奇皮带了。我们不能仅仅因为航海技艺是口口相传的，而且显然是一门非常精确的科学，就认为这种家谱信息也同样可信。这些家谱因地而异，为适应本地酋长的传说而增减了若干代。历史和象征主义混在一起，然后被与欧洲白人的接触所污染。[30]关于库佩的生涯也没有统一的说法。在一个版本里，奥特亚罗瓦是库佩的划艇的名字。

这些口头传说当然是由毛利人写下来的，但这种书写受到了英国传教士和其他现代定居者的影响。根据其中一个版本，库佩在梦中看到大神伊欧（Io），神对他说："到大洋上去……我会给你看一些土地，你去占领它。"这很像亚伯拉罕被上帝引领到迦南的故事，表明这个故事更多体现了基督教传教士的影响，而不是毛利人的传说。有些人非常严厉地批评将这些故事视为历史的做法，并称它们为"现代新西兰民间故事"。[31]尽管如此，这些故事仍然具有启发性，因为它们讲述了奥特亚罗瓦原住民想象中的原始定居点的故事，也传达了关于在大洋上航行的信息。这些故事的核心是，原住民确信最早的定居者来自遥远的大海彼岸，他们的祖先住在一个叫夏威基的地方。我们已经讲过，在一些波利尼西亚方言中，k 变成了 t；而在其他方言中，通常用一个声门塞音来代替这两个字母，所以夏威基是夏威夷这个名字的另一种形式。或者说，夏威夷这个名字来自一个所谓的（更南边的）祖先家园，而毛利人也把他们的起源归于这个家园。[32]他们并没有说自己来自今天被称为夏威夷的那个群岛。不过，我们不能过于轻信。夏威基是对一个人的祖先所在地的统称，就像“老家”，这个名字被反复使用，让人感觉到，即便远在今天夏威夷的移民也没有失去与祖先的联系。[33]在毛利人的传说中，夏威基被描绘成一个航海族群的家园，人们靠捕鱼维生，相互竞争的酋长之间经常发生冲突。但关于夏威基的形状和大小，或在那里生长的东西，则没有什么信息，因为它是一个理想化的起源地。[34]

这个故事有许多版本，其中一些版本提供了大量的名字和细节，如库佩船上的人数（一种说法是30人）。在南岛和北岛，据说库佩为他到访过的沿岸许多地方命名。例如，他从北岛出发的地点在过去和现在都被称为“库佩的伟大回归之地”（Hokianga nui a Kupe）。[35]当地的酋长自然而然地通过展示他们的领地与奥特亚罗瓦发现者的联系，来增加自己的威望。库佩的故事最具戏剧性的版本讲述的是他与一只章鱼的较量，章鱼将他引向南方的奥特亚罗瓦，然后沿着北岛的海岸前行，在一些版本中也包括南岛。

这个故事开始于夏威基。穆图兰吉（Muturangi）是夏威基的居民，拥有一只宠物章鱼。这不是普通的章鱼，而是一只巨型章鱼，名叫特威克（Te Wheke，意思就是“章鱼”），它有几十个孩子（如果把远洋章鱼当作宠物的想法似乎很奇怪，那么库佩的女儿们把一条鳗鱼和一条鲻鱼当作宠物的说法也很奇怪）。当库佩和他的同伴出海寻找深海鱼时，章鱼和它的孩子会跟着他们的船，用触角抓住库佩在水中拖曳的鱼饵，使渔民的工作无法进行，让岛民饥肠辘辘。穆图兰吉觉得这很好玩，并拒绝管束他的宠物章鱼，所以库佩和他的朋友们的唯一选择就是去寻找特威克和它的孩子们，将其全部杀死。这是在村里的长老会议上商定的，长老们似乎无法约束穆图兰吉。于是，库佩和他的朋友们带着一个简单而狡黠的计划出海了。按照过去的惯例，鱼饵被拖在海里，沉到很深的地方，所以渔民无法察觉前来吃饵的章鱼的存在。这一次，他们放出了较短的渔线，便能够感觉到章鱼何时抓住了鱼饵，然后他们拉动渔线，把小章鱼拉上来，将它们切成碎片。不过，母章鱼一直看着自己的孩子被屠杀而不攻击，同时与划艇保持距离。特威克计划在适当的时候报复。但库佩和他的朋友们不满足于只消灭小章鱼。他们要找到特威克，把它也消灭掉。库佩的妻子认为他不应该把她留在夏威基，自己去执行如此危险的任务，于是他把她和孩子们带上划艇，加上 60 名船员，出发去追捕特威克。他的同伴恩加齐（或称恩加修）在他前面航行，找到了特威克。他们一起追赶章鱼，越来越往南，追踪那只在深海游动的危险生物的橙色光亮。

他们发现自己处于越来越陌生的水域，那里的温度更低，夜晚更长，但他们仍然拒绝放弃使命。然后，库佩的妻子希内-蒂-阿帕兰吉看到了陆地的第一批迹象，两艘划艇得以在新西兰北岛的北海岸补充给养。恩加修接到了沿着东海岸追踪特威克的任务，希望能困住它。库佩将探索西海岸，然后回来帮助恩加修解决这个麻烦的怪物。恩加修设法将章鱼困在一个大山洞里。如果不与他的全副武装的船员对峙，它就无法逃脱。但当库佩最后到达并与它交手时，他顶多只能打伤它。夜幕降临，它设法从混乱的战斗中逃脱，向南游去，于是两艘划艇不断向北岛的南端推进，然后进入今天的惠灵顿港，那是一个灌满海水的大型火山臼（caldera）。船员们在这里休息，并再次补充给养。恩加修开始探索海平线上的南岛，但没过多久，两艘划艇就会合了，并追踪到了特威克。他们的战术是将计谋与蛮力相结合。他们向特威克的头部投掷葫芦，把它搞糊涂了。它误以为葫芦是人头，于是将注意力从划艇转向葫芦，并把它已经受伤的触手缠在上面。之后，库佩向章鱼两眼之间最脆弱的地方投掷锛子，将其杀死。[36]

库佩带着南方有一片广袤土地的消息驶回了夏威基。有人问，他发现的土地是否有人居住？他不置可否：他看到了一只新西兰短翼秧鸡、一只钟吸蜜鸟和一只扇尾鹟；他发现那里的土壤很肥沃，海里有大量的鱼。（所有迹象都表明，在毛利人到来之前，该岛是无人居住的，可一些口头传说谈到了妖精或红皮肤的人，他们鼻子扁平，小腿细长，头发长而油腻。但没有相关的考古证据。）[37]有人问：那么库佩还会回到那里吗？他用一个问题回答对方：库佩会回去吗？（*E hoki Kupe?*）这个短句后来在奥特亚罗瓦被用作礼貌但坚定的拒绝。不用说，毛利人可以指出划艇、锚、桅杆甚至第一条到达北岛的狗变成石头的确切地点，至今仍然可以在奥特亚罗瓦海岸看到那些石头。[38]

从库佩的发现到后来的重新发现和大规模定居的阶段，留下了一些口述历史。这些故事的一个重要特点是，它们都认为发现新西兰的消息被带回了波利尼西亚（通常被简单地称为夏威基）。托伊是夏威基的一名酋长，按照通常的世代计算，他应该生活在 12 世纪。关于他的故事各不相同，这里要介绍的是一个所谓的“正统”版本。因为它保存在 19 世纪的手抄本中，并且相当详细，所以广为流传。但有人怀疑它是否记录了真实的毛利传统。[39]在夏威基，托伊和他的手下受到其他岛屿的邻居挑战，参加划艇比赛，共有 60 艘划艇参赛。托伊本人没有参加，而是在高处与众多围观者一起观看比赛。不过，他的两个孙子图拉辉（Turahui）和瓦通加（Whatonga）参加了比赛。参赛的划艇划到了外海，这一次，博学的波利尼西亚水手们没有仔细观察天气信号。风和雾驱散了划艇，有几艘划艇不见踪影。对于托伊的孙子和其他失踪划艇的命运，人们在向众神求告后没有得到明确的答案。于是，托伊自己出发了。他认为，他可能会在南方很远的地方，在他只是听说过的地方找到失踪的划艇：“我将继续前往库佩在被称为‘被迷雾笼罩的土地’（*Tiritiri o te moana*）的广袤地区发现的土地。我可能会到达陆地，但如果我没有到达，我将在海洋女神的怀抱中安息。”[40]

无论是被描述为奥特亚罗瓦，即“长白云之乡”，还是“被迷雾笼罩的土地”，这都是一个气候比较恶劣的地方。托伊到达奥克兰地峡，发现这里人口稠密，以至于他把当地人比作蚂蚁。他住在他们当中，几名船员与当地妇女成家（如前文所述，这些更早的定居者无疑是后人的幻想）。[41]托伊在北岛北岸的华卡塔尼（Whakatane）附近安顿下来，这是一个自然条件特别优越的地区，气候温和。但他很快就卷入了部落战争。这些关于岛民之间的关系往往很恶劣的叙述，印证了在库克船长时代的毛利社会仍然存在的暴力和毁灭性的冲突。

幸运的是，托伊的孙子们在夏威基的比赛中躲过了风暴。他们登上了陆地，不过不是在奥特亚罗瓦，而是在一个以其统治者命名的地方：兰吉亚泰亚（Rangiatea，这可能是指离塔希提100英里的赖阿特阿岛）。而在夏威基的家里，托伊的儿媳不相信托伊会这么容易找到图拉辉和瓦通加。她有一个更好的计划，那就是派图拉辉的宠物绿鹃去寻找失散的孩子们。她在鸟身上打了个结，鸟在兰吉亚泰亚岛上找到了图拉辉，他毫不费力地破译了信息："你还活着吗？你在哪个岛上？"他做了一个新的绳结，表示"我们都活着，在兰吉亚泰亚"，并观察鸟的飞行方向。然后，图拉辉和瓦通加与他们的同伴乘坐六艘划艇，沿着与鸟相同的路线前进，安全到达夏威基，他们在那里受到了热烈欢迎。[42]

因此，这个故事不仅纪念了奥特亚罗瓦的发现和定居，而且将新西兰的岛屿置于波利尼西亚的大岛链中。其他故事也证实了这一点：一个关于夏威基和奥特亚罗瓦之间往返旅行的故事，描述了红薯被引入奥特亚罗瓦的过程。一名来自夏威基的游客在腰带上携带了一些干红薯。他将红薯与水混合后献给他在奥特亚罗瓦的东道主，他们觉得很好吃。他们随后派人去夏威基索要种子，种子如期而至。[43]但图拉辉故事的魅力还不止于此：绳结的使用让人联想到秘鲁的奇普结绳记事法（*quipu*），这是印加人最接近文字的设计，他们用它来传递信息和记账。这并不是说秘鲁文化已经辐射到了新西兰，但这确实提醒我们，没有文字的民族往往会发展出自己的记忆术；而考古学擅长寻找石头上的铭文，却不太擅长寻找绳结的痕迹。

这里没有必要重述瓦通加如何去寻找托伊的全部细节，不过最详细的记述中提到一艘装饰豪华的划艇，上面有 66 人的位置，包括给几位酋长的，船上还有三位神的神像。据说，在得到这些神的帮助后，划艇绕过了新西兰北岛的大部分地区，最后到达了华卡塔尼和托伊的家。托伊现在是一个大部落的首领。他的追随者娶当地妇女为妻，就这样形成了一个大部落。[44]这些故事的有些地方让人想起忒勒玛科斯出去寻找他的父亲奥德修斯。虽然毛利人的传说不太可能受到希腊神话的影响，但也不能排除这种可能性，因为我们掌握的所有传说版本都是在欧洲传教士和定居者抵达之后才被记载下来的。

最后，据称在 14 世纪中叶，发生了一次大规模的人口流动。据传说，奥特亚罗瓦的所有伟大家族都是来自夏威基的划艇船队的大迁徙（*heke*）参与者的后代。划艇，而不是库佩和托伊，标志着毛利部落历史在奥特亚罗瓦的真正开始。在口头传说中，对划艇的描述有时是极其详细的，甚至包括个别水手坐在横梁上的确切位置；后人知道哪艘划艇带来了自己的祖先。当神灵被带到船上时，船只就成了禁忌物（*tapu*），船上的人只能吃生食，不允许烹饪。用海草做成的袋子装满淡水，拖在船后，使水保持清凉，也减轻船上载物的重量。[45]为了平息海浪，水手们在跨越大洋时吟唱神奇的咒语：

猛烈地划着我的这支桨，

它的名字是考图·基·特·兰吉。

向上天举起它，向天空举起它。

它引导我们去往遥远的海平线，
去往似乎在逼近的海平线，
去往令人生畏的海平线，
去往令人恐惧的海平线，
未知力量的海平线，
被神圣的限制所束缚。

所有这些都反映了后世的日常做法，在惠灵顿的新西兰国立博物馆仍然可以欣赏到他们建造精美的雕刻船的技术。这种船很容易达到20米甚至30米长。关于这次移民的故事讲到了因为向夏威基的酋长进献食物贡品而发生的争吵，所以我们或许可以认为，移民的动因是食物供应的压力。故事还讲到，除了一艘之外，所有划艇都抵达北岛的东海岸，随后是对海岸的巡视，从而让每位酋长都能获得自己的一片领地，而不妨碍邻居的利益。我们再次听到了引进红薯和将块茎献给移民守护神之一的仪式的内容。除此之外，移民似乎没有带来什么植物，而是满足于在新西兰陌生的温带气候下生长的东西。口头传说还提到了狗、母鸡和老鼠（老鼠经常作为食物被吃掉，人们将其保存在油脂中，视其为美味）。关于鼠骨的碳14测年法有一些争论，其中一些鼠骨似乎有两千年的历史，但这比人类存在于新西兰的其他证据要早得多。抵达西海岸的“白云号”（*Aotea*）的船员将两条狗献祭给了马鲁神（Maru）。[46]

目前还没有发现毛利人在10世纪抵达新西兰的确切证据。越来越多的考古学家满足于默证法，认为移民抵达新西兰的时间应该推后，直接推到 14 世纪中叶，但可能稍早一点。这并不能排除以下这种可能性，即与库佩和托伊有相似之处的人在更早的时候到达新西兰，但没有建立定居点。发现通常不是一个突然的过程。对新土地的认识逐渐传播，但不一定导致进一步的行动，正如诺斯人抵达北美的例子所示：当这种新知识在更广泛的世界观中占有一席之地时，关键的变化就发生了。

根据传说，新西兰早期的定居点集中在北岛的西海岸，几乎没有留下任何痕迹，而且一些材料，如石锛，也很难确定年代。更有说服力的是，在毛利人的垃圾堆中发现了现已灭绝的不会飞的鸟类的骨头，这些鸟被称为恐鸟（*moa*）。在南岛的坟墓中，发现了一些随葬品，其中包括恐鸟蛋，以及典型的波利尼西亚风格的锛子和鱼钩。毛利人是否将这些鸟猎杀至灭绝？不过，*moa* 这个名字只是波利尼西亚人对家禽的一种称呼。抵达奥特亚罗瓦后，定居者用这个名字称呼好几种不会飞的鸟，这些鸟在此之前相对安宁地生活在一个没有哺乳动物的岛上（哺乳动物可能会捕食鸟类）；人类是第一批抵达新西兰的哺乳动物。一般来说，孤立的岛屿不会有土生的哺乳动物。有些口头传说谈到了这种土生鸟类。[47]特别是凉爽的南岛，在那里耕作对习惯于传统波利尼西亚农业的人来说比较困难，所以定居者可能在一段时间内依靠鸟肉、鱼和其他海鲜来维持生计。但这大部分是猜测。我们无法证明在大约公元 1200 年之前，人类就已经开始在新西兰开荒了。[48]重要的一点是，新来的人在以前无人居住的岛屿上定居后，迅速改变了生态平衡，不管是通过开垦土地种植庄稼，还是引进攻击野生动物的太平洋鼠，或者是人类自已破坏了本地动植物与环境之间的微妙关系。[49]在奥特亚罗瓦是这样；在所有的大洋，在人类定居的几乎每一个岛都是这样。

在奥特亚罗瓦，就像在夏威夷一样，人们背离了大海，与波利尼西亚世界其他地区的定期接触也停止了。新的土地为定居者提供了所需的资源，没有发生关键商品的短缺，所以就不会刺激贸易。例如，用来制作工具和装饰品的典型的绿色石头在新西兰很丰富，黑曜石也是如此，这种火山产品在这两个火山活动一直很活跃的岛上很丰富，这不足为奇。14 世纪中叶，波利尼西亚人达到了他们在太平洋扩张的极限。人类在太平洋定居（包含一个重要的中断），花了三千年时间，但跨越了三千多英里的距离。当欧洲水手进入太平洋水域时，我们会再回来关注开放的太平洋。首先是麦哲伦，后来是著名的马尼拉大帆船，将菲律宾与中美洲和南美洲连接起来。然而必须承认，波利尼西亚人简单而有效的航海技术胜过欧洲水手的技术，更不用说中国人和日本人的技术了。

注　释

1. G. Irwin, *The Prehistoric Exploration and Colonisation of the Pacific* (Cambridge, 1992), pp. 73-4 探讨了一种观点，即所谓的间隔是错觉。

2. P. V. Kirch, *On the Road of the Winds: An Archaeological History of the Pacific Islands before European Contact* (Berkeley and Los Angeles, 2000), p. 232.

3. Irwin, *Prehistoric Exploration and Colonisation*, pp. 103-4.

4. Cf. A. Sharp, *Ancient Voyagers in the Pacific* (Harmondsworth, 1956), p. 164.

5. Kirch, *Road of the Winds*, pp. 283 - 4; A. A. Perminow, *Stjenestier over Stillehavet-Starpaths across the Pacific* (Oslo, 2008), p. 91.

6. Perminow, *Stjenestier over Stillehavet*, pp. 83, 88 - 90; Kirch, *Road of the Winds*, p. 288; D. Lewis, *We, the Navigators: The Ancient Art of Landfinding in the Pacific* (2nd edn, Honolulu, 1994), p. 13.

7. P. V. Kirch, *A Shark Going Inland Is My Chief: The Island Civilization of Ancient Hawai'i* (Berkeley and Los Angeles, 2012), p. 17.

8. P. V. Kirch, *How Chiefs Became Kings: Divine Kingship and the Rise of Archaic States in Ancient Hawai'i* (Berkeley and Los Angeles, 2010).

9. Kirch, *Shark Going Inland*, pp. 108-9.

10. Cited by Kirch, *Shark Going Inland*, p. 122.

11. Kirch, *How Chiefs Became Kings*, pp. 84-6.

12. Kirch, *Shark Going Inland*, pp. 126-30.

13. Kirch, *Road of the Winds*, pp. 290-93.

14. Ibid., pp. 289-300, drawing on M. Sahlins, *Islands of History* (Chicago, 1985), and P. Kirch and M. Sahlins, *Anabulu: The Anthropology of History in the Kingdom of Hawaii* (2 vols., Chicago, 1992).

15. J. Flenley and P. Bahn, *The Enigmas of Easter Island* (2nd edn, Oxford, 2003), p. 35; C. Thompson, *Sea Peoples: In Search of the Ancient Navigators of the Pacific* (London, 2019).

16. G. Irwin, 'Voyaging and Settlement', in K. R. Howe, ed., *Vaka Moana-Voyages of the Ancestors: The Discovery and Settlement of the Pacific* (Auckland, 2006), p. 83.

17. L. Gamble, *The Chumash World at European Contact: Power, Trade, and Feasting among Complex Hunter-Gatherers* (Berkeley and Los Angeles, 2008); B. Miller, *Chumash: A Picture of Their World* (Los Osos, 1988).

18. C. Lazcano Sahagún, *Pa-Tai: La Historia olvidada de Ensenada* (Ensenada, 2000), pp. 73–7.

19. T. Heyerdahl and A. Skjølsvold, *Archeological Evidence of Pre-Spanish Visits to the Galápagos Islands* [Oslo, 1990; originally published in *American Antiquity*, vol. 22 (1956), no. 2, part 3].

20. Flenley and Bahn, *Enigmas of Easter Island*, p. 34.

21. Irwin, 'Voyaging and Settlement', p. 85.

22. Flenley and Bahn, *Enigmas of Easter Island*, p. 40.

23. Lewis, *We, the Navigators*, p. 353; Sharp, *Ancient Voyagers*, pp. 153–5.

24. Flenley and Bahn, *Enigmas of Easter Island*, pp. 54–5, 75–7, 184–5.

25. Ibid., p. 68.

26. A. Di Piazza and E. Pearthree, 'A New Reading of Tupaia's Chart', *Journal of the Polynesian Society*, vol. 116 (2007), pp. 321–40; Thompson, *Sea Peoples*, pp. 88–98.

27. Sharp, *Ancient Voyagers*, pp. 149, 156–7.

28. D. R. Simmons, *The Great New Zealand Myth: A Study of the Discovery and Origin Traditions of the Maori* (Wellington, 1976), p. 57; Te Rangi Hiroa (Sir Peter Buck), *The Coming of the Maori* (Wellington, 1950), p. 5.

29. J. C. Beaglehole, *The Discovery of New Zealand* (2nd edn, Wellington, 1961), pp. 1–8.

30. R. Taonui, 'Polynesian Oral Traditions', in Howe, ed., *Vaka Moana*, pp. 35–6.

31. Simmons, *Great New Zealand Myth*, pp. 7, 22.

32. P. V. Kirch and R. C. Green, *Hawaiki, Ancestral Polynesia: An Essay in Historical Anthropology* (Cambridge, 2001).

33. Taonui, 'Polynesian Oral Traditions', pp. 49, 52.

34. Hiroa, *Coming of the Maori*, pp. 15, 29, 36–7.

35. Ibid., p. 7.

36. Simmons, *Great New Zealand Myth*, pp. 341–53; Hiroa, *Coming of the Maori*, pp. 5–6; J. Evans, *Polynesian Navigation and the Discovery of New Zealand* (Auckland, 2011; rev. edn of *The Discovery of Aotearoa*, Auckland, 1998), pp. 33–7.

37. Hiroa, *Coming of the Maori*, pp. 10–11.

38. Simmons, *Great New Zealand Myth*, pp. 23, 341–2.

39. Text ibid., pp. 342–7; also pp. 71–3, 100.

40. Hiroa, *Coming of the Maori*, p. 23.

41. Irwin, 'Voyaging and Settlement', p. 91.

42. Simmons, *Great New Zealand Myth*, pp. 344–5; Hiroa, *Coming of the Maori*, pp. 24–5.

43. Hiroa, *Coming of the Maori*, pp. 33–4.

44. Simmons, *Great New Zealand Myth*, pp. 345–6; Hiroa, *Coming of the Maori*, pp. 26–7.

45. Hiroa, *Coming of the Maori*, p. 43.

46. Ibid., pp. 51, 64; Irwin, 'Voyaging and Settlement', pp. 89–90.

47. Simmons, *Great New Zealand Myth*, pp. 347–50.

48. Irwin, 'Voyaging and Settlement', p. 90.

49. D. Quammen, *The Song of the Dodo: Island Biogeography in an Age of Extinction* (London, 1996), pp. 193–4; Hiroa, *Coming of the Maori*, pp. 19–21.

第二部

中年大洋

印度洋及其邻居

公元前 4500—公元 1500 年

第三章

天堂之水

※ 一

即便只是粗略地看一下地图，也会发现太平洋和印度洋的一个根本区别。太平洋上遍布岛屿，尤其是在西南部，而人类在印度洋的存在是由大洋的海岸线决定的。太平洋上分散、空旷的岛屿意味着太平洋成为移民的大洋。而印度洋上有人定居的、连通的海岸，使印度洋成为商人的网络。在波利尼西亚人踏上每一个可居住的太平洋海岛很久之后，欧洲人和他们带来的奴隶或契约劳工才发现毛里求斯岛和留尼汪岛等偏远、分散的岛屿并在那里定居。此外，印度洋岛屿只是从大洋的东部边缘才开始比较集中地出现，同时蔓延到太平洋，即今天被称为印度尼西亚和马来西亚的地区。在其他岛屿中，安达曼群岛被马可·波罗和其他旅行者宣扬得很有名，因为据说那里的居民会杀死甚至吃掉来访者。但在非洲的沿海只有一个大型岛屿，而那个地方，即马达加斯加，部分是由从太平洋边缘一路走来的马来人或印度尼西亚人定居的。

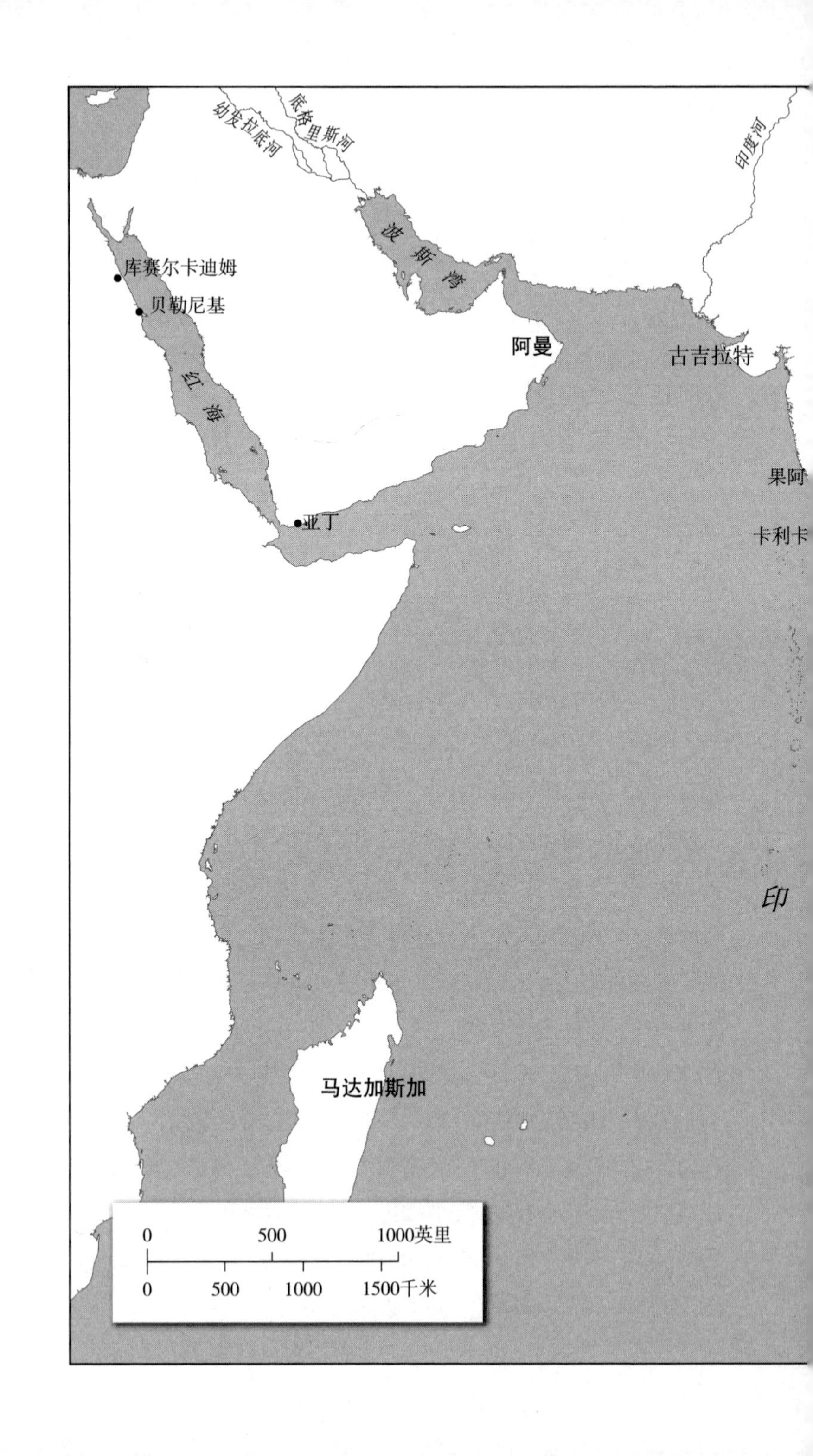
幼发拉底河
底格里斯河
印度河
波斯湾
库赛尔卡迪姆
贝勒尼基
阿曼
古吉拉特
红海
果阿
亚丁
卡利卡
印
马达加斯加
0
500
1000英里
0
500
1000
1500千米

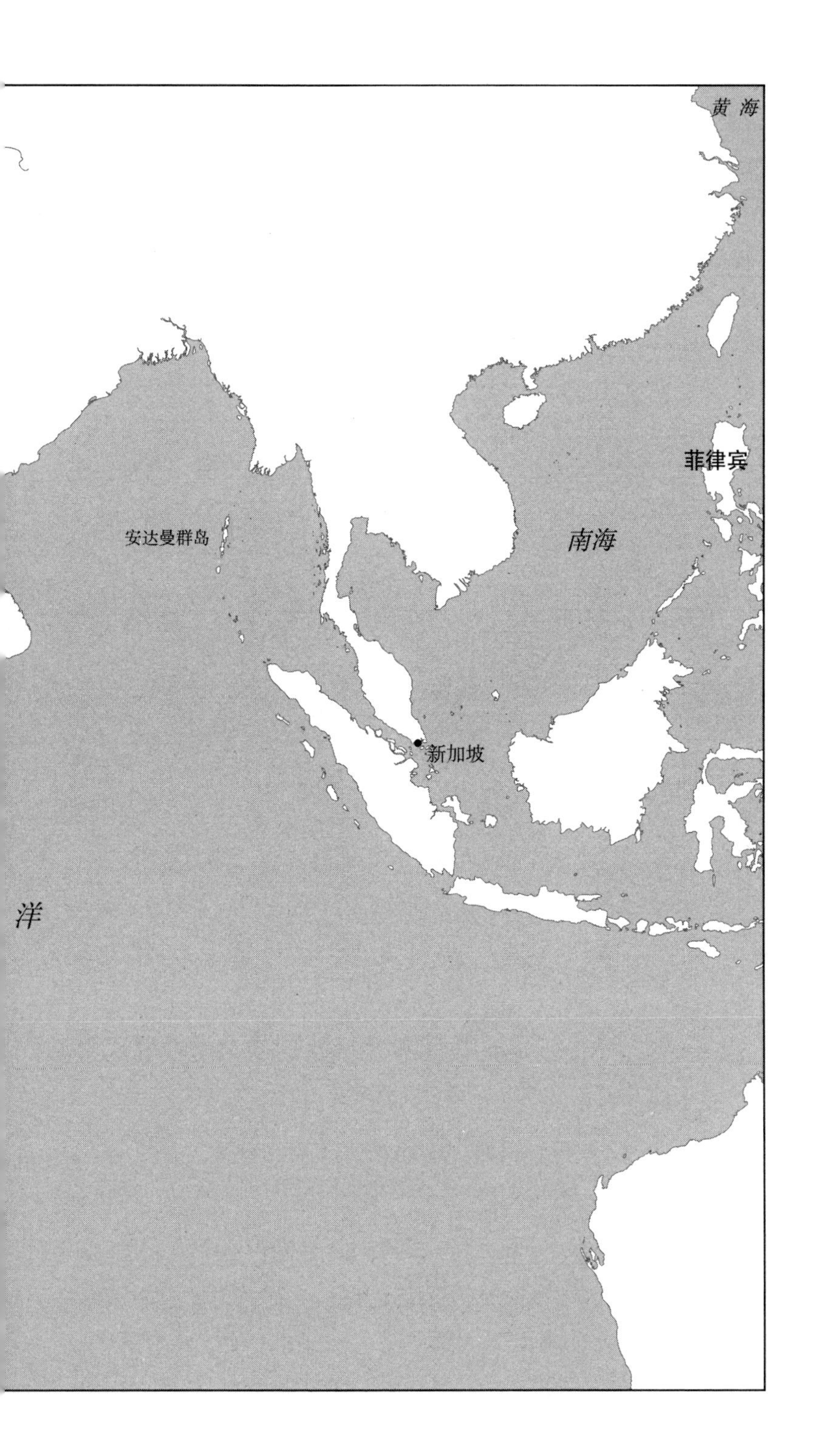
黄 海
菲律宾
安达曼群岛
南海
新加坡
洋

但是，上述的比较没有考虑到太平洋的一个区域：南海（从新加坡到菲律宾，直至中国台湾），以及更远的黄海和日本海，包括中国北部、朝鲜半岛和日本列岛的海岸。这个区域是逐渐成为重要海洋活动区域的。这条大弧线与波利尼西亚、美拉尼西亚和密克罗尼西亚的广大地区不同，与印度洋发展了密切的联系，所以我们可以合理地视之为印度洋世界的延伸。这些联系的最佳标志，就是公元1千纪中国和日本佛教徒对印度文献、圣物甚至艺术品的渴求。例如，759年日本奈良地区的一幅壁画清楚地描绘了一位印度公主，并带有希腊化艺术家的印记。在亚历山大大帝之后，希腊化艺术家将希腊艺术风格带到了印度西北部。[1]与印度洋相比，中国以东的海域在很长一段时间内保持着相当程度的平静。而印度洋作为一条通衢大道的历史，是随着埃及人和苏美尔人向红海和波斯湾派出第一批贸易探险队而时断时续地展开的。所有这些，都证明了印度洋自古以来的非凡活力。直至公元1千纪，商品交换和人员流动比印度洋更频繁的唯一海域，是比印度洋小得多，也更封闭的地中海。

由此，研究印度洋的历史学家倾向于把印度洋看作“地中海”，一片由其边缘界定的海洋，尽管它没有南部边缘。像地中海一样，印度洋是一片整齐地分为两半的海洋。锡兰岛，也就是现代的斯里兰卡，扮演着西西里岛的角色，是一个面朝两个方向的大岛；南印度则扮演着意大利的角色，它的西侧和东侧通过陆地或海洋相互连接。因此，这些地区（锡兰、南印度）成为“西 Indies”和“东 Indies”贸易世界之间的桥梁。Indies 是一个来自拉丁语和希腊语的术语，最终词源是印地语，它的不确定性反映了关于印度洋广阔空间的一些重要信息。因为在古代和中世纪，Indies 一词不仅包括印度和印度尼西亚，还包括非洲东海岸，也就是说，任何与印度洋相接的地方。后来，这让人对在哪里能找到中世纪神话中的祭司王约翰（Prester John）感到困惑。据传说，这位基督教君主将在与伊斯兰势力的斗争中拯救西欧。1400 年前后到达西欧的第一批吉普赛人快活地谈起他们起源于印度，或者也许是“小埃及”，也引起了同样的困惑。当哥伦布将新大陆定义为“印度”（Indies）时，这种混乱被进一步放大了，以至于我们不假思索地使用“西印度人”这样的术语指代加勒比海的居民，而且直到最近才用“美洲原住民”的说法取代“红种印第安人”。不足为奇的是，一些研究印度洋的历史学家表示不喜欢“印度洋”这个词，因为它似乎给广阔的海岸线的某一部分赋予了特权。但这是在运用现代而不是古代和中世纪的印度概念。现代的印度只是一个小印度（India），而古代和中世纪的印度是大印度（Indies）。[2]

印度洋很难测量。据说它的面积达到 7500 万平方公里，占世界海洋面积的 27%，前提是假设我们知道它的南部边界在哪里，而这条边界实际上是随意划定的。[3]印度洋可以由其历史上的出口点来定义：经过亚丁就进入了红海，而红海是地中海和印度洋之间的桥梁；通过马六甲海峡，经过新加坡，就进入了太平洋。后来，随着葡萄牙人于 1497 年进入印度洋，可以再加上好望角，从那里进入大西洋。另一个南部边缘，即澳大利亚的西海岸，直到 19 世纪才被航海者关注，即便如此也是非常有限的关注。但是，最早和最有活力的出口之一（尽管它通向河流而不是远海），是阿拉伯半岛和伊朗之间的水域，那里被称为波斯湾或阿拉伯湾。[4]

说到印度洋的“缓慢创造”似乎很奇怪，毕竟这个空间在海上交通（沿其海岸和穿越其开放空间）开始发展之前，已经存在了数百万年。但从海洋史的角度来看，问题在于印度洋何时开始作为一个单元发挥作用。换句话说，东非、阿拉伯半岛、印度和东南亚的海岸何时开始跨海互动，无论是通过移民还是通过贸易。除了将这些海岸分解成一系列互不相干的，有时甚至是互相孤立的海岸之外，我们还必须关注深入中东的两个主要海湾，即红海和波斯湾。红海和波斯湾为古代世界最早、最富饶和最具创新性的两种文明，即古埃及和美索不达米亚的文明提供了通道。说这两种文明利用从它们的土地向东南延伸的海路获得了巨大利益，并不是说法老或苏美尔和巴比伦各城市的商人不间断地使用这些路线，也不是说他们冒险深入海洋，尽管如后文所示，苏美尔人确实通过海路与美索不达米亚以东的另一个伟大文明发生了接触。印度洋贸易的开端是不稳定的。比如，埃及人沿红海远航到“蓬特之地”（land of Punt）的海上冒险是断断续续的。在最早的文献或考古记录中，没有证据表明在阿拉伯半岛周围发生过将埃及在红海的诸港口与波斯湾联系起来的定期航行。不过，印度洋沿岸土地的产品极具诱惑力：昂贵的必需品，如铜；奢侈的材料，如黑乌木和白象牙；以及芳香的树脂，如乳香和没药。埃及人谈论蓬特的产品，将蓬特称为“神的土地”；而在早期的美索不达米亚，流传着“沿着波斯湾的路线可以通往有福者的住所”的说法。

印度洋，甚至红海和波斯湾的边缘的定义都是模糊的，参照的是人类的心理地图。在心理地图上，地名不断移动，似乎表示在哪里可以找到特定的产品，而不是目的地的实际位置：铜的土地，香水的土地，等等。尽管古巴比伦人对天文学的掌握令人印象深刻，但他们对波斯湾以外的大洋的规模没有任何概念。保存在大英博物馆的一块楔形文字泥板上的一幅高度示意性的巴比伦世界地图，年代为公元前700—前500年，不足为奇地将伊拉克置于世界的中心，苦海（波斯湾）通向东南，盐海环绕着这片土地。制图者的目的是说明巴比伦的神话，而不是引导水手前往安全的避风港。在这个意义上，这幅地图与中世纪欧洲同样示意性的世界地图相似，如赫里福德世界地图（Hereford Mappamundi）。但有一种感觉是，即使在最早的定期航行者悄悄驶离波斯湾的两千年后，人们对印度洋更广阔地区的了解和兴趣还是没有很大的进展。当希腊和罗马的贸易商开始深入印度洋、寻找印度香料时，人们才对印度洋的更广阔地区有了更多的了解和兴趣。

印度洋有一个著名的自然特征，赋予了该地区一种统一性，那就是季风。季风决定了航海的季节，更重要的是，决定了居民消费的食品和千百年来人们在印度洋沿岸寻找的商品的生产周期。也许，与季风有关的粮食生产的最突出特点是，种植小麦（有时与小米或类似谷物混合）的地区与生产水稻的地区之间的区别。在西部地区，最好的希望是等待冬季降雨，或在大河水系（美索不达米亚的底格里斯河和幼发拉底河，以及今天巴基斯坦境内的印度河）的帮助下开凿水渠、灌溉土壤。在这些地区，面包成为阿拉伯人、波

阿卡德
苏美尔
拉格什
乌尔
科威特
迪尔穆恩/巴林
乌姆
纳尔
马干
0
500
1000英里
0
500
1000
1500千米

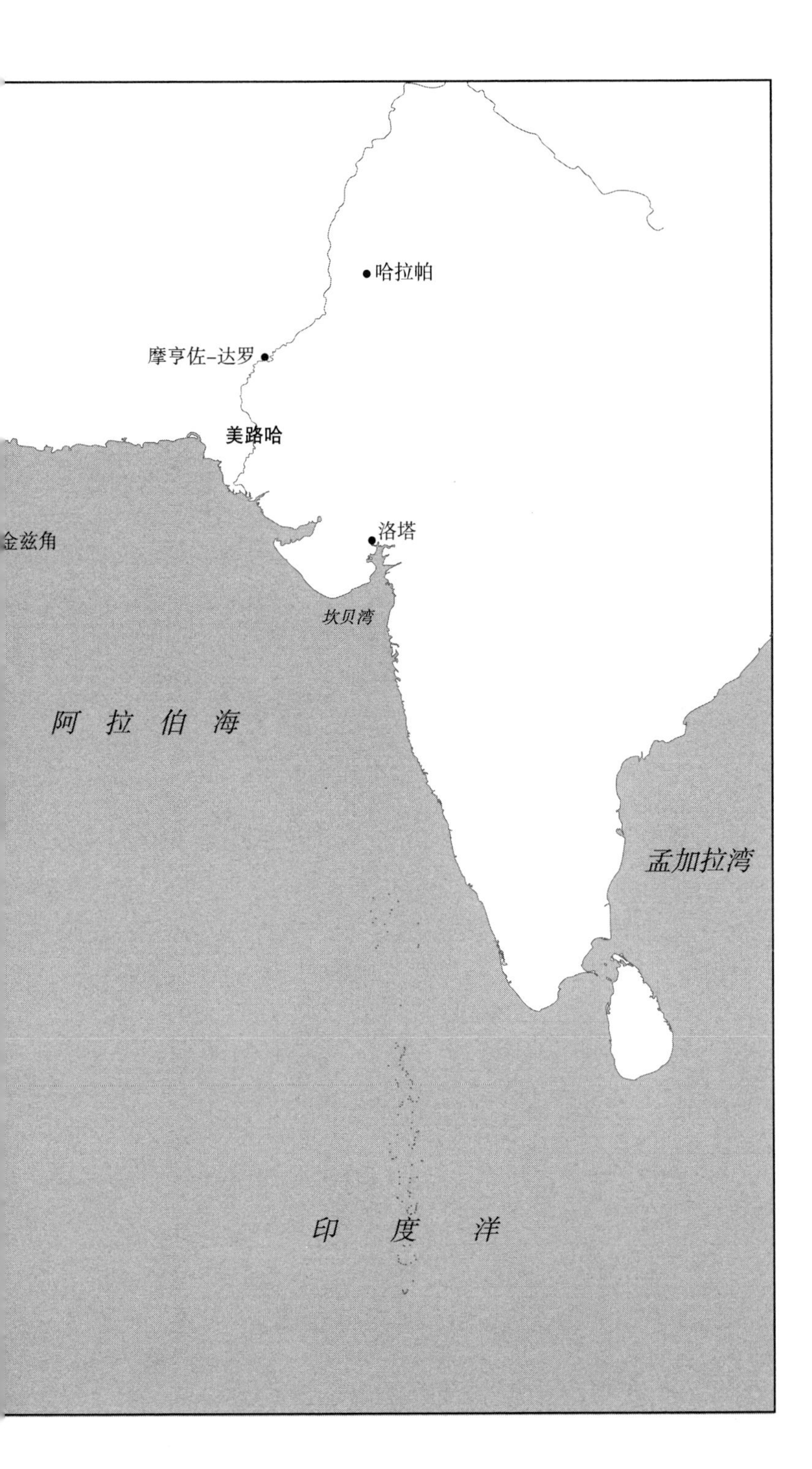

哈拉帕
摩亨佐-达罗
美路哈
洛塔
金兹角
坎贝湾
阿拉伯海
孟加拉湾
印度洋

斯人和北印度人的“生命之杖”。西部是面包的地区。而东部地区，从南印度到东南亚稻田，则与各种类型的大米结下了不解之缘：厚而圆润的大米，薄而光亮的大米，甚至（在传播至中国之后）还有白色、棕色、粉色和黄色以及新品种和旧品种的大米，这些被认为是最美味的品种。[5]小麦或大米的粮食盈余，为古代和中世纪在印度洋附近出现的国家的政治成就提供了保障，无论是远在公元前3千纪和前2千纪的苏美尔（在今天的伊拉克境内），还是9—12世纪的柬埔寨吴哥。由于粮食盈余提供了强大的经济基础，人们有足够的能力进行手工艺品以及奢侈食品和染料的生产和销售，特别是罗马人和他们的后继者特别渴望的胡椒。作为季风作物当中的佼佼者，大米也可以被交易到那些不生产或很少生产大米的地区。一旦贸易路线建立起来，跨越大洋的商业就不仅仅是运载香料了。

季风的起源在于亚洲大陆在夏季产生的高温空气，较冷的空气被吸引到海洋的东北方向。而到了冬天，情况就完全相反了：陆地急剧降温，但海洋保持着温暖。因此，在6—10月，风向有利于从西南海域驶向印度尼西亚的航运，即使这往往意味着在细密的暖雨中航行。另外，盛夏时节，海上的狂风暴雨使印度洋西部的航行变得非常危险，这中断了从印度洋西部到印度西部的交通，水手们不得不等待8月末风势减弱后再走这条路。不过，阿曼的阿拉伯三角帆船（Dhow）在5月、6月和7月有机会从阿拉伯半岛到达印度。9月至次年5月是一年中从印度西部的古吉拉特（Gujarat）到亚丁的航行最可行的时段。在15世纪，船在1月从卡利卡特（Calicut）出发，前往亚丁，然后在夏末秋初返回。冬季也是从亚丁或阿曼前往东非海岸的理想时间，船只可以在 4 月和 5 月返回，通常是缓慢地返回，因为需要逆流航行。在红海，人们必须知道，向北航行的安全期是 1 月和 2 月，向南航行则需要利用夏季向南吹的风。因此，无论是在整个印度洋还是在其附属海域，了解风如何以及何时从南向北转变，都是至关重要的。

中世纪的阿拉伯作家认为，身为船长如果不了解风向，就是“无知和没有经验的冒险家”。从 12 月起，风从北方吹来，最远到达马达加斯加。到了春天，印度和阿拉伯半岛的南端会有大量降雨（在阿曼西部形成了一个异常肥沃的地区）。风的变化虽然可以预测，但仍然不是确定的。明智的船长知道，有利的风可能来得比预期的要早，并且季风的强度每年都不同。船长还会考虑到洋流的季节性变化，尽管这些变化受到季风的深刻影响：在红海，夏季的洋流从北向南流动，但在冬季，海水的流动更加复杂，在这片布满暗礁的海域航行可能相当危险；波斯湾在夏季也遵循类似的模式，但幸运的是，在冬季会有简单的反向流动。[6]

印度洋的这些特点对人员流动和贸易行为的影响，要比狭窄的地中海空间的自然条件对人类活动的影响大得多。在地中海，即使在季节不合适的情况下，也可以挑战风和水流。而印度洋季风的周期迫使旅行者在港口停留很长时间，因为他们需要等待风向的转变。印度洋西部和东部地区的风向和洋流的差异，意味着海上旅行通常必须分阶段进行。几百年来在红海的狭小空间也是如此，商人必须在沿海的中途小站（如贝勒尼基和库赛尔卡迪姆）等待合适的风向。这些中途小站在罗马时期和中世纪发展成服务于贸易路线的相当大的城镇。因此，至少在中世纪，香料路线被切割成许多不同的部分，不同的部分由不同族群的商人和水手（如马来人、泰米尔人、古吉拉特人、波斯人、阿拉伯半岛的阿拉伯人、犹太人、科普特人或埃及的阿拉伯人）经营，就不足为奇了。南印度是所谓的“罗马商人”的渗透极限，这里的罗马商人指的是通过红海将香料和香水输送到地中海的商人。葡萄牙人到来之后，印度洋才出现了一个企图控制所有重要贸易路线的航海民族。但葡萄牙人在与卡利卡特和果阿以及更远的地方做生意时，与其他人一样受到季风的限制。

※ 二

波斯湾或阿拉伯湾是一个很小的区域，但其中有许多反差：它的东北海岸陡峭地通向波斯的山脉，没有什么好的港口；它的东南海岸是干燥的沙地，大部分是平坦的，但受到阿拉伯半岛的酷热和靠近温暖海洋的地区的高湿度的影响；它的北端是一片泽国，充满了底格里斯河和幼发拉底河的淤泥，使海岸线不断向南延伸，而且北端通往盛产小麦的土地，那些土地本身被沙漠和高地包围。大约在公元前4000年，一个相对良性的阶段结束了（在这个阶段，阿拉伯半岛有适度的降雨），干旱越来越严重。这实际上为贸易提供了刺激，因为自给自足的局面已经被打破。另一个重大变化是，到公元前6000年前后，海平面下降了约2米，因此，一些原本在海岸线上的考古遗址如今位于稍高的地方，稍微靠近内陆。[7]在波斯湾，若干岛屿和半岛为旅行者提供了停靠点，特别是在巴林、卡塔尔和乌姆纳尔（Umm an-Nar，靠近阿布扎比）。然后，过了狭窄的霍尔木兹海峡，背靠阿曼的山脉，可以进入印度洋，并有机会沿着今天的伊朗和巴基斯坦的海岸前进，直到抵达其他河流（印度河和印度西北部的许多河流系统）的入海口。这些千差万别的环境通常不是自给自足的，而是依赖贸易。早在公元前 6 千纪出现的海上贸易网络中，椰枣发挥了特别重要的作用。

在这一时期，伊拉克南部形成了一种相对先进的文化，它被命名为欧贝德（Ubaid）文化。到公元前 4500 年，这种文化的特点是兴建了神庙和宫殿，城镇也开始发展。[8]早在几千年前，动物驯化和农耕就已经开始，在亚洲和中东的几个角落产生了等级森严且日益复杂的社会。这些社会的后继者创造了美索不达米亚、埃及、中国和印度河流域的庞大城市和壮观的艺术品（不过印度河流域的例子较晚）。大河在这些社会中的重要性不可低估。与其说大河是沟通的手段（那是后来的事），不如说大河是农业的淡水来源。然而，关于欧贝德文化的知识仍然是非常零散的。在许多个世纪里，肯定发生了翻天覆地的变化，而考古学家进行的零碎且结果往往不一致的测年，无助于识别这些变化。

欧贝德文化的财富基础，似乎是对农产品和羊群的掌控。羊不仅被用作食物，而且是皮革业和纺织业的基础。不过，在所难免的是，确凿的证据总的来讲只有欧贝德陶器，它们有独特的、通常是优雅的线形装饰。我们无法确定是谁控制了这个原始城市社会，但可以有把握地说，欧贝德偶尔会有商人出现。这是因为欧贝德陶器经常出现在远离伊拉克南部的遗址中，比如，沙特阿拉伯、阿曼和波斯湾另一边的伊朗等地的遗址。[9]非常早期的欧贝德陶器碎片，主体为浅绿色，有紫色的装饰，肯定来自美索不达米亚。但其他的欧贝德商品，如典型的美索不达米亚南部的小雕像，没有出现在阿拉伯半岛沿海的遗址中，这使考古学家得出结论：上述陶器碎片是伊拉克商人偶尔来访的证据，但不能证明一个成熟的贸易网络已经形成。沿海地区的人们在技术上仍然局限于相当标准的石器，而且据我们所知，他们没有能力进行跨海远航；他们的定居点也不是萌芽中的永久性城镇，而是在地图上时而出现时而消失的村庄。[10]早在公元前6千纪晚期，显然是通过贸易，椰枣已经到达科威特和阿布扎比附近的达尔马岛（Dalma），因为考古学家在那里发现了椰枣的碳化遗迹。当时和现在一样，椰枣是日常食物，是可靠的能量来源和能够快速填饱肚子的食物。

这不仅是一条与欧贝德定居点相连的在波斯湾上下往来的简单路线。在卡塔尔和伊拉克都发现了红玉髓的珠子，这是一种来自伊朗或巴基斯坦的半宝石。[11]公元前5千纪、前4千纪和前3千纪，波斯湾沿岸的人们建造了大量船只。根据在科威特萨比亚（as-Sabiyah）发现的沥青碎片上留下的印记判断，公元前5000年前后，那里的船是用覆盖着焦油的芦苇束建造的。那里还有藤壶的痕迹，表明这些船是在海水中航行的。[12]进一步的证据是一个陶制的船只模型和一个带有帆船图像的小彩盘。从考古学家发现的鱼骨来看，捕捞金枪鱼肯定是早期巴林居民的一项海上活动。目前发现的欧贝德陶器整齐地分布在阿拉伯半岛海岸线上，这表明船在波斯湾南下航行时，是从一个停靠点到下一个停靠点分阶段前进的。[13]

无论这种水上交通对巴林和波斯湾其他停靠点的发展中的社区有多重要，我们都很难说水上交通已经成为伊拉克欧贝德的经济支柱。欧贝德的陆路交通日益繁忙，西至叙利亚，东至阿富汗，北至中亚。阿拉伯半岛南部在后来的一些阶段变得越来越重要，那时人们在寻找金属矿石。波斯湾的航海居民在技术先进性方面落后于欧贝德，前者生活在由木杆和棕榈叶制成的巴拉斯蒂（barasti）小屋中，而美索不达米亚人越来越习惯于石墙房屋。[14]公元前 4 千纪的欧贝德商人来到阿拉伯半岛海岸采集椰枣，交付粮食或布匹作为回报，并获得波斯湾珍珠（伊拉克日益发达的城镇对珍珠有需求）。几千年来，珍珠捕捞一直是波斯湾地区经济生活的支柱。美索不达米亚最早的楔形文字泥板中提到的进口“鱼眼”，指的就是珍珠，这让人怀疑，这种贸易或许可以追溯到很久之前。珍珠出自有机物，所以在考古遗址中往往没有矿物制成的宝石保存得好。

商人还把源自火山的高档切割材料黑曜石带到波斯湾，这种材料从安纳托利亚经美索不达米亚一路运来。我们不应想象在凡湖（Lake Van）之滨的高加索的某个地方，有一个商人想到要把这种东西送到遥远的海边的一个村庄，而是应该假设这种东西是由一个人传到另一个人手中，经过多年甚至几代人的努力才最终到达波斯湾的。[15]这看上去似乎对我们没有什么帮助。有什么产品或进程，可以在古代美索不达米亚越来越宏伟的文明与一片被沙丘和崎岖山脉包围的大海之间建立越发牢固的联系呢？一个答案是，这些山脉出产一种特殊的矿物，而青铜时代早期美索不达米亚的豪华城市对它的需求量很大。

※ 三

考古学家煞费苦心地发掘和还原了《圣经》中提到的一组大家比较熟悉的美索不达米亚文明的城市，而苏美尔文明的发现让考古学家大吃一惊。众所周知，早期的巴比伦国王使用被称为阿卡德语的闪米特语言，自称“苏美尔和阿卡德的国王”。但是，苏美尔在哪里，是什么？对乌尔（Ur）和其他城市最底层的考古发掘，给大英博物馆带来了惊人的宝藏。这些宝藏比公元前 700 年前后的巨大亚述雕刻和浮雕（也被运到了伦敦）还要早两千年。研究表明，亚述人和巴比伦人是公元前 3 千纪一个非常古老的文明的继承者，这个文明不像他们那样使用闪米特语言，而是使用一种类似的楔形文字。一旦知道了巴比伦的阿卡德语的音值，就可以破译这种楔形文字，因为存世的大量阿卡德语泥板中包括双语文本和苏美尔语词典。[16]在苏美尔被掩埋于废墟之下很久以后，苏美尔文学仍然对巴比伦人有着吸引力，就像许多个世纪以来欧洲及其他地区对古罗马及其语言仍然有了解一样。苏美尔人的神话被改写，去迎合巴比伦的受众，特别是关于乌鲁克（Uruk）国王吉尔伽美什（Gilgamesh）的一系列故事。据我们所知，正是苏美尔人发明了第一种连贯的、标准化的书写系统。尽管美索不达米亚人使用的写有密集的、通常很小的字母的泥板，并没有得到其他文明（如埃及文明）的青睐，但这些泥板（被烘烤之后）的耐用性弥补了其难以辨识的缺点。

对于如此遥远的古代，我们可以利用构建人类早期历史的全部三块基石，而不仅仅是其中之一，这真是不寻常。这三块基石是：文学作品，考古发现，以及公元前3千纪商业机构留下的日常文件。综合来看，这三方面的材料显示了波斯湾地区如何成为那个千纪伟大的海上通道之一，以及它如何衰落。它们不仅帮助我们了解世界上第一个真正的文明（位于伊拉克南部的苏美尔）的经济基础，而且帮助我们了解苏美尔与其他伟大文明的联系，特别是与印度河文明的联系。这三方面的材料提供了关于商人及其随从的社区的最早一批信息，这些人在从印度到苏美尔的途中在若干港口定居，并留下了一些残余物，如印章、陶器、项链。迪尔穆恩（Dilmun）和美路哈（Meluḫḫa）这样具有异域风情的土地从迷雾中浮现，并且我们越来越有信心在苏美尔人脑海中的地图上找到这两地。但使用这些名字也会出问题。与“印度”（Indies）一样，迪尔穆恩和美路哈这两个名字在不同时期有不同的含义，而且美路哈的推定位置最终从亚洲转移到了东非，这是在苏美尔人被巴比伦人和亚述人征服很久之后的事。至于迪尔穆恩，它在文学作品中是作为梦幻之国出现的，是朱苏德拉［Ziusudra，巴比伦人称之为乌特纳匹什提姆（Uti-napishtim）］居住的天堂。朱苏德拉在消灭了其他所有人类的大洪水中幸存下来。大洪水故事的这个版本在许多精确的细节上，如派出鸟类试水，很像后来《创世记》中挪亚的故事。在苏美尔人的大洪水叙述中，朱苏德拉被众神派往“太阳升起之地”迪尔穆恩，获得了其他人（如英雄吉尔伽美什）寻求但没有找到的永生。苏美尔人称吉尔伽美什为比尔伽美斯（Bilgames），后者甚至在“生者之乡”寻找朱苏德拉。可最终，比尔伽美斯注定要跟随他的挚友恩奇都（Enkidu）进入阴暗的冥界，那里有沮丧的亡灵飞来飞去，但没有什么可以享受的东西。[17]

迪尔穆恩在苏美尔城市出土的楔形文字泥板中反复出现。[18]有一个苏美尔语单词传到了现代英语和其他许多语言中，那就是abyss（深渊），这让人想起苏美尔语的*abzu*（阿勃祖），即巨大的淡水深渊，据说世界就漂浮在它的上面。海床在咸水和阿勃祖的水之间形成了一道屏障，阿勃祖的水涌出，滋养着地球上的生命之泉。阿勃祖的神是恩基（Enki），他既是苏美尔最古老的城市埃利都（Eridu）的保护神，也是迪尔穆恩的常客。我们能够理解为什么他想去那里以躲避人类的喋喋不休。人类把众神逼得心烦意乱，以至于众神在地球上释放了洪水，因为，正如一块泥板所写：

> 迪尔穆恩的土地是神圣的，迪尔穆恩的土地是纯净的，
> 迪尔穆恩的土地是清洁的，迪尔穆恩的土地是神圣的……
> 在迪尔穆恩，渡鸦不出声，
> 野鸡不发出野鸡的叫声，
> 狮子不杀生，
> 狼不抓小羊，
> 吞噬孩子的野狗不为人知，
> 吞食谷物的野猪不为人知。[19]

在那里，既没有疾病也没有衰老。迪尔穆恩的物质如此丰富，以至于它成为“陆地上的码头之家”，换句话说，它是一个富饶的贸易

中心。[20]迪尔穆恩从人间的伊甸园滑落为一个真实的地方，那里的船只和商人熙熙攘攘，仓库里堆满了财物。恩基神祝福迪尔穆恩，并列出了与之进行奢侈品贸易的地方：黄金来自一个叫哈拉里（Harali）的地方，青金岩来自图克里什（Tukrish，大概是阿富汗，即这种鲜艳的蓝色矿物的主要产地），红玉髓和优质木材来自美路哈，铜来自马干（Magan），乌木来自“海之地”，但也有美索不达米亚的乌尔的谷物、芝麻油和精美服装，熟练的苏美尔水手经营这些商品：

愿广阔的大海为你带来丰饶。
城市，它的住宅是好的住宅，
迪尔穆恩，它的住所是好的住所，
它的大麦是非常小的大麦，
它的椰枣是非常大的椰枣。[21]

如果如后文所述，美路哈是主要的邻近文明，而马干是盛产铜的地方，那么这里描绘的就是一座得到大神祝福的伟大贸易城市，位于前往印度洋途中的某个地方或印度洋内部，是一个介于苏美尔、马干和美路哈之间的转口港。我们的任务是看看考古记录中有没有东西能证明迪尔穆恩不只是苏美尔诗人的幻想。

我们先看看泥板。官方文件（宗教祷文、王室铭文等）列举了一些产品，如来自美路哈的黑色木材，估计是乌木，以及来自马干的桌椅，所以苏美尔诗人提到的地方是真实的。有几处提到了迪尔穆恩、马干和美路哈的船只。我们知道这些船在萨尔贡大帝（Sargon the Great）统治时期到达了阿卡德（Akkad）。萨尔贡大帝可能是苏美尔和阿卡德最具活力的统治者，他生活在公元前23世纪或前22世纪。“在阿加德（Agade）① 的码头，他让来自美路哈的船只、来自马干的船只和来自迪尔穆恩的船只停泊……5400名士兵每天在他的宫殿里吃饭。”[22]这并不令人惊讶：据说萨尔贡是一个园丁的儿子，后来成为王室的侍酒官，并最终篡夺了王位；像许多篡位者一样，他认为华丽和奢侈会给他有争议的出身和权力之路蒙上一层面纱。在萨尔贡的统治之后，出于某种神秘的原因，苏美尔与马干的联系中断了。他的继任者之一乌尔纳姆（Ur-Nammu，公元前2112—前2095年在位）对恢复这种联系表现出特别的自豪，因为他用黏土做了四个圆锥体，刻上同样的铭文，以纪念南纳神（Nanna）：

> 献给恩利尔（Enlil）首要的儿子南纳。乌尔纳姆，强大的男人，乌尔的国王，苏美尔和阿卡德的国王，建造南纳神庙的国王，复兴大业的实现者。在海的边缘，在海关，贸易［铭文有空缺］……乌尔纳姆将马干贸易［字面意是船］恢复到南纳手中。[23]

所以，这些进入波斯湾陌生水域的远航，是献给神灵的。人们寻求

① 即阿卡德。

神灵的保佑，神灵的庙宇也受益于从迪尔穆恩、马干和其他地方运来的铜和奢侈品。

迪尔穆恩真实存在的最佳证据，是关于商人及其进出口业务的文件。如果这些文件不是特别古老的话，我们会觉得其内容十分平淡枯燥。例如，卢-恩利拉（Lu-Enlilla）是来自苏美尔最伟大的城市之一乌尔的航海商人（*garaša-abba*），他代表南纳神庙从事贸易，受神庙管理者戴亚（Daia）的委托，带着精美布匹和羊毛开展贸易远航，他要用这些货物交换马干的铜。铜是最重要的东西：苏美尔崛起之际，对铜以及用铜和锡冶炼成的青铜的需求量越来越大，铜和青铜不仅用于锻造强大的武器和工具，还用于制造精美的物品，如雕像、饰板和碗。苏美尔拥有丰富的农产品和牛羊群，却缺乏金属、坚固的木材和优质石材。阿曼的含铜山脉是寻找金属的地方，毫无疑问，马干相当于今天的阿曼半岛（在今天，部分由阿曼苏丹统治，部分由阿联酋的酋长们统治）。[24]铜来自阿曼的证据是，阿曼的铜天然含有微量的镍，其含量与苏美尔铜器中的镍含量类似，而与北方的铜器中的镍含量差别较大。来自美索不达米亚以北山区的铜也更昂贵，而且因为交易的数量巨大，比马干的经海运而来的铜更难运输。奇怪的是，马干从乌尔购买大麦，却向卢-恩利拉提供洋葱，而洋葱在美索不达米亚已经很丰富了，所以，也许从马干出发的船上的水手在他们的储藏室里装了过多的洋葱，而卢-恩利拉不得不忍受这一点。[25]与此同时，马干的生活在改善：定居点越来越永久化，建起了石质塔楼和恢宏的陵墓。这仍然是一个分散的社会，没有出现任何可以与苏美尔的大城市相提并论的东西。但寻找铜的商人（当地的坟墓中有铜的碎片留存）给这个在更早的几个世纪里一直是穷乡僻壤的地区带来了刺激。[26]

随着乌尔及其邻国成为越来越大的消费中心，海洋变得越来越重要。走海路去印度可以避开穿越阿富汗山区的困难路线，抵达印度后又有通路可前往印度河流域日益强大的各城市。乌尔献给宁伽勒(Ningal）女神的礼物包括2谢克尔（shekels)①重的青金岩、红玉髓、其他珍贵的宝石和“鱼眼”（珍珠)。这些货物是从迪尔穆恩运来的，“这些人自己去了那里，从尼桑努月（Nissannu）到阿达鲁月（Addaru）”。这些月份的名称最终一直传到希伯来历中，成为尼散月（Nisan）和亚达月（Adar)。考虑到古代美索不达米亚各民族渊博的天文知识，我们可以肯定这意味着他们的旅程长达11个月。这些礼物是从迪尔穆恩运来的，但它们源自不同的地方。其中一些泥板上列出的物品中出现了象牙，这表明迪尔穆恩与印度这个大象之乡有联系。象牙的出现并非偶然，因为象牙在乌尔得到精心雕刻。乌尔也会进口象牙雕刻制成品，就像一些从美路哈带来的彩绘象牙的鸟类雕像。苏美尔人非常珍视的红玉髓，很多是从美路哈来的。有时，迪尔穆恩的土著会带着这些货物前来；有时，乌尔人，如卢-恩利拉，会前往迪尔穆恩并在那里开展贸易。一些乌尔商人是作为神庙的代理人进行交易的。但是，越来越多的人自己做生意。[27]有息贷款、商业伙伴关系、分担风险的贸易合同，

---

①　谢克尔，又译舍客勒，是古代近东的货币单位（主要是银币），也是重量单位（1谢克尔相当于11克）。

以及其他具有商业资本主义属性的商业经济的迹象比比皆是，因为有史可查的第一批资本家就是公元前3千纪的苏美尔商人：

> 卢-梅斯拉姆塔埃（Lu-Mešlamtaë）和尼吉萨纳布萨（Nigsisanabsa）从乌尔-尼玛尔（Ur-Nimmar）那里借了2米纳（minas）① 白银，5库尔（kur）芝麻油，30件衣服，用于远航到迪尔穆恩，在那里购买铜。在船队安全返回后，债权人将不会对任何商业损失提出索赔。债务人一致同意以1谢克尔的白银换取4米纳的铜，作为公正的价格来让乌尔-尼玛尔满意；他们已经在国王面前发过誓。[28]

除了使用白银来代替钱币（总的来说，这差别不大），以及这些奇怪的名字，这份文件几乎可以说与三十多个世纪后巴塞罗那的商业文件没什么区别。

上面引用的合同是乌尔的富商伊-纳希尔（Ea-nasir）的商业信函的一部分。伦纳德·伍莱爵士（Sir Leonard Woolley）在20世纪20年代和30年代成功发掘了迦勒底的乌尔（Ur of the Chaldees），辨识出伊-纳希尔的房子。这座房子不是特别大，由围绕一个主要庭院的五个房间组成，尽管有几个房间被让给了邻居。伊-纳希尔生活在公元前1800年前后，正值苏美尔人兴盛的末期，而且如后文所述，当时乌尔与印度的贸易已经萎缩。但他仍然很

① 米纳是古代近东的重量单位和货币单位，1米纳折合60谢克尔。

富有。他的专长是铜的贸易经营，他以铜锭形式交付，而且显然为王宫提供铜。他肯定是当时最显赫的商人之一，也许有点不择手段，但看到他的财富，我们不可能不肃然起敬：他运载的一批货物重达18.5吨，其中近三分之一属于他。[29]在卢-恩利拉死后的那个世纪，贸易的特点发生了一些变化。据我们所知，乌尔的神庙不再大规模参与波斯湾的远航；主要是私贸商做这样的生意，他们更愿意用白银支付货款，以谢克尔为称量单位，而不是像卢-恩利拉那样用纺织品支付。卢-恩利拉送往迪尔穆恩和其他地方的许多纺织品，可能是由隶属于神庙的女奴在神庙工场编织的。而白银能够满足流动商人的需要，他们不断地、积极地买卖，并在乌尔的公开市场上交易。

伊-纳希尔的私人档案远不只是对进口和出口产品的枯燥列举，它让我们想到在货物质量和履行合同义务方面必然会出现的激烈争议：

> 南尼（Nanni）对伊-纳希尔说："你来的时候，曾这样说：'我要把好的锭子给吉米尔-辛（Gimil-Sin）。'这话你来时对我说过，但你没有做到；你把坏的锭子交给我的使者，说：'如果你愿意接受，就接受，如果你不愿意接受，就走开。'我是什么人，你竟敢这样对我？你竟敢以这种蔑视的态度对待我？而且是在我们这样的君子之间！……在迪尔穆恩商人中，有谁敢这样对我？"[30]

被译为“君子”的词是一个专业术语，指的是社会地位非常尊贵的公民。“君子”受到荣誉准则的约束，他们在太阳神沙马什（Shamash）的庙宇中宣誓遵守这一准则。伊-纳希尔被指控违背了这一神圣的契约。[31]上面的引文只是一起较长投诉的一部分，而且只是伊-纳希尔归档的多起投诉之一。尽管他的许多合伙人对他的行为非常满意，但他也被描述为一个难缠的，也许是奸诈的商人。这或许是不公平的。导致纠纷的交易文件可能只是少数，他选择保存这些文件，而绝大多数文件因为没有纠纷，被他放心地丢弃了。

※ 四

所以，马干就在波斯湾的出口附近，接近穆桑代姆半岛（Musandam Peninsula）的顶端，在那里，阿曼几乎与伊朗接壤。在许多水手看来，马干肯定是指阿布扎比附近的乌姆纳尔岛（Umm an-Nar），那是一个重要的定居点，在那里出土了大量的苏美尔陶器，阿曼矿区的铜也从那里到达波斯湾；乌姆纳尔岛可以说是仓库，用来存放运往伊拉克的货物。[32]位于沙迦酋长国（属于阿联酋）穆雷哈（Mleiha）的已得到复原的大型坟墓，是乌姆纳尔文化的产物，直径达 13.85 米。[33]但“马干”这个词也指阿曼半岛。正如哈丽雅特·克劳福德（Harriet Crawford）所说：“古代文书人员对位置的概念，似乎是相当有弹性和模糊的。”[34]但是，美路哈在哪里？一切迹象都表明，它是苏美尔的一个富裕和理想的贸易伙伴。在苏美尔和另一个高级文明中心之间建立一条海上通道，在人类的航海史上具有特殊的意义。这是两个独立发展到差不多文化水平的文明在海上对话的最初时刻之一，也许没有之一。一旦确定了美路哈的位置，我们就可以回去看这个问题：迪尔穆恩在哪里，它是一个具体的地方还是一个更广泛的地区？苏美尔文献常常把迪尔穆恩、马干和美路哈列在一起，因为它们显然位于同一条海路上，而美路哈在最后。由于象牙是美路哈最珍贵的出口品之一，所以我们可以将范围缩小到东非海岸或印度海岸，这两个地区是可能有象牙出口的地方；而且我们已经看到，确实有印度货物到达了苏美尔。

在许久之后的若干个世纪里，当亚述人在公元前1千纪早期主宰美索不达米亚时，美路哈这个名字开始与东非的部分地区联系在一起。但这当然不是说美路哈总是与该地区相联系。离开波斯湾的路线倾向于向东，前往盛产红玉髓和象牙的地方；从霍尔木兹海峡到巴基斯坦海岸之间有一条短而清晰的路线。巴基斯坦海岸与阿曼之间的关系非常密切，以至于从18世纪到20世纪中叶，阿曼苏丹在巴基斯坦海岸拥有一个前哨站，即距离阿曼本土240英里的瓜德尔（Gwadar）。并且，如果离开波斯湾的船转向南方和西方，沿也门海岸航行，经过亚丁，也许远至东非，那么在也门应当也有与苏美尔人接触的证据，但没有发现这样的证据。同时，没有证据表明今天的也门、索马里和邻近地区的居民能够派出自己的商船队，而美路哈人肯定有能力这么做。我们知道，在公元前2300年前后萨尔贡国王的时代，来自美路哈和马干的船只已经到达苏美尔，并在萨尔贡的首都阿卡德停靠，那里住着“美路哈的译员苏-伊利苏

（Su-ilisu）”。在公元前 2000 年之前的一个世纪，拉格什（Lagash）① 周围有足够多的美路哈人，他们建立了一个“美路哈村”，有一座花园和种植大麦的田地，所以美路哈移民在此时的美索不达米亚很常见。[35] 向东望去，沿伊朗和俾路支斯坦（Baluchistan）海岸到印度河河口的旅程远没有去非洲的旅程那么有挑战性，在熟悉季风的船长带领下完全没有问题。[36]

在原史时代印度的语言中，“马干”或许实际上是指“铜”[就像希腊语中的塞浦路斯（*Kupros*）]，而“美路哈”指“象牙”，这也不是不可能的。或者美路哈最初可能是指“海对面的地方”，就像中世纪的 Outremer（意思是“海外”）一词，欧洲人最终用它指十字军的耶路撒冷王国。但在与某个特定地方联系在一起之前，Outremer 可能是指海对面的任何地方。这可以从阿拉伯语的 *Milaḥa* 一词推断出来，它可能出自 Meluḫḫa，这个词在中世纪早期指航行、航海或航海技能。[37] 阿富汗的青金石可以从美路哈获得，这些青金石可以沿着印度河流域被运到苏美尔商人采购货物的港口。美路哈还出产优质木材，包括一种肯定是乌木的“黑色木料”；有时还会从美路哈运来用黄金装饰的木制品，这也表明美路哈不是落后的地方。最后，也是决定性的一点，在苏美尔遗址偶尔会发现刻有印度文字的印章，在波斯湾也发现了相当数量的这类印章，所以毫无疑问，苏美尔和印度河流域之间存在联系。此外，在阿布扎比

① 拉格什是苏美尔人的一个城邦，位于今天的伊拉克境内，在幼发拉底河与底格里斯河交汇处的西北、乌鲁克城以东。

也发现了印度河流域的陶器。[38]

印度河流域文明仍然是几种伟大的青铜时代文明中最不为人知的一种，因为相关的证据往往难以解读。一些用无法破译的文字书写的铭文被发现，我们对其语言也无法猜测。我们对这种文化的社会和政治组织几乎一无所知，这种文化令人印象深刻的城市茫然地盯着发掘者。在公元前3千纪的后半段，印度河流域似乎被两座庞大而规划严密的城市控制，这两座城市在布局和建筑上非常相似，被称为哈拉帕（Harappā）和摩亨佐-达罗（Mohenjo-daro），尽管这只是它们的现代名称。这两座城市相距整整350英里，摩亨佐-达罗更靠南，位于从印度河河口逆流而上大约200英里处。[39]所以，这两座城市并不紧邻大海，但我们可以很容易地想象摩亨佐-达罗的船到达印度洋的场景。而且，印度河流域文明在卡拉奇一带的海边拥有许多城镇和港口，统治着距离印度河入海口很远的长达800英里或1300公里的海岸线。最重要的港口之一是位于坎贝湾（Gulf of Cambay，在印度西北部）的洛塔（Lothal），从那里既可以进入当地的河流系统，也可以进入远海，并可提供船舶在从波斯湾出发的漫长旅程结束后需要的设施。洛塔拥有一个相当大的船坞，考古学家在那里发现了几个锚。洛塔的贸易有几个方向，因为它与生活在印度西海岸更南边的新石器时代人群以及波斯湾都有联系。[40]

学界将注意力大都集中在“这两座高度组织化的巨型城市如何沿着印度河水系建成”这个谜团上，对其他地方兴致索然。有人甚至饶有兴致地猜想这两座城市是一个帝国的双首都。那里实施了严格的中央控制，因为正如考古学家斯图尔特·皮戈特（Stuart

Piggott）所说，建造这两座大城市所使用的砖的尺寸、高度标准化的陶器以及度量衡都显示出“绝对的统一性”：“哈拉帕文明有一种可怕的效率，让人想起罗马所有最糟糕的方面”，同时他还观察到“在旧大陆任何已知文明中都难以见到的孤立和停滞”。公元前3千纪后半期的几百年间，没有太大的变化。[41]虽然事实证明很难找到宏伟的宫殿或神庙，但这是一个高度分层的社会，在这个社会里，劳动团队被安排工作，将谷物研磨成面粉。我们假定，除了粮食生产之外，农村的主要活动是种植棉花。这是一个便利的说法，因为棉花在考古学上几乎没有留下什么痕迹。提及美路哈的苏美尔文献没有明确提到棉花，而且苏美尔人自己会向美路哈输出纺织品。美路哈的主要吸引力是前面提到的奢侈品、半宝石、象牙和优质木材。虽然苏美尔人的物品很少出现在印度河流域的遗址中，但印度河流域的产品，如红玉髓珠子，却经常出现在苏美尔，偶尔也会有一个特征明显的苏美尔滚筒印章（用来在黏土上滚动以留下印迹）出现在摩亨佐-达罗。[42]一个阿曼花瓶的碎片也在摩亨佐-达罗被发现，花瓶无疑是通过海洋和河流到达的。寻找接触痕迹的最佳地点是洛塔港，而且的确在当地一个商人家里发现了苏美尔的金坠子和（可能是）美索不达米亚人的陶器，还有一个黏土制成的船只模型。在洛塔发现的一枚圆形印章上面有山羊或瞪羚和一条龙，这枚印章与苏美尔的圆形印章非常相像。[43]

不过，印章为反向的接触，即从印度河流域到苏美尔的接触提供了最佳证据。不仅是因为印章是石头制成的，可以很好地保存下来；它们还被政府官员、祭司、商人和其他任何希望在财产上盖章的人使用。被盖章的财产可能包括用船运往外国港口的货物。印章是功能性的，但也是身份的象征，并为最早的一些书面文本提供了载体。印度河流域的印章非常独特。它们的用法不是在黏土上滚动，而是与今天的印章用法类似，所以它们呈扁平的方形。它们通常描绘了当地的动物，如老虎、瘤牛、大象，而且通常带有与苏美尔楔形文字非常不同的独特线形文字的铭文。[44]因此，如果这些印章在波斯湾大量出现，我们就有了印度旅行者到访该地区的证据，换句话说，它们是商人在美路哈和苏美尔之间旅行的证据。在拉格什和乌尔等主要城市的废墟中确实发现了这些印章，有的展现印度河流域印章中常见的各种动物，有的还包含印度河流域的一些字母。有一枚被认为是在伊拉克发现的印章描绘了一头犀牛，这在苏美尔艺术中从未出现过，因为美索不达米亚没有这种动物。这枚印章也有一些苏美尔特征，比如它的形状。它可能提供了在苏美尔土地定居的印度人的证据，这些人在拉格什已经出现过。但也许有一个更好的解释，更符合我们从波斯湾了解到的情况，那就是这枚印章源自混合定居点。现在是时候谈这个话题了。[45]

※ 五

在比较有把握地确定了马干和美路哈的地点之后，我们就剩下迪尔穆恩的位置要搞清楚了。这是另一个在巴比伦地图上游走的地方，或者说它获得了好几个身份：迪尔穆恩是有福者的居所，迪尔穆恩是一个地区，迪尔穆恩是一个具体的地方。商人卢-恩利拉和伊-纳希尔清楚地知道他们在谈论迪尔穆恩时的意思。对他们来说，这是一个可以购买铜和其他货物的地方，而且它有自己的商人群体。迪尔穆恩最初（很可能）泛指波斯湾的各锚地（从科威特到阿曼的阿拉伯半岛沿岸），后来则是指一个具体的地方。这个词最初可能只是表示“南方的土地”。[46]考古学家已经确认了迪尔穆恩是哪里，以及它在通往马干路上的前哨据点是哪些地方，尤其是前文提到的乌姆纳尔。迪尔穆恩的发现是丹麦奥胡斯（Aarhus）博物馆的两位学者杰弗里·毕比（Geoffrey Bibby）和 P. V. 格洛布（P. V. Glob）的功劳。格洛布后来因《沼泽人》（*The Bog People*）一书而闻名，该书的主题与迪尔穆恩相距甚远，写的是在丹麦沼泽中发现的几乎保存完好的史前人祭受害者的遗体。如同在丹麦一样，此处的关键线索在于遗体，或者应该说是在巴林发现的 10 万个墓穴，假定这些墓穴全都可以（很夸张地）追溯到某个史前时代。格洛布和毕比检验了一种简单的假设，即巴林是被作为一个巨大的死人岛或公墓岛而建立的。这种假设可能在某种程度上符合“迪尔穆恩是圣洁的岛屿和有福者的居所”的想法。[47]根据一块泥板的内容，阿卡德的萨尔贡国王征服了位于“南方大海”即波斯湾的迪尔穆恩。大约一千六百年后，在公元前 8 世纪，亚述的一位好战的国王（也叫萨尔贡）把他的军队派到了迪尔穆恩。据说这里的迪尔穆恩位于“苦海”，并且包括一个岛；它的国王叫乌佩里（Upēri），他“像鱼一样生活”在海里。[48]所以，迪尔穆恩不可能距离苏美尔很远，而巴林岛很可能就是迪尔穆恩。这种联系可以追溯到很久以前，大约在公元前 2520 年，苏美尔城市拉格什的统治者乌尔南塞（Ur-Nanše）国王表示：“来自异国他乡的迪尔穆恩的船给我带来了木材，作为贡品。”迪尔穆恩人对拉格什国王的这次访问，正好与考古学证据吻合，即在公元前3千纪中期，巴林的定居点变得更加密集。[49]阿拉伯半岛的海岸不大可能为拉格什国王提供木材，而木材肯定是从更远的地方（比如伊朗或印度）运到迪尔穆恩的。[50]

毕比的团队在鉴别巴林和更远地区的关键遗址方面取得了毋庸置疑的巨大进展，特别是在卡塔尔和阿布扎比附近，甚至是在沙特阿拉伯的一些地方。但是，正因为他们试图覆盖这么大的区域，他们从未深入挖掘这些地区的历史。不过，随着阿拉伯半岛海岸越来越多的遗址被发现，巴林的重要性和它作为迪尔穆恩主要中心的身份也变得清晰起来。毕比和格洛布在巴林岛北端的巴林堡（Qala’at al-Bahrain）发现了城墙和街道。在几英里外的巴尔巴尔（Barbar），他们有了最重要的发现：一座公元前3千纪晚期的神庙，里面有一口井，因为巴林的秘密之一是（正如苏美尔人所说）有甜水从阿勃祖的深渊中涌出。[51]因此，在巴林岛建城的动机不难推断。并且除了淡水之外，巴林岛还有丰富的鱼类供应。在现代，有700种可食用的鱼类在波斯湾地区游动。由此，鱼类仍然是海湾国家饮食的重要组成部分。在青铜时代也不例外：在巴林岛发现的60%的骨头是鱼骨，尽管居民也吃多种肉类，甚至包括獴，这不是本地的动物，肯定是从印度来的；巴林岛居民还从美索不达米亚进口乳制品和谷物，所以他们的饮食相当多样化。[52]

有一天，在巴林的毕比团队的一名工人发现了一枚独特的圆形印章，它由皂石制成，上面装饰着两个人像；在大庙的井中发现了更多的印章。毕比一边抽烟斗一边想，在乌尔发现了 13 枚圆形印章，在摩亨佐-达罗发现了 3 枚圆形印章，这些印章由皂石制成，甚至（乌尔的印章）偶尔还装饰着印度河流域的文字，所有这些印章是否可能是这两座大城市之间的某个地方（巴林/迪尔穆恩）的产物?[53]这些印章的风格（就像迪尔穆恩本身）介于苏美尔和印度河流域的风格之间，印章的图像与这两大文明的图像都不匹配，但更像是两者的混合体，并另外加入了一些个性化的元素。比如，一枚印章呈现了四个羚羊头以十字架形状排列的样式。从在巴林发现的动物骨头来看，烤野羚羊是当地的一道美味。随着越来越多的印章被发现，考古学家发现大约三分之一的印章带有印度河流域书写系统的符号，但（在有人下结论说迪尔穆恩人用印度河流域的语言交谈之前）我们要强调，这些字母的组合方式在印度河流域的铭文中是找不到的。[54]与印度河流域有关的更多重要证据，是用来称量货物的石球和石块。毕比兴奋地发现，这些石球和石块遵循的是印度河流域的度量衡，而不是苏美尔人的。但迪尔穆恩人也使用美索不达米亚的砝码，这一点后来才被发现。[55]度量衡的混用恰恰说明了迪尔穆恩作为苏美尔和印度河流域城市的中介的作用。迪尔穆恩是交换货物的地方，来自苏美尔的商人，如伊-纳希尔和他的代理人，以及来自印度的商人都聚集在迪尔穆恩，一起做生意。[56]

那么，迪尔穆恩既是一个为美索不达米亚和印度河流域之间的海上贸易服务的城镇，又是一个拥有多个沿海定居点或岛屿定居点的大地区的首府，这些定居点一定是波斯湾往来航运的安全港。在迪尔穆恩，一年四季都可以做生意，（再次引用苏美尔人的一块泥板）那就是在尼桑努月和阿达鲁月之间。迪尔穆恩的居民是印度人和苏美尔人的混合体，或是在很大程度上由其他民族组成，我们不得而知。但考虑到那些印章，我们可以合理地假定那里有一个大型的印度人定居点。在迪尔穆恩存在的许多个世纪里，这样的印度人定居点无疑成为当地社会的组成部分，定居点的居民与其他人一样都是“土著”（今天海湾地区几个国家的一个显著特点是，大量的人口来自印度和巴基斯坦）。但是，除了感觉到迪尔穆恩是一个秩序井然的地方之外，我们对它的政治生活所知甚少。迪尔穆恩有税吏，这是系统化中央管理的一个不总是讨人喜欢的标志。整个地区的人口在增加，这对税吏来说是好事，同时也表明，迪尔穆恩是吸引定居者的磁铁，并刺激了巴林沿海地区的生产。[57]在沿岸更远处的阿曼，社会仍然是部落形态的、流动的，定居点时有时无。因此，我们应该把迪尔穆恩看成一座小型的贸易城市，它在波斯湾西海岸有一些分支，最南端是乌姆纳尔，从那里可以获得马干的铜。

有时，正是最细小和最微不足道的考古发现，揭示了最令人惊讶的结果，对于揭示了这些商人使用的船只类型的证据来说尤其如此。在苏美尔和巴比伦的泥板（以及后来的《创世记》）描绘的毁灭绝大部分人类的大洪水期间，朱苏德拉或阿特拉哈西斯（Atrahasis）建造了船只。正如一块新发现的泥板揭示的那样，这应该是一艘巨大的圆形兽皮船。兽皮被涂上沥青和动物油脂，放在一个由柳条编织成的数英里长的框架上，里面有一个三层的木质结构，用来安置动物和英雄及其家人。[58]圆形的、没有龙骨的兽皮船很适合在几支大桨的帮助下顺水漂流。不过，在回程时，船会被拆开并从陆路运回。一艘无处可去的巨大圆船可以在覆盖整个世界的洪水中愉快地漂流。但对于进入波斯湾的航行来说，长船更合适；可以在船上安装一支舵桨，由帆提供推进力。与在底格里斯河和幼发拉底河沿岸一样，芦苇船在波斯湾地区得到广泛使用。前面提到的来自科威特的沥青碎片毋庸置疑地表明，在公元前 5000 年前后，全部或部分由芦苇捆扎而成的船被用于航海。[59]可以想象，有桅杆的芦苇船一路紧贴海岸，从迪尔穆恩前往伊拉克，或从迪尔穆恩前往印度河入海口。

不幸的是，用芦苇做成的船即使涂上了焦油，也很容易漏水，但它们仍然被用来在波斯湾捕鱼。而且它们的浮力很强，相当于古代的充气船，因为空心的芦苇含有大量的空气。[60]然而在阿曼的金兹角（Ra’s al-Junz），可以在公元前 3 千纪后半期的沥青碎片上发现早已消失的船板的印记。金兹角位于阿曼的东端，控制着通往印度洋的通道。所有的证据表明，金兹角是船只的定期停靠港，这些船在航行途中一定经常需要修理，而阿曼的腹地无法满足这种需求。此外，楔形文字泥板提到了对前往迪尔穆恩和马干的船进行捻缝。[61]沥青是在今天的油田所在地周围收集的，因为厚厚的矿藏从地下渗出，在土壤表面留下了焦油池。除了给船捻缝，沥青还有很多功用，比如密封原本多孔的陶罐。[62]所有这些都提醒我们，我们太容易把注意力集中在红玉髓和乌木等异国货物的运输上了，而容易忘记，在青铜时代以及之后很长一段时间里，在波斯湾航行的船只的货舱里很可能装载着平凡的物品，如沥青、椰枣和鱼。这样的货物非常适合最多只能载十几个人、储存空间有限的芦苇船。但我们有充分的理由认为，阿拉伯三角帆船的祖先已经出现了。从马干运往苏美尔城市的铜的量很大，需要坚固和防御力强的船只，并要求能够一次运载数吨的金属。伊-纳希尔和他的同行不会把白银委托给小型的、敞开的、容易成为海盗猎物的芦苇船。木船还运载来自美路哈的木材，毫无疑问还有来自伊朗海岸的木材。其中一些木材很可能被用来造船，因为阿拉伯半岛海岸和伊拉克南部的沼泽地大多缺乏合适的木材。[63]用木头建造的船被缝在一起：人们先在木板上打洞，然后用椰壳纤维制成的长长的绳子将木板绑在一起，再用沥青、动物油脂和填充物来密封船只。这种类型的船非常坚韧，因为船体相当灵活，比使用骨架船体的刚性结构的船（在古代地中海地区，这是标准船型）更适合开阔的海洋。[64]在许多个千纪里，木板缝合船都是印度洋海上交通的一大特色。

迪尔穆恩可能没有乌尔的宏伟，也没有摩亨佐-达罗的巨大规模，但在迪尔穆恩发掘出了乌尔和摩亨佐-达罗在公元前 2000 年前后的几个世纪里互动的不寻常证据。铜，而不是金，是迪尔穆恩最仰赖的金属。随着印度河文明在公元前 2 千纪初期衰落，乌尔与摩亨佐-达罗联系的历史也结束了。印度河文明为什么会衰落，一直是人们热烈讨论的话题。传统的观点认为，讲印欧语的雅利安征服者的入侵摧毁了印度河文明。这种观点不再得到广泛支持。如今，学界更多关注的是环境的变化，这使印度河流域变得干旱，导致大城市逐渐衰落。而在更广泛的地区，印度河文明的一些东西，甚至是书写系统，在一些地方一直延续到公元前 1300 年前后。[65]印度河流域与美索不达米亚的大规模贸易缩减为涓涓细流。在伊拉克的遗址中偶尔会发现一些印度河流域的物品，但对印度西北部的居民来说，跨海的路线已经变得不再重要。这并不意味着迪尔穆恩的终结，它仍然出现在公元前 8 世纪亚述的一份文献中（假设其中的迪尔穆恩与我们说的是同一个地方）。迪尔穆恩的历史也是亚洲沿海第一条海上贸易路线的历史。不管怎么说，这是我们所知的世界上第一条连接两个伟大文明的贸易路线。在后来的若干个世纪里，贸易和其他联系经历了严重的收缩和长期的中断，最终衰退甚或消失；但印度洋作为一条伟大海路的历史始于波斯湾。

注　释

1. J. Stanley-Baker, *Japanese Art* (London, 1984), pp. 47-9, and fig. 33.

2. M. Pearson, *The Indian Ocean* (London, 2003), p. 13; H. P. Ray, *The Archaeology of Seafaring in the Indian Ocean* (Cambridge, 2003), 以及这位多产作者的其他著作。

3. P. Beaujard, *Les Mondes de l'Océan Indien*, vol. 1: *De la formation de l'État au premier système-monde afro-eurasien (4e millénaire av. J. -C. - 6e siècle ap. J. -C.)* (Paris, 2012), p. 32; Pearson, *Indian Ocean*, p. 14.

4. Sultan Dr Muhammad bin Muhammad al-Qasimi, *The Gulf in Historic Maps 1478-1861* (Sharjah, UAE , 1999).

5. K. N. Chaudhuri, *Trade and Civilisation in the Indian Ocean: An Economic History from the Rise of Islam to 1750* (Cambridge, 1985), pp. 25, 27.

6. Beaujard, *Mondes*, vol. 1, pp. 32 - 5; Pearson, *Indian Ocean*, p. 21;

Chaudhuri, *Trade and Civilisation*, pp. 22, 24, maps 2 and 3; Ray, *Archaeology of Seafaring*, pp. 20–22, figs. 1.1 and 1.2.

7. H. Crawford, *Dilmun and Its Gulf Neighbours* (Cambridge, 1998), p. 8.

8. D. T. Potts, *The Arabian Gulf in Antiquity*, vol. 1: *From Prehistory to the Fall of the Achaemenid Empire* (Oxford, 1990), p. 41; Crawford, *Dilmun*, p. 14.

9. Potts, *Arabian Gulf in Antiquity*, vol. 1, pp. 56, 59–61.

10. M. Roaf and J. Galbraith, 'Pottery and P-Values: "Seafaring Merchants of Ur" Re-Examined', *Antiquity*, vol. 68 (1994), no. 261, pp. 770–83; Crawford, *Dilmun*, pp. 24, 27.

11. D. K. Chakrabarti, *The External Trade of the Indus Civilization* (New Delhi, 1990), pp. 31–7, 141.

12. J. Connan, R. Carter, H. Crawford, et al., 'A Comparative Geochemical Study of Bituminous Boat Remains from H3, As-Sabiyah (Kuwait), and RJ–2, Ra's al-Jinz (Oman)', *Arabian Archaeology and Epigraphy*, vol. 16 (2005), pp. 21–66.

13. Beaujard, *Mondes*, vol. 1, pp. 67–8, 226.

14. Potts, *Arabian Gulf in Antiquity*, vol. 1, p. 44.

15. Crawford, *Dilmun*, pp. 21, 27, 30.

16. S. Lloyd, *Foundations in the Dust: A Story of Mesopotamian Exploration* (2nd edn, Harmondsworth, 1955), pp. 177–9.

17. A. George, *The Epic of Gilgamesh: The Babylonian Epic Poem and Other Texts in Akkadian and Sumerian* (London, 1999), pp. 198–9; S. N. Kramer, 'Dilmun: Quest for Paradise', *Antiquity*, vol. 37 (1963), no. 146, p. 111.

18. Beaujard, *Mondes*, vol. 1, pp. 127, 132–3.

19. Geoffrey Bibby, *Looking for Dilmun* (London and New York, 1970; new edns 1996, 2012), pp. 79–81.

20. Cf. M. Rice, *The Archaeology of the Arabian Gulf c. 5000 – 323 BC* (London, 1994), p. 135 认为“码头之家”是迪尔穆恩的一座神庙。

21. Kramer, ‘Dilmun’, pp. 112–13.

22. W. F. Leemans, *Foreign Trade in the Old Babylonian Period as Revealed by Texts from Southern Mesopotamia* (Leiden, 1960), pp. 9–11; M. Rice, *Archaeology of the Arabian Gulf*, p. 108 这部往往不可靠的著作也引用了这一点。

23. 根据 Potts, *Arabian Gulf in Antiquity*, vol. 1, p. 143 引用的文本稍做修改。

24. Crawford, *Dilmun*, p. 104; Potts, *Arabian Gulf in Antiquity*, vol. 1, pp. 90, 113–25, especially fig. 15, p. 120.

25. Leemans, *Foreign Trade*, pp. 19–21; cf. Potts, *Arabian Gulf in Antiquity*, vol. 1, p. 183.

26. Crawford, *Dilmun*, pp. 104–24.

27. Leemans, *Foreign Trade*, pp. 26, 29, 31, 33.

28. Leemans, *Foreign Trade*, p. 36, doc. 14, 有所改动。

29. Cf. Bibby, *Looking for Dilmun* 认为他只是一般富有。

30. Leemans, *Foreign Trade*, pp. 39–40, doc. 17, 稍有修改；另见 pp. 51–2。

31. Rice, *Archaeology of the Arabian Gulf*, pp. 276–80.

32. Crawford, *Dilmun*, p. 41.

33. 特别感谢沙迦美国大学为我访问这个遗址以及其他遗址和博物馆提供帮助。

34. Crawford, *Dilmun*, pp. 150 – 51; also Potts, *Arabian Gulf in Antiquity*, vol. 1, pp. 143, 149.

35. Chakrabarti, *External Trade*, pp. 145, 149; Potts, *Arabian Gulf in Antiquity*, vol. 1, p. 167.

36. Leemans, *Foreign Trade*, pp. 159 - 66; Chakrabarti, *External Trade*, pp. 145-50 详细引用了各种观点。

37. G. Hourani, *Arab Seafaring in the Indian Ocean in Ancient and Early Medieval Times*, revised by J. Carswell (2nd edn, Princeton, 1995), pp. 129-30.

38. Rice, *Archaeology of the Arabian Gulf*, p. 271.

39. 绝佳的地图和最新的概述，见 J. McIntosh, *The Ancient Indus Valley: New Perspectives* (Santa Barbara, 2008); Ray, *Archaeology of Seafaring*, p. 92, fig. 4. 3; also S. Piggott, *Prehistoric India to 1000 BC* (2nd edn, Harmondsworth, 1952), p. 137, fig. 17。

40. L. N. Swamy, *Maritime Contacts of Ancient India with Special Reference to the West Coast* (New Delhi, 2000), pp. 21, 26; Ray, *Archaeology of Seafaring*, pp. 95-6; Leemans, *Foreign Trade*, p. 162 引用了发掘印度河流域遗址的莫蒂默·惠勒爵士（Sir Mortimer Wheeler）的观点。

41. Piggott, *Prehistoric India*, p. 138; also Beaujard, *Mondes*, vol. 1, p. 113.

42. Chakrabarti, *External Trade*, pp. 45-7; Piggott, *Prehistoric India*, pp. 208-9.

43. Chakrabarti, *External Trade*, pp. 47, 53-61, 139, 143; Swamy, *Maritime Contacts*, pp. 23-5.

44. Piggott, *Prehistoric India*, pp. 183-4.

45. Chakrabarti, *External Trade*, pp. 22-7, 29-30; Swamy, *Maritime Contacts*, p. 22.

46. Crawford, *Dilmun*, p. 150.

47. Bibby, *Looking for Dilmun*, p. 18.

48. Potts, *Arabian Gulf in Antiquity*, vol. 1, pp. 333-4; Ray, *Archaeology of Seafaring*, p. 105; Bibby, *Looking for Dilmun*, pp. 31, 45.

49. Crawford, *Dilmun*, p. 51; Bibby, *Looking for Dilmun*, p. 47; 铭文图像: p. 49。

50. Potts, *Arabian Gulf in Antiquity*, vol. 1, pp. 88 – 9; 参见 Kramer, 'Dilmun', pp. 111–15, 作者认为是印度。

51. Crawford, *Dilmun*, pp. 71 – 9; Potts, *Arabian Gulf in Antiquity*, vol. 1, pp. 168–72.

52. Crawford, *Dilmun*, pp. 15, 61; Potts, *Arabian Gulf in Antiquity*, vol. 1, p. 182.

53. Bibby, *Looking for Dilmun*, pp. 171–80.

54. Crawford, *Dilmun*, pp. 61–2, 87–94; Bibby, *Looking for Dilmun*, p. 253.

55. Potts, *Arabian Gulf in Antiquity*, vol. 1, pp. 186–8.

56. Crawford, *Dilmun*, pp. 95–6; Bibby, *Looking for Dilmun*, pp. 192–3, 354–5, 358–9.

57. Crawford, *Dilmun*, pp. 38, 41.

58. I. Finkel, *The Ark before Noah* (London, 2014).

59. Connan, Carter, Crawford et al., 'Comparative Geochemical Study', pp. 22–34.

60. Bibby, *Looking for Dilmun*, p. 193; Rice, *Archaeology of the Arabian Gulf*, pp. 148–9.

61. Connan, Carter, Crawford et al., 'Comparative Geochemical Study', pp. 34–54; Ray, *Archaeology of Seafaring*, pp. 57, 88–9.

62. J. Connan and T. Van de Velde, 'An Overview of the Bitumen Trade in the Near East from the Neolithic (*c*. 8000 BC) to the Early Islamic Period', *Arabian Archaeology and Epigraphy*, vol. 21 (2010), pp. 1–19.

63. Crawford, *Dilmun*, pp. 38, 63.

64. Ray, *Archaeology of Seafaring*, pp. 59 – 61, 66 – 9; Beaujard, *Mondes*, vol. 1, p. 125.

65. Ray, *Archaeology of Seafaring*, p. 98; Beaujard, *Mondes*, vol. 1, p. 156.

第四章

神国之旅

※ 一

到目前为止，本书还没有提及中东的一个伟大的青铜时代文明，那就是埃及。公元前 2700 年前后，在早期法老的领导下，上埃及和下埃及统一了。一个中央集权的、富裕的社会建立起来，它能够利用尼罗河定期淹没的土地上丰富的小麦和大麦资源。当谈到水上交通在埃及生活中的重要性时，我们首先指的肯定是沿尼罗河往来的航运。在埃及文献中出现的“大绿色”（Great Green）这一术语的含义很模糊，这一术语有时指地中海或泛指远海，但也可以用来指红海。[1]在公元前 2 千纪，许多航运参与者和与埃及进行贸易的商人是来自叙利亚、塞浦路斯或克里特岛的外邦人。我们已经看到，没有证据表明这一时期的埃及和美索不达米亚之间有海上接触，尽管在埃及第一王朝时期（约公元前 3000 年），艺术影响确实从美索不达米亚传到了埃及。例如，今天卢浮宫收藏的一把象牙刀上的图案描绘了一个似乎穿着苏美尔人服装的神。[2]但这种影响更可能是通过陆路缓慢传入的，即通过叙利亚或沿着沙漠路线穿过今天的约旦和以色列内盖夫（Negev），而不是走海路绕过阿拉伯半岛的广大地区。不过，埃及在公元前 3 千纪确实发展了与印度洋的联系。与苏美尔人和迪尔穆恩人在波斯湾和其他地区开辟的路线相比，红海航路的使用频率较低，也许只是间歇性地被使用。但是，根据红海沿岸非凡的考古发现，以及现存最早和最吸引人的古埃及文献之一，我们可以越来越有信心地去描绘红海航路。

在了解埃及人沿红海远航的意义之前，我们需要先研究他们所到之处最重要的产品。这里有循环论证的危险：他们去寻找熏香；在铭文和莎草纸上发现的古埃及词语 ‘*ntyw* 肯定是指没药，因为没药和乳香是后世熏香中最珍贵的成分；于是他们寻访了可以找到这些产品的地方；而这些地方被证明是厄立特里亚、索马里和也门等地。尽管在逻辑上有缺陷，但这一论点指出了沿红海而下，甚至走得更远的早期远航的一个核心特征：这些远航的目的是寻找香水，而不是香料。从香水和芳香剂贸易转变为以胡椒和其他东方香料为主的贸易，这一转变在罗马帝国时期变得非常明显，当时的船更加深入印度洋水域。同时，基督教皇帝镇压异教崇拜，于是商人失去了在中东神庙的市场，导致芳香剂的贸易急剧萎缩。不过到 6 世纪时，由于基督教礼拜仪式越来越多地使用芳香剂，芳香剂贸易有了部分复苏。[3]但在基督教上帝和异教神灵面前焚香的历史可以追溯到很久之前。法老亲自在埃及诸神面前焚烧名为 ‘*ntyw* 的香，以配合动物祭品。当一座新神庙落成，或当统治者从战争中凯旋时，仪式尤其奢华。在送驾崩的法老去另一个世界的豪华仪式上，也会焚香，并且香被广泛用于遗体防腐，在这方面埃及人是无与伦比的大师。

如果能确切地知道‘*ntyw*是什么，则尤有裨益，因为那样就可以确定埃及红海船队的前进方向。由于‘*ntyw*的使用方式与没药的使用方式吻合，所以‘*ntyw*实际上很可能就是没药的某种形式，尽管有其他树胶树脂，如代没药（bdellium）、乳香，可能与没药混淆。[4]收集这些树脂的方式大致相同，老普林尼（Pliny the Elder）仔细描述了收集乳香的过程。他痴迷于科学细节，以至于著名的维苏威火山爆发后，他在那不勒斯湾充满有毒气体的空气中逗留太久，成为火山爆发的受害者。[5]人们可以等待树木渗出油腻或黏稠的液体，这些液体以后可能会变硬，然后人们收集这些物质；或者可以在树皮上切口，让油从里面渗出；根据不同的操作方式，会渗出不同颜色和质量的香。乳香和没药是含有挥发性油的树胶树脂，新鲜没药中挥发性油的含量高达17%。在青铜时代阿拉伯半岛南部和厄立特里亚较温和的气候下，没药的种植面积比今天的要大。在今天的也门，没药已经成为一种珍贵的稀有品（几个世纪以来，也门经历了干旱化）。没药比其他任何芳香剂保持香味的时间更长，乳香和没药长期以来因其药用价值而受到珍视，没药通常是高质量牙膏的成分。基本上，没药是用来涂抹的，而乳香是用来焚烧的。[6]乳香和没药并不是埃及人从远航中带回的唯一产品，他们还带回了黄金和野生动物（有死的也有活的）。基于这些原因，他们将目光投向南方的蓬特之地，即“神的土地”。

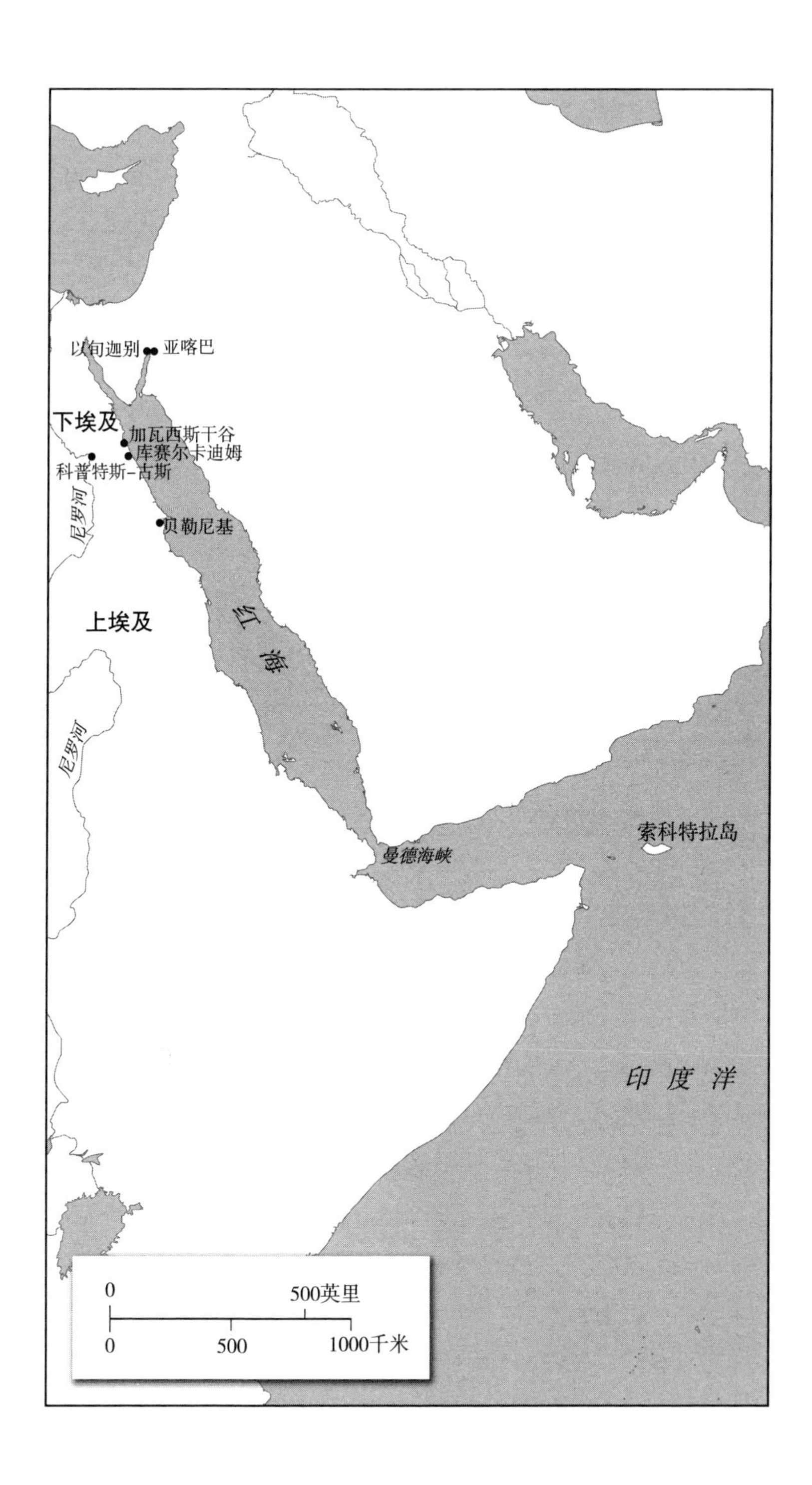

以旬迦别
亚喀巴
下埃及
加瓦西斯干谷
库赛尔卡迪姆
科普特斯-古斯
尼罗河
贝勒尼基
上埃及
红
海
尼罗河
索科特拉岛
曼德海峡
印 度 洋
0
500英里
0
500
1000千米

※ 二

正如巴比伦人对迪尔穆恩、马干和美路哈的位置经常含糊其词，古埃及人对蓬特之地是什么或在哪里也没有明确的认识。这个出现在所有现代文献中的名字，是对一般以 Pwene 形式出现的名字的误读，它有时被解释为“神的土地”。蓬特似乎与俄斐（Ophir）是同一个地方，据说在公元前 10 世纪，所罗门王和推罗国王希兰（King Hiram of Tyre）的船到过俄斐。但在他们的舰队驶出亚喀巴湾（Gulf of Aqaba）的一千六百多年前，已经有一艘名为“两埃及的荣耀”（两埃及指上埃及和下埃及）的船在石碑碑文中被提及。该碑文是埃及王室编年史的一部分，最终在巴勒莫被发现，其年代为法老斯尼夫鲁（Snefru）的统治时期，大约在公元前 2600 年。这艘船是用雪松木或松木建造的，与其他六十多艘船一起参与了对努比亚人的袭击，带回了数以千计的奴隶和数量令人难以置信的牛（20 万头）。这艘船的尺寸之大给人留下了深刻的印象：它的长度为 100 埃及腕尺，即 52 米。[7]为了防止读者以为这只是王室的吹嘘，我们不妨以埋在吉萨大金字塔旁边的葬礼船为例。这艘船是为斯尼夫鲁的儿子胡夫［Khufu，或基奥普斯（Cheops）］建造的。在出土之前，它已经被拆解和埋葬了将近四千五百年；它长 85 腕尺（近 44 米），由黎巴嫩雪松制成，因为埃及的永恒问题之一就是缺乏大量的优质硬木。[8]我们无法确定斯尼夫鲁所说的被打败的努比亚人是不是我们今天所说的努比亚人，也就是埃及东南方向尼罗河上游的居民。也许斯尼夫鲁说的努比亚人是其他非洲人，如居住在埃及以西的古代利比亚人。而且，也许这是一次沿尼罗河而非红海的远征。尽管如此，巴勒莫石碑和葬礼船表明，埃及人有能力建造具有航海能力的船只，即使许多埃及人从未在尼罗河以外的地方冒险。

埃及文献对蓬特的描述是“神的土地”，这让人想起苏美尔文献对迪尔穆恩的描述是“有福者的居所”。这些地方对那些在公元前3千纪听说它们的人来说，有一种神秘的光环。这也是航海史的一个永恒元素：关于遥远而神奇的土地的消息，那里（就像许多个世纪后哥伦布的伊斯帕尼奥拉岛）既不缺乏食物也不缺乏淡水，天堂就在那里或不远处。[9]这种敬畏感在大约公元前2500—前2200年写在莎草纸上的精巧的《遇难水手的故事》里体现得淋漓尽致。它讲述了一次前往蓬特地区的非凡航行，尽管这实际上完全是探访另一个世界（神灵的世界）的故事。[10]在故事中，一名水手向一位王室廷臣讲述了他的航行故事，而廷臣显然把他看作一个满口奇谈怪论的老水手，并试图用“和你说话很烦人”这句话把他打发走。不过，这位廷臣的做法非常不公平。这名水手曾前往王家矿场（可能是金矿），乘坐的是一艘长120腕尺、宽40腕尺的船，带着120名“埃及最优秀”的水手，“无论看天还是看地，他们都比狮子更勇敢”。不过看海可能对他们更有帮助，因为尽管讲故事的水手称赞他们预言风暴的能力，但一波8腕尺高的巨浪砸向了船，船破裂并沉没了，除了讲故事的水手之外无人生还。他流落到一个果蔬鱼禽都很丰富的岛上，“那里应有尽有”。他的怀里很快就抱满了这块土地上丰富的产品，以至于不得不把收集到的一些东西放在地上。正当他感到安全并振作起来的时候，一条大蛇向他游来，奇怪的是它有 2 腕尺长的胡须。它的身体闪着金光，它的眉毛是真正的青金石。这条蛇与导致亚当和夏娃误入歧途的蛇相当不同。它想知道这个水手是如何来到这里的："是谁把你带到这个四面环水的岛上？"水手讲了自己的故事，蛇似乎很满意，说：

> 不要怕，不要怕，年轻人！不要脸色苍白，因为你已经到了我这里。你看，神让你保住性命，把你带到了灵岛。岛上物产丰富，好东西应有尽有。你将在这个岛上待满四个月。然后会有一艘船从你的家乡来，船上有你认识的水手，你将和他们一起回家，在你的城市寿终正寝……你将拥抱你的孩子，亲吻你的妻子，看到你的房子。这比什么都好。

为了表示感谢，水手拜倒在地，并答应把这条高贵的蛇的消息带给他的统治者，统治者一定会送来鸦片酊、肉桂叶（malabathrum）、圆柄黄连木、香脂和香等贵重礼物。水手说："我将为你带来满载埃及所有财富的船。"他还保证将安排献祭，祭祀这条神圣的蛇。但蛇不以为意，说："你没有多少没药，也没有任何形式的熏香。而我是蓬特的统治者，没药都属于我。你说要带来的肉桂叶，大部分来自这个岛。"它给了水手一批没药、肉桂叶、圆柄黄连木、香脂和樟脑，以及黑眼影（在埃及贵族妇女中很受欢迎，如同时代的画作所示）和一大块熏香。蛇还送给他猎狗、猿猴和狒狒，"以及各种金银财宝”。大象的象牙和长颈鹿的尾巴也在其中，后者估计是用来做拂尘的。船如期而至，水手将所有这些货物装上船，踏上归途。蛇告诉他，他需要两个月才能到家，但当他到家时，他会感觉自己青春焕发。

他和其他水手恭恭敬敬地感谢蛇神，然后北上回家。统治者看到他带来的东西很高兴，并公开向蛇神表示感谢；此外，他还奖励这个讲故事的水手，让他成为“追随者”，也就是隶属于宫廷的封建领主。[11]所以这是一个奇特的故事，谈到了家乡的物质享受与超脱普通人类经验的世界之间的关系。但这个故事也清楚地阐述了蓬特之地的一些重要特征：在那里可以得到什么，需要在那里停留多长时间，需要多长时间才能返回，以及它位于南方这一简单的事实，这一定意味着它在红海上。可以想象，水手流落到的岛是索科特拉岛（Socotra）。在公元后的最初几个世纪，寻找树脂和其他奢侈品的船到过该岛，它距离也门 240 英里。[12]

※ 三

公元前 15 世纪初，哈特谢普苏特（Hatshepsut）女王派出的大型探险队足以证明埃及人确实曾经航海南下。此次远航的具体时间可能是她于公元前 1458 年去世之前的几年。她是一小批杰出的女法老之一（登基前曾担任摄政王）。在来自亚洲的喜克索斯（Hyksos）王朝的统治下，埃及的政治权力支离破碎。哈特谢普苏特的目标是在喜克索斯王朝被推翻后恢复埃及的经济活力。她对重建埃及中部的神庙感到非常自豪，这些神庙自喜克索斯王朝统治下埃及以后就被废弃了，“他们［喜克索斯统治者］成群结队地摧毁了已经建成的东西”。她赢得了官员们深深的、热情的爱戴。深得宠信的廷臣和王家工程主管伊内尼（Ineni）宣称：“人们为她工作，埃及向她俯首称臣。”[13]在位于上埃及靠近卢克索的代尔巴哈里（Dair al-Bahri）的宏伟的女王陵寝神庙内，有浮雕和相应的铭文来纪念那次远航。其中一处铭文清楚地显示，埃及与蓬特的贸易历史并不像我们很容易猜测的那样是连续的。蛇神的神奇土地是逐渐进入人们视野的。因为阿蒙-拉神（Amun-Ra）给出了一个奇怪的声明：

> 没有人踏上过这些人所不知的熏香的阶梯，它们是我们的祖先口耳相传的。在你们的祖先即下埃及的国王手下，从那里来的奇物，都是接力传递来的。自上埃及国王的祖先生活的古代起，这些奇物都是通过无数次交换而得来的。除了你们的王家贸易远航队，没有人到达那里。[14]

我们有理由认为，在上、下埃及统一之前，从更南的地方运来的香料和芳香剂等高级奢侈品会先经过上埃及；在非洲更南边开采的黄金也是这样。神提到的上埃及和下埃及的联合，一定是指相对近期的哈特谢普苏特的王朝恢复土著对埃及的统治，而不是一千五百年前发生的两个王国的首次统一。但铭文背后的意义（即使考虑到典型的法老式夸张）是，哈特谢普苏特在某种程度上是一位先驱，也许她恢复了通往蓬特的贸易，并将该贸易路线的许多阶段整合为一条由王家而非私人船队经营的海上路线。[15]这也可能意味着，她绕过了从尼罗河出发或通往阿拉伯半岛西海岸的杂乱的陆上路线。在过去许多时候，这些陆上路线是红海海路的替代方案。她雄心勃勃的建筑计划和恢复前喜克索斯时代之辉煌的决心，促使她到遥远的地方去寻找没药、乌木和象牙等奢侈材料，以及狒狒等异国动物，当然还有黄金。没药是一种特殊的商品，这一点从所谓'*ntyw* 的用途可以看出：它可以用来涂抹阿蒙-拉神像的四肢，这正是没药油的一种可能用途；但是，铭文中没有提到焚香，这表明埃及人并没有从蓬特获取大宗乳香。

埃及王家船队来到蓬特，是为了震慑那里的居民。浮雕甚至描绘了“蓬特的权贵”，实际上是酋长帕勒霍（Parekhou）和他发福的妻子季提吉（Jtj，我们对古埃及语的发音往往纯属猜测，所以最好为她保留这种无法发音的形式）。尽管一位杰出的埃及学家将季提吉描述为“可怕的畸形人”，但真相更可能是，埃及浮雕对她身体的扭曲描绘，是一种粗暴的企图，将她原始的、卑微的身份与真正的女王（优雅的、在某些图像中美丽的女法老哈特谢普苏特）对比。所以埃及浮雕对蓬特人的描绘也不好看：他们住在必须爬上梯子才能进入的圆形小屋里。这与卢克索宫廷的繁华与先进相去甚远。臣服于这位国王和女王的蓬特酋长们在埃及的王旗前跪拜，用下面的话来祈求哈特谢普苏特的恩惠：“向您致敬，埃及的君王，像太阳一样普照大地的女性太阳。”[16]这些铭文旨在表明，蓬特的权贵是法老的臣民，即使在此之前双方的接触是断断续续的，或间接的；因此，埃及船队带回的不是商业交换的商品，而是蓬特人谦卑地缴纳的贡品。这是一种与所谓的下属民族开展贸易的常见方式，中国历史上也广泛采用。贡品被交给法老的使者，待使者回到埃及后，女法老本人会出现在一个特殊的华盖下，“坐在进贡台上”，接受来自埃及以南非洲诸民族的礼物。因此，有一处铭文写道：“蓬特的大酋长满载礼物来到瓦迪韦尔（Wadj-wer）① 的海岸，来到［埃及］王家特使面前。”[17]但即使以法老之尊，贡品也需要用赏赐来交换。在蓬特人离开埃及之前，他们的船上都装满了啤酒、肉、水果和葡萄酒等礼物，准备送往蓬特。这些礼物或旅途用品在哈特谢普苏特神庙的浮雕中有体现。浮雕展示了一支相当壮观的船队，船帆鼓起，桨手整装待发，船尾舵又长又重；浮雕上甚至可以看到长而紧绷的绳索的细节。[18]

这样的绳索实际上有存世的样本。诚然，存世的绳索比哈特谢普苏特的远航要早，这次远航可能是所谓的埃及新王国时期的几次或多次远航中的一次。埃及和蓬特之间贸易的起伏不为人知，比迪尔穆恩的情况要模糊得多。但是，与迪尔穆恩和美路哈一样，有一些基本问题必须得到解答：蓬特在哪里，去那里应走什么路线。就像迪尔穆恩和美路哈一样，学界只是就这些问题慢慢地达成了共识。这主要是重大考古发现的结果，尽管这些发现更接近贸易路线的埃及一端而不是蓬特一端。红海沿岸已经出现了越来越多的新证据，揭示埃及和印度洋之间的贸易在其发展的关键时刻是如何运作

① 瓦迪韦尔是埃及的生育之神，名字的意思是“大绿色”，一般认为指地中海，或者尼罗河三角洲的潟湖与湖泊。

的：贝勒尼基的罗马时代遗址，库赛尔卡迪姆（Qusayr al-Qadim）的中世纪遗址，如今还有加瓦西斯干谷（Wadi Gawasis）和加瓦西斯港（Mersa Gawasis）的青铜时代遗址。所有这些遗址都离得比较近，库赛尔卡迪姆在加瓦西斯干谷以南仅 50 公里处。[19]它们的位置如此相近，这很容易解释：为了从埃及沙漠到达红海，有许多条陆路连接海岸和尼罗河诸港口，货物在港口被重新装到货船上，顺流而下。有充分证据表明，古人开凿了一条水道，使船能够从尼罗河下游穿过三角洲东部，进入苏伊士附近的湖泊，然后再向南进入红海。但哈特谢普苏特女王派遣的大型船只不太可能走这条路，它们最好的选择仍然是从尼罗河到红海海岸的短途陆路旅行。最重要的尼罗河中转站之一是卢克索附近的科普特斯（Koptos），它提供了前往加瓦西斯干谷的捷径，因为它位于尼罗河一个弯曲的地方，河水向东延伸了一点，这缩短了海与河之间的距离，并允许人们通过沙漠的低地通道进入。在中世纪，科普特斯仍然是前往红海的商人的出发地。中世纪的古斯（Qos）是尼罗河沿岸最大的城镇之一。科普特斯-古斯（Koptos-Qos）还拥有充足的本地木材供应，这在埃及是比较罕见的。通过碳 14 测定法和来自米诺斯文明时期克里特岛的一些陶器碎片，可以判断加瓦西斯干谷（严格来讲，叫作加瓦西斯港）的港口在公元前 2000—前 1600 年一直在运作（虽然也有年代更早和更晚的证据），所以加瓦西斯干谷显然是红海航线上的主要转运站之一。[20]埃及人也曾在当地的洞穴里留下垃圾（或者，有人认为，他们把部分装备献给了封闭洞穴内的神灵）。红海的环境异常干燥，所以有 43 个运输货物的木箱存世，还有大约 30 卷用纸莎草编织的绳索，这些绳索至今保存完好。这些都是第十二王朝（中王国时期，约公元前2000—前1800年）的产物。考古学家还发现了用雪松木、松木和橡木建造的船只的废弃木材，包括船舵的叶片，这是因为船体在远海会被藤壶和虫子腐蚀，需要定期大修；此外还出土了石灰石制成的锚。[21]

真正能够解释过去的，并不总是那些光鲜的发现。这里的情况就是如此。一些关于蓬特实际位置的最有力的证据来自陶器碎片：有来自努比亚、厄立特里亚和苏丹的陶器，也有来自曼德海峡（Bab al-Mandeb Strait）另一边的也门周边地区的陶瓷。遗存的乌木相当多，表明它是一种受欢迎的出口产品，甚至在出口前就已经加工好了，因为出土了一些在原产地（厄立特里亚）加工成型的木棒。[22]被称为比亚-蓬特（Bia-Punt）的地区有金矿，这便解释了《遇难水手的故事》中的所谓“王家金矿”。比亚-蓬特似乎也位于今天厄立特里亚的高原地带。但除了零星的树脂块之外，最重要的出口产品几乎没有留下任何痕迹：因为经红海运到埃及的香水和芳香剂不仅是为足够富有的活人准备的，还是为死者准备的，如果他们有足够高的地位，死后会被适当地施加防腐处理。

从整体上看，在加瓦西斯干谷的发现证实了许多埃及学家的推测——蓬特是一个广泛的地区，包括红海南部的两岸，即厄立特里亚和也门的海岸。船队到达蓬特后在哪里停靠仍然是个谜。似乎没有一个叫蓬特的具体地方（与之相比，确实有一个叫迪尔穆恩的地方），而是有一片广泛的“蓬特之地”。如果像遇难的水手说的那样，需要在蓬特停靠几个月才能等到适合回程的安全的风和水流，那么蓬特一定有类似于加瓦西斯港的锚地来提供航海船队所需的设施。一些船可能还向更南方深入，到达今天的索马里，但没有证据表明埃及船队在亚丁转向东方，遇到了来自波斯湾的船只。红海和波斯湾在当时仍然是相互独立的世界，红海作为来自更遥远的东方的货物去往地中海的通道，还是后话。埃及的红海贸易在公元前1100年前后进入衰退期，原因不难猜测：法老们忙于应对来自利比亚、叙利亚及地中海水域的“海上民族”的袭击；此外，法老们对尼罗河三角洲的控制受到当地分离主义者的破坏。随着法老们的权力式微，他们出资派遣船队去蓬特的能力，或者维持奢侈宫廷的能力，也就减弱了。[23]然而，这并不意味着香水和树脂贸易消失了。在此后的许多个世纪里，包括佩特拉（Petra）的纳巴泰人（Nabataeans）① 在内的其他人将通过海路和陆路保持这种联系。[24]因为这条路线的建立标志着不仅是红海而且是更广阔世界的贸易扩张的重要时刻。

※ 四

在埃及发生危机之后，红海贸易发生了什么，只能从《圣经》中非常简短的相关文本中还原，但这些资料提到的贸易地点不是蓬特，而是俄斐。俄斐似乎或多或少与蓬特是同一个地方，因为它位

---

① 纳巴泰人是古代的一支阿拉伯人，生活在今天的阿拉伯半岛北部和黎凡特南部。他们最主要的定居点遗址在今天约旦的佩特拉。106 年，纳巴泰人的土地被罗马皇帝图拉真吞并。

于相近的方向，生产类似的货物。但奇怪的是，《圣经》提到了来自俄斐的黄金，却似乎对香不感兴趣，尽管犹太人的圣殿中大量焚香。《出埃及记》和《利未记》详细描述了要求大祭司亚伦及其继任者挥动香炉的仪式。现在学界普遍认为，《出埃及记》和《利未记》成书于公元前500年前后。由于这些文本（至少是以我们现有的形式）成书如此之晚，对于公元前2千纪末迦南人和以色列人所居地区熏香的使用情况，最好的线索来自考古学。在现代以色列的夏琐（Hazor，公元前14世纪）和米吉多（Megiddo，公元前11世纪）等遗址都发现了香台或香器。但这些香很可能是用乳香以外的物质制成的。苏美尔和亚述的香不是用乳香制成的（这进一步证明了苏美尔和亚述与阿拉伯半岛的联系不是发生在该半岛的西南部，而是东南部）；那里的人们更喜欢来自雪松、柏树、冷杉或刺柏的芳香木材；一些没药被使用，但可能是源自印度的低档没药。[25]根据《塔木德》①，犹太人圣殿中使用的熏香是由多种成分精心混合而成的，且研磨得很细：凡11种香料，包括乳香、香膏、没药、桂皮、藏红花、肉桂和塞浦路斯酒等；“漏掉任何一种成分的人要受到死刑的惩罚”，尽管没有证据表明有人犯过这种粗心的错误。[26]即使这是对实际所用物质的介绍，它也提醒我们，熏香的制作，就像现代香水的制作一样，是一门复杂的艺术，没有任何一种成分可以单独使用。

---

① 《塔木德》是犹太教中极其重要的宗教文献，是犹太教律法和神学的主要来源。《塔木德》包含了人生各个阶段的行为规范，以及人生价值观的养成，是犹太人对自己民族和国家的历史、文化以及智慧进行探索而淬炼出的结晶。

以色列人对他们的熏香供应来源感到满意，因为我们知道在公元前 10 世纪，当以色列国王所罗门和他伟大的盟友推罗国王希兰发起他们自己的红海探险时，目的是获得黄金而不是树脂。考古学家对《列王纪》和《历代志》中所罗门形象的真实性争论不休，学界对记录大卫王朝建立的故事的可靠性有很大分歧，尽管来自以色列基尔贝特·基亚法（Khirbet Qeiyafa）和卡西勒台形遗址（Tell Qasile）的最新证据表明，《圣经》中的版本并不全是幻想。《列王纪》讲述了所罗门如何在亚喀巴湾（也叫埃拉特湾）一个叫以旬迦别（Etzion-Geber）的地方组建了一支船队；亚喀巴湾是今天红海的两个北端点之一，由以色列和约旦共享。① 船队中的船由熟悉海洋的水手操作，这些水手由希兰王提供，他可能也密切参与了这些船的建造。船队到了俄斐，在那里获得了 420 塔兰同（talents）② 的黄金，数量巨大（约 16 吨），他们把这些黄金带回给所罗门王。[27]不久之后，在著名的示巴（Sheba）女王访问耶路撒冷之后（她率领一支庞大的骆驼商队从陆路过来），更多的船被派往南方，这次它们被描述为希兰王的船，这更合理。船队从俄斐带回了黄金、檀香木和珠宝，所罗门将其中的木材用于建造耶路撒冷的圣殿和他在圣殿隔壁的宫殿。一些优质木材甚至被制成了竖琴和其他弦乐器，因为“以后再没有这样的檀香木进国来”③。《列王纪》

① 红海的另一个北端点是苏伊士湾。在今天，亚喀巴湾之滨有两座毗邻的城市，即以色列的埃拉特（Eilat）和约旦的亚喀巴（Aqaba）。

② 塔兰同是古代中东和希腊-罗马世界使用的重量单位。一般的说法是，希腊人使用的塔兰同的实际重量相当于今天的 26 千克，1 罗马塔兰同相当于 1.25 希腊塔兰同。

③ 《旧约·列王纪上》，第 10 章第 12 节。

接着断言，当时白银没有特别的价值，所以所有的东西都是用金子做的，就连杯子和盘子也是。根据《圣经》，在这次远航之后，所罗门得到了666塔兰同黄金。这个数字几乎可以肯定是《圣经》的著者凭空捏造的。“因为王有他施（Tarshish）船只与希兰的船只一同航海，三年一次，装载金银、象牙、猿猴、孔雀回来。”① 这句话表明，白银毕竟不是那么不值钱。[28]在这个时期，腓尼基人从西班牙带来了大量白银，由此我们可以想象，白银并非完全不值钱，但至少不难获得，所以缺乏声望。

同一时期，腓尼基人开始在遥远的加的斯（Cádiz）等地建立他们的前哨基地，不过，他们在加的斯定居的年代并不像传统的说法即公元前1104年那样古老（“腓尼基人”这一术语是希腊人发明的，指的是海上或陆上的迦南商人。腓尼基人认为自己是特定城市如推罗或迦太基的居民，而不是一个统一的民族）。[29]他们到访的这块盛产白银的土地在古典文献中被称为塔特索斯（Tartessos），相当于西班牙南部的部分地区。人们通常认为《圣经》反复提到的“他施”和塔特索斯是同一个地方，但《圣经》强调所罗门的船是在红海下水的，它们带回的货物不是地中海的产品。[30]“他施船只”这个短语，就像近代早期从拉古萨城（Ragusa，即今天的杜布罗夫尼克）衍生出来的argosy一词一样，表示由能够在远海航行的大帆船组成的船队。希兰向所罗门提供的优质木材，不仅来自遥远的俄斐，还来自推罗腹地的黎巴嫩雪松林。从《圣经》中关于建造圣殿

① 《旧约·列王纪上》，第10章第22节。

的记载可以看出，希兰从整个腓尼基贸易世界输送其他货物给所罗门。腓尼基人的主要贸易路线跨海通往北非、撒丁岛和西班牙，并由陆路通往亚述。对腓尼基人来说，红海是次要的，但富有异域风情。在公元前 6 世纪，先知以西结（Ezekiel）言辞激烈地怒斥了希兰昔日的都城推罗，并列出了与之进行贸易的所有土地，其中最容易识别的是波斯和雅完（伊奥尼亚，即希腊），但也有阿拉伯半岛和示巴，示巴指的是也门或其附近的某地。[31]

所罗门船队的故事可能是后人杜撰的，甚至有可能是哈特谢普苏特女王派遣船队驶向蓬特的记忆仍在人们脑海中挥之不去。从字里行间可以看出，希兰在这项事业中发挥的作用比所罗门更大。但俄斐的黄金并不是一种幻觉。即使俄斐的船队没有在公元前 10 世纪航行，它们在公元前 9 世纪也引起了人们的兴趣。《列王纪》中有一段奇怪的文字（晚近得多的《历代志》照例对其做了重述）讲述了犹大王约沙法（Jehosaphat，约公元前 873—前 849 年在位）如何“制造他施船只，要往俄斐去，将金子运来。只是没有去，因为船在以旬迦别破坏了。亚哈（Ahab）的儿子亚哈谢（Ahaziah）对约沙法说，容我的仆人和你的仆人坐船同去吧。约沙法却不肯”①。《历代志》的作者知道或假装知道的信息，比《列王纪》作者的要多，虽然《历代志》作者把俄斐和他施彻底混淆了，并提供了有出入的年表。约沙法在《圣经》中得到了相当好的评价。例

① 《旧约·列王纪上》，第 22 章第 48—49 节。

如，在决定建造船只之前，他驱逐了先知们抨击的圣殿里的男妓。① 亚哈谢却招致了《圣经》作者的愤怒。亚哈谢是与犹大敌对的以色列北方王国的国王，这个王国在所罗门死后才出现。② 不过，两位国王搁置了过去的仇恨，包括政治和宗教上的仇恨，在一项协议中联合起来，在以旬迦别建造一支船队，前往“他施”。这种由统治者保护的商业财团，在这个时期是非常正常的。远航经商虽然有获得高额利润的前景，但也有损失严重的风险，而王廷有足够的资源来承担风险，同时乐于有机会获得黄金和奢侈品。[32]

这一切进展顺利，直到约沙法（他经常与数量众多、对他指手画脚的先知发生矛盾）成为多大瓦之子以利以谢（Eliezer, son of Dodavahu）的攻击目标。以利以谢强烈反对与以色列统治者结盟，因为以色列国王仍然沾染着他父亲亚哈曾乐意容忍的迦南信仰。“后来那船果然破坏，不能往他施去了。”③ 原文的 *vayishaberu* 一词在这里被翻译为“破坏”（wrecked），但其确切含义并不清楚，因为它可能指在各种情况下“被毁”（destroyed），而标准的英文译本则用“broken”（破碎）一词代替。不过，可以肯定的是，《圣经》的意思是船解体了，不管原因是它们的建造质量太差，它们在风暴

---

① 《旧约·列王纪上》，第22章第46节：约沙法将他父亲亚撒在世所剩下的娈童都从国中除去了。

② 根据《圣经·旧约》的记载，以色列联合王国的所罗门王驾崩后，以色列联合王国分裂为南北两个国家：北方的以色列王国（以艾萨克马利亚为首都）和南方的犹大王国（以耶路撒冷为首都）。北国以色列于公元前722年被亚述消灭。南国犹大于公元前586年被新巴比伦王国消灭，即所谓“巴比伦之囚”。

③ 《旧约·历代志下》，第20章第37节。

中倾覆，还是它们在红海的许多暗礁间沉没。因为即使有腓尼基人的帮助，无论是哈特谢普苏特的船队，还是所罗门的船队，或是这支船队，要在陌生的海域航行都绝非易事。

显然，考古学家的任务是找到以旬迦别。这个名字的含义没有什么帮助，它可能表示“小公鸡镇”之类的意思。在中东的某些地区，人类在某地相对连续的定居使古老的名字得以保存至今，但以旬迦别的情况不是这样。不过，因为红海的尽头是一个点，就在今天以色列的现代城市埃拉特（Eilat）和它较古老的邻居约旦城市亚喀巴（Aqaba），所以我们在寻找以旬迦别的时候不用找得太远。1938 年，因其在《圣经》遗址方面的工作而备受尊敬的美国考古学家纳尔逊·格卢克（Nelson Glueck）将位于约旦与以色列边界附近的基利费台形遗址（Tell el-Kheleifeh）山丘确定为以旬迦别的所在地。他在那里发现了公元前 10 世纪的陶器，其来源不一，但大致可以追溯到所罗门王的时代。然而，近期的研究显示，这些陶器的年代要晚一些，甚至比约沙法王还要晚，可以追溯到公元前 8 世纪到前 6 世纪初，差不多就是《列王纪》被拼凑起来的时期。不过，这些陶器还是包含了一些线索：一些碎片上印有“属于国王的仆人考斯阿纳尔（Qaws’anal）”的铭文，这里的国王很可能是指犹大国王。[33]在该遗址的另一个发现是一块带有南阿拉伯文字的陶器碎片，可追溯到公元前 7 世纪或稍晚，因此当时红海上肯定存在南北交通。其他寻找以旬迦别的人指向了离岸稍远一些的“法老岛”，那里有一座十字军城堡的遗址。该岛拥有一座封闭的内港，是在腓尼基殖民地常见的类型。腓尼基人喜欢在近海岛屿建立他们的贸易定居点，如推罗城、西西里岛附近的莫提阿（Motya）或直布罗陀海峡外的加的斯。所以，当腓尼基人试图在红海建立一条海路时，无论是在公元前 10 世纪，还是在更有可能的之后几个世纪，采取同样的做法（在近海岛屿建立贸易定居点）并不奇怪。[34]

所有这些证据看起来都很薄弱，而最有力的证据直到最后才被发现。特拉维夫的以色列故土博物馆内的卡西勒遗址土丘中，有非利士人在雅法以北不远处海岸建立的一个相当大的城镇的遗迹。当时，地中海伟大的青铜时代文明开始崩溃，在骚乱中，这些迈锡尼武士（非利士人）从克里特岛、塞浦路斯岛和爱琴海跨越地中海，迁移到了卡西勒台形遗址那里。该城在公元前 8 世纪仍然活跃，当时有人丢弃了一个壶的一块碎片，上面刻着早期的希伯来文："俄斐的黄金到伯和仑，30 谢克尔。"[35]伯和仑（Beth-Horon）要么是一座献给和伦（Horon）神的神庙，要么是位于约旦河西岸、耶路撒冷西北不远处的一座小镇。伯和仑没有被世界遗忘，它今天是以色列的一个定居点，已经成为中东和平的障碍之一。

※ 五

"［他们］进了房子，看见小孩子和他母亲马利亚，就俯伏拜那小孩子，揭开宝盒，拿黄金、乳香、没药为礼物献给他。"①[36]在

① 《新约·马太福音》，第 2 章第 11 节。

耶稣降生的1450年之前，这三样奢侈品就经常被联系在一起。大约十五年前，我在剑桥大学的一位同事在圣诞节前后从中东访问归来。当他的行李被英国海关官员检查时，他们问他买了什么。他说他去了也门，他的行李里有乳香和没药。海关官员讽刺地答道："我想还有黄金吧！"我这位同事被放行了，没有遇到更多麻烦。黄金、乳香和没药肯定是跨越整个红海（或红海大部分地区）的最早贸易路线上的名贵产品。另外，人们的喜好也会变化。埃及人对没药特别感兴趣，尽管他们也是焚香大户；腓尼基人和以色列人对黄金最感兴趣，而他们的熏香有其他来源。而且，就像早期航海家沿波斯湾航行的情况一样，去往蓬特和俄斐的远航也被长期的沉默打断。如果我们相信哈特谢普苏特女王的话，那么在这些沉默期间，红海上的联系中断了。与波斯湾的航线相比，红海航线的通航更为时断时续。不利因素包括红海遍布礁石和浅滩以致航行困难，此外也存在可以作为替代的陆路。从埃及出发，人们可以通过河流和陆地到达厄立特里亚，也可以沿着阿拉伯半岛西部的海岸走陆路到达阿拉伯半岛。骆驼的驯化使这种交通变得更加容易。骆驼的驯化年代有争议，但至少在阿拉伯半岛的部分地区，可能在公元前1000年就已经实现了。[37]通往阿拉伯半岛南部和它对面的非洲海岸的陆路和海路之间的竞争，将持续许多个世纪。海路为寻找乳香和没药的人提供了怎样的相对优势，并不总是很清楚。只有当船定期向南航行，越过传说中的蓬特、示巴和俄斐的土地，进入广阔的大洋时，红海航线才会被大规模使用，而这只有在东印度群岛和非洲海岸的吸引力变得清晰时才会发生。换句话说，红海的繁荣不是因为它自己，而是因为它是连接埃及和地中海与非洲、印度甚至马来半岛的通道。

注　释

1. David Abulafia, *The Great Sea: A Human History of the Mediterranean* (London, 2011), p. 38.

2. A. Gardiner, *The Egyptians: An Introduction* (2nd edn, London, 1999), pp. 387–8.

3. N. Groom, *Frankincense and Myrrh: A Study of the Arabian Incense Trade* (London, 1981), pp. 163–4.

4. Ibid., pp. 3, 12, 24–5; Herodotos, 2: 86.

5. Pliny the Elder, *Natural History*, 12: 32. 58 – 62 and 65; Groom, *Frankincense and Myrrh*, pp. 136–7.

6. Groom, *Frankincense and Myrrh*, pp. 12–15, 17, 25.

7. R. J. Leprohon, *Texts from the Pyramid Age* (Leiden, 2005), p. 66; D. Fabre, *Seafaring in Ancient Egypt* (London, 2004), p. 89.

8. Illustrated in Fabre, *Seafaring in Ancient Egypt*, p. 90.

9. D. Abulafia, *The Discovery of Mankind: Atlantic Encounters in the Age of Columbus* (New Haven, 2008).

10. J. Baines, 'Interpreting the Story of the Shipwrecked Sailor', *Journal of Egyptian Archaeology*, vol. 76 (1990), pp. 55 – 72; Fabre, *Seafaring in Ancient Egypt*, p. 39; M. Cary and E. H. Warmington, *The Ancient Explorers* (2nd edn,

Harmondsworth, 1963), pp. 75, 233–4.

11. 我借用了 M. -J. Nederhof, 'Shipwrecked Sailor' 中搭配原文转写的英文译文, http://mjn.host.cs.st-andrews.ac.uk/egyptian/texts/corpus/pdf/Shipwrecked.pdf, 译文最后一次修订的时间为 2009 年 6 月 8 日。

12. 见后面某章的讨论, 基于 M. D. Bukharin, P. de Geest, H. Dridi et al., *Foreign Sailors on Socotra: The Inscriptions and Drawings from the Cave Hoq* (Bremen, 2012); Z. Biedermann, *Soqotra: Geschichte einer christlichen Insel im Indischen Ozean bis zur frühen Neuzeit* (Wiesbaden, 2006)。

13. Gardiner, *Egyptians*, pp. 176, 182.

14. Adapted from Cary and Warmington, *Ancient Explorers*, p. 75; and from Fabre, *Seafaring in Ancient Egypt*, p. 179.

15. 关于私商, 参见 Fabre, *Seafaring in Ancient Egypt*, pp. 158–60。

16. Illustrated ibid., p. 180; Gardiner, *Egyptians*, p. 180.

17. Fabre, *Seafaring in Ancient Egypt*, p. 179.

18. Illustrated ibid., p. 144; 关于从蓬特运来的货物, 参见 pp. 182–3。

19. R. Fattovich, 'Egypt's Trade with Punt: New Discoveries on the Red Sea Coast', *British Museum Studies in Ancient Egypt and Sudan*, vol. 18 (2012), p. 4; see also K. Bard and R. Fattovich, eds., *Harbor of the Pharaohs to the Land of Punt: Archaeological Investigations at Marsa/Wadi Gawasis, Egypt, 2001–2005* (Naples, 2007).

20. Fattovich, 'Egypt's Trade with Punt', pp. 5, 9; Fabre, *Seafaring in Ancient Egypt*, pp. 80–83; E. H. Warmington, *The Commerce between the Roman Empire and India* (2nd edn, London, 1974), pp. 7–8.

21. Illustrated in Fattovich, 'Egypt's Trade with Punt', pp. 40, 46–7, 55, figs. 40, 46–8, 63.

22. Ibid., p. 14.

23. Abulafia, *Great Sea*, pp. 48–52.

24. Groom, *Frankincense and Myrrh*, pp. 198–204.

25. Ibid., pp. 32–3.

26. Babylonian Talmud, Treatise Kerithoth; see also Exodus 30：34–6.

27. I Kings 9：26–8; also I Chronicles 29：4; I. Finkelstein and N. A. Silberman, *David and Solomon* (New York, 2006), pp. 153, 170.

28. I Kings 10：11–22; also II Chronicles 8：18; II Chronicles 9.

29. 对于腓尼基身份认同的强烈怀疑，见 J. Quinn, *In Search of the Phoenicians* (Princeton, 2018); Abulafia, *Great Sea*, pp. 66–7。

30. S. Celestino and C. López-Ruiz, *Tartessos and the Phoenicians in Iberia* (Oxford, 2016), pp. 111–21.

31. Ezekiel 27; see also M. E. Aubet, *The Phoenicians and the West: Politics, Colonies and Trade* (2nd edn, Cambridge, 2001), pp. 364–71.

32. Ibid., p. 115.

33. G. Pratico, 'Nelson Glueck's 1938–1940 Excavations at Tell el-Kheleifeh: A Reappraisal', *Bulletin of the American Schools of Oriental Research*, no. 259 (1985), pp. 1–32.

34. B. Isserlin, *The Israelites* (London, 1998), p. 184.

35. Ibid., pp. 185, 226, also plate 44.

36. Matthew 2：11.

37. Groom, *Frankincense and Myrrh*, pp. 34–7.

第五章

谨慎的先驱

※ 一

公元前 1 千纪，由于地中海东部的政治动荡，以及埃及和巴比伦的统治者为控制迦南人、以色列人、非利士人及腓尼基人居住的土地而进行的竞争，几个大国将注意力从波斯湾和红海移走。也许正是因为这一点，所罗门和希兰的海军能够接管通往俄斐的海路。但是，在文献资料、存世的泥板或考古发现中，几乎没有证据表明有商船在这些海域进行定期和频繁的交通。这并不意味着接触的结束，但强大的波斯帝国崛起了，在公元前 6 世纪吞并了伊拉克，使进入伊朗高原的陆上路线变得更加重要，而且印度的商品也可以通过陆路流通，来自阿拉伯半岛南部的商队交通则为消费者提供了乳香和没药。

公元前 539 年，波斯统治者居鲁士大帝在征服巴比伦后，自称“巴比伦之王，苏美尔和阿卡德之王，世界四角之王”，将自己的地位牢牢地置于源自青铜时代、绵延两千年的苏美尔法统之中。居鲁

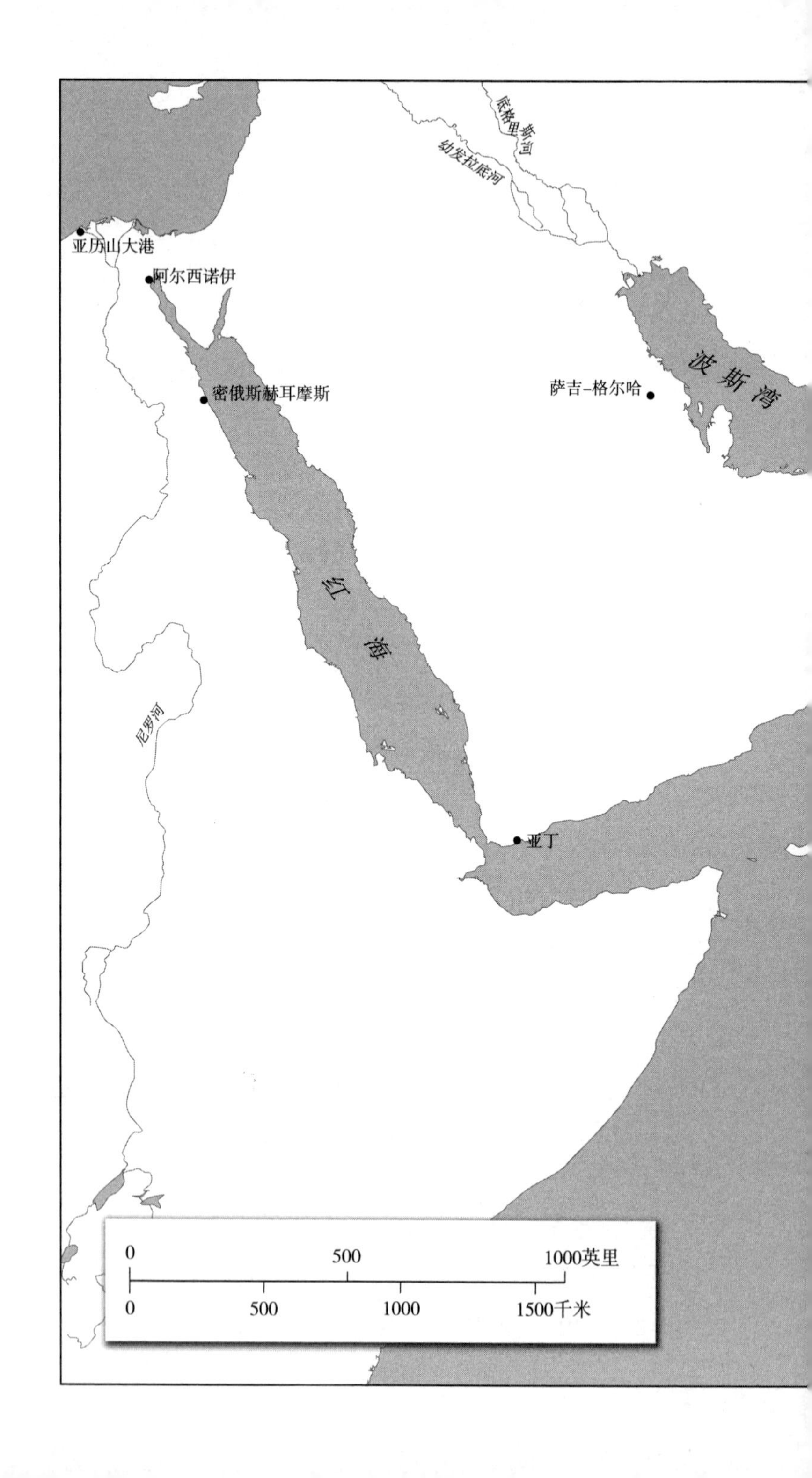

底格里斯河
幼发拉底河
亚历山大港
阿尔西诺伊
密俄斯赫耳摩斯
萨吉-格尔哈
波斯湾
红海
尼罗河
亚丁
0
500
1000英里
0
500
1000
1500千米

俾路支斯坦
印度河
阿拉伯海
孟加
拉湾
印　度　洋

士大帝之后的波斯国王们将其权力扩张到小亚细亚海岸的伊奥尼亚，并渴望控制希腊本土。希腊人拜访了波斯宫廷，很想了解这个崭露头角的庞大帝国。这个帝国包括埃及、波斯、巴比伦和小亚细亚的吕底亚。但希腊人很难理解那些传播到伊奥尼亚和爱琴海的零碎信息。从全篇或部分存世的地理著作来看，希腊人对非洲、阿拉伯半岛和印度的形状很好奇；他们也对那些在阿拉伯半岛甚至整个非洲大陆旅行多年的勇敢探险家的故事心驰神往。公元前 500 年前后，历史学家赫卡塔埃乌斯（Hekataios，我们仅能从后来作家引用的片段了解到他）提到了波斯湾，称其为 *Persikos kolpos*，即“波斯湾”，这个名字透露了一些关于已经出现的新政治秩序的信息。在接下来的一个世纪里，伊奥尼亚的博学者希罗多德描述了公元前 510 年前后发生的环绕阿拉伯半岛的一次非凡的海上航行，这表明当时人们在尝试重建从印度到阿拉伯半岛的航线。斯凯拉克斯（Skylax）来自今天土耳其海岸的卡里亚（Caria），因此是希罗多德的近邻。他受大流士大帝的委托，率领船员，不是从底格里斯河与幼发拉底河的入海口出发，而是从印度河启航（他事先从陆路到达印度河），然后驶入大洋，向西绕过阿拉伯半岛，进入红海。这次去往苏伊士附近的阿尔西诺伊（Arsinoë）港的航行耗时 30 个月。[1]

我们没有理由对希罗多德的故事持怀疑态度。大流士正在尝试的事情是革命性的（至少有这样的潜力）。他的目标是将印度和埃及连接在一起，这意味着在路线的埃及那一端也需要大量的工程建设。大流士重建了穿越尼罗河三角洲的古老水道，该水道一个方向通往尼罗河，另一个方向通往地中海。这不能算是苏伊士运河的前身，因为这条路线是从苏伊士以北不远处的咸水湖向西延伸的；而且古埃及人似乎已经奠定了该工程的基础。希罗多德说，这条新水道的宽度足以让两艘三列桨座战船（triremes）① 并排而过，航行通过整条水道需要四天时间。[2]一旦这条水道投入使用，至少在理论上，航运可以从埃及的巴比伦城（今开罗）一直通到印度河。在该水道沿线发现的这一时期的埃及铭文夸耀道，船可以“从尼罗河经萨巴（Saba）直接驶向波斯”，而萨巴在阿拉伯半岛南部。希罗多德认为，这条水道是波斯人征服印度和希腊之间整片广大地区的计划的一部分。大流士的野心也不局限于陆地，他还企图成为海洋的主人：“在他们绕海岸航行之后，大流士既征服了印度人，又利用了这片海域。”[3]

既然在靠近苏伊士湾顶部的阿尔西诺伊已经有了一个港口，而阿拉伯半岛南部的陶器已经到达亚喀巴湾，那么在公元前 1 千纪，红海还是一个被忽视的地区吗？使用默证法总是非常冒险的，而希罗多德尽管魅力无穷，却并不总是可靠的，有时他自己也承认并没有真正相信他听到的一切。但斯凯拉克斯的故事得到了更重要、更容易核实的关于波斯帝国野心的故事的支持。希罗多德讲的另一个故事谈及法老尼科二世（Necho II）在位期间（公元前 610—前 594 年）从红海进入印度洋的航行，还描述了在非洲海岸种植和收获谷物的故事，而后者就不太可信了：

---

① 三列桨座战船是古代地中海的航海文明（腓尼基人、希腊人、罗马人等族群的文明）使用的一种桨帆船。战船每边有三排桨，一个人控制一支桨。此种战船在希波战争、雅典帝国兴亡中起到重要作用。

> 利比亚［非洲］除了与亚洲接壤的部分，都被大海环绕；据我们所知，最早是埃及法老尼科二世证明了这一点。他完成了从尼罗河到阿拉伯湾［红海］的水道的挖掘工作后，就派腓尼基人乘船出发，命令他们继续航行，经过赫拉克勒斯之柱①回到北海［地中海］，并从那里前往埃及。因此，腓尼基人从红海出发，驶过南海［印度洋］。每当秋天来临，他们无论碰巧到了利比亚的什么地方，都会上岸播种；然后他们就等着收获。在收获谷物之后，他们继续航行。这样过了两年，他们在第三年经过赫拉克勒斯之柱，到达埃及。他们报告了一件事，我不相信，但其他人可能会选择相信，那就是在绕着利比亚航行时，太阳出现在他们的右手边。[4]

希罗多德还记述了后来的波斯国王薛西斯（公元前485—前465年在位）派遣的一次航行，这次航行据说以逆时针绕过了非洲。这次航行的船长是一个名叫萨塔斯佩斯（Sataspes）的波斯人，他被派去参加这次远航，是因为他强奸或侮辱了一位贵族女子，原本要被处以木桩穿刺之刑。他在非洲海岸遇到一些矮小的原始人后，在大西洋的某个地方折返，回到了埃及。在那里，萨塔斯佩斯不久之后就被波斯国王处以刺刑。[5]希罗多德心中的问题是非洲的形状和大

---

① 赫拉克勒斯之柱是直布罗陀海峡南北两岸的巨岩，北面一柱是位于英属直布罗陀境内的直布罗陀巨岩，而南面一柱在北非，但确切是哪座山峰则没有定论。根据希腊神话，这两大巨岩是大力士赫拉克勒斯所立，纪念他捕捉巨人革律翁之行。赫拉克勒斯双柱之内的海洋即地中海。

小，以及印度洋是否通向大西洋。他和后来的亚历山大大帝都确信印度洋一定与大西洋相通。即便如此，地理学家托勒密（Ptolemy）后来仍认为，印度洋是一个封闭的海洋，它的南部边缘是一片酷热的、不适合人类居住的土地，从非洲南部一直延伸到东南亚。

这是腓尼基人所谓的众多伟大远航之一。人们经常说腓尼基人进行过伟大的远航，但往往没有太多证据。更晚近的一些人说腓尼基人去过亚速尔群岛（甚至美洲）和印度（甚至马来西亚），还有人甚至认为腓尼基人在法老尼科二世统治的仅一千八百年后在非洲南部兴建了大津巴布韦城。关于太阳所在方位的叙述经常被引用，以证明腓尼基人一定是沿着非洲的大西洋海岸（向北）航行的，不过肯定有其他一些腓尼基人（也许包括不幸的萨塔斯佩斯）曾从直布罗陀沿着非洲海岸南下，并远至摩加多尔（Mogador）。不利于这次航行真实性的证据包括它过短的航行时间，特别是与斯凯拉克斯环绕阿拉伯半岛的航行所用的更为合理的时间相比。如果说腓尼基人有很长一段时间停下来等待谷物生长，就更难以令人信服了。他们如何维护和修理他们的船？他们用的到底是什么船？[6]从希罗多德简短而令人困惑的叙述中得出的最重要结论是，无论腓尼基人观察到了什么，他们并没有开辟进入印度洋的新航线。东非总有一天将被纳入印度洋的巨型贸易网络，但跨印度洋的长途交通的先行者是希腊人和罗马人。

希腊人对大流士和薛西斯过去的攻击进行了报复。公元前 4 世纪，亚历山大大帝闪电般地征服了波斯。在这之后，印度洋吸引了统治者和作家越来越多的关注。当亚历山大向印度西北部挺进时，他建立无垠帝国的野心不减反增。他在印度西北部留下了希腊军队的老兵和希腊文化遗产，这种文化遗产后来与佛教交织在一起。作为大学者亚里士多德的学生，他精通地理。他有一次发表演讲，阐述了包括波斯湾在内的各个海洋是如何相互联系的。毫无疑问，亚历山大读过关于斯凯拉克斯的著作（其人相当有名），也读过记载波斯人旗帜下其他探险活动的书。他显然知道希罗多德记述的航行，因为他认为“我们的舰队将从波斯湾航行到利比亚，一直到赫拉克勒斯之柱”，并认为这样的远航的一个结果是，他的统治将扩展到整个利比亚（非洲），更不用说亚洲。他的目标是到达“神为整个地球设定的边界”。[7]

公元前325年，亚历山大委派一位名叫尼阿库斯（Nearchos）的克里特军官从印度河出发，向波斯湾航行。尼阿库斯是亚历山大信任的老伙伴。选择与国王关系如此密切的人领导这次航行，表明这不是一项无足轻重的事业，而是有其战略目标和科学目标的。亚历山大起初不愿意派尼阿库斯去，因为他非常看重自己与尼阿库斯的友谊，并且很清楚尼阿库斯率领舰队进入未知水域时必然会面临风险。但尼阿库斯坚持表示自己想去。当审视其他可能的指挥官的名字时，他们意识到这些人都是不可靠的，甚至是怯懦的。如果我们相信亚历山大的传记作者阿里安（Arrian）的话，那么当时尼阿库斯说：“国王啊！让我领导您的舰队！愿神佑助这项事业！如果大海确实可以航行，而且这项事业确实在人力所及范围之内的话，我会把您的船只和部下安然无恙地带到波斯。”

这次远航的水手来自腓尼基、塞浦路斯和埃及，不过个别船是由亚历山大随行人员中的希腊指挥官领导的。有些船的一部分是从塞浦路斯和腓尼基运来的，尽管这看起来极不寻常。按照通常的做法，船被拆解，或只在黎巴嫩海岸建造了一部分，然后被从陆路运到美索不达米亚的河系。随后，船的部件被运到巴比伦，那里还在建造更多船。然后，它们如何跨越波斯的群山抵达印度河就是个谜了。[8]腓尼基人及其迦太基后裔是以流水线方式造船的专家，他们会对木板和配件进行编号，从而让所有的东西都能准确地组装在一起。[9]亚历山大希望得到一份关于美索不达米亚和印度之间海岸的居民、港口和产品的报告。这次航行后来广为人知，因为不仅是尼阿库斯，舰队的好几位军官也记录了自己的旅程。遗憾的是，这些记述只有片段留存下来，尽管阿里安根据尼阿库斯的记载提供了一份连贯的叙述。阿里安的叙述结合了扣人心弦的情节和相当具体的描述，因为船长们留下的记录并非激动人心的海上故事，而是详细的航海指南，详尽地记录了马其顿国王索要的信息。

不过，也有足够多的材料可以用来讲惊险故事：沿着印度河航行到达今天的卡拉奇（Karachi）附近的船只，被季风耽搁了三个多星期。然后，有几艘船在大风中损毁，尽管船上的人设法游到了安全地带。尼阿库斯在开始航行时不可能对季风有多少了解，但经验告诉他和他的船长们，尊重大洋风是多么重要。对付远海只是第一个难题，海岸上的居民对他们往往非常不友好。有一次，当他们沿着俾路支斯坦海岸线航行时，尼阿库斯受到了数百名半裸的印度人的挑战，后者被描述为“不仅是头，还有身体的其他部位”都毛发浓密。这些印度人不知道铁，而是用爪子一样的指甲作为工具，撕开生鱼吃掉。除此之外，他们还依靠锋利的石头作为工具；他们穿着兽皮甚至是鲸鱼皮的衣服。尼阿库斯派了一队人马，都是游泳健将，从他的船舷上跳下去；这些人显然是穿着盔甲游到了岸上，或者至少是涉水而行，把印度人吓坏了。

他们在离开了尼阿库斯眼中的印度，沿着伊朗海岸前进时，遇到了一些和平的城镇居民。这些居民给水手提供的面包不是用谷物面粉制成的，而是用大型海洋生物在阳光下晒干后的肉碾碎所得的鱼粉制成的；小麦和大麦对他们来说算得上佳肴了。新鲜的鱼一般都是生吃的。而且，这些鱼不是在海上捕捞的，而是与螃蟹和牡蛎一样，是在退潮的海滩上的坑里挖出来的。另一个定居点的羊肉尝起来有鱼的味道，因为据记载，这里没有草场，所以用鱼粉当作羊的饲料。连他们建造房屋用的横梁也是鲸鱼骨或鱼骨。在船队航行的过程中，有时很难找到食物，船上的人不得不从海岸边的树上砍棕榈芯来吃。除了偶尔被宰杀的骆驼外，他们在以鱼为主食的地方几乎找不到可以大快朵颐的东西，因此很乐意继续前进。[10]

传说难免会和现实混在一起。阿里安记述了尼阿库斯舰队对一座太阳圣岛的到访，那里没有人类涉足，希腊人称之为涅瑞伊得斯（Nereids）的女性半神曾住在那里。她把水手引诱到岛上，他们到达之后，就被她变成了鱼。太阳神并不喜欢这种胡闹，便把她赶走了，同时把这些鱼变回了人。于是他们在岸上定居下来，成了吃鱼的人。尼阿库斯毫不费力地到达了这个岛，并证明这个地方没有什么神奇之处。但他仍有一种仿佛迷路的感觉，只是隐约知道他们应该去哪里。绘制印度和伊朗的轮廓图是一件困难的工作，特别是当他们靠近波斯湾和从阿曼伸出、几乎封闭了波斯湾的穆桑代姆半岛时。他们应该沿着穆桑代姆半岛的大洋那一侧驶过阿拉伯半岛，还是沿着伊朗的海岸继续进入波斯湾？在那一边，尼阿库斯已经发现了盛产肉桂的地方，但他意识到阿拉伯半岛的海岸是沙漠的外缘，“完全没有水”，因此拒绝了一位船长的建议，即沿着阿曼海岸向西南航行。他明白，沿着波斯湾向北的路线最终会把他带到巴比伦尼亚（Babylonia）。当他们在波斯湾向北航行时，遇到了更多生活在海岸上的未被征服的部落，甚至还遇到了一个流浪的希腊人，他之前脱离了亚历山大的军队，仍然穿着希腊斗篷。因此，即使在沿着波斯中心地带的海岸航行时，他们也有新发现，并帮助马其顿国王了解他的土地是如何整合在一起的。[11]这次航行被认为取得了辉煌的成功。

※ 二

尼阿库斯的远航探索了现代巴基斯坦和波斯湾之间的一小段重要的海岸。与腓尼基人的航行相比，这次远航的距离并不长，但一个横跨印度洋的海上网络雏形正在逐渐形成。亚历山大下令在底格里斯-幼发拉底河水系的入海口建立一个港口（名字当然叫亚历山大港了），以促进沿波斯湾而下的贸易。因此，尼阿库斯的成就有希望得到实际的应用。但亚历山大没过多久就在巴比伦英年早逝，他的航海雄心也无法实现了。在接下来的若干年里，他的将军们为他的帝国争吵不休，最终将其瓜分。可是，亚历山大为航海事业播下了一些种子：他的继业者，埃及的托勒密王朝和美索不达米亚的塞琉古王朝（双方正激烈地争夺叙利亚），对海上力量越来越感兴趣；波斯湾逐渐重新成为意图到达印度的商人的重要通道。亚历山大将希腊世界延伸到了印度；波斯湾地区也发生了部分希腊化，因为希腊定居者被激励去建立小型贸易城镇，为阿拉伯半岛芳香剂和印度香料的贸易服务。不过，与波斯湾和印度洋相比，亚历山大的继业者们通常对叙利亚和地中海更感兴趣，塞琉古王朝在那里与埃及的托勒密王朝展开了竞争。塞琉古王朝军事力量的伟大象征是大象，而不是战舰。然而，塞琉古国王还是在波斯湾经营着一支舰队，其任务是确保通往印度的海路畅通，特别是当波斯势力的重新崛起威胁到这些水域的自由通行时（为波斯服务的帕提亚士兵可能设法占领了阿曼的北端）。[12]

这是波斯湾地区的城市复兴的时代。塞琉古国王们梦想着在波斯湾沿岸建立一个希腊城镇网络。这样一个网络不可能与在地中海地区建立的网络相提并论，但至少有六座城镇，也许有九座或更多的城镇。对于它们的确切位置一直有很多争论，因为它们已经从地图上消失了。在比迪亚（Bidya）古代定居点（位于阿联酋面向印度洋的那一小部分地区）发现的坟墓被描述为“希腊化的”，换句话说就是塞琉古时期的坟墓；它们与可追溯到公元前 2 千纪的坟墓重叠在一起。因此，也许希腊人，或者说接受了希腊文化的人（从该城的出土物来看，这里的希腊文化包括精美的玻璃），已经来到了这里。[13]有一座城镇似乎是独立于这些希腊定居点发展起来的，并且发展得比它们更好，这座城镇位于阿拉伯人后来称为萨吉（Thaj）的地方，在今天的沙特阿拉伯境内。它的绝大部分居民可能是阿拉伯人，并且它是一个控制着阿拉伯半岛东翼部分地区的国家的中心所在。[14]一方面，有这座大城市的废墟，但没有任何考古记录能告诉我们它的原名；另一方面，我们拥有古典时代作家的热情记载。这些记载可以追溯到亚历山大大帝时期，描述了被称为格尔哈（Gerrha）的地方与巴比伦尼亚之间的陆上和海上贸易，并明确指出格尔哈是当时该地区最重要的贸易中心。[15]根据希腊作家的说法，这些阿拉伯商人最重要的商品是熏香（这很容易猜到），他们把熏香运到他们位于北方的城市。格尔哈是盛产乳香和没药的土地与渴望并且有能力购买这些产品的大帝国和王廷之间的中转站。乳香和没药被用于神庙的崇拜仪式，并使塞琉古和托勒密宫廷的仪式更加华丽。

塞琉古国王安条克三世（Antiochos III）非常希望从这种贸易中获益，所以他在公元前 205 年对格尔哈进行了一次国事访问。虽然他在波斯湾展示了塞琉古王朝的旗帜，但他并不是以征服者的身份来到格尔哈的。希腊历史学家波利比乌斯（Polybios）强调，安条克三世欣然承认格尔哈公民的“永久和平与自由”。[16]不过，安条克三世也很高兴带着大量作为礼物的乳香、没药和白银离开。他希望他说服了格尔哈人把他们的商人派遣到巴比伦尼亚，而不是到波斯或他的竞争对手埃及的托勒密国王那里，托勒密王朝此时控制着叙利亚。正如出自埃及的几份莎草纸表明的那样，阿拉伯半岛南部的熏香要到达托勒密王朝的土地，需要纳巴泰商人的骆驼商队走陆路运输，通过佩特拉或叙利亚边缘的其他城镇，而不是乘船绕过阿拉伯半岛并进入红海。但是，在公元前 2 世纪，叙利亚被塞琉古王朝统治，因此，从格尔哈到纳巴泰人土地的路线通畅了，塞琉古国王当时从叙利亚征收的税款与从巴比伦征收的税款一样多。[17]

这就是希腊历史学家和地理学家告诉我们的格尔哈的情况。然后还有来自萨吉的实物证据。无论萨吉是否矗立在格尔哈的遗址上，它作为贸易中心，都拥有悠久的历史。前伊斯兰时代的阿拉伯文作家提到了萨吉，他们的作品片段被阿拉伯穆斯林作为文学典范保存下来。阿姆尔·伊本·库勒苏姆（‘Amr ibn Kulṯum）在6世纪末的某个时候写道："萨吉流淌的泉水吸引了母野驴。"[18]但在那许久以前的公元前3世纪，萨吉这座有城墙环绕的相当大的城镇就有了从地中海运来的少量希腊黑釉陶器。更多的陶器来自塞琉西亚（Seleukeia），它是塞琉古王朝恢宏的东都，以当时典型的自夸风格，用君主自己的名字命名。[19]塞琉西亚位于底格里斯河上游，底格里斯河和幼发拉底河之间的距离在塞琉西亚略微缩短。因此，萨吉与遥远的地方有联系。这座城市不断发展壮大，成为波斯湾地区已知的最大的考古遗址。它的面积超过80万平方米（老普林尼说格尔哈的周长是5罗马里，因此它的面积差不多是80万平方米）。[20]尽管萨吉有大量的淡水，但它位于离海岸50多英里的内陆。不过，从萨吉很容易到达朱拜勒（al-Jubayl）的港口，毫无疑问也很容易进入沿阿拉伯半岛东侧的陆路商队路线。在19世纪，咖啡商人骑着骆驼从也门一路跋涉过来，仍然在使用这些路线。[21]这就解决了一些历史学家对于格尔哈和萨吉是不是同一个地方的疑问。古希腊作家认为，格尔哈是一个靠海的地方。一份早期的希腊文献认为，有木筏（也许指的是芦苇船）从格尔哈出发，从波斯湾北上，驶向巴比伦。地理学家斯特拉波（Strabo）首先说格尔哈在海边，然后又说它在内陆的某个地方。[22]格尔哈和迪尔穆恩一样，既是具体地方的称谓，也是统称：格尔哈是一座双子城，这种情况在过去并不罕见，即将一座大型的内陆都市和一个小型但美丽的海港结合在一起；格尔哈也是同时包括了城市和港口的政治实体的统称，我们对其政府一无所知。格尔哈位于内陆的那一半取得了更大的成功。这也许不能证明波斯湾地区的海上贸易终于起飞，但证明了这一广泛的地区正在复兴。即便如此，只有当伟大的国王和为他们服务的商人的商业活动变得更加雄心勃勃，并经常远达印度时，真正的转变才会发生。

※ 三

当塞琉古王朝试图扩大其在波斯湾的影响力时，他们的竞争对手托勒密王朝也没有闲着。[23]尼阿库斯远航的消息传到了埃及，因为他的有些船员是埃及人。托勒密一世（Ptolemy I）于公元前305/304—前282年在位。相比红海的险恶水域，他对把亚历山大港建设成一个政治、商业和海军中心更感兴趣，从这里他可以主宰地中海东部。即便如此，托勒密王朝早期在红海还是有一些建树的。其中之一是疏浚“红海—地中海”运河，该运河在波斯国王大流士的命令下已经被浚通过一次。到了公元前400年，运河已经淤塞，没有人对清理它表现出兴趣，尽管它的关闭切断了贸易城镇比东（Pithom）的水上交通，使其陷入衰退。比东是一座古老的城镇，在犹太人中声名狼藉，因为它是希伯来奴隶为法老建造的

“积货城”① 之一。然后，在托勒密二世（爱手足者，Ptolemy II Philadelphus）时期，大约在公元前270年，随着运河的重新开放，比东又恢复了活力。[24]疏浚“红海—地中海”运河的举措被寄予厚望，这是因为托勒密一世时期的一次早期试验取得了很大的成功。这位国王曾派一位名叫斐洛（Philo）的海军将领前往非洲海岸，希望为军队获取大象，如果搞不到活的大象，就为宫廷获取象牙。托勒密军队中有一支专门的战象部队，战象被安置在自己的园林里，王家动物饲养员可以满足它们的一切需要。[25]托勒密二世在得知大象栖息地的居民有从活体大象的腹部切下肉排的习惯时，感到非常担心。他希望他的大象完好无损、身体健康。由于非洲象的体型比印度象大，他有机会获得比他的对手塞琉古王朝的战象更大、更有攻击性的战象。[26]

仅靠大象，无法维持在红海的埃及沿岸兴起的若干小港口的经济生活，于是从索马里沿红海而上的海上贸易的涓涓细流变成了定期流动。埃及的船长们相当自信地越过亚丁，到达非洲之角，但他们紧贴着非洲海岸航行。而为塞琉古王朝服务的船长们则留在波斯湾，或只在从波斯湾通往印度边缘的海岸活动。至于阿拉伯半岛南部，即盛产乳香和没药的赛伯伊（Sabaea），那是一个未被征服的地区，也是一个不友好的地区。它输出货物，从贸易中获得巨大利润，但唯一受到它欢迎的外商是纳巴泰人，他们主导了通往佩特拉

---

① 指邻近边境的军用仓库，用来储备军需，以应防卫及战争之用。见《旧约·出埃及记》，第1章第11节：于是埃及人派督工的辖制他们，加重担苦害他们。他们为法老建造两座积货城，就是比东和兰塞。

和地中海沿岸的商队路线。赛伯伊自己的商人则热衷于购买来自非洲之角的肉桂。赛伯伊人的孤立主义，以及远海航行的困难，都使埃及商船队没有与塞琉古商船队发生接触。人们还没有掌握季风的规律。印度洋仍然是一个充满不可预知的危险的地方。公元 1 世纪，斯特拉波回顾了托勒密王朝渗透到印度洋的尝试，并强调，在他的时代，通过红海之滨的密俄斯赫耳摩斯（Myos Hormos），亚历山大港与印度洋之间已有定期的交通联系，“但在托勒密王朝统治时期，很少有人敢于驾船从事印度货物的贸易”。[27]我们下面会谈到密俄斯赫耳摩斯，因为它是一个不寻常的考古遗址。沿着伊朗海岸和印度西北部海岸的早期探索航行，证明了一条海路的存在，但实际上这条航线并没有被打通，原因之一是季风的挑战。

因此，从埃及到印度洋的路线被一个“阿拉伯屏障”阻挡住了，而要找到一条绕过赛伯伊的道路很困难，这使托勒密王朝更热衷于将这个屏障拆除。托勒密统治者毕竟是伟大的亚历山大港图书馆的赞助者，那里是知道（或自以为知道）世界上所有土地如何连接在一起的学者的家园。公元前 2 世纪中叶统治埃及的托勒密八世（施惠者二世，Ptolemy VIII Euergetes II）喜欢与亚历山大港的地理专家学者为伴，其中最重要的是克尼多斯的阿伽撒尔基德斯（Agatharchides of Knidos），他写了一本关于红海的书，但这本书大部分已经佚失。他的书根据的是许多旅行者的讲述，以及王家档案馆里的文献。[28]他的著作中的一篇长文保存在一份拜占庭抄本里，为我们了解托勒密王朝的野心提供了一些线索，因为追寻纯粹的知识并不是他们的最终目标。阿伽撒尔基德斯吊起了花钱如流水的托勒密统治者们的胃口。阿伽撒尔基德斯对阿拉伯半岛做了概述，描述了富含纯金块的土地，最小的金块也有果核大小，最大的金块有核桃那么大。开采这些金块的当地人认为黄金没什么特别的，而更看重铁、铜和银。在他们眼中，相同重量的白银的价值是黄金的十倍。阿伽撒尔基德斯认为，萨巴斯（Sabas，而不是格尔哈）是赛伯伊人的都城，盛产乳香和没药，是阿拉伯半岛最好的城镇。他说，格尔哈人和赛伯伊人"已经使托勒密王朝治下的叙利亚拥有大量黄金"。[29]

水手库济科斯的欧多克索斯（Eudoxos of Kyzikos）从公元前118年开始的冒险经历被古代作家长期铭记。当一位印度旅行者被风吹过大海，孤零零地流落到红海岸边时，王家卫兵发现了他，并灵机一动，把他带到了好奇心极强的托勒密八世国王的宫廷。这个印度旅行者肯定知道通往印度的路线。他引导水手欧多克索斯去了印度，带回了一批极好的芳香剂和香料。欧多克索斯一直期待着享受此次远航的利润，但贪婪的国王把一切据为己有。不过，在托勒密八世死后，埃及女王克利奥帕特拉二世再次派欧多克索斯出航。王室再一次将航行的全部收入攫为己有。在受到托勒密王朝的欺凌后，欧多克索斯感到很气愤，因为他原以为女王比较善良，希望在女王的庇护下会有更好的结果。欧多克索斯决定，他将找到一条不同的航线去印度，这一次没有王室掺和。他将从地中海出发，绕过非洲，到达印度。他在这次远航中投入了大量的资金，甚至还带着由少男少女组成的乐队，希望用他们来打动印度的国王。但他只走到加那利群岛，或该地区的某个地方，就不得不折返。后来，他又一次尝试绕过非洲，但他的小船队遭遇海难，包括欧多克索斯在内的所有人都失踪了，估计是淹死了。[30]所以，欧多克索斯是一位先驱，他的航海生涯充满了挫折和失败，因为他即使到达了印度，也没能享受远航的成果。不过，他的航海生涯也表明，通往印度的路线已是托勒密王朝宫廷中的一个重要议题。早在哥伦布和瓦斯科·达·伽马之前，如何最好地通过海路到达这些传说中的富饶土地的问题，就已经吸引了国王和船长们。

通往印度的海路开通之后，托勒密王朝积攒了大量的印度商品，下一任埃及国王托勒密九世（救主二世，Ptolemy IX Soter II）据说非常受提洛岛（Delos）商人欢迎，当时这个岛已经成为地中海东部贸易路线的枢纽。著名的古代史专家罗斯托夫采夫（Rostovtzeff）说，托勒密九世之所以如此受欢迎，是因为提洛岛人把他当作“生意人，大商人”，而不是埃及国王。所有这些印度奢侈品的出现，给这个原本就欣欣向荣的岛带来了更多的财富。从埃及运来的象牙太多，以至于提洛岛商人不得不以低于他们预期的价格出售这些象牙。[31]地中海和印度洋逐渐开始互动。处于（地中海和印度洋之间）中间位置的人，比如埃及的国王和商人，充分意识到这将带来的好处：丰厚的利润和可供享用的奢侈品。

注 释

1. Herodotos，4：44；M. Cary and E. H. Warmington，*The Ancient Explorers*（2nd edn，Harmondsworth，1963），pp. 78－9；D. T. Potts，*The Arabian Gulf in*

Antiquity, vol. 2: *From Alexander the Great to the Coming of Islam* (Oxford, 1990), p. 2.

2. D. Fabre, *Seafaring in Ancient Egypt* (London, 2004), p. 78.

3. Cary and Warmington, *Ancient Explorers*, p. 79.

4. Herodotos, 4: 42; Fabre, *Seafaring in Ancient Egypt*, p. 77; Cary and Warmington, *Ancient Explorers*, pp. 111–12.

5. Herodotos, 4: 43.

6. Cary and Warmington, *Ancient Explorers*, pp. 114–17.

7. Arrian, *Anabasis*, 5: 26. 1–2.

8. Ibid., 7: 20. 9–10; Strabo, *Geography*, 16: 1. 11; Potts, *Arabian Gulf in Antiquity*, vol. 2, pp. 2–4.

9. David Abulafia, *The Great Sea: A Human History of the Mediterranean* (London, 2011), p. 180.

10. Arrian, *Anabasis*, 18: 29–30; Cary and Warmington, *Ancient Explorers*, pp. 80–86.

11. Arrian, *Anabasis*, 18: 31.

12. Polybios, 13: 9; Potts, *Arabian Gulf in Antiquity*, vol. 2, pp. 11–13.

13. H. P. Ray, *The Archaeology of Seafaring in the Indian Ocean* (Cambridge, 2003), p. 173.

14. M. Rostovtzeff, *The Social and Economic History of the Hellenistic World* (3 vols., Oxford, 1940–41), vol. 1, pp. 457–8.

15. Potts, *Arabian Gulf in Antiquity*, vol. 2, pp. 85–97.

16. Polybios, 13: 9. 4–5.

17. Rostovtzeff, *Social and Economic History*, vol. 1, pp. 458–9; Potts, *Arabian Gulf in Antiquity*, vol. 2, p. 93.

18. Potts, *Arabian Gulf in Antiquity*, vol. 2, p. 34；对萨吉的概述，参见 pp. 23-48。

19. Rostovtzeff, *Social and Economic History*, vol. 1, p. 461.

20. N. Groom, *Frankincense and Myrrh: A Study of the Arabian Incense Trade* (London, 1981), p. 194.

21. Potts, *Arabian Gulf in Antiquity*, vol. 2, p. 31.

22. Strabo, *Geography*, 16: 3; Ray, *Archaeology of Seafaring*, p. 176.

23. P. Beaujard, *Les Mondes de l'Océan Indien*, vol. 1: *De la formation de l'État au premier système-monde afro-eurasien (4e millénaire av. J. -C. – 6e siècle ap. J. -C.)* (Paris, 2012), p. 361.

24. Fabre, *Seafaring in Ancient Egypt*, pp. 78-9.

25. Rostovtzeff, *Social and Economic History*, vol. 1, p. 384.

26. Cary and Warmington, *Ancient Explorers*, pp. 87-8.

27. Strabo, *Geography*, 2: 5. 12.

28. Rostovtzeff, *Social and Economic History*, vol. 2, p. 925.

29. Text copied by Photios, cited *in extenso* in Groom, *Frankincense and Myrrh*, pp. 68-72.

30. Strabo, *Geography*, 2: 98-102; Cary and Warmington, *Ancient Explorers*, pp. 90-91, 124-5.

31. Rostovtzeff, *Social and Economic History*, vol. 2, p. 927; R. McLaughlin, *Rome and the Distant East: Trade Routes to the Ancient Lands of Arabia, India, and China* (London, 2010), p. 24.

第六章

掌握季风

※ 一

斯特拉波说，当时埃及和印度之间有持续的交通。这一点非常引人注目，因为这种交通一定是在不超过一个半世纪的相对短暂的时间内建立的。这恰恰是地中海地区发生重大变化的时期。首先是罗得岛，然后是小得多的神圣的提洛岛，成为商业网络的焦点。这些商业网络将亚历山大港、罗马（正在成为地中海东部越来越广的地区的主人）和叙利亚海岸联系起来。纳巴泰商人运载的香水摆满了提洛岛的市场摊位，提洛岛被描述为“世界上最大的商场”，在不超过 1 平方英里的土地上有 3 万人口。[1]亚历山大港人口稠密，那里的居民有希腊人、犹太人和埃及人，城里的各种生意欣欣向荣，而且该城不仅面向叙利亚、希腊和罗马做生意，还拓展至红海，最后远至印度洋。有一份来自亚历山大港的关税表（可能来自 2 世纪初）令人眼花缭乱地列举了主要来自印度洋的香料和芳香剂。阅读它使你仿佛置身于古今中东的香料市场，然后又步入珠宝商的集市：先是肉桂、小豆蔻、胡椒、生姜、没药、桂皮；然后是珍珠、钻石、蓝宝石、祖母绿、绿柱石、绿松石；此外还有生丝和加工过的丝，以及野生动物，如狮子和豹子。在所有这些奇妙货物中居然还有印度阉人。[2]

通过设立由罗马士兵把守的瞭望塔，穿越沙漠连接尼罗河和红海诸港口的路线变得安全多了。另外有为商队服务的客栈，在那里，人和骆驼都能得到水和食物，货物也能安全地存放一晚。根据斯特拉波的说法，罗马人投入资金和精力，挖掘巨大的蓄水池，以收集沙漠中稀少的雨水。[3]人们在花费力气疏浚连接尼罗河和苏伊士湾的容易堵塞的运河之后，甚至有可能直接沿尼罗河航行到克利斯马（Klysma，今苏伊士），如果要接着顺红海而下，则要在此地换船。在2世纪写作的讽刺作家萨莫萨塔的琉善（Lucian of Samosata）讲了这样一个故事：一个年轻人顺着尼罗河来到克利斯马，决定乘船前往印度；与此同时，他的朋友不知他去往何方，认为他在沿尼罗河顺流而下的途中淹死了。[4]到奥古斯都（卒于公元14年）统治时期，罗马与印度的贸易已经很兴旺。到了提比略统治时期（公元14—37年），罗马钱币涌入印度北部和西部，甚至到达锡兰和印度东部的一些地区。它们被用作货币或金银原料，甚至是装饰品（一些钱币是有孔的，所以可以穿在项链上）。[5]

只有在正确地理解季风之后，才有可能掌控印度洋，而这正是西帕路斯（Hippalos）的贡献。他发现了季风的规律，所以后世的希腊水手将西南季风命名为“西帕路斯风”。后来，他们忘记了“西帕路斯风”得名自这样一位冒险精神可以与哥伦布媲美的航海

亚历山大港
苏伊士湾
白色村庄
科普特斯
密俄斯赫耳摩斯
贝勒尼基
红海
尼罗河
希木叶尔
也门
曼德海峡
阿克苏姆
桑给巴尔

巴里加扎（布罗奇）
阿拉伯海
孟加
拉湾
马拉巴尔海岸
（利米里凯）
本地治里
锡兰
印　度　洋
0
500
1000英里
0
500
1000
1500千米

家先驱。西帕路斯是一名希腊商人，在公元20年前后航海。他已经知道印度的海岸；而且他了解季风的基本规律，其季节性转换在当时已经为人所知。问题不在于这些风通常什么时候吹，而在于如何利用这些风，在看不到陆地的远海更快地航行，途经阿拉伯半岛，到达印度。[6]一个希腊商人（后文会探讨他对印度洋的描述）写道："船长西帕路斯通过绘制贸易港口的位置和海洋的布局图，成为第一个发现穿越远海的路线的人。"[7]西帕路斯从阿拉伯半岛西南角出发，乘着季风航行，穿越远海，在印度河入海口附近靠岸。从埃及顺着红海南下直达印度的捷径由此开通，希腊-罗马商人很快就充分利用了这一点。随着时间的推移，他们学会了沿着印度西海岸向南方越来越远的地方航行，一直到达印度的最南端。[8]

在西帕路斯勇闯印度洋远海不久之后，有一个不知名的水手不仅了解大海，还了解印度洋西部的海岸线。他用希腊文写了一部关于通往印度的海路的详细著述。他显然是商人，而不是专业的水手，因为他更感兴趣的是所到之地的物产，而不是航海的详细信息。[9]这位作者也是一个埃及的希腊人，因为他以埃及为家，提到了"我们在埃及的树木"。但他不是空谈家：他描述了他的船如何设定航线和加快速度。他的文风朴实，谈不上优雅，可他文笔不差，比如，他对印度西北部巴里加扎（Barygaza）附近可怕的潮汐做了戏剧性的描述。莫蒂默·惠勒爵士（Sir Mortimer Wheeler）热情地评价道："我应当说它是古典时代留存至今的最有意思的书之一。"[10]这部作品的原名是 *Periplous tēs Eruthras thalassēs*，即《厄立特里亚海周航记》（以下简称《周航记》）。"厄立特里亚海"的字面意思就是红海，不过作者指的其实是今天的印度洋。而今天的红海在当时则被称为“阿拉伯湾”，《周航记》的作者就是这么表述的。[11]公元 900 年前后，拜占庭帝国的某人认为有必要抄写该书（尽管抄得相当混乱），它因此得以存世。但它最初写于何时并不确定，有人不相信它写于公元 1 世纪，更倾向于认为成书年代为 2 世纪初，甚至 3 世纪初。[12]《周航记》描述了一个繁荣的贸易网络，该网络始于红海港口密俄斯赫耳摩斯和贝勒尼基，这两个港口将在后文讨论，因为在那里有重大的考古发现。然而，贝勒尼基在 166 年暴发瘟疫，之后，那里的贸易就衰退了，所以《周航记》肯定是在那之前写的。此外，作者在试图描述印度以外的水域时语焉不详，因此，这本小书的写作时间一定早于罗马船只开始驶向锡兰以外更远地方的时间，也早于锡兰被确定为一个岛的时间，因为作者认为锡兰是另一块大陆的一角。[13]很显然，塞琉古王朝早期的试探性探索也许在一个世纪之内就变成了定期的、繁忙的交通。不仅仅是交通的规模空前，而且印度（还有锡兰）和亚历山大港之间建立的联系在以后的许多个世纪里都蓬勃发展，极大地扩展了海上联系的范围。因为即使希腊-罗马商人在《周航记》佚名作者航行的时候还没有进入印度洋东部，但该作者和同时代的人到达了南印度，与来自更远的、几乎不为人知的东方的香料商人发生了接触。

我们不妨先追踪一番《周航记》作者的旅程，然后回过头去研究一些同样有说服力的考古遗址和当时罗马人（如老普林尼）的说法。通过这种方式，我们可以了解到哪些地区受到海商的重视，而哪些地区他们更希望避开，无论是因为那里的出产少，还是因为那里的居民被视为充满敌意的野蛮人。有趣的是，在贝勒尼基以南不远处就能找到这样的人，而且是在红海（按照现代的用法）范围内。总的来说，红海被认为是一个险恶的地方，只不过是一条海上通道，而它的很长一段除了一个叫托勒密塞隆（Ptolemaïs Thērōn）的小港（只适合小船停靠）出产的龟甲之外，几乎没有自己的出产。这个小港的名字表明它在罗马人征服埃及之前，在托勒密王朝统治那里的时候就已经建立了。红海的西南海岸则更有希望。阿杜利斯（Adulis）① 最大的吸引力在于，那里有从阿克苏姆城（Axum）和埃塞俄比亚高原运来的象牙和犀角。有时，大象和犀牛自己也会游荡到阿杜利斯附近的海岸。但阿杜利斯的严重缺点是，海盗会侵扰航运，所以安全起见，商船必须停泊在近海岛屿。

再往南是佐斯卡列斯（Zoskales）国王的国度，“他是个势利的市侩，只看重获利最大的机会，但他在其他方面都很高尚，而且擅长希腊文写作”。[14]可以看出希腊文化的影响已经渗透到了遥远的南方，而且原因也一目了然：《周航记》作者列出了阿杜利斯人购买的商品，包括埃及布匹、亚麻制品、玻璃制品、黄铜、铜锅、铁（用于制造对付大象用的矛），以及少量橄榄油和叙利亚或意大利葡萄酒。阿杜利斯人显然渴望得到埃及和罗马地中海地区的产品，但他们吝啬的国王对金银制品不感兴趣，除非价格很低。[15]但是，这样的描述并不完整。希腊-罗马商人也可以向阿杜利斯人出售从印度带来的货物。阿杜利斯人喜欢印度的钢、铁和棉织品。继续向南

---

① 在今天的厄立特里亚境内。

走，《周航记》提到曼德海峡两边的港口，这些港口提供肉桂、没药，有时也有乳香。《周航记》还指出，来自印度的船会定期运来基本食品，如谷物、大米、无水黄油（酥油）和芝麻油。其中特别提到了“被称为 *sakchari* 的甘蔗蜜”，即蔗糖，此时它仍然是印度和更遥远东方土地的稀奇产品，罗马人将其用作药物而不是甜味剂。[16]来自埃及的船可能在海岸线上来回穿梭，边航行边装运和买卖货物，或者直接前往《周航记》提到的某个港口。

《周航记》里的印度洋向两个方向延伸。作者热衷于解释在非洲东海岸可以找到的东西，以及描述通往印度的路线。从桑给巴尔（Zanzibar）附近的某处到印度西部的整个弧线正在成为一个单一的、巨大的贸易区。也门部分地区的国王查里巴埃（Charibaël）也统治着非洲海岸的部分地区。遗憾的是，我们无法确定《周航记》作者提到的“阿扎尼亚”（Azania，即东非）的最后一个贸易港口在哪里；它可能是奔巴岛（Pemba），也可能是桑给巴尔岛本身。作者使用的名字是拉普塔（Rhapta），意思是“缝制的”，指的是当地人用来捕鱼和猎海龟的缝合船。[17]《周航记》说，这片海岸的一个显著特点是，它是由穆扎（Mouza）的阿拉伯人统治的，而穆扎是也门的一部分。（东非海岸与阿拉伯半岛的）这种关系持续了好几个世纪。在 19 世纪，阿曼的苏丹就曾以桑给巴尔为基地。在撰写《周航记》的时期，东非海岸的特产是象牙、犀角和非常好的龟甲。但除此之外，还有一条尚未开发的海岸线。关于这条海岸线，《周航记》只是说陆地向西延伸，直到最后印度洋与“西海”即大西洋汇合。因此，这位旅行者并不相信“印度洋是一片封闭的海洋，被一片从非洲南部延伸到黄金半岛（Golden Chersonese，即马来半岛）的巨大陆地所包围”的说法。不过，这一观点在后来的几个世纪里极有影响力，因为它得到了伟大的亚历山大港地理学家托勒密的坚定支持。[18]在非洲沿岸发现的罗马和印度钱币主要是 4 世纪的，证实了罗马、印度与“阿扎尼亚”长期保持着联系。[19]

阿拉伯船长在穆扎和东非海岸之间来回穿梭，其中一些人与东非土著居民通婚。土著男人身材魁梧，思想独立。阿拉伯水手学会了说东非土著语言。[20]《周航记》的作者对阿拉伯商人肃然起敬。在描述穆扎时，他写道：“整个地方都是阿拉伯人，都是船主或租船人和水手，商业活动非常活跃。因为他们用自己的船参与跨海贸易和与巴里加扎的贸易。”[21]巴里加扎就是印度西北部的布罗奇（Bharuch），所以这提醒我们，希腊-罗马商人来到印度洋并不意味着这些新来者取得了商业垄断。在某个无法确定的阶段，阿拉伯和印度的海员（在西帕路斯之前或之后）在印度洋上建立了联系。[22]印度当地的统治者用船只的图像来装饰他们的钱币，特别是在 88—194 年的百乘王朝（Satavahana Empire）。这个帝国包括了印度中部的大片土地以及东海岸的一部分。[23]印度洋正在苏醒；唤醒它的可能是它自己的居民，也可能是罗马皇帝的臣民。

※ 二

《周航记》的作者意识到情形在变化。他谈到在今天的亚丁所在地有一个滨海村庄，名为“阿拉伯福地”（Eudaimōn Arabia）。

它以前是一座真正的城市，“当时，由于来自印度的船不前往埃及，而来自埃及的船也不敢驶向更远的地方，只能来到这里，此地曾经接收这两个地方的货物，就像亚历山大港接收来自海外和埃及的货物一样”。[24]《周航记》的作者认为，阿拉伯福地曾被手抄本中名为“恺撒”的人洗劫过，这可能是指奥古斯都试图用130艘战舰进攻亚丁的事件。斯特拉波认为这次远征是成功的，但所有的证据都表明情况恰恰相反。[25]比起这个，《周航记》的作者对形象地说明乳香如何从树皮渗出更感兴趣。那是在阿拉伯半岛的一个多山、多雾的角落，那里环境恶劣，所以用奴隶和囚犯采集树胶。连乘船经过这片海岸都很危险，因为那里疾病蔓延，收割乳香的工人不是死于疾病就是死于营养不良。这其实是现代阿曼的西部一角，今天之所以为人称道，正是因为这里凉爽多雾，与阿拉伯半岛的其他地区相比显得特别丰饶。不过，当地的统治者很有远见，建造了一座坚固的要塞和用来储存乳香的仓库。[26]阿拉伯半岛南部的统治者们变得富有而强大。在描述阿拉伯半岛南岸的一处海湾时，《周航记》写道，在那里，只有得到了国王的允许，才可以将乳香装船；王室代表用乳香换取谷物、油料和棉纺织品。[27]海上贸易把形形色色的人都吸引到他们的土地。

西帕路斯之后的希腊-罗马商人热衷于在埃及和印度之间快速往返，而对波斯湾没有兴趣。《周航记》作者认为，最好还是避开波斯湾。他对这片“广阔的海域”最好的评价是，在它的出入口附近有大量珍珠。[28]《周航记》的作者很乐意跳过海峡，到达一个叫阿曼纳（Omana）的波斯港口，它与现代的阿曼（Oman）不是一回事。我们不确定阿曼纳在哪里，但根据《周航记》，尽管阿曼纳海边只出产代没药，不过从此处可以去往一个盛产椰枣、葡萄酒和大米的内陆地区。代没药也并非不重要的，它是另一种带芳香的树脂，是没药的近亲。阿曼纳是印度巴里加扎的商人派遣大船（*ploia megala*）前往的港口之一，这些大船载满了柚木和乌木等优质木材，以及铜。它们运回了大量的珍珠（其质量与印度自己的珍珠相比并不高）、布匹（包括豪华的紫色纺织品），以及来自波斯内地的黄金和奴隶。[29]

然后，沿着海岸线，希腊-罗马商人最终到达了“沿厄立特里亚海最雄壮的河流”辛索斯河（Sinthos），即印度河，它将大量淡水排入印度洋，以至于在船只抵达陆地很久之前，水手就可以看到大河入海。连接印度河和印度洋的七条河道中，有一条经过了巴尔巴里孔（Barbarikon）。几个世纪以来，印度河在其入海口周围积累了大量淤泥，所以巴尔巴里孔的确切位置不详。巴尔巴里孔位于通往明纳加（Minnagar）的陆路上，明纳加是位于内陆的一座主要城市，其王室对或素或彩的纺织品、玻璃器皿、银器、乳香、珊瑚和宝石（可能是今天被称为贵橄榄石的诱人的浅绿色宝石）十分垂涎。[30]在这些方面，《周航记》的作者最清楚地表示，他写的东西更像是行商指南，而不是航海图鉴。但巴尔巴里孔的吸引力既体现在购买方面，也体现在销售方面。在巴尔巴里孔，代没药、甘松、绿松石、青金石、蓝染植物以及中国的兽皮、布和纱线均有出售。这些中国纺织品（我们不确定它们是如何到达印度河入海口的）都是由最稀有、最令人垂涎的纤维——丝绸制成的。[31]

不过，即使是巴尔巴里孔的市场提供的绝佳商机也不能完全使人满足。《周航记》的作者勇敢地面对恶劣的海况（海里充满了漩涡、海蛇和汹涌的海浪），沿着印度海岸一直航行到巴里加扎湾。[32]驶入巴里加扎港是一个挑战：船必须在狭窄的海湾中航行，右手边有尖锐的暗礁，而布满岩石的粗糙海底会割断锚索。水手们来到一个荒凉的地方，很难看到低洼的海岸，而浅滩使航行更加困难。于是，为当地国王服务的渔民出来引导船通过这些水域；当地桨手把他们的小船与入港的大船连接起来，拖着大船前进，巧妙地借用潮汐，这对进入巴里加扎港至关重要，但也极其危险："巴里加扎周边地区的潮汐比其他地方的要极端得多。"在涨潮时，当水在上游发出巨大的隆隆声和嘶嘶声时，人们会突然看到海底，而船所行的水道会完全变干。在涨潮期间，船会被从它们的锚地扯走。主要的港口被建在一个不理想的、从外界似乎无法进入的地方（可以将其与布里斯托尔比较，后者有相当类似的潮汐问题），这并不是历史上仅有的一次。

巴里加扎是《周航记》真正的关注焦点。巴里加扎在梵文中被称为 Bhārukaccha，如今被称为布罗奇（Bharuch 或 Broach）。它应该成为一个重要的考古遗址，因为它的大土丘有待充分发掘。它一定是世界上最有潜力却被忽视的考古遗址之一。在该地区偶尔发现的东西包括晚期罗马陶器和罗马钱币。[33]从巴里加扎以东的土地，"一切有助于该地区繁荣的东西"都抵达巴里加扎港口，包括半宝石（如玛瑙）、印度棉布（包括细布和普通布），以及从内地运来的象牙、甘松和代没药。荜拔（Piper longum）很容易买到。这是一种在罗马非常珍贵的胡椒，在公元1世纪，它的售价为每磅15第纳里乌斯（denarii），而普通胡椒为每磅4第纳里乌斯。[34]老普林尼不明白人们为什么对胡椒感兴趣，他更不明白为什么有人要花大量的时间和金钱从印度一路运胡椒过来。[35]最高端的商品还包括中国丝绸。

我们有必要停下来想一想这意味着什么。埃及和地中海地区的罗马公民得到了来自遥远印度的服装供应，而且这些服装并不一定奢华。在印度洋从事贸易的普通商人认为值得将这些货物从海上运过阿拉伯半岛，并沿红海而上，送到埃及和地中海世界。在对印度的描述中，《周航记》不止一次以一种就事论事的口吻谈道："对于那些从埃及驶向这个港口的人来说，正确的出发时间大约是7月。"[36]我们可以略微夸张地将这称为全球海运网络形成的第一批迹象，该网络将西方完全由罗马当局控制的海域与印度洋的开放空间联系起来。随着《周航记》作者将目光进一步投向东方，这些航线深入印度洋有多远也会被揭示出来。我们可以用同样的方式思考从西方来的海上贸易对东方的意义。被送到印度的葡萄酒不仅有来自阿拉伯半岛的，还有来自叙利亚老底嘉（Laodicea）① 和意大利的。这些地方的葡萄酒到达印度时的状况恐怕不甚乐观，因为葡萄酒经常被加盐以延长保质期。此外，印度人对铜和锡（用以制青铜）也有很高的需求，这一点从这一时期遗留至今的许多美丽的铸像可以

① 老底嘉即今天叙利亚的港口城市拉塔基亚（Latakia），于公元前4世纪由塞琉古帝国建立。

看出。巴里加扎人与巴尔巴里孔人一样乐意购买或素或彩的纺织品，以及珊瑚和贵橄榄石。在远离王廷的地方，他们更喜欢廉价的香水而不是奢侈品。罗马的金银在这里很受欢迎。如前文所述，据说这些金银从地中海大量流向了印度。印度的王室还购买奴隶，用于演奏音乐和供国王淫乐。

位于印度西北角的巴里加扎，似乎是从埃及南下的印度商人显而易见的最终目的地。对许多人来说无疑是如此，就像近两千年前从巴比伦前往美路哈的船通常以这一地区（印度西北角）为航行的极限。但希腊-罗马船长们也向更南边的官方贸易港口（《周航记》使用的词是我们熟悉的 *emporion*，即英语的 emporium）进发。印度沿岸的一个又一个王国建立了贸易港口。这些地方既欢迎外商，也对他们进行监管。印度统治者们希望鼓励外商，因为除了外商带来货物（有奢侈品，也有必需品）之外，统治者还可以对外商征税。不过，一旦开始向商人征税，就必须建立一套制度，以打击走私并监督货物质量。[37]

希腊的船在面对更多的海蛇（眼睛血红、头像龙的黑色海蛇，也不知这些海怪到底是什么）之后，便可以在印度海岸把船舱塞得满满的："船从这些商业中心满载而归，因为有大量的胡椒和肉桂叶。"肉桂叶在埃及遇难水手的故事中已经出现过，它是肉桂树的叶子，而不是树皮，不过古代作者并没有把他们熟悉的香料和用于医药、香水、食品配方以及消除口腔异味的干叶子联系起来。肉桂叶也是制作樟脑丸的理想材料。在古罗马，肉桂叶的缺点是，质量最好的肉桂叶贵得吓人，每磅高达 300 第纳里乌斯（但对《周航记》作者这样的商人来说，贵不是缺点)。不过，希腊-罗马平民可以买掺假的肉桂叶，它的价格要便宜得多，每磅只要1第纳里乌斯。顶级肉桂叶是印度出产的最昂贵的香料，其次是顶级甘松，价格是肉桂叶的三分之一。[38]肉桂叶这么贵的原因之一是，它可能是在内陆采集的，而大多数胡椒是海港本地产的。

《周航记》的叙述迅速从印度西北部跳到该国最南部。书中列举了几个港口，但关于它们出产或购买的东西的叙述变得很单调，尽管偶尔会有一些小插曲，例如，讲到一些印度“男人希望在余生过圣洁的生活”，并保持独身。[39]这很可能反映了，如果希腊-罗马水手们听从西帕路斯关于何时航行的建议，那么从阿拉伯半岛南部出发的船可以很轻松地到达巴里加扎以南相当远的海岸。从阿拉伯半岛直接向东南偏南方向航行、前往南印度的利米里凯(Limyriké）王国的航线，将通往印度次大陆的最南端附近。[40]最大的问题是，在公元1世纪，希腊-罗马商人在锡兰以东的印度洋东部渗透了多远。《周航记》的作者对印度的东海岸有相当多的了解。他提到了锡兰［古称塔普罗巴纳（Taprobané）］，但他想象它以某种方式向西延伸，直到接近阿扎尼亚，即东非。从某种意义上说，他笔下的锡兰是后来若干个世纪里伟大的、半神话的“南方大陆”的先驱。锡兰岛盛产珍珠、宝石、棉织品和龟甲，他在书中一直对这些东西热情洋溢，所以这些东西一定是他经营的商品种类。[41]对于锡兰之外更远的世界，他显然就只能依赖道听途说。他听说过一些鼻子扁平的野蛮人，还有一些被称为“马人”的人，据说这些马人吃人肉。《周航记》的性质从写实到近乎虚构的变化，是许多个世纪以来旅行文学的典型特征。例如，在马可·波罗的作品中就可以看到这种情况。《周航记》的作者在描述恒河时，他知道恒河是“印度所有河流中最伟大的”，他说，恒河的涨落可以与尼罗河相媲美。但他依靠的显然是传闻，而不是亲眼所见：“据说该地区也有金矿。”

他还听说，在恒河入海口之外的“大洋中有一个岛，那是有人居住的世界的最东端，位于太阳升起的地方，叫作克律塞（Chrysé）”，也就是“黄金之地”。毫不奇怪，克律塞吸引了他的注意力，因为它出产整个印度洋最好的龟甲。克律塞究竟是纯粹的幻想，还是与后世所说的黄金半岛（马来半岛）或苏门答腊岛遥相呼应，并不重要，因为这已经远超出他的知识极限。这部小书最后说，在遥远的东方，有一些偏远、寒冷和暴风骤雨肆虐的土地，大自然和神灵让人类无法接近那里。但他或与他共事的人了解印度西南部，这个结论是没有问题的。印度西南部是他们知识的真正极限，就当时而言，也是所谓的罗马商人的航行极限，尽管对南印度人或马来人来说并非如此。

※ 三

近期在红海的罗马港口贝勒尼基进行的考古研究，改变了我们对印度-罗马贸易的规模与强度的理解。这些贸易取道红海，前往亚历山大港和地中海。贝勒尼基·特罗格洛底提卡（Bereniké Troglodytika）是托勒密王朝在公元前 3 世纪建立的，在选址时充分考虑了红海的洋流，有一个适宜的海岬保护贝勒尼基·特罗格洛底提卡不受洋流影响。但贝勒尼基·特罗格洛底提卡最大的优势是水资源，因为即使是在东部沙漠（Eastern Desert）①，秋天也会下雨，随着该城两边的干谷涨水，就出现了一条含沙量颇高的水流汹涌的水道。[42]可是，贝勒尼基·特罗格洛底提卡的生活不算舒适。发掘它的考古工作者无疑有很多可怕的经历，他有感而发地写道："天气恶劣，几乎不停地刮着风，带着刺眼睛的沙子，成群的咬人的讨厌害虫或其他动物，有陆地的也有空中的，如蝎子、白蚁、蛇、大蜘蛛、小鼠和大鼠。"[43]

托勒密王朝很清楚自己想从贝勒尼基得到什么。早在公元前 3 世纪末，他们就在那里接收他们非常珍视的非洲象。大象被装在短小、宽阔、吃水深的帆船上，这种船被称为"象船"（*elephantegoi*）。操作这种船对最优秀的船长也是个挑战，因为它们的吃水很深，在遍布沙洲和珊瑚礁的海上会有危险。古典作家西西里的狄奥多罗斯（Diodoros the Sicilian）评论道，象船经常船毁人亡。公元前 224 年的一张莎草纸讲述了一艘象船在从贝勒尼基向南航行时遭遇海难；幸运的是，它是与其他船结伴行驶的，并且由于它是去取货的，所以船上还没有大象。人们向岸上发送紧急消息，另一艘象船奉命从贝勒尼基赶来，据此看来象船并不短缺。[44]至少有一次，人们通过连接红海和尼罗河的运河，将大象从红海运到尼罗河。但红海北端的

① 东部沙漠是撒哈拉沙漠在尼罗河以东的部分，位于尼罗河与红海之间，北起埃及，南至厄立特里亚，还包括苏丹和埃塞俄比亚的部分地区。东部沙漠也称阿拉伯沙漠，因为早在埃及伊斯兰化前，阿拉伯人就居住于此。

强风使前往那里的航行变得很危险，所以在贝勒尼基或与其竞争的其他港口靠岸，然后通过陆路将货物送到尼罗河的科普特斯，是更合理的办法。[45]对贝勒尼基港口的考古发掘显示，（至少在罗马时期）人们为大型船舶建造了泊位，这些船（包括那些庞大的大象运输船）比当时地中海常见的船要大。[46]因此，在埃及托勒密王朝的统治下，贝勒尼基已经很繁荣了。托勒密王朝积极推动新的经济项目，包括造船业。他们的主要野心在于地中海及其周边地区，他们在那里建造了一些非常大的船，以至于人们怀疑它们能否浮起来。但红海和印度洋同样在托勒密王朝的考虑之中。[47]

我们很难说贝勒尼基有多少人口。在几个世纪里，这座城市的规模不断变化；由于淤泥的累积改变了港口的形状，贝勒尼基的位置也会变化；它的商人来了又去。最好的办法是认为贝勒尼基的人口大概有几千人，并把重点放在讨论人口的组成上。因为这是一个名副其实的“港口城市”，埃及人、希腊人、来自阿克苏姆的非洲人、南阿拉伯人、纳巴泰人、印度人，甚至来自锡兰的访客，都在这里找到了临时或永久的家。罗马时代早期的贝勒尼基有一个税吏名叫安杜罗斯（Andouros），这听起来像是高卢人或日耳曼人的名字。有拉丁文名字的人也出现了，其中至少有些人肯定来自意大利。马尔库斯·尤利乌斯·亚历山大（Marcus Julius Alexander）的显赫而强大的犹太家族在贝勒尼基有代理人。关于这个家族的情况，我们在后文很快就会谈到。一些船主（*naukleroi*）是女性。在公元 200 年前后，艾莉亚·伊萨多拉（Aelia Isadora）和艾莉亚·奥林匹亚斯（Aelia Olympias）用 *naukleroi* 这个希腊词语来自称，并在贝勒尼基或其附近经商。人们在贝勒尼基使用多种语言，或至少可以说是将多种语言的文字刻到公共场所的墙上。希腊语出现得最多，毕竟这是在罗马帝国的东部，所以很自然。拉丁语、多种南阿拉伯语言、南印度的泰米尔语、东非的阿克苏姆语都在贝勒尼基出现过。高蛋白食品对当地人来说很常见：鱼、海洋哺乳动物（儒艮）、海龟、牛肉、鸡肉和猪肉，其中，猪肉是罗马军队的最爱。当地人用红海沙丁鱼的内脏制作鱼酱（garum）。尼罗河歧须鮠（Nile catfish）在贝勒尼基也有人吃，可能是晒干后再重新烹调的；可食用的蜗牛是该城厨房里的最受欢迎的菜肴。居民努力使贝勒尼基成为一个宜居的地方，并用纺织物装饰他们的房屋。较富裕的公民拥有宝石，甚至还有珍珠和金耳环。[48]该城四处散布着埃及的复合型神祇塞拉比斯（Sarapis）① 等神的庙宇。到了6世纪，贝勒尼基拥有一座由柱子支撑的教堂，可容纳80人，教堂还有一些厢房，其部分功能是准备膳食。[49]

红海沿岸的困难条件并没有阻挡住人们的脚步。红海荒凉的西海岸出现了其他定居点。密俄斯赫耳摩斯是罗马人与印度进行贸易的一个重要基地，并在13世纪再次复苏为一个活跃的贸易中心，当时它被称为库赛尔卡迪姆。密俄斯赫耳摩斯已得到考古发掘，其成果确实令人印象深刻，证实了斯特拉波对这个地方的所知不虚：他听说每年有120艘船从密俄斯赫耳摩斯驶向印度。[50]幸运的是，贝

① 塞拉比斯是一个融合了希腊与埃及宗教的神明，由埃及托勒密王朝的开国君主托勒密一世推行，旨在将他的埃及和希腊臣民团结起来。塞拉比斯是丰产与复活之神。

勒尼基的历史不仅可以从该城的实物遗迹中找到，还可以从莎草纸和陶片（ostraka）中找到。陶片被用来书写笔记、合同和在科普特斯签发的几张引人注目的海关通行证，这些通行证后来被带到红海港口并在那里提交给当局。这些通行证提到了特殊的货物："罗巴奥斯（Rhobaos）向负责把守海关大门的人致以问候。让列昂之子普希诺西里斯（Psenosiris son of Leon）带着 8 伊塔利卡（italika）的葡萄酒通过，以便装货。"[51]这里的商人普希诺西里斯有一个地道的埃及名字，尽管他父亲的名字听起来像希腊人的名字。普希诺西里斯运的货物是从意大利远道而来的葡萄酒。密俄斯赫耳摩斯可能也是一个人口混杂的地方：有一座用石灰石和泥砖建造的建筑，带有灰泥装饰，可能是犹太会堂，尽管根据一块刻有希伯来文的陶器碎片来进行鉴别也许是人们一厢情愿的做法。[52]

有时，不仅仅是在考古现场发现的物品，还有来自埃及其他地区的陶片和莎草纸，都谈到了与红海港口的联系。一张被称为"穆济里斯莎草纸"（Muziris Papyrus）的埃及莎草纸讲述了从南印度的穆济里斯一路转运货物的故事。货物在穆济里斯被装上一艘名为"赫玛波隆号"（*Hermapollon*）的船，这是一个很好的希腊名字，纪念了两位神明（赫耳墨斯和阿波罗）。然后，货物被送过沙漠，到达尼罗河，直至亚历山大港。根据这张莎草纸的记录，"赫玛波隆号"从印度带回的货物价值 900 万塞斯特尔提乌斯（sestertii）①，国家可

---

① 塞斯特尔提乌斯（英文单数为 sestertius）在罗马共和国时期是一种小银币，在帝国时期是一种较大的铜币。

从中抽200万的税。在科普特斯出土的一整套陶片档案被称为尼卡诺尔（Nikanor）档案。尼卡诺尔是一家小型运输公司的负责人，该公司专门从事穿越沙漠的货物运输。他每次把货物送到红海港口或其他地方，都期望得到写在碎陶片上的回执。虽然观察像尼卡诺尔这样的普通商人的运作固然很有趣，但他的陶片也揭示了其与亚历山大港财阀，特别是马尔库斯·尤利乌斯·亚历山大的联系。马尔库斯·尤利乌斯是犹太哲学家斐洛（Philo）的侄子，父亲是管理尼罗河以东沙漠的海关和消费税的官员。公元40年前后，马尔库斯·尤利乌斯在科普特斯和红海港口都有代理人。他的妻子贝勒尼基是希律王室的成员，后来作为镇压巴勒斯坦犹太人起义的将军提图斯（Titus）① 的情妇而声名大噪。[53]马尔库斯·尤利乌斯这样有权有势的人会深度参与印度贸易，这表明了印度贸易的威望之崇高、利润之丰厚。

无论是在罗马统治下的贝勒尼基还是在密俄斯赫耳摩斯，这些港口都被认为是中转性质的港口，其本身并不是重要的消费中心。它们的房子足够舒适，但没有华丽的建筑。它们的存在，完全是因为需要在红海尘土飞扬的海岸上有一个可以做生意和避风的地方。这些港口是渠道，来自红海和更远方的商品通过它们到达埃及和地中海，反之亦然。生意远至越南、爪哇和泰国，在贝勒尼基的罗马

---

① 提图斯（公元39—81年）是罗马皇帝（公元79—81年在位）。他以主将的身份，在公元70年攻破耶路撒冷，摧毁第二圣殿，大体上终结了犹太战争。他经历了三次严重灾害：公元79年的维苏威火山爆发、公元80年的罗马大火与瘟疫。他是一位在当时受到民众普遍爱戴的有作为的皇帝。

地层中发现的一些珠子就来自这些地方。最早由西帕路斯航行的捷径，或其他通往印度更南边的路线，成为往返印度的标准路线。而在贝勒尼基缺乏来自波斯湾的出土物，佐证了以下事实：船绕过阿曼半岛，穿过开阔水域，前往巴里加扎和南印度。在贝勒尼基发现的一些印度罐子无疑是由居住在那里的印度商人使用的，因为该港口是不同人群的聚集地。发现印度文字和南阿拉伯独特文字的铭文也并不令人惊讶。在贝勒尼基发现的一些南阿拉伯铭文和密俄斯赫耳摩斯的其他铭文之间有如此多的相似之处，似乎表明这两套铭文的作者是同一位阿拉伯商人，他在这两个港口和他的家乡也门之间来回穿梭。[54]

到达贝勒尼基的主要印度产品是胡椒，特别是来自南印度的黑胡椒，因为毫无疑问，经常有商人从贝勒尼基出发去印度寻找这种商品。公元前300—公元300年的泰米尔诗歌的一些段落证实了这一点，这些段落提到了耶槃那人（*Yavanas*，这个词广义上是指“西方人”，虽然源自“伊奥尼亚人”一词），说“他们的繁荣从未衰减”。耶槃那人不仅是商人，而且是雇佣兵，“英勇的耶槃那人，他们身体强壮，面目可憎”；他们挥舞着“杀人的剑”，用它们来守卫南印度一些城市的大门。耶槃那商人用黄金来换取他们所谓的黑金，也就是胡椒：“富饶的穆济里斯，是耶槃那人的大型且精巧的船带着黄金去、带着胡椒离开的地方。”我们得知，“这种贸易的喧嚣响彻”穆济里斯。[55]一首诗提到了“船带着黄金礼物”来到穆济里斯港，以及“那些在混乱中拥挤在港口的人，混乱是房屋中堆积的胡椒袋造成的”。[56]公元1世纪末，罗马建造了“胡椒仓库”

（*Horrea Piperataria*），仅底层就能容纳 5800 吨胡椒，尽管仓库也用于其他香料和熏香的储存。所有这些香料的香气，相当随意地在同一个屋顶下混合，变成了一种臭气。胡椒仓库安装了水槽，旨在提高湿度，以某种方式消除臭气。[57]

罗马和印度文献中的证据得到了贝勒尼基的考古发掘的证实。在埃及神灵塞拉比斯的神庙中出土了两个印度储存罐，可追溯到公元 1 世纪；其中一个储存罐内有大量的胡椒（7.55 公斤）。在罗马世界，没有于其他任何地方发现像在贝勒尼基那么多的胡椒。在贝勒尼基，胡椒不仅出现在神庙范围内，而且出现在房屋地板上、街道上和垃圾堆中。许多胡椒被烧掉了，特别是在另一个供奉着许多神祇（从罗马皇帝到叙利亚巴尔米拉的一位被称为亚希波尔的神）的神龛内。我们几乎可以肯定，胡椒被用于宗教仪式。[58]考古学家还发现了印度大米，他们估计，在同一遗址发现的印度盘子就是用来盛以大米为主的饭食的。另外还发现了高粱，它是东非的一种主食，表明了贝勒尼基与非洲和印度的联系。埃塞俄比亚豌豆的发现也表明了贝勒尼基与非洲的联系。其他印度产品包括椰子、印度芝麻、绿豆和余甘子。但也有大量来自地中海的坚果和水果，包括核桃、榛子、杏仁、桃子、李子、苹果、葡萄和橄榄。这些食物的出现，不仅为红海诸港口的生活增添了色彩，还提醒我们，《周航记》中详尽的奢侈品清单并不能讲述完整的故事。香料、宝石和异国奢侈品，如乌木和象牙，对前往印度的商人来说当然具有巨大的吸引力。然而，即使是他们带回来的胡椒，也是供一般人消费的。罗马治下地中海最伟大的城市（罗马、迦太基、亚历山大港，以及后来的君士坦丁堡）的生活水准也许比 18 世纪之前任何时候的都要高，而印度贸易为富人、城市中产阶级，以及在某种程度上为经济条件较差的人带来了舒适感。同时，贝勒尼基和红海其他港口的居民也有自己渴望的东西，包括南意大利葡萄酒和橄榄油等。这些东西使他们想起了他们在埃及、叙利亚、希腊和更远地方的家乡，而且这些东西还可以被卖给印度各城镇和宫廷，让他们获得巨额利润。[59]

对这些食物的鉴定，展现了考古学如何运用越来越先进的方法来分析哪怕最微小的发现。如果是在过去，这样的微小发现很可能被丢弃，或甚至根本不会被注意到。传统上，陶器一直是不起眼但值得信赖的信息来源。在贝勒尼基，陶器中无疑蕴藏着丰富的资料。在贝勒尼基最精美的陶器中，有一些是来自印度东部的“齿纹陶器”碎片。印度陶器并不是对外接触的唯一证据，还有来自阿克苏姆王国的陶器。如前文所述，阿克苏姆在红海的阿杜利斯拥有一个港口。在 4 世纪之前，从阿拉伯半岛南部运来的陶器不多，之后则有相当数量的陶器到达红海顶端的密俄斯赫耳摩斯和埃拉（亚喀巴-埃拉特）。从公元前 1 世纪开始，在红海的阿拉伯半岛那一侧有一个罗马港口，就在贝勒尼基和密俄斯赫耳摩斯对面，为从也门到佩特拉的海上交通提供服务。船会停靠在“白色村庄”（Leuké Komé），卸下阿拉伯半岛的薰香，供陆路运输。这证明了每艘船都能装载大宗货物的海上运输，此时已很常见，并被认为是一种安全、高效的货运方式。[60]一些大理石板被从阿拉伯半岛南部运到贝勒尼基。同时，地中海地区精美的红色餐具也在贝勒尼基被使用，其中很多是在遥远的高卢生产的，而用于储存葡萄酒和油的双耳瓶则来自地中海各地，如西班牙南部、意大利、罗得岛，也许还有加沙和埃拉。贝勒尼基的商人在珠宝贸易领域也很活跃。贝勒尼基周围的山上就出产宝石，特别是在“翡翠山”（Mons Smaragdus），那里出产的祖母绿和绿柱石的质量一般；在贝勒尼基还发现了贵橄榄石。宝石贸易的最佳证据来自几颗蓝宝石，一般认为这些蓝宝石是从锡兰来的。[61]

我们有必要区分贝勒尼基和地中海之间关系的不同阶段。在早期阶段，红海诸港口可以从地中海获得人们想要的所有东西。罗伯塔·汤博（Roberta Tomber）说：“基本上，在亚历山大港能找到的东西，都能在红海沿岸找到，数量不等。”前文已述，在贝勒尼基的出土物中，最令人振奋的是公元1世纪的有铭文的陶片，这些陶片是在科普特斯作为海关通行证发放的。其中有几个陶片提到了装满意大利葡萄酒的双耳瓶。这些酒有些可能是在当地消费的，有些可能是给水手喝的。但一首泰米尔诗提到的“耶槃那人带来的清凉芳香的葡萄酒”让我们确信不疑，葡萄酒，无论是意大利的、希腊的还是叙利亚的，在印度都受到了热烈欢迎。印度有多达50处遗址出土了来自地中海的双耳瓶碎片，而且罗马作家认为印度国王们酷爱饮酒。葡萄酒贸易的确凿证据还来自在红海发现的罕见沉船：公元1世纪初在密俄斯赫耳摩斯附近沉没的一艘船载有意大利南部的葡萄酒双耳瓶；另一艘在苏丹海岸失事的船显然载有希腊科斯岛（Kos）的葡萄酒，该岛是用盐处理过的葡萄酒的另一个来源。[62]这都佐证了《周航记》里乍一看令人难以置信的说法，即人们从遥远的地中海向印度洋出口葡萄酒。从陶片提供的证据来看，橄榄油也是如此。而从在南印度阿里卡梅杜（Arikamedu）出土的双耳瓶来看，被称为 *garum* 的臭鱼酱也是从地中海出口到印度洋的。[63]在这个意义上，称这些是“印度-罗马”贸易也是有道理的，尽管被历史学家固执地称为“罗马人”的商人其实主要是希腊人和希腊化的埃及人。这不仅仅是埃及和印度之间的贸易，也是罗马治下地中海和印度之间的贸易。投资者远在意大利，无论是罗马的香料商人还是那不勒斯附近普泰奥利（Puteoli）等城镇的富裕公民。普泰奥利的安尼（Annii）家族是一个显赫的商贾世家，他们的海上贸易范围远远超出地中海，他们对印度洋也有浓厚的兴趣。[64]

根据老普林尼的说法，这条贸易路线从罗马帝国吸走了宝贵的财富：

> 每年，印度、中国和阿拉伯半岛至少要从我们的帝国拿走1亿塞斯特尔提乌斯；这是我们声色犬马的代价。我想知道这些进口商品中有多少是用来祭祀神灵的，或者是献给死者灵魂的。[65]

老普林尼想说的是一个传统的贵族式观点，即对奢侈品的热爱腐蚀了罗马的传统价值观。但罗马人是否真的为东方的商品支付了如此多的钱，是值得怀疑的。即使真是如此，有些罗马元老的财富估计多达6亿塞斯特尔提乌斯，所以流往印度的钱并不像听起来那么多。[66]老普林尼的评论使希腊-罗马商人的商业事务受到高度关注，以至于人们很容易忘记印度人自己或其他中间人的作用。对于延伸到锡兰以外马来半岛的路线，印度人和其他中间人的作用尤其重要。贝勒尼基的发掘者史蒂文·赛德伯特姆（Steven Sidebotham）大胆猜测，在朝鲜半岛和泰国发现的罗马物品可能是通过红海到达的。不过，它们是通过一个漫长的商业链条传递的，而不是由一个商人带着走完大部分路程。

※ 四

大多数关于此时期印度洋航行的著作是基于“罗马贸易”这个概念而写的。的确存在印度洋和罗马帝国地中海腹地之间的联系，那是由许多代坚韧不拔的水手和商人打造的，他们将胡椒和充满东方情调的产品经红海输送到地中海。但是，正如一位历史学家所写的那样，“对印度人来说，罗马和罗马人意味着亚历山大港和亚历山大港人”，因此，埃及商人和此时开始到达马拉巴尔海岸（Malabar coast）的犹太人都算“罗马人”。[67]我们始终要记得，支撑印度沿海地带经济的，不单单是与罗马帝国的接触。我们对印度土著商人所知甚少，这很令人沮丧，因为对他们有更多的了解会很有裨益，比如，能帮助我们更好地理解“罗马人”的作用。12世纪意大利南部的作家执事彼得（Peter the Deacon）引用了4世纪朝圣者埃吉里亚（Egeria）的话，提到印度商人经常把他们的好船一直开到苏伊士湾的克利斯马，尽管红海北部的强劲北风总是一个挑战，这也是海商更倾向于去红海海岸上更偏南的贝勒尼基和密俄斯赫耳摩斯的原因之一。[68]

仅仅从罗马贸易的角度来写印度洋航线的开通，仿佛雾里看花，但来自印度的证据太过零碎。我们只能利用现有的证据，而其中至少有90%是关于“罗马人”的。印度历史学家就这些远途联系对印度城市文明发展的影响做了辩论。这种争议是更宏大的辩论的一部分，往往与越来越令人费解的意识形态讨论（关于外部经济因素如何推动社会变革）交织在一起。这样的意识形态讨论既有确凿证据的支持，也受到了马克思的影响。最巧妙的论点是，罗马人到达印度，是因为印度诸多欣欣向荣的城镇本身的吸引力。当地国王的宫廷和在该地区散布的佛寺对高级产品的需求，促进了这些城镇的商业发展，因为拥有大量资源的僧侣并不排斥少许奢侈。毕竟，在这些古代遗址发现的绝大多数物品都与罗马贸易无关，而是当地手工业和短途贸易的日常产品。[69]

有两个地区应该被更仔细地研究，因为它们提供了关于被泰米尔人称为耶槃那人的罗马航海家存在与否的线索。一个是锡兰岛，即斯里兰卡；另一个是印度和马来半岛之间的大片海域，包括孟加拉湾。2 世纪的地理学家托勒密对印度非常着迷，他对锡兰岛做了很多叙述。有时，他的想象力占了上风，比如，他认为可以在锡兰捕获老虎就是完全错误的。但他知道该岛出产生姜、蓝宝石、绿柱石、贵金属和一种“蜜”，也就是糖。斯特拉波写道，象牙和龟甲被从锡兰送往印度的城镇，罗马商人在那里采办这些货物。从托勒密那里我们可以知道的是，那时罗马皇帝的臣民才刚刚开始熟悉锡兰岛。而且令人吃惊的是，在锡兰岛发现的罗马钱币主要来自比托勒密更晚的时代，可以追溯到 3—7 世纪。除了罗马钱币外，还出现了波斯萨珊王朝和东非阿克苏姆统治者的一些钱币。[70]因此，在托勒密之后，锡兰已经成为印度洋贸易和航海的枢纽，该贸易网络东至马来半岛，西至阿拉伯半岛、拜占庭治下的埃及和非洲之角。在 20 世纪初，发现这些钱币（大多是贱金属，而且磨损严重）的人，经常会将其投入流通，所以人们可能会在自己的零钱中找到阿卡狄奥斯（Arcadius）皇帝的钱币。[71]就像在《周航记》中一样，托勒密眼中的锡兰岛比实际的更大；但他只将其放大到真实面积的 14 倍，而且他放弃了《周航记》提出的观点，即锡兰是一片伟大的南方大陆的尖端。托勒密眼中的南方陆地由一条无人居住也不适合居住的地带组成，从非洲的南端向东延伸到黄金半岛，将印度洋变成一片封闭的海、一片巨大的地中海。

在锡兰岛之外，耶槃那人的出现肯定是断断续续的。有一些较有魄力，或者说是较愚蠢的船长在不太熟悉的水域碰运气。在 2 世纪，地理学家托勒密给出了近 40 个泰米尔城镇和内陆王国的名字。他对南印度的了解之详细，让我们不禁猜测，或许有罗马人（应理解为罗马皇帝的臣民，可能是希腊人或埃及人）在其中一些地方生活，甚至继续向东迁移到孟加拉湾。根据《周航记》的描述，卡马拉［Kamara，即普哈尔（Puhar）］、博杜凯（Poduké）和索帕特马（Sōpatma）是当地船只的母港，这些船一直航行到利米里凯（作者对印度西南端的称呼），这是“罗马人”和印度人共同掌控这些海洋的宝贵证据。一位泰米尔诗人用这样的话颂扬了普哈尔和那里的贸易：

> 阳光照耀着开阔的梯田和港口附近的仓库。它照耀着那些窗户像鹿眼一样宽大的塔楼。普哈尔的耶槃那人无尽奢华，处处有他们的住宅吸引人们的目光。在港口，有来自远方的水手。但从外表上看，他们就像在一个社区中一样生活。[72]

普哈尔城里到处都是五颜六色的旗帜和横幅，精美的房屋高踞街道之上，要通过梯子才能到达它们的平台。不过，这并不是因为害怕强盗。泰米尔诗人自信这是一座安全和繁荣的城市。他们为大船进出港口的景象感到喜悦。有些船可能来自红海，但大多数肯定是印度和马来船只、阿拉伯三角帆船，甚至可能偶尔还有从南海驶来的船只。印度洋与太平洋的联系将在下一章讨论。考古学对证实泰米尔诗人笔下的生动形象没有提供多少帮助。普哈尔似乎在公元 500 年前后消失在海浪之下，一场海啸很可能在几个小时内摧毁了这座城市。有一种理论认为，这要归咎于 535 年喀拉喀托火山（Krakatoa）① 的一次早期爆发，尽管这次爆发没有 1883 年那次惊人的爆发那么猛烈。[73]普哈尔和博杜凯都是印度城镇，耶槃那人不是它们的主人，而是客人。

来自遥远西方的商人在阿里卡梅杜定居，这个村庄就在小飞地

① 喀拉喀托火山是爪哇和苏门答腊之间巽他海峡中心的一个岛上的火山。1883 年喀拉喀托火山大爆发，造成了历史上最严重的灾难之一。澳大利亚、日本和菲律宾都能听到爆炸声，大量的火山灰撒落到 80 万平方公里的地区。火山大爆发引起海啸，浪高 36 米，造成爪哇和苏门答腊 3.6 万人死亡。喀拉喀托火山于 1927 年再次爆发，至今仍在活动。

本地治里之内，在1954年之前被法国统治了大约两个世纪。（在1954年的）十七年前，当一些孩子向一位法国收藏家展示可能雕刻有罗马皇帝肖像的浮雕时，这位收藏家兴奋不已。这块浮雕后来被运到了河内，现已佚失。几年后，在阿里卡梅杜进行的一次试验性发掘发现了从那不勒斯周边地区运来的葡萄酒双耳瓶，以及来自亚得里亚海北部的橄榄油罐和来自西班牙的鱼酱罐。有人认为，油和鱼酱是为外国定居者准备的，而酒（通常加了树脂）是为所有人准备的，因为在内陆也发现了一些葡萄酒双耳瓶的碎片。最近，大多数考古学家对“一地有西方商品便意味着此地曾有西方定居者”提出质疑，这点且不论，阿里卡梅杜看起来是一座典型的“港口城市”，是当地人和外国人的聚集地，包括一些从很远地方来的人。[74]这是一个不同族群活跃地互动，而且很可能通婚的地方。在公元1世纪，一个住在埃及的名叫印地凯（Indiké，意思是“印度女人”）的女人，在莎草纸上给一位女性朋友或亲戚写了一封信。像她一样的人肯定不罕见。[75]在这些商业中心，人们有很多机会在社会生活、宗教信仰和商业活动中进行跨族群的融合。发掘人员在阿里卡梅杜发现了遥远的伊特鲁里亚（Etruria）的阿雷佐（Arezzo）生产的典型红陶的碎片，它们可以追溯到公元1世纪的头二十五年。阿里卡梅杜定居点的年代可能还可以再往前推，最早至公元前3世纪。[76]考古学家在对这个遗址（遗憾的是，这个遗址的一部分后来被附近的河流冲毁了）进行更多探索时，还发现了希腊-罗马的玻璃器皿。也有一些高档物品：一块用水晶制成的、装饰着丘比特和鸟的图案的宝石，它可能是在地中海地区制造的，不过更有可能是当地的工艺，如果是这样的话，这仍然体现了希腊-罗马世界对遥远的印度东南部的文化影响。[77]

阿里卡梅杜的定居点不断扩大，成为吸引印度商人和外商的一个重要地点。毫无疑问，它起初只是一个超出希腊-罗马航运常规范围的地方，人们可以在这里积攒地中海的货物。这些货物通过印度西侧的诸港口不断转运，往往由印度船只承运。随着时间的推移，阿里卡梅杜将西方人吸引到了它的港口，一些人认为这是罗马人在孟加拉湾的一个定居点。到奥古斯都和提比略统治时期，该城已经繁荣了一个多世纪。一直到 2 世纪中后期，它似乎始终是个热闹的地方。在它提供的优良设施中，有一座靠近河流的仓库，长 150 英尺。这里也有一些手工业区，这从大量的珠子、手镯和廉价宝石中很容易辨认出来，据说这些东西“俯拾皆是”。发掘者还发现了一些染布用的大桶，居民在这里生产精细的平纹细布。《周航记》提到平纹细布是最受欢迎的南印度出口产品。奇怪的是，在阿里卡梅杜没有发现罗马钱币。[78]它们要么被送进了国库，要么被熔化了。但这并没有抑制活跃的贸易。莫蒂默·惠勒爵士（他参与发掘了该遗址）令人信服地判断，阿里卡梅杜就是《周航记》提到的印度东南部的一个商业中心，具体来讲就是博杜凯。这个名字也以几乎相同的形式出现在托勒密的《地理学》中，是泰米尔语 *Puduchchēri* 的讹误，意思是“新城”，因此可以想象希腊人也可能将其称为尼阿波利斯（Neapolis），意思完全相同。然后，随着时间的推移，泰米尔语的名字被法国人和英国人错误地读成了本地治里（Pondicherry）。[79]

在《周航记》中已经可以感受到恒河的诱惑力。这个地区变得闻名遐迩之后，航行到那里寻找丝绸、珍珠和其他奢侈品的诱惑更是变得令人无法抗拒，尽管航行到恒河的西方人可能比抵达印度洋西部的人少很多。[80]斯特拉波谈到了从埃及驶向恒河的商人。他把他们描述为“私商”，表明这些人是靠自己的力量去的。他对他们告诉他的事情不是全盘相信，所以他并不清楚他们是否真的到达了恒河入海口。[81]托勒密对恒河畔的巴特那城（Patna）有相当多的了解。他知道有一条细长的陆地从东南亚向南延伸，他称之为黄金半岛。2世纪初，一位名叫亚历山大的船长对这一地区进行了探索，他很可能穿过马六甲海峡，绕过了马来半岛的南端，进入南海，到达了卡提加拉（Kattigara）。我们将在下一章讨论卡提加拉。希腊人和罗马人并不十分清楚中国在哪里，但他们知道中国是优质丝绸的产地，这可能是他们偶尔向南海进军的动机。来自马可·奥勒留（Marcus Aurelius）皇帝宫廷的一个使团可能在2世纪末到达南海，因为中国的文献描述了“安敦”（Antoninus，今译安敦尼，罗马皇帝的家族名）的使团，尽管中国人不以为意，因为作为礼物提供的货物（或者，按照中国人的想法，是贡品）被认为太稀松平常。这让人感到惊讶，因为汉朝的朝廷知道（虽然是很模糊地知道），罗马帝国是一个庞大的政治体，可以与他们自己的大帝国相媲美。罗马使团带去中国的礼物其实是犀角、象牙和龟甲，所以他们很可能在旅行途中丢失了原来的货物。[82]不过，一般来说，即使是缅甸，对罗马人而言也很遥远。有少数罗马帝国臣民作为寻找赞助人的宫廷艺人在缅甸定居，但缅甸没有国际化的港口城市（这样的城市人口混杂，市场上满是来自印度洋两端和内地的货物），换句话说，就是没有另一个普哈尔或博杜凯。[83]实际上，希腊-罗马航海家很少涉足马来半岛以东的地区，因此，托勒密对黄金半岛最南端有什么东西的误解延续了一千三百多年。

※ 五

从 2 世纪末开始，贝勒尼基进入了衰退期，一个可能的解释是 166 年罗马帝国暴发了大流行病（不管是什么疾病）。到了 3 世纪中叶，贝勒尼基并没有完全从地图上消失，但没有证据表明它仍然是连接东西方的主要商业中心。不过，它后来恢复了元气。到了 4 世纪，贝勒尼基从更南边的发展中受益：在曼德海峡两边的希木叶尔（Himyar，也门）和阿克苏姆（埃塞俄比亚/厄立特里亚）出现了充满活力的王国，这些地方是沉香、象牙和乌木的历史悠久的产地。与此同时，来自地中海西部的货物不再抵达红海的这一部分。有一种观点认为，这反映了地中海东西部之间的隔阂越来越大。但是，这也许揭示了地中海东部诸港口的经济活力，如罗得岛、老底嘉（今天的拉塔基亚）、加沙和亚历山大港，它们发现自己有能力满足罗马在红海地区的前哨据点的需求。与此相伴的是在阿拉伯半岛南部和东非做生意的新机遇。在阿克苏姆发现的一枚钱币和在西印度发现的一枚公元 362 年的钱币都表明了这一点。公元 400 年前后贝勒尼基与锡兰的贸易甚至被描述为“活跃”的，贝勒尼基镇在物质上也得到了恢复，因为这里建造了供奉伊西斯（Isis）①、塞拉比斯和其他埃及神祇的新神庙，以及一座基督教堂和几座仓库。[84]

关于贝勒尼基港同时与印度洋和地中海沟通的方式，最好的线索是在这个遗址发现的保存至今的木材碎片，其中有少量的印度竹子和大量的南亚柚木，包括一根长度超过3米的木梁，这根木梁来自贝勒尼基的圣所之一。[85]柚木被广泛用于造船，例如，被早期的阿拉伯航海家使用。不过，遗留的材料还包括从黎巴嫩或该地区某处运来的雪松横梁，这是在塞拉比斯神庙的遗迹中发现的。而在密俄斯赫耳摩斯，从退役的船上取下的木材被用于日常建筑。这些船就像巨大的三维拼图，可以组装起来，也可以很容易地拆解。木板、横梁和桅杆被以不同的方式重新利用。在东部沙漠的干燥边缘，木材是很珍贵的。在发掘密俄斯赫耳摩斯的城镇建筑时发现的梁和木板上有沥青、铁钉和藤壶的痕迹。[86]

贝勒尼基在6世纪被放弃的原因仍然是未知的。贝勒尼基的崩溃可能要归咎于多种因素的结合：地中海和中东的鼠疫，即所谓的查士丁尼大瘟疫；地区战争导致东非的阿克苏姆和阿拉伯半岛南部的希木叶尔成为主导的政治力量，它们的国王分别是基督徒和犹太教徒，是彼此的劲敌；阿克苏姆和希木叶尔商人的地位上升，他们的基地在非洲一侧的阿杜利斯和阿拉伯半岛一侧的卡内（Kané）。

---

① 伊西斯起初是埃及的女神，后来在整个希腊-罗马世界受到广泛崇拜。她是理想的母亲和妻子，是自然与魔法之神，保护奴隶、罪人、手工艺人和被压迫者，也倾听富人、统治者、贵族和少女的祈祷。她常被认为是荷鲁斯（隼头人身，法老的守护神）的母亲。伊西斯的意思是“王座”，她的头饰就是王座。埃及法老被认为是她的孩子。埃及神话中，在她的丈夫和兄弟奥西里斯被塞特杀害并肢解后，她收集散落在大地上的尸块，用魔法让奥西里斯复活。

贝勒尼基并非毁于一次突然的大灾难，它于整个 6 世纪都在逐渐衰落。当它最终被放弃时，附近甚至没有人去搜刮木梁或建筑石材。结果是沙漠的尘土吹过了这座小镇，干燥的空气保留了它被沙子掩埋的遗迹。[87]不变的是红海南北的交通，变化的是谁在其中叱咤风云。随着时间的推移，连接尼罗河和地中海与红海的关键港口的位置发生了变化。密俄斯赫耳摩斯曾经是贝勒尼基的一个小对手，在中世纪成为连接红海与印度洋和地中海的一个重要环节，它的伊斯兰名称是库赛尔卡迪姆。这种连接只在短时间内被打破。印度洋与埃及和地中海之间的联系没有被切断，即便掌握来自印度和东非的货运的人不再是希腊-罗马商人。

注　释

1. David Abulafia, *The Great Sea: A Human History of the Mediterranean* (London, 2011), pp. 164-5; M. Rostovtzeff, *The Social and Economic History of the Hellenistic World* (3 vols., Oxford, 1940-41), vol. 2, pp. 920-24.

2. Cited in R. McLaughlin, *Rome and the Distant East: Trade Routes to the Ancient Lands of Arabia, India, and China* (London, 2010), p. 143.

3. McLaughlin, *Rome and the Distant East*, p. 28.

4. Lucian of Samosata, *Alexander the False Prophet*, c. 44; R. Tomber, *Indo-Roman Trade: From Pots to Pepper* (Bristol and London, 2008), p. 66.

5. E. H. Warmington, *The Commerce between the Roman Empire and India* (2nd

edn, London, 1974), pp. 39-42; Tomber, *Indo-Roman Trade*, pp. 30-37.

6. G. Hourani, *Arab Seafaring in the Indian Ocean in Ancient and Early Medieval Times*, revised by J. Carswell (2nd edn, Princeton, 1995), pp. 25-6.

7. L. Casson, ed. and transl., *The Periplus Maris Erythraei* (Princeton, 1989), pp. 86-7；另一种翻译见 G. W. B. Huntingford, *The Periplus of the Erythraean Sea* (London, 1980), p. 52；大多数地方引用的是前者，即L. 卡森（L. Casson）的版本。我使用的拼写形式是 Periplous，因为我觉得没有理由把一部用希腊文写的书的书名拉丁化。另见 Warmington, *Commerce between the Roman Empire and India*, pp. 43-4。

8. M. Cary and E. H. Warmington, *The Ancient Explorers* (2nd edn, Harmondsworth, 1963), pp. 95-6, 227.

9. Casson, ed. and transl., *Periplus Maris Erythraei*, pp. 7-8.

10. Casson in *Periplus Maris Erythraei*, p. 10; M. Wheeler, *Rome beyond the Imperial Frontiers* (2nd edn, Harmondsworth, 1955), p. 138.

11. Casson in *Periplus Maris Erythraei*, p. 8; text, pp. 62-3; Wheeler, *Rome beyond the Imperial Frontiers*, p. 141.

12. Casson in *Periplus Maris Erythraei*, pp. 5-7; Huntingford, *Periplus of the Erythraean Sea*, pp. 8-12 认为《周航记》成书于公元95—130年。

13. Casson in *Periplus Maris Erythraei*, pp. 50-51; S. Sidebotham, *Berenike and the Ancient Maritime Spice Route* (Berkeley and Los Angeles, 2011), p. 63.

14. Cited from Huntingford's version in *Periplus of the Erythraean Sea*, p. 21.

15. Casson, ed. and transl., *Periplus Maris Erythraei*, pp. 52-3, 113.

16. Ibid., pp. 58-9, 133.

17. Wheeler, *Rome beyond the Imperial Frontiers*, p. 138.

18. Cary and Warmington, *Ancient Explorers*, p. 122; R. Darley, *Indo-Byzantine*

Exchange, 4th to 7th centuries: A Global History (Birmingham University Ph. D. thesis, 2013).

19. Tomber, *Indo-Roman Trade*, p. 98.

20. Casson, ed. and transl. , *Periplus Maris Erythraei*, pp. 60–61, 141–2.

21. Ibid. , pp. 62–3.

22. Hourani, *Arab Seafaring*, pp. 32–3.

23. L. N. Swamy, *Maritime Contacts of Ancient India with Special Reference to the West Coast* (New Delhi, 2000), p. 61.

24. Casson, ed. and transl. , *Periplus Maris Erythraei*, pp. 64–5, 158–9; also Huntingford in *Periplus of the Erythraean Sea*, pp. 9 – 10; Warmington, *Commerce between the Roman Empire and India*, p. 11.

25. McLaughlin, *Rome and the Distant East*, pp. 3, 28.

26. Casson, ed. and transl. , *Periplus Maris Erythraei*, pp. 66–7.

27. Ibid. , pp. 70–71.

28. P. Beaujard, *Les Mondes de l'Océan Indien*, vol. 1: *De la formation de l'État au premier système-monde afro-eurasien (4e millénaire av. J. -C. –6e siècle ap. J. -C.)* (Paris, 2012), p. 373.

29. Hourani, *Arab Seafaring*, pp. 16–17.

30. Casson, ed. and transl. , *Periplus Maris Erythraei*, pp. 74–5, 190.

31. Casson in *Periplus Maris Erythraei*, pp. 22, 26.

32. Casson, ed. and transl. , *Periplus Maris Erythraei*, pp. 74–7.

33. Tomber, *Indo-Roman Trade*, pp. 125–6.

34. Casson in *Periplus Maris Erythraei*, p. 210; Tomber, *Indo-Roman Trade*, p. 55.

35. Pliny the Elder, *Natural History*, 12: 14; Wheeler, *Rome beyond the Imperial Frontiers*, p. 148.

36. Casson, ed. and transl., *Periplus Maris Erythraei*, pp. 80–81, 84–5.

37. Ibid., pp. 82–3; K. Hall, *Maritime Trade and State Development in Early Southeast Asia* (Honolulu, 1985), pp. 32–3.

38. Casson in *Periplus Maris Erythraei*, pp. 241–2.

39. Casson, ed. and transl., *Periplus Maris Erythraei*, pp. 86–7.

40. Map 14 ibid., p. 225.

41. Beaujard, *Mondes*, vol. 1, p. 379.

42. Sidebotham, *Berenike*, pp. 7, 9, 11.

43. Ibid., p. 12; also pp. 18–20.

44. Diodorus Siculus, 3: 40. 4–8; Sidebotham, *Berenike*, pp. 51–2, 195.

45. Sidebotham, *Berenike*, pp. 50–51.

46. Ibid., p. 196.

47. Abulafia, *Great Sea*, pp. 155–8.

48. Sidebotham, *Berenike*, pp. 68–81.

49. Tomber, *Indo-Roman Trade*, p. 62; Sidebotham, *Berenike*, pp. 81–5.

50. D. Peacock and L. Blue, eds., *Myos Hormos–Quseir al-Qadim: Roman and Islamic Ports on the Red Sea*, vol. 1: *Survey and Excavations 1999–2003* (Oxford, 2006), and vol. 2: *Finds from the Excavations 1999–2003* (Oxford, 2011); L. Guo, *Commerce, Culture and Community in a Red Sea Port in the Thirteenth Century: The Arabic Documents from Quseir* (Leiden, 2004); Strabo, *Geography*, 17: 1.45; Tomber, *Indo-Roman Trade*, p. 57; McLaughlin, *Rome and the Distant East*, p. 28; Sidebotham, *Berenike*, pp. 184–6.

51. McLaughlin, *Rome and the Distant East*, p. 15.

52. Tomber, *Indo-Roman Trade*, p. 61.

53. McLaughlin, *Rome and the Distant East*, pp. 15–16, 159–60.

54. Ibid. , p. 193 n. 298; Sidebotham, *Berenike*, pp. 223-4.

55. Sidebotham, *Berenike*, p. 225; Tomber, *Indo-Roman Trade* , pp. 26 - 7, 141; McLaughlin, *Rome and the Distant East*, p. 49; Wheeler, *Rome beyond the Imperial Frontiers*, p. 160.

56. Cited in H. P. Ray, *The Archaeology of Seafaring in the Indian Ocean* (Cambridge, 2003), p. 53; see also Beaujard, *Mondes*, vol. 1, p. 375.

57. McLaughlin, *Rome and the Distant East*, p. 144; Tomber, *Indo-Roman Trade*, p. 55.

58. Sidebotham, *Berenike*, pp. 226 - 7, and fig. 12. 1; Tomber, *Indo-Roman Trade*, p. 76.

59. Cf. Sidebotham, *Berenike*, pp. 76, 228-30, 249-51.

60. McLaughlin, *Rome and the Distant East*, p. 63; Sidebotham, *Berenike*, pp. 175, 177.

61. Sidebotham, *Berenike*, pp. 231-2, 236-7.

62. McLaughlin, *Rome and the Distant East*, p. 19; Tomber, *Indo-Roman Trade*, p. 43.

63. Sidebotham, *Berenike*, pp. 232-4; Tomber, *Indo-Roman Trade*, pp. 81, 149.

64. McLaughlin, *Rome and the Distant East*, p. 159.

65. Pliny the Elder, *Natural History*, 12: 41. 84.

66. Tomber, *Indo-Roman Trade*, p. 31.

67. Warmington, *Commerce between the Roman Empire and India*, p. 68.

68. Cited by Tomber, *Indo-Roman Trade*, p. 67.

69. Tomber, *Indo-Roman Trade*, pp. 121-2; Beaujard, *Mondes*, vol. 1, pp. 401-39 探讨了佛教与贸易; Swamy, *Maritime Contacts*, pp. 58-60。

70. Tomber, *Indo-Roman Trade*, p. 145.

71. Warmington, *Commerce between the Roman Empire and India*, pp. 116-26.

72. Cited from McLaughlin, *Rome and the Distant East*, p. 56; also in Beaujard, *Mondes*, vol. 1, p. 371.

73. D. Keys, *Catastrophe: An Investigation into the Origins of the Modern World* (London, 1999).

74. Cf. V. Begley, 'Arikamedu Reconsidered', *American Journal of Archaeology*, vol. 87 (1983), pp. 461–81.

75. Warmington, *Commerce between the Roman Empire and India*, p. 68.

76. Begley, 'Arikamedu Reconsidered', p. 461.

77. Tomber, *Indo-Roman Trade*, pp. 133, 137; Begley, 'Arikamedu Reconsidered', p. 470.

78. Tomber, *Indo-Roman Trade* , p. 137; 参见持怀疑态度的 Darley, *Indo-Byzantine Exchange*, pp. 315–17。

79. Casson, ed. and transl. , *Periplus Maris Erythraei*, pp. 88 – 9, 228 – 9; Wheeler, *Rome beyond the Imperial Frontiers*, pp. 173–9, and plates 19a and b; J. M. and G. Casal, *Fouilles de Virampatnam-Arikamedu: Rapport de l'Inde et de l'Occident aux environs de l'Ère chrétienne* (Paris, 1949).

80. Hall, *Maritime Trade and State Development*, p. 35.

81. Strabo, *Geography*, 15: 1. 4; McLaughlin, *Rome and the Distant East*, p. 10.

82. McLaughlin, *Rome and the Distant East*, pp. 134–5.

83. Ibid. , p. 58.

84. Sidebotham, *Berenike*, pp. 259–75.

85. Ibid. , pp. 204–5.

86. Ibid. , p. 200; McLaughlin, *Rome and the Distant East*, p. 36.

87. Sidebotham, *Berenike*, pp. 279 – 82; Darley, *Indo-Byzantine Exchange*, pp. 318–26.

第七章

婆罗门、佛教徒和商人

※ 一

从《周航记》和贝勒尼基的角度看印度洋，有一个难以避免的问题。我们很容易产生一种错觉，即当希腊-罗马的船带着渴望东方香料的商人来到印度洋时，印度洋的各港口之间是有互动的。当贝勒尼基和密俄斯赫耳摩斯衰落时，我们可能会认为，这整个网络就崩溃了。的确，如果没有罗马人，印度国王不可能积累那么多的财富。但他们是否真的将那些金银投入流通，我们不得而知。零星的证据表明，巴尔巴里孔和巴里加扎，或者至少是它们附近的港口，在5世纪和6世纪仍然是活跃的贸易和手工业中心。中世纪晚期的旅行者，如威尼斯人马可·波罗和阿拉伯人马苏第（al-Mas'udi）描述的许多停靠站及其之间的联系，在5世纪和6世纪就已经存在。[1]因此，这个问题的关键在于连续性，并直接关系到这样一个观点：印度洋航线的开辟，不管是由罗马人、印度人还是马来人，或者是由他们所有人合作完成的，都应该被视为建立以海路为主的全球贸易网络的第一步。在这种情况下，开罗犹太人在1100 年前后开展的印度贸易（后文会详述），或葡萄牙人在 1497—1498 年进入印度洋，只是将印度洋与地中海和欧洲市场进一步结合起来。

当有关罗马贸易的证据如此丰富时，我们很容易将有关印度洋“土著”贸易的证据视为不相干的碎片而忽视它们。但是，这些碎片可以被拼接起来，讲述一个非凡的故事，而罗马人在其中不再是主角。为了理解这个故事，我们必须研究一些相隔甚远的地方，从马达加斯加到马来半岛，直至马来半岛以外的中国边缘。这将揭示出在公元 1 千纪的前半期，被航海家联系在一起的地区的广阔性；并展现从中国南部一直延伸到地中海的链条的各个环节是如何被锻造并相互连接的。因此，早就让罗马帝国的居民着迷的香料贸易，其范围远远超出了印度和锡兰。特别是定期往返中国和印度的印度尼西亚和马来海员，成为这一贸易的伟大媒介。正是他们，把以前相互分离的网络编织在一起；也是他们，使海运比起艰辛的陆运来说，有值得一试的价值，并最后成为首屈一指的事业。

所以，本章的主题是一片令人眼花缭乱的广阔海域，包括整个印度洋，以及它之外的南海。南海被中国南部、越南、菲律宾、印度尼西亚和马来半岛环绕。而我们要开始的地方，是距离南海很远的一个相对较小的岛，即索科特拉岛。它位于印度洋的西北部，面积为 3800 平方公里（这使它成为在印度洋西部仅次于马达加斯加的第二大岛）。索科特拉岛位于阿拉伯半岛以南约 240 英里，非洲以东约 240 公里处。[2]因此，到来的不是沿海岸航行的船只，而是那些掌握了季风的规律并敢于在陆地视线之外的远海航行的水手。索科特拉岛有足够的吸引力，因为它是连接东非、红海和通往印度的航线的贸易中心。即便如此，当地的洋流也很难对付。此外，索科特拉岛不能提供像样的港口，所以船不得不在岸边停泊。在5—9月，由于西南季风的吹拂，水手无法到达索科特拉岛。海盗经常在此落脚，尽管他们也要面对同样的困难条件。但商人并没有却步。《周航记》记录了一个对龟甲无比热情的商人对索科特拉岛的确切了解：

> 在远海有一个叫迪奥斯科里德斯（Dioskourides）的岛。它虽然很大，但很贫瘠，也很潮湿。那里有河流、鳄鱼、大量的毒蛇和巨大的蜥蜴。蜥蜴大到人们可以吃它的肉，用它的脂肪来炼油。岛上没有农产品，藤蔓和谷物都没有。居民稀少，都住在岛的北侧，即朝向大陆的那一侧。这些居民是外来的定居者，阿拉伯人和印度人杂居于此，甚至还有一些希腊人，他们从那里出海进行贸易。该岛出产大量的龟甲，那是真正的龟甲，有陆龟龟甲和浅色龟甲，也有壳极厚的山龟龟甲……那里有所谓的印度朱砂，它是从树上采集来的分泌物。[3]

《周航记》还解释说，该岛由对岸的南阿拉伯［哈德拉毛（Hadhramawt）］国王统治；该岛经常落入南阿拉伯统治者的控制之下，而在今天，索科特拉岛是也门共和国的一部分。来自南印度和巴里加扎的水手经常来到这里，“他们会用大米、谷物、棉布和

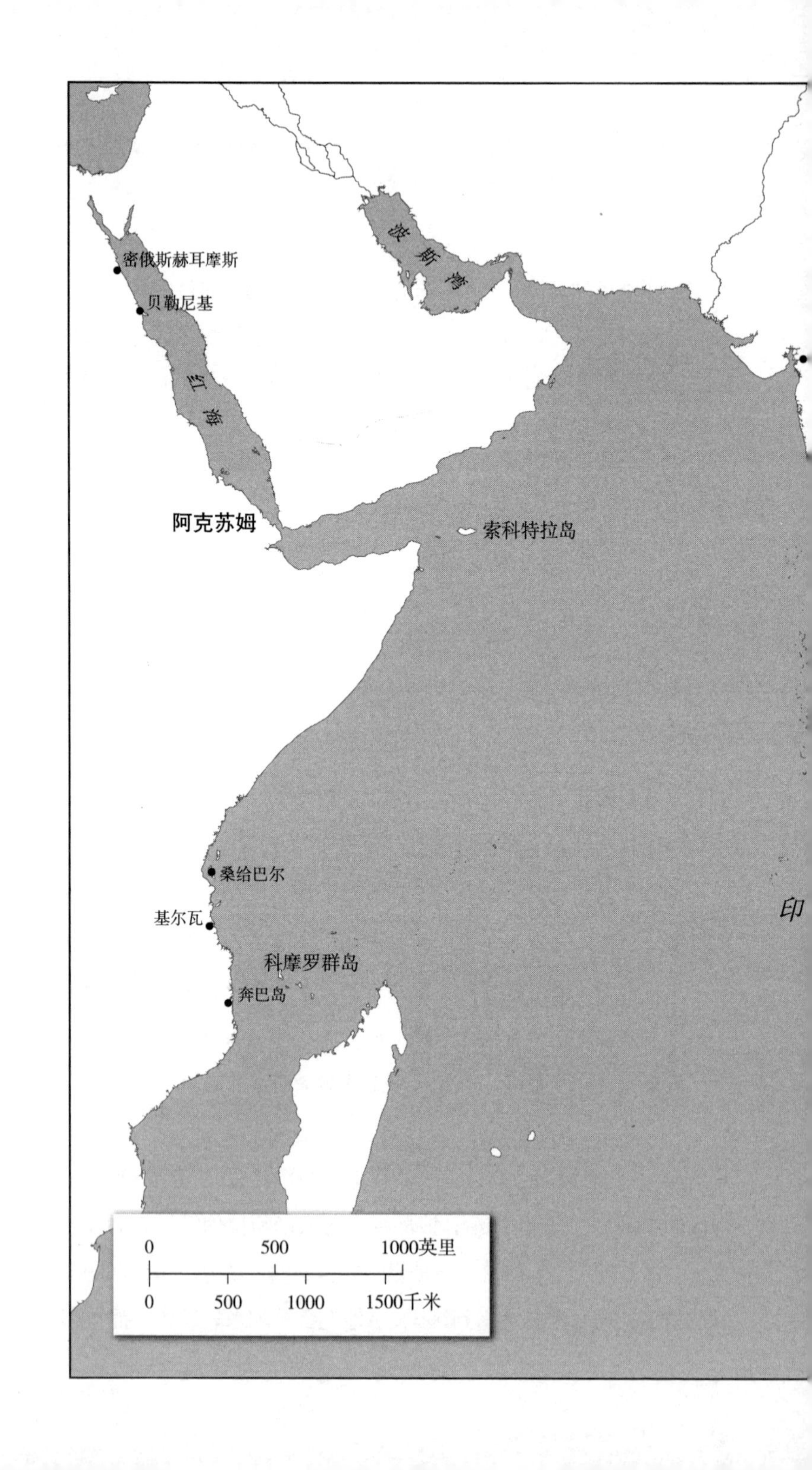

密俄斯赫耳摩斯
贝勒尼基
红海
波斯湾
阿克苏姆
索科特拉岛
桑给巴尔
基尔瓦
科摩罗群岛
奔巴岛
印
0
500
1000英里
0
500
1000
1500千米

广州
河内
北部湾
孟加拉湾
南 海
安达曼群岛
里卡梅杜
扶南
暹罗湾
澳盖
胡志明市
克拉地峡
顿逊
马六甲海峡
马来半岛
婆罗洲
苏门答腊岛
洋

女奴来交换”大量劣质的龟甲。然后，作者语气神秘地表示：“国王们已经把这个岛租出去了，而且这个岛有专人把守。”这强烈地暗示着不值得为了乌龟去这个岛，也不值得与那些租户谈判，因为他们似乎不鼓励贸易。[4]从字里行间看，这个岛似乎再次成了海盗巢穴。它的位置很适合，而且这片海域至今仍然因为海盗活动而臭名昭著。不过，几个世纪以来，大量的旅行者到过这个岛，因为他们在一个洞穴［霍克洞（Hoq cave）］的岩壁上留下了大约250处铭文和图画（于2000年被发现）。所有这些都证实了《周航记》的说法，即许多不同地方的人到访过索科特拉岛。这些铭文的语言种类繁多，有印度的语言、伊朗语、埃塞俄比亚语、南阿拉伯语，甚至还有希腊语，其年代为公元前1世纪至公元6世纪——这实在令人振奋。

霍克洞非常长，有2.5公里，有些地方宽100米、高30米，所以它一定是个令人敬畏的场所，而且在被太阳炙烤的岛上是一个凉爽的地方。它显然是祭祀一个或多个神的崇拜中心，墙上的涂鸦与今天旅游景点的涂鸦没什么不同：*bhadra prapta*，意思是“巴德拉到此一游”；有的涂鸦仅仅是游客的名字，通常是用梵文写的。[5]我们可以想象，水手和其他旅行者在经历了惊涛骇浪到达索科特拉岛之后，渴望向诸神致谢，感谢神保佑他们安全抵达，并请求神佑助他们安全返乡。这些是什么神，目前还不清楚，但绝大多数铭文是梵文，表明它们是印度的神，与印度教或佛教的崇拜有关。洞里很可能有佛祖的形象，因为在印度历史上的这一时期，宗教和贸易之间的联系非常密切，特别是佛教并不认为脚踏实地地赚钱有什么不好。佛教摒弃了种姓制度，这种制度使商人在社会中的地位不如被誉为印度教社区领袖的祭司和武士。学界普遍认为，佛教的传播刺激了印度的经济。[6]

有充分证据表明，印度商人在好几个世纪里持续造访该岛。最早的铭文被认为来自公元 100 年之前，但在公元 400 年之后，铭文数量减少，说明人们逐渐不再造访，或即便来了也不再留下记录。后者更有可能，因为如后文所示，基督教的到来使洞穴崇拜变得过时。铭文中有几个名字明确体现了与印度的联系："贾亚塞纳之子桑噶达沙（Samghadasa，son of Jayasena），哈斯塔卡瓦普拉（Hastakavapra）的居民"从靠近坎贝湾巴里加扎的一个小镇到达索科特拉岛。这个小镇今天还在，现在的名字叫哈塔卜（Hathab），但《周航记》的作者和托勒密称它为阿斯塔卡普拉（Astakapra）。《周航记》在描述通往巴里加扎的危险航行时提到了阿斯塔卡普拉。那里的考古发掘表明，它从公元前 4 世纪到公元 6 世纪一直很繁荣。[7]铭文中更值得注意的是有一处直接提到巴里加扎："来自巴里加扎（Bharukaccha）的赛萨亚·毗湿奴塞纳（Śesasya Visnusena）到此一游"，还有一处涂鸦简单地写着"巴里加扎人"（*Bharukacchaka*），最重要的是"来自巴里加扎的船长毗湿奴达拉（Visnudhara）"。[8]显然，从印度西北部前往非洲之角的船经常在索科特拉岛停靠。考古学家在今天被称为科什（Kosh）的村庄发现了印度文物，但并没有发现表明索科特拉岛与地中海之间有联系的证据。科什位于索科特拉岛北侧，这证实了《周航记》的说法，即居民选择在岛的北侧定居。我们甚至对到达索科特拉岛的船也有所了解，因为霍克洞中有几幅图画，其中最清晰的一幅展示了一艘有两个舵、可能有三根桅杆的船。这与印度著名的阿旃陀（Ajanta）石窟中的一幅6世纪的船的图像很相似，该图像中可以看到一艘有两个舵的三桅船。[9]

进入霍克洞进行祭祀的不全是印度人。洞内的一处铭文是在一块相当大的木牌上用远在叙利亚巴尔米拉（Palmyra）的阿拉米语①写的。木牌记录了一位纳巴泰船长的祈祷。有纳巴泰人来到岛上，这并不奇怪：有印度人向阿拉伯半岛南部的统治者派出了使团，使团的主要使命一定是讨论熏香的贸易。一队苏联考古学家在索科特拉岛上发现了阿拉伯半岛南部的陶器。[10]由此推断，一些纳巴泰人冒险渡海来到了索科特拉岛，而不是依赖横跨阿拉伯半岛的骆驼商队。然后还有西方人。一段神秘的涂鸦写道："属于耶槃那人卡德拉布提姆哈（Cadrabhutimukha）。"这肯定不是希腊名字，尽管耶槃那这个词通常意味着希腊人、罗马人或来自罗马帝国的人。合理的解释是，这是个生活在印度的耶槃那人，已经被印度文化同化，所以他有一个梵文名字，并使用梵文的婆罗米文字。当然，岛上也有真正的希腊人，证据不只是《周航记》和其他文献。3世纪初，一位希腊船长（*naukleros*）在洞中留下了希腊语的铭文："船长塞普蒂米奥斯·帕尼斯科斯（Septimios Paniskos）跪在众神和洞中的神（或诸神）面前。"[11]从亚历山大大帝的时代开始，希腊人就在遥远

---

① 阿拉米语是古代叙利亚地区使用的闪族语言，在近东和中东地区一度非常兴盛，享有通用语的地位。耶稣的语言就是阿拉米语，《圣经·旧约》的很大一部分最早也是用阿拉米语写成的。

的巴克特里亚（Bactria）① 崇拜印度的神祇。在世界的边缘航行时向当地的神表示尊重，对希腊人、罗马人和其他许多民族来说是自然而然的。

索科特拉岛的历史也是一个时移势易的故事。一个无人居住的荒岛变成了贸易中心，但其居民只能通过用本地的龟甲和熏香换取产自阿拉伯半岛、印度或非洲的粮食来生存。最大的变化发生在该岛居民成为基督徒的时候，时间大约是 4 世纪。索科特拉岛直到 17 世纪仍基本或部分地保持着基督教信仰。这种皈依（假设是皈依，而不是大规模的迁移所致）发生在红海南部成为犹太人和基督徒进行激烈对抗的战场的时候，犹太人使阿拉伯半岛西南部的国王皈依了犹太教，而基督徒将红海对面的埃塞俄比亚的阿克苏姆纳入势力范围。随着阿克苏姆的繁荣发展，它吸引了来自红海对岸的贸易，并派遣自己的商人到海外销售象牙和埃塞俄比亚高原的其他名贵产品，以及为阿克苏姆宫廷购买熏香和香料。人们在埃塞俄比亚的德布勒达摩（Däbrä Damo）修道院发现了一百多枚 3 世纪末的印度钱币（这里有一个未解之谜：该修道院是在几个世纪后才修建的）。索科特拉岛受益于跨红海贸易的复兴。霍克洞提供了埃塞俄比亚人在 6 世纪前后到访该岛的证据，因为有一两个人在那里留下了自己的名字。[12] 早期拜占庭旅行者科斯马斯·印地科普勒斯特斯（Kosmas Indikopleustes，意为“航行到印度的科斯马斯”）在 6 世

① 巴克特里亚是一个中亚古地名，主要指阿姆河以南、兴都库什以北地区，大致覆盖今天的阿富汗北部、塔吉克斯坦南部和乌兹别克斯坦东南部。古希腊人在此地建立了希腊-巴克特里亚王国，中国古籍称之为大夏，后来此地更名为吐火罗。

纪写下了自己的《周航记》，在其中描述了索科特拉人如何说希腊语，“他们最初是托勒密王朝派到那里的殖民者”，并指出当地神父是由波斯的主教授职的。科斯马斯没有到过索科特拉岛，不过他曾乘船经过那里。他在非洲海岸遇见了一些来自索科特拉岛的说希腊语的人，他们显然相信自己的历史就如上述那般。[13]科斯马斯的故事流传很广，因为居住在西西里岛罗杰二世国王宫廷的阿拉伯地理学家伊德里西（al-Idrisi）在12世纪中叶也说过差不多的话，其作品广泛流传的10世纪旅行家马苏第也是如此。马苏第还提到索科特拉岛是海盗的巢穴，这种情况在当地历史上反复出现。他提到的海盗是印度海盗，他们攻击前往印度和中国的阿拉伯船只，但希腊和阿拉伯海盗也一定曾在不同时期盘踞在索科特拉岛。

所有这些都证明，历史学家如果忽视那些细微的、乍看起来不重要的地方，就可能会犯错误。索科特拉岛不是巴里加扎或贝勒尼基那样的重镇，但这个极其偏远的岛为海上交通的本来面目提供了证据。这些证据与《周航记》或贝勒尼基和密俄斯赫耳摩斯的出土物的内容一样重要。岛上访客的名字通常没有给出职业或出身，但仍然提供了足够的证据，让我们知道什么样的人生活在索科特拉岛，那些人一定认为索科特拉岛位于世界的外层边缘。

※ 二

所有这些，都充分证明当时的航线主导者不是来自罗马帝国的海员，而是来自阿拉伯半岛的阿拉伯三角帆船、来自印度的缝合船以及马来和印度尼西亚水手驾驶的船只。马来人在中世纪末肯定发挥了突出的作用，但随着苏门答腊岛和马来半岛几个贸易帝国的兴衰，一千年间发生了很大变化。不过，有非同寻常的证据表明，有人从印度洋的东端一路来到东非，他们说的是南岛语系的语言，菲律宾语、马来语和波利尼西亚语都属于南岛语系。他们不仅到达了标志着罗马贸易最南端的诸港口，即桑给巴尔附近，而且还到达了更南边。他们首先到达并殖民了非洲海岸外的科摩罗群岛（后来因依兰香水而闻名），然后在印度洋所有岛屿中最大的马达加斯加岛定居。马达加斯加直到那时还没有人类的踪迹。对于他们是采取直接穿越印度洋的路线，还是沿着印度洋的海岸线航行，一直有很多争论。普遍的共识是，说马来语的人逐渐沿着不断拓展的贸易路线，来到了南印度和更远的地方。许多个世纪以来，这些马来人大多被东道主同化。但在马达加斯加，除了他们自己从基尔瓦（Kilwa）和桑给巴尔等东非港口带来的班图族奴隶，并没有其他族群。于是，他们创造了一个非洲的马来-印度尼西亚社会。后来的欧洲人认识到马达加斯加社会的独特之处，所以认为马达加斯加其实是亚洲而不是非洲的一部分。[14]

语言为马达加斯加和印度洋另一端之间的联系提供了丰富的证据。语言年代学是对语言开始分化为方言的时间进行测算的科学，这些方言逐渐变得相互无法理解，以至于它们可以被认为是独立的语言。我们已经看到，毛利人和夏威夷人在 18 世纪仍然能够理解对方的话。很明显，马达加斯加的第一批定居者说的肯定是一种接近马来语的语言。马达加斯加语的近亲主要分布在印度洋的遥远边缘或太平洋中心，与其最接近的语言是婆罗洲（Borneo）的一种方言。语言年代学表明，马来人到达马达加斯加的时间是公元前 1 千纪晚期。此外，我们还有 DNA 证据。线粒体 DNA 显示，马达加斯加 96%的人口至少有一部分亚洲定居者的血统。不过，许多个世纪以来，该岛接纳了班图人、阿拉伯人和其他许多人，因此马达加斯加人的血统和语言中也有其他成分。班图拓殖者可能于公元 2 千纪之初到达马达加斯加。也有类似的证据表明，在东非海岸的奔巴岛和桑给巴尔岛附近，有南岛民族存在。最后，还有一个沉默无声的证据，那就是自人类到达马达加斯加以后，在这里繁衍生息的植物：大米、藏红花、椰子、山药。很可能还有鸡，这对本地充满异域风情的动物种群来说是一个不起眼的增补。[15]

索科特拉岛和马达加斯加岛的部分吸引力在于，这两座岛都是远离大陆的无人岛，人类在抵达之后必须考虑在那里建立什么样的社会。在坦率地讲很荒凉的索科特拉岛，充其量能建一个货栈，去出售岛上能提供的少量东西，也许还提供往来船只船身的清洗或修理服务，又或者派出海盗去劫掠往来船只。马达加斯加岛能提供的机遇就大不相同了。这是一块从印度漂离的陆地，与世界其他地方隔绝了大约八千八百万年。因此，就像澳大利亚一样，岛上动物种群的发展独立于世界其他地方。狐猴，一种非常古老的灵长类动物，在世界其他地方都没有发现。岛上森林茂密的内陆地区需要几个世纪才能驯服，但在海岸附近，早期的访客可能被似乎取之不尽的香料和树脂吸引了。[16]菲利普・博雅尔（Philippe Beaujard）的假设是，印度尼西亚商人进行了一系列他所说的战略性的商业航行，在寻找香料的过程中惊喜地发现了马达加斯加岛。印度尼西亚商人留下一批拓殖者作为核心人口，后者会向每年都来寻找马达加斯加自然财富的商人提供香料。来自被称为香料群岛的地方的人，为什么要到大洋彼岸去寻找香料，这成了一个谜。把这些香料带回家相当于把煤运到纽卡斯尔（carrying coals to Newcastle）①，实属多此一举。有人试图把这种需求与南海的大贸易帝国的出现联系起来，特别是中世纪早期的三佛齐（Śri Vijaya）王国，该王国位于苏门答腊岛，后文会详述。

根据这一理论，马达加斯加定居者的人口不断增长，并不断向岛的中心地带移动。他们逐渐伐光了岛上茂密的树木，并消灭了岛上一些非同寻常的居民，即巨型狐猴和巨大的象鸟。中世纪晚期水手辛巴达故事中出现的大鹏（rukh）可能就是象鸟。[17]与此同时，其他印度尼西亚定居者也来到这里，他们被从水手那里听到的描述马达加斯加郁郁葱葱天堂的故事所吸引。[18]这是一种合理的设想。另一种观点认为，印度尼西亚人是类似于波利尼西亚人的航海家，驾驶着双体船寻找新的土地来定居，对印度洋的香料贸易没有特别的兴趣。遗憾的是，马达加斯加的考古学还处于起步阶段，发掘的结果对这个问题没有什么帮助。马达加斯加北部的一个受人瞩目的遗址至早不超过公元420年，而更早时期的证据非常零散。从一个岩洞中发现了大约公元700年在当地生产的陶器的碎片，这些陶器可能是水手在长途跋涉返回马来半岛之前，在马达加斯加停留时使

① 把煤运到纽卡斯尔，英语熟语，意为多此一举。因为纽卡斯尔是重要的产煤地。

用的。[19]这可以证明一波又一波的南岛民族在许多个世纪里抵达，这种接触到14世纪或更晚仍持续不断，那时阿拉伯旅行者已经描述了这个非凡的微型大陆的存在。[20]定居者懂得用铁，因此，他们的技术比波利尼西亚人的技术先进得多，而波利尼西亚人在这一时期正在恢复对太平洋更远地区的殖民。我们不确定马达加斯加定居者的船是什么样子的，也不知道他们还在哪里航行。不过印度尼西亚婆罗浮屠（Borobodur）的雕塑中有带舷外浮材的大船，而在今天的印度尼西亚和东非（包括马达加斯加），船只上仍有舷外浮材。[21]

即使最早到达马达加斯加的南岛民族不是香料商人，而且该岛与其居民的故国之间的接触是断断续续的，也有足够的证据表明，在公元前1千纪末和公元1千纪初，希腊-罗马商人并不是在印度洋航行的唯一先驱。从非洲东南部到东印度群岛的大弧线是一个庞大的空间，在这个空间里，人们在距离陆地相当遥远的远海航行。他们可能不具备波利尼西亚人那样非凡的航海技能（尽管马达加斯加的发现者很可能拥有类似的知识），但印度洋的航海家需要并得到了关于印度洋海岸和岛屿的详细知识。[22]印度洋不同角落之间的联系正慢慢变得更加紧密，甚至拓展到越南、爪哇和中国附近的海洋。

※ 三

马来航海家是印度洋和南海的贸易与移民活动中的无名英雄。

与印度旅行者不同，他们没有得到婆罗门诗歌的赞美；与希腊-罗马旅行者不同，他们没有留下《周航记》这样的书。马来半岛最早的书面历史，即所谓的《马来纪年》，可以追溯到17世纪初，其中有大量关于15世纪新加坡和马六甲的故事。但对于更早的几个世纪，《马来纪年》只提供了关于其印度祖先的不甚清楚的传说。[23]我们无法详细描述马来人和印度尼西亚人的船，不过，他们找到适合造船的木材是没有问题的：没有人知道他们的船是像阿拉伯三角帆船（而“阿拉伯三角帆船”本身也是对多种大致相似的船的泛指，它们在尺寸和设备上差别很大）、中式帆船（junks）还是双体船。但是，他们的船在促进亚洲的最远处和地中海之间的联系方面，发挥了关键作用，使得南印度成为中转站而不是终点站。终点站向东转移，远至东印度群岛，甚至有时是中国南部。贝勒尼基开始被沙漠淹没的那几十年，也是东南亚与马来水手成为强大的海上力量的几十年。

我们首先要知道，生活在东南亚以外的人对该地区及其居民有多少了解。《周航记》对恒河以外的“黄金之地”克律塞说得很含糊。这表明在1世纪和2世纪，地中海世界与该地区居民的接触仍然相当有限，无论这种接触是通过对克律塞土地非常罕有的访问（如试图到达中国的使团，就像前面提到的安敦使团），还是通过在南印度的诸港口如阿里卡梅杜/博杜凯与马来水手的相遇。有时，克律塞只是作为印度以外的一个岛出现在古典晚期的著作中。据说克律塞位于可居住世界的最边缘，但离赛里斯人（Seres）即织绸的中国人的土地不远。[24]据称克律塞和另一个叫银岛（Argyré）的岛盛产黄金和白银，以至于这两个岛就是以这两种金属命名的。大约在公元 40 年，罗马作家庞波尼乌斯·梅拉（Pomponius Mela）记载了一个传说：其中一个岛的土壤由黄金构成，另一个岛的土壤由白银构成。但他不相信这个故事。[25]6 世纪西班牙的百科全书作者塞维利亚的伊西多尔（Isidore of Seville）也记载了这一传言。他对古典文献非常熟悉，在后来的许多个世纪里，希望了解各大洲形状的人首先要读伊西多尔的著作。犹太历史学家约瑟夫斯（Josephus）认为，在克律塞可以找到俄斐，所罗门王在一千年前就曾派船前往那里。[26]托勒密有不同的观点（他的著作由后来的拜占庭人编辑和保存，他们可能在其中掺入了自己的知识和观点），他把马来半岛说成是东南亚凸出的一块，因此其形状更接近整个中南半岛，而不是马来半岛。他得出这个结论无疑更多是出于偶然，而不是因为他混淆了关于这两个地区的精确信息。[27]至于生活在克律塞及其周边地区的人的信息，全都是奇闻怪谈，大多是凭空捏造的，其中提到一些有野蛮习俗的黑皮肤民族。

最了解东南亚及其居民的外界人士是中国人。到目前为止，他们并没有在本书中经常露面。中华文明是沿着东亚的大河水系发展起来的，中国人与水的联系更多涉及河流而不是远海。中国与日本有重要的海上联系，关于这一点，后文会有更多的论述。中国有活跃的沿海航行，使用大型“楼船”。大海是鱼和盐的来源。[28]在公元 1 千纪早期的几个世纪，中国水手驾船远航的证据很少。船舶交通由汉人以外的其他民族主导。汉人居住在北方，最终将统治中国的广大地区。最熟练的水手可能是中国南方的越人（百越），他们的文化受到汉人越来越强烈的影响，但还没有完全汉化。越人与华东沿海地区建立了活跃的商贸联系。[29]大约在公元前221年，当汉朝在更北的地方建立时，① 存在四个越人王国，也许更多。其中一个在河内地区的某个地方建都，称为雒越（或骆越）。在雒越，人们可以获得汉朝宫廷非常需要的奢侈品："珠玑、犀、玳瑁、果、布"②，以及翠鸟的羽毛、银和铜。这些东西被运到广州附近的越人城市番禺，汉人商人在那里采购。据公元1世纪的一位中国作家说，这些商人变得非常富有。[30]汉朝与西亚的联系通过闻名遐迩但困难重重的丝绸之路维持，商队穿过大片荒凉的沙漠和伊朗以北的粟特商人的土地，直到抵达里海南北的贸易中心。富有异国情调的中国产品（丝绸只是其中最著名的一种）通过这条路线到达中亚。但这是一段艰难而缓慢的旅程，只有在沿途设置大量岗哨才能保证其安全。[31]丝绸之路在公元前1世纪到公元225年前后有效地运转，这一时期的汉朝可以为其提供有效的保护。

公元前3世纪也是中国的"战国七雄"激烈冲突的时期，这些冲突使汉人不再向南推进。然后，在公元前221—前214年，秦帝国的统治者粉碎了百越的抵抗，将统治扩展到了越人的土地，并短暂地控制了南海的很大一部分海岸线，即北部湾周边。根据当时一位中国历史学家的说法，降服百越城镇之后，秦帝国将"逋亡人、

---

① 西汉建立的时间应为公元前202年（刘邦称帝）或公元前206年（项羽封刘邦为汉王）。《史记》卷八《高祖本纪》和《汉书》卷一《高帝纪》都以刘邦称汉王之年为汉元年。

② 《史记》记载："番禺亦其一都会也，珠玑、犀、玳瑁、果、布之凑。"引自［汉］司马迁《史记》卷一二九《货殖列传》，北京：中华书局，1982，第3268页。

赘婿、贾人”① 流放到该地区。秦征百越的长期影响是汉人数量在这些地区的增长，特别是在城市，并且这些地区通过与更北方的贸易而繁荣起来。这种贸易有多少是通过海路进行的，我们不清楚；越人或生活在他们土地上的汉人商人与马来半岛居民的接触程度，我们也不清楚。来自印度洋的货物通过连接南海和印度洋的通道运抵。[32]

这标志着汉人与海洋之间更密切关系的开始，主要是贸易，但也有海战。公元前 138 年，一支汉朝水军从长江口出发，沿着海岸向南航行，抵御越人海盗。② 在接下来的几年里，汉朝水军的一系列攻击对南海沿岸的越人小国施加了强大的压力。南越国的都城番禺（今广州）落入汉朝之手，被用作突袭北部湾的基地；南越国的君主在试图从海上逃跑时被俘。这一时期，汉人可以放心地将其势力范围向南拓展至越南。但只有平定其统治下的所有地区和民族，汉帝国才能维持下去。当汉朝政权解体时，汉人难民涌入南方，他们在公元 9—25 年的危机③中已经开始这样做了。汉人

---

① 《史记》记载：“发诸尝逋亡人、赘婿、贾人略取陆梁地，为桂林、象郡、南海，以适遣戍。”引自《史记》卷六《秦始皇本纪》，第 253 页。

② 《汉书》记载：“吴王子驹亡走闽粤，怨东瓯杀其父，常劝闽粤击东瓯。建元三年，闽粤发兵围东瓯，东瓯使人告急天子。天子问太尉田蚡，蚡对曰：‘粤人相攻击，固其常，不足以烦中国往救也。’中大夫严助诘蚡，言当救。天子遣助发会稽郡兵浮海救之，语具在《助传》。汉兵未至，闽粤引兵去。东粤请举国徙中国，乃悉与众处江淮之间。”引自［汉］班固《汉书》卷九五《西南夷两粤朝鲜传·闽粤》，北京：中华书局，1962，第 3860 页。

③ 公元 9 年王莽建立新朝，社会动荡，农民起义与战争频发。公元 25 年，刘秀称帝，建立东汉。

南迁进一步推动广州作为一个主要贸易和文化中心的崛起，这座城市能够从越南获取充满异域风情的鸟类、其他动物和热带植物。[33]

汉帝国四分五裂之后，北方的魏国与从220年起控制南方的吴国①发生了冲突。结果，吴国的陆上商路被切断了。但吴国获得了一条面向南海的漫长海岸线，于是中国人开始比以前更积极地开发这一地区。吴国人开始在新的方向上寻找他们在北方城市生活时了解到的奢侈品。[34]这些东西甚至包括阿拉伯半岛的乳香和没药，以及来自腓尼基的彩色玻璃和很可能来自波罗的海地区的琥珀，所有这些商品都曾经沿着丝绸之路被传到中国。[35]问题是他们如何能够获得这些珍奇异物，答案是通过夹在中国和印度之间的地区（中南半岛和马来半岛/印度尼西亚）。如后文所示，中国人还希望与佛教的发源地建立一系列的联系，当时，佛经和佛教圣物在中国极受珍视。

中国的对外联系在两个主要方向上建立起来。一条路线是从中国南部的港口出发，沿着今天越南的海岸线，到达被中国人称为扶南的地方。[36]从那里可以沿着海岸线一直走到克拉地峡（Isthmus of Kra），即连接马来半岛和亚洲大陆的狭长陆地。由于那里布满了森林和丘陵，从陆路穿越地峡可能需要十天时间，之后，旅行者可以在泰国南部再次登船，从缅甸横渡孟加拉湾，到达印度东北部。有一段时间，扶南能够维持对从南海到印度洋的人员和货物流动的控制，而且克拉地峡的路线尽管很不方便，但还是受到青睐。另一条路线是从中南半岛沿马来海岸一路航行，经过今天的新加坡，穿过

① 原文如此。孙吴政权始于222年孙权获封吴王。220年，曹丕称帝、建立曹魏。

马六甲海峡，从马来半岛西侧的某个地方跨越孟加拉湾。[37]中国的船会尽量回避远海，这从《梁书》中可以看出："涨海无崖岸，船舶未曾得径过也。"[38]①掌权者从这些航行中收获颇丰。公元300年前后，石崇是通往广州和河内的贸易路线上某个州的刺史，② 他通过向满载货物经过其辖区的商人和使者征税，积累了巨额财富。他也自己从事贸易，派商人收集象牙、珍珠、香木和香水。他拥有"珊瑚树，有高三四尺者六七株，条干绝俗，光彩曜日"③，并引以为豪。他还拥有数以千计的美丽女奴：

> 使数十人各含异香，行而语笑，则口气从风而扬。又屑沉水之香，如尘末，布象床上，使所爱者践之。无迹者赐以真珠百琲，有迹者节其饮食，令身轻弱。④[39]

虽然石崇不是同时代人的典型，但南海贸易给他带来了神话般的巨富。"神话"的意思是，关于他的财富的叙述无疑越传越神，不断

---

① 《梁书》中的完整记载是："所以然者，顿逊回入海中千余里，涨海无崖岸，船舶未曾得径过也。"引自［唐］姚思廉《梁书》卷五四《诸夷·海南·扶南》，北京：中华书局，1973，第787页。

② 石崇（249—300年）为西晋的荆州刺史。西晋时，荆州土地广袤，包括今天湖北、湖南二省的大部以及邻省的小部。据《晋书》，石崇担任荆州刺史的年份应为290—293年。

③ 《晋书·石崇传》记载："乃命左右悉取珊瑚树，有高三四尺者六七株，条干绝俗，光彩曜日。"引自［唐］房玄龄等《晋书》卷三三《石崇传》，北京：中华书局，1974，第1007页。

④ 引自［晋］王嘉撰、［梁］萧绮录《拾遗记校注》卷九《晋时事》，齐治平校注，北京：中华书局，1981，第215页。

被添油加醋。不过，广州和河内的财富来自这样一个事实，即这些城镇是商业中心，而不是生产中心。用王赓武的话说，它们是“繁荣的边疆城镇”，石崇和他的后继者能过这样的奢侈生活，是因为这些地方远离中央政府。广州周边地区受到海盗和土匪的困扰，他们希望在沿海建立自己的地盘。这阻碍了南海贸易的扩展。海盗卢循在5世纪初被彻底击败，这一胜利使广东迎来了一个安宁的时期。而在南边的安南①沿海发生的纷争使广州得以没有竞争地发展其在南海的贸易。因此，“世云‘广州刺史但经城门一过，便得三千万’也”②。[40]到了6世纪，广州处于鼎盛时期。当地官员虽然实行苛刻的税收制度，但并不遏制经济发展，所以人们忍气吞声，而且习以为常：官府以半价强行收购外商的货物，然后再以全价出售。只有贪婪的官员能够从中牟利。[41]

中国早期对通往印度的海路的描述存于《前汉书》。《前汉书》是西汉历史的汇编，在汉朝灭亡后形成了今天的形式，③ 但其中也包含了一些早期材料。我们很难确定该书中的印度地名是今天的哪些地方，因为这些古老的地名（我们对其了解不多）都被音译成中文，其中很可能包括巴里加扎和穆济里斯。汉代史书确实包含了所有语言中现存最早的对马来半岛的描述，或者至少是对克拉地峡的描述。[42]但前往印度的航行十分缓慢，每个阶段都需要几个月的时

① 此处应当指越南。在不同的历史时期，安南有不同的指代。

② 引自［梁］萧子显《南齐书》卷三二《王琨传》，北京：中华书局，1972，第578页。

③ 原文如此。《前汉书》主要由班固、班昭、马续在东汉时期完成。

间，这是由于需要等待季风的配合。不过，漫长的等待是值得的，因为可以找到许多产品：

> 其州广大，户口多，多异物，自武帝以来皆献见。有译长，属黄门，与应募者俱入海市明珠、璧流离、奇石异物，赍黄金杂缯而往。所至国皆禀食为耦，蛮夷贾船，转送致之。亦利交易，剽杀人。又苦逢风波溺死，不者数年来还。大珠至围二寸以下。①[43]

这段文字肯定会给人留下这样的印象：许多民族臣服于汉朝。但是，这种装腔作势是维持不下去的。这段描述的大部分内容是关于贸易获利的。大约在3世纪，“译长”的明确目标是到达印度。在官方层面，他们是皇帝派来执行外交任务的代表；但实际上，他们去西方是为了从遥远的地方购买最稀有的奢侈品。[44]马来半岛只是一道障碍，它本身拿不出什么商品，而印度的产品则十分稀有和非凡。马来半岛成为一个诱人的目的地是很久以后的事，但在这之前，马来水手就已经开始活跃起来。最重要的一点是，汉人仍然对远海敬而远之，而一切迹象都表明马来人正在成为东亚最活跃的航海民族之一。我们完全有理由认为，不是印度人，更不是中国人，而是马来人驾驶着把译长和其他中国商人从马来半岛西海岸带到印度东部的船只。历史学家王赓武在1958年写作时曾感到疑惑，因

① 引自《汉书》卷二八下《地理志第八下》，第1671页。

为他掌握的中国史料没有说明到达印度洋的船是中国的、越南的，还是印度的。他所不知道的是，这些船其实是由马来人操作的。正如后文所示，我们甚至有关于这些船的详细描述，包括它们的尺寸（超过200英尺长，20—30英尺高，有四面可调节的帆）。[45]在5世纪，“南蛮”提供了从犀角和翠鸟羽毛到珍珠和石棉（当时被认为是一种神秘的奇妙矿物）的一切。[46]对于能够不断深入印度洋直至非洲的马来人来说，横渡孟加拉湾是稀松平常的事情。

几个世纪以来，越南南部的扶南①是中国和印度的主要中介。它被认为是当时位于中国和印度之间的最大王国，主宰着暹罗湾的海岸和马来半岛的东岸。[47]我们只知道这片土地的中文名是扶南，但这片土地上的许多居民可能与后来在柬埔寨建造大型神庙城市的孟-高棉人（Mon-Khmer people）有亲缘关系。[48]扶南拥有辉煌的海上成就，当时在南海航行的船载着中国乘客、印度僧侣和商人、马来水手，以及大量越南本地人。到了3世纪中叶，中国旅人对扶南赞叹不已。在这一时期，一位被中国人称为“范蔓”或“范师蔓”② 的扶南国王扩大了他对邻人的影响力，建立了一个王国，一方面经营活跃的国际贸易，另一方面成功开发了大片适合种植水稻和其他作物的土地。扶南的城市建有城墙，不乏图书馆和档案馆，

---

① 原文如此。扶南的土地分布在今天的柬埔寨、泰国、缅甸和越南。

② 《梁书》称为“范蔓”，原文如下：“盘况年九十余乃死，立中子盘盘，以国事委其大将范蔓。盘盘立三年死，国人共举蔓为王。蔓勇健有权略，复以兵威攻伐旁国，咸服属之，自号扶南大王。乃治作大船，穷涨海，攻屈都昆、九稚、典孙等十余国，开地五六千里。次当伐金邻国，蔓遇疾，遣太子金生代行。”引自《梁书》卷五四《诸夷·海南·扶南》，第788—789页。《南齐书》称为“范师蔓”，事迹略同。

而且据说其赋税是用金银、珍珠和香水缴纳的。扶南还是造船业中心。[49]简而言之，中国人觉得扶南人算是蛮夷中相对文明的。

扶南的起源据说在海上，所以扶南人惯于经商。根据中国记载的一个传说，在1世纪的某个时候，当地的一位“水女王”派海盗袭击了一艘商船，但船上的人成功自卫，船也得以靠岸。一位来自“海外”、拥有婆罗门名字憍陈如（Kaundinya）① 的乘客上了岸，喝了一些水（象征他占领了水女王的土地），并与水女王结婚。从此，他成了扶南的国王，成为湄公河三角洲周围城镇的七个酋长的宗主。天神与像阿佛洛狄忒一样诞生在大海泡沫中的公主的婚姻，是马来和波利尼西亚神话的一个常见主题，上面介绍的故事就带有这些早期传说的印记。[50]不过，这个故事被认为是指印度人通过海路到达越南，并进入当地社会的最高层。这个最高层越来越印度化，也越来越商业化。扶南王国是印度商人和殖民者的“合资企业”，对海上贸易感兴趣的印度人与对农业更感兴趣的土著越南人合作。[51]无论海洋对扶南的繁荣有多重要，内陆地区也具有重要的经济意义。扶南的都城位于内陆，但我们还不确定其位置。[52]扶南的印度特征更多是同化而不是拓殖的结果。拓殖发生在各港口城市，印度商人和婆罗门祭司有意识地与当地人口融合。扶南人就像后来南海周边地区的统治者一样，对印度文化十分着迷。柬埔寨的高棉国王，即伟大的吴哥窟神庙的建造者，声称自己是憍陈如和扶

---

① 《梁书》中可见：“其后王憍陈如，本天竺婆罗门也。有神语曰‘应王扶南’，憍陈如心悦，南至盘盘，扶南人闻之，举国欣戴，迎而立焉。复改制度，用天竺法。”引自《梁书》卷五四《诸夷·海南·扶南》，第789页。

南国王们的后裔。这并不意味着这些城镇居民都是印度人。就像世界上其他港口城市一样，扶南的港口里族群混杂，印度人、中国人、马来人、印度尼西亚人、越南人、缅甸人和其他许多民族在其中讨价还价。

扶南的一个贸易港口的遗迹位于暹罗湾北部的澳盖（Oc-èo），这证实了中国方面的史料。澳盖起源于1世纪，起初是马来人的渔港。但不久之后它成为伟大的贸易中心，到7世纪初仍然如此。就像没有人知道扶南在当地语言中的名称一样，也没有人知道在澳盖（离胡志明市即西贡不远）发掘出的城镇的本名。澳盖并不是普通的遗址，尽管这一时期其他的越南港口还有待发现。一切都表明，澳盖是东南亚历史上最早的重要贸易港口，而且是该地区第一个发现文字的地方，其形式为梵文铭文，不仅被镌刻在石头上，而且出现在金环上。澳盖遗址很大，占地450公顷。[53]居民居住在部分用砖石建造的房屋中，但为了防水灾，他们将房屋架在高高的木桩上，这在今天的东南亚仍然很常见。较大的供精英居住的宫殿有两层。[54]澳盖实际上并不在海边，距离海岸有25公里，通过运河与大海相连。这些运河是越南南部的一个典型特征，它们贯穿水乡，足以说明扶南的统治者有能力动员大量的劳动力来建造和维护整个水路网络。“水网密布”这个词能很好地概括扶南的环境。[55]

澳盖将大海与位于湄公河下游的扶南属地联系在一起，而且它还拥有湄公河涨水时自然会被淹没的大片稻田。澳盖是水手在中国南部和马来半岛之间往返时获取补给的好去处。[56]在澳盖出土的物品包括2世纪罗马安敦尼王朝皇帝的钱币，1—6世纪的中国青铜器，以及被认为是从波斯萨珊王朝运来的抛光宝石。这些物品中有许多是在很长一段时间内被多次转运，分阶段运到扶南的。进口材料被用来制造装饰品、首饰和器皿，包括银质餐盘。澳盖人用钻石、红宝石、蓝宝石、黄玉、石榴石、蛋白石、煤精和其他许多东西制造首饰。他们还进口黄金，可能是以金丝的形式，然后将其熔化，制成戒指、手镯和其他高价值物品。较便宜的金属也是南海贸易的商品，比如来自婆罗洲东北部的铁。[57]有趣的是，在扶南发现的来自罗马帝国的货物比来自中国的更多，尽管中国离扶南更近，也更容易到达。所以，澳盖虽然位于印度洋之外，但肯定与那些将“罗马”商人至少带到南印度的贸易路线有联系。那么，谁接着将这些货物运到南海就值得研究了。不过，扶南人与吴国也维持着关系，不断派遣使团向吴国朝廷进贡。在5世纪，扶南使团一次又一次地抵达中国，带去了黄金、檀香、象牙和熏香。

在5世纪的大部分时间和6世纪初，扶南和中国之间的联系特别活跃。不仅是国家使节，僧侣也在中国和扶南之间来回穿梭。有一次，扶南国王派一名佛教僧人带着他希望与中国朝廷分享的240卷佛经前往中国南部。因此，扶南成为佛教发源地（印度）与这一时期热衷于接受佛教教义的大帝国（中国）之间的桥梁。不过，扶南使者并不总是受到欢迎。如在357年，他们等了很久，然后不得不在贡品没有被接受的情况下返回。或许是因为东晋皇帝更喜欢该地区的其他盟友，也可能是因为贡品被认为微不足道。东吴皇帝之所以关心扶南，不是因为他们对精美宝石的贸易感兴趣，而是因为热爱扶南音乐。在 7 世纪的中国，唐朝宫廷仍然非常欣赏这种音乐。遗憾的是，我们对扶南音乐的乐器和声音都一无所知。但在 244 年，南京有一个“扶南乐署”①，所以这种迷恋持续了许多个世纪。[58]

中国作家对扶南的船做了描述，它们分为两类。有一种船，据说平均长十二寻（一寻为八市尺），宽六寻。因此，这种船的形状应该是相当短粗的。它的一个突出特点是船头和船尾据说看起来像鱼，所以船板显然是聚拢于一点的。扶南船以桨为动力，最大的船可以承载大约 100 人。此类相对较小的船适合运载体积小、价值高的货物，如珠宝首饰、稀有香料和熏香。另一份文献描述了更大的船只，能够运载 600—700 名乘客、船员以及大宗货物。这种船由四张帆驱动，听起来更像是在中国沿海从事贸易的中式帆船，可能是扶南的造船匠模仿外国船只建造的。中文文献称扶南船为“舶”，有人认为这与马来语单词 *perahu* 有联系，而 *perahu* 很难音译为中文。所以，有人推测扶南船和水手都是马来的，这很合理，特别是考虑到上述文献对小型船只的描写有强烈的马来色彩。存世文献对扶南人的描述表明，有许多马来人在扶南的港口城市生活，中国人应当能在这些地方接触到马来人。中国文献提到了皮肤黝黑、头发卷曲的人，并认为这些人很丑陋（尽管这是一种表达对于“野蛮人”的优越感的常见方式）；他们身材高大，背后留着长发，几乎

---

① 查《六朝事迹编类》可知：“扶南乐署。《建康实录》：吴赤乌七年，扶南国献乐人，于此置舍以教官人。在县北二里。”引自［宋］张敦颐《六朝事迹编类》卷七《宅舍门·扶南乐署》，张忱石点校，北京：中华书局，2012，第 116 页。

赤身裸体，脚上也什么都不穿。像许多惯于展示肉体的民族一样，他们喜好文身。①[59]这听起来不像是居住在扶南内陆的英俊的高棉人。我们尤其要考虑到，澳盖是一个多种血统的人聚集的地方，包括高棉人、印度人、马来人、中国人，这只是东南亚众多民族中最显著的几个例子。澳盖是一座大型的国际化港口城市，其身份认同是由许多代定居者及其后代构建的，其日常生活主要就是跨海贸易和买卖货物（如宝石），这些货物可以通过船被送往中国和其他地方。

即使是远在罗马帝国的人，也不会忽视这样一个重要的地方。当托勒密提到希腊船长亚历山大在2世纪到访过的东南亚的卡提加拉时，他想到的可能是扶南的某个港口，或所有的港口，包括澳盖。托勒密掀起了一场关于卡提加拉在哪里的辩论，这个问题让16世纪欧洲的学者和探险家着迷。不过，托勒密自信地将卡提加拉置于印度洋，而不是南海附近。[60]卡提加拉很可能是希腊-罗马商人讹传的一个名字。11世纪有一部婆罗门故事集，题为《故事海》（*Kathāsaritsāgara*），而这个书名的早期版本*Kathāsāgara*（《故事的大洋》）很可能被听成了“卡提加拉”。那么，这个名字的大概意思就是“传说中的海洋彼岸”。[61]澳盖和扶南一直到5世纪都很繁荣，巅峰期可能是在武士国王范蔓统治下的2世纪。4世纪，来自摩鹿加群岛和印度尼西亚其他地区的香料和树脂的吸引力越来越

---

①　可见《梁书》中记载：“扶南国俗本裸体，文身被发，不制衣裳。……今其国人皆丑黑，拳发。”引自《梁书》卷五四《诸夷·海南·扶南》，第789页。

大，逐渐使航海商人对越南南部海岸失去了兴趣。这种方向上的变化不仅对该地区的历史产生了重大影响，而且如后文所示，对各大洋和整个世界的历史也产生了重大影响。

范蔓通过征服战争，建立了一个涵盖中南半岛大片地区的海陆两栖王国。在他率领胜利的军队进入克拉地峡、征服了一个名为顿逊①的马来王国之后，他的王国扩张到了孟加拉湾。顿逊位于南海的最西北角，② 在马来半岛的顶端，与泰国相接。中国人对范蔓的胜利印象深刻，因为他们知道马来半岛是从中国前往印度的一个棘手的障碍。顿逊落入扶南人之手后，从中国前往孟加拉湾的旅程就变得简单一些了，人们可以从海上抵达顿逊（在暹罗湾）的主要港口，然后走陆路穿越克拉地峡。那些土地都在扶南国王治下。范蔓新征服的顿逊的主要城市也给中国人留下了深刻的印象，那是一个港口，在那里，“其市，东西交会，日有万余人。珍物宝货，无所不有”③。[62]这座城里有500个印度家庭和1000位婆罗门，他们被鼓励与当地姑娘结婚，“故多不去”④。中国人对婆罗门感到不齿，认为他们是社会寄生虫：“惟读《天神经》。以香花自洗，精进不舍昼夜。”⑤[63]因此，越南的印度化不仅意味着印度商人和定居者来到

---

① 或典孙、典逊。大致在今天缅甸的德林达依省，位于克拉地峡以北的狭长地带。

② 原文如此，有误。

③ 引自《梁书》卷五四《诸夷·海南·扶南》，第787页。

④ “竺芝《扶南记》曰：顿逊国属扶南国，主名昆仑。国有天竺胡五百家，两佛图，天竺婆罗门千余人。顿逊敬奉其道，嫁女与之，故多不去，惟读《天神经》。以香花自洗，精进不舍昼夜。”引自［宋］李昉等《太平御览》卷七八八《四夷部九·南蛮四》，北京：中华书局，1959，第3489页。

⑤ 同上。

越南，而且意味着印度教和佛教也来了。印度教和佛教从这个时候开始在中南半岛传播。扶南的一篇早期梵文铭文可以追溯到范蔓死后不久，这表明印度的神圣语言开始在中南半岛扎根。

※ 四

贸易和宗教紧密地交织在一起。在扶南之外，婆罗门有一些竞争对手。从 1 世纪起，佛教开始在中国扎根，中国佛教徒经常到印度学习梵文典籍，并获得佛陀生平的纪念物。僧人法显在 5 世纪初离开中国，在海外待了约 15 年。他走陆路前往印度，并从印度某地经海路返回广州。[64]此时，水手们已经对紧贴中南半岛海岸线的航行不感兴趣，所以法显被迫面对远海的恐怖。他对自己如何从印度经海路到达中国的描述充满了戏剧性的画面，许多朝圣者在旅行日记中有类似的描述。但即使有夸张，法显的著作也提供了宝贵的细节：他所说的大商船上有 200 人，“后系一小船，海行艰崄，以备大船毁坏”①。理论上是这样，但在顺风东航两天之后，他们在孟加拉湾遇到了猛烈的大风，主船开始进水了。

> 商人欲趣小船，小船上人恐人来多，即斫絙断，商人大怖，命在须臾，恐船水满，即取麁财货掷着水中。法显亦以君墀及澡

① 引自［东晋］沙门释法显《法显传校注·五》，章巽校注，北京：中华书局，2008，第 142 页。

罐并余物弃掷海中，但恐商人掷去经像，唯一心念观世音及归命汉地众僧：“我远行求法，愿威神归流，得到所止。”①[65]

过了13天，他的祈祷得到了回应。他们到达了一个岛，可能是安达曼群岛中的一个，得以堵住船的漏洞。他说，即便如此，茫茫大海上的海盗多如牛毛，因为“大海弥漫无边”②；只有在天气晴朗的时候才有可能靠太阳或星星导航，“若阴雨时，为逐风去，亦无准”③。海水太深，无法落锚。而且，海里满是吓人的海怪，会在半夜出现。

最后，历经90天，船抵达了一个被称为耶婆提的地方，一般认为它位于婆罗洲北部，也可能位于苏门答腊岛南部。航行进展还不错，他们显然已经通过了马六甲海峡，并沿着南海曲折的南部和东部海岸线前进。耶婆提让法显很失望，因为那里到处都是印度教徒，“佛法不足言”④。他没有提及这片土地上有任何中国商人，这再次表明南海的贸易是由其他民族主导的。[66]尽管对这个地方心存疑虑，他还是在那里待了五个月，然后登上了另一艘足以承载200名乘客的商船。他们驶向广州，但在一个月后又遭遇了暴风雨，法显只得又一次祈祷，以免遭受约

① 引自《法显传校注·五》，第142页。
② 同上。
③ 同上。
④ 同上书，第145页。

拿的命运。① 船上的印度教婆罗门（他们来中国的目的仍然未知）认为，正是因为船上有一个虔诚的佛教徒，诸神才会降下风暴来袭击这艘船。他们没有提出把他扔到海里，而是提出了一个更人性化的解决方案："当下比丘置海岛边。不可为一人令我等危崄。"② 但在船上，有人为法显挺身而出，威胁道如果婆罗门这样做，他会报官。法显的朋友则说中国皇帝也是一个虔诚的佛教徒，会保护僧侣。"诸商人踌躇，不敢便下。"③[67] 无论如何，他们在南海中部的一场台风中迷失了方向，所以找不到岛屿来抛弃这个可怜的和尚。他们在海上漂流了70天，尽管他们的食物只够维持50天，也就是到达广州本来所需的时间。他们不得不用海水煮食物。当他们到达中国时，登陆点已经远在广州以北，并远远超过了台湾，更靠近上海和杭州而不是南方的吴国④领地。

法显和其他走同样路线的僧侣的故事，不仅是对远海之恐怖的生动描述，也是海路对文化与宗教传播之刺激的宝贵见证。稍后，我们将有机会研究佛教如何跨过相对狭窄的日本海，挑战古代日本

---

① 约拿是《圣经》中的先知，他的故事与法显有点相似。根据《旧约·约拿书》，约拿被上帝派往新亚述帝国的国都尼尼微，劝当地人走正道。他却企图逃避这个使命，并乘船逃走。上帝使海中起大风，海就狂风大作。大家抽签判断是谁的罪孽导致上帝发怒，结果发现是约拿。约拿告诉大家，只要将他抛入海中，风浪就会平息。大家起初拒绝，拼命划桨，但仍然不见效，于是最终决定将约拿抛入海中。风浪果然平息。耶和华安排一条大鱼吞了约拿，他在鱼腹中度过了三日三夜。约拿在鱼腹中向上帝祷告，他得到了宽恕，被鱼吐到陆地上。

② 引自《法显传校注·五》，第145页。

③ 同上。

④ 原文如此。法显是东晋和刘宋时期的人。

的本土宗教，尔后与之共存。从印度向东的海路在宗教思想与宗教艺术的传播方面发挥了特别重要的作用，印度教的典籍和实践在中南半岛和印度尼西亚扎下了根（所以巴厘岛至今仍是印度教岛屿，尽管印度尼西亚以伊斯兰教为主）。佛教和后来的伊斯兰教沿着贸易路线向东传播，使中国获得新的营养。中国也曾在丝绸之路上获得佛教典籍。3 世纪，越南红河三角洲的 20 多座寺庙里住着 500 多名佛教僧人，这里成为很受朝圣者和往来中国的商人喜爱的停留地点。在东南亚的许多地方发现了燃灯佛（*Dīpamkara*）形象的佛像，这些佛像通常源自这个时期。[68]中国作家还谈到了象牙佛像、彩绘佛塔，甚至是佛牙，所有这些都是从马来半岛和周边岛屿运来的，特别是来自位于今天泰国南部的盘盘国。[69]这些是佛教沿着商路传播的绝佳证据。

※ 五

到了 6 世纪，扶南的时运不济：邻国真腊（扶南在其鼎盛时期对真腊行使过宗主权，另外，据说真腊的神庙会举行人祭）入侵扶南，使当地经济进一步衰退。[70]即使考虑到扶南的消失，印度和中国之间日益重要的联系仍然改变了中南半岛、印度尼西亚和马来半岛在 1 千纪前半期海洋网络中的作用。罗马人在印度洋的贸易逐渐衰败，但这并没有使上述三个地方的作用减弱，反而使其得到加强。其他族群也开始进入印度洋，特别是中国人所称的“波斯人”。他们是伊朗萨珊王朝皇帝的臣民，沿着波斯湾航行，到 6 世纪时已经出现在斯调（锡兰）。他们主要来做丝绸贸易。一篇中国文献说，“波斯王以金钏聘斯调王女”①。不过，波斯人并没有去更远的地方，所以我们只有猜测是其他人将中国丝绸带到锡兰岛，才能解释波斯人在锡兰岛毋庸置疑的成功。而这些“其他人”至少包括来自马来半岛、苏门答腊和爪哇的水手。这一点从中国古籍中可以清楚地看出。一年中，外国船多次抵达广州，而中国人自己的船最远只走到印度尼西亚西部。这些印度尼西亚人终于成功地将自己的产品打入了他们高效地为之服务的印度和中国之间的贸易网络。第一种获得高度评价的印度尼西亚产品是樟脑，它在萨珊王朝的宫廷中被用于调香（气味未免过于强烈了），后来被用作药物。638年，一些倒霉的阿拉伯人在庆祝洗劫底格里斯河畔一座被波斯人控制的城市时，误以为樟脑是盐，并将其洒在食物上，结果被这味道吓了一跳。[71]

如果我们把“商人和他们较富裕的顾客逐渐开始使用樟脑”视为东南亚成为世界上大多数头等香料的产地这个过程的第一步，上述的食品史上的逸事就有了更重要的意义。马来人和印度尼西亚人原本已经擅长经营来自印度沿海的胡椒和其他香料，甚至可能还懂得经营他们在马达加斯加和东非获得的香料，现在，这两个族群则正在成为国际香料贸易的真正主宰者。在随后的几个世纪里，他们将用自己的树脂和香料取代希腊-罗马商人经营的香料。香料贸易将成为伟大的海上贸易王国三佛齐的财富源泉，其国都位于苏门答

① 引自［清］王初桐《奁史》卷七〇《钗钏门三》，清嘉庆刻本。

腊岛的巨港（Palembang）。三佛齐之影响的涟漪不仅波及中国和印度，还远至伊斯兰教的中心地带，甚至中世纪的欧洲。

注　释

1. P. Beaujard, *Les Mondes de l'Océan Indien*, vol. 1: *De la formation de l'État au premier système-monde afro-eurasien (4e millénaire av. J.-C. – 6e siècle ap. J.-C.)* (Paris, 2012), p. 381.

2. I. Strauch with M. D. Bukharin, P. de Geest, H. Dridi et al., *Foreign Sailors on Socotra: The Inscriptions and Drawings from the Cave Hoq* (Bremen, 2011), p. 13.

3. L. Casson, ed. and transl., *The Periplus Maris Erythraei* (Princeton, 1989), pp. 68–9，稍有改动。

4. Casson in *Periplus Maris Erythraei*, pp. 167–70.

5. Strauch, *Foreign Sailors on Socotra*, p. 44.

6. K. Hall, *Maritime Trade and State Development in Early Southeast Asia* (Honolulu, 1985), p. 37; Strauch, *Foreign Sailors on Socotra*, p. 374.

7. Strauch, *Foreign Sailors on Socotra*, pp. 52–3, 309, 344–5; Casson, ed. and transl., *Periplus Maris Erythraei*, pp. 76–7.

8. Strauch, *Foreign Sailors on Socotra*, pp. 131–2, 141, 211; also p. 214; p. 181: 'the son of the captain Humiyaka'.

9. Ibid., pp. 227–8, 364–5, 377–9, and fig. 6. 13.

10. M. Gorea ibid., pp. 448–83 (*šmmr*: pp. 455–6); also comments by

Strauch, pp. 79, 338, 377–9.

11. Ibid., pp. 142, 183, 348, 497.

12. Ibid., pp. 375–6, 542.

13. Cited ibid., pp. 384–5.

14. S. Randrianja and S. Ellis, *Madagascar: A Short History* (London, 2009), pp. 24–6; K. McDonald, *Pirates, Merchants, Settlers, and Slaves: Colonial America and the Indo-Atlantic World* (Oakland, 2015), p. 62; R. Boothby, *A Briefe Discovery or Description of the Most Famous Island of Madagascar or St Laurence in Asia neare unto East-India; with relation of the healthfulnesse, pleasure, fertility and wealth of that country, also the condition of the natives: also the excellent meanes and accommodation to fit the planters there* (London, 1646).

15. Beaujard, *Mondes*, vol. 1, pp. 527–8, 538–43, 549–51, 553–8; Randrianja and Ellis, *Madagascar*, pp. 29, 35.

16. Beaujard, *Mondes*, vol. 1, p. 538; Randrianja and Ellis, *Madagascar*, p. 22.

17. A. Sherriff, *Dhow Cultures of the Indian Ocean: Cosmopolitanism, Commerce and Islam* (London and Zanzibar, 2010), pp. 197–9.

18. Beaujard, *Mondes*, vol. 1, pp. 525, 530.

19. Ibid., p. 553; Randrianja and Ellis, *Madagascar*, p. 20.

20. Sherriff, *Dhow Cultures*, p. 199.

21. Beaujard, *Mondes*, vol. 1, pp. 530–31.

22. Hall, *Maritime Trade and State Development*, p. 28.

23. C. C. Brown, ed., *Sějarah Mělayu, or 'Malay Annals'* (2nd edn, Kuala Lumpur and Singapore, 1970).

24. 例如，对旅行者狄奥尼修斯（Dionysios Periegetes）的地图的复原见 P. Wheatley, *The Golden Khersonese: Studies in the Historical Geography of the Malay*

Peninsula before AD 1500（Kuala Lumpur，1961），p. 131。

25. T. Suárez，*Early Mapping of Southeast Asia*（Hong Kong and Singapore，1999），pp. 62－3.

26. 关于俄斐的黄金，另见 D. C. West and A. Kling，eds.，*The Libro de las profecías of Christopher Columbus*（Gainesville，1991）。

27. Wheatley，*Golden Khersonese*，pp. 136，138－62；cf. O. W. Wolters，*Early Indonesian Commerce: A Study of the Origins of Śrīvijaya*（Ithaca，NY，1967），p. 57.

28. Wang Gungwu，*The Nanhai Trade: Early Chinese Trade in the South China Sea*［new edn，Singapore，2003；original edition：*Journal of the Malayan Branch of the Royal Asiatic Society*，vol. 31（1958），part 2，pp. 1－135］，p. 8.

29. Wang，*Nanhai Trade*，pp. xiii－xiv；D. Heng，*Sino-Malay Trade and Diplomacy from the Tenth through the Fourteenth Century*（Athens，Ohio，2009），pp. 21－2.

30. Wang，*Nanhai Trade*，pp. xvii，1－2，citing Ssu-Ma Ch'ien（1st c. BC）.

31. See e. g. V. Hansen，*The Silk Road: A New History*（London，2012）；J. Millward，*The Silk Road: A Very Short Introduction*（Oxford，2013）；X. Liu，*The Silk Road in World History*（New York and Oxford，2010）；F. Wood，*The Silk Road*（London，2002）.

32. Wang，*Nanhai Trade*，p. xv.

33. Ibid.，pp. 9，15.

34. Ibid.，p. 33.

35. K. Hall，*A History of Early Southeast Asia: Maritime Trade and Societal Development, 100－1500*（Lanham，2011），pp. 41－4；Wheatley，*Golden Khersonese*，p. 14；Wolters，*Early Indonesian Commerce*，pp. 39－41.

36. Wheatley，*Golden Khersonese*，pp. 16－17，26－30.

37. Ibid. , p. 9, fig. 8.

38. Cited in Wolters, *Early Indonesian Commerce*, p. 44.

39. Wang, *Nanhai Trade*, pp. 35, 45, from the *Shih i Chi* cited in the *T'u Shu Chi Ch'eng*.

40. Ibid. , pp. 50-51，地名被我改写为拼音形式。

41. Ibid. , pp. 24-5, 52.

42. Wheatley, *Golden Khersonese*, p. 12.

43. Text ibid. , pp. 8-9; also in Wang, *Nanhai Trade*, p. 16; cf. Wolters, *Early Indonesian Commerce*, p. 61.

44. Wang, *Nanhai Trade*, p. 19.

45. Ibid. , p. 37.

46. Wolters, *Early Indonesian Commerce*, pp. 77-8; Wang, *Nanhai Trade*, pp. 18, 59.

47. Wang, *Nanhai Trade*, p. 39.

48. J. Miksic, 'The Beginning of Trade in Ancient Southeast Asia: The Role of Oc Eo and the Lower Mekong River', in J. Khoo, ed. , *Art and Archaeology of Fu Nan: Pre-Khmer Kingdom of the Lower Mekong Valley* (Bangkok, 2003), p. 22; Wang, *Nanhai Trade*, pp. 31-48.

49. K'ang Tai cited in Hall, *Maritime Trade and State Development*, pp. 48, 272; Wheatley, *Golden Khersonese*, pp. 14-15, 285-7.

50. Miksic, 'Beginning of Trade', p. 13; K. Hall, 'Economic History of Early Southeast Asia', in N. Tarling, ed. , *The Cambridge History of Southeast Asia*, vol. 1: *From Early Times to c. 1500* (Cambridge, 1992), p. 193.

51. Hall, *Maritime Trade and State Development*, pp. 49-51; J. C. van Leur, *Indonesian Trade and Society: Essays in Asian Social and Economic History* (The

Hague, 1955).

52. Miksic, 'Beginning of Trade', p. 4.

53. Ibid., pp. 2-4, 18.

54. Vo Si Khai, 'The Kingdom of Fu Nan and the Culture of Oc Eo', in Khoo, ed., *Art and Archaeology of Fu Nan*, p. 70.

55. Miksic, 'Beginning of Trade', p. 16; also Vo Si Khai, 'Kingdom of Fu Nan', p. 47 以及 p. 48 的水路地图。

56. K. Taylor, 'The Early Kingdoms', in Tarling, ed., *Cambridge History of Southeast Asia*, vol. 1, pp. 158-9.

57. Miksic, 'Beginning of Trade', pp. 14, 18-19; Vo Si Khai, 'Kingdom of Fu Nan', p. 70.

58. Miksic, 'Beginning of Trade', pp. 8-11; Wang, *Nanhai Trade*, p. 39.

59. Liang Shu in Miksic, 'Beginning of Trade', p. 22; Vo Si Khai, 'Kingdom of Fu Nan', p. 69.

60. E. H. Warmington, *The Commerce between the Roman Empire and India* (2nd edn, London, 1974), pp. 127-9; M. Cary and E. H. Warmington, *The Ancient Explorers* (2nd edn, Harmondsworth, 1963), p. 105; Suárez, *Early Mapping of Southeast Asia*, pp. 90-92.

61. 这是我提出的观点。感谢奥德丽·特鲁施克（Audrey Truschke）博士帮我释读梵文，不过也有其他的解释，例如“强大的城市”。关于 *Kathārsaritsāgara*，参见 Wheatley, *Golden Khersonese*, p. 205。

62. K'ang Tai cited ibid., p. 16; also in Hall, *Maritime Trade and State Development*, pp. 64-5.

63. Text in Wheatley, *Golden Khersonese*, p. 17.

64. Text Ibid., pp. 37-9; Wolters, *Early Indonesian Commerce*, p. 65.

65. Text in Wheatley, *Golden Khersonese*, p. 38，人名被我转写为拼音形式。

66. Wang, *Nanhai Trade*, pp. 41–2.

67. Text in Wheatley, *Golden Khersonese*, p. 39.

68. Hall, *Maritime Trade and State Development*, p. 37; also Hall, *History of Early Southeast Asia*, pp. 65–6.

69. Wang, *Nanhai Trade*, p. 56.

70. Miksic, 'Beginning of Trade', pp. 28–30; Vo Si Khai, 'Kingdom of Fu Nan', p. 84.

71. Wolters, *Early Indonesian Commerce*, pp. 81, 83–5, 129–63.

第八章

一个海洋帝国？

※ 一

6—7 世纪，在印度洋的东端和南海发生的一些变化，使太平洋西部和印度洋沿岸土地之间的零星接触，变成了定期的往来。这给以前一直处于贸易路线外缘的南海南端带来了繁荣。前文已经提及以苏门答腊岛的巨港及周边地区为中心的三佛齐王国。20 世纪初，法国考古学家和东方学家确信他们发现了中世纪早期的一个伟大的贸易帝国，至 15 世纪仍然可以感受到其影响。马六甲的建立者在 15 世纪将自己的血统追溯到巨港的古代统治者。[1]问题在于，物质遗存实在太少；不过，文献证据很丰富，尽管中文对外国地名的音译造成了许多困难。与澳盖相比，巨港的大贸易站几乎完全没有考古证据。[2]因此，也难怪近期研究东南亚早期历史的学者对这个贸易帝国的存在产生了怀疑。一个不相信三佛齐贸易帝国曾经存在的质疑者将它描述为“虚无缥缈的所谓海洋帝国”。[3]

在南海南翼的苏门答腊岛曾有一个王国，这一点毋庸置疑；但它繁荣了多长时间，以及它是否像人们假设的那样获得了巨大的财富，现在则不那么确定了。最早研究三佛齐的历史学家之一加布里埃尔·费朗（Gabriel Ferrand）承认，在地理和历史书籍中“寻找三佛齐的名字”是徒劳的，然而他认为，该帝国享有不少于七个世纪的繁荣，其声誉传扬到了南海彼岸的中国。中国人到访过这个地方，如高僧大津在683年跟随一位中国使者的足迹，到达室利佛逝（中文古籍对三佛齐的另一种称呼），在那里沉浸于梵文经典。① 仅仅六年后，僧人义净从广州乘商船出发，沿安南海岸航行，最终到达佛逝，这与宋代（960—1279年）史书提到的三佛齐显然是同一个地方。[4]根据中国地理学家赵汝适在13世纪的著作，这片土地位于柬埔寨和爪哇之间，这就把它的位置确定在马六甲海峡以南的大岛苏门答腊。此外，当写到阿拉伯土地时，赵汝适指出，“本国所产，多运载与三佛齐贸易，贾转贩以至中国”②，可见，三佛齐是印度洋贸易和南海贸易的中介。[5]

从有使节持续到访的证据来判断，三佛齐并不是一个神秘、遥远的地方，虽然中国人肯定把三佛齐的使节视为朝贡者。这些使团

---

① 中国古籍记载：“大津师者，澧州人也。幼染法门，长敦节俭，有怀省欲，以乞食为务，希礼圣迹，启望王城。每叹曰：‘释迦悲父既其不遇，天宫慈氏宜勖我心。自非睹觉树之真容，谒祥河之胜躅，岂能收情六境，致想三祇者哉？’遂以永淳二年振锡南海。爰初结旅，颇有多人。及其角立，唯斯一进。乃赍经像，与唐使相逐，泛舶月余，达尸利佛逝洲。停斯多载。解昆仑语，颇习梵书，洁行齐心，更受圆具。净于此见。遂遣归唐，望请天恩于西方造寺。既睹利益之弘广，乃轻命而复沧溟。遂以天授二年五月十五日附舶而向长安矣。今附新译杂经论十卷、《南海寄归内法传》四卷，《西域求法高僧传》两卷。”引自［唐］义净《大唐西域求法高僧传校注》卷上，王邦维校注，北京：中华书局，1988，第207页。

② 引自［宋］赵汝适《诸蕃志校释》卷上《志国·三佛齐国》，杨博文校释，北京：中华书局，2000，第89页。

满载着来自苏门答腊和更远地方的礼物而来。[6]724 年，三佛齐使节带来了两个侏儒、一个非洲黑奴、一个乐团和一只长着五种不同颜色羽毛的鹦鹉。作为交换，他获得了一百匹丝绸，而他在苏门答腊的主公则得到了一个荣誉称号。① 不过，也有三佛齐人的其他诉求得到了中国的满足，这在不平等关系中并不常见。700 年前后，三佛齐“数遣使者朝，表为边吏侵掠，有诏广州慰抚”②。[7]因此，中国显然重视与三佛齐的关系。三佛齐不只是与中国有联系。717 年从斯里兰卡出发的一次航行的记录表明，三佛齐人横跨印度洋的来回交通也很频繁。僧人金刚智（Vajrabodhi）跟随一支由 35 艘船组成的船队抵达“佛誓”，然后在那里停留了五个月，等待有利的风向。③[8]三佛齐直接受益于季风：虽然整个冬季吹拂的东北季风使从那里返回中国的旅行中断了几个月，但夏季吹拂的西南季风使旅行变得快速而便捷。同样，从中国来的时候，人们必须利用冬季的风，先向南，然后向西航行。因此，从中国前往马来半岛和印度的旅行很慢。如果想在偏远的市场做生意，一年内返回的机会不大，从印度到中国再返回通常需要三年。但是，走这条路线的僧侣并不急于返回，比如义净就在印度待了十八年。[9]

---

① 《新唐书》记载：“又献侏儒、僧祇女各二及歌舞，官使者为折冲，以其王为左威卫大将军，赐紫袍、金钿带。”引自［宋］欧阳修等《新唐书》卷二二二下《南蛮下·室利佛逝》，北京：中华书局，1975，第 6305 页。

② 引自《新唐书》卷二二二下《南蛮下·室利佛逝》，第 6305 页。

③ 有记载称，金刚智“次复游师子国，登楞伽山，东行佛誓、裸人等二十余国。闻脂那佛法崇盛，泛舶而来，以多难故，累岁方至”。引自［宋］赞宁《宋高僧传》卷一《译经篇第一·唐洛阳广福寺金刚智传》，范祥雍点校，北京：中华书局，1987，第 4 页。

吴哥窟
马六甲海峡
婆鲁师
马六甲
苏门答腊岛
三　佛　齐
勿里洞沉船
巨港
因谭沉船
印 度 洋
0 100 200 300 400 500英里
0 200 400 600 800千米

太平洋
南 海
罗洲
爪哇海

这对文化有重要影响。除了贸易，远东佛教徒希望获得基本佛教典籍的愿望也成了印度、中国甚至日本经常接触的原因。佛教僧侣在中国和印度之间穿梭时在三佛齐停留的时间很长，这表明他们的宗教在三佛齐也扎下了根。义净自豪地回忆说，三佛齐王国有一千名僧侣，他们严格遵守印度佛教的清规戒律。① 他还说，三佛齐的政治影响力沿着苏门答腊岛的东侧拓展，甚至延伸到马来半岛西部的吉打（Kedah）。在今天，吉打是连接印度和马六甲海峡的贸易路线上的重要节点和繁荣地区。如后文所示，马六甲海峡对三佛齐的经济必不可少。义净对远海并不陌生，所以很清楚它的危险。他描述了另一位僧人的一次航行，此人从河内或广州南下到苏门答腊，在那里，超载的船在暴风雨中沉没。②[10] 由于水下考古的成果，我们对这些船有了更多的了解，后文会探讨从沉船货物中获得的重要证据。

三佛齐肯定不是海市蜃楼。来自其国都巨港的碑文记载了这个王国的名称，并对其政治结构做了一些介绍。我们很难确定关于三佛齐生活的中国或阿拉伯文献有多准确。赵汝适在1225年前后的著作提供了最丰富多彩的一些细节，那时，三佛齐王国已经过了它的巅峰期。赵汝适的著作在很大程度上依赖更早的材料，即使并非基于第一手的知识，也证明了三佛齐曾享有的声誉。他笔下的三佛

---

① 义净曾写道："此佛逝廓下，僧众千余。学问为怀，并多行钵。所有寻读，乃与中国不殊。沙门轨仪，悉皆无别。"引自《大唐西域求法高僧传校注》卷下，第165页。

② 义净描述道："常慜禅师……遂至海滨，附舶南征，往诃陵国。从此附舶，往末罗瑜国。复从此国欲诣中天。然所附商舶载物既重，解缆未远，忽起沧波，不经半日，遂便沉没。"引自《大唐西域求法高僧传校注》卷上，第51—52页。

齐王国有许多地区或属地，其中不包括锡兰，由此，他提到锡兰这点进一步证明了三佛齐的影响力向西延伸，因为马来半岛和印度尼西亚的海员经常航行到印度和斯里兰卡，然后返航。赵汝适得知，三佛齐的国都相当大，有坚固的城墙，由一位国王统治，国王在一把绢伞下行进，由手持金色长矛的卫兵护卫。① 国王只用玫瑰水洗澡，不吃谷物，只吃西米。三佛齐人认为，如果国王吃了谷物，会发生干旱以致粮价飞涨。在盛大的宫廷仪式上，国王要戴上饰有数百颗珠宝、非常沉重的王冠（如果他食用的西米能提供足够的体力）。确定王位继承人的方式，是在国王的儿子们中选择一个能够承受王冠重量的人。② 新的国王将献上一尊金佛像，国王的臣民向其献上金瓶等供品。③ 国王的死亡被视为国家的灾难：国人削发，许多廷臣甚至在国王的葬礼上自焚。④[11]

三佛齐人使用梵文字母，巨港罕见的碑文之一就是用梵文书写的（虽然语言是马来语的一种早期形式）。三佛齐也有专家能够读写汉字，因为在给中国朝廷写信时需要用汉字。主城的居民不是住在城墙内，而是住在城市周围的郊区，甚至住在河船上。赵汝适描

---

① 赵汝适写道：“累甓为城，周数十里。国王出入乘船，身缠缦布，盖以绢伞，卫以金镖。”引自《诸蕃志校释》卷上《志国・三佛齐国》，第35页。

② 赵汝适写道：“俗号其王为龙精，不敢谷食。惟以沙糊食之，否则岁旱而谷贵。浴以蔷薇露，用水则有巨浸之患。有百宝金冠，重甚，每大朝会，惟王能冠之，他人莫胜也。传禅则集诸子以冠授之，能胜之者则嗣。”引自《诸蕃志校释》卷上《志国・三佛齐国》，第35页。

③ 赵汝适写道：“每国王立，先铸金形以代其躯。用金为器皿，供奉甚严。”引自《诸蕃志校释》卷上《志国・三佛齐国》，第35页。

④ 赵汝适写道：“国王死，国人削发成服，其侍人各愿徇死，积薪烈焰跃入其中，名曰同生死。”引自《诸蕃志校释》卷上《志国・三佛齐国》，第35页。

述的巨港是一座沿河岸延伸数英里的蛇形城镇，三佛齐则是一个随时准备与爱惹麻烦的邻国开战的国家，拥有干练的军队和勇敢的士兵。三佛齐人没有采用中国人喜欢的方孔钱（欧洲人称为 cash 的铜币，这些铜币是通过中心的孔被串在一起的），而是使用碎银子，也就是银块被切成小块并称量（英文 cash 显然源自葡萄牙语 caixa，即“钱箱”，中文是“文”）。[12]三佛齐人进口白银和黄金，瓷器和刺绣丝绸（当然是来自中国的），以及大米和大黄。樟脑、丁香、檀香、豆蔻、麝猫香、没药、芦荟、象牙、珊瑚和其他许多香料与奢侈品在苏门答腊岛上出售。① 岛上的市场既出售本地产品，包括沉香等香料，也出售从更远的地方运来的货物，例如，由大食商人（波斯和阿拉伯半岛的穆斯林商人）穿过印度洋运来的棉花制品；还可以在市场上看到从昆仑（非洲海岸）一路运来的奴隶。[13]从印度尼西亚较小的岛屿到苏门答腊岛东南部，一定有活跃的交通，运来中国人和阿拉伯人非常喜爱的树脂和香料。到了公元 500 年前后，中国人对来自印度尼西亚的安息香树脂的重视程度甚至超过了对中东的没药的重视程度，而来自三佛齐的松树树脂则被用来替代阿拉伯乳香（这可能是蓄意欺诈，也可能是无心之过）。一位中国作家描述了乳香的交易情况，有些乳香无疑是真的，有些则是掺假的，还有些是用类似的树脂替代的：

---

① 赵汝适写道：“土地所产：玳瑁、脑子、沉速暂香、粗熟香、降真香、丁香、檀香、豆蔻，外有真珠、乳香、蔷薇水、栀子花、腽肭脐、没药、芦荟、阿魏、木香、苏合油、象牙、珊瑚树、猫儿睛、琥珀、番布、番剑等，皆大食诸番所产，萃于本国。番商兴贩用金、银、瓷器、锦绫、缬绢、糖、铁、酒、米、干良姜、大黄、樟脑等物博易。”引自《诸蕃志校释》卷上《志国·三佛齐国》，第 35 页。

大食以舟载易他货于三佛齐，故香常聚于三佛齐。三佛齐每岁以大舶至广与泉。广、泉二舶视香之多少为殿最。①[14]

赵汝适认为，三佛齐和中国在10世纪初（唐末）就开始接触。但我们已经看到，两国的接触可以追溯到8世纪。宋代史料提到了960年前后三佛齐派往中国的一系列使团，这被认为是三佛齐对中国宗主权的承认。有趣的是，礼物中有糖。② 在这一时期，糖类是印度尼西亚特产，在印度和更远的西方慢慢为人所知。这些礼物肯定被视为贡品，但三佛齐大使们也得到了回报，包括白牦牛尾、白瓷器等奇物。③ 除了符合中国人朝贡观念的官方访问外，也有三佛齐商人来到中国：980年，一位三佛齐商人携带犀角、香水和香料，经过60天的航行，到达中国南部海岸。④ 这趟旅程所花时间较久，通常情况下，航程为一个月或三周。[15]

为什么三佛齐人如此热衷于承认遥远的中国统治者为他们的主宰？正因为天高皇帝远，三佛齐被直接干预的可能性很小，但中华帝国的认可能够增强三佛齐国王对于有时不恭的臣属的权威。另

---

① 引自［宋］陈敬《新纂香谱》卷一《香品·乳香》，严小青编著，北京：中华书局，2012，第46页。

② 960年是宋朝建隆元年，据《宋史》卷四八九《外国五》，八年里，三佛齐遣使七次。建隆七年，三佛齐贡白砂糖。

③ 《宋史》载："回，赐以白牦牛尾、白瓷器、银器、锦线鞍辔二副。"引自［元］脱脱等《宋史》卷四八九《外国五·三佛齐》，北京：中华书局，1985，第14089页。

④ 《宋史》载："是年，潮州言，三佛齐国蕃商李甫诲乘舶船载香药、犀角、象牙至海口，会风势不便，飘船六十日至潮州，其香药悉送广州。"引自《宋史》卷四八九《外国五·三佛齐》，第14089页。

外，一些独立的邻国也雄心勃勃地要建立自己的商业网络。在对抗这些邻国的时候，中国朝廷的支持也会有帮助。如在992年入侵苏门答腊的爪哇人，他们在同年向中国派出了一个特别气派的使团，传达了爪哇（而不是三佛齐）是适合结交和做生意的地方这一信息。[16]因此，1003年，三佛齐国王向宋朝皇帝派遣了一个使团，宣称他在自己的家乡建立了一座佛寺，专门为皇帝祈求长寿，这就不足为奇了。皇帝送来了寺庙大钟作为回报，还为其忠实的臣子（三佛齐国王）授予封号，这也不奇怪。几年后，皇恩更加浩荡，三佛齐使者在向皇帝告辞时得到的礼物不是绝大多数外国使者得到的饰有黄金刺绣的腰带，而是完全用黄金覆盖的腰带。1016年，三佛齐被授予“一等贸易国”① 的地位，尽管爪哇也得到了同样的晋升。[17]

中国皇帝对与三佛齐关系的重视变得越来越明显，而主要的动机毫无疑问是希望将苏门答腊的香水、香料和其他异国货物输送到唐宋朝廷。遵照官僚机构的传统，朝廷在沿海的港口设了如“押番舶使”（负责管理“蛮夷”船只）的官员。他们负责登记运入天朝的货物，并为早在8世纪就涌入这些港口的“蛮夷”商人提供基本服务，如中文翻译。“市舶使”指的是管理港口的官员，可能与波斯语*shahbandar*（意思与“市舶使”类似）有关系，这就为中国和印度洋西部之间的联系提供了进一步的证据。在中国的一个港口，

① 未查到此说法，当时中国也不存在所谓贸易国的说法。不过，《续资治通鉴长编》卷八七大中祥符九年（1016年）中有“每国使副、判官各一人，其防援官，大食、注辇、三佛齐、阇婆等国，勿过二十人，占城、丹流眉、勃泥、古逻摩逸等国勿过十人，并往来给券料”。其中，三佛齐和爪哇确实列于第一等，但这不是为了促进贸易，恰恰相反，是为了限制这种朝贡贸易。

“犀珠磊落，贿及仆隶”①。当地节度使对他观察到的一些情况很不满意：在中国死亡的外商的货物如果在三个月内无人认领，就会被充公。节度使指出，从蛮夷之地到达中国可能需要更长的时间，所以这种做法是不公平的，应予禁止。②[18]

所有这些对贸易的监管，并不能解释为什么三佛齐在中世纪早期是一个如此重要的地方。赵汝适提供了一个明确的答案：“其国在海中，扼诸番舟车往来之咽喉。”③ 这句话表明，三佛齐王国的统治者采取了相当严格的政策，他们像中国人一样小心翼翼地检查抵达其国土的船只、货物和商人。[19]在其他地方，他们用铁链封锁了通往其水域的一个海峡，以抵御来自邻国的海盗。随着和平的到来，铁链失去了作用：它被堆放在岸边，过往船只的乘客把铁链当作神，向它献祭，并用油擦拭它，直到它闪闪发光；“鳄鱼不敢逾为患”。④ 不过，三佛齐人的行为也不比海盗好。赵汝适指责他们攻击任何试图不入港口而直接通过的船只，三佛齐人绝不愿意让身份不明的船通过他们的海域。[20]但我们不禁要问，三佛齐的位置是否

---

① 原文：“蕃舶之至泊步，有下碇之税，始至有阅货之燕，犀珠磊落，贿及仆隶，公皆罢之。”引自［唐］韩愈《韩昌黎文集注释》卷七《碑志·唐正议大夫尚书左丞孔公墓志铭》，阎琦校注，西安：三秦出版社，2004，第276页。

② 史料记载：“绝海之商有死于吾地者，官藏其货，满三月无妻子之请者，尽没有之。公曰：‘海道以年计往复，何月之拘？苟有验者，悉推与之，无算远近。’”引自《韩昌黎文集注释》卷七《碑志·唐正议大夫尚书左丞孔公墓志铭》，第276页。

③ 《诸蕃志校释》卷上《志国·三佛齐国》，第35页。

④ 史料记载：“古用铁索为限，以备他盗，操纵有机，若商舶至则纵之。比年宁谧，撤而不用，堆积水次，土人敬之如佛，舶至则祠焉，沃之以油则光焰如新，鳄鱼不敢逾为患。”引自《诸蕃志校释》卷上《志国·三佛齐国》，第35页。

理想。国都巨港甚至不在海边，它所在的地区离马六甲海峡有一段距离，而马六甲海峡在后来的几个世纪里，都是在太平洋和印度洋之间航行的必经之路。像新加坡这样的地方（在马六甲海峡的入口处），似乎是更好的控制贸易的要冲。[21]考虑到这一切，我们有必要从其他地方寻找三佛齐王国具有特别吸引力的原因。

※ 二

这个难题的答案可以在更西边的阿拉伯和波斯的著作中找到。在 9—10 世纪，阿拉伯地理学著作对阇婆（Zabaj）王国表示惊奇。来自伊朗海滨城市锡拉夫（Siraf）的商人阿布·宰德·哈桑（Abu Zayd Hassan）于 10 世纪到访了这个王国。当时经过波斯湾，特别是锡拉夫的贸易非常活跃。哈桑声称，从阇婆到中国的正常航行时间为一个月。[22]尽管一篇 1088 年的泰米尔铭文用 *Zabedj* 一词来描述苏门答腊岛西北部盛产樟脑地区的居民，并指责他们是食人族，但这个词的含义会更广。我们最好将 *Zabaj* 翻译为“东印度群岛”或印度尼西亚，并且它与“爪哇”这个名字有联系；而 *Sribuza* 这个名字显然是“三佛齐”（Śri Vijaya）的变形，用于指代印度尼西亚的主岛苏门答腊。阿拉伯旅行者对阇婆土地上一座炽热的火山印象深刻。他们也注意到，阇婆国王统治着一个相当大的国家，包括贸易中心卡拉巴尔（Kalahbar）。一般认为，卡拉巴尔位于马来半岛的西侧，因此离巨港有一段距离。[23]阇婆的其他奇观还包括会说多种语言的白色、红色和黄色鹦鹉，它们学习阿拉伯语、波斯语、希腊语和印地语没有任何困难；以及“说着难以理解的语言的人形生物”，它们像人一样吃喝，这或许是对红毛猩猩的描述，也可能是常见的对地平线之外遥远土地的幻想。[24]大约在同一时期，群岛的统治者阇婆大君（maharajah，字面意思是“伟大的国王”）被认为是东印度群岛最富有的国王。这要归功于阇婆和阿曼之间的大规模贸易提供的丰厚收入，这种贸易在10世纪初就开始蓬勃发展了。[25]有一位较早期的阇婆国王拥有大量黄金，所以举行了一种仪式来夸耀他的富有：每天早晨，国王的内廷总管站在国王面前，向宫殿旁的小海湾投入一块黄金。退潮时，小海湾会发出金色的光芒。这位国王的继任者更务实，从水中打捞出每一块金子。不过，他随后将金子分发给宗室、僚属、王家奴隶，甚至国内的贫民。

阿拉伯作家还知道，阇婆位于中国和阿拉伯半岛之间，对面就是中国，走海路可以在一个月内到达。如果风向有利，航行时间甚至更短。为阇婆带来巨额商业财富的，不仅仅是它的地利，还有它自己的资源：大型的巴西木（brazilwood）① 种植园、雄伟的樟树、丰富的安息香树脂等。《天方夜谭》中的水手辛巴达对如何提取樟脑的生动描述，源于阿拉伯商人冒险穿越印度洋到印度尼西亚的故事，其中提到的犀角（也是一种非常贵重的商品）就说明了这一点：

① 巴西木（学名 Paubrasilia echinata）原产于美洲。此处应当是指与巴西木有亲缘关系的苏木（sappanwood，学名 Biancaea sappan），苏木多分布在东南亚和中国南部，可用于制造药物和染料。

> 第二天，天蒙蒙亮时，我们顺着那座山走去，看到山谷里有许多蟒蛇在爬行。我们一道走去，来到一座海岛大果园，那里景美水清，绿树婆娑，百花争妍，林木竞翠，酷似人间天堂。那里生长着许多樟脑树，枝繁叶茂，树荫浓密宽大，足容百人乘凉。有谁想从树上得到点儿什么，只要在树干上打个洞，便有液汁溢出，那就是樟脑蜜，稠胶状；液汁流光，树便枯死，变成烧火的柴。在那座海岛上，有一种野兽，取名独角兽，就是我们常说的犀牛。犀牛就像我们这里的黄牛、水牛一样，都是吃草的牲口，只不过犀牛比骆驼的体躯还要大，身长有十腕尺，头顶上长着一个粗角。①[26]

阿拉伯作家被这样一个简单的事实震撼了：在阇婆大君居住的整个苏门答腊岛上，随处可见富饶和土地肥沃的乡村。其中一位作家惊叹道：这里没有沙漠！可以从阇婆获得的稀有香料包括丁香、檀香和小豆蔻，阇婆的“香水和芳香剂的种类比其他任何国王拥有的都要多”。[27]关于阇婆的故事越来越多，10世纪的旅行家马苏第断言，两年时间不足以访问阇婆大君统治下的所有岛屿。到了10世纪，阇婆大君的名声已经传到了遥远西方的穆斯林治下的西班牙。12世纪中叶，来自摩洛哥北部休达（Ceuta）的伊德里西在西西里岛的基督教国王罗杰二世的宫廷写作。伊德里西是一位热情的地理学

① 译文借用《一千零一夜》，李唯中译，银川：宁夏人民出版社，2006。文字略有改动。

家，他对世界的描述比以前的任何尝试都更雄心勃勃。可以肯定的是，他知道三佛齐，即使他从未靠近过那里。他知道苏门答腊的自然资源吸引了热衷于获得苏门答腊的香料的商人，也知道为什么三佛齐成为如此重要的市场：

> 据说，当中国受到叛乱的影响，而印度的暴政和混乱变得过于严重时，中国人把他们的生意转移到阇婆和依附于它的岛屿，并与这里的居民友好相处，因为中国人钦佩他们的公平、得体、良俗和绝佳的商业头脑。这就是为什么阇婆的人口如此之多，以及为什么外国人纷纷来访。[28]

不过，伊德里西也指出，这只是故事的一部分。阇婆的居民不仅是被动接受者，利用自己的地理位置，接待到访的中国、阿拉伯和印度商人，并向他们出售自己岛屿出产的香水和香料；阇婆人也是忙碌的航海家，他们的航行最远到达非洲东南海岸的索法拉（Sofala），他们在那里购买铁器，并将其带回印度和家乡。阇婆人和马达加斯加岛科姆尔（Komr）的居民一起前往这些非洲市场，这佐证了前文所述的情况，即马达加斯加岛上的第一批定居者不是非洲人，而是来自印度尼西亚诸岛，他们把印度尼西亚的语言带到了马达加斯加。[29]

这些关于富饶的三佛齐王国的丰富证据，几乎完全来自生活在三佛齐之外的人的著作，尽管确实有一些阿拉伯旅行者到过这个王国，并记录了自己的印象。三佛齐自己的文字记录很少。巨港和其他地方的一些铭文将三佛齐国王颂扬为高于其他许多国王的大君。铭文还记载了三佛齐与爪哇岛上的邻居和大陆上的邻居（高棉帝国）的冲突。高棉帝国最大的城市是柬埔寨的吴哥城。有一篇重要的马来语铭文可以追溯到7世纪，当时，巨港已经拥有了“管理贸易和手工业的官员”；铭文还提到了一些船长。[30]我们不得不说，阿拉伯作家的文字经常相互重复，这会给人留下作家们对某一事实或某一地点有广泛共识的印象，但实际上，它们都可以追溯到同一个传言。换句话说，这些阿拉伯史料不是独立的声音。

三佛齐国都巨港的重大考古发现相当少。巨港的现代城市矗立在古遗址之上，所以很难识别巨港的中世纪建筑。在一个来自宾夕法尼亚的考古小组宣布该遗址没有任何真正的古代建筑之后，进一步的调查发现了唐代的陶器，并证明在巨港所处河流即穆西河（River Musi）的北岸，曾有码头和仓库。这些设施绵延12公里。考古学家约翰·米克西克指出，这座狭长的码头城市与伟大的博物学家阿尔弗雷德·拉塞尔·华莱士在19世纪描述的非凡城市是多么相似。华莱士在巨港发现了一座“城市”，其长度约为中世纪证据所显示的一半，但它只是由沿河岸的一个狭长地带构成，房子都建在穆西河上的木桩上。赵汝适已经指出，三佛齐的人们或“散居城外，或作牌水居，铺板覆茅”①，这可以作为他们要求免除政府税收的理由。[31]在19世纪，只有当地苏丹和他的几个主要谋臣在陆地居住，就在靠近河边的低矮山丘上。建筑材料是木头，很容易腐

① 引自《诸蕃志校释》卷上《志国·三佛齐国》，第35页。

烂。不过，大君肯定住在一座相当豪华的大型木制宫殿里，宫殿雕梁画栋，其风格被《马来纪年》描述的15世纪马六甲王宫（在现代马六甲，人们对其做了漂亮的复原）直接继承。[32]至于赵汝适描述的宏伟城墙，考古学家已经发现了一些可能来自7世纪的土墙。砖和石头很罕见，但1994年法国和印度尼西亚的考古学家发现了一座7世纪神庙的石头地基。然而，有足够的遗存表明，巨港与中国和印度都有贸易联系。在巨港的中心发掘出了1万块进口陶器的碎片，尽管实际上只有40%是三佛齐时代的。在神庙出土了60只中国碗，不过是12世纪的，因此是在三佛齐的高峰期过后被埋下去的。在其他遗址也出土了一系列令人印象深刻的中国青瓷或白瓷，但没有可以追溯到公元800年之前的东西。三佛齐人特别喜欢在中国南方的广东烧制的釉面青瓷。精美釉陶的另一个来源远在西方：来自阿拉伯土地的虹彩陶器和波斯生产的绿松石陶器也在9—10世纪抵达三佛齐。还出土了一些印度教的毗湿奴神像，虽然不一定是印度制造的。有一尊佛教的圣观音（Avalokitesvara）像可能是7世纪末的东西。[33]

因此，巨港是一座有长度但没有宽度的城市，一座因海运而生的水上城市。但是，这带来了一个问题：对巨港辉煌传说的一个重要反对意见就是，该地位于内陆，在河畔的沼泽地，与海岸的距离长达80公里。如果河上交通需要逆流而上，那么巨港距离海岸就会更远。有人提出，在中世纪早期，海岸线比今天更靠近内陆，也就是说，巨港距离海岸没有那么远。但这种观点没有赢得普遍认可。[34]不过，大海港确实可能在距离海岸有一段距离的地方发展起来。塞维利亚就是一个完美的例子，而且广州和伦敦都不在海岸线上。苏门答腊岛的海岸上无疑分布着一些定居点，这些定居点为那些不必去巨港的船提供方便服务。三佛齐不是一个神话，但这并不意味着它的辉煌时期像人们经常假设的那样长。巨港在7—9世纪处于鼎盛时期。后来，爪哇、马来半岛和其他地方的竞争者削弱了三佛齐大君的权力。

不过，如果假设三佛齐大君的权力在某种意义上是“帝国性的”，那就需要谨慎。与其说三佛齐是一个延伸到数百个岛、远至马来半岛的中央集权帝国，不如说它是一个位于巨港的商业中心，一座由广受尊敬的国王统治的富裕而军力强大的城市。最早翻译有关三佛齐的梵文、中文和阿拉伯文文献的东方学者认为，这些文献提到了帝国和行省总督。讨论这种观点是否正确是没有意义的。巨港一篇梵文铭文中的 *vanua*① *Śri Vijaya* 可能是为了传达一种印象，即三佛齐并非（如上述东方学者翻译的那样）一个“帝国”，而是一个由大君直接管辖的更小的地区。某些学者认为这篇铭文谈到“行省总督”，这可能也是一种误解，它真正描述的是自治地区的领主，他们只要有机会就抗拒大君的权威，但又受到足够强的压力，因此对大君保持着一种暧昧和不真诚的忠诚。爪哇统治者也从婆罗洲、摩鹿加群岛以及后来的马来半岛和苏门答腊北部的较弱统治者那里接受贡品，同时没有忽视每隔一段时间就向中国天子派遣使团的重要性，以承认天子遥远而非常松散的统治权。[35]

---

① 在多种南岛语言中，*vanua* 有“土地”“家园”“村庄”等含义。

有时，如853年和871年，从印度尼西亚到中国的使团不是来自三佛齐，而是来自与之竞争的国家，这表明三佛齐并没有完全垄断对华贸易。根据僧人义净的说法，末罗游①，即后来的占碑（Jambi），属于三佛齐的控制范围；但末罗游早先也曾向大唐朝廷派遣自己的使团。② 爪哇岛的一些统治者也这么做，而且偶尔会与三佛齐交战。[36]苏门答腊岛的部分地区和附近的一些土地，由于与巨港统治者的关系而变得富有。婆鲁师③坐落在苏门答腊岛北部，面向印度洋。与巨港的情况一样，考古学家也开始在这里发掘出从埃及、阿拉伯半岛、波斯和印度等地运来的货物，其中不仅包括陶瓷，还有几乎所有色调的玻璃、宝石、其他珠子和钱币，以及从10世纪末到1150年前后的1.7万块中国瓷器碎片。在婆鲁师的遗址之一发现的陶瓷，其特征与同一时期福斯塔特（开罗老城）居民使用的陶瓷的特征非常相似。因此，我们可以把婆鲁师看作连接中国南部和尼罗河上法蒂玛帝国都城的链条的一环。婆鲁师也是一个生产中心，在这里可以买到用苏门答腊的铜和锡在当地制作的青铜匣子和小塑像。至于婆鲁师的居民，他们一定是混杂的人群，有苏门答腊人和阿拉伯人、来自波斯的聂斯脱利派

---

① 也译作末罗瑜。始见于中国唐朝史籍。宋朝译作摩罗游，明朝译作末剌由、木来由、没剌由、麻里予儿等。

② 贞观十八年十二月，摩罗游国遣使献方物。据［宋］王钦若等编《册府元龟》卷九七〇《外臣部十五·朝贡第三》，周勋初等校订，南京：凤凰出版社，2006，第11230页。

③ 婆鲁师，即婆鲁师洲、婆鲁师国。《新唐书》中称为郎婆露斯，一般认为故地在今苏门答腊岛西北部，今称巴鲁斯（Barus）。详见《大唐西域求法高僧传校注》卷上，第47页。

基督徒和来自印度的泰米尔人。不过，许多商人和其他旅行者是临时居民，在等待有利的风向。如果能知道婆鲁师在政治和商业上如何与巨港联系在一起就好了。显然，简单的答案是，随着三佛齐大君权力的消长，婆鲁师与巨港之间联系的强度也在不断变化。[37]

所有这一切，使得三佛齐的“帝国”看起来相当像一种松散的封建关系。这是一个通常由三佛齐主导的政治网络，在这个网络中，大君不得不接受邻国的自治。这些邻国大多承认他的宗主地位，但尽可能维持独立，并随时准备在他显露出软弱的迹象时挑战他的权威，因此，大君才维持了大规模的陆海军。作为回报，这些邻国被允许参与连接三佛齐与印度和中国的贸易，但处于从属地位。上述对三佛齐如何运作的说法是有道理的，因为它解释了大君最重要的资源（巨港的繁荣河港和附近地区）如何使他在政治和财政上保持强势。巨港是一个强大的力量来源，以陆海军为后盾。在这种观点中，三佛齐的生存和繁荣恰恰是因为它不是一个帝国，甚至不是一个中央集权的国家，而是一个贸易网络的中心，这个贸易网络的分支遍布南海的南缘，甚至向西延伸到马来半岛印度洋沿岸的城市吉打。[38]

※ 三

关于阿拉伯和中国文献对三佛齐王国的描述是否严重夸大（因为它们肯定在某种程度上是夸大的）的不确定性，并不影响我们的基本论点：三佛齐作为中国和印度之间的一个中转站而繁荣起来，面向东西两个方向，为两片大陆的贸易提供服务；在这个过程中，它既是一个转口港（来访的商人可以在这里交换印度和中国的商品），也是一个可以获取印度尼西亚和马来半岛出产的香料和香水的地方。不过，仍然有一个重要因素是我们不甚明了的。这些商人是什么人？有些人显然是印度人和阿拉伯人，而且随着对这些水域的了解加深，中国人也来到这里。中国古籍提到了波斯（Bosi）人，所以研究东南亚历史的先驱们得出结论，Bosi 指的就是波斯人（Persians）。商人中肯定有波斯人，如亚兹德-博泽德（Yazd-bozed），他是8世纪末的一位商人，名字出现在2013年于泰国附近沉船里发现的一个罐子上。但识别商人的身份从来都不简单。“波斯货物”横跨印度洋而来，在这种情况下，波斯货物显然不仅是指波斯和波斯湾的产品，而是指整个伊斯兰世界的货物。“波斯人”则是对阿拉伯人的统称，因为中国人常常无法区分这两类人，尽管阿拉伯人的土地也被称为大食，而且在中国本土有大量的穆斯林商人定居。[39]

这种民族混杂的现象非常普遍，而研究东方的学者对这些捉摸不定的术语的认真思考，更多只是让人发笑。不过，如果认为波斯货物指的是西方商品，那么我们就需要问，究竟是谁将这些商品运往三佛齐。在三佛齐，除了印度和阿拉伯商人之外，我们还必须为马来人或印度尼西亚人找到一个显著的位置。正如前文所述，他们在这一时期远涉马达加斯加和东非，还去过中国。例如，430年，一个印度尼西亚使团带着来自遥远的印度和犍陀罗（Gandhara）的布匹，乘船前往中国。① 爪哇国王希望中国皇帝承诺不干涉他的船只和商人。[40]印度尼西亚和马来水手也关注另一个方向，而印度洋和南海之间的关键环节——马六甲海峡，至少有一段时间处在三佛齐统治者的控制之下。[41]虽然我们对马来人和印度尼西亚人的船所知不详，但南海周围的半岛和岛屿上的居民会出海，首先互相交换货物，然后到更远的地方去，这并不奇怪。[42]

20世纪末在印度尼西亚水域接连发现的几艘沉船，极大地增进了我们对中国、印度尼西亚和印度之间关系的认识。用“大规模”这个词来形容再合适不过了，因为在这些沉船里发现的文物数量十分惊人：从勿里洞（Belitung）沉船中发现了5.5万件陶瓷制品（估计船上原本有7万件，总重达25吨）；从爪哇西北海岸的井里汶（Cirebon）沉船中发现了大约50万件陶器，估计这艘船运载的货物总重达300吨。[43]南海的沉船很好地弥补了陆地考古（特别是在巨港本身）出土的不足。

勿里洞沉船是在苏门答腊岛、婆罗洲和爪哇岛之间的一个印度尼西亚岛屿的沿岸发现的。[44]沉船地点离巨港不远，在该城的正东方。如后文所示，这艘船很可能是前往爪哇的。它的年代不难确定：一面镜子上刻有759年的中国年号，一只来自中国中部长沙的碗上有826年的中国年号，还有从758年到845年前后铸造的钱币。[45]这艘船位于浅水区，是由寻找海参的潜水员发现的。它显然撞

① 《宋书》记载：“呵罗单国治阇婆洲。元嘉七年，遣使献金刚指镮、赤鹦鹉鸟、天竺国白叠古贝、叶波国古贝等物。”引自［梁］沈约《宋书》卷九七《夷蛮》，北京：中华书局，1974，第2381页。

上了离岸约 3 公里的礁石。由于在沉船中没有发现人的遗骸，看来船员和乘客设法逃到了陆地上。[46]这艘船没有受到严重的破坏，船上的陶器几乎全部完好无损。这些陶罐和碗由懂得如何保护脆弱的陶器不受海浪影响的人，小心翼翼地装在较大的储物罐中。[47]这艘船是用多种木材建造的，木板以传统的印度洋方式绑在一起，其中一些材料来自东非。[48]这艘船不是中国的，但有一位乘客一定是中国人，也许是僧人，因为在沉船中发现了一块中国书法所用的砚台，刻有昆虫图案。船上的生活也饶有趣味：人们用骨制的骰子和棋盘游戏消遣。[49]

船上的货物与船本身一样，告诉了我们很多。率先让人想到的是丝绸，不过它非常脆弱，不可能在几个世纪的海水浸泡中保存下来。但我们从中国和阿拉伯作家那里得知，丝绸是从中国出口到印度洋的最受欢迎的物品。在南海沿岸的泰国古城那空是贪玛叻（Nakhom Si Thammarat）的佛寺中，有一块碑提到了“中国丝绸制成的旗帜”，这块碑可以追溯到该地区受三佛齐影响（或统治）的时期。可中国丝绸并不止步于此，有时，麦加的克尔白（Ka‘aba）① 的帐幕就是由中国丝绸制成的。[50]如果要谈沉船中存世的文物，那么首先要谈陶瓷制品。9 世纪初，中国的釉面陶瓷贸易蓬勃发展，釉面陶瓷既有来自中国北方的（先通过河流和运河被运到南方的港口，特别是广州），也有来自长沙的。长沙离海很

① 克尔白，即“天房”，是伊斯兰教圣城麦加的禁寺内的一座建筑，是伊斯兰教最神圣的地点，所有信徒在地球上任何地方都必须面朝它的方向祈祷。

远，但因出产大量的陶瓷而闻名。对优质陶瓷的需求与一种新的、重要的时尚的传播密切相关，那就是饮茶。[51]勿里洞沉船包含了迄今为止发现的体量最大的晚唐陶瓷收藏：来自中国北方的白瓷，来自中国南方的青瓷，以及金银器和铜镜。其中一只青花碗是青花瓷的祖先，青花瓷在许多个世纪的中国对外贸易中占主导地位，并在几个世纪后被葡萄牙和荷兰仿制。[52]另一个独特的碗的图案是一艘船遭到巨大的海怪攻击，这是中国艺术中最早的对远洋船只的描绘。[53]勿里洞沉船中，有好几个中国金匠艺术的美丽范例，它们无疑都是高档奢侈品。[54]

这些令人印象深刻的货物很容易让我们得出结论，其中至少有一部分是中国朝廷在收到三佛齐统治者或爪哇国王的贡品之后送的回礼。在813—839年，至少有六个使团从爪哇前往中国。在沉船中也发现了一枚爪哇的金币。9世纪是爪哇的黄金时代，在此期间，夏连特拉王朝（Sailendra dynasty）建造了婆罗浮屠的大型佛教建筑群，其中装饰着五百多尊佛像；它是全世界最大的佛寺。[55]正如前文所述，礼物交换为中国朝廷监督下的双边贸易提供了官方的、非常正式的框架，其目的也是表明较弱小的统治者对中国皇帝的臣服。但是，勿里洞沉船上的货物数量，尤其是陶器的数量如此之多，说明这不只是朝贡，其他利益方也参与其中：马来人、印度人、波斯人或阿拉伯人，通过在广州的代理商向遥远的长沙窑场订购精美陶器，并为自己的货物在一艘重要货船上订下舱位。

这一大批中国陶瓷让人提出了这样一个问题：这艘船是否驶向印度洋，而不是爪哇或三佛齐？特别是，其船员也很可能来自印度洋。此外，对中国陶瓷的需求已经形成了热潮，以至于在哈伦·拉希德（Harun ar-Rashid）时代，也就是这艘船沉没的时期，阿拔斯王朝的伊拉克陶工开始模仿他们见到的来自远东的陶器。[56]但仿制品还是比不上真正的中国陶瓷。在沉船上发现的一些显然是供乘客和船员日常使用的陶器，与同时期在伊拉克和伊朗生产的绿松石釉面陶器相似，这可能表明沉船的最终目的地是波斯湾深处的锡拉夫。这种陶器不仅在锡拉夫有出土，而且在苏门答腊的婆鲁师和广州也有发现，因此这种陶器肯定传遍了整个海路。[57]

勿里洞沉船并非独一无二的。在苏门答腊岛东南沿海发现的因潭（Intan）沉船可能是前往爪哇的，船上载有陶器和金属物品，包括许多锡锭，这些锡锭可能来自马来半岛。在沉船上发现的钱币表明其航行时间在917—942年。船上同时有中国陶瓷和马来半岛的锡，表明这些货物是在某个大型商业中心装载的，那里聚集了来自南海各地的货物，或者这艘船在南海各地之间航行并装货。货物的种类之多，被一位发掘者描述为“令人惊愕”，货物包括：佛教僧侣用来象征雷电的小铜杖；代表时间之魔的青铜面具，有时被用作门饰；若干黄金首饰。三佛齐商人将铜带到中国，在那里用青铜铸造神庙的装饰品，这是常见的做法。在因潭沉船中发现的锡，即青铜（除了铜之外）的另一种成分，说明了金属原材料来回流动的重要性（直到原材料被转化为青铜或其他金属材质的闪亮物品）。船上还载有铁条和银锭，以及多达2万个壶和碗，其中一些的质量很高，而且大部分来自中国南部。树脂碎片表明该船曾在苏门答腊的一个港口停靠，而虎牙和虎骨表明船上的人对珍稀药品感兴趣。这不是中国船，但它的结构与勿里洞沉船的不同，可能是印度尼西亚的船。该船排水量约为 300 吨，长约 30 米。[58]它的航线很可能仅限于南海，而勿里洞沉船由于尺寸较小，更适合从阿拉伯半岛或波斯而来的远航。在中国领海发现的另一艘沉船被称为“南海一号”，这是一艘非常大的船，里面有 6 万—8 万件瓷器（主要是宋瓷），以及 6000 枚钱币，其中最晚近的是 12 世纪初的，尽管有些或许可以上溯到公元 1 世纪。这艘沉船被认为是中国船，从广州或中国南部的另一个港口出发，前往南海的某个目的地。[59]

用大型船从南海的不同角落收集货物这一事实，影响了人们对这个空间的想象。南海经常被比作地中海，但这个类比并不恰当，因为有三大洲在地中海交会，而南海的南边和东边是一连串岛屿，将南海与太平洋的开放空间隔开；北方的大陆一直由中国主导，而且即使在分裂的情况下，中国的经济和政治影响力也远远超过了三佛齐。[60]不过，与印度尼西亚、马来半岛、泰国和越南的居民相比，中国在这一时期南海贸易中扮演的角色相对被动。由于高度关切陆地，中国常常对海洋视而不见，但中国统治者非常重视通过南海而来的远方土地的产品。这就为马来人、阿拉伯人和其他商人提供了控制南海海上贸易路线的绝佳机会。到了 7 世纪，跨越了遥远距离的贸易路线，从阿拉伯半岛和非洲的海岸延伸到中国南部，将印度洋和太平洋西部紧密地联系在一起。这种联系甚至比希腊-罗马商人渗透到印度并将他们的一些货物运到远东时的联系还要密切。在三佛齐时代，出现了一个连接半个世界的网络。

注 释

1. C. C. Brown, ed. , *Sějarah Mělayu, or 'Malay Annals'* (2nd edn, Kuala Lumpur and Singapore, 1970), p. 15.

2. J. Miksic, *Singapore and the Silk Road of the Sea, 1300–1800* (Singapore, 2013), p. 55.

3. Michel Jacq-Hergoualc'h, transl. Victoria Hobson, *The Malay Peninsula* (Leiden, 2001), p. 233.

4. G. Ferrand, *L'Empire Sumatranais de Çrīvijaya* (Paris, 1922), pp. 5–6, 15–16; F. Hirth and W. W. Rockhill, eds. , *Chau Ju-kua: His Work on the Chinese and Arab Trade in the Twelfth and Thirteenth Centuries, Entitled Chu-fan-chï* (St Petersburg, 1911), p. 114; also Wang Gungwu, *The Nanhai Trade: Early Chinese Trade in the South China Sea* [new edn, Singapore, 2003; original edition: *Journal of the Malayan Branch of the Royal Asiatic Society*, vol. 31 (1958), part 2, pp. 1–135], p. 96, for *Fo-chi*; 关于683年的使团，参见D. Heng, *Sino-Malay Trade and Diplomacy from the Tenth through the Fourteenth Century* (Athens, Ohio, 2009), p. 27。

5. Hirth and Rockhill, eds. , *Chau Ju-kua*, pp. 60, 114; Ferrand, *Empire Sumatranais*, pp. 1, 8; G. Coedès, *The Indianized States of Southeast Asia* (Honolulu, 1968).

6. Wang, *Nanhai Trade*, pp. 87, 91.

7. Cited ibid. , p. 113.

8. Ferrand, *Empire Sumatranais*, pp. 7–8.

9. Miksic, *Singapore and the Silk Road*, pp. 37–8.

10. P. Wheatley, *The Golden Khersonese: Studies in the Historical Geography of the Malay Peninsula before AD 1500* (Kuala Lumpur, 1961), p. 45; Miksic, *Singapore and the Silk Road*, p. 67.

11. Hirth and Rockhill, eds. , *Chau Ju-kua*, p. 61.

12. Ibid. , p. 60.

13. Ibid. , p. 61; Ferrand, *Empire Sumatranais*, pp. 8–13；关于奴隶，可参见宋代历史学家的记载，ibid. , p. 16。

14. Ch'ên Ching, *Hsin tsuan hsiang p'u*, quoting the lost *Hsiang lu* of Yeh The'ing-kuei, cited in D. Abulafia, 'Asia, Africa and the Trade of Medieval Europe', in M. M. Postan, E. Miller and C. Postan, eds. , *The Cambridge Economic History of Europe* (2nd edn, Cambridge, 1987), vol. 2, p. 445.

15. Ferrand, *Empire Sumatranais*, p. 18; Wang, *Nanhai Trade*, p. 117.

16. Heng, *Sino-Malay Trade*, p. 82.

17. Hirth and Rockhill, eds. , *Chau Ju-kua*, p. 62; Ferrand, *Empire Sumatranais*, p. 2; Heng, *Sino-Malay Trade*, pp. 83–4.

18. Wang, *Nanhai Trade*, pp. 114–16; D. Twitchett, *Financial Administration under the Tang Dynasty* (2nd edn, Cambridge, 1970).

19. Hirth and Rockhill, eds. , *Chau Ju-kua*, p. 62; Wheatley, *Golden Khersonese*, p. 63.

20. Hirth and Rockhill, eds. , *Chau Ju-kua*, p. 62; Ferrand, *Empire Sumatranais*, p. 13.

21. Miksic, *Singapore and the Silk Road*.

22. Abū Zayd al-Sīrāfi, 'Accounts of China and India', in T. Mackintosh-Smith and J. Montgomery, eds., *Two Arabic Travel Books* (New York, 2014), pp. 88-9; R. Hodges and D. Whitehouse, *Mohammed, Charlemagne and the Origins of Europe* (London, 1983), pp. 134-5.

23. G. Ferrand, ed., *Voyage du Marchand Arabe Sulaymân en Inde et en Chine rédigé en 851 suivi de Remarques par Abû Zayd Ḥasan (vers 916)* (Paris, 1922), p. 95, also pp. 96-102, 142; Abū Zayd al-Sīrāfi, 'Accounts of China and India', pp. 32-3, 36-7, 88-91; Ferrand, *Empire Sumatranais*, pp. 53-4; Miksic, *Singapore and the Silk Road*, p. 80.

24. Ibn al-Fakih al-Hamadhani (902), in Ferrand, *Empire Sumatranais*, pp. 54, 67.

25. Abu Zayd Hasan in Ferrand, ed., *Voyage du Marchand Arabe*, pp. 96-7, 101; ibn Rosteh (c. 903), in Ferrand, *Empire Sumatranais*, p. 55.

26. Second Voyage of Sindbad, in *A Plain and Literal Translation of the Arabian Nights Entertainment now intituled The Book of the Thousand and One Nights*, transl. R. Burton, ed. P. H. Newby (London, 1950), p. 179.

27. Abu Zayd Hasan (c. 916) and al-Mas 'udi (943), in Ferrand, *Empire Sumatranais*, pp. 56-9, 62-3; also Bakuwi (15th c.), ibid., p. 78.

28. Al-Idrisi (1154), ibid., pp. 65-6.

29. Ibid., p. 66.

30. Ferrand, *Empire Sumatranais*, pp. 36, 38-41, 214, 218, 220-21; Jacq-Hergoualc'h, *Malay Peninsula*, pp. 239-48; Miksic, *Singapore and the Silk Road*, p. 77.

31. Hirth and Rockhill, eds., *Chau Ju-kua*, p. 60; Ferrand, *Empire Sumatranais*, p. 9.

32. Brown, ed., *Sějarah Mělayu*, pp. 77–8.

33. Miksic, *Singapore and the Silk Road*, pp. 74–5, 77, 79; also fig. 2.09, p. 76.

34. Jacq-Hergoualc'h, *Malay Peninsula*, pp. 234–7.

35. Abulafia, 'Asia, Africa and the Trade of Medieval Europe', p. 447.

36. 关于来自占碑的使团，参见 Wang, *Nanhai Trade*, p. 95；关于占碑，参见 Miksic, *Singapore and the Silk Road*, p. 72。

37. Miksic, *Singapore and the Silk Road*, pp. 80–83.

38. H. Kulke, 'Kadātuan – Śrivijaya: Empire or *Kraton* of Śrivijaya? A Reassessment of the Epigraphical Evidence', *Bulletin de l'École française d'Extrême Orient*, vol. 80 (1993), pp. 159–80; Jacq-Hergoualc'h, *Malay Peninsula*, pp. 248–55.

39. J. Chaffee, *The Muslim Merchants of Pre-Modern China: The History of a Maritime Asian Trade Diaspora, 750–1400* (Cambridge, 2018), p. 24; O. W. Wolters, *Early Indonesian Commerce: A Study of the Origins of Śrīvijaya* (Ithaca, NY, 1967), pp. 129–38.

40. Wolters, *Early Indonesian Commerce*, p. 151.

41. Jacq-Hergoualc'h, *Malay Peninsula*, p. 241.

42. Wolters, *Early Indonesian Commerce*, pp. 154–8; Heng, *Sino-Malay Trade*, p. 28; Chaffee, *Muslim Merchants*, p. 29.

43. Miksic, *Singapore and the Silk Road*, p. 91; Heng, *Sino-Malay Trade*, pp. 14–15.

44. R. Krahl, J. Guy, J. K. Wilson and J. Raby, eds., *Shipwrecked: Tang Treasures and Monsoon Winds* (Singapore and Washington DC, 2010).

45. J. Guy, 'Rare and Strange Goods: International Trade in Ninth-Century

Asia', ibid., pp. 19, 30.

46. J. K. Wilson and M. Flecker, 'Dating the Belitung Shipwreck', in Krahl et al., eds., *Shipwrecked*, p. 40.

47. R. Krahl, 'Chinese Ceramics in the Late Tang Dynasty', in Krahl et al., eds., *Shipwrecked*, p. 52.

48. Guy, 'Rare and Strange Goods', pp. 29–30.

49. Krahl, 'Chinese Ceramics', p. 40.

50. Guy, 'Rare and Strange Goods', pp. 23, 27.

51. Liu Yang, 'Tang Dynasty Changsha Ceramics', in Krahl et al., eds., *Shipwrecked*, pp. 145–59; Krahl, 'Chinese Ceramics', p. 46.

52. R. Krahl, 'Tang Blue-and-White', in Krahl et al., eds., *Shipwrecked*, pp. 209–11; Heng, *Sino-Malay Trade*, p. 33; also A. Kessler, *Song Blue and White Porcelain on the Silk Road* (Leiden, 2012).

53. Krahl et al., eds., *Shipwrecked*, p. 22, fig. 14.

54. Qi Dongfang, 'Gold and Silver Wares on the Belitung Shipwreck', ibid., pp. 221–7.

55. Miksic, *Singapore and the Silk Road*, p. 71.

56. J. Hallett, 'Pearl Cups like the Moon: the Abbasid Reception of Chinese Ceramics', in Krahl et al., eds., *Shipwrecked*, pp. 75–81.

57. Krahl, 'Chinese Ceramics', p. 40; Miksic, *Singapore and the Silk Road*, p. 81.

58. Miksic, *Singapore and the Silk Road*, pp. 86–91; Heng, *Sino-Malay Trade*, p. 29; Chaffee, *Muslim Merchants*, pp. 56–7.

59. 李庆新:《"南海Ⅰ号"与海上丝绸之路》,北京:五洲传媒出版社,2010; Chaffee, *Muslim Merchants*, pp. 82–3;《CHINA与世界:海上丝绸之路沉船和贸易瓷器》，北京：文物出版社，2017（图片说明文字为中英对照），第190—201页。

60. Wang Gungwu, 'A Two-Ocean Mediterranean', in G. Wade and L. Tana, eds., *Anthony Reid and the Study of the Southeast Asian Past* (Singapore, 2012), pp. 68–84.

第九章

“我即将跨越大洋”

※ 一

三佛齐所处的贸易路线从亚历山大港经红海，绕过阿拉伯半岛和印度，延伸到香料群岛。在中世纪早期，红海并不总能保住其重要地位，因为与之竞争的波斯湾也有过一段时间的繁荣。这两个狭长的海域中哪一个更重要，取决于在中东地区发生的政治动荡。但真正的关键点是海路本身，不管是经过亚丁前往埃及，还是通过霍尔木兹海峡前往伊拉克和伊朗，海路一直都很繁忙。它不仅是一条传递东西方精美商品的通道，而且是一条开放的渠道，宗教和其他文化影响在其中流动：佛教的僧侣、典籍和艺术品，以及伊斯兰布道者和圣书。伊斯兰教是后来者，而佛教与东南亚的接触及其影响在中世纪早期便已加强，因为佛教在印度、斯里兰卡、马来半岛、印度尼西亚以及太平洋沿岸的中国、朝鲜半岛和日本的宫廷变得越来越受欢迎。5—7 世纪，罗马帝国在地中海的危机即使缩小了东方香水和香料在西方的市场，也没有对在普林尼和《周航记》时代形成的网络造成致命的破坏。总体而言，跨海联系是延续不断的。

在伊斯兰教于7世纪初出现之前的几十年里，红海南部是一个动荡不安的地区。[1]红海两岸的王国有完全不同的宗教认同。在非洲一侧的阿克苏姆周边，一个基督教王国，即埃塞俄比亚，警惕地观察着希木叶尔的发展。希木叶尔的位置相当于今天的也门，那里的统治者选择接受犹太教，他们也可能是古代犹太部落的后裔。优素福（Yūsuf）被称为“蓄着鬓角卷发的人”（Dhu Nuwas），是希木叶尔的犹太教国王；他被指控屠杀了数百名基督徒并亵渎了基督教堂。随着这一说法的传播，对犹太教徒发动圣战的热情在埃塞俄比亚高涨起来。必须强调的是，这一说法是在基督教著作中发现的，而且（尽管是犹太人无情地迫害基督徒而不是反过来这一点让好几位现代历史学家眼前一亮）没有人知道这是否只是莫须有的罪行，以“圣战”的名义将埃塞俄比亚对阿拉伯半岛南部的入侵合理化。这场入侵可以算是一场“十字军东征”。[2]525年，埃塞俄比亚统治者在拜占庭皇帝的鼓励下，率领一支据说有12万人的军队入侵希木叶尔。埃塞俄比亚组建了一支强大的海军，陆军则从索马里和红海北端的埃拉（Ayla）① 出征。优素福下令在水面上拉起一条巨大的锁链，以阻止敌人登陆。但这一计谋未能阻止埃塞俄比亚人深入希木叶尔。基督徒以牙还牙，不仅摧毁了犹太会堂，显然还杀害了大批希木叶尔人。这场战争和其他穿越红海南部的作战肯定极大地扰乱了交通。525年的战争无疑破坏了该地区的稳定，使该地区成

① 即约旦城市亚喀巴（Aqaba）。

为中东两个大国即拜占庭帝国和波斯萨珊帝国之间的战场。[3]

尽管发生了这些严重的危机，但在关于地中海的文献中，有足够多的关于来自埃塞俄比亚和也门的旅行者到达埃拉以北的记载，这表明红海两岸的联系仍然存在。此外，在埃拉发现的阿克苏姆钱币和陶器也佐证了文献证据。这条贸易路线可能与经过著名城市佩特拉的陆路相通。在征服了叙利亚和巴勒斯坦之后，哈里发欧麦尔（‘Umar）在7世纪初将埃拉作为海上贸易中心加以扶持，并在拜占庭的旧埃拉港旁边建设了一个网格状的新城镇。埃拉可以很容易地获取西奈半岛（Sinai）和内盖夫的矿物，这些矿物在过去已经引起了统治者（甚至可能包括所罗门王）的兴趣。到了8世纪中叶，在经历了一些中断之后，经过埃拉的贸易再次全面展开，对该地区（内盖夫沙漠）铜矿和黄金的开采也是如此。在干燥的沙漠环境中，用棉花、亚麻、山羊毛和丝绸制成的纺织品的碎片得以保存至今，它们证明了当时活跃的贸易可以到达也门，并延伸到印度洋。一条陆路将埃拉与加沙连接起来，此时的加沙是一个重要港口，是地中海与印度洋的中介。[4]虽然6—8世纪似乎是红海贸易的一个相对平静（但并非完全沉寂）的时期，但连接地中海和印度洋的网络基础已经被奠定，这个网络在10世纪清晰可见，并将在整个中世纪不断扩大（因为地中海地区的需求也在不断扩大）。[5]

※ 二

但是，用一句陈词滥调来说，这个过程并不是一帆风顺的。

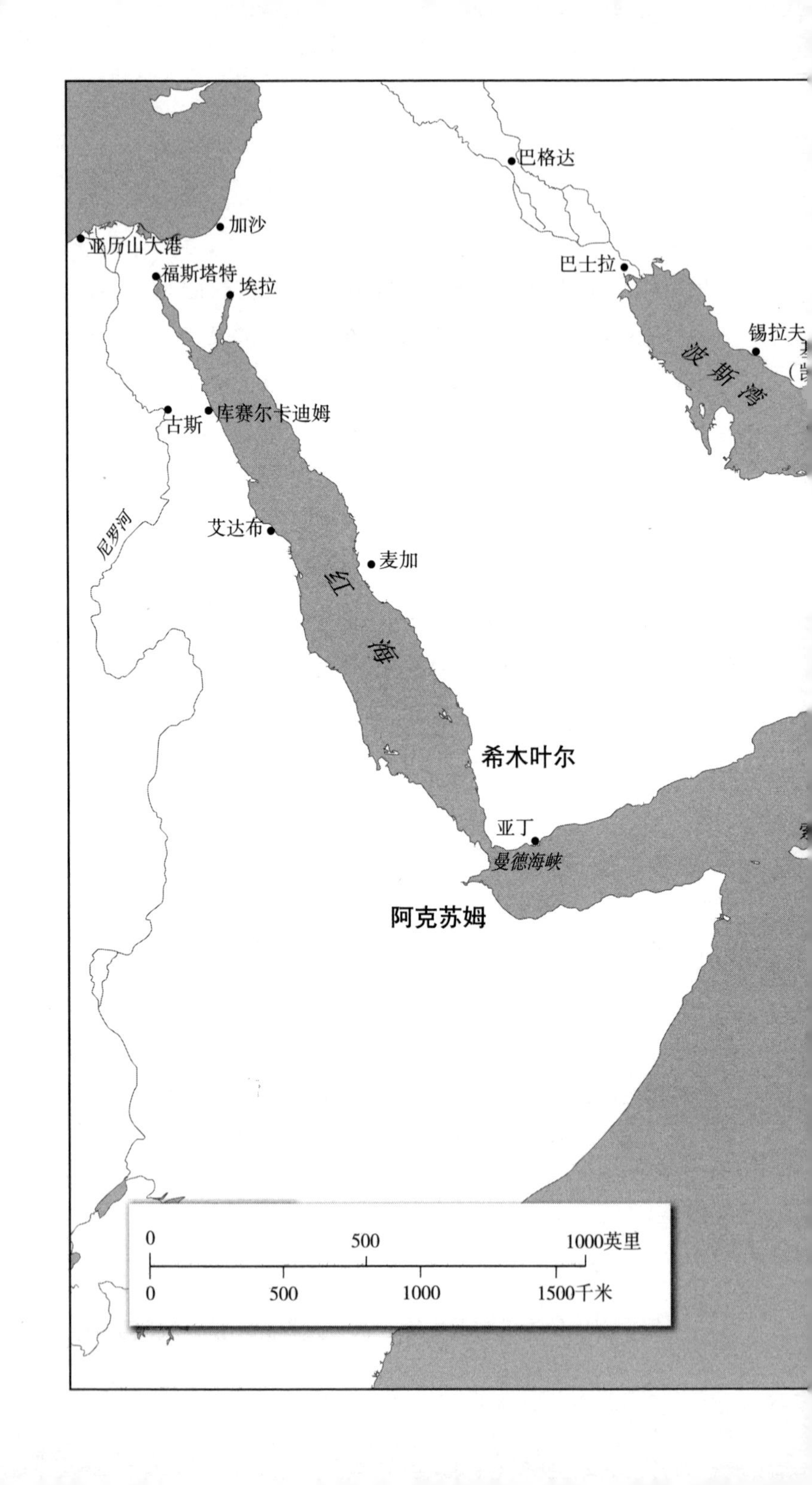
巴格达
加沙
亚历山大港
福斯塔特
埃拉
巴士拉
锡拉夫
波斯湾
库赛尔卡迪姆
古斯
尼罗河
艾达布
麦加
红海
希木叶尔
亚丁
曼德海峡
阿克苏姆
0
500
1000英里
0
500
1000
1500千米

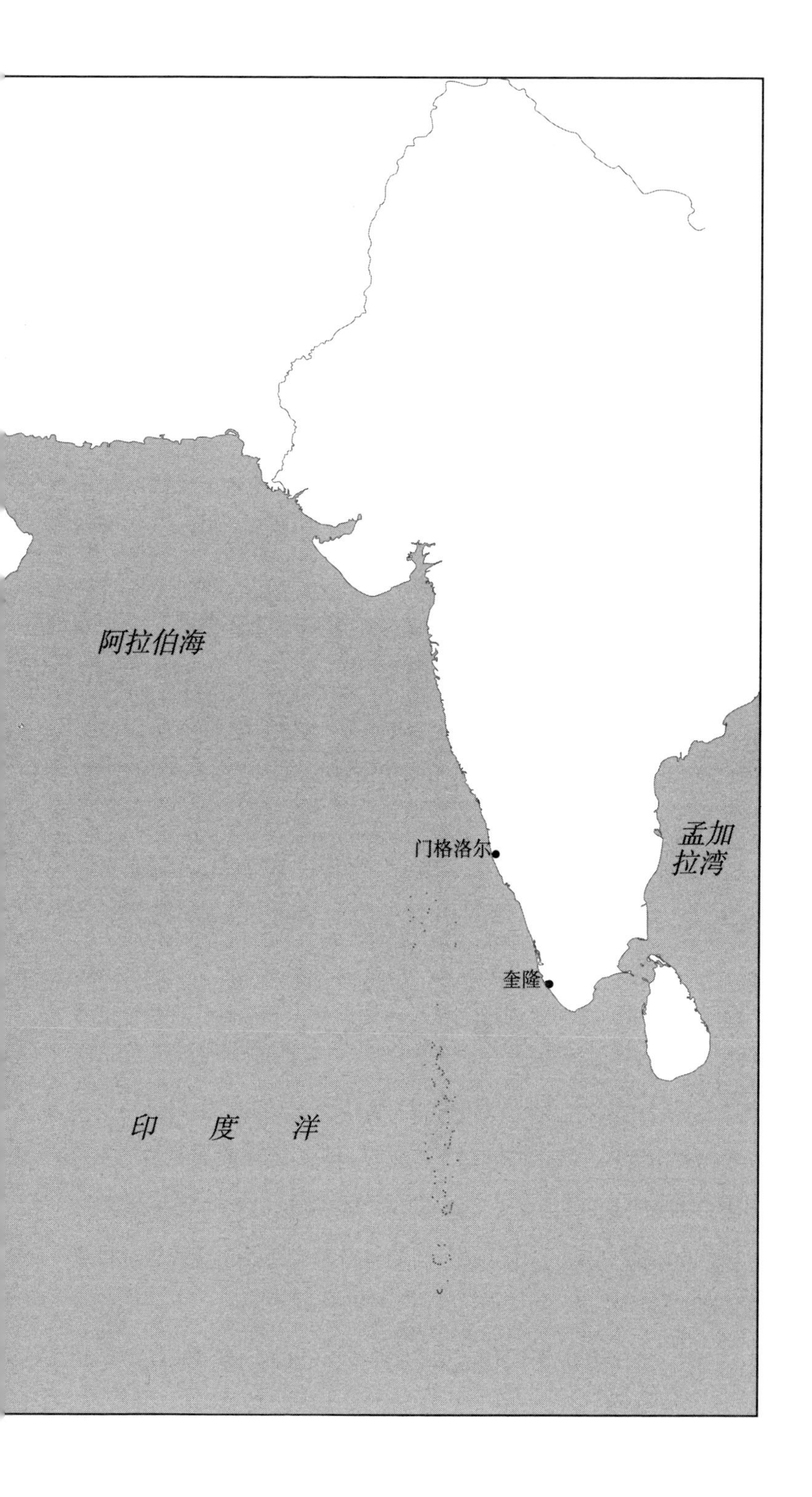
阿拉伯海
门格洛尔
孟加
拉湾
奎隆
印　度　洋

8 世纪中叶，伊斯兰哈里发国内部的分歧和争斗导致在伊拉克出现了一个新的权力中心，即距离古巴比伦不远的巴格达。巴格达的阿拔斯王朝取代了大马士革的倭马亚王朝，后者的最后一位统治者逃之夭夭，在穆斯林治下西班牙的安达卢西亚建立了科尔多瓦埃米尔国。大马士革曾是一座辉煌的城市，聚集了来自印度洋的奢侈品和来自拜占庭的艺术家（如那些用镶嵌画装饰大清真寺的艺术家）。巴格达早期的泥土建筑没有留下多少遗迹，但阿拔斯王朝比大马士革的统治者更容易受到波斯文化的影响，这个新王朝的宫廷得到全世界的关注和艳羡。这一点在公元 800 年前后的哈伦·拉希德时代尤为明显，他正好与查理曼同时在位。哈伦·拉希德向查理曼赠送了一头大象和耶路撒冷圣墓教堂的钥匙。[6]

诗人贺拉斯在谈到罗马时写道："被俘的希腊俘虏了她粗鲁的征服者。"阿拉伯人对波斯的入侵也可以说是这样。波斯语没有被取代，琐罗亚斯德教在过了很长时间之后才逐渐失势。[7]才华横溢的服装设计师、理发师和合唱队队长齐里亚布（Ziryab）在 8 世纪将阿拔斯王朝的波斯时尚一路带到了西班牙，将腋下体香剂、蓬松发型和菜蓟引入了靠近西方黑暗大洋的蛮荒之地。不过，阿拔斯王朝的崛起对印度洋世界的影响甚至更大。波斯湾重新成为一条活跃的通道，将货物从远东运来，"波斯"商人在中国沿海城镇也很常见。但是，正如前文所示，中文古籍里的"波斯人"是一个统称，肯定也包括大量犹太人、阿拉伯人，甚至印度人。[8]这么说并不是要否认抵达巴格达的大部分丝绸和许多香水、宝石和香料是通过波斯从陆路运来的。波斯以外的河中地区（Transoxiana）① 和乌兹别克斯坦有丰富的银矿，其矿石在布哈拉被提纯并铸造成钱币。这些地方与陆上商路，即丝绸之路关系密切，它穿过中亚的沙漠，通往中国唐朝。丝绸之路是一个相互连接的路线网络，在这一时期仍然蓬勃发展。[9]其他路线穿过西亚，通往斯堪的纳维亚，将大量的白银和中国丝绸运过保加尔人②的帝国和信奉犹太教的可萨人（Khazars）③ 的帝国，送往瑞典及其邻国的阴暗而冰冷的土地。[10]

从10世纪阿拉伯地理学家伊本·霍卡尔（ibn Hawqal）的一段话可以看出，当时的中东与中国确实有联系。他描述了波斯湾的伊朗那一岸的锡拉夫港：

> 这里的居民富得流油。我听说，他们中的一个人因为感到身体不适而立了遗嘱。他的财产的三分之一是现金，多达100万第纳尔，这还不包括他给那些收佣金［*commenda*］帮他经商的人的投资。还有拉米什特（Ramisht），伊斯兰历539年［公元1144—1145年］，我在亚丁见过他的儿子穆萨（Mūsā）。

---

① 河中地区是中亚的一个地区，在锡尔河与阿姆河之间，相当于今天的乌兹别克斯坦、塔吉克斯坦、吉尔吉斯斯坦南部和哈萨克斯坦西南部。古伊朗人称该地区为“图兰”。河中地区的主要城市有撒马尔罕和布哈拉等。

② 保加尔人是发源自中亚的游牧民族，从7世纪起在欧洲东部和东南部定居下来。保加尔人后来逐渐斯拉夫化，现已消亡。

③ 可萨人（或译作哈扎尔人）是半游牧民族，于6世纪末在今天俄罗斯的欧洲部分的东南部建立了一个强大的国家。位于东西方贸易道路之上的可萨汗国发展为繁荣的商业据点。10世纪末，基辅罗斯消灭了可萨汗国。可萨王公在8世纪皈依犹太教。

> 拉米什特告诉我，他拥有重达1200曼恩（manns）① 的银餐具。穆萨是拉米什特的儿子中最年轻的，拥有的商品最少。拉米什特有四个仆人，据说每个都比他的儿子穆萨更富有。我见过来自希拉（al-Ḥilla）乡下的阿里·尼利（'Ali al-Nili），他是拉米什特手下的职员。他告诉我，二十年前他从中国回来时，他的商品价值50万第纳尔。如果一个职员都如此富有，那么拉米什特自己的身家又会有多少呢！把克尔白的银质喷水口换成了黄金制品的人正是拉米什特，他还给克尔白盖上了中国布匹，其价值无法估计。总之，我不知道在我们这个时代，有哪一个商人的财富和声望能与拉米什特相提并论。[11]

同一个拉米什特出现在开罗和印度的犹太商人所写的信中。拉米什特是一个拥有大队船只的神话般的富翁，他正是《一千零一夜》中颂扬的那种过着宫廷般奢华生活的商人（如满载财富远航归来的水手辛巴达）。

锡拉夫商人在印度洋的许多角落留下了足迹：一些人到桑给巴尔经商，而孟买附近塞穆尔（Saimur）的伊斯兰社区的负责人也来自锡拉夫。[12]其他阿拉伯作家描述了复杂的海上路线，满载货物的阿拉伯三角帆船走这些路线，从锡兰岛驶往香料群岛和中国。一位9世纪的阿拉伯商人，他的名字可能是巴士拉的苏莱曼（Sulayman of Basra），对中国特别了解。他说，锡拉夫是所有运送

---

① 曼恩为阿拉伯世界的重量单位，1曼恩合1—1.5千克。

货物到中国的船只的出发点。这些船是否真的是中国的船，非常值得怀疑，而且它们是否经常一路驶往中国也是不确定的，尽管文献提到有一艘船离开锡拉夫前往中国。正如同一份手抄本后来指出的那样（“这些天，从阿曼出发的商船一直航行到了卡拉，然后从那里返回阿曼”），需要等待季风的长途航行最好分阶段进行。不过，苏莱曼（或不管他叫什么）认为，很少有中国货物到达他的家乡巴士拉或阿拔斯王朝的都城巴格达（这种说法与其他证据相反），而且从中国出口货物的尝试受到了中国木制仓库发生火灾、沉船和海盗活动的阻碍。[13]

另一位作者，锡拉夫的阿布·宰德·哈桑为苏莱曼的书增加了新的章节。哈桑在其中抱怨说，878 年，一个名叫黄巢的起义军首领攻陷广州后，锡拉夫与中国的所有海上联系都断了。“由于那里发生的事件，通往中国的贸易航行被放弃了，王朝本身也被毁掉了，它曾经的辉煌一去不复返，一切都变得非常混乱。”黄巢攻占广州后，发动了无情的屠杀：“研究中国事务的专家报告说，不算当地的中国人，被他屠杀的穆斯林、犹太人、基督徒和琐罗亚斯德教徒的人数多达 12 万。”此外，他大肆破坏了中国南部的贸易和手工业，因为他砍伐了生产生丝所必需的桑树：“由于桑树被毁，蚕都死了，这又导致丝绸无处可觅，特别是对阿拉伯人来说。”起义军首领最后被打败了，但这么严重的损失显然不是一朝一夕就能弥补的。[14]另外，哈桑对中国的铜钱非常熟悉，这些铜钱在锡拉夫出现，上面铸有汉字。他感到惊讶的是，中国人对金银币没有什么兴趣，而是依赖大量低价值钱币穿成的钱串。中国人认为，如果使用一串串沉重的铜钱，而每一枚铜钱只值一个金第纳尔的一小部分，那么要偷大量的钱就很困难。哈桑还熟悉中国的绘画和工艺，他认为中国的绘画和工艺是世界上最好的。[15]

锡拉夫是一个特别有意思的地方，因为除了这些文献证据之外，还有英国波斯研究所在20世纪60年代的考古发掘提供的证据。锡拉夫的历史比人们想象的要久远：在琐罗亚斯德教徒居住的时代，这座城镇就有了罗马帝国独特的红陶；还出土了一枚7世纪中叶拜占庭皇帝君士坦斯二世的金币。锡拉夫的巅峰期是在9—10世纪，但在公元700年后不久，它就已经是一个活跃的商业中心。在8世纪，来自伊拉克、阿富汗、波斯，甚至西班牙的钱币被窖藏起来，一千两百年后才被重新发现。在发掘曾经的大清真寺平台的过程中，出土了大量同一时期的唐代陶器。但是，977年的地震破坏了锡拉夫城。此后，在波斯湾从事贸易的商人将注意力集中在基什岛［Kish，或凯斯岛（Qays）］，该岛成了一个小而强的海盗王国的所在地。到12世纪末，锡拉夫从地图上消失了。在拉米什特生活的时代，锡拉夫早已不复当年之盛。另一个因素是，在埃及发生政治革命后，将香料带入红海的路线日益重要，本章后文将再次提到这个问题。锡拉夫在巅峰期的面积还不到巴格达圆形内城的一半，但考虑到阿拔斯王朝都城的庞大规模，这实际上说明锡拉夫的规模已经算很大了。在锡拉夫，商店和集市沿着海滨延伸了1公里或以上，这大约是城市长度的一半。配有庭院的两层建筑可能是富商和官员的住所，但有一座建筑据说比英格兰南部的哈特菲尔德庄园还要大（虽然这样比较很奇怪），应该是巨商拉米什特那样的富人的豪宅。[16]锡拉夫的自然条件不佳，干燥而多石，在当地生产粮食并不容易。但是，正如几个世纪后另一座位于岩石地带的城市杜布罗夫尼克的一位居民认为的那样，恰恰是周围乡村的贫瘠使贸易成为重中之重。[17]

虽然低估波斯湾在11—12世纪的重要性是个错误，但更西面的变化刺激了红海商业从10世纪开始的复兴。阿拔斯帝国开始解体，最大的挑战来自什叶派法蒂玛王朝的崛起。法蒂玛王朝首先在突尼斯崛起（他们在那里建立了凯鲁万城,① 并建有大清真寺。凯鲁万的意思是“商队”），然后在开罗争夺黎凡特（Levant）② 的主宰权。部分由于这些政治变革，地中海开始再度苏醒，而这种苏醒又受到了几个基督教贸易共和国的出现的刺激，先是阿马尔菲和威尼斯，然后是比萨和热那亚。它们热切地购买东方香料，并将其通过海路运到欧洲，再沿着陆路和内河，把香料一直送到佛兰德、德意志和英格兰。而所有这些发展在印度洋也产生了重大影响。跨越地中海的海路已经在《伟大的海》一书中得到了探讨。[18]现在，我们要追溯的是一条从尼罗河一直通向印度尼西亚和中国的海路。

※ 三

到公元1000年，波斯和美索不达米亚失去了它们的首要地位。

---

① 原文如此，有误。凯鲁万城是倭马亚王朝建造的，时间为约670年。

② 黎凡特是历史上的地理名称，一般指中东、地中海东岸、阿拉伯沙漠以北的一大片地区。在中古法语中，黎凡特是“东方”的意思。黎凡特是中世纪东西方贸易的传统路线的必经之地。

波斯湾并没有完全沦为穷乡僻壤，因为它是海盗王国基什的地盘，但在阿拉伯半岛的西部海岸，古老的希腊-罗马路线得到了重生。红海的复兴从其沿岸的考古成果中显而易见。从9世纪末开始，来自遥远的景德镇的中国青瓷和白瓷碎片出现在红海北部埃拉的遗址中。[19]苏丹（Sudan）的金矿业开始获得丰厚的回报。埃及祖母绿被出口到印度方向，并由朱罗王朝的泰米尔人（Chola Tamils）从那里卖到苏门答腊和更远的地方。中国的陶瓷也来到了开罗。一个刻有凤凰图案的米白色水罐，于1000年到达开罗，现藏于大英博物馆。在开罗的中世纪遗址出土了中国罐子的数十万块碎片。随着时间的推移，埃及对中国瓷器的巨大需求促使埃及陶工自己生产仿制品，但这些仿制品始终不能与真品相提并论。[20]来自远东的青瓷和白瓷在埃及越来越常见的另一个表现是，有人要求拉比法庭调查，如果处于经期的女人接触瓷杯，是否会将犹太法律所规定的不洁之物传递给瓷杯。不同类别的商品（陶器、玻璃、金属制品）被认为在不同程度上容易受到污染，那么来自东方的精美釉面瓷器呢？[21]

这个奇怪的要求出自所谓“开罗经冢文献”（Cairo Genizah documents）的纸堆，或者说是纸的碎片，其中大部分于19世纪末在福斯塔特（开罗老城）的本·以斯拉犹太会堂（Ben Ezra Synagogue）阁楼储藏室中被发现后出售给剑桥大学。经冢文献不是一套有序的档案，而是一个巨大的垃圾筐，是五花八门的废弃文件，因为没有人愿意去整理那些可能包含神名的文件（此种文件需要以敬畏之心保存下来，如果太过破旧，则应掩埋）。正是出于这个原因，这些文件，包括商人的信件、账簿、拉比的裁决（responsa），以及魔法、医学和宗教文本，为我们研究 10—12 世纪埃及犹太人和穆斯林的日常生活提供了丰富的史料。特别是，它们揭示了埃及犹太商人是如何进行商业运作的。他们向西进入地中海，特别是去突尼斯和西西里岛从事贸易。但在 12 世纪末之前，他们在红海和印度洋也有非常重要的贸易利益。[22]普林斯顿大学的 S. D. 戈伊坦（S. D. Goitein）是第一位深入研究这些材料的学者，他静态地看待红海和印度洋的贸易，然而，它们在 12 世纪变得越来越重要，这是因为地中海地区对用作食品调味料、染料和药品的东方产品的需求不断增长。此外，热那亚人、比萨人和威尼斯人在连接黎凡特和欧洲的香料贸易中日益占据主导地位，而且他们的海军成功地控制了地中海的海路。这促使埃及犹太商人远离地中海，更加关注红海和从印度带来香料的路线提供的机遇，他们中的一些人甚至在印度定居。这些与亚丁和印度做生意的商人留下的信件，在账簿之外提供了一幅详细的图景，揭示了他们的日常生活、他们与穆斯林和印度教徒商人的接触，以及那些试图将货物运过（对当时来说）非常遥远距离的人经受的考验与磨难。

10 世纪末，长期作为开罗核心的福斯塔特被新的法蒂玛王朝哈里发在几英里外建的新城市取代。新城开罗位于托勒密时代的宏伟要塞巴比伦（Babylonia）周围。新都城的建立使福斯塔特变成了非穆斯林居住的郊区：据说它的一座科普特（Coptic）教堂就在约瑟、马利亚和耶稣逃到埃及后避难的地方。关于本·以斯拉犹太会堂的多种互相矛盾的传说可以追溯到更久远的年代，据说它是摩西在埃及生活时使用的会堂。但它肯定是另一位著名的摩西，哲学家摩西·迈蒙尼德（Moses Maimonides）逃往埃及后的居住地。他从科尔多瓦和非斯（均由属于强硬派的穆瓦希德王朝哈里发统治）一直逃到了埃及。因此，经冢文献包含伟大的迈蒙尼德的几封手写信件和废弃的笔记，就并不令人惊讶了。他的兄弟大卫是去印度做生意的商人之一，当大卫于1169年在印度洋淹死后，迈蒙尼德抑郁长达数年。大卫的旅程是这样的：他沿着尼罗河向南航行，然后在一支商队的陪伴下穿越沙漠，到达艾达布（Aydhab）①。或者说，他希望如此。大卫和另一位犹太商人掉了队，不得不在没有人保护他们免受强盗侵害的情况下前往艾达布。大卫回信给摩西，承认因为他未谋而动，旅程非常不顺利：

> 当我们在沙漠中时，我们对自己做的事情感到后悔，但局势已经不在我们的掌控之中。不过，上帝让我们得救。我们带着全部行李安全抵达艾达布。我们在城门口卸下东西时，商队也到了。商队的客商遭到了抢劫和殴打，还有些人渴死了。[23]

任何人在阅读这些文件时，甚至在阅读本书时，都可能得出这样的结论：强盗、海盗和台风使这些长途旅行变得极其危险，谁敢尝试，谁就是有勇无谋。[24]大卫·本·迈蒙（David ben Maimon）② 从

① 艾达布是古代红海西岸的重要港口，其遗址在今天埃及与苏丹的争议领土哈拉伊卜三角区内。

② 即摩西·迈蒙尼德的兄弟大卫。摩西·迈蒙尼德是希腊文和拉丁文的写法，他的犹太名字是摩西·本·迈蒙，意思是迈蒙之子摩西。

艾达布写信给兄弟的时候似乎就是这么想的。他还对船的建造方式感到担忧——阿拉伯三角帆船的木板是按照传统方式用绳索捆绑在一起的，这会让熟悉“的黎波里之海”（地中海）船只的旅行者感到震惊：“我们乘坐的船没有一颗铁钉，而是用绳索捆绑在一起；愿上帝用他的盾牌保护它！……我即将跨越大洋，它可不是像的黎波里之海那样的海；我不知道我们还能不能再见面。”[25]兄弟俩没有再见面，因为出海之后，大卫所在的船就覆没了。

经冢文献改变了我们对印度贸易的认识，并表明，被认为没有价值而遭撕毁和丢弃的信件其实有时比官方记录更能说明贸易的情况。这种材料虽然相当丰富，但并非独一无二。我们不禁要问，福斯塔特的犹太人是不是这个社会的典型，毕竟在这个社会里，犹太人只是少数族群。例如，很显然，犹太人对谷物贸易并不特别感兴趣，但对亚麻和丝绸非常感兴趣。没人说得清，穆斯林贸易家族中是否也有将西西里、突尼斯、埃及和也门的犹太贸易家族联系在一起的那种家族关系。可能性很小。这就是为什么红海之滨库赛尔卡迪姆的所谓“谢赫之家”（Shaykh’s House）遗迹的发掘者发现大约150份文件，是如此令人兴奋。这些文件大多已被撕成碎片，但可以复原。[26]这些材料的年代比经冢的大部分文件稍晚，我们现在应该把视线转到它们身上，因为沿着红海进入印度洋的海上路线是分不同阶段的。库赛尔卡迪姆的文献揭示了13世纪初一位名叫阿布·穆法里季（Abu Mufarrij）的商人的商贸活动，其中包含的信息可以与考古成果比对，包括陶瓷从遥远的中国抵达红海的证据，以及黄金可能从基尔瓦和桑给巴尔沿非洲海岸北上的证据。

谢赫（Sheikh）① 阿布·穆法里季对面粉和其他食品非常感兴趣，这使他有别于经冢文献中的犹太商人："从南方交付给谢赫阿布·穆法里季的商品有：一又四分之一船的谷物和一个滤油器，将被装在'喜讯号'船上。"[27]库赛尔卡迪姆是贫瘠之地，因此需要不断补充基本物资。库赛尔卡迪姆的小麦比埃及大城市的贵得多，也就并不奇怪了；在库赛尔卡迪姆，小麦的价格可能是亚历山大港小麦的四倍，是开罗小麦的两倍。[28]库赛尔卡迪姆的信件补充了我们对该地区贸易的了解，因为这些信件将重点从经冢文献列举的香料和贵重商品转移到更普通但更重要的产品，如小麦、鹰嘴豆、豆子、枣子、油和米，这些是日常生活的主要食物。小麦有时以未加工的形式出现，有时在被磨成面粉之后送来。信中提到的小麦数量相当可观：在一份文件中多达3吨，足够四五户人家吃上一整年。[29]鉴于库赛尔卡迪姆所处的干旱环境，粮食很可能是在远方种植的，可能是在尼罗河流域，途经古斯（Qus）被运来；也可能是在也门，即阿拉伯半岛南部那个有季风降雨的角落。阿拉伯作家将库赛尔卡迪姆称为 *Qusayr furda al-Qus*，意思是"古斯的门户库赛尔"（*furda* 这个词有"政府检查站"的意思，在这种地方，令人厌烦的海关官员会对所有来往的物品征税）。[30]因此，也门当然被视为特别重要的贸易伙伴。卒于1229年的希腊裔地理学家雅古特·鲁米（Yaqut ar-Rumi）在谈到库赛尔卡迪姆时写道："那里有一个港湾供来自也

---

① 谢赫是阿拉伯语中常见的尊称，指"部落长老""伊斯兰教教长""智慧的男子"等，通常是超过四十岁且博学的人。在阿拉伯半岛，谢赫是部落首领的头衔之一。南亚的伊斯兰世界也用谢赫这个尊称。

门的船只使用。”[31]遗憾的是，我们很难搞清楚阿布·穆法里季是在做出口还是进口贸易。

利用库赛尔卡迪姆的文献，我们可以看到在红海上游的这个港口发生了什么。库赛尔卡迪姆港可以通往尼罗河上的埃及贸易站古斯，然后从那里通过尼罗河到达开罗和亚历山大港。[32]库赛尔卡迪姆在红海的所有港口中是距离尼罗河最近的一个。但这并没有使它成为真正的印度洋交通中心，因为它的一些业务被转移到红海的其他港口，包括库赛尔卡迪姆正对面的那些通往阿拉伯沙漠、指向圣城麦加的港口。由于环境贫瘠，麦加从库赛尔卡迪姆和类似的小港口获取小麦和其他基本必需品。限制库赛尔卡迪姆发展的一个因素是缺乏高质量的水。在 19 世纪，当地的饮用水是从 6 英里外的一口井运来的，有硫黄的臭味，而该地区的另一个泉眼产出的咸水含有磷，只能给牲口喝。[33]尽管如此，我们还是不应该低估库赛尔卡迪姆的重要性：在那里出土了一些船的残骸，有的被用来装饰坟墓，这些残骸来自类似于阿拉伯三角帆船的缝合船和钉板船。[34]到达库赛尔卡迪姆的船有时会被拆解，用骆驼背着穿过沙漠运到古斯，在那里被重新组装，在尼罗河再次下水。

谢赫阿布·穆法里季得到了忠诚的仆人的支持，他们定期给他写信，报告他们派送的货物的情况：

> 真主保佑，真主保佑！您想要什么，都请告诉我。主人，无论您需要什么，请给我写个备忘录，让搬运工送来。我将把您订的货运走。在按此订单交付谷物后，您应将全额款项寄给

我们。祝您平安。真主赐您怜悯和祝福。[35]

库赛尔卡迪姆的实物遗迹证实，从印度洋各地运来的大量食物被运抵这个小城。我们发现了一些芋头的块茎，这是一种东南亚蔬菜；还有椰子壳以及枸橼，这种柠檬形状的柑橘属大型水果在犹太社区很受欢迎，在住棚节的仪式上被使用。枣子、杏仁、西瓜、开心果、小豆蔻、黑胡椒和茄子都出现在库赛尔卡迪姆的出土物中。[36]我们从谢赫的书信里了解到的信息得到了考古证据的补充。杏仁和鸡蛋占了阿布·穆法里季经营的货物的三分之一。书信表明该城购买了新鲜水果和干果，包括西瓜和柠檬。这些水果不用于出口，也许是为了供应停泊在港口的船只。在库赛尔卡迪姆遗址发现的种子很好地佐证了谢赫对粮食的极高需求。

谢赫的代理人也买卖一些平淡无奇的物品，如缆索和鹤嘴锄；但他们对香水和胡椒也很感兴趣。数以千计的绳索碎片证明了数个世纪以来绳索的重要性，而且许多绳索显然是在船上使用的。[37]衣服也是如此，有些很普通，如优质的宽松长袍（galabiyah），有些则“用黄金和宝石装饰”，或用纯丝绸织成，还有“埃塞俄比亚长袍”。谢赫对奴隶不是很感兴趣。像犹太商人一样，他热衷于购买大量亚麻，也经营精美的珊瑚。珊瑚可能来自地中海，因为在那里最容易获得优质的鲜红色珊瑚。[38]阿布·穆法里季的生意做得很大，肯定不止供应库赛尔卡迪姆的杂货店。他的兴趣非常广泛，而且他显然是该城的主要供应商之一，为城市提供食品（特别是谷物）和在19世纪被称为“花哨商品”的东西。他还不时地表露，他对更加雄心勃勃的贸易事业感兴趣。一封寄给谢赫的信写道，一些珍贵的波斯货物很快将由几艘船运到：“半宝石、珍珠和珠子。”[39]阿布·穆法里季深谙当时的商业惯例，提供信贷和安排转账，从而避免直接经手现金。[40]

库赛尔卡迪姆信件的魅力就在于它们的平凡。至少以那个炎热、尘土飞扬的小城的标准来看，谢赫阿布·穆法里季是个富人。将艾达布和库赛尔卡迪姆与远东连接起来的宏伟贸易路线并不是他真正关心的东西。这些路线能创造巨大的利润，但需要经营维持，而库赛尔卡迪姆就是一个合适的节点。它不是一个有高雅文化的地方，甚至不如它的古老前辈密俄斯赫耳摩斯（库赛尔卡迪姆就在它的遗迹之上）或贝勒尼基（那里有大量神庙，供奉许多神祇）。不过，东方的影响已经渗入库赛尔卡迪姆。一个刻有文字的鸵鸟蛋很好地体现了库赛尔卡迪姆与一个更富裕、更具异域风情的世界的联系。鸵鸟蛋上有一首葬诗：

> 离开你的故乡去寻找繁荣，出发吧！旅行有五个好处：消除忧愁、赚钱谋生、寻求知识、学习礼仪、相伴良友。如果说，在旅行中有屈辱和艰辛，需要面对沙漠里的抢劫，需要克服困难，那么，英年早逝也肯定比在诽谤者和嫉妒者中过堕落的生活要好。[41]

也许曾有一位虔诚的朝觐者在往返麦加的途中死亡，有人在一个巨大的非洲鸵鸟蛋上写下了对死者的崇高赞誉。因为蛋是复活的象征。在库赛尔卡迪姆发现的中国陶器碎片也充分体现了当地与遥远异国的联系。在当地发现的陶瓷类型非常典型：青瓷、白瓷或带浅蓝色的白瓷，这类瓷器在 11—13 世纪福斯塔特的街道上越来越常见。在库赛尔卡迪姆出土的中国物品实际上比人们预想的要少，因为大部分瓷器是通过这个港口运往大城市的，比如，在福斯塔特发现了大约 70 万块中国陶器的碎片。[42]雕版印刷也从中国传到了库赛尔卡迪姆。在库赛尔卡迪姆发现的一些阿拉伯文文本，是用雕版印刷的，同时期的中国印刷文本也是如此。有人认为，用于印刷的雕版是在中国制造的，然后文本在那里被印刷，并出口给中东的消费者。这些印刷品被当作护身符："画护身符的人和戴护身符的人都会安然无恙。"[43]有护身符似乎并不出人意料，因为祈祷平安是人们对远海危险的一种自然反应。不过，它们提醒我们，阿布·穆法里季或经冢文献中商人的账本只讲述了人类故事的一部分，即对于在危险的海洋世界（充满风暴、暗礁、海盗和反复无常的统治者）里该如何生存的担忧。

※ 四

从库赛尔卡迪姆和艾达布往南走，连接红海和印度洋的曼德海峡具有至关重要的战略意义。过了海峡，船就进入了一个小海湾（亚丁湾），那里是进入印度洋的通道。在这个地区，亚丁是主要的交易中心。这座繁荣的城市位于一座死火山的火山口，地理位置优越，可以观察海峡的来往交通。[44]亚丁拥有自己的资源，这些资源部分来自海洋和海岸线：盐、鱼和非常珍贵的鲸鱼产品龙涎香，龙涎香偶尔会被冲上岸，可用于生产香水。不过，亚丁的水很短缺。一项巧妙的宏伟工程利用该城位于火山口的地理位置，将落在高处的水导入一系列的蓄水池，甚至还安装了过滤器，可以在水往下流的过程中去除其中的一些杂质。[45]在内陆和朝向阿曼的沿海地带，有一些土地肥沃、灌溉良好的地区，年景好的话能够生产大量的粮食，不仅可以供养亚丁，还可以供养更远的地方，如麦加。[46]因此，亚丁的总体情况与锡拉夫并无太大区别：亚丁作为贸易中心而蓬勃发展，正是因为当地资源相当匮乏；而且亚丁处于非常有利的位置，可以监管从红海前往印度以及东非海岸的交通。

这引起了竞争对手们的嫉妒。基什岛就在波斯湾内，岛上的统治者希望控制几条贸易路线，不仅是通过波斯湾的路线（因为该路线在 12 世纪中叶已经衰败了），还有沿着阿拉伯半岛的南翼，经过也门和阿曼的路线。因此，在 1135 年，基什岛统治者袭击了亚丁，希望至少能夺取港口设施和海关。在这之前，亚丁由两个堂兄弟共治，其中一个负责港口的管理，他先是诈降，然后用大量的食物和酒来诱惑攻击者。当他的部下攻击因醉酒而步履蹒跚的大批入侵者时，入侵者没有还手之力。据说很多基什岛人被斩杀，以至于这个地区从此被称为“骷髅地”。事实是，亚丁被围困了好几个月后，两艘属于锡拉夫的拉米什特的大船来援。亚丁部队登上了这两艘船，从侵略者的背后发起攻击。一位亚丁的犹太商人在给埃及的商业伙伴的信中这样写道：

> 最后，拉米什特的两艘船到了。敌人试图夺取它们，但风向有利，所以它们在海上被分散到了左右两边。两艘船安全入港，在那里，部队立即登船。在这个时候，无论是在港口还是在城里，敌人都无计可施。[47]

亚丁的统治者很清楚，亚丁是他们王冠上的宝石。目光敏锐的海关官员对通过政府检查站（*furda*）的商品进行检查。海关官员当着无疑很不耐烦的商人的面，耐心清点每一块布，并做了详细的记录。这是经冢文献中的商人在亚历山大港海关时所熟悉的待遇。所有这些都提醒我们，香料的价格之所以高昂，主要原因不是它多么稀缺，甚至也不是把它们运到亚丁和亚历山大港的路途遥远，而是运输途中要向一个又一个政府支付一系列费用，更不用说贿赂和好处费了。如果能知道当时有多少走私活动就好了，但亚丁看起来是有城墙环绕、戒备森严的城市，走私几乎是不可能的。[48]理论上，犹太人、基督徒和其他非穆斯林应支付两倍于穆斯林的税款，但这一规则很少真正得到执行。从政府检查站出来，一扇门通向港口，另一扇门通向城市街道，街道上有用石头建造的多层的商人住宅。它们是否与现代也门的排屋一样高，尚不明确，但最理想的住宅靠近大海，因为在火山口的深处无法享受从海上吹来的凉风。[49]总的来说，不同族群在亚丁和平共处。但 12 世纪末，气氛突变，当时的亚丁苏丹坚持要求亚丁和也门其他地区的所有犹太人皈依伊斯兰教，而过路的外商似乎得到了豁免（可能因为他们是其他统治者的臣民，苏丹不想得罪其他统治者）。少数亚丁犹太人进行了抵抗，惨遭斩首，但即使是犹太社区领袖也皈依了伊斯兰教。这一事件震动了整个犹太世界。迈蒙尼德写了一本著名的小册子，劝告也门的犹太人要有耐心。他认为这种强迫皈依是弥赛亚降世和以色列的救赎即将到来的迹象。不过，后来亚丁政府对犹太人的迫害减轻了，犹太人社区得以恢复。[50]

开罗商人也以亚丁为基地，从这里向东方的印度发送信件，提供有关胡椒市场状况的信息。预测哪里的胡椒价格有利可图，是这些商人的基本商业操作，他们不仅仅是消极被动的中间商。[51]由于自然条件有利，始自亚丁之航行的季节与地中海的航行季节很协调，船在秋季开始时从亚丁出发前往印度，所以之前有时间从遥远的西西里、突尼斯和西班牙将货物运到地中海东部的目的地，然后从红海南下。因此，亚丁不仅是印度洋海运网络的节点，而且是（在发现美洲之前的）全球网络（从大西洋之滨的塞维利亚延伸到印度洋的香料群岛）的节点。总的来说，从8月底到次年5月，亚丁的港口非常活跃。来自印度、索马里、厄立特里亚和津芝（Zanj，即东非）的船聚集在亚丁。所以，亚丁成为非洲、亚洲和地中海产品的交易市场。[52]

※ 五

埃及商人在亚丁停靠之后，进入印度洋，利用季风，穿越远海前往印度。乍一看，还原10—13世纪印度航海世界的机会似乎不大。除了一些铭文和偶尔的文献记载之外，缺乏信件和账簿似乎是一个难以逾越的障碍。但如果考虑到来自福斯塔特的犹太商人的信件，特别是在印度沿海生活过的亚伯拉罕·本·伊朱（Abraham ibn Yiju）等人的来往信件，情况就不一样了。福斯塔特商人与印度的王公、商人和船主有很多接触。例如，皮德亚尔（Pidyar）是一位印度（也可能是波斯）船东，福斯塔特的犹太商人与他打过交道。他拥有一支小型船队，并雇用了至少一名穆斯林船长（我们不知道这位船长是什么民族的）。[53]还有当地的犹太和穆斯林船东，如也门的犹太社区领导人，他的新船名为“库拉米号”（*Kulami*），在离开亚丁五天后沉没，尽管它是与姊妹船“巴里巴塔尼号”（*Baribatani*）一起出发的：

> “巴里巴塔尼号”的水手在夜里听到了“库拉米号”水手的喊叫，以及他们被水淹没时的呼号和惨叫。天亮后，“巴里巴塔尼号”的水手没有找到“库拉米号”的任何踪迹，尽管从两艘船离开亚丁时起，它们就一直保持着联系。[54]

虽然这很令人痛苦，但还不像伊本·穆卡达姆（ibn al-Muqaddam）的遭遇那样悲惨。穆卡达姆的宗教信仰不详。在从亚丁到马拉巴尔海岸的几次航行之后，他在海上失去了自己的船，换了新船，然后又失去了新船。这并不是常见的事情，我们是从随后的法律文书中得知的。在犹太律法中，证明遭遇海难的人确已死亡是非常重要的。这样，寡妇才可以放心地再婚，而不必担心如果第一任丈夫仍然活着的话，她再婚后生的孩子会被算作私生子。那种情况很严重，但好在非常罕见。[55]

一些存世的重要印度铭文，让我们能够了解这一时期印度海岸的海上交通和城镇生活。但是，这一系列用难懂的马拉雅拉姆语（Malayalam）写的铜板铭文非常难以解读。它们是法律文书，如王室授予土地和授予基督教会特权的文书。这些铜板的镌刻时间是公元849年，地点是距离锡兰不远的印度西南部港口城市奎隆（Kollam或Quilon）。重要的特权被以这种永久的形式记载下来，以象征它们将“在地球、月亮和太阳持续存在的时间里”保持不变。这些铭文带有多种文字的签名，这一简单的事实让我们看到了这个时期印度沿海主要贸易城镇的族群和宗教多样性：这些铭文的二十五名见证人用他们日常使用的字母和语言书写他们的名字，其中有阿拉伯文和中古波斯文（用阿拉伯文书写），还有犹太-波斯文（用希伯来文书写）；有些见证人是犹太教徒，有些是基督徒、穆斯林、印度教徒或琐罗亚斯德教徒。其中琐罗亚斯德教徒毫不客气地将自己描述为“好的宗教的信徒”。铜板上提到了两个行会，这两个行会将从奎隆出发从事贸易的商人组织在一起。一个行会被称为“玛尼格拉玛姆”（Manigramam），专门从事苏门答腊和马来半岛的贸易；另一个叫“安库万纳姆”（Ancuvannam），负责另一个方向，即阿拉伯半岛和东非。前往苏门答腊的商人本身就是南印度的泰米尔人，而前往西亚的商人是阿拉伯人、波斯人和犹太人，也就是那些在铜板上签名的人。这两个行会在王室的监督下运作，正如其中一块铜板所说的那样：“所有王家事务，包括商品定价和类似的事务，都应由行会完成。”这意味着行会代表当地的王公，对进出港口和陆路城门的货物征税。[56]这也表明，王公相信他可以放心地让本地和外国商人做他的代理人，并兢兢业业地为他办事。他对外商表示如此热烈的欢迎是很自然的，因为如果没有他们，奎隆的地位将一落千丈，他自己的收入也会萎缩。

851年，差不多就在人们制作这些铜板铭文的时候，一位可能叫苏莱曼的穆斯林商人把他在印度洋和其他地方的航行经历记录了下来。他最远到过中国，并在书中用了最多的篇幅来介绍中国。苏莱曼很了解他所说的马来亚的库拉姆（Kûlam of Malaya，这里的"马来亚"指马拉巴尔，而不是马来半岛），也就是奎隆。他说，从阿拉伯半岛东南部的马斯喀特（Muscat）航行去奎隆需要一个月时间。他知道有船从遥远的中国来到奎隆。他认为奎隆是印度洋东部和西部贸易的主要中心，这与已知的两个商人行会的活动吻合。[57]在他看来，这条海路是通往中国的显而易见的路线。毫无疑问，马拉巴尔海岸的不同地方在不同时期都取得过更大的成功。在苏莱曼的时代，从锡拉夫和波斯湾到印度的航线特别热闹。但苏莱曼是在埃及法蒂玛王朝控制横跨印度洋西部的海路之前就活跃起来的。因此，铜板铭文提到波斯裔的穆斯林和犹太教徒并不奇怪。而在经冢信件的时代，出身于埃及甚至突尼斯的犹太教徒和穆斯林同样有可能出现在南印度的沿海城市。[58]

尽管旅行的风险很大，但雄心勃勃的福斯塔特商人还是亲身去往印度，而不是只依靠前往亚丁的印度和穆斯林航运商。风险越大，利润就越高。在12世纪中叶，一群犹太人，包括领诵者之子萨利姆（Salim the son of the cantor）和几名金匠，与非常富有的穆斯林商人比拉勒（Bilal）合作，从亚丁出发，前往锡兰。锡兰被认为是优质肉桂的产地。生活在福斯塔特的北非商人阿布-法拉吉·尼西姆（Abu'l-Faraj Nissim）去印度购买樟脑。他在给家人的信中说，这次航行是一次可怕的经历，但他设法买到了大量樟脑，至少价值100第纳尔，并把这批货安全送到了亚丁。两年过去了，他杳无音讯，所以是时候瓜分他这批货的利润了。[59]本·伊朱家族的运气更好。他们在地中海贸易中非常活跃，但对印度的产品也非常感兴趣。这个家族是一个极好的例子，可以说明香料如何从印度一路传到地中海的主要城市，如巴勒莫和马赫迪耶（Mahdia，位于突尼斯海岸的一个繁荣的交易中心）。亚伯拉罕·本·伊朱在大约1131年出发前往印度，他的一位通信伙伴对他的艰难旅程表示同情，祈求上帝“赐予圆满的结果”，也就是带来丰厚的利润。[60]

1132年，亚伯拉罕抵达马拉巴尔海岸的门格洛尔（Mangalore）。这一地区的名气传到了中国。13世纪初，中国地理学家赵汝适描述门格洛尔人肤色深棕，耳垂很长；他们戴着五颜六色的丝绸头巾，出售在当地捕捞的珍珠，还有棉布；他们使用银币，购买从更远的东方运来的丝绸、瓷器、樟脑、丁香、大黄和其他香料。但在赵汝适的时代（这是他自己的说法），很少有船从中国踏上漫长而艰难的旅程去门格洛尔。[61]①这是一个消极的判断，有意无意地呼应了9世纪商人苏莱曼对中国与伊拉克贸易所持的保留意见。但在埃

① “国人紫色，耳轮垂肩。……凿杂白银为钱，镂官印记，民用以贸易。土产真珠、诸色番布、兜罗绵。……其国最远，番船罕到。……土产之物，本国运至吉啰达弄、三佛齐，用荷池、缬绢、瓷器、樟脑、大黄、黄连、丁香、脑子、檀香、豆蔻、沉香为货，商人就博易焉。”引自《诸蕃志校释》卷上《南毗国》，第68页。

及和中东其他地区发现的中国货物的数量证明，中国与伊拉克的接触密集且持续，而且非常有利可图。亚伯拉罕·本·伊朱在门格洛尔的时候，那里就已经很繁荣了。他在那里买了一个女奴，然后赐予她自由，这在犹太律法中具有使她皈依犹太教的效果（他给她取了希伯来语名字贝拉哈，即“祝福”），之后他与她结婚生子。同时，他在印度西部的海岸线上来回运送货物。他于 1140 年前后长时间在亚丁停留，但他大部分时间待在印度，直到 1149 年。

亚伯拉罕开了一家作坊，生产青铜制品，如托盘、碗和烛台。从一封来自亚丁、要求订制一批金属制品的信中可以看出，有的产品的设计相当复杂。他从西方进口砒霜，因为他得知锡兰对砒霜的需求量很大，在那里，砒霜被用于制药。他带来了埃及棉花，输出铁、芒果和椰子，与穆斯林、犹太人和印度教徒伙伴合作。本·伊朱的穆斯林伙伴包括锡拉夫的富商拉米什特，他的大船很受信任。但即便如此，也可能出大麻烦——有一封信说，拉米什特的两艘船“全毁了”，船上就有属于亚伯拉罕·本·伊朱的贵重货物。[62]富有的商人需要有一定的承受能力，不把所有鸡蛋放在同一个篮子里也很重要。这些商人对多元化的货物感兴趣不是没有理由的，因为无论多么仔细地阅读从巴勒莫、亚历山大港、福斯塔特和亚丁寄出的信件，研究信中关于价格、政治条件和可以信任的商人的信息，你都永远无法知道哪种货物是最有利可图的。

亚伯拉罕·本·伊朱最喜欢的商品之一是纸张。纸在印度，甚至在亚丁都很短缺，因为正如他在亚丁的通信伙伴写的那样，“两年来，在市场上一直搞不到纸张”。[63]像本·伊朱这样的外商更喜欢用纸，而不是在棕榈叶或布上写字，而本·伊朱有特别的理由想要更多的纸：他在业余时间是个诗人。即使他自己的诗写得不好，他也很欣赏那些同时代的伟大的西班牙作家。这些作家正在创作优美的宗教诗歌，它们很快就会被纳入犹太教的礼仪。本·伊朱涉猎犹太法，并加入了印度的一个宗教法庭（*bet din*）。在印度西北角历史悠久的印度洋贸易中心巴里加扎，似乎还曾有另一个犹太法庭。[64]所有这些都表明，他在门格洛尔绝非孤身一人。在马拉巴尔海岸各处有其他犹太人，而且肯定也有更大的穆斯林商人社区，更不用说向西航行的印度商人。印度商人还（与马来人一起）确保印度与马来半岛和印度尼西亚，甚至中国的联系得以维持。他参与其中的信息网络从印度一直延伸到西西里岛，也许还到了西班牙。现在，他很富有，希望在马赫迪耶或那附近的某个地方安度余生。但就在他离开印度前往亚丁后，他听说西西里国王征服了突尼斯海岸（他认为那里发生了屠杀，但这次征服其实相对来说比较和平）。[65]今天的我们很难感受到，生活在离家万里之遥的门格洛尔是什么感觉；但本·伊朱在发财后对北非的怀念表明，他把在印度的贸易活动看作自己的事业，如果运气好的话，他最终能衣锦还乡，带着印度妻子和孩子返回祖先的土地，对他的妻儿来说，北非将是一个新世界。

就像在罗马时代一样，马拉巴尔海岸将目光投向两个方向。中国地理学家赵汝适说，从三佛齐出发，“月余可到”① 印度的这一

① “南毗国在西南之极。自三佛齐便风月余可到。”引自《诸蕃志校释》卷上《南毗国》，第68页。

部分。[66]虽然不是很经常，但有时犹太商人的活动范围远远超过印度。10世纪一本名为《印度的奇观》的书是由一位名叫布祖尔格（Buzurg）的波斯作家创作的，不过是用阿拉伯文写的。布祖尔格讲述了一个“奇怪的故事”（这是他的原话）：犹太人以撒（Isaac）在阿曼被一个犹太同胞起诉，于882年前后逃往印度。以撒带着自己的货物逃走，三十年来西方没有人知道他的下落。他在中国发了大财，在那里，他被当成阿拉伯人（犹太商人经常被误以为是阿拉伯人）。912—913年，他再次出现在阿曼，这次是搭乘他自己的船，船上的货物估计价值100万金第纳尔，他为此支付了100万银迪拉姆的税，这可能相当于约12%的税率。这让当地总督很高兴，但引起了其他商人的嫉妒，他们没有能力提供可与其媲美的宝物（当时，一个中下层家庭每年靠24第纳尔就能较好地维持生计，所以100万第纳尔相当于今天的近100万英镑或超过150万美元，尽管这样比较的意义不大）。[67]他带到阿拉伯半岛的珍奇货物很多，丝绸、中国陶瓷、珠宝和优质麝香只是其中的一部分。三年后，他不愿继续忍受在阿曼受到的敌视，于是买了一艘新船，装满商品，向东航行，希望再次到达中国。这意味着他必须经过瑟尔波扎（Serboza），这一定是指海上王国三佛齐。那里的王公看到了一个发横财的好机会，要求他交纳2万第纳尔的费用，然后才准许他离开瑟尔波扎去中国。以撒拒绝支付，当晚就遭逮捕并被处死。王公侵吞了这艘船和所有的商品。[68]

后人在进行这种雄心勃勃的航行时更加谨慎。经冢文献中的商人一般满足于留在印度甚至亚丁，等待中国货物到来。这些货物包括釉面瓷碗，犹太人对这种瓷碗产生了担忧，因为经期妇女如果接触到这些瓷碗，可能造成仪式的不洁。[69]印度是两个，甚至三个贸易网络的交会点：从埃及经亚丁到马拉巴尔海岸，从马拉巴尔海岸到马来半岛和印度尼西亚，并进一步延伸到泉州和中国的其他港口。[70]但如果考虑到交易的货物，这看起来更像是一条连接地中海的亚历山大港和中国的交通线。丝绸、香料、瓷器、金属制品和宗教思想都沿着这条交通线传播，还有所有那些普通的商品，如小麦、大米、枣子等。库赛尔卡迪姆的谢赫和其他许多人都主要经营这些商品。

※ 六

12 世纪，在红海通行的商人的性质发生了重要变化，尽管他们携带的货物除了数量增加外，可能并没有非常明显的变化。穆斯林统治者对非穆斯林在红海的活动越来越敏感，这在很大程度上是由于十字军领主沙蒂永的雷诺（Reynaud de Châtillon）于 12 世纪 80 年代试图向红海派遣一支舰队以攻击麦加和麦地那，并对红海交通发动海盗式袭击。虽然雷诺的活动被镇压下去，但他的海盗活动接近麦地那，对其构成了威胁。这导致非穆斯林被禁止进入红海。[71]在埃及成立了一个穆斯林商人法团，它将老一代的经冢文献中的商人排除在印度贸易之外。这些被称为“卡里米”（karimi）的穆斯林商人得到开罗政府的支持，因为开罗政府看到了对香料贸易征税是多么有利可图。[72]

不过，埃及和印度之间的关系仍旧紧密，所产生的贵金属往返流动可以被比喻为两条河流在印度汇聚。印度一如既往地是一个贫富差距极大的国家，富裕的精英阶层过着奢华的生活，远离穷人的日常劳作，如同古代中国。外商购买印度奢侈品，所付款项以金银形式涌入印度王公的国库，这些收入中的一部分被用于宫廷的华丽排场和战争。但是，从西方和中国流入的金银的“囤积”（借用一个方便好用的法语词 *thésaurisation*）发展迅速，因为印度王公将进入本国的贵金属收入国库，而不使其进入流通。于是，埃及、叙利亚和北非缺少小额支付所需的白银，虽然有权宜之计，如用玻璃代币和铅币。在某种程度上，中东商人可以从伊朗北部获得白银，但伊朗的白银通常流向巴格达。中东商人也可以从西欧获得白银。从11世纪末开始，西欧对东方香料的需求不断增加，这使得威尼斯、热那亚和比萨的商人热衷于在亚历山大港和其他黎凡特城市建立据点，并用白银购买大量的胡椒、姜和其他的印度或印度尼西亚货物。我们还可以看到，大量的中国钱币被带出中国，流向周围国家，包括日本和爪哇。人们常说，一只蝴蝶扇动翅膀可以影响整个世界的气候。我们至少可以说，在从西班牙（最终是大西洋）到日本的一系列海上贸易路线上发生的交易，其连锁效应能够远达贸易路线的下游。撇开欧亚非的居民仍然不知道的美洲不谈（暂不考虑诺斯人在美洲的活动），一个全球性的网络已经形成。自希腊-罗马与印度开展贸易的时代以来，这个网络的力量和持久性不断增强。

注 释

1. T. Power, *The Red Sea from Byzantium to the Caliphate AD 500-1000* (Cairo, 2012); P. Crone, *Meccan Trade and the Rise of Islam* (Oxford, 1987).

2. Power, *Red Sea*, pp. 70-71, 其中有对 I. Shahid, ‘Byzantium in South Arabia’, *Dumbarton Oaks Papers*, vol. 33 (1979), pp. 27-94 特别是 p. 56 的批评；另见 G. Bowersock, *The Throne of Adulis: Red Sea Wars on the Eve of Islam* (Oxford, 2013), pp. 96-8。

3. Bowersock, *Throne of Adulis*, pp. 106-33.

4. David Abulafia, *The Great Sea: A Human History of the Mediterranean* (London, 2011), p. 221.

5. Power, *Red Sea*, pp. 103-9.

6. R. Hodges and D. Whitehouse, *Mohammed, Charlemagne and the Origins of Europe* (London, 1983), pp. 126-9.

7. Quintus Horatius Flaccus, *Epistles*, 2. 1, ll. 156-7.

8. Hodges and Whitehouse, *Mohammed, Charlemagne*, pp. 131-2.

9. Xinru Liu, *The Silk Road in World History* (Oxford and New York, 2010), pp. 96-101; F. Wood, *The Silk Road* (London, 2002); P. Frankopan, *The Silk Road: A New History of the World* (London, 2015).

10. Hodges and Whitehouse, *Mohammed, Charlemagne*, pp. 115-18.

11. 来自 S. M. Stern, ‘Ramisht of Siraf, a Merchant Millionaire of the Twelfth Century’, *Journal of the Royal Asiatic Society*, n. s. , vol. 99 (1967), pp. 10-14 所引段落，文字略有改动。

12. D. Abulafia, 'Asia, Africa and the Trade of Medieval Europe', in M. M. Postan, E. Miller and C. Postan, eds., *The Cambridge Economic History of Europe* (2nd edn, Cambridge, 1987), vol. 2, p. 451.

13. G. Ferrand, ed., *Voyage du Marchand Arabe Sulaymân en Inde et en Chine rédigé en 851 suivi de Remarques par Abû Zayd Ḥasan (vers 916)* (Paris, 1922), pp. 35–7; Abū Zayd al-Sīrāfī, 'Accounts of China and India', in T. Mackintosh-Smith and J. Montgomery, eds., *Two Arabic Travel Books* (New York, 2014), pp. 28–31（关于作者的身份，见 pp. 5–6；关于"中国船"，见 pp. 84–5, 88–9, 136 n. 28）。

14. Ferrand, ed., *Voyage du Marchand Arabe*, pp. 75–7; Abū Zayd al-Sīrāfī, 'Accounts of China and India', pp. 66–71; D. Heng, *Sino-Malay Trade and Diplomacy from the Tenth through the Fourteenth Century* (Athens, Oh., 2009), pp. 29, 34–5 给出的时间是公元 873 年；A. Schottenhammer, 'China's Emergence as a Maritime Power', in *The Cambridge History of China*, vol. 5, part 2: *Sung China 960–1279* (Cambridge, 2015), pp. 437–525。

15. Ferrand, ed., *Voyage du Marchand Arabe*, pp. 81, 84; Abū Zayd al-Sīrāfī, 'Accounts of China and India', pp. 72–9.

16. Hodges and Whitehouse, *Mohammed, Charlemagne*, pp. 133–41; D. Whitehouse, 'Sīrāf: A Medieval Port on the Persian Gulf', *World Archaeology*, vol. 2 (1970), pp. 141–58.

17. Abulafia, *Great Sea*, p. 389.

18. 关于来自开罗的犹太商人，见 Ibid., pp. 258–67；更全面的论述，见 pp. 268–317。

19. Power, *Red Sea*, pp. 146, 148–9.

20. Ibid., pp. 155–7; G. T. Scanlon, 'Egypt and China: Trade and

Imitation', in D. S. Richards, ed., *Islam and the Trade of Asia: A Colloquium* (Oxford, 1970), pp. 81–95.

21. S. D. Goitein and M. Friedman, *India Traders of the Middle Ages: Documents from the Cairo Geniza – 'India Book'* (Leiden, 2008), pp. 387–9; E. Lambourn, *Abraham's Luggage: A Social Life of Things in the Medieval Indian Ocean World* (Cambridge, 2018).

22. S. D. Goitein, *A Mediterranean Society: The Jewish Communities of the Arab World as Portrayed in the Cairo Geniza*, vol. 1: *Economic Foundations* (Berkeley and Los Angeles, 1967).

23. Cited in S. Reif, *A Jewish Archive from Old Cairo: The History of Cambridge University's Genizah Collection* (Richmond, Surrey, 2000), p. 173.

24. See e. g. Goitein and Friedman, *India Traders*, pp. 160–61, 527, 535.

25. Ibid., p. 159.

26. Li Guo, *Commerce, Culture, and Community in a Red Sea Port in the Thirteenth Century: The Arabic Documents from Quseir* (Leiden, 2004); A. Regourd, 'Arabic Language Documents on Paper', in D. Peacock and L. Blue, eds., *Myos Hormos–Quseir al-Qadim: Roman and Islamic Ports on the Red Sea*, vol. 2: *Finds from the Excavations 1999–2003* (Oxford, 2011), pp. 339–44.

27. Guo, *Commerce, Culture, and Community*, pp. 141, 143, 152, 159–60, 162, 235, texts 3, 4, 8, 11, 12, 43.

28. Ibid., p. 37.

29. Ibid., pp. 35–8.

30. Regourd, 'Arabic Language Documents', pp. 339–40.

31. Cited by Guo, *Commerce, Culture, and Community*, p. 29.

32. Goitein and Friedman, *India Traders*, p. 189: 'hiring two camels from Qus to

Aydhab'.

33. D. Peacock, 'Regional Survey', in D. Peacock and L. Blue, eds., *Myos Hormos–Quseir al-Qadim: Roman and Islamic Ports on the Red Sea*, vol. 1: *Survey and Excavations 1999–2003* (Oxford, 2006), p. 12.

34. L. Blue, J. Whitewright and R. Thomas, 'Ships and Ships' Fittings', in Peacock and Blue, eds., *Myos Hormos*, vol. 2, p. 184.

35. Guo, *Commerce, Culture, and Community*, p. 137, text 1.

36. M. van der Veen, A. Cox and J. Morales, 'Plant Remains', in Peacock and Blue, eds., *Myos Hormos*, vol. 2, pp. 228–31.

37. F. Handley, 'Basketry, Matting and Cordage', in Peacock and Blue, eds., *Myos Hormos*, vol. 2, pp. 306–7.

38. Guo, *Commerce, Culture, and Community*, pp. 38–9, 175, 181–2, 200, 203, 214–15, 219, 239, 257, 261, 280, texts 17, 20, 26, 27, 31, 32, 46, 58, 60, 67; Regourd, 'Arabic Language Documents', pp. 342–3.

39. Guo, *Commerce, Culture, and Community*, pp. 225–6, text 36.

40. Ibid., pp. 51–4.

41. D. Agius, 'The Inscribed Ostrich Egg', in Peacock and Blue, eds., *Myos Hormos*, vol. 1, p. 159（标点有所调整）。

42. R. Bridgman, 'Celadon and Qingbai Sherds: Preliminary Thoughts on the Medieval Ceramics', in Peacock and Blue, eds., *Myos Hormos*, vol. 2, pp. 43–6.

43. Guo, *Commerce, Culture, and Community*, pp. 63, 75–89, and plate 1, p. 79.

44. R. Margariti, *Aden and the Indian Ocean Trade: 150 Years in the Life of a Medieval Arabian Port* (Chapel Hill, 2007), p. 71; Goitein and Friedman, *India Traders*, p. 295.

45. Margariti, *Aden and the Indian Ocean Trade*, pp. 47–67.

46. N. A. al-Shamrookh, *The Commerce and Trade of the Rasulids in the Yemen, 630–858/1231–1454* (Kuwait, 1996), pp. 101–29.

47. Goitein and Friedman, *India Traders*, pp. 439–47.

48. 关于亚历山大港，见 Abulafia, *Great Sea*, pp. 296–7, 309。

49. Margariti, *Aden and the Indian Ocean Trade*, pp. 94–6, 101–2, 113, 115–19；关于中世纪晚期的也门，见 al-Shamrookh, *Commerce and Trade of the Rasulids*, pp. 259– 81, 315–36 (appendix 1)。

50. Goitein and Friedman, *India Traders*, pp. 508–9：'no foreigner should be molested'; A. Hartman and D. Halkin, *Epistles of Maimonides: Crisis and Leadership* (Philadelphia, 1993).

51. Margariti, *Aden and the Indian Ocean Trade*, pp. 120–21.

52. Ibid., pp. 153–4.

53. Goitein and Friedman, *India Traders*, p. 24.

54. Ibid., p. 534.

55. Ibid., pp. 147, 160–61.

56. E. Lambourn, K. Veluthat and R. Tomber, eds., *The Kollam Plates in the World of the Ninth-Century Indian Ocean* (New Delhi, 2020).

57. Ferrand, ed., *Voyage du Marchand Arabe*, pp. 18, 19, 40, 42; Abū Zayd al-Sīrāfi, 'Accounts of China and India', pp. 30–33; J. Chaffee, *The Muslim Merchants of Pre-Modern China: The History of a Maritime Asian Trade Diaspora, 750–1400* (Cambridge, 2018), pp. 21–3.

58. S. Digby, 'The Maritime Trade of India', in T. Raychaudhuri and I. Habib, eds., *The Cambridge Economic History of India*, vol. 1：*c. 1200–c. 1750* (Cambridge, 1982), pp. 127, 146.

59. Goitein and Friedman, *India Traders*, pp. 288–93, 373–6.

60. Lambourn, *Abraham's Luggage.*, pp 00–0.

61. F. Hirth and W. W. Rockhill, eds., *Chau Ju-kua: His Work on the Chinese and Arab Trade in the Twelfth and Thirteenth Centuries, Entitled Chu-fan-chï* (St Petersburg, 1911), pp. 88–9.

62. Goitein and Friedman, *India Traders*, pp. 314–17, 332, 555.

63. Digby, 'Maritime Trade of India', pp. 125–6; Goitein and Friedman, *India Traders*, pp. 346, 576.

64. Goitein and Friedman, *India Traders*, pp. 54–68; also pp. 473, 476.

65. Ibid., p. 71; Abulafia, *Great Sea*, pp. 319–20.

66. Hirth and Rockhill, eds., *Chau Ju-kua*, p. 87.

67. Goitein and Friedman, *India Traders*, pp. 35 n. 15, 210; Chaffee, *Muslim Merchants*, p. 31.

68. Goitein and Friedman, *India Traders*, pp. 124–5.

69. Ibid., pp. 387–9.

70. Digby, 'Maritime Trade of India', p. 133.

71. Abulafia, *Great Sea*, p. 296.

72. Abulafia, 'Asia, Africa and the Trade of Medieval Europe', pp. 437–43; 伊斯兰世界的印度洋地图，见 Y. Rapoport and E. Savage-Smith, *Lost Maps of the Caliphs* (Oxford, 2018)。

第十章

日出与日没

※ 一

除了来自遥远西方的商人和旅行者之外，来自更东边的土地（日本和朝鲜半岛）的商人和旅行者也汇聚到中国。长期以来，人们一直认为贸易对这个时期日本的日常生活没有什么影响。一篇关于公元1000年前后日本的经典文献简单地提道：“商贸在该国经济中发挥的作用微乎其微。”[1]根据这种观点，对此时的日本来说，重中之重是水稻和其他基本农作物的种植。我们看到，一个通过控制土地来行使权力的社会逐渐成形，这种制度与中世纪欧洲的封建制有许多相似之处。但这大大简化了事实上更为复杂的图景。朝鲜半岛和日本的宫廷渴求中国文化。这种接触是通过海洋进行的，通过人员、物品和文本的转移而实现。此外，中国文化的影响变得如此强大，以至于这些邻国开始效仿中国朝廷，并开始自视为帝国。日本统治者凭借其对朝鲜半岛部分地区的主宰权（不管是真实的还是想象的），在607年寄给中国皇帝的一封信中厚颜无耻地宣称：“日出处天子致书日没处天子无恙。"①[2]即便如此，日本天皇还是很务实：他们仍然偶尔向中国皇帝进贡，尽管他们自认为可以与中国皇帝平起平坐。中国人对这些平等的主张不以为然。日本人认识到，在他们的使节提交的国书中，用日本人的术语 *sumera mikoto*（皇尊）来称呼天皇是更圆通得体的做法。中国人则假装这只是天皇的名字。[3]

因此，中日关系的历史从友好到疏远，再到中断，也就不足为奇了。从日本出发前往朝鲜半岛和中国的水手是日本和朝鲜半岛的居民，他们需要跨越往往困难重重的海域。中国人又一次扮演了被动的角色，很少派遣使团去日本。[4]乔治·桑瑟姆爵士（Sir George Sansom）指出："日本闭关锁国在其历史上是较晚出现的现象。"[5]另外，对于公元1千纪之前日本与亚洲大陆的联系，我们所知甚少。公元前1世纪，日本跨海袭扰朝鲜半岛，朝鲜半岛的官方编年史也有相关记载："八年，倭人行兵欲犯边，闻始祖有神德，乃还。"②[6]在公元1千纪之初，日本与中国汉朝有一些接触，公元1世纪就有日本使团到达中国和朝鲜半岛，但中国人对日本没有很大的兴趣：日本被看作一片有许多小国纷争的土地（在后来的几个世纪里，日本确实如此）；它的居民"性嗜酒"，但许多日本人活到了百岁，抢劫和偷盗也很少发生。③ 看来当时日本的某些方面跟今天差不多。

① 引自［唐］魏征等《隋书》卷八一《东夷·倭国》，中华书局，1973，第1827页。

② 引自〔高丽〕金富轼《三国史记》卷一《新罗本纪第一》，奎章阁本。

③ 参考［晋］陈寿《三国志》卷三〇《乌丸鲜卑东夷传·东夷·倭》，北京：中华书局，1982，第854—858页。"旧百余国，汉时有朝见者，今使译所通三十国。……性嗜酒。……其人寿考，或百年，或八九十年。……不盗窃，少争讼。"

早期日本的一个重要特征是高度的民族多样性，北部和南部（北海道和九州）的原住民一直拒绝服从中央权威。直到 7 世纪晚期，日本中部和南部的大部分（尽管不是全部）领主才开始使用“日本”（Nihon 或 Nippon）这个名字，即“旭日之国”，西方的 Japan 一词就来源于此。即使在那时，阿伊努人（如今人数很少）的祖先也支配着北海道的寒冷地带。朝鲜半岛的文化对早期日本产生了巨大的影响，日本统治者和新罗统治者之间有密切但并不总是友好的联系。新罗是朝鲜半岛的几个王国之一，与九州岛隔海相望。靠近九州北部福冈的小岛冲之岛是一个宗教圣地，有渔民和其他水手来祭拜，因为海产品在日本人的饮食中一直很重要（大海也是优质珍珠的来源）。自古以来，日本男人会去冲之岛，为海上的人祈祷平安（但女人不去）。岛上的考古发现包括来自朝鲜半岛甚至中东的手工艺品，以及许多撇号形状的玉石符号①，其具体功能尚不清楚。宗像大社供奉着海神，今天仍吸引着各种各样的旅行者，包括那些希望自己的汽车得到神灵保佑的人。[7]在冲之岛以外、通往朝鲜半岛的半路上有对马岛，它被认为是日本帝国的外部边界。[8]在 4 世纪，对马岛是日本海盗的基地，海盗们从那里不断袭击朝鲜半岛沿海地区。[9]

不言而喻，日本的全部人口都是外来的，尽管日本人自己长期以来相信他们的天皇是天照大神的后裔，而贵族家庭则自称是某些

① 应当是勾玉，这是中国、日本、朝鲜半岛、琉球的一种首饰，呈月牙状，形似标点符号的撇号。有首尾之分，首端宽而圆，有一钻孔，可系绳，尾端则尖而细。常见材质为翡翠、玛瑙、水晶、滑石等；也有陶土制品；偶见金属制品，但流传至今的不多。

小神的后裔。[10]在好几千年的时间里，多个民族陆续来到日本列岛的各个角落。从朝鲜半岛迁移到日本最容易，只需穿过相对狭窄的水域。在 4 世纪和 5 世纪，朝鲜半岛正处于动荡时期，一波难民从朝鲜半岛来到日本。这些难民得到了日本朝廷的欢迎，因为他们带来了日本缺乏的技能。在那之前，日本主要是一个自给自足的小农社会。这些移民向日本人传授了养蚕的技术；他们也是经验丰富的织工和金属匠人；他们还带来了文字，尽管在这个阶段，他们输入的是汉字，它不适合在日本扎根的那种多音节语言。[11]朝鲜半岛的文化本身受到中国文化的深刻影响，所以朝鲜半岛实际上是一个过滤器，更先进的中华文明通过它塑造了日本的文化。不过，到了 9 世纪，日本与中国越来越频繁的直接接触，减少了日本对朝鲜半岛这个中介的依赖。正如本章所示，日本的海洋视野经过许多个世纪才得以拓展。

对朝鲜半岛的文化依赖并不等于政治依赖。后来的传说认为，朝鲜半岛的新罗王国等在 6 世纪开始向日本进贡，九州以南的一些岛屿也是如此。这些故事越传越神。有一种说法是，3—7 世纪，日本早期的天皇统治着朝鲜半岛的任那地区。早期的日本编年史家用这种说法来论证他们的天皇有权向朝鲜半岛南部的居民征税。[12]这反映了日本历史的一个基本悖论：一方面，日本人的岛民身份强化了“日本是一个被众神从人类其他地方分离出来的帝国”的想法；另一方面，日本人试图将亚洲大陆最靠近日本的地区纳入他们的影响范围。这种“日本也是一个帝国”的感觉，被另一种意识破坏了，即中国的文明更古老、更强大和更先进，日本人竭力模仿中华文明。这种爱恨交加的关系在日本历史上持续了许多个世纪。

在 7 世纪，朝鲜半岛的政权与日本的接触相当密切。日本人甚至在朝鲜半岛南部的新罗和百济这两个王国之间的武装冲突中站队。新罗向中国的唐朝示好，而百济则向日本求助。663 年，中国和日本在朝鲜半岛沿海的一场海战，即白江口之战，证明了中国海军相对于日本海军的决定性优势。此后，日本在这些水域的攻击仅限于海盗式袭击。[13]新罗成功压制了百济，成为一个重要的区域性强国。起初，新罗人没有意识到，唐朝皇帝一旦帮助解决了朝鲜半岛的其他王国，就会吞并新罗。不过，在 668—700 年，有 23 个使团从新罗抵达日本。新罗开始试图与中国统治者保持距离，所以将日本人视为有价值的盟友。这些外交联系是大陆的文化影响传播至岛屿帝国（日本）的重要渠道。新罗使团送给日本朝廷的精美礼物（朝鲜半岛、中国和东亚其他地区的奢侈品）可以被理解为贡品（尽管新罗国王不这么想）。697 年，文武天皇甚至邀请新罗使者与日本北部的“蛮夷”一起参加他的新年朝会。新罗使者很可能自己也吃不准是该受宠若惊，还是该对这种明显企图炫耀日本皇权的做法感到尴尬。752 年，新罗王子金泰廉带着 7 艘船和 700 人来到日本，日本史书认为他的确切目的是向日本帝国进贡，因为据说他曾表示：

> 新罗国王言日本照临天皇朝庭。新罗国者，始自远朝，世世不绝，舟楫并连……普天之下，无匪王土，率土之滨，无匪王臣。泰廉幸逢圣世，来朝供奉，不胜欢庆，私自所备国土微

物，谨以奉进。①[14]

有一点很奇怪（或许也并不奇怪），那就是新罗史书的记载虽然十分详尽，却没有提到这次航行或新罗对日本的其他出使。新罗史书只提到金泰廉是768年反叛的领袖，这位王子最终被“诛九族”②，这显然是处置反叛者的传统手段。[15]不过，新罗史书偶尔会提到日本：“倭国更号日本，自言近日所出以为名”③，这确实是“日本”的字面意思。[16]新罗人还记载了来自日本的使团，虽然这些日本使团实际上是奉命陪同拜见日本天皇的新罗使团回国的礼宾官员。尽管如此，新罗人并不觉得承认他们向中国的大唐朝廷派遣使团是有失尊严的事情。

最令人好奇的是753年到达新罗的日本使团。这肯定是陪同金泰廉回国的礼宾官员的又一次访问，但新罗人对某些事情感到不满，也许是日本宫廷拖了很长时间才接待金泰廉。新罗史书记载：“十二年，秋八月，日本国使至，慢而无礼，王不见之，乃回。”④ 到了9世纪，双方关系有所改善，据说在803年，两国“交聘结好”⑤，若干年后，日本人向新罗国王赠送了大量黄金。[17]一切都取决于日本人是否与朝鲜半岛的其他王国交好，而新罗人又是

---

① 引自《续日本纪》卷一八《孝谦纪二》。

② 参考《三国史记》卷九《新罗本纪第九》：“秋七月，一吉飡大恭与弟阿飡大廉叛，集众，围王宫三十三日。王军讨平之，诛九族。”

③ 引自《三国史记》卷六《新罗本纪第六》。

④ 引自《三国史记》卷九《新罗本纪第九》。

⑤ 引自《三国史记》卷一〇《新罗本纪第十》。

否热衷于与唐朝交好。新罗与日本的关系以“敌人的敌人就是我的朋友”这一原则为基础。

大使们献上的“微物”实际上并非微不足道的。关于来自朝鲜半岛使团的文献提到了相当奇怪的礼物：599年，百济王国的使节向日本朝廷赠送了一头骆驼、一头驴、若干山羊和一只白雉；602年的百济使团产生了更持久的影响，因为这次，一位名叫观勒的僧人带来了涉及驱魔、天文学和历法的激动人心的书籍。而且，观勒留在日本，向三名日本追随者传授了他的神秘知识。在他之后，也有来自朝鲜半岛不同王国的其他佛教僧侣来到日本，他们多才多艺，不仅向日本人传授如何制造墨水、纸张和着色材料，甚至还介绍了如何建造水车的知识。新罗使团带来了金、银、铜和铁，以及一尊青铜佛像。[18]

日本与朝鲜半岛的王国进行的一些（也许是大多数）贸易活动并不属于官方使团的狭小范围。752年的一份“从朝鲜半岛居民那里所购买产品的登记表”列出了来自东亚各地的产品，而不仅是来自朝鲜半岛本身：黄金、乳香、樟脑、芦荟木、麝香、大黄、人参、甘草、蜂蜜、肉桂、青金石、染料、镜子、屏风、烛台、碗和盆。这些进口商品的一个特点是，日本贵族可以向朝廷申请，请求允许他们购买由陪同金泰廉的使节带来的商品。日本贵族提交的申请书后来被用来装饰屏风，这些屏风被保存在8世纪著名的皇室库房“正仓院”，今天存于奈良的东大寺。日本外交高度正规化的仪式似乎表明日本与朝鲜半岛王国的交往是比较沉闷的，但上述的申请书揭示了一个并不沉闷的世界，因为官方访问掩盖了一个更凡俗的现实：人们在朝廷的允许之下，自己做生意。[19]他们的货物也有助于日本文明的发展，关于这点，只要想想《源氏物语》时代宫廷贵族女子脸上涂抹的白铅就知道了。

日本和朝鲜半岛王国之间的交流必然通过海路进行，但在当时并没有持续跨越朝鲜海峡的航运。使团可能要等上几个月，甚至几年，最终却被粗暴地赶走。当时根本没有常驻外国都城的外交代表。[20]外交也不是朝鲜半岛王国和日本接触的唯一方式。所有这些关于使团的描述都低估了两国之间海洋上的海盗活动和公开战争的规模。虽然我们对在这些水域作战的船所知不多，但倭国（后来被称为日本）、新罗和该地区的其他国家只要愿意，便可以调动海军。日本对朝鲜半岛的袭击由来已久，而日本南部的九州岛被视为防备朝鲜半岛王国袭略的防御屏障。在7世纪和8世纪，数以千计的被称为“防人”的新兵驻扎在九州和对马岛，以保卫日本的国土免受袭扰。日本人担心九州很容易遭到大陆方面的入侵：“诸蕃朝贡，舟楫相望。由是简练士马，精锐甲兵，以示威武，以备非常。”①一位8世纪的诗人描述了离开家乡和家庭（“慈母”和“娇妻”）的痛苦，因为：

远别娇妻与慈母，
集结难波三津浦。
大船两侧橹齐派，

① 引自《续日本纪》卷三六《光仁纪六》。

航行计日求神速。
水夫朝发趁平波，
夕就满潮竞摇橹。
乘风破浪船如梭，
早达筑紫齐欢呼。
遵奉圣名勤边戍，
雄姿英发多威武。
完成使命速凯旋，
斋酒堂上同祝福。
翻叠长袖舒黑发，
悬心两地待归夫。
若问茕茕待多久，
留守妻君人皆慕。①[21]

※ 二

金泰廉王子对日本的访问持续了许多个月。这些漫长、令人疲惫且并不舒适的跨海旅行相当频繁，所以日本朝廷在博多湾设立了用于迎宾的鸿胪馆，位于现代大城市福冈（旧称博多）的辖区内。

---

① 大伴家持的诗《追痛防人悲别之心作歌一首并短歌》。译文借用《万叶集选》，李芒译，北京：人民文学出版社，1998，第248页。

我们不知道金泰廉是沿着什么路线前往京城奈良（平城京）的，但他在返回博多时，曾在现代大阪的所在地难波停留，这表明他主要是通过海路旅行的。在前往奈良的途中，“其在路不得与客交杂，亦不得令客与人言语。所经国郡官人，若无事亦不须与客相见，停宿之处，勿听客浪出入”。①[22]他的困难不在于如何去奈良，而在于如何离开博多。在博多，他和随行人员被关在专门接待（或软禁）外国人的区域，并受到严密监视。

这个区域位于一个旧棒球场的地下，考古学家于 1987—1988 年对其进行了发掘，发现了 7 世纪末至 9 世纪的建筑，以及大量中国陶瓷，其中最晚近的是 11 世纪的。这个建筑群即鸿胪馆。在 8 世纪，即日本历史上的“奈良时代”，可能有一条从鸿胪馆通往大海的通道。后来，沉积作用使海岸线后退，也就是说中世前期的福冈距离海边比今天更近。鸿胪馆包括两个同样大小（74 米×56 米）的院落。据推测，贵宾在室内下榻，大多数人则在大院里或门外睡觉，甚至被送到博多湾的船上睡觉。对大院内厕所的分析表明，其中一个厕所的使用者的饮食习惯与日本传统的以鱼和蔬菜为主的饮食习惯相差无几，而两个供上流社会之人使用的厕所则显示使用者食用大量猪肉，包括野猪肉。运输食品时附在货物上的小木筹提供了更有力的证据，表明了每批货物的内容及其来源（这些小木筹之所以能够保存下来，是因为它们被用来擦屁股，然后扔掉）。这些小木筹告诉我们，鱼、大米和鹿肉是从九州北部和中部被运到鸿胪

① 引自《延喜式》卷二一。

馆的。在九州岛的中心有阿苏山的巨大火山臼，它提供了肥沃的火山土壤。海洋为 8—9 世纪的九州居民提供了重要的饮食：贝类，如牡蛎和鲍鱼，以及水母、金枪鱼、鲸鱼、鲑鱼；还有海藻，如海带，和今天一样。较显赫的外国使节偶尔会被从鸿胪馆召出，带到大宰府参加宴会，九州地方官①是宴会的东道主。在鸿胪馆居住的外国使节并非完全与世隔绝。[23]鸿胪馆与中世纪地中海地区的旅馆不同，后者一般位于港口内。博多湾在当时是一个空旷的地方，而鸿胪馆并不是一个简单的大型封闭式院落，而是一个孤立、偏僻的场所。在这个意义上，它也不同于更著名的出岛。出岛是长崎附近的一个岛，17—18 世纪，荷兰商人被允许在那里从事贸易。

鸿胪馆很偏僻，所以日本当局不得不从行政中心大宰府（距海岸 13 公里）对鸿胪馆进行监督。大宰府同时是九州防务的指挥中心。所有这些都表明，日本人从内心深处担忧九州可能会落入外国人的掌控之中，所以它是一个需要持续保护的边境地区。金泰廉和其他使者带着 700 多名随从前来。这使日本人惴惴不安，因为这数百名外国人可能是和平使者，也可能是好战的掠夺者。当日本礼宾官在博多和奈良之间来回奔波，传递朝廷是否欢迎使团的消息时，来访者不得不忍受漫长的等待，这让他们感到很烦恼。[24]日本人害怕与外国人接触，部分是因为害怕受到污染。日本朝廷有一种日本民族独有的纯洁感，其极致就是天皇本人的纯洁性。这在一定程度上是对中国人对其他民族的态度的借用，中国人将其他民族

① 可能指大宰府的长官“大宰帅”。

视为“蛮夷”。日本人这种思想的另一个来源是神道教的凶秽概念，该概念往往与死者有关。我们必须将这些理论与实践区分开：随着时间的推移，大量中国人将在博多定居，并与日本人通婚。但日本朝廷在8世纪或9世纪已认识到，在与外国的官方代表团打交道时，天皇及大贵族应当与外国人（特别是朝鲜半岛诸王国之人）保持距离。朝鲜半岛诸王国之人被认为同时是政治威胁和污染源。[25]

到8世纪末，新罗人明确否认他们与日本的官方贸易意味着新罗在向一个更强大的国家进贡。渤海国与日本保持定期的官方接触。渤海国一直存续到926年，在这一年，它被内陆的侵袭者推翻。① 渤海国的居民出身各异，有些与蒙古人有亲缘关系，有些与朝鲜半岛诸王国之人血统更近。当新罗的统治者决定与唐朝而不是日本结盟（就像8世纪初那样）的时候，渤海国人对新罗来说是有价值的盟友。但渤海国能够提供的礼物较少：只有毛皮，而没有丝绸，也没有新罗从更远的南方和西方获取的香料。日本至少在朝廷层面，并不鼓励与渤海国开展贸易：在9世纪，渤海国的使团每六年才被允许访日一次，这个间隔很快就增加到每十二年一次，因为渤海国人带来的东西不是日本朝廷真正需要的。渤海国国王对这种安排很不满意，但继续派出使团，哪怕他们不受欢迎。于是，日本把渤海国的使团连同货物送了回去。不过，877年渤海国使团的货物包括两个用龟甲制成的、在“南洋”雕刻的非常漂亮的酒杯，日

① 渤海国亡于契丹。

本宫廷里的一些人很乐意把它们留下。[26]

朝鲜半岛和日本之间的关系恶化了，但在此之前，朝鲜半岛已经将亚洲大陆文化的一些基本要素传入日本列岛，特别是佛教信仰。不过，在渤海国灭亡之后，日本就对在亚洲大陆施加影响失去了兴趣。不过，日本人还记得他们与朝鲜半岛的联系，11 世纪日本的伟大小说《源氏物语》在一开头就谈到了一个来自朝鲜半岛的使团。在这部小说中，一位精通中国诗歌的睿智的"朝鲜相士"见识到了一个年轻男孩的才华，这个男孩就是小说的主人公光源氏。[27]正如后文所示，从长远来看，日本与朝鲜半岛关系的冷却促进了一种新型跨海关系的发展，这种关系是基于日常贸易而不是正式的外交交流。但与此同时，日本与其近邻之间关系的疏远，使日本海和东海成为有能力经营自己的舰队并劫掠商船的海盗肆虐的场所。

早期的日本统治者向中国人求助，以对付地方性的竞争对手，求助的对象往往是治理中国在朝鲜半岛的国土的封疆大吏。[28]日本统治者后来越来越多地直接求助于中国朝廷。不过，日本人对此有一定保留：前往中国的旅程被认为是非常危险的，除了一个使团之外，所有赴华使团都在海上或陆上经历了严重的危险；而且他们对中国人自诩的优越性感到不安，因为日本人更愿意把自己看作一个独立帝国的文明臣民，他们的帝国虽然在规模上比不上中国唐朝，但地位与其平起平坐。[29]大海是日本人世界观的重要组成部分，但这个世界观仍然稳固地以日本列岛为中心。最有说服力的是出现在中世日本绘画中的船在风暴中颠簸的戏剧性场景。[30]到 8 世纪，向中国派遣使团（遣唐使）已经是经过精心策划的事务，需要整个团队的参与：一名正使和两三名副使，抄写员和译员，木匠和金属匠人等工匠，占卜师（如果想在良辰吉日抵达中国宫廷，占卜总是有用的）。100人的使团算是一个比较小的使团。在这个时期，由4艘船（每艘能载150人）组成的使团可能并不罕见（已知在630—837年有12个使团）。为了预防疾病，船上携带了大量药物，包括用犀角、李子仁和刺柏制成的药丸，这些药丸通常来自中国而不是日本。[31]

赴唐路线从大阪湾开始，船只穿过濑户内海，沿着朝鲜半岛海岸航行。不过，随着日本航海家们经验的增加，直接前往长江口（靠近贸易城市扬州）的路线变得很常用。而且，当新罗国王等当地统治者对日本怀有敌意时，航行经过朝鲜半岛是有风险的。到了扬州之后，每个使团中的一部分人前往更远的内陆地区，目标是帝都长安。因此，到达扬州并不意味着旅程结束。然而，扬州是从广州走陆路或海路来的商品的集散地，所以遣唐使可以在扬州挑选沿印度洋航线来的奢侈品和沿丝绸之路到达的货物。回程也充满艰难险阻。778年，一位带着礼物来日本的中国使节被惊涛骇浪冲下甲板，他的25名随行人员和一位正在回家路上的日本使节丧生。这艘船断成两截，但两截都浮了起来。筋疲力尽的幸存者最后在九州登陆。[32]

有了这样的教训，日本旅行者对海上旅行充满敬畏，在出发前都要向海神祈祷；若能安然返回，则举行宴会庆祝。在一项被称为“大祓”的活动中，日本人吟诵的一首诗生动形象地描绘了日本航海的情况："如同一艘停泊在大港口的巨轮，起锚驶向广阔的大洋……所有的罪行也将被彻底扫除。"在向太阳女神①祈祷时，神道教的神官描述了大海赐给天皇的土地，"向伏限青海原者，棹柁不干，舟舻至极大海原"。②[33]

遣唐使给日本带来的益处极大。僧侣的来来往往确保了日本佛教牢牢扎根于中国和印度的大乘佛教。《妙法莲华经》是佛祖关于极乐的长篇论述，在中国特别受欢迎，因此在日本也是如此。[34]跨海的文化影响并不局限于佛教。日本人从儒家那里学到了一些关于等级制度和孝道的知识，不过，日本的科举考试并不完全遵循儒家的思想：只有社会上层的子弟才有机会接受教育、成为官僚，科举不是对所有人开放的。在城市规划方面，日本也学习中国：位于奈良的壮丽新都城就像中国的主要城市一样，是网格状的。在 8 世纪初，日本朝廷开始模仿中国的做法，发行银币，然后是铜币，但在与邻国的高层交往中仍然使用丝绸作为交换媒介。[35]

即使日本艺术家拥有独到的敏锐眼光，中国对日本艺术的影响仍然是不可估量的。佛教僧侣学习的典籍是用中文写的，创造一种可用的日本文字是后来的事。最终问世的日文使用了大量汉字，以及更适合日语语音的音节符号。在日文被发明之前，中文

---

① 应当是指天照大神，即日本神话中的高天原统治者和日神，也是地神五代之一。天照大神在《日本书纪》中被其弟素戋呜尊以"姊"称呼，因此一般被视为女神。但民间也流传着天照大神本为男神的说法。

② 引自《延喜式》卷八。

是日本的行政语言。日本官吏、僧侣和学者热情洋溢地阅读关于天文、占卜、医学、数学、音乐、历史、宗教和诗歌的中文书籍。891 年的《日本国见在书目录》收录了 1759 种中文著作。[36]与此同时，传统的宗教信仰，即神道教，保证了日本本土的传统生生不息。不过，文化的流动几乎都是单向的：如后文所示，在后来的若干个世纪里，有一些日本物品吸引了中国买家的注意，特别是高质量的纸张，因为日本纸的制作配方不同。但日本人对中国文化的仰慕并没有换得中国人对日本文化的钦佩。日本人无法摆脱被他们试图效仿的中国人列为蛮夷的命运。日本人应对这种局面的一个有效方法是，把其他人（如朝鲜半岛诸王国之人）视为低于自己的蛮夷。

遣唐使留下的证据，能够很好地衡量中国（对日本的）稳定增强的影响力，以及衡量日本海和黄海两岸贸易和官方交流的增加。然而，就像日朝关系一样，日本向中国朝贡的关系并没有持续下去。838 年之后，日本没有再派出遣唐使。遣唐使的派遣时间间隔非常长。804 年，桓武天皇派出了遣唐使，距上一次派遣已过去二十七年，而下一次派遣发生在三十四年之后。这个使团留下了非常详细的记录，后文将会对其进行探讨。当日本人在 894 年决定派遣一个使团时，唐帝国已经开始瓦解。于是，被选为正使的显贵菅原道真建议日本朝廷三思，该使团便被取消了：

> 去年三月附商客王讷等所到之录记，大唐凋弊，载之具矣。更告不朝之问，终停入唐之人……度度使等，或有渡海不

堪命者，或有遭贼遂亡身者……国之大事，不独为身。①[37]

也许我们对最后一句话不应该太当真，这位大使显然不想拿自己的生命冒险。他也许是日本首屈一指的中国文化专家，也是一位技艺高超的诗人，喜欢与渤海国的大使交流诗句。[38]他不愿意率领官方使团这一点，掩盖了跨海日常接触的现实。在另一封信中，菅原道真报告说，“如闻商人说大唐事之次”②，因此，跨海前往中国的人不只是他在向朝廷的呼吁中提到的王讷。私贸商来往日渐频繁，而且从王讷的名字来看，很多或大部分甚至全部商人都是中国人。因此，在9世纪末，中国的对日贸易正在发生本质变化。894年日本取消遣唐使并不是孤立主义的表现，恰恰相反，是因为这些由极其庞大的使团进行的非常正式的货物交流并不划算。日本正越来越多地融入“亚洲的地中海”③，后者向南延伸到中国台湾以外，并将南海与日本本土周围的海域连接起来。

在日本宫廷送往中国之货物的清单中，丝绸占主导地位，还有大量的白银。日本人制造的独特的“和纸”也给中国人留下了深刻的印象，尽管在此时它更多是一种引起好奇的稀罕物品，而不是用于交换的常规商品。使团还把日本天皇授予每个成员的大量丝绸带到中国，并在使节访问的港口和城市出售这些丝绸，以筹措路费。中国朝廷回赠的礼物，不仅有给日本天皇的，还有给使节们的，包

① 引自《菅家文草》卷九。

② 引自《菅家文草》卷一〇。

③ 主要指黄海、东海、日本海。

括盔甲和书籍。一个日本人于 8 世纪初在中国逗留了十八年，他带回一本宫廷礼仪手册，这本书在他的祖国肯定有很大的影响。[39]但是，中国和东亚其他地区对 8 世纪日本之影响的最佳证据，是被保存在日本新都奈良的东大寺的非凡文物收藏，这些文物每年都会展出一次。这批收藏形成于 756 年，当时，圣武天皇的遗孀将圣武天皇的宝物献给了大佛。在接下来的几十年里，更多的礼物使藏品的数量超过了 1 万件。在模仿波斯、印度和中国蓝本的设计（如令人想起唐代绘画的彩绘屏风）中，以及在漂洋过海的实际物品（如来自阿富汗的青金石腰带饰物）中，都可以看到西来的影响。8 世纪的乐器（包括笛和琵琶）、中国的棋类游戏、文具盒、笔砚、家具、匣子、盔甲、玻璃、陶瓷和华丽的宫廷长袍，都反映了日本人收到的礼物和商品的质量，或者反映了日本艺术家如何忠实地复制他们看到的蓝本。随着时间的推移，日本艺术家还以独特的本国方式修改这些蓝本。[40]日本人越是研究中国艺术与风俗，就越是倾向于强调自己特殊的身份认同。与中国的物理阻隔意味着，中国对日本的深刻影响必定是在宫廷层面上的。通过海路来回旅行需要跨越危险的水域，这就限制了接触，但也维持了来自拥有高雅文化的中国的商品向日本的流动。奈良的天皇们暗自羡慕中国的高雅文化，从来不敢蔑视它。

※ 三

日本僧人圆仁（793—864 年）是重要的宗教领袖，后来被日本人称为“慈觉大师”。他的朝圣之旅发生在836—847年，他记录这段旅程的日记为古代中日之间的微妙关系提供了一份独特的记录，并对跨越两个帝国之间险恶水域的旅程有很多描述。该日记只有一份古代手抄本留存至今，它是在1291年，由一位名叫兼胤的僧人用颤抖的笔迹抄写的。当时兼胤已经72岁了，正在“拭老眼”①，这是他为文本中的抄写错误致歉的方式。之所以有抄写错误，是因为他抄写的不是他的母语日语，而是用中文写的文本。中文在当时仍然是奈良知识精英的文学语言。[41]当日本朝廷任命派往中国的使节时，圆仁已经41岁了。该使团由藤原氏的藤原常嗣领导。使团将在“知乘船事”②（这个头衔表明他们负责贡品的装载）的指导下分乘四艘船出发。两名知乘船事是新罗裔，还有一人自称是过去某位中国皇帝的后裔。但是，使团里也有熟练的航海家，由他们担任船长；还有抄写员和新罗译员，其任务不是把日文翻译成新罗文，而是把日文翻译成中文。[42]使团成员的背景五花八门，包括一名来自高等学府的“权博士”③，他也是一名熟练的画家，亲自为大使服务。使团中的几位弓箭手出身高贵，其中一位在皇室卫队任

① “于长乐寺坊拭老眼书写毕。”引自〔日〕圆仁《入唐求法巡礼行记校注》卷四“会昌七年”条，白化文、李鼎霞、许德楠校注，周一良审阅，北京：中华书局，2019，第513页。

② 见《入唐求法巡礼行记校注》卷一“承和五年”条，第12页。

③ “相公差近江权博士粟田家继及射手左近卫丈部贞名等慰问请益僧。”引自《入唐求法巡礼行记校注》卷二“开成四年”条，第166页。

“权”是临时代理的意思，权博士不是正式的博士。唐朝常有“权”“假”“借”这样的临时封号。这种没有正式取得官位的权博士可能是没有被正式册封，或者是由于官员名额等问题，之后会转为正职，也就是被直接称为博士。

职。不过也有许多工匠，包括木匠，以及很多搬运工和普通水手，他们的出身显然比较低微。四艘船上总共有 651 人。从早期新罗派遣到日本的使团的规模来看，这是一个旨在给人留下好印象的使团应有的规模。除了外交官及其辅助人员，这个庞大使团的另一些重要成员是前往中国进修佛学和中国艺术与文字的僧侣和俗家弟子。这些僧侣代表了日本当时的各种佛教派别，因为日本佛教的一个特点是，不同的佛教派别——“大乘”佛教和“上座部”佛教相处比较融洽。“大乘”佛教强调佛教在整个社会中的作用，“上座部”佛教则更专注于内心的完善。[43]

这支队伍是从 833 年开始组建的，但花了几年时间才踏上旅程。因为，除了要航行去中国的人在做准备之外，还有另一支庞大的队伍在陆地上工作。船在当时还没有准备好，所以需要官员去监督造船工程。日本朝廷也很清楚，能否给唐朝皇帝留下好印象，取决于派往中国统治者御前的人员的级别。因此，在新年的授衔名单中，好几位使节在日本复杂的宫廷等级制度中被提升到了更高的级别。大使本人的级别达到了“正四位下”，这比中等衔级要高一些。在此之前，他的级别是“从四位上”。只有在他担任大使的时候，他才是临时的“正二位”①。正常晋升的速度慢如蜗牛。使团的主要成员被赐予贵重的礼物，主要是丝绸和其他布匹。皇恩浩荡的一个原因是这次旅行被认为很危险，事实证明确实如此。[44]如果刮起逆风，船很有可能被吹到新罗海岸，所以日本朝廷又向新罗国王（日

① 见《续日本后纪》卷五。

本当时与他的关系不好）派遣了一个使团，以保证前往中国的日本使团能够安全通过新罗海域。新罗人狠狠训斥了日本使节，然后把这个使团遣送回国。此时的新罗弥漫着紧张的气氛，好几个竞争对手在争夺王位，夺位斗争也影响到王宫本身。同时，一个叫张保皋的大海贼控制了新罗南部海域，圆仁提到，张保皋可能会对运送日本使团的船构成威胁。关于张保皋的情况，我们后文再谈。[45]因此，除了恢复与日本的关系，新罗人还有其他的事情要关心。[46]新罗人甚至认为，抵达他们宫廷的日本使节纪三津是一个搞恶作剧的冒牌货。当他回到奈良后，他的失败招致严厉的批评。[47]

于 836 年中期开始的航行第一阶段很顺利。四艘船从离奈良不远的难波出发，在濑户内海航行，四天后到达九州海岸。他们于 836 年 8 月 17 日从九州出发前往中国海岸之后，麻烦开始增多。天气晴好，但台风季节即将来临。一切都表明，日本水手之前相信他们能毫发无损地抵达中国大陆，是过于乐观了。并且，他们的专业知识仅限于在日本列岛的岛屿之间进行短途航行。四艘船被暴风击退，其中三艘再次在九州靠岸，第四艘被暴风击碎。一只载有 16 名幸存者的木筏被冲上对马岛，随后又有一些幸存者漂上岸，总共有 28 名幸存者。他们讲述的故事令人毛骨悚然：船舵坏了，他们在大海上叫天天不应、叫地地不灵，船长命令船员和乘客把船拆散，这样他们就可以乘木筏逃生；但这些木筏几乎都在海上倾覆，100 多人丧生。天皇闻讯之后，下令修理幸存的三艘船。藤原常嗣向天皇保证，尽管他和他的手下在经历了这些灾难之后元气大伤，但他仍然愿意执行使命（他按照日本习俗，谦卑地为这次失败承担了责任，尽管局面显然超出了藤原的控制）。837年，第二次前往中国的尝试也没有什么好结果，船被吹回了九州和日本附近的其他岛屿。朝廷向伊势的天照大神宫（天照大神是太阳女神，也是日本皇室名义上的女祖先）送去了祭品，但毫无效果。[48]

前两次航行都没有得到诸神的佑助，因此在第三次出海之前，人们抓住机会加强宗教方面的努力。九州的佛寺和神社都参与进来，而在整个日本帝国，人们每天都要诵读佛经《海龙王经》。①海龙王是在新罗、日本和中国部分地区受崇拜的神祇。使节们对能否再次出发感到非常怀疑：他们已经目睹了海上的危险，并在第一次尝试渡海时损失了一艘船。副使高村恰好在这个时候“病倒”了。藤原常嗣虽然坚持说自己为了给天皇效力万死不辞，但他的副使和其他几位高级使节因违抗朝廷命令而被流放。这至少比被勒死的命运要好，因为天皇本可以下令对他们处以极刑。[49]

上述内容都是基于圆仁日记的编者埃德温·赖肖尔（Edwin Reischauer）根据日本官方档案对事件的还原。但从这里开始，圆仁本人的声音变得清晰可闻。他描述了向中国海岸的第三次航行。这次，他们横穿远海，这样日本船就不必沿着有些敌视他们的新罗的海岸线行驶。不过，在中国海岸附近，船队遭遇猛烈的东风，圆仁的船被吹到了一处浅滩，船舵成了碎片。雪上加霜的是，他们的

① 见《续日本后纪》卷七：“壬辰，敕，自遣唐使进发之日，至皈朝之日，令五畿内七道诸国，读《海龙王经》。”

新罗译员担心他们已经错过了京杭大运河的入口。他们可以走大运河到达长江和扬州，扬州是他们在前往位于内陆的唐朝都城的途中会抵达的第一座城市。圆仁、大使和他们的同伴被困在一艘正在解体的船上。大使设法乘坐救生艇到达岸边，但圆仁是留在船上的人之一："不久之顷，舶复左覆，人随右迁，随覆迁处；稍逮数度，又舶底第二布材折离流去。人人销神，泣泪发愿。"①[50]

破船在泥浆中颠簸，圆仁和他的同伴被迫从船的一边挪到另一边，因为海浪把船体从一边推向另一边，而且"泥即逆沸"②。当一艘中国的小货船接近时，船上日本人的第一反应是把送给中国皇帝的贡品转移过去。但实际上他们离岸边已经很近。最后，他们终于登陆，把浸透海水的贡品晒干，然后逆流而上，发现大使和他的秘书们已经熬过了他们自己的悲惨经历，正朝同一个方向走。另外两艘船的航行比较顺利，但其中一艘也开始解体，并且好几名船员死于神秘而凶险的"身肿"③。这两艘船也得到了中国船只的救援。[51]日本僧侣很乐意向他们暂住的寺院赠送黄金，以感恩在海上的危险中幸存。在旅行途中，他们拜访并用简单的素食宴请了一些中国僧侣。[52]

海上的灾难证明，日本人并没有掌握造船技术。圆仁在描述自己遭遇的恐怖海难时提到舵被海浪压断，也表明日本人对航海技术还很无知。圆仁在其他材料中也提到了这两点。日本人是一个海洋

---

① 引自《入唐求法巡礼行记校注》卷一"承和五年"条，第7页。
② 同上。
③ 同上，第30页。

民族，但他们的岛屿彼此非常接近，所以他们很少进行跨越远海的长途航行，不过，有充分证据表明新罗人有能力进行更困难的航行。圆仁来中国是为了与中国的佛教僧侣建立联系。他沿着唐帝国的河流和道路旅行，远离了海洋。他说，839年载着藤原常嗣回日本的一艘中国船的船员是新罗人，而且那些船员对中国北方的海岸线和通往日本的最佳路线很了解。[53]虽然他们在出航时向神道教和佛教诸神祈祷并不奇怪，但日本人也愿意依靠占卜师来了解天气。圆仁描述了一艘船上的水手在看不到太阳的情况下失去了方向感，"漂荡海里，不任摇动"①；当他们看到陆地时，占卜师先说那是新罗，然后又说那是中国。直到他们找到两个知道新罗实际位置的中国人，问题才得以解决。[54]日本人对远海的态度可以用圆仁的简短评论来概括："望见东南两方，大海玄远。"②[55]也就是说，大海是一个不友好的地方。

在经历了前往中国途中的灾难之后，只有一艘船幸存，因此使团必须在扬州雇用新船。扬州是一座伟大的商业城市，是中国通往大洋的门户。找到"谙海路"③ 的人至关重要，所以日本使团雇用了六十多名新罗水手和九艘新罗船。[56]这支船队的规模比先前要大，这表明船本身较小，又或者是日本使团获得了大量礼物，并秘密购买了大宗货物，准备装船。然而，当使团成员在扬州的市场做生意时，他们被逮捕并关押了一夜，"缘买

① 引自《入唐求法巡礼行记校注》卷二"开成四年"条，第160页。
② 引自《入唐求法巡礼行记校注》卷一"开成四年"条，第128页。
③ 同上，第124页。

敕断色”①。其他使团成员在被发现后急于逃脱市场检查员的追踪，所以狼狈地留下了200多贯钱，每贯由1000枚铜币组成，通过中间的孔穿在一起。遗憾的是，没有记录显示他们想买什么商品，这些商品也许包括日本的富裕消费者渴望的稀有药品、香料和熏香。当他们出发时，船员们按照神道教的仪式举行祓禊，向海神祈祷旅途平安。一名日本水手被阻止登船，因为他与另一名男子发生了性关系，污染了自己。船在出海时，一名被认为即将死亡的水手被安置在陆地上，这样他的尸体就不会污染这艘船。对于可怕的大海，必须一丝不苟地予以尊重。[57]

在最后一刻，圆仁和他的几个同伴决定留在中国，这得到了藤原大使的批准，但没有得到中国方面的许可。大使警示圆仁，大唐朝廷会对他违反“立即离开”的命令感到愤怒。但大使明白，圆仁的首要任务是学习佛经。于是，圆仁与新罗商人②秘密留在了山东半岛沿岸。山东半岛位于新罗以西，从中国大陆向东延伸。圆仁用金粉和一条日本腰带贿赂新罗商人，新罗商人回赠细茶和松子。这样的交换似乎很不公平。[58]不过，因用于茶道而广为人知的浓厚的抹茶受到僧侣的重视，它能让他们在长时间的学习和冥想期间保持清醒。保存在奈良正仓院的文件显示，在8世纪末，抹茶仍然非常昂贵，所以日本中部大寺院的住持会亲自泡制，然后在天皇驾临时

① 引自《入唐求法巡礼行记校注》卷一“开成四年”条，第111页。“敕断色”指皇帝敕令禁止在对外贸易中买卖的物品，种类很多，在唐朝各个时期和各个地方也不一样。如果要买卖这种物品，必须奏请朝廷批准，不然就算犯法。

② 按圆仁书中说法，实际上是新罗语翻译，“新罗译语刘慎言”。

献上。[59]

圆仁认为把部分佛经送回日本很重要，他要求把这些佛经装在一个竹箱里，放在一艘日本船上。[60]但这次出使并没有满足他深入了解佛教律法和学术的愿望。他希望能到达中国的佛教圣地，所以他和同伴们假扮新罗人。可是，当他们遇到一些新罗水手时，他们如何继续假扮新罗人，这是一个谜。他们说什么语言，我们也不知道。他们还没走多远，就遇到了一位名叫王良的村庄长老，王良给他们写了一封信：

> 和尚至此处，自称新罗人，见其言语非新罗语，亦非大唐语。见道日本国朝贡使船泊山东候风，恐和尚是官客，从本国船上逃来。是村不敢交官客住。①[61]

可见，在中国就像在日本一样，来自远方的使节受到严格的控制，并被从一个地方带到另一个地方。当巡军赶到时，圆仁声称自己患有脚气病，并坚持说，他和同伴一起上岸是因为他身体不适。但他们现在希望回到日本船上，并说这些船就停在不远处。他们被护送到海龙王庙附近的一艘日本船边，然后被送上船。[62]圆仁对自己计划的失败感到沮丧："左右画议，不可得留。官家严检，不免一介。"②[63]毫无疑问，圆仁之所以希望留在中国，也是因为他害怕再

① 引自《入唐求法巡礼行记校注》卷一"开成四年"条，第134页。
② 同上，第139页。

次穿越远海时遇险。他回到船上之后，事实证明，雾（而不是风）才是最大的危险。船因为无风而受困，日本乘客的给养不足，于是圆仁向神道教的海神献祭。这一行为并不会被认为违背了他的佛教信仰。然后，他们遭遇了风暴，船不得不在山东海岸附近避风。圆仁仍然不顾一切地想留在中国，他去了新罗的一座寺院，而船则在没有他的情况下继续前进。七艘①船用了三周左右就到达九州，但第九艘船上的人花了九个月才找到日本。它的桅杆断了，船不得不在太平洋西部到处漂流，甚至可能漂到了遥远南方的中国台湾，即“不知何一岛，岛有贼类”②。[64]值得注意的是，这艘船的水手全部是日本人，其他船上则有新罗水手。在遭到满怀敌意的岛民攻击后，日本人利用毁坏的船体建造了新船。这群疲惫不堪的旅行者最终回到了九州。

圆仁在中国遇到的麻烦并没有解决。幸运的是，赤山寺院（他曾在这里避难）的新罗住持愿意帮助他留在中国。赤山寺院是由新罗的大军阀张保皋创建的，张保皋向该寺院捐赠了大批稻米。[65]不过，在中国唐朝，儒家官僚主义作风严重，圆仁在获得他需要的凭证和旅行许可之前，不得不与一连串死板的官僚软磨硬泡。起初，唐朝官僚基本上不理睬他希望学习佛法的意愿。[66]圆仁在中国待了九年，在此期间，他目睹了唐武宗对僧尼的残酷迫害。唐武宗是道教的狂热支持者，他手下的“功德使”和其他朝廷官员对佛寺的镇压

① 原文如此，疑为八艘。

② 见『日本文徳天皇実録』仁寿3年6月2日条。

甚至被描述为“整个中国历史上最严重的宗教迫害”。[67]圆仁申请回国，但大唐朝廷长期对他不理不睬，直到对佛教的迫害发展到外国僧人遭驱逐出境的地步。最终，有人为圆仁建造了一艘船，准备送他回家，至少他是这么说的，但他仍然遇到了无尽的官僚主义阻碍。[68]他终于在847年离开中国，乘船返回日本，次年抵达宫廷。他被视为英雄，受到了热烈欢迎。与前往中国时经历的考验相比，他回国时途经新罗到博多湾的航程平安无事。而且我们知道，他乘坐的是新罗船。[69]

圆仁对自己经历的生动描述不仅有助于我们了解中国唐代的社会史和宗教史，而且能帮助我们理解这一时期日本和中国之间疏远而又紧张的关系。他对在中国、新罗和日本之间来回航行的船只的简单描述，打破了许多官方记录的沉默，表明尽管日本遣唐使的旅行并不频繁，而且遣唐使专注于正式递交贡品和接受丰厚的礼物，但在两国之间的水域确实有航运，哪怕不是很繁忙。大部分航运是由新罗水手经营的，其主要目的无疑是私营贸易。这些船在扬州或中国北部多座城镇与新罗和九州的海岸之间来回穿梭。不过，这些海域并不平静：不仅有暴风和周期性的大雾，还有海盗活动，所以这些海域很危险。毫无疑问，有许多新罗船主在生意失败后很乐意转向海盗活动。在新罗附近水域的海盗头目中，最有名的是张保皋。他在圆仁的日记中多次露面，新罗史书对他也有记载。

※ 四

张保皋是今日韩国的民族英雄，甚至成为一部冒险电影的主人公。以前，他被当作神来崇拜。虽然是在一个非常注重身份等级的国度，他的出身却不详。我们知道，他起初是为唐帝国效力的军人，后于828年返回故土。那时他已经很富有了，在莞岛清海镇建立了一支军队，据新罗史家说，这支军队有“万人”①（这是虚指，意思是人数很多）。莞岛是新罗西南部的一个军事重镇，就在连接新罗和唐朝的海路旁边。[70]在13世纪关于新罗古史的传说中，张保皋被称为“侠士弓巴”②。[71]他在唐朝生活时，目睹了中国商人进口大量新罗奴隶。在新罗国王的批准下，他将莞岛作为攻击奴隶贩子的基地。新罗国王任命他为“清海镇大使”，因此，至少在官方看来，他是以王室代理人的身份行事的。问题是，随着他在海上的权势越来越大，他相对于新罗国王的独立性也越来越强。他在莞岛居住是为了镇压海盗，但他最后成了最有势力的海盗。在这个时代，强大的地方领主纷纷干预动荡的新罗宫廷政治，张保皋也想插手。他的与众不同之处在于，他的权力更多是建立在海上而不是陆地上，而且他还在新罗呼风唤雨了几年，恰好就是圆仁在中国的时期。

---

① 见《三国史记》卷一〇《新罗本纪第十》：“以卒万人镇清海。”

② 见〔高丽〕一然《三国遗事》卷二，坪井九马三、日下宽校订，吉川半七，明治37年［1904年］。

圆仁认为张保皋作为一个不听宣的军阀，很可能阻止自己的海上航行。不过，圆仁也要感谢张保皋，因为张保皋是一座新罗寺院的创始人，当圆仁试图留在中国并逃避中国朝廷的追踪时，这座寺院庇护了他。张保皋既是军阀，也是巨商。他试图建立连接中国、新罗和日本的三角贸易，但在841年被日本朝廷拒绝了；因为他属下的商人被指控编造有关新罗局势的故事，后被禁止在日本经商。[72]不过，他在上述寺院里有自己的商业代理人。据圆仁记载，这个代理人的任务是在中国销售商品。这位姓崔的代理人①成了圆仁的挚友，并提出用一艘新罗船载圆仁沿着中国海岸向南航行，前往他真正想要访问的佛教中心。圆仁非常感动，尽管这个计划并没有实现。他给张保皋本人写了一系列的信：

> 即此圆仁蒙恩，隔以云程，不获觐谒。瞻嘱日深，钦咏何喻……庇荫广远，岂以微身能酬答乎！深铭心骨，但增感愧……圆仁本意专寻释教，幸闻圣境，何得不赴。缘有此愿，先向台岳。既违诚约，言事不谐，深愧高情。②[73]

圆仁甚至提出，他可以去清海镇拜访张保皋。但是，在这个时候，即839年，张保皋在新罗的宫廷忙得不可开交。他帮助一位

---

① 见“夜头，张宝高遣大唐卖物使崔兵马司来寺问慰”，引自《入唐求法巡礼行记校注》卷二“开成四年”条，第164页。

② 同上，第203页。

王室成员夺取了王位，并声称："见义不为，无勇。"①[74]根据新罗人的说法，若不是新罗贵族极力反对国王迎娶一个普通"海岛人"（意思是"下层平民"）的女儿，张保皋本来可以把女儿嫁给国王。② 他为插手宫廷政治付出了代价，于 841 年或 846 年被暗杀。据新罗传说，他企图谋反，却遭到他收留的一个名叫阎长的逃亡廷臣的欺骗。张保皋没有意识到，阎长之所以逃离宫廷，其实是要骗取他的信任：

> 长曰："有忤于王，欲投幕下以免害尔。"巴［张保皋］曰："幸矣。"置酒欢甚。长取巴之长剑斩之，麾下军士惊慑皆伏地。③[75]

没过多久，阎长就把自己的女儿嫁给了国王，并被提升为高官，因为在新罗的等级社会中，阎长出身高贵，而张保皋出身卑微。[76]

张保皋的生涯再次提醒我们，跨海的商业网络往往是由夹在几个大帝国之间的海洋民族，而不是由这些大帝国的居民维持的。北方的新罗和南方的三佛齐都是优秀水手的家乡，他们在几个伟大的文明（如中国唐朝）之间建立了联系。唐朝关心陆权，但也看到有

---

① 见《三国史记》卷一〇《新罗本纪第十》。

② 见《三国史记》卷一一《新罗本纪第十一》："七年，春三月，欲娶清海镇大使弓福女为次妃，朝臣谏曰：'夫妇之道，人之大伦也。故夏以涂山兴，殷以娎氏昌，周以褒姒灭，晋以骊姬乱。则国之存亡，于是乎在，其可不慎乎？今，弓福，海岛人也，其女岂可以配王室乎？'王从之。"

③ 引自《三国遗事》卷二。

机会从海上获得珍贵货物，并且获得外邦对唐朝政治权力的谄媚和认可。事实证明，朝鲜人、马来人和印度尼西亚人是跨越远海的真正先驱。

注　释

1. I. Morris, *The World of the Shining Prince: Court Life in Ancient Japan* (Oxford, 1964), p. 87.

2. See e. g. W. McCullough, 'The Heian Court, 794–1070', in *The Cambridge History of Japan*, vol. 2: *Heian Japan* (Cambridge, 1999), p. 83.

3. C. von Verschuer, *Across the Perilous Sea: Japanese Trade with China and Korea from the Seventh to the Sixteenth Centuries* (Ithaca, NY, 2006), p. 3; B. Batten, *Gateway to Japan: Hakata in War and Peace, 500–1300* (Honolulu, 2006), pp. 61–2; also David C. Kang, *East Asia before the West: Five Centuries of Trade and Tribute* (New York, 2010), p. 60.

4. 664—671 年有五个使团，见 Batten, *Gateway to Japan*, p. 25。

5. G. Sansom, *Japan: A Short Cultural History* (4th edn, Stanford, 1978), p. 35.

6. Kim Pusik, *The Silla Annals of the Samguk Sagi* ['History of the Three Kingdoms'], ed. and transl. E. Shultz, H. Kang and D. Kane (Seongnam-si, 2012), p. 26.

7. 我很感谢东京大学的高山博教授在 2000 年带我参观了宗像大社和当地虽小却精彩的博物馆。

8. Von Verschuer, *Across the Perilous Sea*, p. 67; Batten, *Gateway to Japan*, p. 28；实际上，对马岛是两个紧邻的岛。

9. McCullough, 'Heian Court', p. 81.

10. Masao Yaku, *The Kojiki in the Life of Japan* (Tokyo, 1969).

11. Von Verschuer, *Across the Perilous Sea*, p. 2.

12. R. Bowring and P. Kornicki, eds., *Cambridge Encyclopaedia of Japan* (Cambridge, 1993), p. 47.

13. McCullough, 'Heian Court', p. 81; C. Eckert, K. Lee, Y. I. Lew et al., *Korea Old and New: A History* (Seoul and Cambridge, Mass., 1990), p. 42; Jung-Pang Lo, *China as a Sea Power, 1127–1368: A Preliminary Survey of the Maritime Expansion and Naval Exploits of the Chinese People during the Southern Song and Yuan Periods*, ed. B. Elleman (Singapore, 2012), pp. 52–4.

14. Batten, *Gateway to Japan*, pp. 52–3, 55, 57–8.

15. Kim Pusik, *Silla Annals*, p. 308；另一个金泰廉于828年作为大使访问唐朝，带回了茶树的种子，见 p. 345; also p. 159 n. 42。

16. Ibid., p. 207.

17. Ibid., pp. 264, 267, 297; also p. 294 [742]: 'an envoy from Japan arrived, but he was not received.' Cf. pp. 329, 366, 371, 373.

18. R. Borgen, *Sugawara no Michizane and the Early Heian Court* (Cambridge, Mass., 1986), pp. 228–40.

19. Von Verschuer, *Across the Perilous Sea*, pp. 5–8, 11–13, 15; Batten, *Gateway to Japan*, p. 63, table 2.

20. Batten, *Gateway to Japan*, pp. 51–2; Kang, *East Asia before the West*, pp. 71–2.

21. Batten, *Gateway to Japan*, pp. 41–5；诗见 pp. 41–2，引自 P. Doe, *A*

Warbler's Song in the Dusk: The Life and Work of Ōtomo Yakamochi (718–85) (Berkeley, 1982), pp. 219–20。

22. Batten, *Gateway to Japan*, pp. 55, 59, 65.

23. Ibid., pp. 69–76, noting p. 72, table 3, and p. 74, fig. 10（用于擦屁股的小木筹）。

24. Ibid., pp. 3–4, 55, 69–70; also p. 2, fig. 1.

25. Ibid., pp. 67–8.

26. Von Verschuer, *Across the Perilous Sea*, pp. 20–21; McCullough, 'Heian Court', p. 91.

27. Murasaki Shikibu, *The Tale of Genji*, transl. E. Siedensticker (London, 1992), p. 18.

28. Sansom, *Japan*, pp. 29–30.

29. C. von Verschuer, *Les Relations officielles du Japon avec la Chine aux VIII e et IXe siècles* (Geneva, 1985), pp. 3, 55–60; Borgen, *Sugawara no Michizane*, p. 227.

30. J. Stanley-Baker, *Japanese Art* (London, 1984), pp. 100–101, fig. 67.

31. Von Verschuer, *Relations officielles*, p. 42.

32. Sansom, *Japan*, pp. 88–9.

33. Ibid., pp. 60–61.

34. G. Reeves, ed. and transl., *The Lotus Sutra* (Somerville, 2008); G. Tanabe, ed., *The Lotus Sutra in Japanese Culture* (Honolulu, 1989).

35. Von Verschuer, *Across the Perilous Sea*, p. 10.

36. Von Verschuer, *Relations officielles*, pp. 216–20; von Verschuer, *Across the Perilous Sea*, pp. 18–19.

37. Borgen, *Sugawara no Michizane*, pp. 242–3; McCullough, 'Heian Court', p. 85; 见 von Verschuer, *Relations officielles*, pp. 163–4 以及她的讨论，pp. 161–80。

38. Borgen, *Sugawara no Michizane*, pp. 227–53.

39. Von Verschuer, *Across the Perilous Sea*, pp. 14–16.

40. Stanley-Baker, *Japanese Art*, pp. 53–7; von Verschuer, *Across the Perilous Sea*, p. 18.

41. E. Reischauer, ed. and transl. , *Ennin's Diary: The Record of a Pilgrimage to China* (New York, 1955); E. Reischauer, *Ennin's Travels in Tang China* (New York, 1955); 法文版 *Ennin: Journal d'un voyageur en Chine au IXe siècle* (Paris, 1961) 是从 E. 赖肖尔 (E. Reischauer) 的英文版翻译的，不过增添了 R. 莱维 (R. Lévy) 的很有帮助的导言。关于兼胤，见 Reischauer, *Ennin's Travels*, p. 17, and *Ennin's Diary*, p. 410。

42. Reischauer, ed. and transl. , *Ennin's Diary*, p. 5 n. 13.

43. Reischauer, *Ennin's Travels*, pp. 48–51.

44. Ibid. , pp. 53–8.

45. Reischauer, ed. and transl. , *Ennin's Diary*, pp. 100, 118.

46. Kim Pusik, *Silla Annals*, pp. 346–7.

47. Reischauer, *Ennin's Travels*, pp. 60, 63.

48. Ibid. , p. 64.

49. Ibid. , pp. 65–7.

50. Reischauer, ed. and transl. , *Ennin's Diary*, p. 8.

51. Ibid. , pp. 6–21; Reischauer, *Ennin's Travels*, pp. 70–71.

52. Reischauer, ed. and transl. , *Ennin's Diary*, p. 34.

53. Ibid. , pp. 97, 99–101.

54. Ibid. , pp. 114–16.

55. Ibid. , p. 98; also Reischauer, *Ennin's Travels*, p. 97.

56. Reischauer, *Ennin's Travels*, p. 83.

57. Ibid., pp. 81-6; Reischauer, ed. and transl., *Ennin's Diary*, pp. 95, 122-4; Lévy, *Ennin*, p. 17.

58. Reischauer, ed. and transl., *Ennin's Diary*, pp. 94-5; Reischauer, *Ennin's Travels*, pp. 84-5.

59. Von Verschuer, *Relations officielles*, p. 205.

60. Reischauer, ed. and transl., *Ennin's Diary*, pp. 102-3, 112.

61. Ibid., pp. 102-5; Lévy, *Ennin*, pp. 13-14.

62. Reischauer, ed. and transl., *Ennin's Diary*, pp. 105-7.

63. Ibid., p. 111.

64. Reischauer, *Ennin's Travels*, pp. 94-6.

65. Reischauer, ed. and transl., *Ennin's Diary*, p. 131; Reischauer, *Ennin's Travels*, pp. 289-90.

66. Reischauer, *Ennin's Travels*, pp. 100-113.

67. Ibid., p. 29; also pp. 217-71; Reischauer, ed. and transl., *Ennin's Diary*, pp. 342-89.

68. Reischauer, ed. and transl., *Ennin's Diary*, pp. 390, 394.

69. Ibid., pp. 398-404; Lévy, *Ennin*, pp. 32-3.

70. Kim Pusik, *Silla Annals*, p. 344; Eckert, Lee, Lew et al., *Korea Old and New*, p. 59; von Verschuer, *Relations officielles*, p. 451 n. 488.

71. Ilyon, *Samguk Yusa: Legends and History of the Three Kingdoms of Ancient Korea*, ed. and transl. Ha Tae-Hung and G. Mintz (Seoul, 2006), book ii, section 47.

72. Von Verschuer, *Relations officielles*, p. 139; pp. 358-9 给出了 842 年一份记录的文本。

73. Reischauer, ed. and transl., *Ennin's Diary*, pp. 100, 118; 关于信，见 pp. 167-9; Reischauer, *Ennin's Travels*, pp. 289-90。

74. Kim Pusik, *Silla Annals*, p. 349.

75. Ilyon, *Samguk Yusa*, book ii, section 47; cf. Reischauer, *Ennin's Travels*, pp. 287–94.

76. Kim Pusik, *Silla Annals*, p. 356，弓福是张保皋的另一个名字。

第十一章

“盖天下者，乃天下之天下”

※ 一

“岛国性”（insularity）一词表达了一种孤立和向内看的感觉。有时，历史学家会紧紧抓住任何以“性”（-ity）结尾的词，因为他们酷爱抽象的术语，相信抽象术语会让他们的著作显得高明和有“理论深度”。但本书到目前为止所讲的大部分内容表明，岛屿社会并没有所谓的岛国性。即使岛民与大陆的接触受到宫廷或政府法令的限制，人们也能找到规避这些限制的办法，而且官方的接触有时既有重要影响又有利可图。日本就是一个绝佳的例子，中世前期的日本并没有所谓的岛国性。在 12 世纪，日本的海外联系发生了性质上的重大变化，并留下了丰富的史料。一个更开放的贸易新时代开始了，外商（几乎都是中国人）的持续存在，成为生活的重要组成部分，特别是在博多周边地区。日本列岛内的海上贸易也很繁荣。1185 年起的政府所在地镰仓拥有一个港口，并且消费了大量清酒，以至于政府下令禁止销售清酒，32274 瓶清酒被没收。在濑户内海周边，港口城市如雨后春笋般涌现，为京都这个大都市服务。

日本人变得更加擅长造船，不过他们的进步很慢，甚至到了13世纪初，幕府将军也只信任中国造船师来建造能够到达中国的海船。[1]幕府对从博多途经濑户内海到镰仓的贸易的快速增长感到担忧，部分原因是幕府想重点扶持官营船只，而外来的中国人似乎即将赢得竞争、主宰这条海路。[2]有人认为，日本社会较少参与同亚洲的海上联系，或不受其影响。事实恰恰相反，日本社会热衷于对外交流，而在这个时段，主要是与中国的交流。

对百姓，如为苛刻的主人（无论是好战的贵族还是富有的寺院住持）种植水稻的农民，以及被称为“海民”的渔民而言，海外交流没有什么影响。海民以海为生，但不属于延伸到宋、元、明时期中国大城市的贸易网络。海民向日本朝廷进贡海产品和盐，因为富裕阶层流行以鱼为食。佛教不赞成杀生，这使得鱼更受欢迎了。在天皇、贵族和寺院住持的保护下，隶属于他们的海民在近海航行。另外，在贵族和寺院住持的庇护下，行会（座）成为城市生活的一大特色。[3]这都是商业化进程的一部分。在大约1200—1400年，商业化进程改变了中世日本。渐渐地，市场和集市有了更多的世界性；人们可以买到纺织品、纸张和金属制品，甚至有日本大城市制造的奢侈品和武器，偶尔还有中国产品。[4]

市场上主要是以物易物，但包括农民在内的越来越多的人逐渐转向使用铜钱。这一时期的一个寺庙卷轴上有一幅以赏心悦目的笔触描绘的景象，是人们手持铜钱在市场上进行买卖。[5]对铜钱的依赖从12世纪中叶或更早就开始了。这些铜钱来自中国，因为日本人很少铸造自己的铜钱。14世纪初曾有一个以天皇的名义铸钱的计划，不过计划夭折了。日本政府也有疑虑，因为钱币的大量涌入刺激了通货膨胀。在镰仓时代早期，日本政府试图禁止从中国输入铜钱，但没有效果。到1226年，日本政府转而鼓励在日常贸易中使用铜钱而不是布匹。日本考古学家发现了一些装有数万枚中国铜钱的花瓶。[6]随着经济联系在日本越来越广泛地建立起来，结算和贷款都用中国铜钱。与同时代的欧洲一样，人们不知道是该佩服那些通过放贷积累财富的人，还是该谴责他们是剥削成性的高利贷放债人（不过，有趣的是，佛教僧侣和神道教神官往往倾向于支持放贷，这与中世纪欧洲的天主教会不同）。[7]

中国铜钱不断流入日本，以满足日本日益增长的经济需求。铜钱的外流让中国人感到不满。中国人指责日本商人在到达中国沿海城镇的一天内就吸走了所有的铜钱。中国试图将每年可在其港口从事贸易的日本船只数量限制在5艘，但由于中国海关官员的腐败，该法令无异于一纸空文，每年到中国的日本船只的数量接近50艘。为了应付海关检查，日本人可以将钱币藏在船舱内，或者干脆等海关官员离开之后再把钱币搬上船。[8]日本人对中国铜钱这么热情，是因为它有一个简单且显而易见的特点：难以损耗。如果用丝绸作为支付手段的话，丝绸容易被弄脏、撕裂或烧毁；如果用大米的话，则太笨重，也容易变质。铜钱的使用降低了行商的交易成本，他们不再需要为了付款而把大量货物搬来搬去。[9]此外，使用中国铜钱，能令人产生一种与中国文化相联系的感觉，这种感觉在朝鲜半岛、越南和日本都能体会到。中国铜钱可能并不稀罕，但并非可轻视之物。

日本朝廷的关注点从朝贡贸易转向民间贸易，但这并不意味着他们高兴看到外商出现在日本帝国的各个角落。在 10 世纪，对外来者的狐疑使日本政府限制外商访问日本的次数，中国人的到访被限制为每三年一次。日本政府还非常不赞同日本商人到海外旅行。对于被日本当局阻止入境的中国商人来说，一个显而易见的办法是假称远海的猛烈洋流把他们的船送到了九州。等他们到达九州，当地官员就会宣布中国商人必须等到风向转变才能回去。这是一种礼貌的方式，允许中国商人留在日本而不违反上述陈规。或者中国商人可以自称是替某位高官办事的。[10]博多湾仍然是日本与中国交流的窗口。因为不再向唐朝朝贡，日本宫廷再也得不到唐朝馈赠的丰厚礼物。为了弥补这个损失，日本宫廷以自己规定的价格，从中国商人那里强行购买需要的奢侈品。[11]

日本宫廷特别喜欢中国书籍，包括佛教典籍，如《法华经》，以及唐诗集。11 世纪初，摄政藤原道长三次获得唐诗选集，并在 1010 年将一部印刷本注疏版唐诗选集送给天皇。到达日本的第一本印刷书是由一位名叫奝然的僧人于 986 年带来的、不久前在成都刊印的重要佛经集。该书的木制雕版经过十二年的劳苦工作才得以制成。此后，日本人便十分青睐印刷术。

佛教法事需要在不同场合使用特定的香水，因此，日本人需要抓住每一个机会从海上获得香水。高级香水在《源氏物语》中一再出现。[12]在日本对华贸易中，关键的一点仍然是日本人对中国文化的仰慕。中世后期，变得更加自信的日本在宣称自己在文化上与老师平起平坐时，就不像以前那样尴尬了。但日本对中国的商品仍然充满渴望，贸易额有增无减，贸易规模比 900 年前后大了很多。不过，随着日本人开始用自己的文字和语言创作自己的宫廷文学，他们对中国书籍的胃口虽然依旧很大，但有所减弱。

中国对日本最深远的影响之一是茶的普及。茶原本是一种非常特殊的饮料，禅宗信徒在 12 世纪传播了饮茶的知识，将饮茶作为冥想的辅助手段。从镰仓时代的 1185 年开始，茶会在上流社会成为一种时尚。在茶会上，人们品尝由米饭、面条、豆腐和异国水果制成的精美菜肴，并欣赏诗歌朗诵。日本开始生产自己的优质茶叶（早在 815 年，朝廷就要求以茶叶作为贡品），但在这些茶会上同时品尝中国和日本的茶是很常见的做法，高质量的建窑碗就是为此从中国南方一路进口来的。后来，在 18 世纪，茶馆和茶道开始流行，相应的仪式也被编纂成书。起初，饮茶的习惯是将茶叶或部分茶砖浸泡于水中，然后饮用。传统上认为，抹茶，即口感浓郁的粉状绿茶，是禅师荣西带到日本的，他于 12 世纪末在中国喝到了类似的茶饮。但文献和文物（中国茶碗）都表明，这种类型的茶实际上在更早的时候就为日本人所知。[13]不过，关键在于，连接中日两国的海路不断为日本带来多种思想和习惯。与佛教密切相关的茶叶是一个特殊的例子，但也有其他受人喜爱的奢侈品越过大海来到日本。进口的鹦鹉在 11 世纪就已经让平安时代的朝廷着迷，特别是它们似乎完全有能力学会日语。即使大唐朝廷在官方层面不赞成民间的跨海贸易，对黄金的渴望也使大唐朝廷容忍这种贸易的存在（如马可·波罗后来指出的，日本在黄金储量上胜过中国大部分地区）。珍珠也是中国人渴望的商品，产自本州或对马岛的珍珠在今天仍然是日本的骄傲。[14]“贾舶乘东北风至，杂货具于左细色：金子、砂金、珠子、药珠、水银、鹿茸……”①[15]在这一清单中还可加上漆盒和折扇。[16]所有这些都表明，在圆仁时代困难重重、险象环生的中国之旅后，日本商人和海员都更有信心跨越海洋。

事实证明，日本朝廷无力监管大量的在日外国商人。在鸿胪馆的时代还很简陋的博多开始发展为城镇，那里还有一个庞大的中国人聚居地，其中一些人与日本女子结婚，于是出现了一代混血儿，他们可以声称自己是日本人，因此不受朝廷对外国人的限制的影响。人脉也很重要。1150年，一个混血商人用中国书籍从日本宫廷的左大臣那里换来了30两砂金，并奉命把更多的中国书籍带给他。在12世纪，据说有1600个中国家庭在博多湾居住。与此同时，出身于朝鲜半岛的人逐渐从海上贸易路线上消失了。[17]在九州的福冈市（中世时期的博多港后来成为该市的一部分）修地铁的挖掘过程中，发现了3.5万块日本和中国陶瓷的碎片，其中的中国陶瓷主要来自中国沿海的砖窑。有些陶瓷的质量极高，如淡绿色的青瓷和越州的白瓷。越州白瓷有时被称为秘色瓷②，因为它原本专属于中国皇族。到了博多之后，白瓷可能被运往京都（也被称为平安京，在几

---

① 引自罗浚等《宝庆四明志》卷六，宋刻本。

② “秘色瓷”一名产生于晚唐时期，指越窑贡瓷。其性质是贡瓷，代表越窑的最高工艺水平。五代十国时期，吴越大量使用越窑青瓷向中原地区进贡，因此北宋时期就有学者认为它是专供皇族使用的。现代有学者以为，“秘色”是某种植物的颜色，以形容青瓷的釉色；或以为，当时唯越窑能烧成上品釉色，且釉色不能随意控制，“秘色”有“神奇之色”之意；或以为，“色”有等级的含意，与釉色无关，秘色瓷即上等的瓷器；或以为，秘色瓷得名与匣钵的使用有关。详见郑嘉励《越窑秘色瓷及相关问题》，《华夏考古》2011年第3期，第121—125页。

个世纪前取代奈良，成为政府所在地）的朝廷。[18]各方都试图从这种贸易中获利。在11世纪初，藤原氏很乐意通过他们在九州的土地获得毛皮、药品和香水等外国商品，尽管不久前朝廷还明令禁止与外商直接接触。在这些进口奢侈品中，有一些颜料，如铜绿。这是铜在氧化后的一种副产品，可用于制作绿色颜料。[19]

日本与亚洲大陆之间的贸易在中世经历了多个不同阶段。到了11世纪和12世纪，有更充分的证据表明当时存在定期的商业交流。每年至少有一艘满载的船到达博多，为日本上层人士运来奢侈品。[20]这听起来好像不多，但博多的中国移民以及那堆积成山的陶器，都表明中日之间的交通实际上比这繁忙得多。一些中国移民将他们的工匠技能带到了日本，如制作陶器、金属制品及木制品的工艺，而且（正如奈良的正仓院藏品显示的那样）日本宫廷不光收集来自亚洲遥远地区的物品，对这些物品的本地仿品也感兴趣。博多与位于奈良和京都的权力中心有一定的距离，与1185年后在镰仓建立的政府相距更远（镰仓位于现代东京附近）。在源氏和平氏之间发生了短暂但激烈的内战之后，镰仓成为权力中心。[21]镰仓幕府对九州岛日常事务的控制力较弱。地方贵族在远离中心的地区获得了更大的权力，城镇、贸易及集市在他们的庇护下不断发展壮大。[22]

在今天的韩国海岸附近发现的一艘中式帆船的残骸，即新安沉船，为这种商业扩张提供了有力的证据。许多个世纪以来，新安沉船船体的一半已被海浪摧毁；但甲板下的部分被埋在泥中；而在舱口之下，在被分成七个隔间的船体内，有大批中国货物存世，堪称宝库，部分货物仍然整齐地装在木箱中。这艘船长28米，最大宽度约7米，可载200吨货物。在船上发现了1.8万件陶瓷，主要来自中国（包括大约2900件青瓷），还有中国制造的优质薄壁瓷碗和源于东南亚的带底座的花瓶。其中的浅绿色青瓷来自元朝，包括配有龙形把手和花纹浮雕的让人赏心悦目的罐子，以及经典的素碗，它们的特点是简单朴素。没有发现著名的青花瓷，这表明在当时青花瓷仍然被严格限制出口。不久之后，青花瓷的生产就有了大的发展，成为最受欢迎的中国产品，远销世界各地。[23]新安沉船货物另一个令人印象深刻的部分是18吨中国铜钱，总共有超过800万枚，大部分成串，带有写着主人名字的木牌。这让我们对中国铜钱外流的规模有了一定的了解。[24]还有一个箱子装满胡椒。在被发现的货物中，来自朝鲜半岛的货物很少，所以尽管这艘船经过了朝鲜半岛的海岸，但不大可能在那里的港口停留很长时间。这艘船显然是在从中国沿海的宁波驶向日本途中失事的。雇用这艘船的客户是京都的东福寺，它的名字出现在好几个木牌上，并附有年号至治三年（1323年），这可能是这艘船失事的年份。东福寺是京都的大寺院之一，在新安沉船失事的几年前被烧毁了，它正通过投资一次大规模的贸易远航来为其重建工程筹资。[25]韩国专家认为，该船在一个日本港口（可能是博多）停靠后，最终目的地其实是冲绳和东南亚。[26]

来自对马岛和九州岛西部的海盗（被称为倭寇）的活动对民间贸易的损害日益增加。从14世纪开始，这成为一个特别严重的问题，不过也进一步证明了当时贸易的繁荣，因为海盗无利不起早。[27]在夺取别人的货物之后，这些海盗就会摇身一变成为商人，销赃获利。从博多到京都附近港口的航运必须经过濑户内海，这是一个狭窄的空间，按理说应当容易监管，但它是一个海盗活动特别猖獗的地区，这很让人意外。长期以来，濑户内海一直是活跃的贸易区，大量的货物，如大米，被从四国岛和九州岛运往奈良和京都所在的畿内地区。前文已述，日本人在短程航行方面有丰富的经验，但在很长一段时间里不擅长远海航行。不过，到了中世晚期，1445年的海关登记簿中有大量的证据表明，在京都附近的港口之一兵库有繁忙的贸易。海关登记簿显示，一年内有近2000艘船通过同一个关卡，驶往京都方向。[28]一位历史学家认为，日本自由贸易在12—14世纪高度活跃，15世纪达到巅峰，那时，日本实现了贸易顺差。

在中世时期的末尾，日本、朝鲜半岛和中国都发生了革故鼎新的重大政治变动。1368年，元朝被国祚绵长的明朝取代。朝鲜半岛的李氏王朝持续的时间更久。14世纪的日本是敌对大名争夺政治权力的战场，不过他们争夺的不是皇位，因为天皇已经被幕府将军排挤到一边，成为傀儡。日本国内的冲突实际上促进了贸易的发展，因为幕府将军鼓励贸易，他们希望从税收中筹集更多的资金，而单靠土地是无法满足他们的军事开销的。在这一时期，位于大阪湾的沿海村庄堺凭借其通往京都的便利道路，发展成一座商业城市，其贸易范围远至中国，并得到了足利将军的支持。堺市不断发展壮大，到16世纪初已有3万人口。它保留了一定程度的自治权，同时仍依赖控制京都周边地区的军阀的恩惠，而堺市恰好可以为这些军阀服务。[29]

日本与中国的接触并不总是和平的。明朝的开国皇帝洪武帝于1369年遣使到九州，送去一封痛诉日本海盗的信，对日本人进行了严厉的批评。明使的到来绝不代表明朝在平等对待日本，事实上，明朝皇帝决心在从爪哇和柬埔寨到朝鲜半岛和日本的广袤地区重塑中国的宗主权。洪武帝是农民出身，因此急于把自己塑造成遵循中国伟大传统的帝王。不过，自相矛盾的是，明朝皇帝禁止中国商人进行海外贸易，而宁愿恢复旧的朝贡制度。明朝欢迎朝鲜王朝的使节每年来几次，而来自其他王国（如琉球）的使节朝贡的频率则低得多。日本统治者对大明朝廷不断发出的责备十分恼火，明朝甚至暗示要讨伐日本：

> 礼部尚书：……千数百年间，往事可鉴，王其审之。……必欲较胜负，见是非者欤？辨强弱者欤？至意至日，将军审之！①

> ［日本王］良怀上言：……乾坤浩荡，非一主之独权，宇宙宽洪，作诸邦以分守。盖天下者，乃天下之天下，非一人之天下也。②[30]

日本很少对明朝持反抗态度，那只会使两国关系更紧张。日本人知道，他们要付出的政治代价是，偶尔承认甚至日本天皇也是中国皇帝的附庸。不过，这种承认可以带来巨大的收益：在 1400 年前后

---

① 引自［明］朱元璋《明太祖集》卷一六《杂著》，胡士萼点校，合肥：黄山书社，1991，第 383、385 页。

② 引自［清］张廷玉等《明史》卷三二二《外国三》，北京：中华书局，1974，第 8343 页。

的明朝早期远航中，中国人试图从东亚和印度洋的广大地区收取贡品。日本人服软，换来了丝绸、白银和漆器的奖励，而且被准许维持对大陆的马匹和军械出口。后来，在 1432—1433 年，日本的出口商品包括 3000 多把军刀，到了 1453 年有近 1 万把军刀出口。此外，承认明朝的宗主权还有巨大的政治红利，因为这有助于确保足利将军对日本的统治，而明朝其实并不会干预日本事务。[31]

在这一时期，对亚洲沿海航道的控制权从主导这些航道几个世纪的中国人手中转移到了其他民族手中，包括日本人，尽管其中有许多是倭寇。明朝禁止中国商人和水手出海，于是其他民族得以在海上自由地航行，中国附近岛屿（从日本到爪哇）的所有民族都抓住了这个机会。1400 年前后，来自暹罗和爪哇的船访问了日本。1406 年，一艘开往朝鲜半岛的爪哇船载着鹦鹉、孔雀、胡椒和樟脑，不幸被日本海盗俘获了。不过，五年后，一个爪哇使团安全抵达九州。[32]琉球群岛的自治王国发挥了特别重要的作用。琉球位于“日本的地中海”的南缘，其中心是冲绳。琉球为日本提供了向南的联系，将日本海域与一些长距离的贸易路线连接起来，这些贸易路线远至马六甲海峡（那里有马六甲、巨港和淡马锡，其中淡马锡就是现代新加坡的所在地）。马六甲海峡在 15 世纪再次成为非常重要的香料贸易中心。因此，明朝海禁，无形中促进了海洋的开放。

※ 二

虽然偶尔有朝鲜半岛沿海海战的记载，并且倭寇越来越令人担忧，但日本、中国和爪哇之间水域的航海史主要是一部相对和平的历史。从日本朝廷禁止日本商人开展私营贸易，以及中国朝廷试图阻止中国铜钱外流中可以看出，确实有过多次紧张局势，但大规模进犯是罕见的。最大的例外是蒙古人对日本的攻击。由于马可·波罗的记载，这一消息一直传到了西欧。他的描述留下了关于元日战争的珍贵细节。如后文所示，这些细节得到了海洋考古学家和在1294—1316年制作的精美绘图卷轴的佐证。在几个世纪里，日本学者不断制作这些卷轴的副本。[33]蒙古人之所以发动攻击，既是因为蒙古人认为大汗是上天指定的统治者（而逆天者亡），也是因为蒙古人受到了中原传统观念的影响，即认为中国是天朝上国。忽必烈接受并调整了这种观念。他是蒙古王族的成员，于1276年攻陷了南宋的都城临安，统一中国，建立了元朝。①[34]忽必烈还垂涎日本闻名遐迩的丰富的黄金与珍珠。如果可能的话，他希望通过征收大量贡品来获取日本的财富，但如果办不到，就用任何一位蒙古大汗都会给出的办法：战争。

尽管有人对忽必烈汗和马可·波罗见过面的说法表示怀疑，但马可·波罗对日本的描述一定反映了他在东方某地听到的故事：

此岛君主宫上有一伟大奇迹，请为君等言之。君主有一大宫，其顶皆用精金为之，与我辈礼拜堂用铅者相同，由是其价

① 1271年，忽必烈建立元朝，次年定都大都。1276年，临安陷落；1279年，南宋灭亡。

> 颇难估计。复此宫廷房室地铺金砖，以代石板，一切窗栊亦用精金，由是此宫之富无限，言之无人能信……亦饶有宝石、珍珠，珠色如蔷薇，甚美而价甚巨，珠大而圆，与白珠之价等重。忽必烈汗闻此岛广有财富，谋取之。①[35]

当时的日本僧人东严慧安认为，蒙古人对日本铠甲的质量和日本弓箭手的优异表现感到敬畏："日本弓箭、兵仗、武具，超胜他国，人有势力，夜叉鬼神无由敌对……以彼军兵，自恣降伏，天竺震旦，甚以为易。"他认为："所闻无违，二国和合，衣冠一致。"②[36]

即便如此，如果不是因为蒙古人与高丽人的关系破裂，忽必烈很可能不会攻击日本，而是更多地关注越南（另一个让他着迷的地方）。此时的高丽国王是整个朝鲜半岛的主人。在13世纪初，随着蒙古人的势力向东西两边的广袤地区扩展，高丽人选择与蒙古人合作，甚至在1219年出兵帮助蒙古人制服他们在中国北方的讨厌邻居。不过，高丽人不得不向蒙古大汗进贡大量财富，而蒙古人给予高丽人的待遇也在两个极端之间摇摆。高丽人对日本人也有不满，因为倭寇对朝鲜半岛的袭击一直持续到1265年。[37]一个亲蒙的高丽人赵彝向忽必烈提供了情报，他对日本人复杂习俗的描述似乎给忽必烈留下了深刻印象。赵彝建议忽必烈汗向日本派遣一个试探性质

---

① 引自〔意〕马可·波罗《马可波罗行纪》第三卷第一五八章，冯承钧译，上海：上海书店出版社，2001，第387页。

② 引自〔日〕东严慧安《蒙古降伏祈愿文》，见『中世日本東アジア交流史関係史料集成』『正伝寺文書』。

的使团。1268年初，忽必烈汗的一封信被送到日本（尽管这封信实际上是在1266年8月写的）。从蒙古人的角度看，这封信对日本人异常地友好，尽管信中威胁说，如果日本人不同意建立友好关系，蒙古人就会开战，并提出了一个措辞不那么得体的问题：“以至用兵，夫孰所好。王其图之。”①[38]高丽国王写信恳求日本人重视此事，并指出忽必烈无意干涉日本帝国的行政。在这个阶段，除了温和的威胁之外，忽必烈并不倾向于采取进一步行动。他此时还需要击败南宋，并在朝鲜半岛建立自己的势力。他可能只是觉得不应该无视日本，因为日本与他的敌人南宋之间有密切的贸易关系，日本人可能在向南宋输送必要的物资，如武器。到达日本的宋朝难民中有几十个非常有影响力的禅宗僧人。从某种意义上说，元朝统治时，宋朝文化在日本有所流传。因为幕府，即日本的军事精英，希望树立自己“中国文化的高雅追随者”的形象，从而与京都几乎与世隔绝的天皇宫廷的学者和诗人竞争。另外，忽必烈与日本素无冤仇，日本也没有对蒙古人构成直接的军事威胁。[39]

不过，幕府对蒙古人的诡计看得很清楚。正因为日本与宋朝有跨海的定期联系，幕府将军很清楚蒙古人想从日本得到什么，特别是巨额的贡品。日本列岛本身似乎很安全，蒙古人从未冒险渡海。为什么要理睬忽必烈的空洞威胁呢？因此，镰仓幕府选择将蒙古使节送回，不做任何答复。在京都，天皇宫廷的态度也是

① 引自［明］宋濂等《元史》卷二〇八《外夷一·日本》，北京：中华书局，1976，第4626页。

如此。尽管真正的权力掌握在幕府和将军手中，但如果日本要承认蒙古人的优越地位，就必须以天皇的名义进行。1269年，70名蒙古人和高丽人来到对马岛，要求日本人答复大汗的信件。幕府将军再次不答。蒙古使团带着几名俘虏回国，俘虏被允许参观忽必烈的宫殿，然后被送回国。蒙古人希望这些俘虏回国后向幕府报告大汗是多么强大和威严，从而震慑幕府，迫使其做出反应。即使如此，日本仍然保持沉默。[40]在抵制了大汗的试探并获得了更多关于忽必烈性格和图谋的情报后，日本人尽管在面对蒙古使节的时候貌似无动于衷，但实际上非常紧张。他们甚至终于起草了一份回信，但它从未被寄出。日本人诵读祈愿和平的经文，并对蒙古人发出仪式性的诅咒。此外，日本人还制订了突袭朝鲜半岛海岸的计划，以摧毁任何用于建造舰队来攻击日本的设施。事实证明，蒙古人的威胁并非空穴来风，所以日本人判断，攻击朝鲜半岛只会让局势更糟。

1274年10月，蒙古人对日本的第一次进攻开始了，由蒙古大汗的陆海军和他的附庸即高丽国王的陆海军共同发起。不出意料，900艘船经过对马岛，到达博多湾，这是从朝鲜半岛南端出发的最短的直接路线。[41]据说这些舰船运载着将近3万人，这个数字并不完全准确。据说，为了威慑敌人，蒙古人把日本妇女的裸尸钉在桨手座上。[42]博多被烧毁，但日本人的抵抗非常顽强。武士竹崎季长在他图文并茂的卷轴中记录了他遇见另一位日本武士的经过，此人当日战果颇丰：

> 经小松原而至赤坂。见一武者，乘苇毛马，着紫逆泽泻铠并红母衣，所率仅百余骑，破敌阵而逐残敌，太刀与薙刀前各悬敌军首级，甚是威武。乃问何人，答曰：“肥后国菊池二郎武房是也，君复何人?”对曰：“同肥后国竹崎五郎兵卫季长是也。请视吾破敌。”言罢，突入敌阵。①[43]

在与这些斗志昂扬的英雄厮杀了一天之后，蒙古-高丽联军心灰意冷地撤退了。[44]

忽必烈在经历了1274年速败的耻辱后，更加坚定了征服日本的决心。但目前，他集中精力于一个更重要的目标，即统一中国。远征日本惨败之后的1276年，他取得了攻陷临安的功绩。1277年，马可·波罗自称很熟悉的大港口泉州向蒙古军队投降，因为泉州官员意识到，如果蒙古人强行攻城，泉州必然会丧失其在海上贸易中的突出地位。1279年的崖山之战中，蒙古人证明了他们有能力在海上赢得一场重大的战役：宋朝舰队的900艘舰船中只有9艘逃脱了被摧毁或俘虏的命运。宋朝的海军统帅②背着小皇帝跳海自杀。宋朝就这样灭亡了。[45]

蒙古人对日本的第二次进攻发生在第一次进攻的六年半之后。为了对日本发动新的战争，蒙古人征召了大量的前宋朝军人。这一次，大汗的目的不仅是将蒙古人的宗主权强加于日本，而且要在这

---

① 译文借用马云超《〈蒙古袭来绘词〉的基本内容与研究概况》，《元史及民族与边疆研究集刊》2014年第2期，第134页。

② 指陆秀夫。

片土地定居，所以蒙古人的船上除了武器也载有农具。死刑犯只要同意在忽必烈汗正在组建的庞大军队中服役，就可以获释。但是，日本人仍然有一种似乎很荒唐的自信，相信自己能够抵挡住这次攻击。他们决定在镰仓接见蒙古使节，在蒙古人看来，这似乎是个好兆头；但使节一到，就被斩首示众，于是蒙古人就必然会发动进攻。[46]日本政府痛心地意识到，在1274年的短暂攻击中，博多已被摧毁，于是下令在博多湾周围修建了一道12.5英里长的石墙，部分石墙留存至今。[47]博多湾成为海上和陆上鏖战的战场，日本的舰船和地面部队不断骚扰从对马岛和壹岐岛来的兵力更强的蒙古军队，而第二波蒙古军队则聚集在九州西端沿海的竹岛①附近。[48]

在众多英勇壮举中，河野通有的表现最突出。他在1274年就曾参加抵抗来犯之人的战斗，这次，他在防御墙外直接与来犯之人交战，以展现他的勇敢。有一天，他看到一只鹭抓起一支箭，扔到蒙古人的船上。他认为这肯定是日本人取胜的预兆，所以他和他的伯父河野通时决定，是时候对蒙古舰队的心脏发动攻击了。他们乘坐几条小船穿过海湾，毫不费力地穿透了蒙古舰队，因为蒙古人认为他们一定是来投降的。他们来到了一艘旗舰旁边，在河野通有杀死一个令人生畏的巨人士兵之后，这艘旗舰上的船员震惊地投降了。[49]河野通有俘虏了一名蒙古将军，不过他自己的肩膀负伤，而且他的伯父阵亡了。在返回陆地后，河野通有写了一首诗来纪念自己

① 原文如此，存疑。竹岛（今天由韩国实际控制，韩国称之为独岛）并不在九州岛西端沿海，距离九州岛甚远。估计应为志贺岛。

的功绩。[50]这些战功使他成为日本的英雄。在幕府的军事统治下，对武士武功的推崇上升到了新的高度，有一两位抗击蒙古人的日本英雄甚至被后世当作神来崇拜。

但所有这些努力都不足以阻挡一波又一波的进犯者。高丽舰船抵达对马岛，岛民试图逃到山区，但孩子的哭声暴露了他们的藏身之处。高丽人无情地屠杀了岛民。进犯之人随后用投石机发射爆炸性的陶制弹丸，轰击朝鲜半岛和日本之间的下一个岛（壹岐岛）的居民。可是，蒙古人的船上过于拥挤，卫生条件恶劣，助长了疾病的传播。正如中国史料指出的那样，蒙古军队因为疾病而损失了3000人。蒙古指挥官们发现没有办法协调从朝鲜半岛和更远的南方赶来的不同部队的行动，而且博多湾防守严密，不适合大规模登陆。已经抵达博多湾附近的海军分队将他们的船连接在一起，形成一条连续的战线，就像一面壁垒，与日军对峙，但对下一步该怎么做没有非常明确的想法。[51]日本的小船像黄蜂一样纠缠蒙古舰队，挤满了整片水域。竹崎季长描述了博多湾的混乱情况：

“我是根据秘密命令行事的。让我上船！”

我把我的船带到了高政那里。

“守护没有命令你来这里。快让你的船离开！”

我没有办法，只得答道：“如你所知，我不是守护召唤来的。我是副守护，但来得晚了。请听从我的命令。”

“津森大人在船上。没有更多的空间了。”[52]

最后，受了伤的竹崎被允许上船力战。

尽管如此，对蒙古人来说进展相当顺利，他们成功守住了一个滩头阵地；虽然后来被打回了近海岛屿，但他们并没有被彻底击退。威胁仍然存在。然后，守军的祈祷似乎应验了，“一条青龙从海浪中抬起头来”，天空变暗，突然刮起了猛烈的台风。许多满载士兵的船在海上被风暴席卷抛起，或者被抛到陆地上，还有一些船相互碰撞。有人认为，这不过是一场把蒙古人的船吹回亚洲大陆的东风，而他们本来就打算撤退了。一些日本作家，特别是当时在场的武士竹崎季长，并没有提到这场“神风”。[53]但后文将要探讨的考古证据讲述了一个与上述不同的、更传统的故事。日本、中国和高丽对此事件的描述基本一致，因此，“神风”虽然是一个深入人心的日本传说，但也是有史实基础的。传说有10万人淹死，4000艘船沉没，实际的数字可能更接近1万人和400艘船。[54]

威尼斯人马可·波罗留下了关于蒙古人进攻日本的最有趣的记述之一。他只了解蒙古人对日本的第二次攻势。他知道这支蒙古军队的指挥官之一的名字是阿巴罕，而中国人显然把另一位指挥官的名字范文虎讹传为“范参真”。[55]据马可·波罗说，这两位负责领导远征的“男爵”关系不和。他们是“谨慎而勇敢”的人，奉旨从刺桐（泉州）和行在（杭州）两港出发，这两地是中国连接东南亚的重要贸易中心。随后，他们在日本登陆。马可·波罗讲述了一个骇人的暴行故事：八个日本人被送去处决，但蒙古人没有办法砍下他们的头或对他们造成任何伤害，因为这些日本人的皮肤下嵌有魔法石。于是，残酷的蒙古人把他们活活打死了。不过，不久之后，一场大风吹来，蒙古人被迫离开。许多船只沉没，但其中一位男爵指挥的3万人在一个无人居住的荒岛上避难，希望由另一位男爵指挥的舰队残部会来救他们。他们可以看到舰队在全速航行，但“得脱走之男爵遂不欲回救其避难岛中之同僚”①。日本人随即派自己的舰队来到这个岛上，流落至此的蒙古军队逃进了山里。在日本人寻找他们的时候，蒙古人悄悄地抢走了日本船只；然后，他们打着日本人的旗号，驶向马可·波罗所说的“大岛”，在那里，他们被当作凯旋的日本英雄而受到欢迎。之后，他们登陆并向日本都城进军，夺取了都城。日本人发动反击并围困了都城。七个月后，蒙古人同意投降，“条件是饶恕他们的性命”。两位男爵的命运则更为悲惨：他们确实设法回到了家乡，却被大汗处决了，因为其中一位临阵脱逃，而另一位的罪名是“练达之将不能有此失也”②。[56]

很显然，马可·波罗关于日本的故事就像他关于东亚其他地区的故事一样，有虚有实。在他关于蒙古人进攻日本的叙述中，有时听起来这是个神话世界，居然有魔法石，而且蒙古人占领了京都或其他城市，事实上这从未发生过。不过，马可·波罗对两位蒙古指挥官之间争斗的描述当然是可信的。日本史书提到了两位蒙古指挥官的失踪，据推测，他们死在了海上。根据日本史书的记载，一位蒙古指挥官病倒了，另一位不知道如何是好。这给人的印象是蒙古军队缺乏领导，一片混乱，而不是竞争对手之间发生争吵。因此，

① 译文借用《马可波罗行纪》第三卷第一五八章，第387页。

② 译文借用《马可波罗行纪》第三卷第一五九章，第393页。

马可·波罗的说法不应被轻易忽视，但最好的证据还是蒙古陆海军的实物遗迹。一条线索是在高岛发现的一枚1277年的蒙古铜印，它属于一位陆军指挥官，第二波进攻日本的蒙古军队在前往日本的途中到过高岛。一队潜水员在海底发现的锚、投石机弹丸、陶器和其他设备似乎是兵败的蒙古舰队的残留物。从海底打捞出的木头碎片被证明来自12世纪或13世纪，中国南方的白瓷的发现似乎也证实了这些船就是大汗从中国南方派来讨伐日本的舰队。这些船都非常大，长200英尺，主要是用樟木建造的。考古学家认定这不是载有精美陶瓷的商船的残骸，因为他们发现了剑、箭、弩箭，以及用瓦制成、装满碎弹片的炸弹，甚至还有一名士兵的部分骨骸，周围有他的头盔和皮甲的残骸。考古学家同时发现了一些断了缆绳的船锚，船锚指向海岸，表明这些船被风抛向海岸，被摔成了碎片。事实证明，将舰船连接在一起、形成一道浮动壁垒，是灾难性的决定。当一艘船被汹涌的海浪卷起时，它把自己两边的船也带走了。[57]但最有说服力的证据来自对船只碎木片的分析。锈迹显示，这些木板是以一种相当杂乱的方式被钉在一起的。要么是这些船在之前的航行之后没有得到妥善的修理，要么就是一开始就建造得不令人满意。在最后期限之前赶时间准备一支庞大的舰队，难免会导致舰船在没有经过适当检查的情况下就被批准服役，尽管在水下发现的一块木头是在某样东西（很可能是船）被修理后颁发的检查证书。船上的许多罐子质量很差，仿佛是在窑厂匆匆赶工完成的；用两块部件匆匆制成的大型石质船锚是否有效也值得怀疑。[58]因此，蒙古舰队很可能确实是被暴风雨摧毁的，这些舰船在台风中幸存下来的机会很小，因为它们的质量太差，船体受压后会解体。蒙古舰队部分遗迹的发现，是海洋考古学的重大成就之一，与史书记载相符。

第二次进攻日本失败后，忽必烈把他的主要注意力转向越南和爪哇，但在那里也没有取得成功。马可·波罗知道，忽必烈攻克爪哇的努力失败了。忽必烈之所以对爪哇感兴趣，肯定是因为该岛的财富及其与中国密切的贸易联系。马可·波罗特别强调了这一点。忽必烈对越南开战的借口是，大越为大宋朝廷的主要成员提供了庇护，中南半岛上的另一个王国占婆（Champa）则是重要的贸易和海盗基地。在1288年的白藤江之战中，大越守军也见证了一支蒙古舰队的毁灭。这场战役是在河口进行的，大越人面对数万人，甚至数十万人的蒙古军队。这一次是战争毁灭了蒙古舰队，大越人用火箭攻击蒙古舰队，然后用燃烧的竹筏火攻蒙古舰船。[59]

不足为奇的是，元朝对自己在日本、越南和爪哇的令人尴尬的海战失败避而不谈。1281年之后，中国和日本之间的关系明显地迅速恢复。商船在两国之间来回穿梭，仿佛什么都没发生过，元朝朝廷还允许日本船定期访问中国。不过，日本人在逆境中取得的胜利成为他们自豪感的来源。他们相信，他们向神灵的祈祷得到了回应。在京都的朝廷里，有人认为伊势神宫神官的祈祷说服了神灵，使万里晴空中出现了巨大的黑云；从云中射出的神箭像台风一样咆哮，在海面上引发海啸，山峰般的巨浪将进犯的蒙古舰队压成碎片。[60]这场胜利不仅给日本天皇的朝廷和神道教带来了声望，而且证明与禅宗联系紧密的镰仓幕府有大智慧。因此，复杂统治体系中的双方（天皇和幕府）都受益了。不仅如此，由于蒙古人可能发动第三次进攻，很有必要持续进行动员，于是镰仓幕府的权力就有正当的理由扩展到日本更大的区域，包括四国和九州的大片土地。有人认为，“幕府直到这场战争之后才成为一个真正的全国性政权”。[61]而在将近七个世纪之后，日本的神风特攻队飞行员也会援引“神风”的故事。

※ 三

琉球群岛（其中最著名的是冲绳岛）是“表面上微不足道的小群岛利用中间位置获得财富和影响力”的绝佳例子。琉球统治者知道他们生活在贫穷和贫瘠的岛屿上。正因如此，他们的臣民学会了通过充当中日与太平洋西岸其他地区的中介来获利。1433 年，琉球的中山国王写信给暹罗国王表示：“本国稀少贡物”①，并向暹罗派出一艘船，船上装的不是琉球货物，而是中国瓷器。[62]琉球有一些本土产品享誉海外：骏马、珍珠母和红色染料，但琉球人在装船时优先考虑中国和日本产品。[63]琉球人的独特之处在于，他们抓住了强大的邻国明朝退出海洋的机会，主动出击。在非常遥远的过去，来自五湖四海的人到琉球群岛定居，但琉球与日本的联系一直特别紧密。如果天气晴好，从琉球岛链向九州航行，一路都可以看见陆地。许多个世纪以来，一直有人从日本南部来到琉球群岛定居。7 世纪初，也许是被这些岛屿是无忧仙境的想法诱惑，中国皇帝向这个方向派出了一支远征队，并抓走了许多俘虏。这一时期的中国钱

① 引自台湾大学编集《历代宝案》，第一集。

币证明，琉球在这个时期确实与亚洲大陆有接触。[64]即便如此，直到7世纪末，日本官员才开始认真注意他们的南方邻居。毫无疑问，这样做的一个特殊原因是，日本天皇很想表明，他和中国皇帝一样，也接受了附属民族的朝贡。[65]

12世纪中叶，日本的平氏和源氏这两个贵族豪门之间的激烈争斗蔓延到了琉球岛链。平氏的一个死敌名叫源为朝，是技艺娴熟的弓箭手。他在九州长大，参加了源氏对京都的攻击，但不幸被俘。他很幸运地逃脱了死刑，可受到的惩罚仍然很残酷：他使用弓箭的那只胳膊被挑断臂筋，然后他被送到本州之外的伊豆诸岛，在那里度过了十四年沉闷的流亡生活。根据一个传说，他的船被风暴吹到了“鬼岛”，这可能就是冲绳。他本来只打算在伊豆诸岛的两个小岛之间做短途旅行，但是，现在他抓住机会与琉球国王结交，并最终与国王的女儿结婚。他们的孩子名叫舜天，后来统治了琉球。不过，源为朝一直希望重返战场，因此他抛下妻儿，驶回了日本。伊豆的副总督击溃了他的小股部队。源为朝没有屈服，而是切腹自杀。切腹仪式差不多在这一时期开始流行。这是一个传说，但它可能反映了一段实际上不那么有戏剧性的历史，即流浪武士当了琉球酋长的手下，而有部分日本血统的舜天成了琉球酋长之一。

日本的影响在琉球群岛不断扩大，标志就是基于日文音节符号的文字被引入琉球。不过，琉球人并没有采用已成为日文一部分的复杂汉字，而只依赖普通的音节符号。大多数人在看到今天的日本文字时都会认为这是一个非常明智的决定吧。[66]在15世纪，日本的堺市与琉球有非常密切的贸易关系，饮茶刺激了双方的接触。饮茶的习惯使得日本人对茶碗和其他茶具兴趣盎然，这种热情也传到了琉球，而禅宗的素食主义似乎给琉球带来了新的饮食时尚和适合禅宗素食的新型擂钵。作为回报，日本人可以从琉球获得中国的绘画、陶器和金属器皿。[67]我们不得不再次依赖较晚的说法：据说直到1270年前后一位名叫禅鉴的和尚因海难而流落到琉球，佛教才开始在琉球传播。[68]统一这些绵延数百英里的岛屿，超出了冲绳岛酋长的能力。冲绳岛是琉球群岛中最大的岛，与九州岛相比更靠近中国台湾。

14世纪日本政治权力的进一步分裂在琉球产生了严重的后果。足利将军承认九州的一个贵族家族为“南方十二岛的领主”，尽管他们实际担任此职务已经有一段时间了。这对解决琉球（“中山王国”）的内政问题毫无帮助，因为中山和日本一样，处于军阀割据的状态。一个叫察度的军阀在1349年中山国王驾崩后夺取了权力。明朝在1368年推翻了蒙古人的统治，1372年抵达琉球的明朝使团把察度迷得眼花缭乱。这个使团是来重申明朝宗主权的。察度显然很喜欢从明朝使团那里收到的礼物，他的兄弟前往大明朝廷后也获赠厚礼。察度的兄弟带着受职的印章回来，仿佛是明朝皇帝将琉球王位赐予察度，尽管后者在明朝建立的将近二十年前就篡夺了王位。琉球使节严格遵守朝贡使节的礼节，包括三叩九拜的大礼，赢得了明廷的赞誉。琉球人是第一个接受明朝宗主权的民族，比越南人、暹罗人和其他国家的人都要早，而且他们在许多个世纪里一直顺从地纳贡。[69]朝鲜王朝的国王在给琉球中山国王的信中写道：“率土咸宁，薄海内外，共为帝臣。”① 这么说不无道理。[70]

琉球向明朝称臣纳贡得到的回报是，可以通过官方渠道开展繁忙的贸易，以及一定体量的秘密贸易，比如 1381 年，琉球使团的译员被发现企图从中国偷运大宗香料。其他珍贵的产品还有瓷器和丝绸。[71]不过，琉球人并非仅仅着眼于中国。他们自己的资源有限，能提供的商品很少，所以需要建立一个更广泛的网络，利用北边的朝鲜王朝和日本以及南边的南海的商品。这个网络的建立是经过深思熟虑的。1458 年，一口钟被存放在琉球的一座寺庙内，钟上刻着下面的文字：

> 琉球国者，南海胜地，而钟三韩之秀，以大明为辅车，以日域为唇齿，在此二中间涌出之蓬莱岛也，以舟楫为万国之津梁。②[72]

为了铸造这口钟，必须进口金属，并学习青铜铸造技术。而在 16 世纪初，当中山国王准备向马六甲派遣一支远航队时，他反思了琉球面临的根本问题：

> 缘本国产物稀少，缺乏贡物，深为未便，为此今遣正使王麻不度、通事高贤等坐驾义字号海船一只，装载瓷器等物前往

① 引自《历代宝案》，收入杨亮功等主编《琉球历代宝案选录》，台北：台湾开明书店，1975。

② 引自“万国津梁之钟”的铭文。

> **满剌加国出产地面，两平收买胡椒苏木等物回国，预备下年进贡大明天朝……①[73]**

琉球的都城首里城（在今天的那霸）成为一个繁荣的国际贸易中心，可与博多和马六甲媲美。首里城有大量日本移民，而许多中国人（包括水手和文书人员）更愿意住在他们自己的城镇，即距离首里城稍远的久米村。琉球国王总是挑选中国文书人员来起草与中国和东南亚的外交信函。随着中国金属流入冲绳岛，琉球人仿照明朝钱币铸造了琉球钱币，因此琉球经济越来越货币化，就像中世日本一样。[74]通过对琉球群岛十处遗址的发掘，发现了来自四面八方的大量陶瓷：其中最精美的有来自中国的淡绿色青瓷、青花瓷和白瓷，以及来自日本的“伊万里烧”青花瓷，高丽青瓷，还有泰国和越南的陶器。[75]在琉球岛链的北端，人们建立了一个与日本濑户内海开展贸易的基地。琉球人将东南亚的香料和其他奢侈品运到九州西部的长崎，获得了一系列供家庭消费的美味佳肴，其中一些听起来不太开胃，比如海蛞蝓、鱼翅、鲍鱼和海藻，另外还有武器和日本黄金。[76]

同一时期，中山国王与暹罗、马六甲、印度尼西亚（包括巨港）和朝鲜王朝这些邻国通信。琉球档案中已知最古老的信件是1425年的，记载了1419年对暹罗的出使，不过有其他证据表明两国的联系至少可以追溯到察度统治时期。[77]琉球档案中曾经有琉球国

① 引自《历代宝案》，第一集。

王和几个邻国用中文进行的大量通信；不过，这些通信一直没有得到仔细的研究，并在第二次世界大战期间毁于美国攻打冲绳的战火。通过对朽烂的直接影印件和零散抄本进行耐心的复原，我们逐渐了解了一个活跃的政治和商业联系网络。在这个网络中，琉球是王公贵族需求的奢侈品的集散中心，也是商品再分配的中心。[78]瓷器、生丝、印度布匹和苏木都被运到琉球，而1470年琉球国王送给朝鲜王朝统治者的礼物包括孔雀羽毛、玻璃花瓶、象牙、乌木、丁香、肉豆蔻和一只鹩哥。[79]对琉球人来说，暹罗特别有吸引力，因为那里有香料、象牙和锡。1425年的信件讲述了暹罗人对琉球人的责备，因为琉球人试图开展苏木和瓷器的私营贸易，而暹罗国王认为这些商品是由暹罗王室垄断的。恼羞成怒的中山国王要求公平对待他的商人和水手：他希望“矜怜远人航海之劳”，因为“历［涉］风波，十分艰险”①。琉球人在到达暹罗后才发现，他们必须遵循暹罗官员的严格指示。[80]正如暹罗人在1478年发现的那样，这确实是一条危险的路线。这一年，琉球人向暹罗派遣了一个使团，船毁人亡，次年，暹罗国王下令（由国王出资）准备一艘新船：“船近琉球，又遇风暴，船破财散……此乃天意。”[81]

随着来自琉球的中式帆船在海路上越来越引人注目，大明朝廷开始向琉球船颁发执照。琉球王室觉得应当效仿此法，监督琉球人与外界的接触，于是也开始颁发航行执照，其印章必须与政府的记

① 引自《历代宝案》，第一集。

录进行核对，以证明航行得到了官方的批准。中山朝廷还模仿中国和日本，授予奉命出国执行公务的人特殊的衔级，这是为了让他们在抵达暹罗宫廷或其他地方时得到更多的尊重。[82]一般来说，琉球船员包括日本人、中国人和琉球人，这反映了琉球本身民族混合的状况。在15世纪，琉球的活跃贸易网络一度涵盖了苏门答腊岛，琉球岛链和暹罗之间有数十次航行。[83]从1432年起，中山国王与遥远的爪哇和新建立的马来贸易中心马六甲（通往印度洋的门户）等地进行联系。1463年，中山国王又向这些地方派出了商船队，船队通常航行50天就可以到达。不过，1463—1511年，在这个方向已知的20次航行中，有4次以海难告终。琉球人给马六甲苏丹送去青色缎子、腰刀、大青盘、扇子和类似物品作为礼物，恳求他笑纳，还对其大加奉承："盖闻交聘睦邻，为邦之要，货财生殖，富国之基，迩审贤王，起居康裕……"①[84]

1439年，琉球人在中国泉州建立了一个永久性的贸易站，有仓储、住宿和接待访客的区域。此后，他们顽强地坚持下来，直到1875年；贸易历史长达四百三十六年。这是琉球人吸收中国文化的基地。他们学习中国文化不仅是为了装点门面。琉球发展出了属于自己的文化，这种文化受中国的影响比日本的影响更多。琉球的纺织品模仿了中国样式，而琉球布的设计、颜色和材料则受到马来半岛和印度尼西亚的影响。重要的佛教典籍从朝鲜半岛和中国传到琉球。在1457年和1501年，《大藏经》曾5次被赠送给琉球派往朝

① 引自《历代宝案》，第一集。

鲜王朝的使节。[85]总的来说，琉球是一个愿意接受外来影响的社会，由明显国际化的朝廷统治。琉球朝廷也深知贸易的重要性，所以中山国王认为象征性地向外国统治者进贡不是屈辱，而是务实、有利且不失身份的事情。

从琉球到马六甲的最后一次航行于1511年9月获得许可，船上载着瓷器，以换取胡椒和苏木。这次航行使琉球人第一次接触到西欧人，具体来讲是葡萄牙人。葡萄牙人在几周前才刚刚占领了马六甲城，所以他们取胜的消息不可能在琉球船出航前就传到中山的宫廷。琉球人对马六甲政权的突然更迭感到惊愕，于是离开了，再也没有回来。[86]

记录葡萄牙在印度洋征服事迹的编年史家多默·皮列士（Tomé Pires）写道，他的同胞在马六甲遇到了一些被称为果莱斯人（Guores）的人，这些人来自被称为莱基奥斯（Lequíos）的群岛。考虑到字母l在汉语和日语中的发音方式，莱基奥斯听起来像是“琉球”的变形。果莱斯人派了三四艘中式帆船（他们最多就这么大的能耐），沿中国海岸航行，在广州附近从事贸易，还到访了马六甲。皮列士写道，“他们是了不起的绘图员和军械匠”，以制造剑、扇子和镀金箱而闻名。所以皮列士显然以为，果莱斯人带来的货物是他们自己生产的。皮列士还写道，他们诚实而有尊严，厌恶奴隶贸易。即便如此，“莱基奥斯人是偶像崇拜者；据说，如果他们在航行中遇险，就会买一个美丽的少女作为祭品，在船头将她斩首”。[87]这可能更多地说明皮列士与琉球人缺乏直接接触，他不是真的了解他们的生活方式。

※ 四

在中世晚期的日本，官方和非官方贸易之间仍有区别。但到了这一时期，朝廷显然没有办法阻止未经授权的船只的活动。在幕府将军足利义满的领导下，朝廷向前往中国的合法船只颁发了盖有政府印章的执照，并用不同颜色的印章来表示货物是官方的还是私人的。在这种体制下，1401—1410年，每年有两艘船跨海前往亚洲大陆。在整个15世纪，幕府将军和富裕的寺院，如奈良的兴福寺，是这种大型商业活动的主要赞助者。虽然日本奢侈品贸易的重点是宫廷和大寺院，但贸易对中世日本更广泛经济的影响也不容小觑。研究日本历史的法国学者皮埃尔-弗朗索瓦·苏伊里（Pierre-François Souyri）展示了贸易如何改变一个相当保守的社会。[88]除此之外，还应该考虑亚洲宗教的巨大影响和中国文化异常强大的影响力：书籍、图像、社会规范，所有这些都被带到了“日本的地中海”，并在中世早期的形成期受到仔细的过滤。过滤的方式就是政府加强控制，并试图将日本与亚洲大陆的接触限制在仔细规定的范围之内。结果是，日本人创造了一个独特的社会，这个社会结合了本土和亚洲大陆的特点。到了中世晚期，日本社会能够生产大量亚洲大陆需要的商品，并扭转贸易平衡，形成了贸易顺差。

注 释

1. K. Yamamura, 'The Growth of Commerce in Medieval Japan', in *The Cambridge History of Japan*, vol. 3: *Medieval Japan* (Cambridge, 1990), pp. 357, 364; E. Segal, *Coins, Trade, and the State: Economic Growth in Early Medieval Japan* (Cambridge, Mass., 2011), pp. 50–51.

2. K. Shōji, 'Japan and East Asia', in *Cambridge History of Japan*, vol. 3, pp. 410–11.

3. Yamamura, 'Growth of Commerce', pp. 347, 351–6; T. Toyoda, *History of pre-Meiji Commerce in Japan* (Tokyo, 1969), pp. 21–8.

4. Segal, *Coins, Trade, and the State*, pp. 74–80.

5. Ibid., p. 77, fig. 4.

6. Yamamura, 'Growth of Commerce', pp. 359–60; Segal, *Coins, Trade, and the State*, pp. 46–7, 53.

7. Segal, *Coins, Trade, and the State*, p. 93; S. Gay, *The Moneylenders of Late Medieval Kyoto* (Honolulu, 2001).

8. P. F. Souyri, *The World Turned Upside Down: Medieval Japanese Society* (London, 2002), pp. 87–8, 92–5, 154–6; cf. David Abulafia, *The Great Sea: A Human History of the Mediterranean* (London, 2011), p. 400 and plate 51; Yamamura, 'Growth of Commerce', pp. 366–8.

9. Segal, *Coins, Trade, and the State*, pp. 59, 84–5.

10. C. von Verschuer, *Across the Perilous Sea: Japanese Trade with China and Korea from the Seventh to the Sixteenth Centuries* (Ithaca, NY, 2006), pp. 43, 45.

11. W. McCullough, 'The Heian Court, 794–1070', in *The Cambridge History*

of Japan, vol. 2：*Heian Japan*（Cambridge，1999），pp. 87−8.

12. Von Verschuer, *Across the Perilous Sea*, pp. 53−4，61−2.

13. Ibid.，pp. 101−2.

14. N. C. Rousmanière, *Vessels of Influence: China and the Birth of Porcelain in Medieval and Early Modern Japan*（London，2012），pp. 78−82；C. von Verschuer, *Les Relations officielles du Japon avec la Chine aux VIII e et IXe siècles*（Geneva，1985），p. 251；von Verschuer, *Across the Perilous Sea*, pp. 63−8.

15. 13 世纪的中文文献，转引自 von Verschuer, *Across the Perilous Sea*, p. 68。

16. Von Verschuer, *Across the Perilous Sea*, pp. 71−3.

17. Ibid.，pp. 45−6，60.

18. Ibid.，pp. 58−9.

19. Ibid.，p. 42.

20. Ibid.，p. 47.

21. Souyri, *World Turned Upside Down*, pp. 1−2；关于平氏与对华贸易，见 Von Verschuer, *Across the Perilous Sea*, p. 46。

22. Von Verschuer, *Across the Perilous Sea*, p. 79.

23. Chung Yang Mo, 'The Kinds of Ceramic Articles Discovered in Sinan, and Problems about Them', in Tokyo kokuritsu kakabutsukan, *Shin'an kaitei hikiage bunbutsu: Sunken Treasures off the Sinan Coast*（Tokyo, Nagoya and Fukoaka，1983），pp. 84−7；see also pp. 58−66 and colour plates 1−39（青瓷），pp. 69−70 and colour plates 53−6（白瓷）。

24. Segal, *Coins, Trade, and the State*, p. 53.

25. Youn Moo-byong, 'Recovery of Seabed Relics at Sinan and Its Results from the Viewpoint of Underwater Archaeology', in *Shin'an kaitei hikiage bunbutsu*, pp. 81−3；von Verschuer, *Across the Perilous Sea*, pp. 95−7.

26. Chung, ‘Kinds of Ceramic Articles’, p. 87.

27. Von Verschuer, *Across the Perilous Sea*, p. 81; Shōji, ‘Japan and East Asia’, pp. 405–7.

28. Souyri, *World Turned Upside Down*, pp. 158–60.

29. Von Verschuer, *Across the Perilous Sea*, pp. 108–10; F. Gipouloux, *The Asian Mediterranean: Port Cities and Trading Networks in China, Japan and Southeast Asia, 13th–21st century* (Cheltenham, 2011), pp. 64–5; Toyoda, *History of pre-Meiji Commerce*, p. 30; Cs. Oláh, *Räuberische Chinesen und tückische Japaner: Die diplomatischen Beziehungen zwischen China und Japan im 15. und 16. Jahrhundert* (Wiesbaden, 2009), pp. 141–5.

30. Letters cited from Wang Yi-T'ung, *Official Relations between China and Japan 1368–1549* (Cambridge, Mass., 1953), pp. 18–19; Kanenaga: Toyoda, *History of pre-Meiji Commerce*, p. 29.

31. Von Verschuer, *Across the Perilous Sea*, pp. 113–17; Gipouloux, *Asian Mediterranean*, pp. 65–6; Shōji, ‘Japan and East Asia’, pp. 428–32.

32. Von Verschuer, *Across the Perilous Sea*, p. 121.

33. T. Conlan, *In Little Need of Divine Intervention: Takezaki Suenaga's Scrolls of the Mongol Invasions of Japan* (Ithaca, NY, 2001).

34. Shōji, ‘Japan and East Asia’, pp. 414–15; S. Turnbull, *The Mongol Invasions of Japan 1274 and 1281* (Botley, Oxford, 2010), pp. 8–10; J. Clements, *A Brief History of Khubilai Khan* (London, 2010); M. Rossabi, *Khubilai Khan: His Life and Times* (Berkeley and Los Angeles, 1988).

35. Cited from Henry Yule and Henri Cordier, transl. and eds., *The Travels of Marco Polo: The Complete Yule-Cordier Edition* (3 vols. bound as 2, New York, 1993), vol. 2, pp. 253–5; Shōji, ‘Japan and East Asia’, p. 419; cf. F. Wood, *Did*

Marco Polo Go to China? (London, 1995).

36. Conlan, *In Little Need of Divine Intervention*, p. 201, doc. 1.

37. Turnbull, *Mongol Invasions*, p. 11.

38. J. Delgado, *Khubilai Khan's Lost Fleet: History's Greatest Naval Disaster* (London, 2009), pp. 89-90; Conlan, *In Little Need of Divine Intervention*, p. 256.

39. Shōji, 'Japan and East Asia', pp. 411-15; T. Brook, *The Troubled Empire: China in the Yuan and Ming Dynasties* (Cambridge, Mass., 2010), p. 26; Souyri, *World Turned Upside Down*, p. 79.

40. Turnbull, *Mongol Invasions*, p. 13.

41. Conlan, *In Little Need of Divine Intervention*, p. 205, doc. 5.

42. Brook, *Troubled Empire*, p. 26.

43. Conlan, *In Little Need of Divine Intervention*, p. 50.

44. Shōji, 'Japan and East Asia', p. 418; Turnbull, *Mongol Invasions*, pp. 32-50, especially pp. 49-50; Delgado, *Khubilai Khan's Lost Fleet*, pp. 92, 97.

45. Delgado, *Khubilai Khan's Lost Fleet*, pp. 73-4; Brook, *Troubled Empire*, p. 26.

46. Delgado, *Khubilai Khan's Lost Fleet*, p. 100.

47. B. Batten, *Gateway to Japan: Hakata in War and Peace, 500-1300* (Honolulu, 2006), pp. 48, 132-3, and p. 49, fig. 8; Conlan, *In Little Need of Divine Intervention*, pp. 235-6, doc. 41.

48. 地图见 Turnbull, *Mongol Invasions*, pp. 56, 60-61。

49. 关于小船，见《蒙古袭来绘词》的插图，收入 Conlan, *In Little Need of Divine Intervention*, pp. 140-46, 151。

50. Turnbull, *Mongol Invasions*, pp. 63-4; Clements, *Brief History of Khubilai Khan*, p. 161.

51. Clements, *Brief History of Khubilai Khan*, p. 159.

52. Conlan, *In Little Need of Divine Intervention*, p. 154.

53. Kadenokōji Kanenanka (1243-1308), cited in Conlan, *In Little Need of Divine Intervention*, pp. 266-7; ibid., pp. 254, 259.

54. Delgado, *Khubilai Khan's Lost Fleet*, pp. 106-8.

55. Yule and Cordier, transl. and eds., *Travels of Marco Polo*, vol. 2, p. 255; Delgado, *Khubilai Khan's Lost Fleet*, p. 111.

56. Yule and Cordier, transl. and eds., *Travels of Marco Polo*, pp. 255-60.

57. Clements, *Brief History of Khubilai Khan*, p. 163.

58. Delgado, *Khubilai Khan's Lost Fleet*, pp. 126-53.

59. Ibid., pp. 158-64 (越南); pp. 164-7 (爪哇); Clements, *Brief History of Khubilai Khan*, pp. 192-206 (越南), pp. 215-18 (爪哇); Yule and Cordier, transl. and eds., *Travels of Marco Polo*, vol. 2, pp. 272-5 (爪哇)。

60. Conlan, *In Little Need of Divine Intervention*, pp. 246-53, docs. 57-65.

61. Souyri, *World Turned Upside Down*, p. 62.

62. A. Kobata and M. Matsuda, *Ryukyuan Relations with Korea and South Sea Countries: An Annotated Translation of Documents in the Rekidai Hōan* (Tokyo, 1969), p. 69.

63. R. Pearson, *Ancient Ryukyu: An Archaeological Study of Island Communities* (Honolulu, 2013), p. 196 以及卷首插图。

64. Ibid., pp. 273-4, 290-91.

65. David C. Kang, *East Asia before the West: Five Centuries of Trade and Tribute* (New York, 2010), p. 72.

66. G. Kerr, *Okinawa: The History of an Island People* (2nd edn, Boston and Tokyo, 2000), pp. 22-3, 39-42, 45-50, 52.

67. Pearson, *Ancient Ryukyu*, pp. 202–4.

68. Kerr, *Okinawa*, pp. 55–6.

69. Ibid., pp. 62–71; Kobata and Matsuda, *Ryukyuan Relations*, pp. 1–2; Pearson, *Ancient Ryukyu*, p. 198.

70. Kobata and Matsuda, *Ryukyuan Relations*, p. 26.

71. Pearson, *Ancient Ryukyu*, pp. 207–11, 214–19.

72. Cited by Gipouloux, *Asian Mediterranean*, p. 66, and in part by Souyri, *World Turned Upside Down*, p. 152.

73. Cited by Gipouloux, *Asian Mediterranean*, p. 71；关于苏木，见 Wang, *Official Relations*, p. 97。

74. Gipouloux, *Asian Mediterranean*, p. 70; Pearson, *Ancient Ryukyu*, pp. 205–7.

75. Pearson, *Ancient Ryukyu*, pp. 224–5, table 8.2; also pp. 300–301, 315–18.

76. Gipouloux, *Asian Mediterranean*, p. 68.

77. G. Kerr, *Ryukyu Kingdom and Province before 1945* (Pacific Science Board, Washington DC, 1953), p. 41 n. 36; Kobata and Matsuda, *Ryukyuan Relations*, p. 53.

78. Kobata and Matsuda, *Ryukyuan Relations*, plate section, p. 2.

79. Ibid., p. 19.

80. Ibid., pp. 55–6; Kerr, *Ryukyu*, p. 46.

81. Kobata and Matsuda, *Ryukyuan Relations*, pp. 86–7.

82. Ibid., pp. 93–6.

83. Kerr, *Okinawa*, p. 92.

84. Kobata and Matsuda, *Ryukyuan Relations*, pp. 104–5, 107; Pearson, *Ancient Ryukyu*, pp. 309–14.

85. Kerr, *Okinawa*, pp. 93–5, 120; Kobata and Matsuda, *Ryukyuan Relations*,

p. 24.

86. Kerr, *Ryukyu*, pp. 45-7 (and n. 38a); Kobata and Matsuda, *Ryukyuan Relations*, pp. 101-29（马六甲）, pp. 147-63（爪哇）, pp. 124-5（1511 年的许可）; Souyri, *World Turned Upside Down*, p. 152。

87. Armando Cortesão, transl. and ed., *The Suma Oriental of Tomé Pires* (London, 1944), vol. 1, pp. 128-31; cf. Kobata and Matsuda, *Ryukyuan Relations*, pp. 126-9, citing the *Commentaries of the Great Afonso d'Albuquerque*.

88. Souyri, *World Turned Upside Down*, pp. 148-51.

第十二章

龙出海

※ 一

当中国和日本的统治者考虑贸易问题时，他们始终能意识到朝贡贸易（接受朝贡者要回赠礼物）和民间贸易之间的区别。日本佛教比较鼓励逐利，甚至佛寺也积极从事贸易，如京都的诸多寺院。在古代中国，人们的态度更为复杂。一些鸿儒认为，贸易本质上是相当不光彩的事情。这和古罗马的态度一样。不过，外邦的进贡表达了对中国（或日本）文明优越性的认可，并且符合儒家的华夷以及尊卑观念。各个国家必须像廷臣一样被划分为三六九等；称许多国家为“蛮夷”背后的意思是，如果他们知礼的话，就应该进贡。中国人偶尔把日本和朝鲜半岛的政权当作文明国家对待，但这种认可不是自动产生的。中国人仍然坚信日本和朝鲜半岛在文化上落后于中国。前文提到的中国人对罗马使节居高临下的态度，既反映了中国人知道遥远的西方有另一个大帝国，也反映了中国人不愿意承认罗马帝国能够与中国皇帝统治的天朝上国平起平坐。除了政治功能之外，贡品还有一个作用：中国宫廷渴望异国的奢侈品，要么为了自己使用，要么用来分配给宗亲、大贵族和众多的士大夫，这些士大夫都是通过了人类历史上最难的考试，才在朝廷有一席之地的。朝廷对向广大民众提供外国奢侈品并不感兴趣，何况皇帝的绝大多数臣民只能勉强维持生计。对他们中的许多人来说，水运意味着数以千计的大型河船将大量粮食从他们劳作的农庄运往大城市。特别是从 10 世纪开始，大城市快速吞噬农民种植的大米等粮食。

但这并不是说，当中国皇帝要求以朝贡的方式进行商品交换时，就没有商业贸易了。规模庞大的外国使团，其成员都会携带货物，私下交易。此外，无论是中国人、日本人、来自朝鲜半岛的人，甚至是马来或印度商人，都有很多机会逃避中国海关的监视。朝贡贸易与商业贸易不能并存，是中国朝廷在某些时期维持的一种虚幻概念。有些历史学家对其信以为真，因为他们读了太多官方文献，却没有掌握丰富的考古证据。考古证据表明，大量的铜和瓷器通过海路离开了古代中国，而且肯定还有更多在地下或水下不那么容易留存的货物，特别是丝绸纺织品。实际上，在中国历史上，没有任何一个时期的海外贸易单纯是朝贡贸易。中国朝廷也不希望如此，因为朝廷对来自印度洋、亚洲内陆和其他地区的异国货物的需求量非常大：仅举几类宝石为例，如祖母绿、石英、青金石。用于制作明代著名的青花瓷的优质钴来自伊朗。虽然有些糖是中国自己生产的，但最早在婆罗洲生产的糖也成了受欢迎的进口商品，因为物以稀为贵，而且它是中国贵族珍视的药品。[1]

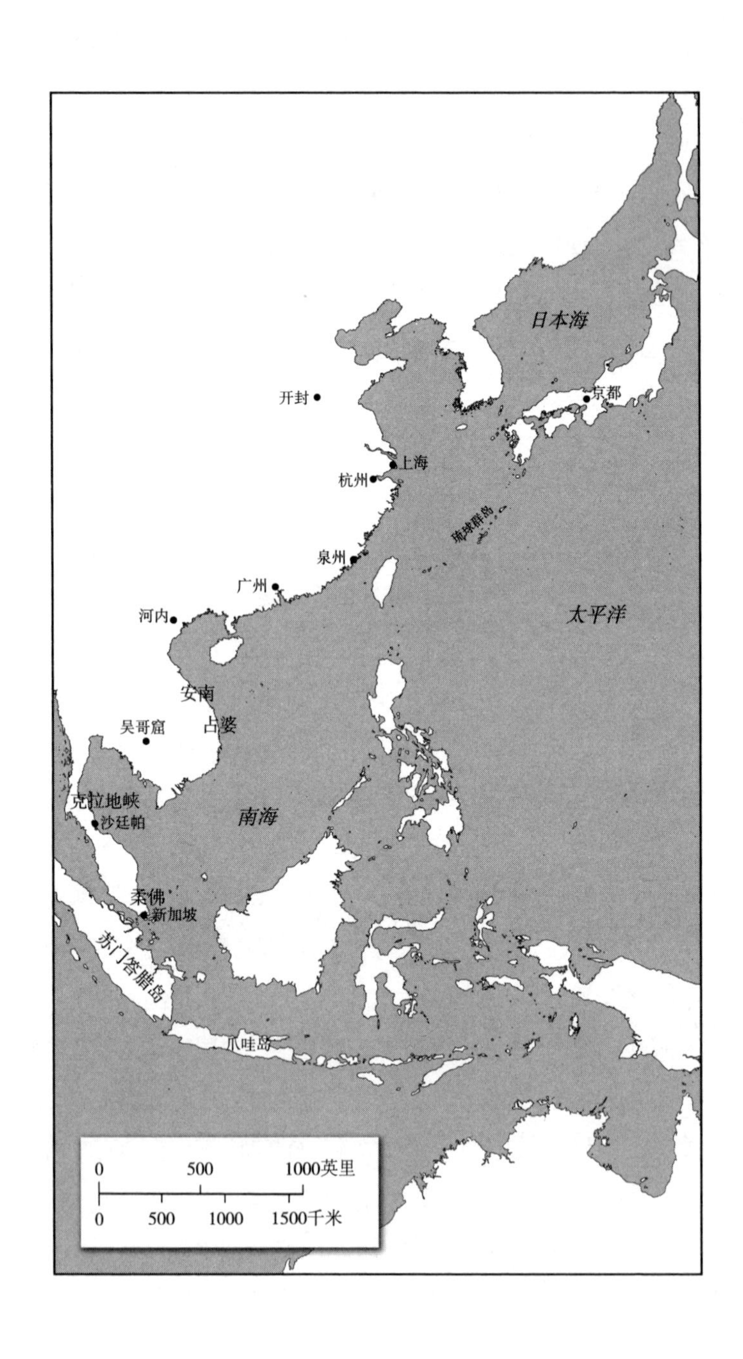
日本海
开封
京都
上海
杭州
琉球群岛
泉州
广州
河内
太平洋
安南
占婆
吴哥窟
克拉地峡
沙廷帕
南海
柔佛
新加坡
苏门答腊岛
爪哇岛
0
500
1000英里
0
500
1000
1500千米

在宋代（10—13 世纪），中国曾经转向海洋，并鼓励海外贸易。1127 年之后，宋朝失去了中国北方，南宋先在开封，后在杭州进行统治，① 对贸易的兴趣变得更加强烈。开封闻名于世的一个原因是，它是犹太商人在中国的主要中心。几个世纪以来，他们已经完全融入了中国文化（但仍然避免吃猪肉，这一点像穆斯林一样，所以中国人经常将他们与穆斯林混淆）。这些犹太人似乎是从波斯和印度来的，几个世纪以来，他们在内部一直讲某种波斯语。有些犹太人被认为是通过海路来的，因为在泉州、杭州和其他近海城市或海滨城市也有一些犹太人社区。[2]这只是随着中国向更广阔的世界开放贸易而涌入中国的不同民族和宗教团体的例子之一。[3]

与此同时，中国商人在海外港口建立了自己的势力，最南到了今天的新加坡。在那里，他们毫不张扬，没有远航到中国去做贸易，而是在马六甲海峡两岸来回穿梭，到访廖内群岛（Riau Islands，今天是印度尼西亚的一部分）和柔佛（Johor，马来西亚大陆部分最南端的省份），与马来伙伴和不时经过他们那里的中国大商人密切合作。中国在朝鲜半岛的一个聚居区可以追溯到 1128 年。有时，这些海外华人与当地女子结婚，就像在日本一样。中南半岛上的占婆也有这样的现象，在那里，一些中国妇女足够富有，可以投资贸易，尽管她们不太可能亲身冒险参加长途航海。[4]

宋代发生了一场被称为“商业革命”的活动，在此期间，泉州

---

① 原文如此。南宋以临安（杭州）为朝廷“行在”，充当实际上的都城，名义上仍以东京开封府为京师，以示“恢复之志”。

成了重要的国际贸易中心，后文会详谈。在这一时期，中央政府获得了可观的税收。[5]不过，我们不能夸大这种收入的体量。宋朝统治下所有土地上的经济活动的总税率不到2%。[6]尽管如此，促进海外贸易发展的愿望反映了朝廷新的态度：朝廷不仅需要奢侈品供自己消费，还必须找到方法来承担异常沉重的财政开支，这些开支既要用于杭州和其他权力中心的宏伟项目，又要用于宋朝边地的持续战争，特别是与控制中国北方的金朝的战争。通过鼓励贸易和手工业（包括生产丝绸和瓷器，两者都大量出口），以及建造船场和港口，宋朝皇帝在缩小收入和支出之间的巨大差距方面取得了一些进展。[7]

宋朝向海洋的转向是逐渐发生的。宋太祖在960年登基之前就有了海战的经验。他拥有一支海军，并喜欢进行模拟海战，不过，这支海军大多被部署在河流沿岸和近海。针对安南和朝鲜半岛的海战发生在10世纪，这表明宋朝确实拥有远洋航行的技术。但是，海军被视为地位低于陆军的辅助部门，主要任务是镇压海盗。有海盗就说明有贸易。在这一时期，以中国海岸为起点的大多数航海活动的动机要么是贸易，要么是朝圣，而朝圣的人数比商人的人数少得多。[8] 982年，消费者抱怨无法买到他们渴望的外国芳香剂，朝廷不得不屈服于他们的压力。毫无疑问，寺庙祭祀对这些芳香剂的需求，使朝廷取消了37种芳香剂的朝廷专卖。商人现在可以交易这些芳香剂，而无须把它们运到官营市场。这并不是商业革命的开端，但标志着朝廷对货物流动的管控开始逐渐放松。在几年内，朝廷将关税从10%提升到20%，同时进一步减少对市场的管控。朝廷当时认为，从贸易中获利的最佳途径是商业税收，而不是直接控制货物流动。[9]

与此同时，发生了一个观念上的转变：从依赖朝贡，到接受“海外贸易不仅对商人而且对政府有利”的理念。南海沿岸的港口越来越欢迎外商，而且从989年开始，中国商人获得了出海的自由。他们仍然必须登记到达和离开的情况，而且必须在9个月内回到他们最初出航的港口，以便对他们的货物进行称重和征税。这意味着他们只能出航一个季风周期的时间。而且，他们不能像他们希望的那样，从马六甲海峡进入印度洋。在南海出现了一个非常密集的交流网络，中国商人与马来人、暹罗人和其他民族一起做生意，大量的现金刺激了该地区现有网络的发展。[10]一开始，只有杭州和明州①两个港口被指定为出发港，后来又增加了广州。但到1090年，朝廷发现这些限制显然弊大于利，于是此后的船可以从任何愿意发放许可证的州府出发。据说，在11世纪中叶，正式输入中国的外国产品价值超过50万贯，而且这个数字继续上升，在1100年前达到100万贯。1074年，持续了一个世纪的铜钱出口禁令被废除，由此，中国商人能够满足外国对中国货币的强烈需求。铜钱，而不是以物易物，成为结算的一般手段，尽管朝廷不时发行纸币，希望阻止铜钱外流，还计划铸造铁钱供外商使用。[11]海上贸易的自由化成功了，一场商业革命正在进行。另一场商业革命同时在地中海（如意大利）和欧洲北部（特别是佛兰德）发生，这是一个奇怪的巧合。不过，这两场商业革命将在印度洋和东南亚产生类似的影响：对香

① 即宁波。

料和香水的需求成倍增长，东印度群岛的产品被向北吸纳到中国，向西吸纳到红海和地中海。

到目前为止，我们描述的不仅是经济活动方向的改变，也是中国对外界态度的改变。穿越亚洲的漫长的陆上丝绸之路过于脆弱，无法承受游牧民族袭掠的压力。陆上丝绸之路的重要性总是被一些浪漫的历史学家高估，而实际上在宋代进一步降低，尽管后来在元代（从13世纪末到14世纪末）有所恢复。大海才是通衢大道，在宋代，中国人、马来人和印度人都大规模使用海路。在延续了三个世纪的宋代，中国比近代以前的其他任何时期都更开放，对与邻国的联系也更感兴趣。这种开放虽然只是相对的，但在1126年之后变得更加明显。宋朝的都城开封在这一年被北方游牧民族女真族占领，女真族在中国北方的大片土地上建立了自己的国家。大宋朝廷从开封撤走，将杭州作为行在。[12]中国北方正是受水灾、旱灾和战争影响的地区，其财富似乎在急剧萎缩，而南方蓬勃发展：新的灌溉工程提高了水稻产量，刺激了人口增长，而金、银和铜从南方州府的纳税人手中流入国库。[13]这对航海商人来说是好事，因为杭州靠近海边，出发前往南海的船只都要在杭州获得批准。

朝廷对此时出现的机遇并非视而不见。带来价值5万贯的外国货物的商人可以获得荣誉（官阶），而从大规模的乳香贸易中成功收取超过100万贯税金的税务官员也被授予了更高的官阶。朝廷编制了经海路抵达的货物种类的清单，并根据其价值高低实行不同的税率。朝廷推翻了早先通过征收高额关税来从海上贸易变现的决定，在1136年将关税率降至10%，其中低价值商品的税率降至

6.67%。这不仅没有导致税收总额减少，反而鼓励了私营船主，因此到12世纪中叶，朝廷每年从海上贸易中可获得200万贯的税金。奇怪的是，朝廷需要的一些奢侈品，如犀角，在1164年被提高了税率，直到1279年蒙古人推翻宋朝，税率仍保持在同一水平。但这只会促使航海商人更加重视低价值商品，如药品和香水。这些商品的流通量比奢侈品的流通量大得多，而且用户群超出宫廷的狭窄范围。[14]

城市发展对中国社会产生了深刻影响。随着人们向城市迁移和城乡人口平衡的改变，城市对粮食的需求急剧增加。这也推动了农村商业网络的发展，因为农民是为城市的市场服务的。[15]外国对中国商品的需求刺激了中国最著名的行业，即丝绸业和陶瓷业的发展。其他出口到东南亚的产品包括中国的金属制品、铁矿石（在沉船中发现了一些）和装在陶罐中的米酒。[16]外国对于铜，无论是铜锭还是钱币，都有持续的需求。[17]为了确保铜钱的外流不至于使中国沿海的财富全部流失，一种办法是向外国市场倾销大量陶瓷（尽管经济史学家喜欢用“倾销”一词，但我们不应该认为被倾销的是劣质产品；这些陶瓷很受赞赏，只是数量很大）。[18]商业化进展迅速。海岸线作为统治者和被统治者的财富来源，其重要性日益凸显。中国正在发生变革。所有这一切似乎与中国20世纪80年代以来发生的事情惊人地相似，尽管当代中国的经济增长比宋代快得多，而且规模大得多。

※ 二

宋代发生的一个巨大变化是，涌现了一大批愿意到远海冒险的中国商人。不过，我们要记住，对“土生土长的中国人”这个说法，必须广义地理解，因为一些巨贾和被委以商业重任的政府官员都有非汉族血统。其中有几个人是穆斯林的后裔，要么是阿拉伯人，要么是波斯人，比如冷酷无情的蒲寿庚。当泉州在1276年落入蒙古人之手时，蒲寿庚是泉州市舶使①。他投靠新主蒙古人，下令屠杀了3000名宋朝宗室。[19]大宋朝廷除了倾向于照顾中国商人之外，也有政策鼓励外商到中国来。12世纪初，中国商人蔡景芳招募外国人到泉州港。在1128—1134年的六年间，他为泉州市舶司带来了98万贯的利润。他招募的人中有一个叫蒲罗辛（阿布·哈桑）的阿拉伯商人，专营乳香，为泉州港带来了价值30万贯的乳香。大约在同一时间，从三佛齐进口的乳香价值120万贯。当时，中国人对乳香的需求极大。大宋朝廷对蔡景芳的成功印象深刻，于是热情地授予了那些说服外商向中国运送大宗货物的中国商人官衔。[20]这个案例表明，民间商业对政府的刺激使得政府进一步鼓励民间商业活动。在宋朝的例子里，我们看不到当权者贬责或反对跨海贸易。

---

① 严格地讲，蒲寿庚应是在1274年任泉州提举市舶使，在1276年任福建广东招抚使。详见毛佳佳《蒲寿庚事迹考》，《海交史研究》2012年第1期，第29—42页。

在这个时期，大海得到了前所未有的关注。中国人和外国人并肩工作，中国不只是被动地接受跨越南海的货物。到达中国港口的大部分船是外国的，但也有大型的中式帆船。这是一个技术革新的时代，在此期间，中国人发明了一种利用悬挂在绳子上的磁化针的航海罗盘。12 世纪初的一篇文献写道：“舟师识地理，夜则观星，昼则观日，阴晦观指南针。”①[21]中国人对磁力和辨别方向的知识可以追溯到公元前 500 年前后，因此，这是一种隔了很久才得到应用的古老知识。在之前的几个世纪里，中国人对辨别方向的主要兴趣在于占卜和风水，比如，借助磁铁，可以使建筑物正确地坐北朝南。航海罗盘的发明时间这么晚，表明对航海技术的需求是随着中国人航海习惯的逐渐养成而增长的。与著名的中国科学史学者李约瑟（他在漫长的一生中，将毛泽东思想、道教和英国圣公会高教会派的思想结合在一起）的热情信念恰恰相反，维京人、阿马尔菲水手和其他人对罗盘的使用几乎可以肯定是遥远西方的独立成果，而不是因为中国技术通过伊斯兰土地被传播到了欧洲。[22]毫无疑问，罗盘的使用解决了太平洋航海的一个长期问题，即多雨季节的阴天意味着在大海上很容易迷失方向。即使如此，上面引用的那句话也暗示了中国人仍然喜欢贴近海岸航行。

许多外商聚集在同一个港口，这个港口的名声一直传到中世纪的欧洲。它的阿拉伯语名字叫刺桐（Zaytun）。我们不确定这个名

---

① 引自［宋］朱彧《萍洲可谈》卷二，李伟国点校，北京：中华书局，2007，第 133 页。

字是如何产生的，中国人称其为泉州（旧式的拼法是 Ch'üan-chou）。泉州位于台湾海峡沿岸，它的崛起是因为那个地区出现了权力真空。在宋代，它作为一个伟大的贸易中心持续地发挥作用。泉州最初是作为一个替代性的港口出现的，在那里，商人可以逃避朝廷海关官员的监管，因为在 10 世纪中叶，泉州地区处于一个独立军阀政权①的统治之下。不过，随着这一地区被强行置于宋朝的统治之下，以及朝廷在该地区权力的增长，朝廷监督当地事务的能力增强。这对中央政府来说是非常有利的，因为它开始从泉州的对外贸易中获得越来越多的税收：980 年前后有 50 万贯，在 12 世纪初达到 100 万贯，到 1150 年前后上升到 200 万贯。商人可能要缴纳约 40%的税，还要从负责海关事务的市舶司官员那里领取许可证。可即便如此，生意仍然兴隆。[23]有些商人从遥远的巴林来到泉州，但大多数船来自南海沿岸，包括菲律宾、苏门答腊、爪哇和柬埔寨，也有从朝鲜半岛来的。朝鲜半岛的商人运来金、银、水银和他们自己的丝绸织物。[24]

泰米尔商人也来到泉州。泉州的伊斯兰社区拥有几座清真寺，其中最古老的清真寺，即清净寺或艾苏哈卜大寺（Ashab Mosque），建于公元 1000 年后不久，仍然存世，它也是中国最古老的清真寺。泉州的墓碑上不仅有阿拉伯文，还有波斯文和突厥文，这些文字记录了来自西方的到访者的信息。[25]沙廷帕（Satingpra）是南海沿岸的

① 指清源军（964 年后称平海军），是五代十国时期的藩镇割据政权，其地域包括现今的闽南和莆田，首府为泉州。清源军由原闽国将领留从效建立，前后历经四位节度使的统治。978 年，节度使陈洪进主动向北宋投降，史称“泉漳纳土”。

一座暹罗港口，它与泉州的贸易非常活跃，从泉州进口了大量瓷器。沙廷帕靠近马来半岛的狭窄颈部，即克拉地峡，从那里可以进入印度洋。[26]柬埔寨高棉帝国雄心勃勃的统治者鼓励与宋朝开展海上贸易，这并不奇怪。在12世纪上半叶，高棉国王苏利耶跋摩二世（Sūryavarman II）自己就是一位船主，他也很乐意接受中国船运来的丝绸和瓷器。在吴哥就有宋瓷出土。[27]泉州周边城镇的瓷器被运到了琉球。[28]在泉州商业的示范作用下，宋朝皇帝在中国漫长海岸线的其他地方建造了若干港口，如在上海，以及广州与河内之间的怪石嶙峋的海岸，那里的水下暗礁被清除，使航运更安全。当台风来袭时，这些港口也是至关重要的避难所。

泉州既是无可匹敌的贸易中心，也是分销中心，货物从那里沿着中国东部的河流和运河被一直输送到大都市杭州，即南宋的都城。公共工程使南宋的经济繁荣获得了进一步的动力：疏浚运河和河流，筑防波堤，建造仓库供外国和本国商人使用。随着跨海交通越来越频繁，海盗受到的诱惑成倍增加，所以有时朝廷会为商船提供护航。海军应运而生，翁昭等指挥官奉命清剿长江口附近水域的海盗。① 海盗朱聪在1135年被击败后，他麾下由50艘船和1万名水手组成的舰队被纳入宋朝海军。朱聪被任命为水军统领，其他人纷纷效仿他。一句简短的俗语流传下来：“欲得官，杀人放火

① 可见以下史料：“绍兴元年五月十七日，提领海船张公裕等言：‘成忠郎翁昭于海洋五处分部控扼，至十一月末间，贼犯通、泰，贼船五十余艘，编发露顶，肆行摽略。昭同使臣郑旻等领兵鏖战，贼遂逃遁。续收复海门县，擒到伪知县姚汉杰、主簿钱德之、县尉王贵。’翁昭等各转一官资。”引自《宋会要辑稿·兵一四》，上海：上海古籍出版社，2014，第8891页。

受招安。"① 12世纪初的一位官员指责朝廷提供如此慷慨的赦免条件实际上是在鼓励海盗活动："官司不能讨捕，多是招安，重得官爵，小民歆艳，皆有仿效之意。"② 商船离开港口时必须登记备案，并尽量组队航行。朝廷小心翼翼地控制前往不同目的地的交通。朝廷规定，每年只允许两艘船前往朝鲜半岛，第二年再返回；去朝鲜半岛做生意的商人想必是非常富有的，拥有3000万贯现钱（真实数字肯定是3万或30万）；但在朝鲜半岛和越南也有泉州商人的聚居区。[29]

3000万贯似乎是一个天文数字，不过且看泉州人王元懋的故事，他在12世纪末成为巨富。泉州有几座佛寺，常有富家子弟出家。王元懋原本是仆人或杂工，社会地位低下。但僧侣教他如何阅读"南番诸国书"③（也许是印度佛经）和中国书籍。他被派往中南半岛上的占婆王国。占婆是中国长久以来的贸易伙伴，早在958年，占婆国王就派阿拉伯商人蒲诃散（阿布·哈桑或侯赛因）带着一份具有爆炸性的礼物去见中国皇帝：瓶装的类似希腊火的燃烧武器。在占婆，一般来讲，精英阶层是印度教徒，普通民众是佛教徒，商人是穆斯林。一到占婆，王元懋就引起了国王的注意，国王对他能读懂中国和外国书籍肃然起敬，于是赐他宫廷职位，甚至把

① 引自［宋］庄绰《鸡肋编》卷中《建炎后俚语》，萧鲁阳点校，北京：中华书局，1983，第67页。

② 引自［宋］李纲《李纲全集》，长沙：岳麓书社，2004，第829页。

③ 引自［宋］洪迈《夷坚志·夷坚三志》己卷第六《王元懋巨恶》，何卓点校，北京：中华书局，2006，第1345页。

自己的一个女儿嫁给他，妆奁价值 100 万贯。王元懋在占婆待了十年后，“而贪利之心愈炽。遂主舶船贸易”①。不久，中国的一些高官对他颇为青睐，并与他的家庭联姻。在 1178—1188 年的十年间，他派了一名代理人乘坐他的一艘船到海外经商。当他的船员回来时，他们已“获息数十倍”②。但是，一名水手试图骗取他的一半利润，于是发生了争执。这个水手后来被谋杀了，虽然不是王元懋所为，可他也受到了指责和羞辱。[30]

关于泉州商人的故事，强调了头脑灵活的商人可以实现的惊人的社会流动。这一时期的中国故事一再强调，被描述为“奴仆”或“一文不名”的人如何摆脱卑微的出身，积累大量财富并与豪门联姻。这进一步佐证了宋代泉州社会发生的转变。这种经济扩张的一个重要结果是被称为“奢侈品消费普遍化”的现象，因为那些在社会阶梯上攀升的人对他们的祖辈过的简朴生活感到有些不屑：

> 余谓三世仕宦，子孙必是奢侈享用之极，衣不肯着布缕䌷绢、衲絮缊敝、浣濯补绽之服，必要绮罗绫縠、绞绡靡丽、新鲜华粲、絺缯绘画、时样奇巧、珍贵殊异，务以夸俗而胜人；食不肯蔬食、菜羹、粗粝、豆麦、黍稷、菲薄、清淡，必欲精凿稻粱、三蒸九折、鲜白软媚，肉必要珍羞嘉旨、脍炙蒸炮、

---

① 引自《夷坚志·夷坚三志》己卷第六《王元懋巨恶》，第 1345 页。
② 同上。

> 爽口快意，水陆之品、人为之巧、镂簋雕盘，方丈罗列，此所谓会着衣吃饭也。①[31]

可见，大米、茶叶和胡椒这些曾经的高档商品，越来越被当作柴和盐一般的生活必需品。[32]

不过，泉州所在的地区并不特别富裕，土地也不怎么肥沃。虽然种植了一些高质量的农作物，如荔枝和橘子，但由于缺乏大面积的耕地，而且土地的回报率低，该地区不得不依赖进口大米和其他粮食。[33]本地缺乏良好的资源，往往能够刺激商业扩张，这个道理是不言自明的。在同一时期，热那亚和威尼斯正在成为伟大的贸易中心，但它们由于附近地区的粮食供应有限，所以依赖进口的粮食。宋代的“商业革命”与中世纪地中海地区的“商业革命”之间的相似性是相当惊人的。[34]港口贸易是“泉州现象”的成因。但随着城市的发展，泉州在中国最著名的行业中的作用也越来越大。尽管朝鲜半岛和日本的丝绸来到了泉州，但泉州还是成为丝绸生产中心。不过，泉州丝绸的生产规模无法与泉州腹地小城镇生产的精美瓷器的出口规模相比，这些瓷器被大量出口到中东：精美的青瓷上有浅浮雕的花卉装饰，许多青瓷是在泉州以北的山那一边的德化镇生产的。[35]

---

① 引自阳枋《字溪集》卷九，清文渊阁四库全书本。

※ 三

造船业是维持泉州繁荣的另一个行业。忽必烈的许多船只就是在泉州建造的。[36]在通往泉州港的水道发现的一艘沉船被确认为中国帆船，可以确定沉船年代为1277年。船上的货物主要是贵重木材，也有一些瓷器，瓷器上面有文字表明船主是“南家”，即宋朝宗室在这一地区的分支。[37]没有证据表明船上的人溺死了，所以它的沉没是一个谜。关于这艘船的一种相当有说服力的猜想是，它到达泉州时正值蒙古军队攻占该城，于是船员将这艘船凿沉，不让它落入中国的新主人（蒙古人）或嗜血的蒲寿庚手中。船长超过24米，宽超过9米，有13个船舱。[38]中式帆船没有尖的船首，船尾也是平的。[39]

这艘沉船的有趣之处不仅在于它的物质遗存，还在于它和马可·波罗在其游记中的描述极为相似，可参见他描述刺桐/泉州之后的那一章。马可·波罗谈到有多达60个船舱和两三百名水手的船，能够装载多达6000筐的胡椒。相比之下，泉州的船只能算中等大小，可能是马可·波罗笔下与大船并排航行的“小船”的一种。但在他的书的某些版本中，他提到了有13个隔舱的船只，隔舱的作用是提高船体的强度，减少船体被“饥饿的鲸鱼撞击”或被岩石刺穿后沉没的危险（“泰坦尼克号”使用的类似技术并没有发挥作用）。其他的中世纪旅行者，如14世纪的阿拉伯探险家伊本·白图泰（ibn Battuta），对这些中国大船的描述也非常类似。[40]马可·

波罗在别的方面同样对我们有帮助。他对刺桐的描述不像他对杭州（在中世纪欧洲被称为 Quinsay，即“行在”）的描述那样热情洋溢，却与中国文献和考古证据吻合。在刺桐，“印度一切船舶运载香料及其他一切贵重货物咸莅此港”；但蛮人（中国南方的居民）也涌向这座城市，为的是宝石和珍珠，“我敢言亚历山大或他港运载胡椒一船赴诸基督教国，乃至此刺桐港者，则有船舶百余。因为刺桐是世界最大的两海港之一”。① 也许他认为“世界最大的两海港”的另一个是他的家乡威尼斯。他知道泉州附近的一座城镇生产的瓷器不仅质量上乘，而且价格非常便宜。他还描述了当地的一套利润丰厚的税收制度，这显然是蒙古人从宋朝皇帝那里继承下来的。[41]

不过，当蒙古人于 1277 年攻克泉州时，泉州的巅峰期已经过了。泉州的相对衰落不能归咎于忽必烈。在他统治下的元朝，泉州仍然是一个重镇。泉州衰落也不是因为海盗袭击泉州和其他港口的生意兴隆的商船队。南宋与金朝的战争当然是一个因素，但泉州衰落与其说是战争的结果，不如说是不断的冲突（1160 年再次发生②）对国家财政造成的压力所致。元朝统治者的商业政策可能也负有一定的责任。1284 年，元朝试图禁止私营外贸，重新回到传统的立场，即对外联系应当在国家主持下进行。可是，尽管有严格的惩罚措施，该禁令只执行了十年。（1284 年的）二十年后，它又被

---

① 译文借用《马可波罗行纪》第三卷第一五六章，第 376 页。译文略有改动。

② 应是指金朝皇帝完颜亮全面攻宋，时间为 1161 年。

重新实施，但随后又被放松、恢复和最终放松（1323 年）。所有这些都产生了巨大的不确定性。禁令颁布后，泉州成为泉州市舶提举司所在地，该司负责监督政府资助的远航商贸，可泉州商人的行动自由受到了限制。元朝的另一项发展是成立了斡脱局。斡脱是一个中亚商人群体，得到蒙古统治者的积极支持。但在 14 世纪初，斡脱商人发现自己受到了宫廷中一些派别的挑战，这些派别对斡脱商人严格控制中国贸易感到不满。斡脱商人希望建立航运垄断，但他们没有航海经验，因此在很大程度上依赖他们在中国港口结识的阿拉伯和波斯商人。这些情况无疑表明，到 1300 年，泉州贸易面临越来越大的压力。[42]然而，对泉州衰落的大多数解释强调宋朝财政政策的遗留问题。宋朝始终无法保证收支平衡，部分原因是宋朝建立的贸易体系存在一些根本性的缺陷。

泉州的成功导致铜钱大量外流。百万级的数字很能说明问题，因为对印度尼西亚香料和印度洋珠宝的持续需求已经“下沉”到市民阶层。到了 12 世纪中叶，宋朝统治者试图利用印刷术，发行纸币来解决财政赤字问题。马可·波罗描述了元朝统治者发行的纸币，这种纸币在整个中国流通，完全替代了铸币。宋朝的纸币本质上是欠条，即可以在未来某个时候兑换成硬通货的信用票据。商人非常希望用铜币支付，因为铜本身就是一种商品，有稳定的价值，而且日本和其他地方对铜的需求量很大。商人懂得如何将铜走私到小港口，官方在泉州检查商人的大船是否携带金银之后，商人就可以从小港口把铜运走。[43]朝廷抵制不住印刷越来越多纸币的诱惑。结果就是通货膨胀，这在今天看来并不奇怪，可在当时让毫无防备的宋帝国措手不及。朝廷在改良港口和疏通河道时制定了明智的经济政策；但在涉及发行纸币的影响时，朝廷就毫无经验了。滥发纸币的长期后果是抑制了外商的热情。这些在中国以外没有价值的印刷品对外商有什么用呢？然而，还有其他因素使泉州的经济更加困难。12 世纪末，蒙古人对朝鲜半岛的攻击破坏了一条有利可图的海上通道。占婆与其著名邻国高棉帝国发生了争斗，混乱使中南半岛这一部分地区的吸引力大减。三佛齐在 13 世纪中叶已经过了巅峰期，尽管在爪哇的香料商人还有很好的商机。[44]所有这些都意味着由泉州主导了近三个世纪的海运网络发生了收缩，但肯定没有崩溃。

我们仍不知道的是，泉州到底有多么典型，又或者有多么特殊。南宋的都城杭州是一座更大、更宏伟的城市。不过一切都表明，对带着宋朝统治者渴望的奢侈品渡海来华的商人来说，泉州才是进入中国的主要门户。从远离中国海岸的更广阔的图景来看，泉州可以算作一个贸易和航海网络的枢纽，这个网络延伸到了南海、东海和印度洋。15 世纪初，明朝廷对这些水域的兴趣开始复苏，其结果与泉州的崛起一样引人注目，但只是昙花一现。

注　释

1. A. Schottenhammer, *Das Songzeitliche Quanzhou im Spannungsfeld zwischen Zentralregierung und maritimem Handel: Unerwartete Konsequenzen des Zentralstaatlichen*

Zugriffs auf den Reichtum einer Küstenregion (Stuttgart, 2002), pp. 5, 51, 176-7; Y. Shiba, Commerce and Society in Sung China (Ann Arbor, 1970), pp. 90-91.

2. M. Pollak, *Mandarins, Jews, and Missionaries: The Jewish Experience in the Chinese Empire* (2nd edn, Philadelphia, 1983), pp. 266-7.

3. Jung-Pang Lo, *China as a Sea Power, 1127-1368: A Preliminary Survey of the Maritime Expansion and Naval Exploits of the Chinese People during the Southern Song and Yuan Periods*, ed. B. Elleman (Singapore, 2012), pp. 197-201; A. Schottenhammer, 'China's Emergence as a Maritime Power', in *The Cambridge History of China*, vol. 5, part 2: *Sung China 960-1279* (Cambridge, 2015), p. 492.

4. D. Heng, *Sino-Malay Trade and Diplomacy from the Tenth through the Fourteenth Century* (Athens, Ohio, 2009), pp. 133-4; Lo, *China as a Sea Power*, pp. 201-2.

5. H. Clark, *Community, Trade, and Networks: Southern Fujian Province from the Third to the Thirteenth Century* (Cambridge, 1991); W. Eichhorn, *Chinese Civilization: An Introduction* (London, 1969), pp. 262-7; Heng, *Sino-Malay Trade*, pp. 38-63; Schottenhammer, 'China's Emergence as a Maritime Power', pp. 437-525.

6. Schottenhammer, 'China's Emergence as a Maritime Power', p. 487, table 14.

7. Lo, *China as a Sea Power*, p. 204.

8. Ibid., pp. 56-7.

9. Heng, *Sino-Malay Trade*, pp. 40-44.

10. Ibid., p. 125.

11. Ibid., pp. 44-8, 59, 161-7; also Schottenhammer, 'China's Emergence as a Maritime Power', pp. 485-91.

12. Lo, *China as a Sea Power*, pp. 67-70.

13. Ibid., pp. 61-4.

14. Heng, *Sino-Malay Trade*, pp. 54-6, 59-62; Schottenhammer, 'China's

Emergence as a Maritime Power', pp. 509-18.

15. Shiba, *Commerce and Society*, p. 46; Heng, *Sino-Malay Trade*, p. 58.

16. Heng, *Sino-Malay Trade*, pp. 149-90.

17. Lo, *China as a Sea Power*, p. 197.

18. Schottenhammer, 'China's Emergence as a Maritime Power', pp. 493-501.

19. J. Chaffee, 'The Impact of the Song Imperial Clan on the Overseas Trade of Quanzhou', in A. Schottenhammer, ed., *The Emporium of the World: Maritime Quanzhou, 1000-1400* (Leiden, 2001), pp. 34-5; J. Kuwabara, 'On P'u Shou-keng, a Man of the Western Regions, Who was Superintendent of the Trading Ships' Office in Ch'üan-ch'ou towards the End of the Sung Dynasty', *Memoirs of the Research Department of the Toyo Bunko*, vol. 2 (1928), pp. 1-79, and vol. 7 (1935), pp. 1-104.

20. Jung-Pang Lo, 'Maritime Commerce and Its Relation to the Sung Navy', *Journal of the Economic and Social History of the Orient*, vol. 12 (1969), p. 68; Lo, *China as a Sea Power*, pp. 121-85.

21. 朱彧，引自 J. Needham and C. Ronan, *The Shorter Science and Civilization in China* (Cambridge, 1986), vol. 3（大部分讲的是航海，并将完整作品当中好几个部分的材料整合起来）, pp. 28-9，更详细的内容可见 pp. 1-59; J. Needham, *Clerks and Craftsmen in China and the West* (Cambridge, 1970), pp. 243-4; A. Aczel, *The Riddle of the Compass: The Invention That Changed the World* (New York, 2001), p. 86; J. Huth, *The Lost Art of Finding Our Way* (Cambridge, Mass., 2013), p. 99。

22. Needham and Ronan, *Shorter Science and Civilization*, vol. 3, pp. 2, 9, 56, 59.

23. Lo, 'Maritime Commerce', p. 69; Schottenhammer, *Songzeitliche Quanzhou*, pp. 295-9; H. Clark, 'Overseas Trade and Social Change in Quanzhou through the Song', in Schottenhammer, ed., *Emporium of the World*, pp. 51-2.

24. Schottenhammer, *Songzeitliche Quanzhou*, pp. 86–7.

25. Clark, 'Overseas Trade and Social Change', p. 51; J. Guy, 'Tamil Merchant Guilds and the Quanzhou Trade', in Schottenhammer, ed., *Emporium of the World*, pp. 283–308; Schottenhammer, 'China's Emergence as a Maritime Power', p. 444.

26. J. Stargardt, 'Behind the Shadows: Archaeological Data on Two-Way Sea-Trade between Quanzhou and Satingpra, South Thailand, 10th – 14th century', in Schottenhammer, ed., *Emporium of the World*, pp. 308–93.

27. K. Hall, *Maritime Trade and State Development in Early Southeast Asia* (Honolulu, 1985), p. 207.

28. R. Pearson, Li Min and Li Guo, 'Port, City, and Hinterlands: Archaeological Perspectives on Quanzhou and Its Overseas Trade', in Schottenhammer, ed., *Emporium of the World*, pp. 194–201; G. Kerr, *Okinawa: The History of an Island People* (2nd edn, Boston and Tokyo, 2000), pp. 62–71.

29. Lo, 'Maritime Commerce', pp. 70 – 77; Shiba, *Commerce and Society*, pp. 187–8.

30. 洪迈，引自 Shiba, *Commerce and Society*, pp. 192–3; Clark, 'Overseas Trade and Social Change', pp. 47–8; 关于占婆的内容见 Hall, *Maritime Trade and State Development*, pp. 183, 187; J. Chaffee, *The Muslim Merchants of Pre-Modern China: The History of a Maritime Asian Trade Diaspora, 750 – 1400* (Cambridge, 2018), pp. 59–60。

31. 阳枋，引自 Shiba, *Commerce and Society*, p. 203。

32. Shiba, *Commerce and Society*, pp. 204–6.

33. Ibid., pp. 182–3; Clark, 'Overseas Trade and Social Change', pp. 53–4.

34. David Abulafia, *The Great Sea: A Human History of the Mediterranean* (London, 2011), pp. 254–5, 270.

35. Ho Chuimei, 'The Ceramic Boom in Minnan during Song and Yuan Times', in Schottenhammer, ed., *Emporium of the World*, pp. 237-81.

36. Schottenhammer, *Songzeitliche Quanzhou*, pp. 197-215, 225-67; Shiba, *Commerce and Society*, pp. 6-10.

37. Chaffee, 'Impact of the Song Imperial Clan', pp. 33-5.

38. Schottenhammer, *Songzeitliche Quanzhou*, pp. 279-80（图表和照片）, 287-91; Needham and Ronan, *Shorter Science and Civilization*, vol. 3, pp. 87-9。

39. Needham and Ronan, *Shorter Science and Civilization*, vol. 3, pp. 68-75.

40. Henry Yule and Henri Cordier, transl. and eds., *The Travels of Marco Polo: The Complete Yule-Cordier Edition* (3 vols. bound as 2, New York, 1993), vol. 2, pp. 249-53; D. Selbourne, *The City of Light* (London, 1999) 提出了比“饥饿的鲸鱼”更荒唐的说法：西班牙犹太人拥有规模与之类似的大船，在13世纪经常在中东与中国之间往返；见 D. Abulafia, 'Oriente ed Occidente: Considerazioni sul commercio di Ancona nel Medioevo-East and West: Observations on the Commerce of Ancona in the Middle Ages', in *Atti e Memorie della Società Dalmata di Storia Patria*, vol. 26, M. P. Ghezzo, ed., *Città e sistema adriatico alla fine del Medioevo. Bilancio degli studi e prospettive di ricerca* (Venice, 1997), pp. 27-66。

41. Yule and Cordier, transl. and eds., *Travels of Marco Polo*, vol. 2, pp. 234-6.

42. Heng, *Sino-Malay Trade*, pp. 65-9.

43. A. Schottenhammer, 'The Role of Metals and the Impact of the Introduction of Huizi Paper Notes in Quanzhou on the Development of Maritime Trade in the Song Period', in Schottenhammer, ed., *Emporium of the World*, pp. 125, 147, 149; Pearson, Min and Guo, 'Port, City, and Hinterlands', pp. 201-3.

44. Schottenhammer, 'Role of Metals', p. 152.

第十三章

郑和下西洋

※ 一

如前文所述，中国皇帝往往将日本视为藩属，但给予日本的荣誉超过了给其他大多数王国的恩典。幕府将军足利义满因承认自己是中国的臣属而遭到他的儿子兼继承人的严厉谴责。在15世纪初给大明朝廷写信时，足利义满自称“日本国王”，而“国王”一词被理解为他接受了明朝天子的宗主权。明朝的建文帝曾写信给足利义满：

> 逾越波涛，遣使来朝……贡宝刀骏马甲胄纸砚，副以良金，朕甚嘉焉……尽乃心，思恭思顺，以笃大伦。[1]

在建文帝被推翻后，幕府将军向明朝致信：

---

① 引自《善邻国宝记》，东方学会印本，第50—51页。

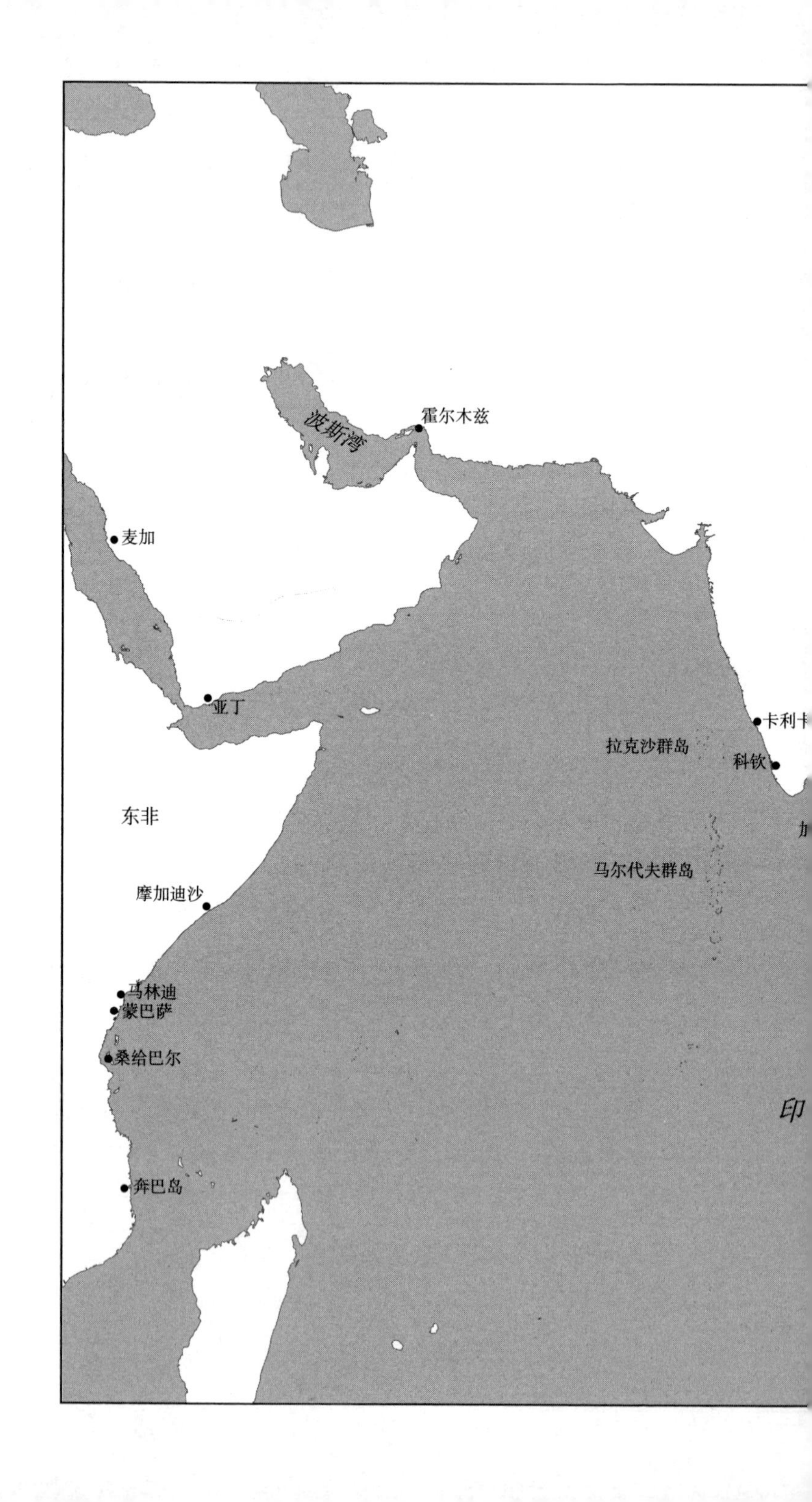
波斯湾
霍尔木兹
麦加
亚丁
拉克沙群岛
科钦
东非
马尔代夫群岛
摩加迪沙
马林迪
蒙巴萨
桑给巴尔
奔巴岛

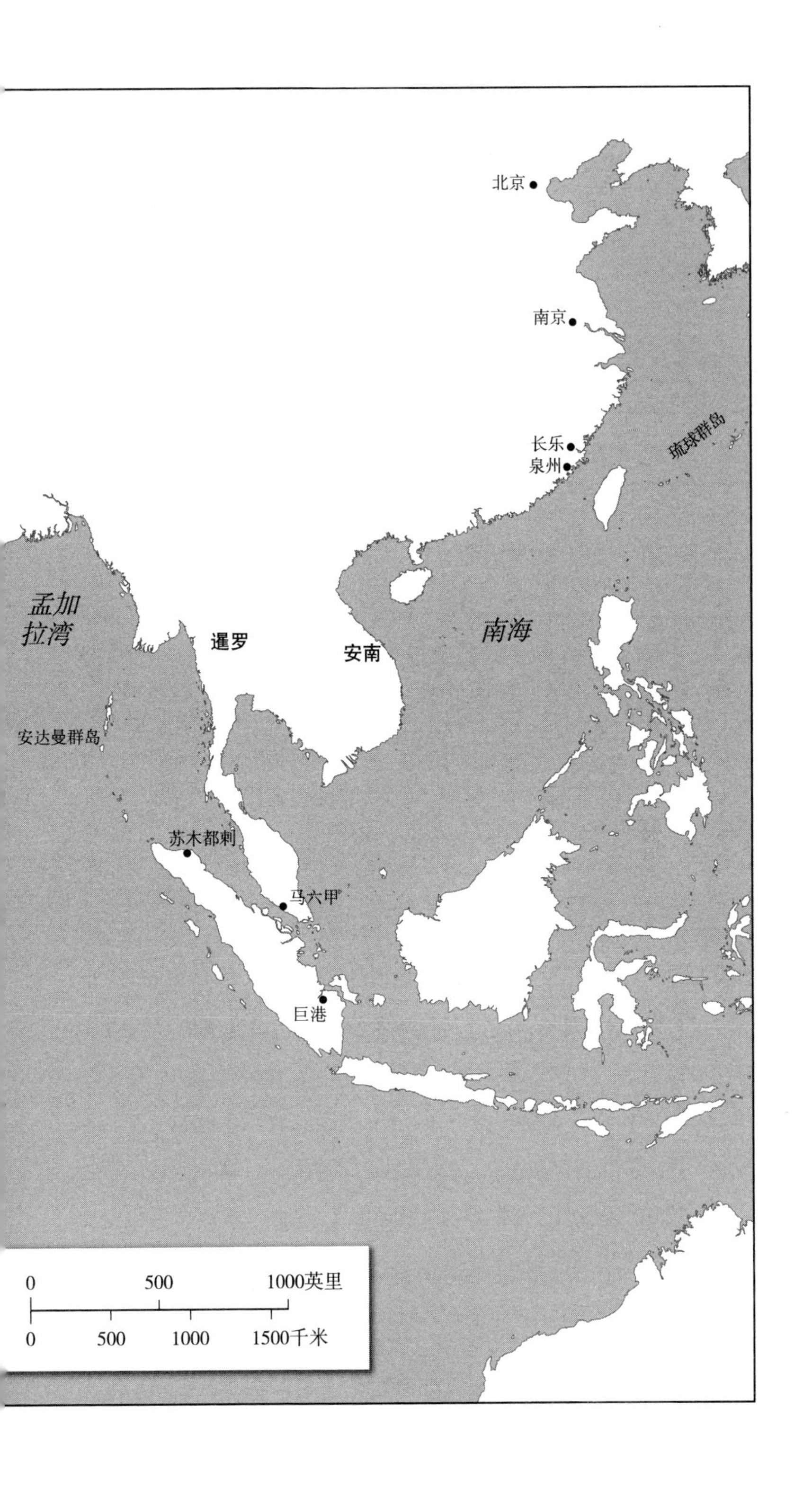

北京
南京
长乐
泉州
琉球群岛
孟加拉湾
暹罗
安南
南海
安达曼群岛
苏木都剌
马六甲
巨港
0
500
1000英里
0
500
1000
1500千米

> 日本国王臣源表臣闻：太阳外，天无幽不烛；时雨沾地，无物不滋……恩均天泽，万方向化，四海归仁。①[1]

新皇帝永乐帝收到这封信时十分感谢。永乐帝是明朝（1368—1644年）的第三位皇帝，是一个非常有趣的人物。他本名朱棣，登基后定年号为永乐，意思是“永久的幸福”。明朝的“明”是“光明”的意思，是永乐帝的父亲选定的。永乐帝是一个无情且雄心勃勃的统治者，他有许多宏伟的计划，除了海陆远征，还重修了北京城，以及积极赞助文化事业。他重修了连接北京和好几条河流的大运河，保障了都城的粮食供应。[2]他指派郑和领导海外远航的故事不仅为现代人津津乐道，而且在明朝后期就已经广为流传。一个名叫罗懋登的人写了一本关于明朝航海的小说，于1597年刊行，书名为《三宝太监下西洋记通俗演义》。尽管小说有明显的幻想成分，包括对阴间的游览，但人们还是试图把它当作可靠的史料，用它去解释郑和下西洋的所有那些没有被官修史书和现存碑文记录的方面。[3]正是因为明朝远航的规模之大，郑和吸引了研究永乐时期的历史学家的大部分注意力：根据一部郑和传记的作者爱德华·德雷尔（Edward Dreyer）的说法，郑和的第一次远航有255艘船，第二次有249艘，总共有7次远航。根据德雷尔的统计，郑和的最后一次远航有27550人参加，与第一次大致相同。其中一些数字后来受到了质疑。但当后人读到这些记载时，无疑仍会对船的数量和尺寸、

① 引自《善邻国宝记》，第51页。

船载的人数和航行的距离感到震惊：明朝的船到达东非、也门、霍尔木兹、锡兰和南海周围的土地，郑和还在马六甲建立了一个大规模的基地。[4]

有人将明朝的航行与克里斯托弗·哥伦布的远航比较。这样一比，哥伦布就处于下风了，因为哥伦布的旗舰“圣马利亚号”（*Santa María*）的尺寸与郑和的宝船相比不值一提，而且哥伦布的第一支船队只有3艘船。这一比较的前提是假设哥伦布与郑和的目标是相似的，而事实远非如此。不过，明朝皇帝在1434年之后再也未能重启这些花费高昂的远航，这就提出了一个关于中国历史的老生常谈的问题：如果中国的技术在许多方面遥遥领先于中世纪晚期的西欧，那么为什么中国未能建立一个世界帝国，或进行一次工业革命，又或向世界开放？这个问题是李约瑟受马克思主义启发而撰写的《中国科学技术史》一书的核心。[5]李约瑟猜测，在明代或其他时期，中国人远航到了南美、澳大利亚，还绕过好望角、航向巴西。他对中国事物的热情简直无人可及。但是，郑和的航行也被一个哗众取宠的作家①肆无忌惮地利用，他编织了一个庞杂的故事，说郑和船队不仅到了非洲和阿拉伯半岛，甚至走得更远，在西班牙人、葡萄牙人、荷兰人或英国人到达的很久之前就发现了南极洲、阿拉斯加、大西洋和世界的几乎所有角落。他还说郑和到达意大利，启动了意大利文艺复兴，尽管文艺复兴在那时已经进行了一段

① 指加文·孟席斯，他著有两部胡编乱造的伪史《1421：中国发现世界》《1434：中国点燃意大利文艺复兴之火？》。

时间。不用说，这种“研究”完全是无稽之谈，纯属幻想，而事实比这些幻想有趣得多。[6]同样，有人认为马可·波罗知道，甚至可能去过阿拉斯加，所以他是维京人之后第一个踏上北美土地（虽然是在北美的另一边）的欧洲人。这种说法也是毫无根据的，不过它可能源自16世纪的手抄本，而不是当代人的幻想。[7]

我们的第一个问题是，明朝为什么在1405—1434年进行了7次大规模的远航，而之前没有尝试过如此大规模的航行。在郑和之前，明朝已有一些航海活动。1404年，即郑和出发的前一年，明朝特使、太监尹庆访问了马六甲。尹庆代表永乐帝向马六甲城的创始人和王公拜里迷苏剌（Parameśvara）授予国王头衔，将他作为马六甲海峡以及连接印度洋和南海之贸易路线的统治者的地位合法化。[8]永乐帝还在陆路派遣使团，积极争取中亚邻国的臣服，就像他在郑和走的海路上赢得若干海洋国家的臣服一样。永乐帝希望远在撒马尔罕的内陆王国也接受中华文化。不过，撒马尔罕的君主对自己被视为附庸并不满意，他严厉地警告永乐帝不要再妄言成为世界的统治者，而应该成为穆斯林。

按照中国人的华夷观念，永乐帝直接统治的中原王朝理应被一圈附属的蛮夷国家环绕。永乐帝还决心收复曾经被中国统治的土地，并将其纳入中华文化圈。像13世纪中国的蒙古统治者一样，他的目标是控制安南（大致在越南北部），尽管他的父亲，即明朝的开国皇帝，曾警告不要尝试实现这一目标（关于日本和琉球群岛，他也提出了同样的建议）。[9]永乐帝组建了一支大型舰队，据说至少有8600艘从安南缴获的舰船。但安南人顽强抵抗，而且由于永乐帝在获胜之后采取的一些措施，如要求安南人穿汉式服装，抵抗愈演愈烈。[10]永乐帝希望控制的另一个适合从海上抵达的地区是孟加拉。他的使节干预了当地局势，避免孟加拉与其邻国发生战争。孟加拉统治者深深臣服于明朝皇帝，送来了稀有的动物，其中一只被认为是中国神话中的麒麟，但其实是孟加拉统治者从遥远的非洲获得的长颈鹿。[11]永乐帝曾在统治初期阐明他的目标：

> 上天之德，好生为大；人君法天，爱人为本。四海之广，非一人所能独治，必任贤择能，相与共治……我皇考太祖高皇帝，受天明命，为天下主三十余年，海内晏然，祸乱不作……①[12]

一方面，明朝皇帝是世界的主人；另一方面，他实际上无法统治整个世界。这是所有声称拥有普遍皇权的人都不得不面对的困难。但这并不意味着他会放弃要求遥远的异邦承认他的优越地位。中国人认为自己的道德力量具有优越性这一点，再次得到了有力的体现：儒家思想与明朝之前的蒙古统治者的思想融合，而蒙古统治者曾无情地要求所有人承认他们的“天命”。明朝的宫廷文化在很大程度上学习了蒙古人的文化，包括许多宫廷服装和明朝皇帝对狩猎和射箭的爱好。[13]

所以，向海外派遣由郑和指挥的船队，是一种非常张扬和花销巨大的手段，旨在完成之前的中国皇帝一直努力做的事情。一些历

① 《明太宗文皇帝实录》卷一六，“中央研究院”校印本。

史学家找到了与之迥异的解释。最奇特的一种解释是，永乐帝这么做是为了寻找他的前任兼对手建文帝。根据传言，建文帝逃到了海外的偏远岛屿。[14]还有人提出了一个简单的解释，认为郑和下西洋的动机就是好奇心。换句话说，郑和是一个比哥伦布更具探险精神的探险家，毕竟哥伦布事先确定了自己的目的地（中国或日本），并阅读了一本（马可·波罗的）书，这本书告诉了他会遇到什么。[15]长颈鹿到达明朝宫廷后，会引起人们对它的来源地（所谓的“西洋”某地）的好奇心。[16]皇帝需要产自世界各地的珍奇货物，所以贡品应该包含各色稀奇的宝物，如珍稀动物、贵重珠宝，以及香料和香水等消耗品。因此，中国人的好奇心并不是对印度洋人文和自然地理的好奇心。中国在技术方面的进步，如发明航海指南针和雕版印刷，并不是为追求知识本身而进行的更广泛的科学研究的一部分。

参加下西洋的人有很多令人激动的经历可以回忆。两位参加多次远航的旅行者，阿拉伯语和波斯语译员马欢①与军人费信②留下的篇幅不长的著作，对印度洋多个地区的习俗、宗教、物产和地理都有详细描写。[17]马欢自称出身贫寒，自号“山樵”，③ 但他熟悉中

---

① 马欢，生卒年不详，回族，字宗道，号会稽山樵，浙江会稽（今绍兴）人，信奉伊斯兰教；明代通事（翻译官），曾随郑和在1413年、1421年、1431年三次下西洋，亲身到访占婆、爪哇、旧港、暹罗、古里等国，并到麦加朝圣。他精通波斯语和阿拉伯语，著有《瀛涯胜览》。

② 费信（1388—？年），吴郡昆山人，以通事（翻译官）之职，四次随郑和出使海外诸国，著有《星槎胜览》，采辑二十余年历览风土人物，图写而成。

③ 见［明］马欢《瀛涯胜览校注·序》，冯承钧校注，北京：中华书局，1955，第2页。

国古籍，也读过佛教经典。不过，他对“西洋”的描述花了几年时间才刊行（可能在 1451 年），而且很少有人阅读。费信引起了 16 世纪中国学者的更多兴趣，这可能反映了后世对郑和的持续关注。马欢对郑和的描述相当少，他主要关注的是到访的印度洋国家。费信也注意到了南海周围的土地，这些土地作为明朝的近邻和曾经的军事目标，引起了费信的特别兴趣。[18]

有人认为郑和下西洋的目的是建立贸易网络，这种观点站不住脚。在过去，朝廷对民间海上贸易的禁令被普遍无视，当发生争夺皇位的斗争时更是如此。[19]永乐帝也禁止民间海上贸易，他只对朝贡贸易感兴趣，而朝贡贸易主要是一种政治行为。诚然，有一种既定的习俗是，当朝廷索取其应得的份额之后，外国使团的成员可以用船上剩余的货物换取中国产品，所以加入朝贡使团十分有利可图。例如，将中国的象牙带到日本或爪哇的宫廷，可以获得巨大的利润，也可赢得一定的声望。但永乐帝追求的声望，是他自己作为中原王朝皇帝的声望；他“欲耀兵异域，示中国富强”①，并派遣船只“以次遍历诸番国，宣天子诏，因给赐其君长，不服则以武慑之”②。[20]除了越南（它被视为中华文明的边陲），“慑之”并不意味着明朝会派遣总督治理当地或使当地汉化。明朝人只去那些承认明朝宗主权的港口，所以那些不承认明朝宗主权的港口就失去了获取中国货物以及与明朝做生意的机会。[21]除了上述几种观点之外，对郑

---

① 《明史》卷三〇四《郑和传》，第 7766 页。
② 同上，第 7767 页。

和下西洋还有其他一些解释。比如，有人认为，郑和下西洋的时间，差不多是马六甲统治者皈依伊斯兰教的时间，因此郑和的远航刺激了伊斯兰教在今天的马来西亚和印度尼西亚的传播。然而，这很值得怀疑。伊斯兰教的传播充其量只是郑和下西洋的副产品，显然不是其本意。也有人提出，郑和下西洋的原因是佛教徒希望在锡兰获得圣物，但这种观点没有实际证据。[22]

伊斯兰教在郑和的生活中发挥了什么样的作用，是一个有趣的问题。这位海军统帅（尽管他实际上并没有这样的头衔）于 1371 年出生在一个穆斯林家庭。他来自中国西南部的云南，那里有大量穆斯林，他们是中古时期来华商人的后代。郑和的家族背景相当显赫：他们起源于布哈拉，所以与其说郑和是海上丝绸之路之子，不如说他是陆上丝绸之路之子。郑氏家族曾为早期的蒙古大汗服务，郑和的父亲和祖父一定是相当虔诚的穆斯林，因为他们被称为哈只，即“朝觐者”，这意味着他们都去过麦加。在郑和小时候，他的父亲在抵抗明朝军队对云南的进攻时被杀。郑和被俘，在遭阉割后被送入皇宫，后来作为宫廷宦官崭露头角。宦官与皇帝的亲密关系常常令那些希望得到统治者垂青的官僚大为恼火。[23]郑和成为内官监太监，而内官监主要负责营造诸事。建筑与造船一样，需要使用大量木材。正是郑和在组织建筑工程方面的经验，而不是作为海军指挥官的经验，使他成为领导明朝船队的合适人选，因为他根本没有海上经验。[24]

他与伊斯兰教的联系一直以来肯定在弱化。而且，像他周围的其他中国人一样，他的宗教信仰变得很随意。在远航开始时，他与

波利尼西亚船只所用的帆有多种形状。这艘船配备了爪形帆，舷外浮材极大地提升了船的稳定性。这样的船在太平洋航行了数千年

到9世纪，波利尼西亚水手已经定居夏威夷群岛。图中是毛伊岛的岩石雕刻，描绘的是一艘配有爪形帆的船，或许可以追溯到波利尼西亚人最初定居夏威夷的年代

上：约公元前 1450 年，埃及的女法老哈特谢普苏特派遣一支舰队沿红海南下，去蓬特之地搜集没药、象牙、乌木和异国动物。在女法老位于卢克索附近的宏伟的陵寝神庙内，有浮雕和相应的铭文来纪念这一事件，铭文描述她的舰队是自“上古”以来第一支出航的舰队

下：浮雕的线图比较清晰地展现了人们向船上搬运成袋货物和完整乳香树的景象

描绘四只瞪羚的印章，出自贸易中心迪尔穆恩（巴林），公元前3千纪后期

图案是一艘缝合船的印度印章，4—5世纪。两千年前可能就有类似的船只在印度洋上航行

罗马皇帝维克多利努斯的钱币，约270年在科隆铸造，出土于泰国

一位波斯或阿拉伯商人的陶俑头像，7世纪或8世纪，出土于泰国西部

上：白瓷水罐，饰有凤凰图案，约在 1000 年被从中国带到开罗

下：三件凹雕，出自越南南部的澳盖，那里是中国商人与波斯商人的相遇之地

右：出自南印度奎隆的多语种铜板（849 年），它证明当地有信奉琐罗亚斯德教、犹太教和伊斯兰教的商人

上：对一艘典型阿拉伯缝合船的复原，基于9世纪的印度尼西亚勿里洞沉船。这艘船可能是从中国皇帝的宫廷给印度尼西亚统治者运送礼物（作为对朝贡的赏赐）的

左：勿里洞沉船上有约7万件瓷器，是史上发现的规模最大的一批晚唐瓷器，其中有很多产自长沙。船上可能还曾载有丝绸，但已经分解消失

上：1323 年，一艘驶往日本的中式帆船在朝鲜近海失事，船上载有超过 800 万枚钱币。图中这样的木质标签与钱串相连，表明雇用这艘船的客户是京都的东福寺

下左：新安沉船载有大批饰有动物图案的优质青瓷

下右：中国古代货币主要是用绳子串起来的低面值铜币。由于金属货币大量流出中国，宋代和元代皇帝开始发行纸币

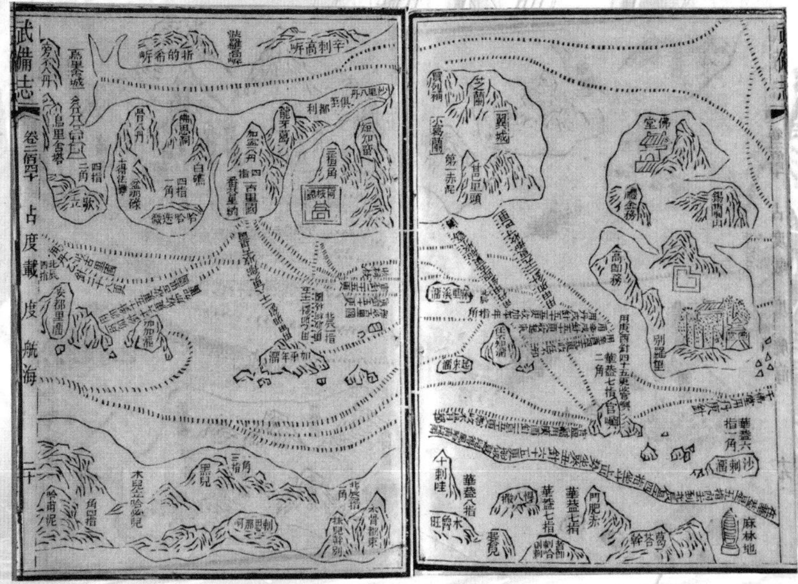

上：14 世纪初期的卷轴，描绘了武士竹崎季长与蒙古人作战的场面。1281 年，蒙古人的一艘船遭到日本武士的袭击

下：一幅 17 世纪的印刷地图，展现 15 世纪初郑和的航行。他的船队抵达了东非和红海

中世纪晚期的图像，展现一艘从伊拉克巴士拉出发的缝合船。黑奴在舀水或在甲板上劳作，而阿拉伯、波斯和印度乘客待在船舱中

根据爱尔兰传说，无畏的航海家圣布伦丹率领僧侣驶入大西洋，寻找能够让他们远离尘嚣的偏远岛屿

黄金船模，长 20 厘米，发现于北爱尔兰的布罗伊特尔，年代为公元前 1 世纪或公元 1 世纪。早期的爱尔兰船只是用柳条编织而成的，上面覆盖兽皮

葡萄牙北部维亚纳堡的铁器时代定居点，位于大西洋之滨，包括数十座圆屋，外有围墙，并设有瞭望塔

在西班牙西南部韦尔瓦湾发现的一处青铜器窖藏中有多支“鲤鱼舌”剑，这种剑在约公元前 800 年在大西洋沿岸很流行

上：挪威的奥塞贝格船，约 820 年，由橡木制成，雕工精湛。该船被用于一位王后或高级女祭司的葬礼，载有多种墓葬器物

下左：维京人的帆是用布条编织而成的，呈现菱形图案。维京人的画像石经常表现乘船前往来世的景象

下右：出自丹麦南部海塔布的钱币，出土于瑞典中部的比尔卡，提供了这些早期维京城镇之间贸易的证据

上左：格陵兰的因纽特人雕刻品，有人认为它们描绘了因纽特人接触到的诺斯定居者

上右：加达主教奥拉维尔（卒于 1280 年）的主教牧杖，它被从斯堪的纳维亚带到了格陵兰

中：出自格陵兰的 15 世纪服装，反映了当时欧洲的时尚

下：13 世纪或更晚，两个诺斯格陵兰人航行到北纬 72 度 55 分的某个地方，并用如尼文记录了他们的到访

上：吕贝克富商在海滨建造华美的房屋，内设办公室、仓库和宿舍

左：约拿和鲸鱼，出自 15 世纪初的一部荷兰手抄本。图中的船很像这一时期汉萨同盟的柯克船

上：1375 年的《加泰罗尼亚世界地图集》纪念了 1346 年马略卡的豪梅·费雷尔寻找黄金的航行，他经过了图中显示的加那利群岛，然后沿着非洲海岸南下，一去不复返

下左：16 世纪晚期的图像，展现加那利群岛戈梅拉岛的贵族女子。该岛居民为多神教徒，大多赤身露体，对金属一无所知，这令欧洲探索者大吃一惊

下右：出自 15 世纪马拉加（位于格拉纳达的伊斯兰王国）的精美的上釉碗，描绘一艘航行的葡萄牙卡拉维尔帆船

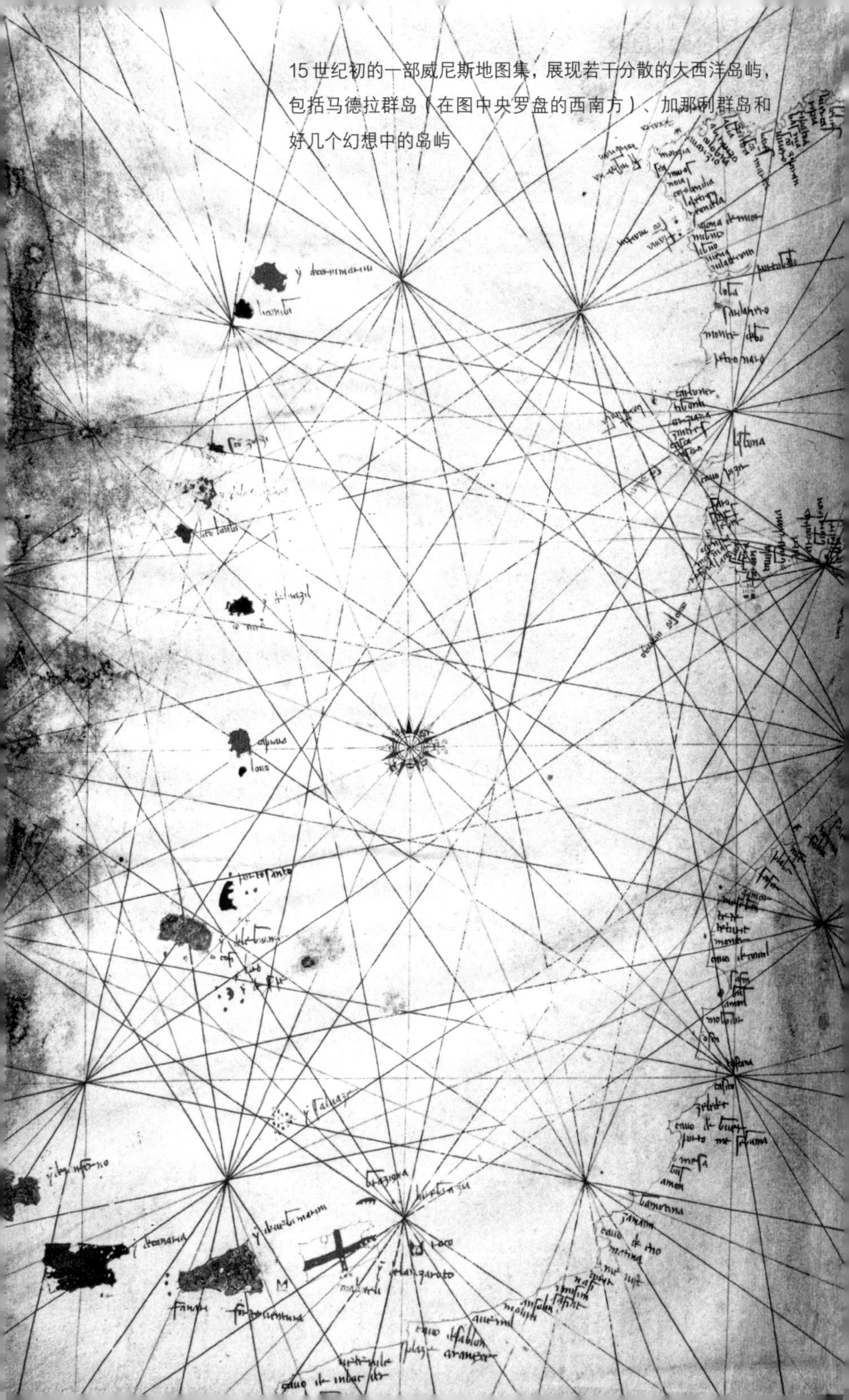

15 世纪初的一部威尼斯地图集，展现若干分散的大西洋岛屿，包括马德拉群岛（在图中央罗盘的西南方）、加那利群岛和好几个幻想中的岛屿

上：位于加纳埃尔米纳的葡萄牙要塞是黄金与奴隶贸易的中心。该要塞建于 1482 年，石料是从葡萄牙运来的

下：马丁・瓦尔德泽米勒的巨幅世界地图上也出现了葡萄牙的发现碑，就在非洲南部沿海

右：标志葡萄牙人于 1486 年抵达十字角的发现碑。1894 年，德国殖民纳米比亚之后，将这座发现碑运往柏林。2019 年 5 月，德国同意将其归还纳米比亚

船员一起向天妃（海洋女神）祈祷。他在1431年撰写的碑文中有这么一句：“敕封护国庇民妙灵昭应弘仁普济天妃之神，威灵布于巨海，公德著于太常。”① 天妃在当地方言中也被称为妈祖，据说她是一个卑微渔民的女儿，出生于960年，拥有预言的能力，因此能够警示她的兄长，说他在海上有被淹死的危险，就这样救了他的命。[25]郑和成年后身材魁梧，据说“身长七尺，腰大十围”②，不过当时中国的“尺”比今天的市尺要短。他的鼻子很小，可颧骨很高，天庭饱满。他的肖像和雕像有很多，但都是想象的产物，因为他死后被神化了，并且从那时起，他就被外籍华人当作他们的守护神来崇拜。在马来西亚现存最古老的华人寺庙，即马六甲建于1645年的青云亭，对郑和的崇拜延续至今。[26]

※ 二

郑和的故事越传越神，那我们就需要考虑，船队的规模和船上人员的数目是否被夸大了。罗懋登的小说对船只的尺寸做了幻想，但许多后来写到郑和下西洋的人都相信罗懋登拥有准确的数据。亲身参加远航的费信写道，1409年出发的船队有“官兵二万七千余人”③，每次远航的人数都大致相当。这种非常大的数字只是中国

---

① ［明］巩珍：《西洋番国志》附录二《娄东刘家港天妃宫石刻通番事迹记》，向达校注，北京：中华书局，2000，第51页。

② 见胡丹辑考《明代宦官史料长编》卷二《故马公墓志铭》，南京：凤凰出版社，2014，第84页。

③ ［明］费信：《星槎胜览》卷一，明嘉靖古今说海本。

人表达“极多”的虚指，所以实际人数应当没有那么多。如果真的有“二万七千余人”，那么就相当于一座庞大的中古城市在移动，这会造成一个无法解决的难题，即如何养活所有这些人，哪怕船队每隔一两个星期就入港获取给养。有趣的是，费信还提到了“海舶四十八号”①。如果真的有超过2.7万名官兵，再加上大量精美瓷器、丝绸和其他礼物（回国时，货物甚至更多，因为贡品中包括狮子、长颈鹿和斑马等动物），48艘船就太少了。[27]不过，对这些船队的其他估算表明，至少有250艘船出海，所以我们姑且可以说，费信说的“四十八号”仅指宝船。我们必须将大型帆船与小舢板、驳船和补给船（包括那些装满淡水、拖在大船后面的小船）区分开。根据马可·波罗的记载，当时最大的中国船只，每艘由200名水手操作。在他的游记的一个版本中，一艘船甚至需要300名水手。他描述了用来辅助这些大型帆船航行的拖船，每艘拖船上有50名或60名水手划桨。据他所知，船是用冷杉木建造的，尽管水下考古证据和我们掌握的文献表明，造船也经常使用雪松木和樟木，而且这两种木料更耐用。元朝的造船业已经使中国的部分地区丧失了森林资源，而永乐帝的计划，如果规模真的像传说中那么大，一定会产生同样的灾难性后果。马可·波罗描述的船很宽敞，比在地中海航行的船更大。其他看到或听说过这些船的人都说这些船有许多舱室，供较富裕或较重要的乘客使用。它们似乎比欧洲船舒适得多，因为在欧洲船上，所有人都挤在露天下，生活、睡觉和做饭的空间

① 《星槎胜览》卷一。

都非常逼仄。[28]

爱德华·德雷尔对这些船队中最大的船只（所谓宝船）的尺寸做了还原，认为其长约 400 英尺，宽约 170 英尺，有 9 根桅杆。[29]人们普遍认为，建造这些船的工匠参考了经常在长江和中国其他宽阔河流与运河上航行的船只的设计，并加以改良。内河船只的底部比一般海船的要平坦，而且船上有很多桅杆。这一时期的造船业有详细的记录存世，明朝造船业的规模之大令人印象深刻。即便如此，大多数船只也从未涉足海洋。[30]适合在相对平静、水浅的内河航行的船只，肯定不适合在远洋航行，因为远洋船需要合适的龙骨来保证船的稳定性，而且过多的风帆会使船在风暴中更难操控。宝船的排水量如果真的超过 1.8 万吨，甚至 2.4 万吨，那么它们就是世上最大的木船，撇开一两艘为希腊化埃及的托勒密统治者建造的用于夸耀的船不谈，因为其可能从未冒险离开亚历山大港的码头。[31]

所有这些听起来都令人难以置信，尤其是史料只字不提郑和下西洋期间船在海上的损失情况，尽管肯定偶尔会有损失。所以，认为郑和船队的规模没有传说中那么大、船上人员没有传说中那么多的论点是令人信服的。如果船的长度为 200—250 英尺，由大约 200 名船员操作，就比较合理可信了。[32]即便船只尺寸、船队规模及船员数量没有传说中的那么惊人，这样一支强大的帝国海军抵达马六甲、卡利卡特或亚丁仍然是一件非同寻常、令人肃然起敬的大事：在近海，一艘又一艘船出现在人们的视线中，它们的索具让人感到很陌生，龙旗飘扬。即使我们把每次远航的人数减少到比方说 1 万人，这仍然相当于一个规模庞大的中古时期城镇在移动；而且，在远达非洲和阿拉伯半岛的航行中，需要面对供应水和食物，以及维持船上纪律和人员健康等各种后勤问题。

※ 三

郑和的第一次远航发生于1405—1407年，在永乐帝掌握政权不久之后。在南京龙江宝船厂建造的62艘宝船沿着长江行驶到海上，成为船队的核心。宝船装载着给明朝藩属的礼物。第一站是占婆，它很乐意承认永乐帝的权威，从而对抗邻国和竞争对手安南。然后郑和船队前往爪哇，那里的国王曾经给洪武帝制造了许多麻烦，但大量的中国商人在爪哇居住，为岛上以香料和其他稀有商品为基础的繁荣经济服务。现任爪哇国王“侮慢不敬，欲害和。和觉而去”①。[33]郑和只要炫耀他的船只，震慑爪哇人即可，因为他的目的是穿过马六甲海峡，经过马六甲城，绕过安达曼群岛（被马可·波罗描述为一个狂野和危险的地方），直接穿过孟加拉湾到锡兰。他不指望得到锡兰统治者的欢迎，所以继续沿着印度西海岸向科钦（Cochin）和卡利卡特前进。从马欢的正面评价中可以看出，卡利卡特给郑和的官员们留下了良好的印象：“人甚诚信，济楚标致。”② 马欢称卡利卡特为“西洋大国”③，而费信说卡利卡特是

① 《明太宗文皇帝实录》卷七七。但原文说的是锡兰国王，不是爪哇国王。

② 《瀛涯胜览校注·序》，第45页。

③ 同上，第42页。

“西洋诸国之马头”①。马欢还记载了他在卡利卡特听到的一个关于“有一圣人名某些，立教化”② 和金牛的零零碎碎的故事，他没有意识到“某些”就是他的穆斯林教友敬仰的穆萨，即摩西。不过马欢也认识到，在卡利卡特有非常多的穆斯林；卡利卡特的一位先王曾说：“我不食牛，尔不食猪。”③[34]

在卡利卡特度过 1406—1407 年的冬季后，郑和回到马六甲，关注苏门答腊岛的动荡局势，那里有一个叫陈祖义的中国海盗控制了巨港。三佛齐的旧都巨港不再是当年那个伟大的贸易中心，这个角色现在已经让给了马六甲。但在 14 世纪末，随着与中国建立更紧密的联系，巨港的地位有所恢复。[35]明朝对民间海上贸易的禁令似乎没有对苏门答腊产生任何影响，因为在山高皇帝远的苏门答腊的中国商人很容易无视来自北京的命令。然而，一个强有力的中国海盗的出现威胁到了巨港与中国的特殊关系，郑和决心在南海维护明朝的权威。因此，巨港的中国商人兴高采烈地迎接了明朝的船队。当陈祖义前来投诚时，郑和并不信任他。郑和怀疑这只是一个诡计，陈祖义的目的是争取时间，然后带着他的海盗船队溜走，于是郑和袭击了海盗。他们至少有 17 艘船，但不是郑和船队的对手。永乐年间的一部正史记载称，5000 多名海盗被杀，陈祖义被押解回北京，并被朝廷下令斩首，“由是薄海内外罔不清肃”④。[36]郑和下西

① 《星槎胜览》卷三。
② 《瀛涯胜览校注・序》，第 44 页。
③ 同上，第 43 页。
④ 《星槎胜览》卷一。

洋的使命原本是和平的，但这次发生了武装冲突，或者说展示了明朝的强大力量，让任何头脑正常的人都不敢反对明朝皇帝。郑和船队利用季风来安排行程，可即使如此，在最后一段航程中还是遭遇了一场大风暴，水手们被吓得魂飞魄散。他们虔诚地向天妃祈祷，得到了回报。一道神奇的光亮落在一艘船的主桅顶上，他们知道这是天妃保佑的标志（其实是圣艾尔摩之火，海上风暴中常见的一种电效应）。后来，郑和在一篇碑文中回忆了他的首次远航：

> 涉沧溟十万余里。观夫鲸波接天，浩浩无涯，或烟雾之溟蒙，或风浪之崔嵬，海洋之状，变态无时。而我之云帆高张，昼夜星驰，非仗神功，曷能康济。值有险阻，一称神号，感应如响，即有神灯烛于帆樯，灵光一临，则变险为夷，舟师恬然，咸保无虞……①[37]

1407 年 10 月，郑和船队回到了南京，随行的还有来自南海周边以及遥远的卡利卡特和马六甲的使者，他们向大明朝廷递交了贡品，并得到了铜钱和纸币的奖励，尽管我们不清楚明朝纸币在遥远的异邦有什么用处。[38]

永乐帝认识到，金钱的馈赠并不完全符合外邦人的期望，于是开始筹划郑和的第二次航行（1407—1409 年）。按照官方的说法，第二次航行的使命是向卡利卡特国王递交册封的国书，以及一枚银

---

① 《西洋番国志》附录二《娄东刘家港天妃宫石刻通番事迹记》，第 51 页。

质的官印，并依明制向国王及其主要谋臣分别赠送丝绸长袍、帽子和腰带。在郑和前往卡利卡特的途中，暹罗、爪哇和马六甲等国的统治者也将得到皇帝的国书。[39]郑和船队可能分成若干分队，访问不同的港口，然后重新集结。不过，对爪哇需要特别示威，因为爪哇国王曾抵制明朝的权威。现在他明智地同意纳贡，并为过去的罪行给出赔偿。[40]

在郑和的第三次航行（1409—1411 年）中，惩戒不愿接受明朝宗主权之人的目的也很明确。这次，郑和船队没有避开锡兰。锡兰国王亚烈苦奈儿（Alagakkonara）被指责侮辱郑和，甚至心怀不轨，企图暗杀他。据说亚烈苦奈儿将郑和诱向内陆，阴谋派遣自己的“番兵”突袭明朝船队。郑和回船的路被伐倒的树木阻断了，不过，他通过没有被阻断的另一条道路向他的船队发送了消息。郑和率领他的士兵穿过小径，向锡兰都城发动突然袭击。他擒获锡兰国王，将其押回中国；但永乐帝认为锡兰国王只是一个无知的野蛮人，并没有处决他。为了彰显明朝的权威，永乐帝从锡兰的王室中挑选了一个新国王，“以承国祀”①。[41]这些事件的僧伽罗版本与此大不相同，说明锡兰朝廷试图挽回面子：中国特使带着礼物来到王宫，可这只是一个诡计，中国人进了王宫之后就抓住了国王并把他劫走。[42]

也有人认为，郑和攻击锡兰的真正目的是偷取一颗佛牙，这是岛上最重要的佛教圣物之一。1284 年，忽必烈向锡兰派遣了船只，

---

① 《明太宗文皇帝实录》卷七七。

要求交出佛牙，被锡兰国王拒绝了。后来关于这次航行的记载确实说佛牙被带回了中国，并将元朝船队所经过海域的风平浪静归功于佛牙的神力。[43]这肯定只是一个传说，但与认为永乐帝继承了他父亲和忽必烈的政治野心的说法相吻合。有人认为郑和的第三次远航是一项佛教活动，证据不过是郑和在锡兰海岸的加勒（Galle）留下的碑文，该碑文赞美了佛祖对船队的眷顾：

> **谨以金银织金纻丝宝旛、香炉、花瓶、纻丝表里、灯烛等物，布施佛寺，以充供养。**①[44]

但这只是中文的部分。碑文还用波斯文和泰米尔文重复了一遍上述内容，这些文本歌颂的分别是伊斯兰教的真主和印度教的一个神。中国人分别向真主、佛祖和印度教神祇提供了“金壹阡钱、银伍阡钱”②，以及丝绸、香水和寺庙装饰品。总的来讲，加勒碑文展现了“一次精心策划的行动，以说服上天和各路神灵保佑中国的航海活动”。[45]这种兼收并蓄的折中主义是中国人对待宗教的典型态度。

※ 四

郑和的前三次远航是接二连三地快速进行的。在郑和于1411年

---

① 《西洋番国志》附录二《郑和在锡兰所立碑》，第50页。
② 同上。

中期回国后，永乐帝被征讨蒙古草原的计划分散了注意力，直到1412年12月才命令郑和再次出发，为南海和其他地区的各路君王带去礼物。郑和到访的地方包括巨港和取代它成为马六甲海峡附近主要贸易中心的马六甲，那里的统治者是拜里迷苏剌。郑和在马六甲留下的长篇碑文中有一首慷慨激昂的诗：

西南巨海中国通，
输天灌地亿载同。
……
王好善义思朝宗，
愿比内郡伊华风。①[46]

马六甲拥有重要的战略地位，并且建有华人定居点，所以马六甲正在成长为郑和所需的基地。郑和需要找到一个能够为其船队提供服务的地方，而马六甲既是海军基地，也是华人的一个贸易中心。[47]因此，马六甲的崛起在很大程度上要归功于中国的影响，也要感谢郑和的帮助。当时，王公拜里迷苏剌正在建造这座城市。费信看到马六甲时，它还“山孤人少”②，位于一个贫瘠的地区，房屋简陋。而一旦郑和将马六甲纳入明朝管辖范围，并将其提升到明朝属郡的地位，情况显然有所改善。[48]不过，马六甲有一些竞争对手，其中最

① 《明太宗文皇帝实录》卷三八。
② 《星槎胜览》卷二。

重要的是苏门答腊岛北端的苏木都剌国（Samudera）①，“其处乃西洋之总路”②。从印度洋回到苏门答腊后，郑和又一次罕见地展示了武力，派兵镇压了针对苏木都剌王的叛乱，从而展现了服从中国皇帝可以获得什么好处。[49]但印度不是中国人想去的目的地。中国船队威风凛凛地驶过马尔代夫群岛和拉克沙群岛（Laccadive Islands），目标是中国人在到访卡利卡特时一定听说过的一个地方，即位于波斯湾门户的霍尔木兹。[50]郑和从卡利卡特到霍尔木兹的航行耗时34天，比正常情况下（大约25天）要慢，这肯定是因为需要保持船队的队形，而且与阿拉伯和波斯的三角帆船相比，郑和船队中最大的船只的机动性较差。[51]郑和想从霍尔木兹这样一个离中国万里之遥的贸易城市得到什么，是一个令人费解的问题。也许，我们不应当完全排除好奇的因素，也不应当只关注明朝对贸易一贯的蔑视，因为中国宫廷对来自“西洋”和其他地方的珍奇货物非常着迷。译员马欢对霍尔木兹印象深刻，对那里的杂耍艺人、杂技演员和街头魔术师，尤其是对能在几根高杆上保持平衡并在空中跳舞的杂技山羊，特别感兴趣。[52]

航行的成功促使大明朝廷一边点算贡品、接待外国使臣，以及指派郑和带着册封的国书和官印回到遥远的水域，一边谋划下一次

---

① 苏木都剌国的译名见《元史》卷二一〇《外夷三》，而《元史》卷二三《武宗本纪》则译作“八昔”，《岭外代答》称之为“波斯”（Pasai），《岛夷志略》中作“须文答腊”“须文答剌”，《瀛涯胜览》中作“苏门答剌”，《明史》卷三二五《外国六》中作“须文达那”。

② 《瀛涯胜览校注·苏门答剌国》，第27页。

航行。1417 年夏天，郑和第五次出航，途经泉州，他留下一块石碑，记录了向天妃上香的经过。他这次在船上携带了大量瓷器，这一点后文会详述。他奉命前往霍尔木兹以外阿拉伯半岛南部海岸一个叫腊萨（Lasa）的城镇，估计那是也门的一个港口。在罗懋登对这次航行的浪漫叙述中，郑和进入未知水域时遇到了很大障碍，不得不用大炮轰击腊萨的城墙，尽管没有其他证据表明发生了这种战事。[53]一个更重要的目的地是也门的拉苏里王国（Rasulid Kingdom），其国都亚丁几个世纪以来一直是通往埃及、东非海岸和印度西部（包括卡利卡特）的海上交通的中心。亚丁在 14 世纪和 15 世纪繁荣发展，这部分归功于开罗和亚历山大港的埃及商人与印度的繁忙贸易，也是因为亚丁拥有出人意料地肥沃的腹地。前文已述，在亚丁很容易获得乳香和没药。而中国人从陆路或“海上丝绸之路”一连串的中间商那里获得这些奢侈品很困难，费用也很高昂，所以如果亚丁能用乳香和没药作为贡品，大明朝廷会很高兴。埃及和叙利亚的马穆鲁克统治者企图将其权力扩张到红海沿岸，而亚丁统治者决心捍卫自己的独立。对亚丁统治者来说，既然郑和可以带着他的大船队一路来到亚丁，那么接受明朝的宗主权，随后向北京派出一系列使团，似乎并不是一个荒谬的想法。[54]马欢认为，亚丁人“性强硬”①，并说亚丁苏丹拥有一支兵多将广、训练有素的军队。亚丁的财富给他留下了深刻印象，如他称之为“猫睛石”② 的大宝

① 《瀛涯胜览校注·阿丹国》，第 55 页。
② 同上。

石，以及妇女佩戴的精美金银丝细工首饰。[55]

不过，郑和的目的并不是直接干预也门的政治。他的船队的目标是非洲。孟加拉国王送来的长颈鹿抵达明朝宫廷，已经让明朝对非洲的丰富物产有所了解。而且在过去的远航中，中国人有很多机会接触到非洲象牙和乌木。郑和的任务之一是到达位于今天索马里的摩加迪沙，这是他的船队到达的第一座非洲城市。中国人很不喜欢这座城市的干旱环境。摩加迪沙缺少木材，所以与中国城镇形成鲜明对比的是，它完全由石头建成，有的建筑物有几层楼高。中国人认为索马里人相当愚蠢，并只对当地物产感兴趣：乳香、龙涎香和野生动物，包括狮子、豹子和斑马。再往南，在卜剌哇（Brava）①，他们看到了更多石屋，并获得没药、骆驼和“驼鸡”（鸵鸟）。到达肯尼亚海岸的马林迪（Malindi）之后，他们获得了非洲象和犀牛，以及备受崇敬的麒麟，即长颈鹿。因此，返回的宝船一定很像满载各种动物的挪亚方舟。[56]

中国人并不是完全不了解非洲。中国人对非洲最早的记载可以上溯到9世纪，其中，就像在关于郑和下西洋的记载中一样，非洲之角被描述为一片干旱的土地，居民被描述为游牧民族，他们从牛的血管中抽取血液，与牛奶混合后饮用，马赛人（Masai）一直以来就是这么做的。到13世纪，中国人已经听说过桑给巴尔。1226年，地理学家赵汝适将桑给巴尔称为“层拔国”，他甚至知道“桑

---

① 即今天索马里的港口城市巴拉韦（Barawa），《长乐山南山寺天妃之神灵应记》《郑和航海图》《星槎胜览》中作“卜剌哇”，《明史》中作“不剌哇”。

给巴尔”这个名字来自“津芝”（Zanj）一词，意思是黑皮肤的人。赵汝适知道尼罗河和亚历山大港（遏根陀）及其宏伟的灯塔，所以他的读者都会明白亚丁是如何与它北面的富庶之地来往的。[57]到了14世纪，埃及人已经成为中国陶瓷和金属制品的重要消费者，以至于埃及人仿制中国青铜器（仿制的效果差强人意），以满足日益增长的国内需求。[58]考古证据表明，也有大量中国瓷器抵达桑给巴尔。赵汝适还考察了桑给巴尔以南的海岸线，知道有一些黑皮肤的“野人”（他倨傲地如此称呼这些居民）被大食（阿拉伯帝国）的奴隶贩子劫走。他猜测这些非洲黑人生活在马达加斯加。不过他错了，因为在此时，马来人和印度尼西亚人仍在向马达加斯加殖民。但他讲述了一种大鸟的故事，它类似辛巴达故事里的大鹏，巨大的翅膀遮天蔽日，体型大到可以将骆驼完整地吞下。[59]在蒙巴萨（Mombasa）以北的海岸线出土的中国钱币告诉我们，早在郑和下西洋之前，非洲就已经是中国商人的目的地。1945年，桑给巴尔的一位农民发现了一批钱币，其中有250枚唐宋钱币，年代为618—1295年。在摩加迪沙发现了6枚永乐年间的钱币，所以它们很有可能是郑和的船队送来的。奔巴岛和桑给巴尔一样，是重要的瓷器贸易中心，在奔巴岛出土了宋代和明代的瓷器。非洲对中国陶器的需求在14世纪有所增长。[60]然而，说中国人对非洲的产品感兴趣，以及在非洲沿海地区发现了中国的钱币，并不等同于说中国商人走得如此之远。中国的铜钱在制造出来（通常是铸造而不是敲打而成的）很久之后仍在流通，所以宋代的钱币可能是在明代到达非洲的。

郑和再次将一批外国使节（包括霍尔木兹的代表）带回明朝宫廷，但他们的回程要等上几年。与此同时，从1419年10月起，41艘宝船被装配完毕，打算于1421年中期的某个时候出发。不过，皇帝对远航失去了兴趣，而把精力集中于新都城北京的建设和针对蒙古人的战争。大约在同一时间，他下令暂停进一步的远航，但他允许1421年这次远航按计划启动。进入"西洋"之后，这些船并没有待在一起。一个叫周满的太监带领部分船只前往亚丁，可大部分船只显然留在了印度，驻扎在卡利卡特。1422年9月，船队返回中国，带来了暹罗、苏木都剌国和亚丁的使节。然而，在北京的建设上花费巨资之后，皇帝已经没有财力为在世界范围内展示中国之辉煌伟大的远航买单了。随后，在1424年，永乐帝又一次派郑和出海，但这次远航的规模比之前的小得多，仅仅走到巨港，巨港很乐意承认明朝的宗主权。郑和递交了任命巨港"宣慰使司"① 负责人的信函和印章，这个官员负责管理那里的大型华人社区。而当郑和回国时，他的恩主永乐帝已经驾崩了。[61]

郑和的航海生涯并未就此完全结束。新皇帝洪熙帝的在位时间只有几个月，他对这些航海项目充满敌意。在登基的当天，他就废除了"下西洋"的计划。一天后，他将郑和的政敌夏原吉从监狱释放出来。夏原吉一直认为远航的费用过高。[62]洪熙帝的继任者，即永乐帝的孙子宣德帝，对郑和也有别的安排，比如，让郑和在南京担任南京守备太监和建造大报恩寺。大报恩寺的琉璃塔被誉为天下第

---

① 《明太宗文皇帝实录》卷五二。

一塔，大报恩寺成为重要的佛教学术机构和南京城的主要寺庙。就这样，可能感到郁郁寡欢的郑和被送去担任建筑项目的负责人，并在虽显赫但在政治上不重要的使命中苦苦挣扎，而他的敌人夏原吉则向皇帝进言，劝皇帝不要发起新的远航。作为户部尚书，夏原吉认为下西洋的开支太大，没有理由浪费那么多资金。不过，夏原吉于1430年2月去世，这使朝廷重新斟酌。宣德帝开始担心帝国的威望受损，因为“诸番国远处海外未有闻知”① 他开创的稳定而成功的统治。为宣德帝的远航而建造的船的名称足以说明他力图宣传的原则：其一是“清和”，其二是“长宁”。②[63]

郑和再次出发，在“西洋”彼岸宣扬明朝的霸主地位，并再次留下碑文，阐述了此次远航的宗旨。其中一块碑位于长江边刘家港的天妃庙内，这座庙是郑和为纪念他的守护神而新建的。另一块碑是船队即将从中国海岸出发时，由距离刘家港400英里的长乐的道长代表郑和竖立的。这两篇碑文的年代是1431年，都显示了这个穆斯林太监多么乐意崇拜其他的神（无论是传统的中国神祇还是佛教神祇），而不是真主：“人能竭忠以事君，则事无不立，尽诚以事神，则祷无不应。”③[64]郑和在碑文中纪念了他过去率领“官兵数万人，海船百余艘”，“奉使诸番”④ 的航行。我们可以举个例子说明数字是多么容易被夸大：郑和提到自己到访了“三千”个国家，而

① 《明宣宗章皇帝实录》卷六七。

② 见祝允明《前闻记》，收入王云五主编《丛书集成初编（2900）》，北京：商务印书馆，1937，第75页：“船号如清和、惠康、长宁、安济、清远之类，又有数序一二等号。”

③ 《西洋番国志》附录二《长乐南山寺天妃之神灵应记》，第54页。

④ 同上，第51页。

现代学者认为他的意图是写“三十”个国家。郑和不反对“番人”之间活跃的贸易，甚至认为自己是其保护者：“海道由是而清宁，番人赖之以安业，皆神之助也。”①[65]不过，第二篇碑文充分阐述了明朝的独特成就（至少碑文是这样说的），认为明朝超越汉唐，囊括了全世界的民众：“际天极地，罔不臣妾。”②[66]他们得到的回报不仅是物质层面的礼物，更重要的是浩荡皇恩。下西洋的物质利益从来都不如道德层面上的利益重要。

主力船队首先前往占婆，然后穿过南海，前往爪哇岛的泗水（Surabaya），这意味着中国人已经到达满者伯夷（Majapahit）王国的中心地带。他们于3月7日抵达，四个多月后才离开爪哇，这说明他们需要修理船只以及进行政治活动。他们接下来访问了苏门答腊岛，在巨港停靠，但在那里仅停留了三天，因为他们之前有足够的时间在爪哇获取补给。8月初，他们到了马六甲，在那里又停留了一个月，然后到了苏木都剌国，在那里停留了大约七个星期。毫无疑问，他们考虑过季风和台风的影响，然而，他们在穿越远海进入印度洋时仍然遭到猛烈风暴的袭击。郑和在两篇碑文中夸张地描述天妃在先前的远航中如何拯救他们。这似乎只是一厢情愿。不过，他们在尼科巴群岛（Nicobar Islands）找到了安全的锚地，并从友好的当地人那里购买了大量椰子。风平浪静之后，他们直奔科钦和卡利卡特，然后前往霍尔木兹。可能有若干分队被派往更远的

---

① 《西洋番国志》附录二《长乐南山寺天妃之神灵应记》，第51页。

② 同上，第53页。

地方，远至亚丁，甚至东非，但郑和自己没有去。来自阿拉伯半岛和索马里的使节在霍尔木兹与郑和的船队会合后，是与郑和一起前往中国的，不过肯定有人奉命来迎接他们。

早先，曾有几艘中国船被派往孟加拉。孟加拉在明朝船队前往印度的航线北面很远的地方，但如前文所述，孟加拉国王与大明朝廷建立了友谊，甚至送了一只长颈鹿给明朝皇帝。幸运的是，上一次去孟加拉的航行的记录者马欢现在也在前往孟加拉的船队中。他对这个国家的丰饶和精美纺织品表示欣赏，然而，对炎热的天气不太满意。费信享受了一场烤牛肉和羊羔肉的盛宴，不过，他对宾客们不饮酒感到有些惊讶，“禁不饮酒，恐乱性而失礼”①。所以他们喝的是蔷薇露和果子露。[67]

但是，最了不起的联系并没有被建立起来。在卡利卡特，中国人发现了一艘开往默伽国，即麦加王国的船（途经红海的吉达港）。一些中国人，包括马欢，被允许上船，并带着大量野生动物回来，奇怪的是，其中一些动物不是阿拉伯的（长颈鹿和鸵鸟，虽然狮子在当时的中东仍然存在）。这些奇妙的动物是他们买来的，而不是别人送的。除了珍奇动物，还有带着贡品的大使到郑和的船队来，至少中国史料是这么说的。马欢也是穆斯林，他称麦加为“天方”，指的是克尔白圣地（克尔白确实是“方块”的意思），他还描述了麦加大清真寺（禁寺）和朝觐的一些仪式。[68]不过，他似乎对伊斯兰教不是非常了解，可他也不像郑和那样与伊斯兰教几无关系。马

① 《星槎胜览》卷四。

欢很少与阿拉伯半岛的穆斯林打交道，但指出他们在宗教上很守规矩，“不敢违犯”①。

1433年7月初，郑和船队回到了刘家港。船上有来自印度洋周边十个国家的使节。宣德年间的正史引用了皇帝本人的话，如果这句话不是出自皇帝之口，恐怕会被认为无礼：“远方之物朕非有爱，但念其尽诚远来，故受之，不足贺也。”②[69]在恢复了明朝的远航之后，宣德帝没有再派人去要求印度洋各民族臣服。郑和回国一两年后就去世了，大约在同一时间，宣德帝也去世了，留下权力真空，因为他的继承人只有八岁。通常被认为喜欢挥霍的太监在宫廷失去了影响力，朝廷对维持海军的兴趣骤减。仍有外国使节带着礼物前来，明朝皇帝从暹罗、爪哇和其他一些地方收到了贡品，却没有再主动派船队去外国收取贡品。[70]中国的目光又一次从大海移走。航海一直是有争议的事情，即使是那些坚信中国于天下之特殊地位的人，也不一定相信远航能带来很多收益。上面引用的皇帝的话很可能是后来的史家杜撰的，他们想在不对皇帝不敬的前提下，对明朝的远航是否明智提出质疑。

现代的中国历史学家喜欢说，郑和的航行与葡萄牙人和西班牙人的航行（在15世纪20年代和30年代刚刚开始）有很大区别：伊比利亚人的航行旨在征服领土，若有需要不惜动武，并将贸易网络置于他们的独家控制之下；而明朝的航行基本上是和平的（铲除

① 《瀛涯胜览校注·天方国》，第69页。
② 《明宣宗章皇帝实录》卷一〇五。

海盗的军事行动除外)，并且旨在彰显国威，而不是建立殖民地。郑和在“架空历史”中被视为潜在的英雄。在有些“架空历史”的故事里，“瓦斯科·达·伽马及其后继者发现一支强大的海军控制着印度洋”；甚至“克里斯托弗·哥伦布在探索加勒比海时可能会遇到中国帆船”。[71]这种将欧洲与中国对比的做法，过度简化了伊比利亚人的远航目标，他们的目标实际上是缓慢变化的。这种观点还淡化了明朝远航的帝国色彩。虽然派中国士兵和水手在外国定居并不在明朝的议程上，但新的贸易城市马六甲建有华人聚居区，并且明朝向爪哇和苏门答腊的大量华人商贾提供支持。在巨港的华人是由一位“宣慰使”① 管理的，他管辖的显然不只是华人。皇帝也期望、要求并得到了外邦对其优越地位的承认。然而，这是有代价的，因为带回的贡品并不能抵偿远航的装备费用，也不能抵偿皇帝向位于南海、印度、阿拉伯半岛和非洲的藩属慷慨赠予的礼物的成本。不过，尽管郑和下西洋的船比人们通常认为的数量要少、尺寸要小，但对于一支对印度洋几乎一无所知的舰队来说，这些航行仍然是令人肃然起敬的技术成就。

注　释

1. Wang Yi-T'ung, *Official Relations between China and Japan 1368 - 1549*

---

①《明太宗文皇帝实录》卷五二。

（Cambridge, Mass., 1953）, pp. 22–4; Shih-Shan Henry Tsai, *Perpetual Happiness: The Ming Emperor Yongle*（Seattle, 2001）, pp. 193–6.

2. E. Dreyer, *Zheng He: China and the Oceans in the Early Ming Dynasty, 1405–1433*（New York, 2007）, p. 25.

3. Ibid., p. 220; cf. L. Levathes, *When China Ruled the Seas: The Treasure Fleet of the Dragon Throne, 1405–33*（New York, 1994）, p. 82; 原文见［明］罗懋登《三宝太监西洋记》，北京：华夏出版社，1995；很感谢常娜为我提供这些细节。

4. Dreyer, *Zheng He*, p. 126.

5. Ibid., pp. 99, 181; T. Brook, *The Troubled Empire: China in the Yuan and Ming Dynasties*（Cambridge, Mass., 2010）, pp. 93–4; 张侃：《郑和 VS 哥伦布》，香港：三联书店，2005，再次感谢常娜；J. Needham, *Science and Civilization in China*, vol 1: *Introductory Orientations*（Cambridge, 1954）; 关于李约瑟，有一部对他赞誉有加但哗众取宠的传记：S. Winchester, *Bomb, Book and Compass: Joseph Needham and the Great Secrets of China*（London, 2008; US edition: *The Man Who Loved China*, New York, 2008）。

6. G. Menzies, *1421: The Year China Discovered the World*（London, 2004）; G. Menzies, *1434: The Year a Magnificent Chinese Fleet Sailed to Italy and Ignited the Renaissance*（London, 2008）; J. Needham and C. Ronan, *The Shorter Science and Civilization in China*（Cambridge, 1986）, vol. 3, pp. 152–9.

7. B. Olshin, *The Mysteries of the Marco Polo Maps*（Chicago, 2014）.

8. Wang Gungwu, 'The Opening of Relations between China and Malacca, 1403–05', in L. Suryadinata, *Admiral Zheng He and Southeast Asia*（Singapore, 2005）; Tan Ta Sen, *Cheng Ho and Malacca*（Melaka and Singapore, 2005）.

9. Dreyer, *Zheng He*, p. 160

10. Tsai, *Perpetual Happiness*, pp. 178–86.

11. Ibid., pp. 187–93.

12. Ibid., p. 80.

13. C. Clunas and J. Harrison-Hall, eds., *Ming: 50 Years That Changed China* (London, 2014).

14. Tsai, *Perpetual Happiness*, p. 71; 关于洪武帝，见 Dreyer, *Zheng He*, pp. 17–20。

15. Dreyer, *Zheng He*, p. 182.

16. Ibid., pp. 147, 157–9, 162–3（霍加狓）, 182（长颈鹿）, 192（长颈鹿）; T. Filesi, *China and Africa in the Middle Ages*（London, 1972）, pp. 29–30, 80 n. 99, and plate 6（长颈鹿）。

17. Ma Huan, *Ying-Yai Sheng-Lan, The Overall Survey of the Ocean's Shores [1433]*, transl. J. V. G. Mills (Cambridge, 1970); Fei Hsin, *Hsing-Ch'a Sheng-Lan: The Overall Survey of the Star Raft*, transl. J. V. G. Mills and R. Ptak (Wiesbaden, 1996).

18. Ma Huan, *Ying-Yai Sheng-Lan*, pp. 34, 36; Fei Hsin, *Hsing-Ch'a Sheng-Lan*, pp. 81–97，包括柬埔寨、琉球，等等。

19. O. W. Wolters, *The Fall of Śrivijaya in Malay History*（London, 1970）, p. 155.

20. 引自清朝官修的《明史》，转引自 Dreyer, *Zheng He*, p. 180。

21. Wolters, *Fall of Śrivijaya*, p. 156.

22. Tan Ta Sen, *Cheng Ho and Islam in Southeast Asia* (Singapore, 2009); Dreyer, *Zheng He*, pp. 68–9.

23. Dreyer, *Zheng He*, pp. 11–12; Levathes, *When China Ruled the Seas*, pp. 61–3.

24. Dreyer, *Zheng He*, p. 50.

25. Ibid., pp. 52, 148–9, and p. 191, doc. ii; Levathes, *When China Ruled the*

Seas, pp. 89–92.

26. Dreyer, *Zheng He*, pp. 18–19, 23.

27. Fei Hsin, *Hsing-Ch'a Sheng-Lan*, p. 33: '27000 government troops'; 见马六甲迷人的郑和文化馆中对船舱的复原; cf. Dreyer, *Zheng He*, p. 105。

28. Henry Yule and Henri Cordier, transl. and eds., *The Travels of Marco Polo: The Complete Yule-Cordier Edition* (3 vols. bound as 2, New York, 1993), vol. 2, pp. 249–53; Dreyer, *Zheng He*, p. 109.

29. Dreyer, *Zheng He*, pp. 102–3, 113, 116.

30. Ibid., pp. 116–21.

31. David Abulafia, *The Great Sea: A Human History of the Mediterranean* (London, 2011), p. 156; Dreyer, *Zheng He*, p. 112, 尺寸表。

32. S. Church, 'Zheng He: An Investigation into the Plausibility of 450-ft Treasure Ships', *Monumenta Serica*, vol. 53 (2005), pp. 1–43.

33. Levathes, *When China Ruled the Seas*, pp. 96–100, 其中 p. 100 有来自《明太宗文皇帝实录》的引文。

34. Ma Huan, *Ying-Yai Sheng-Lan*, pp. 137–40 (see p. 138 n. 9); Fei Hsin, *Hsing-Ch'a Sheng-Lan*, p. 67; Levathes, *When China Ruled the Seas*, pp. 100–101; 关于马欢，见 J. L. L. Duyvendak, *Ma Huan Re-Examined* (Verhandelingen der Koninklijke akademie van wetenschappen te Amsterdam. Afdeeling letterkunde. Nieuwe reeks, deel XXXII, no. 2, Amsterdam, 1933); 另见米尔斯（Mills）对马欢的介绍, *Ying-Yai Sheng-Lan*, pp. 34–66。

35. Wolters, *Fall of Śrivijaya*, p. 74.

36. Fei Hsin, *Hsing-Ch'a Sheng-Lan*, p. 53;《明太宗文皇帝实录》, 见 Dreyer, *Zheng He*, p. 55; Levathes, *When China Ruled the Seas*, p. 102; also Wolters, *Fall of Ś rivijaya*, pp. 73–4。

37. 1431年刘家港天妃宫石刻，见 Dreyer，*Zheng He*，Appendix ii，p. 192；1431年长乐南山寺石刻，见 ibid.，Appendix iii，pp. 195－6；Levathes，*When China Ruled the Seas*，p. 103。

38. Yule and Cordier，transl. and eds.，*Travels of Marco Polo*，vol. 1，pp. 423–30.

39. 马六甲：Fei Hsin，*Hsing-Ch'a Sheng-Lan*，pp. 55。

40. Dreyer，*Zheng He*，pp. 62–5.

41. 《明太宗文皇帝实录》，见 ibid.，pp. 67–8；Fei Hsin，*Hsing-Ch'a Sheng-Lan*，pp. 64–5。

42. Levathes，*When China Ruled the Seas*，p. 116.

43. Ibid.，pp. 116–17.

44. Text in Levathes，*When China Ruled the Seas*，p. 113.

45. Dreyer，*Zheng He*，pp. 68–9，71.

46. Text translated by Chu Hung-lam and J. Geiss in Levathes，*When China Ruled the Seas*，pp. 218–19 n. 108.

47. Wolters，*Fall of Śrivijaya*，p. 157.

48. Fei Hsin，*Hsing-Ch'a Sheng-Lan*，pp. 53–5.

49. Tan，*Cheng Ho and Malacca*；Dreyer，*Zheng He*，pp. 77，79–81.

50. 关于马尔代夫群岛和拉克沙群岛，见 Ma Huan，*Ying-Yai Sheng-Lan*，pp. 146–51；关于霍尔木兹，见 ibid.，pp. 165–72。

51. Dreyer，*Zheng He*，p. 78.

52. Ma Huan，*Ying-Yai Sheng-Lan*，p. 168；also Fei Hsin，*Hsing-Ch'a Sheng-Lan*，pp. 70–72.

53. Dreyer，*Zheng He*，pp. 84，86.

54. N. A. al-Shamrookh，*The Commerce and Trade of the Rasulids in the Yemen, 630–858/1231–1454*（Kuwait，1996）；Dreyer，*Zheng He*，p. 87.

55. Ma Huan, *Ying-Yai Sheng-Lan*, pp. 154–9; also Fei Hsin, *Hsing-Ch'a Sheng-Lan*, pp. 98–9.

56. Dreyer, *Zheng He*, pp. 88–90; Filesi, *China and Africa*, pp. 60–61; Fei Hsin, *Hsing-Ch'a Sheng-Lan*, pp. 101–2.

57. Filesi, *China and Africa*, pp. 18–20.

58. G. T. Scanlon, 'Egypt and China: Trade and Imitation', in D. S. Richards, ed., *Islam and the Trade of Asia: A Colloquium* (Oxford, 1970), pp. 81–96; also N. Chittick, 'East African Trade with the Orient', ibid., pp. 97–104.

59. Filesi, *China and Africa*, p. 21.

60. Ibid., pp. 42–5; also plates 8–10 and 14.

61. Dreyer, *Zheng He*, pp. 91–7.

62. Ibid., p. 137.

63. Ibid., p. 144; Levathes, *When China Ruled the Seas*, pp. 162, 169.

64. 1431 年长乐南山寺石刻，见 Dreyer, *Zheng He*, Appendix iii, p. 197。

65. 1431 年刘家港天妃宫石刻，见 ibid., Appendix ii, p. 192。

66. 1431 年长乐南山寺石刻，见 ibid., Appendix iii, p. 195; Levathes, *When China Ruled the Seas*, p. 170。

67. Ma Huan, *Ying-Yai Sheng-Lan*, pp. 159–65; Fei Hsin, *Hsing-Ch'a Sheng-Lan*, pp. 73–7; Dreyer, *Zheng He*, pp. 152–8 认为 1431 年对一次海上风暴的描述反映的是 1432 年的经历，这无法令人信服。

68. Ma Huan, *Ying-Yai Sheng-Lan*, pp. 173–8; cf. Fei Hsin, *Hsing-Ch'a Sheng-Lan*, pp. 104–5.

69. 引自《明宣宗章皇帝实录》，见 Dreyer, *Zheng He*, pp. 162–3。

70. Levathes, *When China Ruled the Seas*, pp. 173–4.

71. Dreyer, *Zheng He*, p. 185; also Zheng, *Zheng He* vs. *Ge Lun-bu*.

第十四章

狮子、鹿和猎狗

※ 一

各式商品通过巨大的贸易与朝贡网络，被输送到通往中国和印度洋，以及通往红海和地中海的路线上。在这个网络的中心，有一个马可·波罗所谓的“世界最大之岛”，周长3000英里，由一位伟大的国王统治，号称“不纳贡他国”。这就是大爪哇。那里居住着“崇拜偶像的人”，“甚富，出产黑胡椒、肉豆蔻、高良姜、荜澄茄、丁香和其他种种香料”。大批的船来到这里。在这里从事贸易的商人，包括许多来自泉州和中国南方其他城市的商人，获得了丰厚的利润。但实际上，从马可·波罗对大爪哇规模的夸大可以看出，他混淆了真正的爪哇（小爪哇）和想象中的位于南方的巨大而富庶的陆地（大爪哇）。[1]在现代文献中，爪哇通常被归入因出产优质香料而闻名的庞大的东印度群岛，那里出产的部分香料最终到了威尼斯和布鲁日的餐桌上。真相比这复杂得多，也有趣得多，特别值得注意的是，这一真相有助于解释海洋国家三佛齐的衰亡，以及

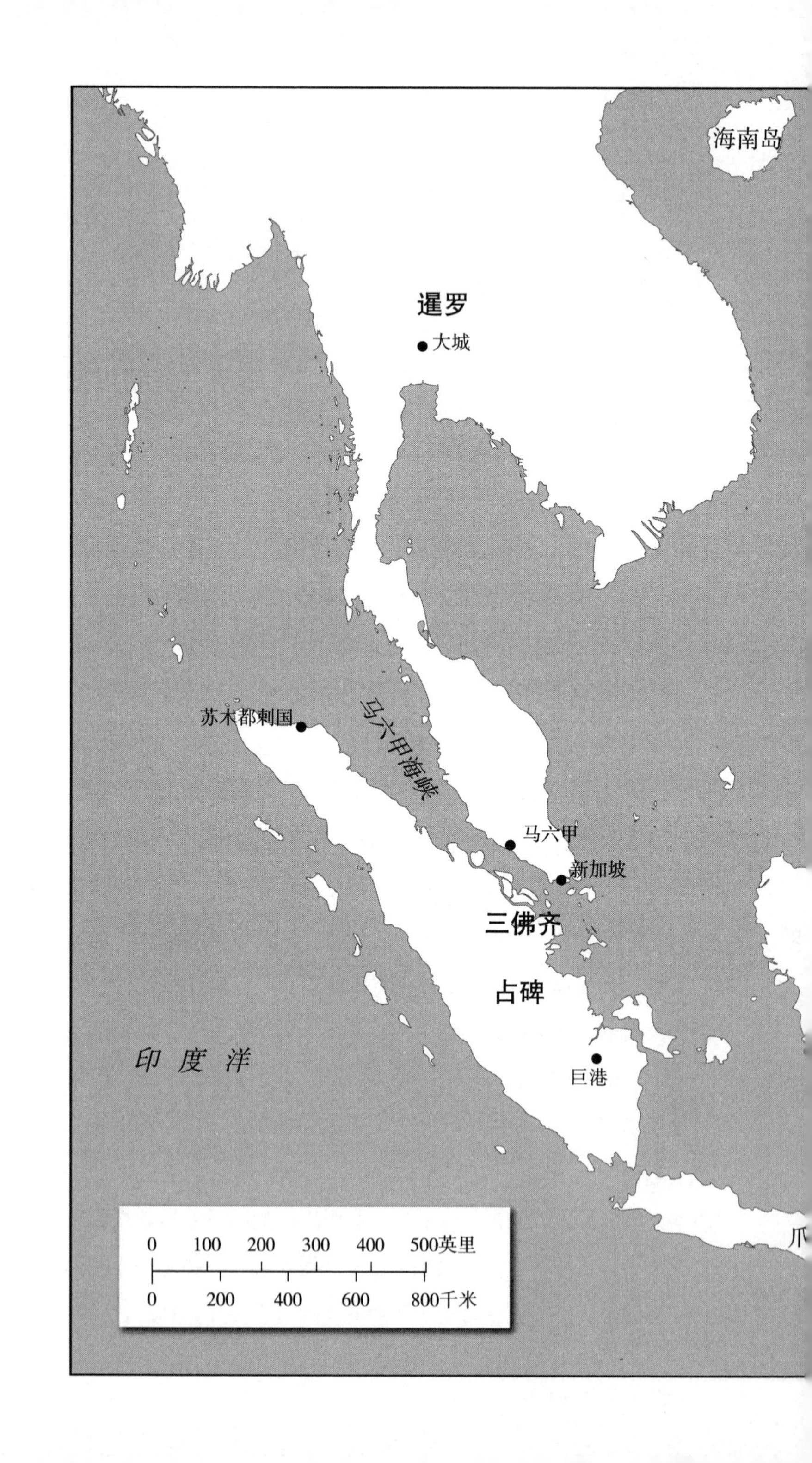
海南岛
暹罗
大城
苏木都剌国
马六甲海峡
马六甲
新加坡
三佛齐
占碑
巨港
印度洋
0 100 200 300 400 500英里
0 200 400 600 800千米
爪

太 平 洋
南 海
罗洲
伊里安岛
苏拉威西岛
哇 海
伯夷
巴厘岛

新加坡和马六甲作为印度洋和南海之间重要联络点的崛起。爪哇的成功是建立在它与三佛齐的竞争之上的。这两个王国的统治者和商人，都致力于向北方的中国人、西方的印度人以及更遥远的鲜为人知的民族提供高级香料。起初，三佛齐比爪哇强大。1016年，三佛齐人派出舰队攻打爪哇，取得了辉煌的胜利。这不是一场争夺土地的战斗，而是为了争夺横跨南海的贸易路线，以及争夺许多承认三佛齐或爪哇王公为更高权威的臣属城镇。

无论巨港的成功在三佛齐的贸易全盛时期有多大意义，到三佛齐战胜爪哇人的时候，它的光辉岁月就即将落幕了。原因之一是，三佛齐的成功使其不仅受到爪哇人的嫉妒，而且受到更西边的一位南印度统治者的关注。他的臣民通过在苏门答腊的活跃贸易，以及印尼人在讲泰米尔语的朱罗王朝（Cōḷa或Chola）的繁忙贸易，对苏门答腊有所了解。朱罗王朝的势力范围很广，在克拉地峡（连接马来半岛和亚洲大陆的狭长地带）出土了可追溯到10世纪和11世纪的朱罗王朝风格的文物。1025年，朱罗王朝国王对三佛齐发起了猛烈的攻击，彻底地摧残了三佛齐的贸易。马六甲海峡以外的三佛齐基地也遭到攻击。在朱罗王朝入侵之后，尽管土地没有被永久占领，但三佛齐再也不能指望其在苏门答腊北部和马来半岛西部的藩属。[2]此外，不知出于何种原因，三佛齐人将其都城从巨港迁移到另一座城市占碑。占碑利用其靠近马六甲海峡的位置优势，成为一个新的贸易中心，即便它距离河流入海口也有一段距离（在滨海城市经常经历突袭和反突袭的时代，把都城建在距离海岸较远的地方是有道理的）。中国文献继续提到三佛齐，而且仍然有中国商人到访占碑和巨港，但三佛齐王国的领导地位已经被其竞争对手夺走。尽管如此，三佛齐的王公竭力促进与中国的友好关系，在1137年、1156年和1178年向宋朝皇帝进贡。同时，三佛齐人还要求广州海关将乳香的关税从40%降至10%，这表明来自东南亚的芳香剂的流通仍然部分由占碑控制。1156年，一个三佛齐人被邀请担任广州外商社区的官方负责人，有五个中国助手在他手下工作。[3]

宋朝的贸易自由化有利于百花齐放：那时，中国人和东南亚人都与三佛齐竞争，争夺在海路上的主导地位。从中受益的是以前生活在三佛齐阴影下的许多小国君主，特别是苏门答腊岛毗邻印度洋那一端的苏木都剌国的统治者。前文已述，郑和与苏木都剌的关系有时很紧张。据传说，苏木都剌的第一位统治者在为新城市苏木都剌选址时，目睹他的一只猎狗遭到一头鼷鹿袭击，这被认为是吉兆。不过，关于其他一些新城市（特别是马六甲）的选址也有类似的传说。这些传说中出现了鹿、狮子和可能是红毛猩猩的动物。

苏木都剌国建立于13世纪末，由两个部分组成，一个是海岸的港口，另一个是距离海岸有一段距离的都城八昔（Pasai）。苏木都剌国是在一个曾经隶属巨港的地区发展起来的。不过，在越来越宏伟的苏木都剌宫廷举行的精心设计的宫廷仪式，展现了苏木都剌统治者对苏门答腊内地臣属部落的统治权。这同时是为了表明，苏木都剌国的苏丹可以与东南亚其他可能想吞并他的土地的小国君主匹敌。据《马来纪年》的记载，八昔的首相建造了一艘船，购买了“阿拉伯商品”，穿上了阿拉伯服装，“当时所有苏木都剌人都会说阿拉伯话”①，并前往另一个王国执行秘密任务。这说明八昔与印度洋另一端的土地的关系非常密切。[4]八昔的统治者可能在1300年已经皈依伊斯兰教，不过没有证据表明他的臣民也皈依了。

苏木都剌国是船只深入香料群岛途中的中转站，但它也提供产自其腹地的胡椒，还从南海周边地区收购其他香料供转卖。它的位置使它正好可以为通过马六甲海峡或绕过苏门答腊南岸的船提供基本物资。苏木都剌国财富的来源既包括出售作为奢侈品的香料，也包括为水手和乘客提供大米、其他谷物以及淡水。[5]

※ 二

三佛齐和苏木都剌国都有很多对手。14世纪中叶，在曼谷附近的内陆地区出现了一座重要的城市——大城（阿瑜陀耶，Ayutthaya或Ayudhya），由暹罗国王在1350年前后正式建立。在四个多世纪里，作为暹罗的都城，它不仅是政治首都，也是伟大的贸易中心，且易守难攻，因为它坐落于河流群中，从那里能够通往海洋，但来自海上的袭掠者很难进入。通往大城的迷宫式水道本身就很危险。16世纪中叶，葡萄牙诗人卡蒙斯（Camões）乘坐的船在船长试图向大城前进时误入歧途。随后，船搁浅并解体，卡蒙斯很幸运地靠着一些漂流木逃脱，据说他漂流时一直抓着《卢济塔尼

① 译文借用〔马来亚〕敦·斯利·拉囊《马来纪年》，黄元焕译，上海：学林书局，2004，第71页。略有改动。

亚人之歌》（*Lusiads*）的手稿。[6]大城所处的洪泛平原在最近几个世纪才从海中升起，所以当河流泛滥时，大城周围的地区就会被完全淹没。但这正是稻田所需要的，庄稼的顶部一直高于洪水的水平面，农夫可以方便地从船上收割谷物。周围的村民住在高脚屋里，在水位上升时他们也很安全。

大城并不完全是新建的。在这座城市建立的四分之一个世纪之前，一尊巨大的金佛被立在该地，以感谢暹罗对华贸易给该地区带来的繁荣。就像它的邻居们一样，大城的建立很快就成了传说的题材。在传说的一个版本中，在乌通（U Thong）王子建城之前，佛祖曾亲自来到这里。乌通展现了自己吃铁的本领，并说自己是一只著名蚂蚁的转世。这只蚂蚁生活在佛祖的时代，曾因搬运一粒米而受到佛祖的赞扬，因为这是蚂蚁能够做到的全部，而如果是一匹马搬运一粒米，则不值一提，因为马根本无须费力。在另一个由荷兰访客记载的版本中，大城是乌通王子创建的，他其实是中国人，在勾引了廷臣的妻子后，在国内声名狼藉。他来到暹罗，据说还在那里建立了曼谷，当时的曼谷是大城下游的一个相当小的定居点。他在发现这个地方（也就是后来的大城的所在地）十分宏伟却空无一物时，感到非常困惑。这里为什么空荡荡的？他得知，有一条巨龙生活在沼泽地里，喷吐着有毒的气体；此地一个早期定居点的所有居民都被毒气熏死了。不用多说，接下来乌通斩杀恶龙，排干了沼泽地的水，在那里建立了自己的城市。[7]

大城是与中国的杭州、泉州和广州这些官员和商人云集的大港口完全不同的城市。大城的面积很大，但也出人意料地空旷：城市的周长有11公里。大城的大部分是神庙与亭子，有几条街的商户，然后就是大片的空地，依旧沼泽遍布。[8]大城是政府所在地，也是14世纪暹罗统治者将其统治向东西两面扩张的基地。暹罗向东一直扩张到吴哥，因为此时伟大的高棉文明已经陷入困境。暹罗国王热衷于向周围的世界展示他们是主人，希望那些与他们做生意的人，如日本以南的琉球群岛的居民，能向暹罗纳贡。像该地区的许多统治者一样，暹罗国王对贸易进行了严密的控制，对最受欢迎的物品，如胡椒和苏木实行垄断。到了17世纪，当荷兰人在大城活动时，暹罗正在大量出口象牙：六十年间，荷兰人向日本人出售了5.3万磅暹罗象牙，运往中国台湾的数量也差不多。一种新奇的香水是用泰国的“沉香木”制成的，沉香木是一种从腐烂的芦荟木上刮下来的东西。暹罗的另一种极受欢迎的出口产品犀角是一味中药。荷兰人还买走了数百万张鹿皮。虎皮和鲨鱼皮在暹罗对外贸易中也占有一席之地。[9]

用荷兰资本大量注入暹罗的时期的证据来说明较早时期暹罗的情况可能不妥，但暹罗与中国有密切联系可不只是传说。暹罗缺乏自己的航海传统，暹罗国王很愿意雇用中国商人和水手，所以“暹罗船”实际上并不是由暹罗水手驾驶的。中国人乐意为暹罗服务，这很容易解释。因为大明朝廷禁止自己的臣民进行海外贸易，所以希望从事海外贸易的中国人就会在远离家乡的定居点生活，远离大明朝廷的日常管控。因此，在暹罗有很多中国商人，在暹罗的邻国更是如此。[10]在14世纪70年代，暹罗国王向中国派遣了几个使团，满载着珍奇的礼物，如六脚龟和大象。暹罗国王这么做不仅是出于对明朝之强大的敬畏，也不仅是因为明朝皇帝承认他是合法国王能给他带来荣耀；他也出于自己的商业本能，希望收到丝绸和精美的陶瓷，以及他的使团在回家路上可以在广州市场买到的大量理想的商品。其中一些用以转卖给私贸商，获取丰厚的利润。在 14 世纪的最后几年和 15 世纪的前半期，暹罗年复一年地派出使团，只有少数年份例外。当 15 世纪初，太监郑和指挥的大型中国船队出现在南海时，暹罗与中国的联系进一步加强。[11]

在 1767 年被缅甸人洗劫之前，大城一直是暹罗的权力中心和南海贸易的一个中心。虽然文献倾向于记录异域商品在中国和太平洋西部其他地区之间的来回运送，但大城的另一个优势在于本地资源，尤其是大米。暹罗船只（在这个时期不是由中国水手操作）将大米运往马来半岛和中南半岛的海岸。这也有助于将大城纳入海路网络，该网络在一个方向延伸到马六甲海峡，在另一个方向延伸到东印度群岛，再向北延伸到中国南部，甚至更远的冲绳和日本。

※ 三

无论三佛齐王国的都城是在巨港还是在占碑，爪哇始终是三佛齐的竞争对手。1275 年，爪哇东部的信诃沙里（Singhasari）王国的统治者派兵攻打占碑，将其洗劫一空。[12]同时，蒙古人击败南宋后，开始对东南亚的这些小国产生兴趣。蒙古人并没有等待这些国家的王公主动来称臣纳贡。蒙古人在 1292 年对爪哇岛发动渡海远征之前，就已经向苏木都剌等国的统治者下令，要求他们进贡。劫后重建的占碑在1281—1301年主动向元朝皇帝派遣了三个使团，而不是等待蒙古人命令他们进贡。但如果三佛齐人希望获得大元朝廷的青睐，那么并没有证据表明他们成功了，因为蒙古人与三佛齐人不同，他们对贸易不是那么感兴趣，而主要对宣扬蒙古大汗的普遍权威感兴趣。蒙古人的统治并没有给占碑、苏木都剌或南海内缘的其他城镇带来明显的好处。[13]对三佛齐来说，另一个强有力的威胁是暹罗，那里的泰族统治者通过陆路和海路将其影响力向南扩张到本章稍后会详谈的一个岛：淡马锡（Temasek），它很快就会被称为新加坡。根据苏门答腊的一个传说，一支由反叛的三佛齐王子带领的暹罗军队洗劫了占碑。苏门答腊的编年史家则赞扬了苏木都剌的各港口在击退暹罗人进攻方面的努力。所有这些混乱的情况表明，那里的海盗活动很猖獗，而且三佛齐的政治网络四分五裂。据14世纪初的中国作家汪大渊说，当时的马六甲海峡特别危险。[14]因此，将香料运到印度洋并不是一件容易的事情，而苏木都剌国苏丹的权威在运送香料方面发挥了一些作用。从长远来看，解决方案必须是在马六甲海峡建立一个控制中心。

爪哇王公是所有这些混乱的受益者。爪哇的满者伯夷王国建立于13世纪，大约与苏木都剌国同时建立。苏木都剌国的成功令人印象深刻，但其基础是对本地区域的控制，而满者伯夷试图复制三佛齐的贸易帝国。在满者伯夷的巅峰时期，它的附庸网络一直延伸到新加坡。[15]满者伯夷统治者尊崇印度教和佛教，喜欢把自己描绘成半神，让臣民对他们满怀敬畏。但他们也非常务实：他们没有受到儒家对贸易的厌恶态度的影响，而是热衷于促进贸易发展，从而供养自已，并为雄心勃勃的建筑项目买单。虽然婆罗浮屠的大型佛教建筑群建于公元800年前后，几个世纪后被废弃在丛林中，但满者伯夷王室对大规模建设的热情并没有消退，尤其是在爪哇东部。[16]港口、市场和道路是满者伯夷王国的命脉，以至于15世纪的一部爪哇史诗颂扬了靠近王宫的一组十字路口的神圣性。[17]在满者伯夷王国现存的文献中，有一份年代为1358年的“漳沽渡口特许证”（Canggu Ferry Charter）。这是王室向某人授予特权的法令，刻在金属板上；它为那些沿布兰塔斯河（River Brantas）运货到漳沽镇的人提供保护。在马欢关于郑和到访爪哇的叙述中，漳沽镇作为一个值得注意的地方被特别提到。通过这项法令，王室将漳沽镇的渡船船夫从他们之前依附的贵族领主手下分离出来，置于王室的直接保护之下。当然，王室希望获得这些渡船船夫从沿海地区运往国王宫殿的货物。[18]爪哇的道路与河流网络是满者伯夷王国成功的关键。大米被从内陆运到海港，装船，然后运到其他港口，这些港口通常是在爪哇岛以外，在香料群岛的最东边，如苏拉威西岛（Sulawesi）、巴厘岛（Bali）和伊里安岛（Irian）①。在那些地方，大米被用来交换胡椒、丁香和其他异国产品，这些产品被运回马可·波罗称为“大爪哇”的地方，并在其北岸的港口销售。换句话说，满者伯夷王国的商业体系非常完整。统治者也很清楚其中的好处：铭刻在金属板上的其他一些王家特许证提到应向王室缴纳税款，而王室在商业活动

① 伊里安岛即新几内亚岛（New Guinea），在今天，其西部属于印度尼西亚，东部属于独立的巴布亚新几内亚。

中的利益甚至包括一座养鱼场的部分所有权。[19]

满者伯夷王国当时很富裕。在14世纪的大部分时间里，它也相当稳定。与中国一样，满者伯夷的成功有赖于将各地区的权力下放给当地贵族，他们通常是宗室成员。但是，当郑和在第一次和第二次下西洋期间到访爪哇岛时，满者伯夷内部的紧张关系是显而易见的。15世纪初，满者伯夷国王哈扬·武鲁克（Hayam Wuruk，卒于1389年）将国土分给自己的一个儿子和一个侄子。后来，这对堂兄弟之间爆发了内战，导致数百名中国商人丧生。郑和在第一次下西洋期间没有试图干预这场冲突，尽管他提及其中一位国王对明朝皇帝无礼。[20]在两位爪哇国王中的一位被另一位俘虏并斩首后，永乐帝向胜利者索要6万两黄金作为赔偿。①[21]这位国王根本拿不出这么多黄金。

在满者伯夷的沿海地区，商人群体趁爆发王位争夺战的时机来夺回对自己事务的掌管权。各城镇脱离中央政府的速度越快，高度依赖贸易的王室收入的缩水就越严重。当地方贵族也利用政局的混乱来宣称自己的独立性时，王室的麻烦就更大了。地方贵族有时与城镇合作，向它们保证至关重要的粮食供应，以换取它们的帮助去

---

① 见《明太宗文皇帝实录》卷五二："爪哇国西王都马板遣使亚烈加恩等来朝谢罪。先是，爪哇西王与东王相攻杀，遂灭东王。时朝廷遣使往诸番国，经过东王所治，官军登岸市易，为西王所杀者一百七十人。西王闻之惧，至是遣人谢罪。上遣使赍敕谕都马板曰：'尔居南海，能修职贡，使者往来，以礼迎送，朕尝嘉之。尔比与东王构兵，而累及朝廷所遣使百七十余人皆杀，此何辜也。且尔与东王，均受朝廷封爵，乃逞贪忿擅灭之而据其地，违天逆命，有大于此乎？方将兴师致讨，而遣亚烈加恩等诣阙请罪。朕以尔能悔过，姑止兵不进，但念百七十人者死于无辜，岂可已也。即输黄金六万两，偿死者之命且赎尔罪，庶几可保尔土地人民。不然问罪之师终不可已，安南之事可鉴矣。'"

对付竞争对手。但港口城市也经常对贵族发动战争，以占据种植水稻所需的土地。[22]这一切意味着，爪哇的短暂强盛在15世纪初就已结束。由于伊斯兰教在印度尼西亚的传播，半神般的国王的权威被进一步削弱。随着混乱的加剧，大明朝廷开始考虑如何确保南海的和平。维持南海稳定，也许是郑和下西洋的目标之一，特别是这能够解释大明朝廷与新城市马六甲的密切联系。不过，在研究马六甲的迅速崛起之前，我们有必要研究一下它在新加坡的前身。考古发现让我们能够了解马六甲的前身，使我们对“海上丝绸之路”的认识发生变化。

※ 四

福康宁山（Fort Canning Hill）是位于新加坡殖民地时代老城区中心的一座小山，高于所谓老新加坡的建筑——亚美尼亚教堂、犹太会堂、莱佛士酒店，以及曾经将新加坡岛的这一部分与大海相连的小溪和河流的遗迹。从福康宁山的小径，我们可以看到对面的巨型写字楼和酒店群，它们勾勒出新加坡新城区的天际线。新城区位于填海得来的土地旁边。这座城市的历史通常被认为始于19世纪初，当时斯坦福·莱佛士爵士（Sir Stamford Raffles）从一份候选名单中选择了这里作为英国贸易站的所在地，以控制马六甲海峡的入口。不过，他选择这里的原因并不仅仅是它的地理位置很便利。他对东南亚历史有浓厚的兴趣，这里曾是一座贸易城市的事实令他着迷，尽管中世纪的新加坡已无迹可寻。[23]莱佛士找到了一本关于马来半岛早期历史的最重要的编年史《马来纪年》（*Sějarah Mělayu*），其书名更准确的译法应当是《马来王谱》。这部编年史记载了关于建立新加坡和马六甲的传说，将事实和幻想交织在一起，颂扬那个建造了这两座城市的王朝。自马来西亚独立以后，《马来纪年》一直是一部关键文献，有些马来西亚人运用它来支持马来西亚的身份认同主要是马来的（而不是印度或中国的）这一主张，并强调伊斯兰教在马来西亚历史上的特殊地位。《马来纪年》的一个不变的主题是，足智多谋的马来人如何战胜他们在爪哇和暹罗的对手，甚至还有远在中国的对手。虽然现有的《马来纪年》文本形成于 17 世纪初，但它包含了大量更早的材料，可以追溯到几个世纪以前。如果我们相信该书的说法，其中的历史甚至可以上溯超过一千年。[24]

根据《马来纪年》，马六甲后来的统治者的合法性可以直接追溯到亚历山大大帝，他以“罗马国王，名叫亚历山大，封号为‘双角’，在马其顿立国。他是达腊甫王的儿子”① 的形象出现。[25]这个所谓的“史实”体现了中世纪末期印度和伊斯兰教对马来半岛强有力的文化影响。渐渐地，该地区的历史变得清晰可见。《马来纪年》的作者讲述了一位叫苏腊安（Rajah Chulan）的印度王公如何决定进攻中国，因为“所有天竺和身毒的国家都向他称臣……从东方到西方各国国王，都被他征服”②。不过，臣服于苏腊安王的“各国国王”不包括中国统治者。在《马来纪年》中，中国统治者不是

① 译文借用《马来纪年》，第 20 页。
② 同上，第 25 页。

作为一位皇帝，而是作为一个假装自己是“大地之主”的弱者出现的。但他知道，如果苏腊安王的陆海军到达中国，“中国恐怕要生灵涂炭，玉石俱焚”①。中国人的军事力量不如苏腊安王的强大，所以他们不得不依靠诡计。当苏腊安王到达淡马锡（后来被称为新加坡）的时候，一艘中国船来迎接他。令印度人惊讶的是，船上有一群非常老迈的船员，而且船上有一些果树。这些中国人说，他们在十二岁时就登上了这艘船，当时这些树还只是种子而已。从中国航行到马六甲海峡竟需要这么长的时间！苏腊安王思考了这个问题，认为“中国是太遥远了。我们何年何月方能到达那里呢?”②于是，他决定放弃向中国进军，转而探索海洋。他制造了一艘玻璃潜水艇，乘坐它到访了一些水下城市，并在一位海底君王的宫廷受到了隆重的接待。两位国王成了好朋友，海底君王要把他的女儿嫁给苏腊安王。他们喜结连理，在海底生活了三年，生了三个儿子。然后，为了确保他在陆地上的王国继续由他的王朝统治，苏腊安王决定抛下悲痛万分的海底亲人。一匹长着翅膀的骏马把他驮出了大海。一回到家，他又娶了一位来自印度斯坦的妻子。[26]

这个寓言确实有一些出乎意料的历史价值。至少我们可以从这个故事和同一本书的其他故事中知道，大海让马来人着迷。更具体地说，苏腊安王被认为是马来人对 1126 年攻打三佛齐的那位朱罗王朝国王的遥远记忆。苏腊安王的传说不仅提到了新加坡所在的地

---

① 译文借用《马来纪年》，第 29 页。

② 同上。

点，而且紧接着又讲了一个关于三佛齐的旧都巨港的故事："以前它是一座非常伟大的城市，在整个安达拉斯［苏门答腊］都找不到这样的城市。"在海底出生的三位王子被巨港的统治者收养，都成为王公。其中最年轻的王公得到从海面泡沫中浮出的神奇生物的祝福，给自己取名为斯利·特里布亚那（Sri Tri Buana），这个名字具有强烈的佛教色彩，在梵文中意为"三界之主"。他在巨港居住，那里的统治者让位给他。[27]但有一天，斯利·特里布亚那表示："我想找个好地方来建立都城，不知有何高见?"① 然后，他带着一支庞大的海军出发了：

> 船艇密密麻麻，不可胜数。船艇的桅樯如林，旌旗如云；各王侯的华盖，又像冉冉上升的云卷。由于簇拥着国王的船艇众多，海面显得拥挤不堪。②[28]

在旅行期间，斯利·特里布亚那曾去打猎。有一天，他在追赶一只鹿的时候，爬上了一块高高的岩石，发现大海远处的对岸上有一片纯白的沙滩。[29]他问那是什么地方，有人告诉他，那叫淡马锡。考古学证实，在中世纪，淡马锡岛的南岸应当有白色的沙滩。事实证明，将淡马锡与他所在的地方（应当是廖内群岛中的一个岛，今天属于印度尼西亚）分开的海峡比他想象的难走得多。一场风暴袭

---

① 译文借用《马来纪年》，第41页。略有改动。

② 同上，第41—42页。

来，王公的船开始进水。水手们能做的就是把船上的所有货物扔到海里，以减轻船的重量。但有一件东西，即王公的王冠，被留在船上。水手长坚持要把王冠也扔到海里，斯利·特里布亚那答道："那就把王冠抛入海里去吧！"① 就这样，王冠被扔了下去，风暴随之减弱。

熬过这场风暴，斯利·特里布亚那毫发未伤地来到陆地，看到一种比公山羊大的奇怪动物，它有红色的身体、白色的胸部和黑色的头。王公对此感到很困惑，后来得知这是某种狮子，尽管上面的描述与狮子并不相符，而且有人认为这可能是红毛猩猩。不管那是什么动物，它都被认为是一个吉兆。斯利·特里布亚那决定在这个地方建造一座城市，并将其命名为"新加坡"（Singapura），即"狮城"。与斯利·特里布亚那这个名字一样，Singapura 是一个梵文而非马来文的名字，旨在表明统治者及其宫廷与西方的佛教和印度教国家的先进文明有接触。[30] "新加坡"是这一地区常见的城镇名称，但在公元 1300 年前后，这个地方确实出现了一座新的城镇。[31]《马来纪年》写道："不久，新加坡这地方繁荣昌盛起来。四方商旅，云集此地，好不热闹。这一海港，也变得一片兴旺。"②[32]

对东南亚的某些人来说，新加坡的崛起不是好消息。在这个时期，满者伯夷国王在《马来纪年》的故事里登场了。满者伯夷国王"听说新加坡国发展壮大，不向他朝贡"③。这让满者伯夷国王非常

① 译文借用《马来纪年》，第 49 页。
② 同上，第 50 页。
③ 同上，第 55 页。

生气。他给新加坡国王送去了一份奇怪的礼物，是一个长7德巴①的极薄的木片，卷起来的样子看上去像一个女孩的耳环。斯利·特里布亚那起初感到困惑和恼怒，可他意识到，他必须证明他手下的木匠和满者伯夷的木匠一样本领高超，于是他命令一个木匠用锛子而不是剃刀给一个男孩剃头，这证明新加坡木匠和爪哇木匠一样善于使用锛子。满者伯夷国王听到这个消息后，立即认为新加坡的统治者威胁要入侵爪哇并剃光所有爪哇人的头。他下令准备一支由100艘战舰组成的舰队，向新加坡发动了凶残的攻击。然而，他还是被打退了。[33]后来，凶恶的剑鱼从海里跳出来，刺向海边的人们，但也被新加坡人赶走了。在现代，新加坡周边水域曾有渔民遭这种鱼袭击而死。当它们看到渔船上明亮的灯笼时，就会跳出水面，挡在它们面前的人就遭殃了。新加坡国王原本没有办法阻止剑鱼的攻击，于是数以千计的人死亡，直到一个少年建议新加坡人用海滩上的香蕉树树干制作掩体，跳出水面的剑鱼会将吻部插进树干里，人们就可以将其砍死。不过，新加坡国王嫉妒那个想出解决办法的少年，将他处死，之后，“新加坡王朝罪孽又深一重”。②[34]这个故事预示了新加坡未来的命运：这位有罪的国王很快就失败了，新加坡被他的宿敌占领。

在爪哇人下一次进攻之前，发生了一段不愉快的插曲，而爪哇人的下一次进攻是由新加坡当时的统治者伊斯坎德尔·沙

① 1德巴约合6尺。见《马来纪年》，第31页注释一。
② 译文借用《马来纪年》，第81页。

(Iskandar Shah) 的宫廷纷争引起的。国王的一个情妇，即财相的漂亮女儿，被指控与其他男人发生关系。国王暴跳如雷，命令将她押到城镇的市场上，赤身露体地示众。她的父亲宁愿将她处死，也不愿意让她蒙受这种羞辱。所以他向满者伯夷的王公寄了一封信，承诺如果爪哇人再次进攻，他将里应外合，从而报复伊斯坎德尔·沙。于是爪哇人准备了300艘大船和无数小船，运载（据说有）20万名士兵。他们到达后不久，财相就打开了用来保护新加坡要塞的大门，爪哇人涌入城市。要塞被双方战死者的鲜血淹没。[35]但是，伊斯坎德尔侥幸逃离城市。新加坡落入满者伯夷统治者之手。这些事件意在说明伊斯坎德尔缺乏智慧：他没有能力对付剑鱼，而且他让财相的女儿蒙羞，激怒了忠诚的大臣，迫使其通敌。

这些不寻常的故事不仅建立了一个（据说）可以追溯到古马其顿的王朝谱系，而且建立了若干城市的谱系：巨港是新加坡的母城，而新加坡又是马六甲的母城，这一点后文会详谈。《马来纪年》的作者把故事讲到14世纪末的时候，他对历史的掌握变得更加精确。故事的魔幻气氛逐渐消散，让位于更真实的描述，虽然仍不完全可信，但至少不再有海底王子和从海里泡沫中诞生的先知。由于考古学家发现了破碎的陶片、残破的碑文和零星的砖石地基，现在可以证实新加坡在14世纪的总体形象确实是繁荣的商业中心。此外，还有来自新加坡以外的文献证据，其中提到了淡马锡在获得新名称之前的情况，并表明它在14世纪初已经成为贸易和海盗活动的一个中心。

※ 五

商人汪大渊出生于1311年，曾在泉州居住。14世纪30年代，他两次穿越南海，并在一本名为《岛夷志略》的书中记录了他的印象。他虽然文笔欠佳，但喜欢作诗，而且是一位目光敏锐的地理学家。作为有经验的航海者，他把世界分为两个大洋，即东洋和西洋，分别对应太平洋和印度洋。在他看来，淡马锡就是这两个大洋的交汇点。他描述了他拜访过的淡马锡居民：他们把头发扎成发髻，酿制米酒，身穿深蓝色的廉价布衣。① 淡马锡被描述为一个可以交易黄金、丝绸、金属容器和普通陶瓷制品的地方。不过，淡马锡人交易的货物“皆剽窃之物也”②。驶向印度洋的船可以不受干扰地经过淡马锡，因为海盗想等它们满载而归。当这些船在归途中经过淡马锡时，“舶人须驾箭棚，张布幕，利器械以防之”③。如果顺风，船可以直接驶过淡马锡，避开攻击，但如果淡马锡海盗设法俘获一艘船，就会无情地杀死船上的人，并抢走他们的财产。最危险的地方是龙牙门，这是新加坡南端的一条狭窄水道，将一个小岛与新加坡主岛隔开。汪大渊还描述了淡马锡的总督如何要求每个人都应该与中国人友好相处，即“男女兼中国人居之”④。[36]换

---

① 参见“多椎髻，穿短布衫。系青布捎”。［元］汪大渊《岛夷志略校释·龙牙门》，苏继庼校释，北京：中华书局，1981，第213页。

② 同上，第214页。

③ 同上。

④ 同上，第213页。此处应该是作者理解有误，原书的意思是这里居住着当地的男女与中国人。

句话说，在14世纪初，处于爪哇人统治之下的淡马锡有华人定居点。正因为位置暴露，淡马锡城非常脆弱，但同时又能从经过它门口的海上贸易中获得巨大的利益。在早期，淡马锡选择通过海盗活动来获利，尽管海盗活动也会将暹罗和满者伯夷的陆海军引向马六甲海峡。淡马锡人努力在该地区交朋友：有证据表明，他们曾送给越南国王礼物。[37]最后，正如后文所示，是明朝的中国人解决了海盗的难题，不过不是在新加坡，而是在其后继者马六甲。

然而，在此之前，明朝在该地区掀起了一场危机。1368年明朝第一位皇帝登基后，对海外贸易的限制越来越严格，针对的是中国商人或华侨。华侨被命令返回故土，但他们显然没有这样做。根据新的规定，中国信徒应当烧中国香，而不是外国香。这可能大大减少了铜钱外流（这在宋朝是一个严重的问题），却也破坏了明朝与爪哇和南海周边其他国度以及日本和朝鲜半岛之间的关系。到1380年，爪哇和明朝的关系进一步恶化。爪哇人拦截并处死了前往占碑的明使，后者奉命册封三佛齐的大君为明朝藩属国的国王。满者伯夷的统治者认为，三佛齐的大君是满者伯夷的附庸。三佛齐大君似乎希望通过转向明朝来摆脱爪哇的主宰。结果适得其反，爪哇控制了苏门答腊。在这一暴行之后，明朝皇帝不想再和印度尼西亚各民族打交道。[38]于是，爪哇人可以无所顾忌地执行他们自己的对外侵略政策。

与此同时，苏门答腊岛也处于动荡之中。在巨港，一位名叫拜里迷苏剌的王子掌握了政权，他就是《马来纪年》所说的伊斯坎德尔。不过令人糊涂的是，真正的伊斯坎德尔可能是拜里迷苏剌的儿子。关于谁是谁以及发生了什么，有很多不同的版本，就像对于拜里迷苏剌跌宕起伏的人生有许多不同的描述。如前文所述，巨港不再是三佛齐辉煌时期的那个伟大的商业中心，拜里迷苏剌的目标是摆脱爪哇人的统治。满者伯夷海军进攻巨港，拜里迷苏剌在那里执政仅三年就向西逃亡，在新加坡登陆。他在那里的统治也很短暂：敌人在 1397 年将他赶下台。他建立的马六甲是他的第三个国家。[39]在介绍早期马六甲之前，我们需要先仔细观察一下早期新加坡。

《马来纪年》描述了斯利·特里布亚那是如何被埋葬在"新加坡山"上的。《马来纪年》的作者和其他作家还提到了位于今天的福康宁山的其他王室墓葬。[40]关于这些坟墓的记忆延续至今，当莱佛士到达时，该地区被生活在那里的人们称为"禁山"。它之所以是禁区，也许就是因为这些坟墓。它也被认为是王宫的所在地。有一个故事说，早期的新加坡统治者禁止任何人上山，除非国王召见他们。还有一条王后洗澡的小溪，也是禁地。在莱佛士的时代，第一批对新加坡早期历史感兴趣的文物学者在这里发现了倾颓的古墙和砖砌的地基。由于大多数建筑（包括王宫）是木制的，而且许多建筑建在高架上，所以没有大量遗迹存世并不奇怪。但英国统治新加坡之后，没有人愿意进一步调查。神圣的禁山成了英国人的大本营，那里的地面被夷平。[41]多年来，还出土了其他一些文物，但都是意外发现的：1928 年，出土了一些印度风格的精致金饰，包括耳环和一个手镯，它们显然属于某个地位非常高的人。

英军因为需要在新加坡河入海口附近建一座新要塞，所以将一件可能很重要的石刻（所谓的新加坡古石）炸碎了。新加坡古石现存的一小块残骸如今被自豪地陈列在新加坡历史博物馆，上面的文字至今没有得到破译。[42]在新加坡，神话和历史再次纠缠在一起。《马来纪年》提到了一个名叫巴棠（Badang）的巨人，他来到新加坡，向附近羯陵伽（Kalinga）的一个壮士发起了挑战：

> 王殿前面有一块大石头，纳迪［羯陵伽的壮士］对巴棠说："我们来举这个大石块吧，看谁的力气大。举不起的就算输。"巴棠答道："好吧，你先举一举。"纳迪卷起衣袖去举，举不起来。他再拼足全身力气去举，刚举到膝边，又再放下来。他对巴棠说："现在轮到你来举。"巴棠答道："好的。"他一鼓作气，把那块石头高举过头。并把它投到新加坡河口去。这就是新加坡海角石块的由来。①[43]

羯陵伽的壮士不得不交出他带到新加坡的七艘满载货物的船，并灰头土脸地返回家乡。也许更重要的一点是，据说巴棠在河口拉起了一条铁链，以阻断通往新加坡港口的水道。这证明当时的新加坡人在努力建造一个港口，而且是一个在海盗或敌人海军威胁下可以关闭的港口。[44]

直到 20 世纪 80 年代，考古学家才开始对福康宁山的遗迹进行认真调查，证实这里在 14 世纪是一个重要的贸易中心。[45]证据主要

---

① 译文借用《马来纪年》，第 60 页。

包括成千上万的陶器碎片，还有大量的玻璃珠和钱币。这些都表明14世纪的新加坡是一个重要的贸易中心，与中国、爪哇和南海周围的土地以及西方的印度洋有联系。福康宁山的考古发现最突出的特点是，中国陶瓷极多，甚至比本地陶瓷还多，而且来自中国的陶瓷几乎都是元代的，也就是说，在1368年明朝赶走蒙古人之前。[46]在那之后，较少有中国人的东西出现在新加坡，这反映了明朝对外贸的敌视。考古遗址里的明代早期陶瓷很少。但在对华贸易中断之前，新加坡人大量使用优质的中国瓷器：浅绿色的青瓷，其中一些来自福建泉州附近的地区；白瓷，非常典型的中国出口产品，在离泉州不远的德化被大量生产；著名的青花瓷，其中一件特别引人注目，因为它带有表示罗盘方位的汉字。[47]这个青花瓷碗更可能是用于占卜或看风水，而不是用于航海，但至少可以看出它是走海路到达新加坡的。这些优质的碗、花瓶和杯子都是在王宫所在的区域出土的，所以它们提供了关于14世纪新加坡宫廷生活水平的线索。

考虑到在福康宁山下的平地（如今被殖民地时代的建筑和新议会大厦占据）还出土了少量陶器、玻璃和金属制品，当时的新加坡很明显是一个重要的地方，山上有宫殿，山下的河口旁有贸易区。新加坡统治者很好地利用了它在贸易路线上的优越位置，而且根据汪大渊的略显晦涩的说法，新加坡一开始似乎是海盗基地，后来转变为正经的贸易定居点。新加坡的发展招致爪哇和暹罗等强大邻国的嫉妒，而明朝海禁也对新加坡造成了一定打击。

※ 六

16 世纪的葡萄牙作家和旅行家多默·皮列士在他的《东方志》(*Suma Oriental*) 中描述了“巨港的国王拜里迷苏剌”建立马六甲的过程。拜里迷苏剌 (Parameśvara) 这个词在梵语中的意思是“至高无上的主”，经常被用来指印度教的湿婆神，尽管还有一个同名的神，而且这个名字经常被王室成员使用。[48]所以与其说这是个名字，不如说它是个头衔，表达了地上的君王与天上的印度教神祇之间的联系。将拜里迷苏剌相继统治的巨港、新加坡和新城市马六甲联系起来的故事，赋予了马六甲后来的统治者一种特殊的合法性，创造了一个理论上可以上溯到古代三佛齐甚至亚历山大大帝的法统，因为《马来纪年》不将他称为拜里迷苏剌，而称他为伊斯坎德尔 (Iskandar)，即亚历山大 (Alexander) 的阿拉伯文形式。[49]不过，皮列士笔下的拜里迷苏剌和《马来纪年》中的伊斯坎德尔一样，都不是特别讨人喜欢的人物。在显然取材自爪哇故事的葡萄牙版本中，在 14 世纪末，拜里迷苏剌统治巨港，然后反抗他的宗主，即爪哇统治者。他大败而归，从苏门答腊逃到新加坡，在那里，他谋杀了当地王公并夺取权力，但他在新加坡的统治最多只维持了六年的时间。在统治新加坡期间，拜里迷苏剌依靠海盗“罗越人”(马来语 *Orang Laut*，意思是“海上民族”) 的支持。罗越人实际上并不在新加坡居住，而是居住在苏门答腊岛和新加坡之间的一个岛上，该岛位于从南海到马六甲海峡的主要贸易路线上，所以是劫掠商船的好地方。[50]

关于拜里迷苏剌在新加坡的统治为什么很短暂（大约在1396年结束），人们的猜测包括爪哇人的攻击（这符合马来人的说法），以及暹罗人的马来盟友的报复性攻击，因为暹罗人与新加坡前任统治者联姻并从中获益。[51]所有这些都说明了海盗活动的猖獗和地方冲突的存在，而更强大的势力，如满者伯夷的王公和以繁荣的大城为基地的暹罗统治者不时投入这些冲突，因为他们不能忍受自己的航运受到干扰。毫无疑问，罗越人曾与各邻国达成协议，允许它们的船通过，以换取一些物质利益，但拜里迷苏剌的到来标志着新加坡创始人的海盗活动重新开始了："他完全不做贸易，他的百姓只种植大米、捕鱼和劫掠他们的敌人。"①[52]明朝海禁使外国较难以合法方式获取中国商品，所以外国人更加渴望中国商品。

在马六甲的建城传说中有两个名字，拜里迷苏剌和伊斯坎德尔，这造成了无尽的混乱，而且我们有理由相信真正的伊斯坎德尔实际上是马六甲创始人的儿子兼继承人。更让人糊涂的是，马六甲的建城传说与苏木都剌和新加坡的建城传说很相似，这些传说都被包含在《马来纪年》中。但是，即使《马来纪年》是虚构的，它也确实记录了马来半岛居民相信的传说，这些传说甚至到今天还在影响马六甲早期历史的书写方式。在《马来纪年》中，拜里迷苏剌被称为伊斯坎德尔，书里描述了他被赶出新加坡后寻找新家的过

① 译文借用〔葡〕皮列士《东方志：从红海到中国》，何高济译，北京：中国人民大学出版社，2012，第222页。

程。他沿着马来半岛的海岸线前进，直至来到一个看起来很有潜力的河口。

> 在打猎时，他的猎狗突然被一只獐鹿撞落水里。国王说："这是一个好地方，就连它的獐鹿都这么厉害！我们就在这里建筑京城吧。"朝廷百官奏道："陛下所说极是。"国王即命人搬运沙土，采伐木料，兴工建造。国王问："我们倚足而立的这棵树，叫什么树？"众臣奏道："这是满剌加树。"国王说："既然如此，我们在这里建立的国家就取名为满剌加［马六甲］国吧。"①[53]

这里没有提到的是，新加坡和马六甲在地形地貌上惊人地相似，马六甲被描述为新加坡的"镜像"。正如福康宁山耸立在新加坡城之上，较小且较低的圣保罗山是马六甲的制高点。这些山丘是易守难攻的制高点，也是建造王宫的好地方。它们被视为神圣的场所，人们必须得到特别批准才能进入。此外，这两座城镇都靠近河口，为船提供了便利的泊位。[54]

《马来纪年》的作者很清楚，船舶改变了马六甲的命运。书中描述了马六甲统治者在促进贸易发展方面的成功，这意味着马六甲吸引了许多外商和移民，他们在这里受到欢迎。[55]马六甲与海峡内的邻居，如海对岸苏门答腊岛的锡亚克（Siak）的统治者，发生了无

① 译文借用《马来纪年》，第84页。

休止的海战。毕竟，大家都想控制来往于马六甲海峡的有利可图的贸易。从印度洋另一端抵达马六甲的，不仅是商品。根据《马来纪年》，拉惹登加（Rajah Tengah）是马六甲建城者的孙子，“爱民如子，公正贤明，当时天下各国君王，没有一人比得上他”①。因此，他被选中来完成马六甲命运的重要一步。他做了一个梦，梦中拜访他的不是别人，正是先知穆罕默德。先知向拉惹登加传授了穆斯林的信仰宣言，即“清真言”，并给他取了一个新名字：穆罕默德。先知告诉他：“明天昏祷时分将有一艘船从吉达驶来，船上将有一人上岸祈祷，你得听他的话行事。”② 当拉惹登加醒来时，他发现自己已经受了割礼。他花了一天时间重复清真言，大臣们认为他疯了。他们通知了宰相，宰相不肯相信神奇的梦中割礼，但他同意，如果在约定的时间有船从吉达来，他就相信这个梦是真的。船真的来了，下船的人之一，长老赛德·阿都尔·阿席（Sa'id 'Abdu'l-aziz），开始在码头上向真主祈祷。

> 满剌加人看了他的举动，都感到奇怪。他们说：“这个人怎么老是跪跪拜拜的？”于是大家都围着争看，人越聚越多，最后弄得水泄不通，嘈杂声传到王宫内。国王听了立即骑着大象出来，朝廷百官簇拥在后，国王看见长老在祈祷时的举动，证明他的梦无误。他对宰相和百官说：“这证明我的梦是真的。”③[56]

---

① 译文借用《马来纪年》，第85页。

② 同上。

③ 同上，第86—87页。

长老被请上大象，与国王一起回到王宫。宰相和其他文武百官都成为穆斯林，“满剌加国内男女老幼都皈依伊斯兰教”①。

无论真相是什么，马六甲在过去始终是，而且今天仍然是一座有多种信仰的人群居住的城市。马六甲的王公确实在 15 世纪初成为穆斯林。皈依与其说是突发事件，不如说是马六甲王公多年来接触伊斯兰教，对皈依的好处已经斟酌了很久。在拉惹登加时代之前，马六甲的王公们就已经与伊斯兰教打交道了。不远处的八昔有东南亚伊斯兰教灯塔的美誉。拉惹登加/穆罕默德在皈依前实际上已经与八昔的一位公主结婚。在他政治生涯的早期，他曾因是否皈依伊斯兰教而与八昔苏丹发生争执。他试图把经常与八昔做生意的爪哇穆斯林商人引向马六甲，但八昔苏丹不愿意让穆斯林商人与马六甲做生意，除非拉惹登加皈依伊斯兰教。毕竟，如果爪哇穆斯林商人大规模地与马六甲做生意，这些商人对苏木都剌国的税收贡献就会减少。拉惹登加暂时还不愿意皈依，可他与八昔苏丹的争吵没有持续很久。最终，来自八昔的穆斯林商人如他所愿去马六甲生活，并建造了该城的第一批清真寺。然而，拉惹登加的野心更大：他鼓励爪哇的穆斯林商人到他的城市来。向伊斯兰教靠拢也就是向贸易利润靠拢。葡萄牙作家多默·皮列士写道：“贸易开始大增……马六甲王……也获得了大利和满足……摩尔人成了国王的大宠信，得到了他们想要的东西。”②[57]马六甲的皈依是该城成为该地

① 译文借用《马来纪年》，第 87 页。
② 译文借用《东方志：从红海到中国》，第 228 页。

区商业中心的重要一步。[58]八昔的苏丹与刚刚改名的穆罕默德苏丹结盟，默许苏木都剌国在马六甲海峡的主宰地位受到马六甲的侵蚀，马六甲这个新兴城镇掌握了主动权。毕竟，它处于海峡内更优越的位置，因为它不仅位于直接的贸易路线上，而且更有能力对抗海盗。[59]

这并不是说拉惹登加对新宗教不感兴趣。他的皈依可能是一种投机行为，但也很可能是他想成为穆斯林的信念慢慢萌发的结果。除了他妻子的影响外，拉惹登加还到访中国，在那里，他见到了穆斯林统治者派往明朝的使节，包括八昔的使节。马六甲人对每天“跪跪拜拜”五次的人非常熟悉。不过，这位王公和东南亚其他王公的皈依大大改变了东南亚的宗教平衡。佛教和印度教，以及本地的宗教崇拜，已经交织在一起，宗教融合是普遍现象。而伊斯兰教具有排他性，所以王公才坚持让所有臣民皈依。虽然这些土地上还有印度教徒和佛教徒的空间，至少在官方层面，穆斯林不能分享他们的节日、习俗以及某些食物；但是，被视为整个地区的穆斯林商人的庇护者，能够极大地提高马六甲苏丹的声望，而且当马六甲和暹罗之间爆发冲突时，他可以宣扬自己是全体穆斯林的捍卫者。

马六甲国家安全的担保者是明朝。在马六甲建立几年之后，这座新城市就和明朝建立了联系。甚至在郑和下西洋之前，明朝宫廷的太监尹庆就于1404年到马六甲进行友好访问，向拜里迷苏剌赠送王冠，拜里迷苏剌则向大明朝廷进贡。[60]对拜里迷苏剌来说，摆脱暹罗宗主权的办法就是接受一个比暹罗强大得多的国家为自己的新宗主。但这么做也有风险：暹罗是东南亚本地的势力，而明朝非常遥远。郑和下西洋的规模如此之大，即使有所夸大，仍意味着马六甲人可以获得一段时间发展贸易，并打击当地的海盗，而不必太担心暹罗的干预。在郑和下西洋期间，中国人一次又一次地经过马六甲。他们也通过扫荡巨港、镇压苏门答腊沿海的中国海盗和遏制爪哇人的行动，使马六甲更安全。因此，中国人的到来，起到了抑制竞争的作用。在15世纪初之前，激烈的竞争使马六甲海峡成为该地区最危险的海上通道之一。明朝皇帝对海外贸易的厌恶反而带来了更大的航海自由，因为郑和寻求贡品的航行宣示了中华治世（Pax Sinica），即南海和其他地区的天下太平。这种太平被打破的时刻很快到来。当宣德帝暂停进一步的远航时，马六甲苏丹本人就在中国，希望向皇帝进贡。这是马六甲统治者的第三次访问。他和其他使节（最远的来自锡兰）尴尬地滞留在离家万里的地方。但宣德帝不久后就去世了，他的继任者对花费巨资组建舰队前往天涯海角不感兴趣。

从17世纪初回过头来看，《马来纪年》的作者不愿意承认真相是上文所述那样。从马六甲人的角度来看，统治大海的似乎是马六甲，而不是中国：

> 却说满剌加的威名传到中国，中国国王决定派特使到满剌加来。中国特使带着满满一船的细针，还有许多绫罗绸缎及其他珍奇异宝，朝满剌加驶来。船在满剌加京城海滨靠岸后，满剌加王苏丹·芒速·沙叫人去迎接中国国王的书信，并捧着书信在全城游行一周，其礼仪就像迎接暹罗王的书信。书信被迎

> 入王殿后，由传诏官接下来，然后交给诵经师宣读，内容略谓："天朝国王陛下致书满剌加国王陛下：……普天之下，无一国王比吾人更强大者；吾国子民，任何人皆数不清。吾向每家每户讨一枚细针，即可装满一船。此船细针谨奉陛下为礼物。"①[61]

于是马六甲国王回赠一船西米，使中国皇帝不得不承认："满剌加王的确是大国之君，他治下的老百姓也像我们一样多。让我把他招为女婿吧。"②[62]《马来纪年》的作者很清楚，马六甲王宫所在山丘的河流的对面有一个华人的贸易定居点，叫作武吉支那（Bukit China，意即"中国山"），可以追溯到明朝。在纪念郑和下西洋的郑和博物馆周围偶然出土的文物中，不仅有陶器碎片，还有似乎由华人社区使用的井，这进一步证明了这一点。

对新加坡统治者来说，暹罗是眼中钉；对马六甲王公来说，暹罗是肉中刺。要把《马来纪年》中错综复杂的故事梳理清楚是很困难的，更有意义的做法是看一下马六甲历史的公认版本，即圣保罗山的马六甲历史博物馆中精彩描绘的版本。暹罗人1445年和1456年的攻击被解释为对马六甲的繁荣和商业竞争的回应。据说在第二次进攻期间，马六甲的宰相点燃了河口沿岸的树木，使敌人误以为有一支庞大的部队在守株待兔。敌人惊呼："满剌加的战船多得不

---

① 译文借用《马来纪年》，第132—133页。

② 同上，第134页。

可数计，刚才那一艘船我们尚无法对付，如果全部开过来，我们如何是好?”① 在那之后，暹罗人就远远避开马六甲。[63]马六甲的历史学家喜欢展示一座英雄城市的形象，它捍卫自己的独立，为一个由马来民族构成的伊斯兰国家奠定了基础；马六甲的马来人严格遵守伊斯兰教逊尼派的规矩，但也允许印度教和道教的信徒定居并在马六甲建造那些屹立至今的古老神庙和道观。然而，真实情况并不是这么简单。有时，马六甲人觉得向暹罗进贡比较有利（一度每年进贡 40 两黄金)，有时不进贡也没关系。被敌人包围的富庶的小城市不可能宣布自己独立于所有更高的权威。接受一个宗主要安全得多，只要他不大肆干涉马六甲的日常事务，这才是真正重要的。“大大小小的船只数不胜数；因为当时仅算国王在城里的臣民就有九万人”，不过《马来纪年》作者写下这些话之后接着又说，仅马六甲城里就有 19 万人，更不用说它控制的沿海地区，而且外国人也涌向这座城市。[64]

马六甲苏丹开始在宫廷推行精心设计的礼仪，并在今天的圣保罗山上建造了一座宽敞而庄严的宫殿，以此来提升他的国际地位。这座木制宫殿及其精美的雕刻饰板已不复存在，但有人部分根据《马来纪年》的描述，对其做了复原。在宫殿举行的仪式同时借鉴了印度和中国的仪注。对于谁可以穿黄色长袍或用伞遮蔽，有严格的规定，因为黄色是中国皇家的颜色，只有统治者的家族成员能用。佩戴黄金饰品，包括脚链，是苏丹和他的近臣的特权。苏丹就

① 译文借用《马来纪年》，第 107—108 页。

像中国的皇帝一样，坐在宝座上，大臣们坐在两边。每一个被允许侍奉苏丹的人都清楚地知道自己在金銮殿应该站在哪里或坐在哪里。[65]马六甲曾经是拜里迷苏剌的海盗王国，而在几代人之后就变成了一个商业中心，将印度洋与香料群岛和明朝连接起来。[66]

如果有外来势力闯入马六甲海峡，一切都会再次陷入混乱。葡萄牙人在 16 世纪初到达时便是如此："由果阿开来一艘佛郎机人的商船，到满剌加来经商。佛郎机船长看到满剌加这样美丽富庶……"① 这些是《马来纪年》的佚名作者的话，但葡萄牙人确实对马六甲肃然起敬，正如多默·皮列士所见证的，也正如葡萄牙最伟大的诗人路易斯·德·卡蒙斯（Luis de Camões）在他描写葡萄牙海外扩张的史诗《卢济塔尼亚人之歌》中所写的那样："继续向前，你们将使马六甲/变成闻名四海的尊贵商埠，/整个太平洋地区丰富物产/都将以这里做贸易集散地。"②[67]不久之后的 1511 年，葡萄牙人带着一支舰队返回马六甲，经过一番激战，占领了这座城市。要想了解他们是如何到达那里的，我们有必要回到遥远的大西洋东部水域。

注　释

1. Henry Yule and Henri Cordier, transl. and eds. , *The Travels of Marco Polo:*

---

① 译文借用《马来纪年》，第 250 页。

② 译文借用〔葡〕路易斯·德·卡蒙斯《卢济塔尼亚人之歌》第十章第一二三节，张维民译，北京：中国文联出版社，1998，第 449—450 页。

The Complete Yule-Cordier Edition (3 vols. bound as 2, New York, 1993), vol. 2, pp. 272–4.

2. K. Hall, *Maritime Trade and State Development in Early Southeast Asia* (Honolulu, 1985), pp. 176, 194; G. Spencer, *The Politics of Expansion: The Chola Conquest of Sri Lanka and Sri Vijaya* (Madras, 1983); D. Heng, *Sino-Malay Trade and Diplomacy from the Tenth through the Fourteenth Century* (Athens, Ohio, 2009), pp. 85, 87.

3. O. W. Wolters, *The Fall of Ś rīvijaya in Malay History* (London, 1970), pp. 42–3, 48; Heng, *Sino-Malay Trade*, pp. 96–100, 117–18.

4. C. C. Brown, ed., *Sĕjarah Mĕlayu, or 'Malay Annals'* (2nd edn, Kuala Lumpur and Singapore, 1970), p. 36.

5. Hall, *Maritime Trade and State Development*, pp. 219–22.

6. D. Garnier, *Ayutthaya: Venice of the East* (Bangkok, 2004), p. 23.

7. Ibid., p. 39; C. Baker and P. Phongpaichit, *A History of Ayutthaya: Siam in the Early Modern World* (Cambridge, 2017), pp. 55 – 7; C. Kasetsiri, *The Rise of Ayudhya: A History of Siam in the Fourteenth and Fifteenth Centuries* (Kuala Lumpur, 1976), pp. 57 – 64; C. Kasetsiri, 'Origins of a Capital and Seaport: The Early Settlement of Ayutthaya and Its East Asian Trade', in K. Breazeale, ed., *From Japan to Arabia: Ayutthaya's Maritime Relations with Asia* (Bangkok, 1999), pp. 55–79.

8. Garnier, *Ayutthaya*, pp. 39, 41, 49.

9. Ibid., p. 18; K. Breazeale, 'Thai Maritime Trade and the Ministry Responsible', in Breazeale, ed., *From Japan to Arabia*, pp. 20–21.

10. Kasetsiri, 'Origins of a Capital', pp. 65, 68; Baker and Phongpaichit, *History of Ayutthaya*, pp. 51–5.

11. Garnier, *Ayutthaya*, pp. 13–18; Kasetsiri, 'Origins of a Capital', pp. 64–71;

D. Wyatt, 'Ayutthaya, 1409-24: Internal Politics and International Relations', in Breazeale, ed., *From Japan to Arabia*, pp. 80-88.

12. Heng, *Sino-Malay Trade*, p. 106.

13. Ibid., pp. 107-9, 122.

14. Hall, *Maritime Trade and State Development*, p. 211; Wolters, *Fall of Śrīvijaya*, pp. 44-6.

15. Wolters, *Fall of Śrīvijaya*, p. 78; F. Hirth and W. W. Rockhill, eds., *Chau Ju-kua: His Work on the Chinese and Arab Trade in the Twelfth and Thirteenth Centuries, Entitled Chu-fan-chï* (St Petersburg, 1911), pp. 75-8, 82-5.

16. P. Rawson, *The Art of Southeast Asia* (London, 1967), pp. 254-72.

17. Hall, *Maritime Trade and State Development*, p. 234.

18. Ibid., pp. 235-7.

19. Ibid., pp. 238-41, 245-7.

20. Wolters, *Fall of Śrīvijaya*, p. 66.

21. E. Dreyer, *Zheng He: China and the Oceans in the Early Ming Dynasty, 1405-1433* (New York, 2007), p. 63.

22. Hall, *Maritime Trade and State Development*, pp. 253, 255.

23. V. Glendinning, *Raffles and the Golden Opportunity* (London, 2012), pp. 217-19; M. R. Frost and Yu-Mei Balasingamchow, *Singapore: A Biography* (Singapore and Hong Kong, 2009), pp. 40-45; J. Miksic, *Singapore and the Silk Road of the Sea, 1300-1800* (Singapore, 2013), pp. 154-5.

24. Brown, ed., *Sějarah Mělayu*, pp. x-xi; Miksic, *Singapore and the Silk Road*, pp. 146-7; K. C. Guan, D. Heng and T. T. Yong, *Singapore: A 700-Year History* (National Archives, Singapore, 2009), pp. 11-15.

25. Brown, ed., *Sějarah Mělayu*, p. 2.

26. Ibid. , p. 14; Miksic, *Singapore and the Silk Road*, pp. 147-8.

27. Wolters, *Fall of Śrīvijaya*, pp. 128-35.

28. Brown, ed. , *Sějarah Mělayu* , p. 18.

29. Miksic, *Singapore and the Silk Road*, p. 150.

30. Brown, ed. , *Sějarah Mělayu* , pp. 19-20; Miksic, *Singapore and the Silk Road*, pp. 150-51.

31. Frost and Balasingamchow, *Singapore*, p. 25; 对这个名字的其他解释包括“中途逗留之地”和“门户”。

32. Brown, ed. , *Sějarah Mělayu* , p. 21.

33. Ibid. , pp. 22-3.

34. Ibid. , p. 40; Frost and Balasingamchow, *Singapore*, p. 26; Miksic, *Singapore and the Silk Road*, pp. 152-3.

35. Brown, ed. , *Sějarah Mělayu* , p. 41; Frost and Balasingamchow, *Singapore*, pp. 26, 28.

36. Wang Du-yuan in Miksic, *Singapore and the Silk Road*, pp. 174-5, 177-8; Guan, Heng and Yong, *Singapore*, pp. 27-8, 47.

37. Miksic, *Singapore and the Silk Road*, pp. 181-2, 185.

38. Dreyer, *Zheng He*, pp. 40-41.

39. Wolters, *Fall of Śrīvijaya*, pp. 113, 120-21; Dreyer, *Zheng He*, pp. 42-3.

40. Brown, ed. , *Sějarah Mělayu* , pp. 20 - 21; Guan, Heng and Yong, *Singapore*, p. 10.

41. Guan, Heng and Yong, *Singapore*, pp. 28-9.

42. Ibid. , p. 10，有插图。

43. Brown, ed. , *Sějarah Mělayu* , pp. 26-7; Miksic, *Singapore and the Silk Road*, pp. 12-16, fig. 0. 17

44. Brown, ed., *Sějarah Mělayu*, p. 26.

45. Guan, Heng and Yong, *Singapore*, pp. 33–52.

46. Miksic, *Singapore and the Silk Road*, pp. 222–40.

47. Ibid., pp. 295–310.

48. Ibid., pp. 167–8; Wolters, *Fall of Śrīvijaya*, p. 131; Dreyer, *Zheng He*, p. 42.

49. Wolters, *Fall of Śrīvijaya*, pp. 77–153.

50. Armando Cortesão, transl. and ed., *The Suma Oriental of Tomé Pires* (London, 1944), vol. 2, p. 233; Miksic, *Singapore and the Silk Road*, pp. 156–62.

51. Brown, ed., *Sějarah Mělayu*, pp. 241–2; Wolters, *Fall of Śrīvijaya*, p. 108–9.

52. Cortesão, transl. and ed., *Suma Oriental of Tomé Pires*, vol. 2, p. 232.

53. Brown, ed., *Sějarah Mělayu*, p. 42; cf. Cortesão, transl. and ed., *Suma Oriental of Tomé Pires*, vol. 2, pp. 236–7.

54. Miksic, *Singapore and the Silk Road*, p. 400.

55. Brown, ed., *Sějarah Mělayu*, p. 127.

56. Ibid., pp. 43–4.

57. Wolters, *Fall of Śrīvijaya*, p. 240 n. 42; Cortesão, transl. and ed., *Suma Oriental of Tomé Pires*, vol. 2, p. 241.

58. Wolters, *Fall of Śrīvijaya*, pp. 160–63.

59. D. Freeman, *The Straits of Malacca: Gateway or Gauntlet?* (Montreal, 2003).

60. Dreyer, *Zheng He*, p. 42.

61. Brown, ed., *Sějarah Mělayu*, p. 80.

62. Ibid., p. 81.

63. Kamis bin Hj. Abbas, ed., *Melaka Dalam Dunia Maritim - Melaka in the Maritime World* (Melaka, 2004), p. 23; Brown, ed., *Sĕjarah Mĕlayu*, pp. 56, 58-9.

64. Brown, ed., *Sĕjarah Mĕlayu*, pp. 150-51.

65. Ibid., pp. 44-9.

66. F. Fernández-Armesto, *1492: The Year Our World Began* (London, 2010), pp. 226-7, 266, 268.

67. Brown, ed., *Sĕjarah Mĕlayu*, p. 151; Camoens, *The Lusiads*, transl. W. Atkinson (Harmondsworth, 1952), p. 242.

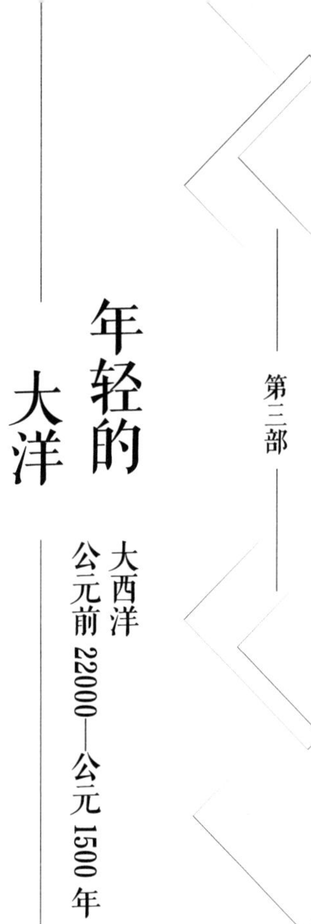

第三部

年轻的大洋

大西洋

公元前22000—公元1500年

第十五章

生活在边缘

※ 一

大洋史可能会对哥伦布之前（或至少是15世纪葡萄牙人发现一些远离欧洲大陆的岛屿并在那里定居之前）的大西洋说得很少，并且只是一笔带过地提到维京人在格陵兰沿海迷路后到达美洲。如今，“大西洋史”已经成为一个完整的领域，它主要关注1492年之后大西洋沿岸四片大陆（北美洲、南美洲、非洲和欧洲）之间的联系。[1]乍一看，在史前和古代，大西洋上没有什么能与波利尼西亚航海家的惊人壮举媲美，也没有什么能与横跨开阔印度洋的人们对季风的掌握相提并论。倒是有很多关于古埃及人或腓尼基人到过中美洲的疯狂理论，托尔·海尔达尔就是这样的疯狂理论家之一。不过，公元前5千纪欧洲大西洋沿岸的人们，以及公元前2000年加勒比地区的人们，分别跨越了大西洋的一部分，这对他们的社会和经济生活产生了巨大的影响（加勒比地区将在后面的章节中描述）。要想还原这些世界，我们必须依赖考古学，但不能仅仅是个别地方的考古研究。只有通过观察许多相隔甚远的社会之间的联系（无论是贸易联系还是文化的相似性，包括艺术和建筑的相似性），才有可能了解当时发生的事情。好几位考古学家已经发现了一个东北大西洋文化圈，它是由新石器时代位于大西洋沿岸的若干社区构成的，从最北方的奥克尼群岛经过爱尔兰和大不列颠到布列塔尼、西班牙北部、葡萄牙，甚至到摩洛哥的大西洋海岸，南北距离约4000公里。一条支线顺着英吉利海峡通向荷兰、丹麦和瑞典，将波罗的海部分地区带入这个被称为“西方海路”的大西洋世界。[2]

葡萄牙的纪念性建筑与苏格兰和爱尔兰的纪念性建筑类似，有几种理论可以解释这一明确的事实。传统的“传播论”（diffusionist）在考古学界已经过时，“过程主义”（processual）考古学家更强调社会的内部动力，即相似的物质条件创造了相似的解决方案：靠大西洋的汹涌大海和崎岖海岸讨生活的加利西亚、布列塔尼和苏格兰北部的居民，找到了同样的方案来解决生存问题。当我们可以证明一些相隔几百甚至几千公里的社区之间存在联系时，这是直接接触的结果，还是手工艺品与思想从一个地区到另一个地区，再到下一个地区的缓慢传播？然后还有一个问题，就是如何保持接触，无论是在岸边的定居点之间，还是需要跨越遥远距离的地方之间。显然，从布列塔尼到不列颠和爱尔兰需要坚固的船只，而且我们有充分的理由假设布列塔尼和加利西亚之间的联系往往也是通过海路进行的。我们并不排除通过陆路接触的可能性，但后文将要研究的沿海社区并不容易从陆路进入：加利西亚有深邃的峡湾和陡峭的山坡，布列塔尼或威尔士的环境与之类似。甚至康沃尔也不像不列颠

挪威海
愤怒角
奥克尼群岛
大西洋
苏格兰
奥龙赛岛
北海
挪威
瑞典
丹麦
爱尔兰
大不列颠
多格兰
威尔士
荷兰
康沃尔
布列塔尼
菲尼斯特雷角
加利西亚
葡萄牙
西班牙
圣维森特角
摩洛哥
0
500
1000英里
0
500
1000
1500千米

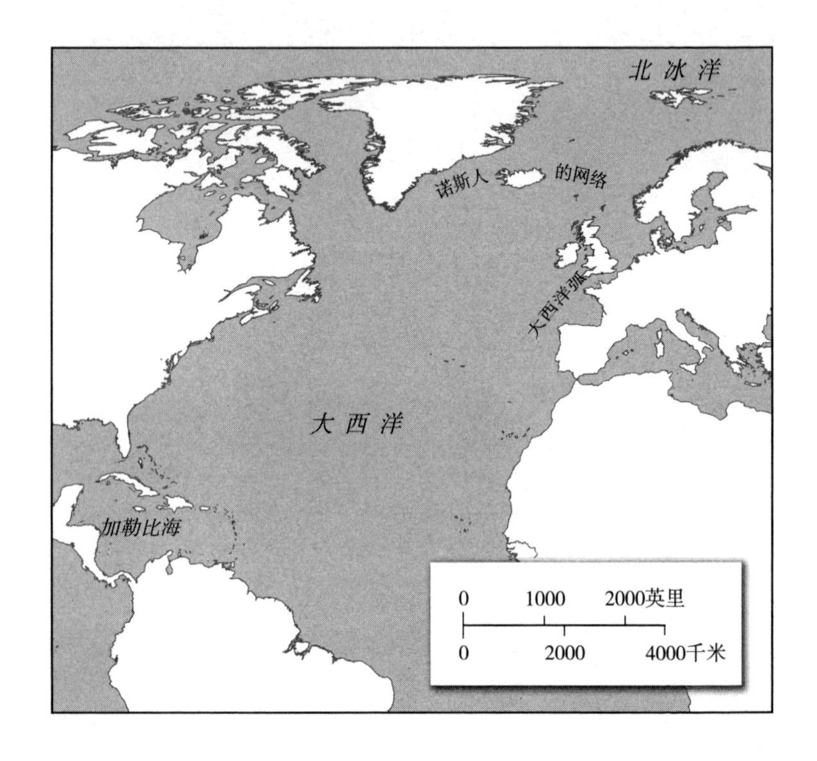

东南部那样容易进入，因为有相当难走的荒地把康沃尔的丘陵地带与不列颠其他地区隔开。这样看来，水上旅行更快速，并且如果要运输大量货物，水路也比陆路轻松得多。海洋有它的可怕之处，可随着人们对它的了解加深，以及天文知识增加，人们发现，即使是大西洋东部变化莫测的水域也是可以应付的。[3]不过，人类与大西洋的互动在不同时期的状况不同。对海产品的依赖可能被对畜牧业、农业和狩猎的依赖取代。新石器时代和青铜时代常见的贸易联系可能在铁器时代就凋零了。这不是一部“逐渐紧密的联系将这条漫长

的海岸线整合在一起”的历史，而是一部“联系在数千年间被创造、破坏又重新创造”的历史。

为了理解后文将要描述的空间的性质，我们必须摆脱对古代欧洲的大陆性思维的印象，然后想象由巨大的凸出海角点缀的漫长海岸线。[4]从南边开始，这些海角包括葡萄牙南部的圣维森特角（Cape St Vincent）、加利西亚的菲尼斯特雷角（Cape Finisterre）、布列塔尼、康沃尔以及苏格兰北端的愤怒角（Cape Wrath）。愤怒角这个地区的特点是有众多的岩石岛屿，在那里很容易开采花岗岩，而花岗岩一直是许多苏格兰人青睐的建筑材料。来自大西洋的强风带来了大量的降雨，这对那些试图在海岸线附近的低洼地带种植农作物的人有好处。在金属加工技术于青铜时代和铁器时代广泛传播之后，优质矿石的现成供应，包括威尔士的铜和金、康沃尔的锡，以及伊比利亚的银、锡和铜，刺激了连接这些地方的贸易网络的建立，这个网络也连接了其他在金属方面相当贫乏，但对这些金属有需求的地方（如苏格兰西部）。[5]

当地资源的情形差不多便是这样，接下来重要的是弄清楚开发这些资源的人是谁，以及他们是否有共同的祖先或文化。即使是对出土物最冷静的描述，也会与这样的想法纠缠在一起，即这个大西洋弧（Atlantic arc）① 地带的居民是“凯尔特人”，他们的祖先起源于欧洲中部的某个地方，并逐步迁移，直到无路可走。古典时代的作家用凯尔特人这个词来描述生活在西欧大片地区的多个民族，而

① 大西洋弧即欧洲西部毗邻大西洋的弧形地带。

并不是说凯尔特人是一个精确的民族标签。至于他们说什么语言这个有争议的问题，将在后面的章节中讨论。[6]对于海洋如何吸引那些基本上自给自足的史前社区，学界没有多少共识。即使是一些靠近大海的社区，也会依靠从陆地上觅得的食物生存。不过他们同样会利用海洋，它是一个绝佳的食物来源。在海岸边可以收获一些食物，如软体动物，它们的壳被倾倒在巨大的、山一般的贝冢（midden）中，这给海岸线的景色添上了人类的烙印。渔民也会用网和钩来捕捞沿海水域里成群的大鱼。因此，这是一个与那些在太平洋以及最终在印度洋的远海上进行的伟大海上探险相当不同的故事。它从一系列地方性联系的历史开始。

※ 二

大西洋比太平洋或印度洋更明显地感受到海平面下降和上升的影响。海平面的下降和上升对欧洲边缘的居民在旧石器时代和中石器时代的定居方式产生了巨大影响。大约1.15万年前发生了重大的地质变化，地质学家将其标记为全新世（Holocene）时期的开始，该时期一直持续至今。全新世的意思是“全新的”，它被认为是持续的冰河时期中间的一个暂时的温暖阶段，（理论上）冰河时期有一天会回归。温度会变化，比如在公元前1千纪早期，即大西洋青铜时代结束时，温度下降了大约2℃。全新世较高的温度并没有使奥克尼群岛等地的气候变得非常温和，但确实有利于作物生长，从而促进了人口增长。[7]除了地质变化，当时还发生了气候变化。在全新世很久以前，远在两极附近的大量积冰已经吸走了各大洋中的水，使海平面下降了 35 米或更多，导致今天的北海等浅海露出海底。波罗的海最初是一个淡水湖，只是在水淹没了今天的丹麦和瑞典之间的陆桥后才与咸水的海洋相连。北海被连接不列颠东部和欧洲大陆的广袤的多格兰（Doggerland）部分地阻挡，后来多格兰沉入海浪之下，成为今天的多格滩（Dogger Bank）。冰河时期结束后，随着融化的冰块回归大海，海平面上升，气候对公元前 8000 年前后在欧洲居住的少数人类更加有利。多格兰就是他们繁荣发展的地区之一。[8]不过，变化过程有更复杂的一面，冰的重量曾将一些地区，如苏格兰的土地压低了几百米，而随着重量的消除，土地本身开始上升。大不列颠至今仍然在缓慢地倾斜，结果是东英吉利（East Anglia）① 的海岸正在逐渐没入大海。[9]当时没有了冰的不列颠海岸周围的几个岛，因此与欧洲大陆连接了几个世纪。当时的人们有可能在一段时间内从苏格兰走到奥克尼群岛，或者至少涉水穿过潮汐水域。[10]在欧洲大西洋沿岸的其他地区，冰川在地貌上留下了深深的裂痕，这些裂痕在挪威南部和西班牙西北部加利西亚犬牙交错的西海岸至今仍可以看到，在加利西亚形成了低溺湾（Rías Baixas）的戏剧性风景。大西洋的风和海浪剥去了较软的石头，留下了加利西亚海岸线上的坚硬岩石，使其外观更加突出。后文将会详谈这个地区，因为加利西亚提供了丰富的证据，证明当地的史前社区开发了海洋，并且与大西洋海岸线上的其他地区有联系。

---

① 东英吉利地区在英格兰东部，大致包括诺福克郡、萨福克郡和剑桥郡。

对于欧洲的人类来说，冰河时期也是一个灭绝和复苏的时代。在冰河时期欧洲的寒冷环境中尚且能够生存的旧石器时代晚期的尼安德特人，到了公元前8000年早已灭绝。[11]在全新世早期，现代人类仍然非常稀疏地分布在欧洲各地，但一些家庭开始到达大西洋沿岸，那时的大西洋海岸超过了今天法国、英国、荷兰、德国和丹麦的海岸线。在这些土地上出现的文化被宽泛地描述为“中石器时代”文化，但这是一个麻烦的术语。它表明这些人保留了旧石器时代生活方式的许多特征，特别是他们对狩猎和采集食物的依赖，如采集沿海地区的海产品。中石器时代这一术语承认人类在工具制造方面有一些创新，因为我们对这些社会的了解大多来自对石器的仔细检查。这些石器越来越小，甚至非常小（被称为细石器）；刀片、鱼叉、箭头和刮刀成为中石器时代猎人工具箱中的日常物品。这些变化持续了许多个世纪，但它们或多或少地在西欧的一个又一个地区依次发生，这表明技术知识是通过猎人群体之间的接触传播的。工具质量的提高反过来又表明，中石器时代人类完成的工作变得更加复杂，如将动物皮缝在一起，以制作功效更好的衣服，以及利用细石器制作以木材、芦苇和骨头为原材料的精致的辅助工具。在一些地区，人们还发明了简单的陶器。欧洲大西洋沿岸地区是学习了公元前12千纪中东地区的技术，还是独立发展出类似的技术，这是一个有争议的问题。在中东，中石器时代的居民通过人工栽培他们自古以来一直在采集的野草，逐渐对耕作产生了兴趣。大的村庄，甚至设防城镇，吸引了越来越多以土地为生的人。然而，在公元前5000年前后的伊比利亚半岛大西洋沿岸，人们与土地的关系则有所不同。草籽构成了相当丰富的饮食的一部分，但人们仍然只是随意采集田野和草地上野生的草籽，以及浆果、球茎（特别是洋葱）和荚果。[12]

各地环境不尽相同，各地区的人群都在利用无须与邻居发展密切的互动或者无须进行食品贸易就可以获得的东西。毫无疑问，其他形式的互动，如交换新娘或为争夺有大量野味的山谷而进行的战争，是相当频繁的。在中石器时代，人口变得更加定居化，村庄开始出现。居民会划出他们开发的领地的边界，尽管他们不太可能认为这是对一整块土地的统治。他们寻求的是对土地出产的东西，而不是对土地本身的控制。四季更替，在严寒的冬天或酷热的夏天，资源可能会突然减少到危险的程度。从这个角度来看，在海边和河口居住是明智的策略。依赖一种主食，不如利用饮食的多样性。栖息地越多样化，人类就越容易生存，这使得欧洲的沿海边缘成为最有吸引力的定居地。此外，沿海地带也是人们在陆地能走到的最远的地方。因此，到了公元前 5 千纪，这些紧靠海岸的地区已经有了相当密集的定居人口。随着人口的增长，食物供应压力增大，这再次促进了迁移。多余的人自愿或被迫离开，前往新的土地。随着时间的推移，移民需要到更远的地方寻找空地，无论是沿着海岸线跋涉，还是乘坐用兽皮、柳条或被砍伐的树木制成的船在海上冒险。由于船只的证据来自青铜时代，所以后文再谈他们的船只设计。[13]

遗憾的是，关于这些海岸居民的最丰富的线索现在大多被埋在海底，因为他们熟悉的海岸线已经被淹没了，而看起来是海岸社区的遗迹往往来自离海岸有一段距离的陆地。但也有例外，因为冰的融化会使一些地区的陆地上升。出于这个原因，在苏格兰北部有许多这一时期的考古遗址幸存下来，包括贝冢，即食物残渣堆。马尔岛（Mull）以南的奥龙赛岛（Oronsay）是苏格兰西部的一个小岛，在中石器时代已经矗立在近海。考古学家能够推断出一年中捕获被称为绿青鳕（saithe）的那种狭鳕的确切时间，因为它的耳骨是按照严格的时间表生长的。研究表明，古人从一个贝冢移动到另一个贝冢。要么这些人是奥龙赛岛上的居民，他们在几个世纪里食用了大量的鱼和贝类；要么，考虑到奥龙赛岛的狭小面积，他们是从附近更大的岛屿［艾拉岛（Islay）、朱拉岛（Jura）等］季节性地迁过来的，因为他们知道奥龙赛岛的潮间带是贝类的最佳繁殖地。[14]

布列塔尼也是丰富信息的来源，那里有包含大量海产品残骸的贝冢，这说明到公元前 5000 年，那里的居民已经在大量食用海产品。他们把贝壳整齐地码放在一起，这表明，他们并不是简单地在海滩上寻找食物、吃完即弃，而是把捕获的东西带到他们的家人可以享用的地方。他们居住在海岸边的小岛上，如埃迪克岛（Hoëdic），在那里，除了用网捕鸟或向鸟儿射击外，没有什么狩猎活动，但有大量来自海洋的食物，还有合适的岩石用以打造工具。这些早期的布列塔尼人吃各种各样的贝类，如滨螺、蜮、鸟蛤、贻贝，以及多种类型的螃蟹。他们利用大西洋的潮汐穿过沙地，搜集大海的丰富产品。他们还食用海藻，如海蓬子，以及生长在海边的植物，如海甘蓝，所以海边成为非常有吸引力的居住地。[15]

在欧洲大西洋沿岸的一些地方，温和的气候使森林迅速茂密起来，而由于鹿等野生动物被树木挤出了它们的栖息地，狩猎的机会变少了。这促使人们越来越多地向沿海地区迁移，远离被树木遮盖得密不透风的内陆。在丹麦的一个今天被称为艾特博勒（Ertebølle）的地方，中石器时代晚期的居民猎杀他们能找到的任何动物，甚至包括猞猁、狼和松貂。但他们也喜欢吃鱼，鲱鱼、鳕鱼和比目鱼是他们的最爱。他们同时开发淡水产品，从河流和湖泊中捕捞鳗鱼和狗鱼。他们还从海里捕食海豹。他们坐着木船划来划去，有的木船至少有10米长。他们用柳条编成鱼梁，这类有机物在丹麦的沼泽地中幸存下来，被格洛布教授（他因为发现了迪尔穆恩而闻名）和他的同事发掘出来。然后是一堆又一堆的牡蛎、鸟蛤、贻贝和滨螺。借用巴里·坎利夫的精练描述，这就是“从高风险、高收益、高能耗的狩猎策略，转变为低风险、中等收益、低能耗的策略”。[16]毕竟，去海滩觅食比捕猎鹿、麋鹿和原牛要省力得多，因为猎人可能一连几天找不到这些动物。我们还可以更进一步地猜想：这些人对海产品的依赖一定影响了他们的价值体系，从而减少对与狩猎相关的武技（投矛、射箭等）的强调，而更多地强调掌握在近海水域所需的航海技能。

※ 三

到了公元前5千纪，随着新技术开始在欧洲和世界其他许多地方传播，以及人类逐渐驯化动物和发展农业，改变的不仅是饮食。这一时期经常被描述为“新石器时代革命”，尽管这个术语时而流行，时而落伍。事实证明，这是一场非常缓慢的革命，而且越来越明显的是，它的许多表面上的创新其实可以追溯到中石器时代晚期，特别是在中东地区。耕种土地会鼓励人们在永久的村庄里定居（放牧也许不会鼓励定居）。即使早期的农民普遍遵循刀耕火种的做法，这也往往能鼓励定居。刀耕火种指的是清除森林，培育土壤，以及在原来的土地养分耗尽后再耕种另一片被清除了森林的土地。以谷物为基础的新饮食不一定更健康：人类的平均身高似乎从旧石器时代晚期的男性1.7米和女性1.57米降低到新石器时代的1.67米和1.54米。降低的幅度似乎不算显著，但骨骼残骸也显示出牙齿健康水平的下降和与营养不良有关的疾病的增加，特别是在儿童当中。当时的婴儿死亡率很高，预期寿命很短。[17]随着社会中的工作变得更加专业化，出现了政治精英，他们组织生产并保卫社区的领地。一位杰出的考古学家说，在公元前4800—前2300年，大西洋沿岸出现了“人口压力”。[18]

这就留下了一个重要但有争议的问题，即大西洋沿岸以及整个西欧的新石器时代人类来自哪里。这个问题的前提是，假设他们是外来人群，而不仅是中石器时代老居民的后代学会了新技能（这些技能从一个社区渗透到另一个社区，并被当时的人口掌握）。解决这一难题最简单的办法，无疑也是最准确的答案，就是在不同的时间、不同的地点，这两种猜想都是正确的。[19]我们很难期望在中石器时代晚期，比如说公元前8000年，在从伊比利亚到苏格兰的海岸线上发展起来的所有社区，都以相同的方式应对农业的到来，因为这些社区各自开发了海洋、河流和森林边缘的不同资源。有一个例子，乍一看令人惊讶，但实际上非常合理，那就是在公元前4000

年前后，随着中石器时代逐渐让位于新石器时代，布列塔尼的饮食发生了变化。通过对骨骼进行研究可以得知，前面提到的埃迪克岛上的人失去了对海鲜和海鸟的兴趣，转而偏好谷物、奶制品、肉类和其他非海洋产品，这些食物都是新石器时代的时尚。也有可能是这些地区被来自内陆的移民占领了，这可以解释为什么埃迪克岛人对海洋的兴趣减少。[20]

即使这些早期的布列塔尼人对海上的收获不太感兴趣，他们可能仍然热衷于渡海，要么是为了在其他土地定居，要么是为了获得他们在当地无法获得或生产的物品。布列塔尼这个大三角朝向好几个方向，阻挡了从法国西南部到英吉利海峡的直接海上通道。考古学家可以看到公元前 6 千纪到前 4 千纪布列塔尼海岸线上的海上联系，他们并不排除这样的强烈可能性：这些海上联系是始于中石器时代，甚至旧石器时代晚期的海上联系的后续发展。公元前 4000 年前后苏格兰的一座小型石隧墓（passage tomb），为布列塔尼的跨海联系提供了一个绝佳的例子。石隧墓由一条走廊进入，里面铺满了石头，是后文即将讨论的“巨石”（megalithic）文化的一大特征。我们要说的这座石隧墓位于阿克纳克里比格（Achnacreebeag），在离奥本（Oban）不远的苏格兰西海岸。它最显著的特点是，当陶器艺术在苏格兰还不为人知时，它里面就有陶器。在墓中发现的陶器来自布列塔尼和下诺曼底，它们在某一时刻被带过远海，很可能沿着爱尔兰海直接到达苏格兰西部，因为考古学家在爱尔兰东北部也发现了一些类似的陶器碎片。考古学家设想的情况是，在公元前 4000 年前后，也就是在布列塔尼开始流行这种类型的墓葬的时候，一小群布列塔尼人向北航行。[21]其中一些布列塔尼人最远到达苏格兰；另一些人，可能在大约同一时间，在爱尔兰登陆，还经过了康沃尔、威尔士和马恩岛（Isle of Man）。早在中石器时代，所有这些地方就有使用类似的“塔德努瓦”（Tardenoisian）燧石工具的人居住。[22]

同时，来自伊比利亚的物品在布列塔尼出现，并被当作随葬品。[23]虽然这些物品可能是通过陆路抵达法国海岸的，但很明显，新石器时代早期的旅行者拥有穿越大西洋部分海域的技术：如果布列塔尼人可以通过海路到达苏格兰，那么他们也可以到达西班牙。而且，西班牙处于一个更大的关于新石器文化的争论的中心，即关于巨石的争论。[24]在西班牙和葡萄牙沿海以及内陆地区发现的大型石制结构，以及在布列塔尼，更不用说在法国北部和英国部分地区发现的大量石制结构，其起源一直存在争议。我们最好将其描述为大型石制结构，而不是由大石头制成的结构，因为它们使用的石头并不全都是“巨型”（mega）的。[25]这些结构中最著名的巨石阵（Stonehenge）离海洋很远。不过，即使抛开一些比较怪异的论点（如巨石阵是新石器时代的计算机）不谈，巨石阵和其他新石器时代的结构也揭示，石器时代晚期英格兰南部的水手、祭司和统治者肯定对天体有一定的认识，并对这种知识加以利用。

大多数这样的石制结构被归类为坟墓，尽管它们是否真的是坟墓，或者单纯只是坟墓，是一个复杂的问题。传统的假设是，在新石器时代，欧洲大西洋沿岸地区出现了两种不同类型的坟墓：一种是石隧墓，包括一条通往内室（通常为圆形）的走廊，都是用大块石头精心建造的；另一种是石廊墓（gallery grave），没有内室，但也是用石头建造的，通常用土覆盖。有人认为这两种坟墓代表不同的文化，并在这种观点的基础上构建了复杂的理论。现代利用碳14和其他方法进行的测算表明，迄今发现的最早的石隧墓（在布列塔尼）可以追溯到公元前5千纪。另外，西班牙南部的一系列石隧墓是在此大约一千年后建造的。[26]这种殡葬建筑风格并不只是短暂地流行。石隧墓在苏格兰北部，爱尔兰的北部、中部和东南部，布列塔尼以及从那里向南的沿海地区都有发现；在从加利西亚到西班牙南部的伊比利亚海岸也都有；它们还出现在丹麦和德国北部，仅在丹麦就有7000座，这个数字可能相当于四千五百年前的数量的三分之一。[27]这些石隧墓的年代为公元前4800—前2300年，而且这些墓都在距离大西洋或北海海岸300公里以内。[28]但它们并不是在同一时间发展起来的，而是在不同的地方以不同的方式起源。在大不列颠，公元前4000年前后的习俗是建造无墓室的长形坟冢，这仍然是英国景观的一个特点，这些坟冢后来发展成石隧墓。与此同时，布列塔尼人比其他人更早建造了更宏伟的坟墓。认为“关于这些布列塔尼纪念性建筑的知识，影响了英格兰或伊比利亚的石隧墓”，与认为“是拥有同一祖先和语言的同一民族建造了所有这些古迹”，是两回事。学界普遍认为，不同的地方独立发展了这种风格的纪念性建筑，布列塔尼是第一个。等到巨石结构成为西欧沿岸的常见景观之后，不同的社区就会相互借鉴设计和结构的细节，以使自己的纪念性建筑更加完美。[29]

说到完美，位于奥克尼群岛的斯卡拉布雷（Skara Brae）的巨石文化定居点特别值得关注。这不仅是因为它保存得非常好［梅斯豪（Maes Howe）的石隧墓保存得尤其好］，还因为它位于公元前3600—前2100年的其他重要的新石器时代遗址之中。公元前3600年前后，奥克尼群岛的第一批新石器时代定居者（假设他们不是中石器时代奥克尼群岛居民的后裔）带着他们的动物（牛、羊和鹿），从苏格兰海岸来到这里，并利用岛屿周围的优质渔业资源。[30]奥克尼群岛中的韦斯特雷岛（Westray）上有非常多的鹿，可能是有人放牧的，而不是完全野生的。捕捉鸟类和收集鸟蛋，是保障高蛋白饮食的另一种办法。与欧洲大西洋沿岸的其他地方一样，这里的贝类消耗量也很大。我们可以从几个方面来解释蝛的主导地位。由于这是一种低营养的贝类，所以岛民对它的依赖可能表明，在食物匮乏或饥荒时期，岛民依靠这种二流食品存活。或者它们可能被用作鱼饵，这种做法在该地区至今尚存。岛民捕获的鱼可能不仅用于人类消费，还用于生产鱼粉。我们在关于印度洋的章节中已经谈过那种鱼粉，它被当作动物饲料。[31]

这种生活方式非常稳定，大概持续了半个千纪。岛民用很容易获得的石板来建造房屋，所以在奥克尼群岛有一些非凡的考古遗址，能够帮助我们清晰地了解那里的居民如何生活。我们不仅拥有关于奥克尼古人如何处理死者的证据，还可以比较详细地了解他们的日常生活。在奥克尼群岛主岛上的斯卡拉布雷，古人建造了六七座或更多的石屋，这些石屋略微沉入土中，配有石制橱柜和架子，很可能有箱式床、长凳和壁炉，甚至还有被认为是梳妆台的东西，它也可能是展示柜，其功能之一是给访客留下深刻印象。储藏箱被放置在地面上，其中一个储藏箱里有珠子、吊坠、别针和一个用鲸鱼脊椎骨制成的装有红色颜料的盘子。这些石屋构成了一个紧凑的建筑群，由半地下的通道连接起来。[32]斯卡拉布雷的另一座建筑显然是作坊，古人在那里用复杂的技术敲打燧石，使用的技术包括加热燧石来制造石器。[33]

奥克尼群岛的居民生活在分散于各岛的小社区里，而且肯定有足够的食物和原材料来源。关于他们的社会和宗教生活仍有许多谜团。谜团之一是，为什么在他们的墓室里经常有大量散架的人骨，许多骨头却不见了：在艾斯比斯特（Isbister），有许多脚骨和头骨，但手骨很少。古人任凭尸体腐烂分解，然后收集骨头并重新分配，这表明存在精心设计的仪式，在这些仪式中，骨头被重新排列。也许这是一个比较有效的分类过程，让各个墓室专门储藏人体的特定部位。这无疑表明，这些墓葬并不是长期埋葬个人的地方，而是被视为一个更大的殡葬纪念性建筑的一部分，它横跨整座岛，在某种意义上代表了该岛的精神。

斯卡拉布雷的房屋已经很了不起了，而梅斯豪的墓室被认为是“新石器时代欧洲的最高成就之一”。它甚至给维京人留下了奇怪的印象。几千年后，维京人在该墓室的墙上刻满了如尼文，并在《奥克尼萨迦》（*Orkneyinga Saga*）中提道：“在一场暴风雪中，首领哈拉尔（Earl Harald）和他的手下在梅斯豪避难，其中两个人在那里发疯了。”[34]梅斯豪墓室的工艺质量非常好：石头被整齐地组合在一起，并被仔细地修整，从而在通往纪念性建筑核心的低矮走廊上形成平整的表面，在中央的“大厅”里也是如此，尽管一些用来砌墙的石头重达3吨。[35]梅斯豪的岛民精通天文学，他们小心翼翼地将梅斯豪的纪念性建筑与二至点对齐，这表明岛民在这里举行与日月有关的仪式。这并不罕见，最伟大的巨石纪念性建筑之一，爱尔兰的纽格莱奇墓（New Grange），也是以类似方式排列的，其石头上的装饰与梅斯豪的一致，所以奥克尼群岛和爱尔兰之间的联系一定很密切，奥克尼人会经常到访爱尔兰。[36]奥克尼群岛提供了新石器时代航海家曾使用这些海路的证据：他们要到达奥克尼群岛就需要渡海，而且所有的证据都表明，尽管奥克尼群岛的气候在不列颠不算宜人，但人们在那里还是发展得很兴旺。不仅如此，与爱尔兰和其他地方相比，奥克尼群岛提供了被大海分隔的社区之间发生文化接触的证据。这些社区不仅分享艺术，而且分享宗教仪式。这些岛屿社区相当自给自足，不过并没有与外界隔绝。

在远离奥克尼群岛的地方，我们依靠的是墓葬的证据，或乍一看是墓葬的结构。廊道墓和石隧墓一度成为普遍的时尚，这一点是毫无疑问的，然而，是什么导致了墓葬方式的这种改变，目前还不清楚。考古学家倾向于将其与来自地中海东部的证据比较（其中一些证据实际上要晚得多，但测定年代的方法需要时间来改进），认为廊道墓和石隧墓的风俗从东方通过马耳他岛、撒丁岛和巴利阿里群岛传播，这几个地方都有自己的令人印象深刻的石制纪念性建筑。这也很容易让人联想到对地母神或大地女神的崇拜，公元前4000年前后，在马耳他的大石庙里，人们就很可能崇拜地母神。[37]无可否认，撒丁岛的努拉吉大石塔（nuraghi）要晚得多，而且一种微妙的区别导致梅诺卡岛（Minorca）及其邻近地区的史前石制纪念性建筑（talayot）被归类为“独眼巨人式”（cyclopean）① 的，而非“巨石文化”的。然而，我们可以很容易地在地图上画线，显示大西洋的巨石文化如何从地中海向伊比利亚传播，然后又从伊比利亚向布列塔尼和不列颠群岛传播。英国专家则礼貌地表示不同意西班牙考古学家的意见，因为西班牙考古学家带着民族主义心态，坚持说加利西亚和葡萄牙北部是寻找新石器时代西欧巨石文化起源的明显地点。不过，西班牙墓葬的年代相对较晚，最早的是公元前4千纪末的。可以肯定的是，在西班牙南部巨石纪念性建筑中发现的墓葬物品显示了大西洋和地中海两方面的影响，西班牙南部毕竟是大西洋世界和地中海世界交会的地方。[38]

最后，研究巨石文化的旧的“传播论”方法，即认为它是由来自地中海的移民传播的，甚至被其曾经的拥护者，如剑桥大学的考古学家格林·丹尼尔（Glyn Daniel）放弃。他在电视时代的早期为推动考古学发展做出了很大贡献。[39]碳14测定法产生了一些出人意料的结果，将这些纪念性建筑的年代往前推了许多，所以我们不能将它们视为金字塔的大幅缩小模仿版，这种看法一直是没什么道理的。不过，这些不同意见在一点上趋于一致：巨石墓是欧洲大西洋沿岸地区的特色。此外，它们确实有一些共同的特点。在几个地区都发现了刻有似乎是船、斧头、蛇和波浪线的图案的牌匾，在加利西亚、布列塔尼和爱尔兰海峡都有类似的蛇形图案，而且在安格尔

---

① “独眼巨人式”砌体结构是迈锡尼文明中的一种建筑形式，用巨大的石灰岩堆砌而成，著名的例子是迈锡尼的城墙。之所以用这个名字，是因为古典时代的希腊人相信只有独眼巨人才有这么大力气搬运如此巨大的石块。

西岛（Anglesey）的石隧墓中发现的刻在石板上的蛇形图案与加利西亚巨石建筑建造者使用的图案有相似之处。加利西亚人是多才多艺的建造者，会在其建筑中使用雕刻和绘画。[40]与其说巨石传统从地中海慢慢传播到西班牙南部和北部，不如说所有这些都表明，伊比利亚、布列塔尼和不列颠之间有大量的来往，因此西班牙的西北角、法国的西北角和爱尔兰海都通过定期的海上航行被联系起来。布列塔尼位于这个大西洋世界的中心，在使用巨石建筑方面比它在北方和南方的海上邻居更加早熟。

这些纪念性建筑是坟墓吗？在一些巨石结构中，没有发现人类遗骸。但即使有埋葬的证据，也不意味着巨石冢的主要目的是体面地处理死者。在新石器时代，当定居化程度更高的人群开始考虑土地本身的所有权，而不仅是（像中石器时代那样）开发其资源的时候，巨石冢也可能是用来标出领地的，或者说这就是它们的主要功能。这说得通，因为农业的出现将人类与土地联系在一起，狩猎-采集社会的人不会这样与土地联系在一起。这些都是小型的、本地化的社会，因为没有证据表明有大型的权力中心，也没有类似于新石器时代早期在中东出现的城镇的大型定居点。在这样一个支离破碎的社会中，由于农业和畜牧业带来的人口增长，社会受到持续的压力，所以知道谁属于哪里很重要。为社区领袖的祖先建造的纪念性建筑（往往包含他们的遗骸），就有了特殊的重要性。出于这个原因，在这些人精心建造的墓室上堆起大土丘，是有意义的行为。无论巨石冢是矗立在领地的边缘，以标明边界，还是位于领地的中心，作为崇拜中心和社区领导人宣布重要决定的神圣场所，它们都是为生者和死者服务的地方。如果没有证据表明它们是用来埋葬死者的，那么它们仍然有可能是为了纪念祖先而建造的，有些祖先的年代太过久远，以至于没有遗骨存世；或者巨石冢可能是为了纪念在海上失踪的人，他们的遗体根本无法埋葬。很多时候，巨石结构的走廊是敞开的，人们可以进出内室。[41]对我们来说，它们也打开了一扇门，一扇进入这些早期大西洋社会的政治世界的门。

注　释

1. B. Bailyn, *Atlantic History: Concept and Contours* (Cambridge, Mass., 2005).

2. B. Cunliffe, *Facing the Ocean: The Atlantic and Its Peoples 8000 BC–AD 1500* (Oxford, 2001); see also his *Europe between the Oceans, Themes and Variations: 9000 BC–AD 1000* (New Haven, 2008), *Britain Begins* (Oxford, 2012) and *On the Ocean: The Mediterranean and the Atlantic from Prehistory to AD 1500* (Oxford, 2017), and 'Atlantic Sea-Ways', *Revista de Guimarães*, special vol. 1 (Guimarães, 1999), pp. 93–105; E. G. Bowen, *Britain and the Western Seaways* (London, 1972).

3. J. Henderson, *The Atlantic Iron Age: Settlement and Identity in the First Millennium BC* (London, 2007), pp. 11–22, 27–34.

4. Ibid., p. 31, fig. 2. 1.

5. Ibid., pp. 30–31.

6. Ibid., pp. 10–11; B. Quinn, *The Atlantean Irish: Ireland's Oriental and Maritime Heritage* (Dublin, 2005), 这过于夸张了。

7. Henderson, *Atlantic Iron Age*, p. 36.

8. V. Gaffney, K. Thomson and S. Fitch, *Mapping Doggerland : The Mesolithic Landscapes of the Southern North Sea* (Oxford, 2007).

9. Cunliffe, *Facing the Ocean*, p. 110.

10. A. Saville, 'Orkney and Scotland before the Neolithic period', in A. Ritchie, ed., *Neolithic Orkney in Its European Context* (McDonald Institute Monographs, Cambridge, 2000), pp. 95-8.

11. C. Finlayson, *The Humans Who Went Extinct: Why Neanderthals Died Out and We Survived* (Oxford, 2009); D. Papagianni and M. Morse, *The Neanderthals Rediscovered: How Modern Science is Rewriting Their Story* (London, 2013), pp. 174-7.

12. Cunliffe, *Facing the Ocean*, pp. 109, 115.

13. Henderson, *Atlantic Iron Age*, p. 52.

14. P. Mellars et al., *Excavations on Oronsay: Prehistoric Human Ecology on a Small Island* (Edinburgh, 1987); Cunliffe, *Facing the Ocean*, pp. 124-5, and plate 4. 11.

15. G. Marchand, 'Le Mésolithique final en Bretagne: Une combinaison des faits archéologiques', in S. J. de Laet, ed., *Acculturation and Continuity in Atlantic Europe Mainly during the Neolithic period and the Bronze Age: Papers Presented at the IV Atlantic Colloquium, Ghent, 1975* (Bruges, 1976), pp. 67 - 86; C. Dupont and Y. Gruet, 'Malacofaune et crustacés marins des amas coquilliers mésolithiques de Beg-an-Dorchenn (Plomeur, Finistère) et de Beg-er-Vil (Quiberon, Morbihan),' in de Laet, ed., *Acculturation and Continuity*, pp. 139-61; Cunliffe, *Facing the Ocean*, p. 417.

16. Cunliffe, *Facing the Ocean*, pp. 120-22.

17. M. Ruiz-Gálvez Priego, *La Europa atlántica en la Edad del Bronce* (Barcelona, 1998), pp. 126-7.

18. C. Renfrew, 'Megaliths, Territories and Populations', in de Laet, ed., *Acculturation and Continuity*, pp. 200, 218.

19. L. Laporte, 'Néolithisations de la façade atlantique du Centre-Ouest et de l'Ouest de la France', in de Laet, ed., *Acculturation and Continuity*, pp. 99–125.

20. R. Schulting, 'Comme la mer qui se retire: Les changements dans l'exploitation des ressources marines du Mésolithique au Néolithique en Bretagne', in de Laet, *Acculturation and Continuity*, pp. 163–88; Cunliffe, *Facing the Ocean*, p. 119.

21. A. Sheridan, 'Les éléments d'origine bretonne autour de 4000 av. J.-C. en Écosse: Témoignages d'alliance, d'influence, de déplacement, ou quoi d'autre?', in de Laet, ed., *Acculturation and Continuity*, pp. 25–37; N. Milner and P. Woodman, 'Combler les lacunes ... L'événement le plus étudié, le mieux daté et le moins compris du Flandrien', in de Laet, ed., *Acculturation and Continuity*, pp. 39–46.

22. Bowen, *Britain and the Western Seaways*, pp. 19–21.

23. J. Briard, 'Acculturations néolithiques et campaniformes dans les tumulus armoricains', in de Laet, ed., *Acculturation and Continuity*, pp. 34–44.

24. H. N. Savory, 'The Role of Iberian Communal Tombs in Mediterranean and Atlantic Prehistory', in V. Markotić, *Ancient Europe and the Mediterranean: Studies Presented in Honour of Hugh Hencken* (Warminster, 1977), pp. 161–80.

25. A. A. Rodríguez Casal, 'An Introduction to the Atlantic Megalithic Complex', in A. A. Rodríguez Casal, ed., *Le Mégalithisme atlantique–the Atlantic Megaliths: Actes du XIVème Congrès UISPP, Université de Liège, Belgique, 2–8 septembre 2001* (BAR Interenational series, no. 1521, Oxford, 2006), p. 1.

26. Renfrew, 'Megaliths, Territories and Populations', pp. 198–9; J. L'Helgouac'h, 'Les premiers monuments mégalithiques de l'Ouest de la France', in A. A. Rodríguez Casal, ed., *O Neolítico atlántico e as orixes do Megalitismo: Actas do coloquio internacional*

(Santiago de Compostela, 1–6 de abril de 1996) (Cursos e congresos da Universidade de Santiago de Compostela, no. 101, Santiago de Compostela, 1996), p. 199.

27. 地图见 Bowen, *Britain and the Western Seaways*, p. 33; Rodríguez Casal, 'Introduction', p. 2。

28. Renfrew, 'Megaliths, Territories and Populations', p. 199.

29. Renfrew, 'Megaliths, Territories and Populations', p. 204; Rodríguez Casal, 'Introduction', p. 2.

30. A. Ritchie, 'The First Settlers', in C. Renfrew, ed., *The Prehistory of Orkney BC 4000–1000 AD* (2nd edn, Edinburgh, 1990), pp. 36–9; A. Ritchie, *Prehistoric Orkney* (London, 1995), p. 21.

31. D. V. Clarke and N. Sharples, 'Settlements and Subsistence in the Third Millennium BC', in Renfrew, ed., *Prehistory of Orkney*, p. 77.

32. Ibid., pp. 58–68.

33. Ritchie, 'First Settlers', pp. 41–50; Ritchie, *Prehistoric Orkney*, p. 22.

34. H. Pálsson and P. Edwards, transl., *Orkneyinga Saga: The History of the Earls of Orkney* (Harmondsworth, 1981), p. 188, cap. 93.

35. A. Henshall, 'The Chambered Cairns', in Renfrew, ed., *Prehistory of Orkney*, pp. 96–8.

36. C. Renfrew, 'The Auld Hoose Spaeks: Society and Life in Stone Age Orkney', in A. Ritchie, ed., *Neolithic Orkney in Its European Context* (McDonald Institute Monographs, Cambridge, 2000), pp. 1–20; A. Shepherd, 'Skara Brae: Expressing Identity in a Neolithic Community', in Ritchie, ed., *Neolithic Orkney*, pp. 139–58.

37. David Abulafia, *The Great Sea: A Human History of the Mediterranean* (London, 2011), pp. 10–12.

38. M. Fernández-Miranda, 'Aspects of Talayotic Culture', in M. Balmuth,

A. Gilman and L. Prados-Torreira, eds., *Encounters and Transformations: The Archaeology of Iberia in Transition* (Sheffield, 1997), pp. 59–68.

39. G. Daniel, *The Megalith Builders of Western Europe* (2nd edn, Harmondsworth, 1963), pp. 26–8, 75–7, 只引用这位作者的一部作品; Savory, 'Role of Iberian Communal Tombs', pp. 169, 175; Rodríguez Casal, 'Introduction', pp. 4–5。

40. Savory, 'Role of Iberian Communal Tombs', p. 174; E. Shee Twohig, 'Megalithic Tombs and Megalithic Art in Atlantic Europe', in C. Scarre and F. Healy, eds., *Trade and Exchange in Prehistoric Europe: Proceedings of a Conference Held at the University of Bristol, April 1992* (Oxford, 1993), pp. 87–99; A. A. Rodríguez Casal, *O Megalitismo: A primeira arquitectura monumental de Galicia* (Santiago, 1990), pp. 135–41; also G. and V. Leisner, *Die Megalithgräber der Iberischen Halbinsel*, vol. I: *Der Süden* (2 vols., Berlin, 1943), and vol. II: *Der Westen* (3 vols., Berlin, 1965).

41. Renfrew, 'Megaliths, Territories and Populations', pp. 208, 218; 以及 Rodríguez Casal, ed., *O Neolítico atlántico* 中的几篇论文和评论: E. Shee Twohig, 'Perspectives on the Megaliths of North West Europe', pp. 117–27; C.-T. Le Roux, 'Aspects non funéraires du mégalithisme armoricain', p. 234; C. Tavares da Silva, 'O Neolítico antigo e a origem do Megalitismo no Sul de Portugal', pp. 575–85; J. Soares, 'A transição para as formações sociais neolíticas na costa sudoeste portuguesa', pp. 587–608。

第十六章

剑与犁

※ 一

在公元前 2 千纪，新石器时代的大西洋社会几乎没有留下任何表明曾发生重大变化的证据。此时正值伟大的青铜时代文明在地中海东部和中东兴起的时期：在希腊和安纳托利亚有米诺斯人、迈锡尼人和赫梯人，更不用说埃及、巴比伦和印度河流域的高级文明。欧洲的大西洋沿岸地区仍然依赖高质量的石头作为工具，并且只有村落社区，其规模和先进性都无法与东方的城市、宫殿和神庙相比。大西洋社会没有文字，尽管有人声称在法国发现的陶器上刻有的符号是一种初级的文字。[1]就连青铜器的使用，也没有大幅改变大西洋弧地带的生活。在公元前 1200—前 900 年，青铜器从欧洲腹地流入沿海地区，但这一时期的外来商品出土数量很少，这表明它们是通过礼物交换而来，为当地精英成员所拥有，并不是日常商品。[2]青铜时代希腊的贸易路线没有到达意大利以西，尽管迈锡尼的物品偶尔会出现在西班牙南部，偶尔也会出现在遥远的不列颠群岛：德文郡托普瑟姆（Topsham）的一把铜斧被确认为迈锡尼的物品。[3]有一些物品在各地流传，最终到达大西洋，这并不奇怪。在抵达欧洲的大西洋沿岸时，它们会被视为来自未知世界的异国奇珍。然后，随着公元前12世纪地中海东部的青铜时代文明经历了严重的危机，欧洲的大西洋沿岸失去了与地中海东部曾经繁荣的土地建立联系的机会。

大西洋的青铜时代与地中海东部的青铜时代不是同时的。根据考古学家的粗略定义，大西洋的青铜时代一直持续到公元前600年前后，那时铁器技术在大西洋地区的传播变得更加广泛。青铜时代的高潮，即青铜时代晚期，是从公元前900年开始的最后三百年。青铜时代晚期是整个欧洲气候（在经历了几个比较温暖干燥的世纪之后）中一个相对冷的时期。这一点可能重要，也可能不重要，尽管气候变化对欧洲大西洋地区和地中海地区的影响不一定相同。[4]正是在这个时期，古代意大利或希腊开始进入铁器时代。当然，这种以其成员制造工具所用的材料来定义社会的方式，是粗暴和片面的。使用青铜器的一个很好的理由是，在大西洋地区可以随时找到铜和锡：在伊比利亚的西北部可以找到锡，在西南部可以找到铜，而在卢瓦尔河入海口的南特周边地区，这两种金属都有，后来南特周边地区还出现了一种独特的剑。[5]虽然青铜器不如最好的铁器坚固，但早期的炼铁技术并不成熟，在两者的比拼中，铁剑和青铜剑一样容易碎。其他许多标准，如政治和社会组织，不能作为定义某个社会的标签，因为很难找到证据。另外，几乎可以肯定的是，青铜武器的出现和传播有政治层面的原因。正是因为青铜仍然很珍贵，

挪威海
大西洋
苏格兰
北海
爱尔兰
不列颠
威尔士
韦塞克斯
多佛尔
兰登湾
布列塔尼
诺曼底
加利西亚
葡萄牙
里斯本
塔特索斯
圣维森特角
加的斯
直布罗陀
利索斯
摩加多尔
0
500
1000英里
0
500
1000
1500千米

而且它能用来制作更锋利的武器，所以拥有青铜制品的人应当是武士阶层的成员，或者是向武士阶层出售金属制品的商人。这意味着，在欧洲大西洋地区出土的青铜器，尽管数量很多，但更多体现的是王公贵族（偶尔还有商人）的生活，而不是绝大多数民众的生活，因为他们仍然依赖传统的石制工具。[6]

尽管一些考古学家热衷于将大西洋弧视为一个单独的文化交流区域，但在葡萄牙南部（受到来自地中海的影响）和北方的土地（如布列塔尼或爱尔兰）之间存在巨大的差异。大体上，爱尔兰、威尔士和不列颠南部虽然显示出差异，却有很多共同点。布列塔尼与不列颠群岛关系密切，然而有自己强烈的特性。在伊比利亚内部，我们可以将加利西亚和葡萄牙北部与葡萄牙南部区分开来，可伊比利亚海岸地区也有很多共同点。总的来说，我们可以在地图上画出一个大西洋世界，它从苏格兰群岛延伸到圣维森特角，尽管苏格兰那时与这个世界的融合程度不如梅斯豪时代的那么高；布列塔尼以南的法国西部则奇怪地与这个网络脱节。[7]这些相连地区的金属制品的风格相似，而这些金属制品在外观上与法国内陆和德国西部生产的金属制品截然不同。德国西部是骨灰瓮文化（Urnfield Culture）的发源地，稍后会有更多的介绍。即便如此，被从欧洲大陆带入不列颠的武器和器具很可能被熔化，并按照岛上的传统风格重新制作。[8]这里的重要问题是，这些社会是否仍然保持着彼此之间的海上联系，或者说，在地中海内的贸易和联系大幅衰退的同时，大西洋沿岸社区之间的联系是否发生了相应的衰退。

青铜时代大西洋社会的某些特征显示了新的仪式实践。将珍贵的青铜器（如盾牌和剑）投进河流和湖泊的习俗，大概有强烈的宗教意义。这些物品不是被人们简单地作为垃圾丢弃的。建造由大型坟冢覆盖的巨石墓室的习俗被放弃了，这也同样令人费解，因为我们不知道此时的人们如何处理死者。火化似乎是明显的答案，但是，与中欧大量的骨灰瓮葬（这使得中欧的整个文化被称为"骨灰瓮文化"）相比，青铜时代的大西洋社会没有采用骨灰瓮，所以骨灰一定是散落了，很可能和刚才提到的一些青铜器一起散落到河里。当仪式发生重大变化时，特别是从土葬到火葬的转变，我们很容易认为这是因为移民的到来，他们与原有人口结婚，人数超过或完全取代了原有人口。但我们稍稍思考一下最近几个世纪的宗教变化（如新教的兴起）就应该明白，激烈的社会变革并不意味着人口的构成必定会发生突然变化。DNA 测试表明，英格兰西南部，特别是切达（Cheddar）附近地区的相当一部分居民是新石器时代居住在那里的人类的后代。一些专家想要宣称，将大西洋诸民族团结起来的，是凯尔特语言。然而，由于缺乏书面证据，这只是一种假设。[9]

公元前 950 年之前的时期是一个相当平静的交流阶段。在那之前的交流的证据，只有爱尔兰釜和葡萄牙或不列颠的肉钩等不同的青铜器，剑柄的特定设计则往往体现了重要的长途交流。釜的重量和所需的工艺使其成为非常珍贵的物品，在威尔士南部、泰晤士河下游地区以及加利西亚和葡萄牙北部都发现了这样的釜，尽管加利西亚和葡萄牙北部的设计往往略有不同。[10]在法国内陆发现的釜很少，所以很明显，它们是通过海路到达伊比利亚的，要么经由不列颠，要么直接到达，而在泰晤士河下游地区经常发现的那种剑则传到了威尔士南部和爱尔兰。它们证明了这样一个大西洋社会的存在，这个社会以高贵的飨宴为乐，大块的肉在釜里炖着，人们用钩子把肉从釜里取出来，这些钩子有时精心装饰着类似天鹅和渡鸦的鸟类形象，其脖子和喙被巧妙地塑造成钩状。[11]

一定有相当部分的釜是酋长们互相赠送的厚礼。伴有礼物交换的盛宴说明了权力中心之间的沟通，以及武士们会短途或长途旅行，以建立联系，因为这个精英阶层不仅是地方性的贵族；这些釜是大西洋弧共同文化的证据。我们听不到这些武士的声音，但我们在盎格鲁-撒克逊时代英格兰的文学作品，如《贝奥武甫》（*Beowulf*），或冰岛萨迦中看到的东西，可能描绘了一种类似的文化：人们喜欢吹嘘和炫耀，并且无疑饮用了大量的啤酒和蜂蜜酒。在这种文化中，用剑和长矛作战是高贵的武士的标志。近身搏斗需要良好的防护，因此铠甲（通常是厚皮革而不是青铜材质的）是武士装备的重要组成部分。生产或获得这些物品的费用拉远了负担得起它们的人与广大民众之间的距离。剑成为名贵商品。优质武器的设计有明显的文化偏好，就像在后来的若干个世纪里，土耳其人喜欢弯刀，西班牙人喜欢直剑一样。换句话说，武器的设计暗示了一种共同的身份意识，至少在使用这些精美武器的武士精英中是这样。为了在社会上得到尊重，遵循不列颠的传统是很重要的。不列颠人不熟悉的欧洲大陆习俗，不会被不列颠社会接受。

大西洋沿岸各社会广泛接触的最佳证据，是所谓的“鲤鱼舌剑”，因为这些剑上的纹路与鲤鱼舌的外观略有相似。有人说，鲤鱼舌剑是“真正的大西洋武器”。[12]这种纹路大大加强了剑身，因此它既有美观性，也有实用性。由于这些剑在外观上差别不大，而且被认为是高质量的产品，所以，从它们在法国西北部的首次出现，到它们通过贸易和随后的技术传播扩散到其他地方，有一段完整的历史可供还原。很快，不列颠东南部也开始生产这种剑，尽管伊比利亚遵循的设计与北欧的不完全相同。即便如此，伊比利亚和北欧的剑之间仍有足够多的相似之处，这体现了沿大西洋弧的文化影响与海上贸易，以及通过海上接触了解到的模式对当地需求与条件的适应。在公元前8世纪末，这些接触最远达到了西班牙西南部大西洋沿岸的韦尔瓦湾（Bay of Huelva），1923年，在那里的水下发现了大量的青铜器。这批青铜器中有大量的鲤鱼舌剑，可能是一艘遇难船的遗物，船上的金属制品是在西班牙铸造的，正在被运往海上，而不是从远方运来，尽管其中混有来自遥远的塞浦路斯的斗篷别针（fibulae）。另一种观点认为，这不是斗篷别针，而是一种神圣的物品，如献给海神的供品。[13]发现鲤鱼舌剑的地方很多，比如德国北部和葡萄牙南部，地中海地区也有。[14]

总的来说，到公元前600年，布列塔尼和不列颠，与西班牙和葡萄牙之间的联系增加了，或者说恢复了。[15]青铜时代的船经常穿越英吉利海峡，因此诺曼底和布列塔尼（阿摩里卡）以及英格兰南部（韦塞克斯）一直保持着密切的联系，但没有失去自己的文化个性，例如，它们有不同的葬礼仪式。与远离大西洋的法国东部相比，法国西北部与英格兰南部有更多的共同点：在韦塞克斯出土了布列塔尼的双锥形瓮。[16]

※ 二

跨英吉利海峡的海上贸易，也得到了复苏的远途交流的滋养。在多佛尔（Dover）附近的兰登湾（Langdon Bay）的一处重大发现，以及在德文郡的摩尔桑德（Moor Sand）的一处类似但较小的发现，揭示了大西洋水域内外贸易的特点。观察沉船证据的最大优势是，我们可以看到运输中的货物，它们聚集在一起，而且在这些情况下显然是为了贸易。在兰登湾，水下考古学家发现了42件“中翼”（median-winged）斧头、38件青铜凿（palstaves，另一种类型的斧头）、81把匕首的刃和其他多种青铜制品。在摩尔桑德发现了7件法国青铜器，包括4把匕首。[17]这艘青铜时代的船（目的地很可能是今天的多佛尔港）或许是被风暴吹离了目的地并不幸沉没，若非如此，这些斧头就不会出现在兰登湾的海底。通过仔细研究这些物品的来源，考古学家得出结论，这些货物是在塞纳河河口聚集起来的，因为它们并不来自同一个地方：带翼的斧头显然来自法国东部，青铜凿则来自布列塔尼。带翼的斧头属于一种在不列颠群岛没有发现过的类型，所以这些斧子并不是为了使用而进口的，尽管它们在船沉没时似乎还处于良好状态。这些青铜器的价值在于其金属含量，它们会在被接收后遭熔化，做成青铜时代布立吞人（Britons）① 喜欢的那种青铜器。兰登

---

① 布立吞人是在青铜时代、铁器时代、罗马时代和之后一段时间生活在今天的不列颠的一些凯尔特族群。5世纪，盎格鲁-撒克逊人开始在不列颠定居后，布立吞人或是被同化吸收，成为后来的“英格兰人”的一部分，或是退居威尔士、康沃尔、苏格兰等地，又或是迁徙到今天法国的布列塔尼。

湾和摩尔桑德的商人是废金属商人，不过他们无疑携带了各种易腐坏的商品，如食品和纺织品，这些东西都已经腐烂分解了。[18]在大西洋沿岸被交易的食品中有盐，在未来的许多个世纪里也是如此，而这些东西遭遇海难后在海水中都无法保存。[19]

在大西洋沿岸地区流动的一些青铜货物有可能不是作为工具和武器，而是作为支付手段来使用的标准重量的铜锭，因为正如我们在印度洋看到的那样，货币的历史并不是从钱币的发明开始的。关于这些铜锭的现代记载始于1867年，当时一个叫路易·梅纳尔（Louis Ménard）的木屐匠发现了第一堆铜锭，他的朋友认为这是黄金，但他坚持要把铜锭送到当地博物馆。[20]到目前为止，在距离大西洋海岸不远的地方一共发现了3.2万把来自布列塔尼和诺曼底的有插孔的斧子，有好几种不同的设计。一般用布列塔尼的古典名字“阿摩里卡”（Armorica）称它们为“阿摩里卡斧”。它们出现在不列颠南部、爱尔兰以及荷兰和北德的海岸，但没有出现在加利西亚和葡萄牙。在公元前7世纪末，这些斧子是用铅铜合金而不是锡铜合金制造的，这使得它们作为工具或武器的效率极低，但能够支持它们是一种储蓄手段的论点。许多这样的斧子被发现放在地上的圆柱形洞里，或装在罐子里，整齐地排成圆圈，刃口朝内。在菲尼斯泰尔（Finistère）① 的两处窖藏中发现了800把这样的斧子，而在另一处遗址，考古学家在几处窖藏中发现了超过4000件斧头。它

① 菲尼斯泰尔是法国布列塔尼大区的一个省，字面意思是“大地尽头”，取意于该省位于法国欧洲大陆部分的最西部。

们被称为“货币斧”，用途广泛，既可以作为一种货币，也可以作为铜锭，在某些情况下还可以作为工具。[21]

来自定居点的证据很少，但它使考古学家能够更好地了解这些大西洋沿岸居民的家庭生活。在远离海岸的地方，堤岸和沟渠将土地分割开来，表明领地现在有了明确的所有权划分。这种土地划分方式是在靠近大西洋的地区形成的，后来才在欧洲大陆变得普遍。大西洋弧地带有铜矿和制造青铜合金所需的锡，这创造了专业化的生产活动——采矿、熔炼、制造、交换和销售，刺激了社区生活的发展。正如政治精英通过获得更锋利的武器和更坚固的铠甲而变得更加引人注目和强势，铁匠和商人在这些社会中获得了独特的身份，社会也变得越来越复杂。[22]这种复杂性的一个体现是人们建立了坚固的圆形村庄，其干砌房屋的地基本身是圆形的，并有坚固的围墙。圆形石屋并不是什么新鲜事物，在奥克尼群岛的斯卡拉布雷就已经出现了。新颖之处在于这种类型的结构从不列颠和爱尔兰一直传播到伊比利亚海岸，尽管很遗憾，布列塔尼的圆形石屋遗存很少。一方面，这种类型的村庄体现了一种不安全感，村民担心好战的邻居前来争夺土地，或害怕强盗抢劫货物。毕竟，正如武器的证据所显示的那样，这是一个由武士主导的社会。另一方面，这种类型的定居点具有永久性，说明人们打算长居此地。有趣的是，圆形村庄是大西洋弧的特征，而在中欧，人们更倾向于长方形的房屋。因此，圆形村庄应该是一种共同文化的产物，这种共同文化囊括了不列颠群岛、法国、西班牙和葡萄牙的大西洋沿岸地带。这种文化深深扎根于新石器时代的欧洲，使欧洲大西洋边缘的定居点具有不同的外观，表达了一种独特的身份。而这些居民是否说共同的语言，就不太清楚了。[23]

从兰登湾和摩尔桑德的考古发现来看，当时有几条水路，包括从布列塔尼到英格兰西南部的路线，以及从塞纳河河口向东北方向到多佛尔海峡的路线。英吉利海峡受到大风和强潮汐的影响，因此最佳的穿越路线不一定是最短的，而且即使走这些较长的路线，一般也不会沿着直线前进。[24]西班牙的一些石刻让我们对这一时期船只的外观有了一些了解，尽管这些石刻很难确定年代，轮廓也很粗糙：有几幅图是帆船，而且至少有几幅图上是帆和桨结合的船只。[25]现已发现铁器时代的不列颠用木壳建造、兽皮包裹的坚固的水密船，其中一些相当大，不大可能是铁器时代发明的。后文将会探讨尤利乌斯·恺撒对这些船的描述。[26]在英格兰东部彼得伯勒（Peterborough）附近发现的一些独木舟可以很好地说明，什么样的船可以在河流和开阔水域（如沃什湾）使用。在法国塞纳河的一条支流中也发现了类似的船，可以直接追溯到新石器时代中期（大约公元前 4000 年）。[27]我们不知道这些船能够离开海岸多远。这些船的靠岸地点是现成的天然港湾，因为没有证据表明这一时期已经建立了人工港口。在丹麦、瑞典或加利西亚偶尔发现的石刻呈现了划桨船和帆船的粗糙轮廓。

船在建成之后，就被最大限度地利用起来，用于贸易、捕鱼和运送人员。人们也在不断地移动。科林·伦福儒列出了史前欧洲人旅行的十一个理由：获取货物，出售货物，社交聚会，出于好奇或为了获取异域信息，作为朝圣者前往圣地，学习或培训，找工作，当雇佣兵，探访亲友，当使者，以及寻找配偶（伦福儒认为这是最重要也最容易被忽视的理由之一）。[28]不列颠群岛是一个独特但并非完全与世隔绝的文化世界，这一事实简单地证明了青铜时代的水手在许多个世纪中随时可以穿越英吉利海峡。

※ 三

大西洋世界的这幅已经支离破碎的图景中缺少一个元素，那就是大西洋与地中海之间的联系。因为尽管地中海东部在其青铜时代与伊比利亚几乎完全没有直接接触，但在克里特岛的米诺斯人和希腊的迈锡尼人（他们是坚韧不拔的航海家）的时代，腓尼基人从公元前 900 年起创建的地中海贸易和定居网络横亘于地中海，甚至超出了地中海。传说中腓尼基人在加的斯岛建立贸易定居点的时间是公元前 1104 年，这当然太早了，但加的斯，即腓尼基人口中的加地尔（Gadir），毫无疑问在公元前 9 世纪就已经开始运作了，远早于那艘可能来自伊比利亚的船载着青铜货物在韦尔瓦湾沉没的时间。腓尼基人被吸引到这个地区并不奇怪，因为它提供了通往伊比利亚南部腹地白银资源丰富的塔特索斯（Tartessos）地区的通道。韦尔瓦湾周围有丰富的盐和鱼类的供应，人们受到吸引而来，建立了几个定居点，它们至少在新石器时代末期就繁荣起来了。而腓尼基人则受到伊比利亚和更远的大西洋地区的锡的吸引。他们是否像人们常说的那样到达了康沃尔，还很不清楚。他们在经过直布罗陀的时候，仍然要面对相当大的挑战，即与逆流和通常很强的风做斗争（从西面进入直布罗陀海峡总是容易得多）。一些腓尼基人在直布罗陀巨岩的一个裂缝，即戈勒姆岩洞（Gorham's Cave）停留，在进入大洋之前向神灵祈祷，留下了陶器和祭品。[29]

腓尼基商人沿着摩洛哥的海岸向南北两个方向航行。他们的目标包括收集骨螺，用以制作紫色染料，希腊人以此将他们命名为腓尼基人（Phoinikes，字面意思为“骨螺紫”）。按照腓尼基人的习惯，他们在一个近海小岛建立了基地，控制了摩加多尔［今天的索维拉（Essaouira）］，这为他们与当地的柏柏尔人进行贸易提供了大本营。摩加多尔位于加的斯以南1000公里处，显然是腓尼基人定期贸易的最远界限。从加的斯南下或从地中海出来的商人可能会季节性地到访摩加多尔，它既是一处营地，也是一个定居点。商人以贝类甚至鲸鱼肉为食，并留下了大量的残骸。这里很可能就是希腊作家称为克尔内（Kerné）的地方。如果是这样，我们就有了关于这些商人如何运作的可靠描述：他们乘坐大型商船抵达，搭建可供居住的棚屋，并卸下他们运到南方的陶器、香水和其他精品。他们把这些货物装到小船上，小船带着商人和货物去见非洲大陆上的“埃塞俄比亚人”（撒哈拉以南非洲的居民）。商人用从加地尔带来的产品换取象牙，以及狮子、豹子和瞪羚的皮。人们认为，他们根本不可能走到比克尔内更远的地方。[30]

摩加多尔在公元前7世纪末和前6世纪初蓬勃发展，但它从未像腓尼基人在直布罗陀海峡入口两侧建立的城镇——加地尔/加的斯和现代拉腊什（Larache）附近的利索斯（Lixus）——那样成功。不过，货物从遥远的塞浦路斯和腓尼基来到了摩加多尔。希腊和腓尼基的罐子通过加地尔转运而大量抵达摩加多尔，一些罐子上有“马冈”（Magon）的名字，他无疑是一个富有的商人。[31]因此，加地尔是一个由腓尼基商人主导的贸易网络的中心，他们的事业在公元前 550 年前后欣欣向荣。此后，来自东方，即来自波斯人和亚述人的压力破坏了腓尼基人在地中海内外的贸易，尽管这使迦太基人（他们是腓尼基人的后裔）得以在残局中建立起自己的繁荣网络。然而，摩洛哥的定居点没有恢复。

地中海的手工艺品偶尔会到达西班牙大西洋沿岸地区除加地尔以外的地点。因为已经出土的文物只能是有待发现的东西的一小部分，而有待发现的东西也只是原先所有东西的一小部分，所以即使在地中海的青铜时代，这种接触也不应被忽视。在西班牙和葡萄牙的几个遗址中发现了地中海货物，这些遗址包括比列纳（Villena）、巴约伊斯（Baiões）、佩尼亚内格拉（Peña Negra），它们都位于内陆，无论是乘船还是走陆地小路，都可以沿着河流逆流而上到达。而里斯本以南不远处的罗萨杜卡萨尔杜梅尔罗（Roça do Casal do Meiro）的一处墓葬就在水边。这座拱形的坟墓里有两具遗体，其周围都是来自地中海的墓葬物品，如象牙梳和斗篷别针。该墓葬的年代不确定，可能早至公元前 11 世纪，也可能晚至公元前 8 世纪。这座墓可能是为了纪念死前已经走到这里的地中海航海商人，因为它在葡萄牙青铜时代的墓葬中不具有代表性。巴约伊斯位于内陆，是一个锡资源相当丰富的地区，这会吸引腓尼基人或其他访客。在那里发现的一处窖藏（遗憾的是，很难确定其确切的年代）再次显示了此地与地中海的联系，窖藏中有与塞浦路斯出土物类似的青铜有轮容器和一个连接到青铜凿子上的铁头。这个凿子来自大西洋沿岸，但铁头是地中海的，因此有人创造了这种复合工具，甚至在铁器加工技术开始在伊比利亚传播之前就已经做到了。这种交通并不是单向的。在塞浦路斯也发现了一个大西洋风格的烤肉钎子。

大西洋与地中海的中介很可能是撒丁岛，因为从大西洋进入地中海的船可以利用盛行风把它们带到那个方向。撒丁岛是青铜时代和铁器时代富饶而神秘的努拉吉文化的故乡（努拉吉一词源于数以千计的史前城堡，这些城堡至今仍遍布该岛）。在公元前1000年前后，撒丁岛居民的对外联系向西延伸至西班牙，向东远至黎凡特。撒丁岛的典型重剑遵循大西洋模式，尽管它是使用岛上丰富的铜在当地制造的。因此，鲤鱼舌剑一直传播到撒丁岛，而大西洋沿岸风格的镰刀也出现在撒丁岛。[32]虽然撒丁岛使用的大部分铜是当地的，锡却不是：锡必须从西班牙和法国南部等地获得，这可以解释地中海的这一部分与伊比利亚之间商业和文化接触的强度。

撒丁岛的文化与新石器时代和青铜时代伊比利亚文化的其他相似之处包括：在结构上与大西洋巨石结构没有很大区别的石墓（在巴利阿里群岛也是如此），以及由圆形房屋组成的有围墙的村庄，这些房屋的排列方式与西班牙和葡萄牙大西洋沿岸地区的堡垒（*castros* 和 *citânias*）的排列方式相似（关于这些，后文将会详谈）。[33]以下这种观点得到了证明：直布罗陀海峡并非不可逾越的障碍，大西洋世界延伸到了地中海。不过，就目前我们了解的情况而言，这个大西洋世界是否也包括摩洛哥的大西洋海岸，还不确定。但我们很难想象，腓尼基人不费吹灰之力就能进入的摩洛哥大西洋沿岸地区，能逃脱与伊比利亚的大西洋文化和延伸到不列颠群岛的大弧线的密切接触。将青铜时代的欧洲大西洋沿岸地区视为一个由共同文化连接起来的地区，这种想法很有道理，然而，这也是一种大可不必的欧洲中心主义的方法。生活在伊比利亚南部的人没有欧洲的概念，而且对他们来说，航行到摩洛哥比到撒丁岛更容易。

我们可以而且应当对“新石器时代”、“青铜时代”和“铁器时代”这些术语（至少在大西洋地区）的价值提出质疑，因为生活在大西洋沿岸的人的生活是逐渐发生变化的。铜和青铜的出现绝没有使传统的石材切割工艺消亡。墓葬习俗改变，巨石建筑被抛弃。新的武士精英出现了，尽管不能确定他们是土著还是外来移民。不过，我们始终很清楚，我们掌握的情况是建立在少量证据之上的，首先是殡葬，然后是关于青铜武器的证据。这就给希望全面了解这些社会的人带来了烦恼。海上交通当然是大西洋弧生活的一个重要特征。但是，只有到了铁器时代，大约从公元前 600 年开始，“生活在大西洋沿岸的人是谁”这一疑问的答案，才略微清晰起来，虽然还不是非常明确。到了这个阶段，终于有了可以与印度洋的《周航记》相提并论的来自旅行者的证据，以及在伊比利亚发现的备受争议的铭文证据。

注 释

1. A. Coffyn, *Le Bronze Final Atlantique dans la Péninsule Ibérique* (Paris,

1985), p. 113; also p. 112, fig. 53.

2. J. Henderson, *The Atlantic Iron Age: Settlement and Identity in the First Millennium BC* (London, 2007), p. 58; R. Harrison, *Spain at the Dawn of History* (London, 1988), p. 40; J. Briard, *The Bronze Age in Barbarian Europe: From the Megaliths to the Celts*, transl. M. Turton (London, 1979), p. 76.

3. M. Ruíz-Gálvez Priego, 'The West of Iberia: Meeting Point between the Mediterranean and the Atlantic at the End of the Bronze Age', in M. Balmuth, A. Gilman and L. Prados-Torreira, eds., *Encounters and Transformations: The Archaeology of Iberia in Transition* (Sheffield, 1997), pp. 95-120; Briard, *Bronze Age in Barbarian Europe*, pp. 95-7.

4. M. Ruiz-Gálvez Priego, *La Europa atlántica en la Edad del Bronce* (Barcelona, 1998), pp. 121-5.

5. M. C. Fernández Castro, *Iberia in Pre-history* (Oxford, 1995), p. 140; Briard, *Bronze Age in Barbarian Europe*, p. 200.

6. Briard, *Bronze Age in Barbarian Europe*, p. 76.

7. Coffyn, *Bronze Final Atlantique*, p. 17.

8. Henderson, *Atlantic Iron Age*, p. 59, fig. 3. 1.

9. Ruiz-Gálvez, *Europa atlántica*, pp. 348-58.

10. Coffyn, *Bronze Final Atlantique*, pp. 140-41, map 22.

11. S. Bowman and S. Needham, 'The Dunaverney and Little Thetford Flesh-Hooks: History, Technology and Their Position within the Later Bronze Age Atlantic Zone Feasting Complex', *Antiquaries Journal*, vol. 87 (2007), pp. 53-108; Ruiz-Gálvez, *Europa atlántica*, pp. 281-2, figs. 89-90; Henderson, *Atlantic Iron Age*, pp. 63-8; 地图呈现了釜的发现地点，p. 64, fig. 3. 5; 关于剑，见 p. 66, fig. 3. 7。

12. Coffyn, *Bronze Final Atlantique*, pp. 48, 82, 84; also pp. 106-7, figs. 48-

9, and p. 135, map 18; quotation from p. 142.

13. C. Burgess and B. O'Connor, 'Iberia, the Atlantic Bronze Age and the Mediterranean', in S. Celestino, N. Rafel and X. -L. Armada, eds., *Contacto cultural entre el Mediterráneo y el Atlántico (siglos XII–VIII ane): La precolonización a debate* (Rome and Madrid, 2008), pp. 41–58; Ruiz-Gálvez, *Europa atlántica*, p. 206; Coffyn, *Bronze Final Atlantique*, pp. 143, 181–2, 205–11; 但 Ruiz-Gálvez, 'West of Iberia', p. 11 认为那不是一艘遇难船。

14. H. Hencken, 'Carp's Tongue Swords in Spain, France and Italy', *Zephyrus*, vol. 7 (1956), pp. 125–78.

15. Henderson, *Atlantic Iron Age*, pp. 69–71; Briard, *Bronze Age in Barbarian Europe*, p. 202.

16. J. Briard, 'Relations between Brittany and Great Britain during the Bronze Age', in C. Scarre and F. Healy, eds., *Trade and Exchange in Prehistoric Europe: Proceedings of a Conference Held at the University of Bristol, April 1992* (Oxford, 1993), pp. 183–90.

17. K. Muckleroy, 'Middle Bronze Age Trade between Britain and Europe: A Maritime Perspective', *Proceedings of the Prehistoric Society*, vol. 47 (1981), pp. 275–97; Ruiz-Gálvez, *Europa atlántica*, p. 141.

18. Henderson, *Atlantic Iron Age*, pp. 80, 308 n. 11; O. Crumlin-Pedersen, *Archaeology and the Sea in Scandinavia and Britain: A Personal Account* (Roskilde, 2010), pp. 56–7.

19. Briard, *Bronze Age in Barbarian Europe*, pp. 205–6.

20. Ibid., pp. 196–7.

21. Henderson, *Atlantic Iron Age*, pp. 93–5 and fig. 3. 19; Ruiz-Gálvez, *Europa atlántica*, p. 207; Briard, *Bronze Age in Barbarian Europe*, pp. 206–8.

22. Henderson, *Atlantic Iron Age*, pp. 86–8.

23. Ruiz-Gálvez, *Europa atlántica*, pp. 348–58; Henderson, *Atlantic Iron Age*, pp. 87, 99–116.

24. Ruiz-Gálvez, *Europa atlántica*, pp. 83–6, and fig. 17; Muckleroy, 'Middle Bronze Age Trade', pp. 279–80.

25. Coffyn, *Bronze Final Atlantique*, plate xiv.

26. S. McGrail, 'Prehistoric Seafaring in the Channel', in Scarre and Healy, eds., *Trade and Exchange in Prehistoric Europe*, pp. 199–210; Muckleroy, 'Middle Bronze Age Trade', p. 275; Briard, *Bronze Age in Barbarian Europe*, pp. 67–8.

27. 关于贝尔西船，见 Ruiz-Gálvez, *Europa atlántica*, p. 91。

28. C. Renfrew, 'Trade beyond the Material', in Scarre and Healy, eds., *Trade and Exchange in Prehistoric Europe*, pp. 10–11.

29. Ruiz-Gálvez, 'West of Iberia', pp. 95, 99; S. Celestino and C. López-Ruiz, *Tartessos and the Phoenicians in Iberia* (Oxford, 2016), pp. 170–72; J. M. Gutiérrez López et al., 'La Cueva de Gorham (Gibraltar): Un santuario fenicio en el confín occidental del Mediterráneo', in F. Prados, I. García and G. Bernard, eds., *Confines: El Extremo del Mundo durante la Antigüedad* (Alicante, 2012), pp. 303–81.

30. M. E. Aubet, *Phoenicians and the West: Politics, Colonies and Trade* (2nd edn, Cambridge, 2001), pp. 301–2.

31. A. Jodin, *Mogador: Comptoir phénicien du Maroc atlantique* (Tangier, 1966).

32. Burgess and O'Connor, 'Iberia, the Atlantic Bronze Age and the Mediterranean', p. 51.

33. Cf. G. Daniel, *The Megalith Builders of Western Europe* (2nd edn, Harmondsworth, 1963), pp. 89–91.

第十七章

锡商

※ 一

到了公元前 1 千纪后半期，大西洋弧已经不再是一个将西欧海岸线上相距遥远的若干地区联系在一起的活跃网络。它成为一个新世界的外缘，这个新世界的主要活动中心位于欧洲大陆的中心地带。这是被称为哈尔施塔特（Hallstatt）文化和拉登（La Tène）文化的两个相继存在的文化的时代，它们与地中海地区的各民族（如伊特鲁里亚人）有紧密的互动，并掌握了高超的冶铁技术。铁器在大西洋沿岸基本上不受青睐，可能是因为铁在那里不像在欧洲中部那样容易获得，这也表明了海岸线地区如何与内陆的发展脱节。[1]伊特鲁里亚铜俑在德文郡出现，希腊钱币在布列塔尼出现，或者伊比利亚斗篷别针在康沃尔出土，都是令人兴奋的考古事件，因为在公元前 500 年之后，这些有异域风情的物品变得越来越稀罕。从摩加多尔的情况来看，腓尼基人渗透到大西洋的巅峰期可以追溯到公元前 6 世纪。[2]

海上交通当然没有停止，但从在奥克尼群岛的铁器时代遗址发现的非常有限的“外来”货物，即非奥克尼群岛的货物来看，一些最令人印象深刻的联系，如连接奥克尼群岛与爱尔兰海及其他地区的联系，要么被切断，要么变得不那么有规律。与苏格兰的海岸一样，奥克尼群岛诸岛屿的海岸在这个时期遍布小城堡（broch），其功能与撒丁岛的努拉吉一样是个谜，这些小城堡在外观上与努拉吉很相像。[3]与努拉吉一样，小城堡周围也常有小型附属建筑，并成为村落定居点的核心。从葡萄牙到设得兰群岛，在沿大西洋弧的所有定居点都有石制圆屋，但不像小城堡那样雄伟壮观。[4]总的来讲，我们的感觉是，大西洋社会此时正在变得向内看，而当地社区的生计既依靠陆地，也依靠海洋。在不列颠群岛，这些社区以小型定居点为基地，很难称得上城镇，不过在加利西亚和葡萄牙北部的沿海地带发现的几个大型定居点可以被称为城镇。布列塔尼可能也拥有一些靠海的大规模定居点。尤利乌斯·恺撒在描述他对高卢西北部的入侵时，将布列塔尼的维尼蒂人（Veneti）的定居点描述为“城镇”，但他是想让读者觉得他的征服的规模很大，从而对其肃然起敬。如果罗马军队为了控制几个分散的海边村庄也要费那么大力气，就太不像话了。

跨海货物交换的证据极少，以至于关于沿欧洲大西洋海岸上下接触的论点只能依赖这样的证据，即从葡萄牙到苏格兰北部一路走来，各地的文化有相似性。陶器的装饰有广泛的相似性，在石头地基上建造由圆屋组成的村庄的做法也很普遍。布列塔尼文化和康沃尔文化之间的相似性，以及它们与法国和英格兰其他地区的文化的

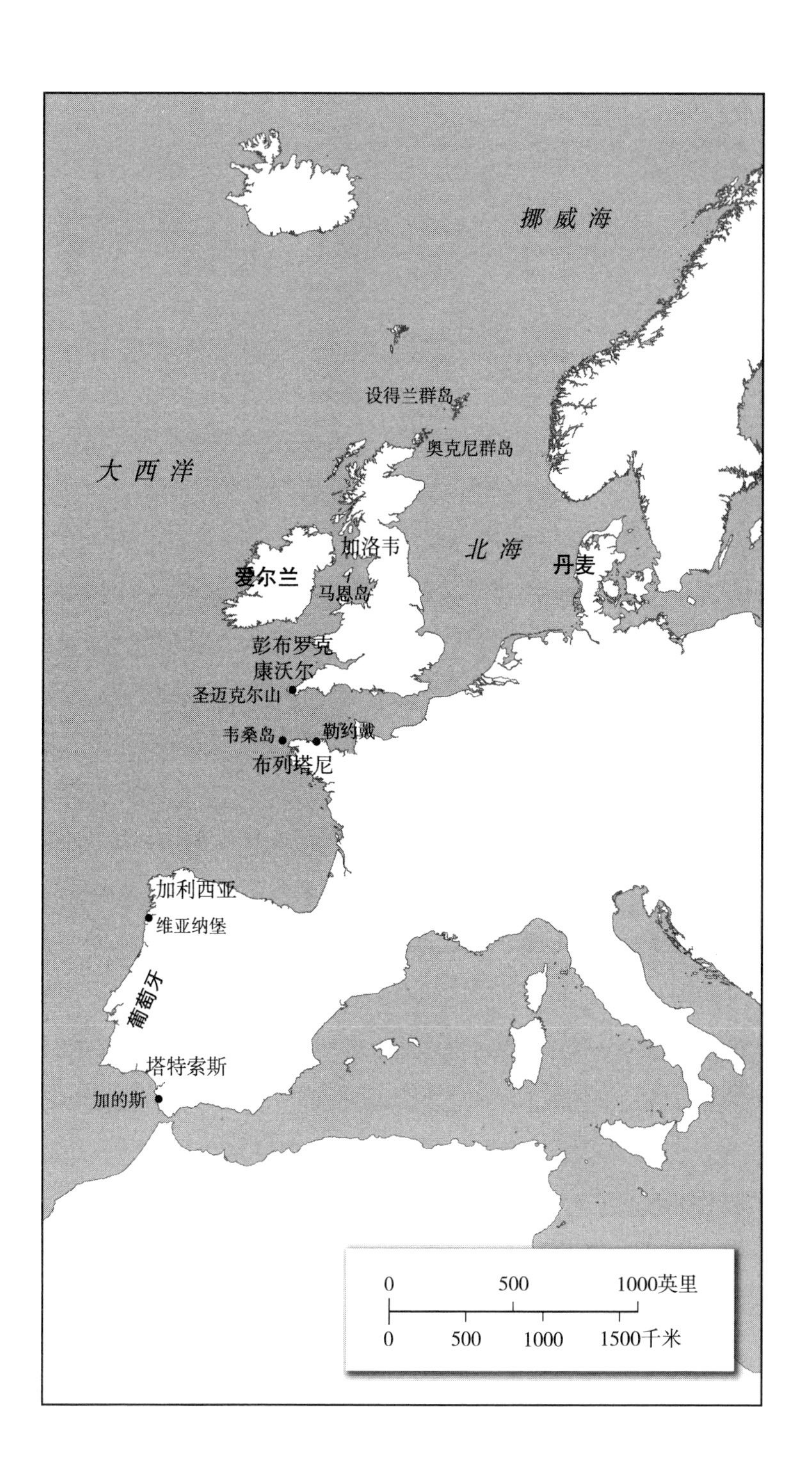

挪威海
设得兰群岛
奥克尼群岛
大西洋
加洛韦
北海
丹麦
爱尔兰
马恩岛
彭布罗克
康沃尔
圣迈克尔山
韦桑岛
勒约戴
布列塔尼
加利西亚
维亚纳堡
葡萄牙
塔特索斯
加的斯
0
500
1000英里
0
500
1000
1500千米

不同，说明我们不应低估跨海联系。[5]在大约公元前600—前200年，大西洋海岸线上的大片地区有一个引人注目的共同特征，即人们建造了俯瞰大海的海角要塞。这种要塞的双层或三层的墙，将小海角的顶端隔断。关于它们的功能，目前尚无定论。它们不太可能是贸易中心的标志，因为它们基本上都在高处，不靠近明显的港口。在对这些海角的发掘中，几乎没有发现任何表明曾有人在那里持续居住的证据。它们更可能是避难所和军事据点，在战争时期，武士和他们的家属可以撤退到那里。尤利乌斯·恺撒在《高卢战记》中描述了布列塔尼海角的防御性用途：

> 他们的市镇，所处的位置总是一个样子，一般都坐落在伸到海中的地角或海岬的尖端，因为洋中来的大潮，一天二十四刻时中总要涌进来两次，所以步行不能到达；而且因为潮水总得退去，船只会触在礁石上碰伤，因此也无法乘船前往。①[6]

另外，这些要塞不可能全都拥有潮水带来的便利。它们一般从爱尔兰西部、苏格兰西南部的加洛韦（Galloway）或威尔士的彭布罗克半岛（Pembroke Peninsula）向西望去。在康沃尔和布列塔尼，这种要塞非常多，北大西洋的岛屿上也有，比如在设得兰群岛、奥克尼群岛、赫布里底群岛（Hebrides）和马恩岛。[7]这表明，它们有时

① 译文借用〔古罗马〕恺撒《高卢战记》卷三第十二节，任炳湘译，北京：商务印书馆，1982，第68—69页。

可能具有宗教而非防御用途，是祭祀海神或风神的地点，因为那里主要刮西风。北大西洋沿岸社区的另一个共同特征是用石头精心建造的地下走廊（souterrain）。它们的功能也不清楚，也许是用于储存，也许是用于躲避，尽管它们在地面上是清晰可见的，所以很难看出这能带来什么好处。我们再次从英吉利海峡两岸有相同的地下建筑（而不是地下文物）这一点，发现了两岸的互相影响。

即使远至伊比利亚南部，也可以发现由圆屋组成的规模不等的定居点。加利西亚和葡萄牙的堡垒往往是占据良好战略位置的相当大的定居点。其中一个例子是位于圣卢西亚（Santa Luzia）的规模可观的堡垒，它俯瞰着现代葡萄牙城镇维亚纳堡（Viana do Castelo）。不幸的是，为了建造一家豪华酒店，该遗址的大部分在20世纪初被毁，但有足够多的遗迹表明，这是一座“城镇”，而不是“村庄”。它俯瞰利米亚河（River Limia）注入大西洋的地方，是一个极好的防御阵地。古人是否充分利用了其通往大西洋的便捷交通，尚不清楚。古人在圣卢西亚最终建造了三道城墙，在城墙内的区域有几十座紧密排列在一起的圆形房屋，还有建在护土墙上的坚固塔楼。这些房屋（其中几间带有前厅）的入口面向西南或东南，因为朝南的入口可以更好地避开从相反方向袭来的风雨。虽然墙壁是石制的，但这些房屋的圆锥形屋顶应该是用木头建成的，上面覆盖稻草。在那里发现了织布机的配重部件，表明纺织是当地的一项产业，这在意料之中。除此之外，居民主要的生计来源是农业和畜牧业。[8]

考虑到从葡萄牙到苏格兰群岛的圆屋定居点之间的文化相似

性，问题就来了：这些地方的居民是否拥有共同的起源。一些考古学家和语文学家认为，将这些人团结起来的是“凯尔特”（Celtic）的身份。语言和种族是完全不同的东西，具有相近血统的人群可能会换新的语言，因此这些群体的“原始”语言不可能确定。“凯尔特人”这个术语有好几种貌似合理的含义：指古希腊人称为Keltoi、古罗马人称为Galli的民族；指欧洲中部的哈尔施塔特文化和拉登文化的人群，有人假设他们本质上是“凯尔特人”；指讲凯尔特语言的民族，其中有几种语言至今仍在使用。[9]有人提出，不仅在苏格兰、爱尔兰、威尔士和布列塔尼，而且在加利西亚，人们使用的都是凯尔特方言。加利西亚的现代居民抓住他们的“凯尔特人”身份，争取从马德里政府那里获得更大的自治权，尽管现代加利西亚人对风笛的喜爱能否证明他们的凯尔特人身份，是一个有争议的问题。除此之外，在伊比利亚的西南部，在腓尼基人到访过的银矿资源丰富的土地上，有一个被希腊人称为塔特索斯的地区。

大量的塔特索斯铭文保存至今，铭文用一种独特的文字书写，其遥远的起源也许可以追溯到腓尼基人。即使像约翰·科克（John Koch）说的那样，这些铭文是用某种凯尔特语书写的（这种观点有争议），也只是略微支持了这样一个论点，即大西洋弧的土地共享一些文化特征，同时与西欧和中欧其他地区的文化有些隔绝。如果能知道*talainon*的意思确实是“受祝福的岬角之国”，那就好了。这种解释是从一个意为“有美丽的眉毛”的原始凯尔特语词推断出来的。但因为材料匮乏，所以这些解释显得很牵强。[10]另外，爱尔兰在使用一种被称为Q-凯尔特语的古老凯尔特语，这种语言后来在不列颠的最北部也有使用，部分原因是爱尔兰人在苏格兰定居。这意味着，在公元前 1 千纪，“大西洋原始凯尔特通用语”是一种共同文化的特征，该文化在爱尔兰海周围以及往南至少到布列塔尼的地区蓬勃发展。只是在威尔士和康沃尔以及后来在布列塔尼，Q-凯尔特语被较晚形成的被称为 P-凯尔特语的多种语言取代，后者更接近古代高卢居民使用的语言。

如果能了解这些人是谁，当然很好。我们还不确定，他们在多大程度上把自己看作与大海紧密联系的人。但有趣的是，“阿摩里卡”一词是布列塔尼的古名的拉丁化，意思是“海边的居民”。尤利乌斯·恺撒在罗马征服高卢的战争（公元前 58—前 50 年）中遇到的一些人是优秀的水手。前文提到的恺撒关于其胜利的夸耀性回忆录中的一个著名段落，描述了他在公元前 56 年遇到的阿摩里卡的维尼蒂人的船只。据说它们的建造方式与罗马船只的截然不同。维尼蒂船只的龙骨更平直，因为它们不得不应对水位变化很大的潮汐水域；它们有高高的船头和船尾，利于穿过汹涌的大海和风暴；它们有坚固的坐板，用很粗的铁钉钉在一起；船体用坚固的橡木制成，可以承受远海的惊涛骇浪；它们有悬挂在铁链上的锚；它们的帆是用皮革制成的。总之，它们比罗马船只更适合应对开阔大洋的狂风巨浪。[11]

还有一些较小的船只，足以抵御海浪的冲击。19 世纪末，一个爱尔兰农民在德里郡（County Derry）的布罗伊特尔（Broighter）耕地时发现了一批黄金工艺品，年代大约是恺撒在高卢作战时期，也可能更晚。其中最惊人的是一个微型船模，长 20 厘米，用黄金制成，细节精美。该模型包含9个供桨手使用的长凳和18支精致的桨，以及船尾的舵桨、一根桅杆和一个锚（或抓钩）。据估计，按照这种规格建造的船有12—15米长。[12]这种类型的船是用柳条编成的，柳条围绕着木质框架，然后用兽皮覆盖，涂上动物油脂，形成坚固的防水船体。从史前时代到今天，这种船在世界各地都有建造，包括美索不达米亚的圆形河船、威尔士的小圆舟（coracles，也是圆形的）和爱尔兰的克勒克艇（currachs），上述的黄金模型是克勒克艇的一个非常古老的例子。[13]恺撒对坚固的维尼蒂船只的描述是强有力的证据，表明大西洋沿岸地带确实是由海路连接起来的。除了恺撒，希腊旅行者也提供了证据，特别是无畏的马赛的皮西亚斯（Pytheas of Marseilles）。

※ 二

对大西洋感兴趣的希腊旅行者与马萨利亚（Massalia）有密切联系，这并不奇怪。这个港口在今天被称为马赛，是由来自小亚细亚的弗凯亚（Phokaia）的移民和商人建立的。根据一种相当可疑的说法，他们先逃离了波斯国王的征服大军，然后又逃离了在科西嘉岛建立的殖民地①。在公元前541年的一场大海战中，伊特鲁里

---

① 古典时代的殖民地大多是与母邦（metropolis，英语中“大都市”一词即来源于此）土地不接壤的海外殖民城邦的形式。殖民城市与母邦之间的联系十分紧密，但与近代的殖民主义不同的是，这种联系并不以母邦直接控制殖民城市的形式存在。母邦与殖民地也不是剥削与被剥削的关系。

亚人和迦太基人将弗凯亚人赶出了这个殖民地。那时，法国南部已经是伊特鲁里亚商人的目的地，他们与内陆的高卢人接触，从公元前 7 世纪中叶开始向后者出售大量的葡萄酒。马萨利亚在公元前 6 世纪经历了一个黄金时代，因为它能够满足法国中部对葡萄酒和其他地中海商品的需求。那时的法国中部有所谓的哈尔施塔特文化，该文化由强大的王公主导，他们的财富足以购买地中海商品。长期以来，地中海商品被视为社会地位的重要标志。可后来，大约在公元前 500 年，在中欧范围内，经济中心，可能还有政治权力中心，向东转移到拉登文化的零散村庄，于是马萨利亚失去了它的特殊优势，尽管它始终是一个重要的贸易中心。[14]虽然马萨利亚人肯定利用了横跨高卢的陆路和罗讷河的河道，但他们的航海技术使他们对直布罗陀海峡和位于加地尔的腓尼基人基地以外的土地充满好奇。最吸引马萨利亚人的，是有可能获得生产青铜制品所需的锡。要知道，铁的到来丝毫没有减少人们对青铜的需求，这一点可以从此时地中海地区生产的大量青铜俑和器皿中看出（如在法国中部塞纳河畔维克斯出土的巨大的希腊调酒器皿，其年代也许早至公元前 530 年）。

大约在这个时候，一位不知名的希腊水手编纂了一本航海手册，即《周航记》①，描述了从加利西亚通过直布罗陀海峡一直到马萨利亚的海岸线。今天，《周航记》是我们了解希腊人关于大西洋的知识的主要材料，就像在它的时代，它显然因其对大西洋和地中海西部水域的描述而受到珍视。在 4 世纪末，这本书还有人读，

① 它与前文提到的《厄立特里亚海周航记》不是一回事。

比如生活在北非的水平一般的多神教徒诗人阿维艾努斯（Avienus），他的作品《海岸》（*Ora Maritima*）的大部分内容是基于《周航记》的。如果没有阿维艾努斯（他的作品于1488年由一位威尼斯印刷商出版），《周航记》现在就失传了。[15]《海岸》是一种重写本（palimpsest），因此我们必须在阿维艾努斯蹩脚的拉丁文的字里行间确定那位古希腊旅行家（《周航记》作者）的观点。这并不难，因为《周航记》的作者没有提及后来变得很重要的几个地方，所以我们对《周航记》成书年代的古早充满信心。同时，他认为几个港口已经衰败，后来的考古学也证实了这一点，即腓尼基人在大西洋的网络已经过了巅峰期，开始走下坡路了。[16]

《周航记》的作者对可以获得锡的地方的描述，对公元前6世纪的马萨利亚居民来说特别宝贵。[17]阿维艾努斯详细地谈及塔特索斯（它在公元前5世纪也已经过了鼎盛期），并自信但错误地将其与加的斯混为一谈（“这里是加地尔城，以前叫塔特索斯”），同时认为，“现在它很小，被抛弃了，是一堆废墟”；[18]他描述了塔特索斯人如何与邻人做生意，以及迦太基人如何到达这些水域。他指出了一座闪闪发光的山，那里盛产锡，早期商人会对此非常感兴趣。[19]

阿维艾努斯说，锡和铅也是一群广泛分布的岛屿的重要资产，这些岛被称为俄斯特里梅尼德斯（Oestrymenides，字面意思是“极西方”），位于一个巨大的海角之外。一些评论家认为这指的是大不列颠和爱尔兰。不过，我们有很好的理由认为俄斯特里梅尼德斯其实是加利西亚，它被一些近海岛屿环绕，并且有人指出，加利西亚是“欧洲锡产量最多的地区”。[20]阿维艾努斯很可能把不同来源的资料混在了一起。他听说过康沃尔、布列塔尼和加利西亚出产锡，因此把它们与俄斯特里梅尼德斯的岛屿和大陆混为一谈。俄斯特里梅尼德斯的居民给阿维艾努斯笔下的旅行者留下了深刻的印象：

> 这里的人们坚韧不拔，充满自豪感，勤奋而高效。他们始终关注商业。他们搭乘用兽皮做的小船，在波涛汹涌的大海和充满怪物的大洋中航行，因为这些人不懂得如何用松木或枫木制作龙骨。他们不像其他人习惯的那样，用冷杉树制造帆船。他们总是巧妙地用连在一起的兽皮制造船只，并经常驾着兽皮船劈波斩浪。[21]

这首诗还写道，希尔尼人（Hierni）居住的“圣岛”离产锡的群岛有两天的路程，而“阿尔比恩人（Albioni）的岛”也在附近。这些显然是指爱尔兰和大不列颠。阿维艾努斯相信迦太基人和塔特索斯人曾在远至俄斯特里梅尼德斯的地方从事贸易。[22]特别神秘的是接下来的内容，即对传说中的迦太基航海家希米尔科（Himilco）探索过的大西洋更广阔空间的描述。阿维艾努斯描述了平缓的海面和无风的日子，以及被大量海藻堵塞的水域。然而，总的来说，阿维艾努斯毕竟是一位来自地中海的作者，所以他对大西洋的描述自然而然地强调了任何敢于冒险进入大西洋的人都会遇到的巨浪、强风和海怪。根据他的说法，大西洋上有一些荒凉的岛屿，也有一些神奇的地方，如萨图尔岛（Saturn），它长满了草，但拥有一种奇怪的自然力量：如果有船靠近，该岛和周围的海面就会剧烈震颤。[23]

阿维艾努斯确实知道一条沿着葡萄牙海岸、经过圣维森特角的路线："在星光落下的地方高高升起，富饶欧洲的这个尽头延伸到满是海怪的大洋的咸水中。"[24]阿维艾努斯写道："那是拍打遥远世界的大洋。那是巨大的深海，那是环绕海岸的浪潮。这是内部咸水的来源，这是我们的海的母亲。"[25]这是地中海居民对受到暴风雨和潮汐深刻影响的大西洋的看法。为阿维艾努斯提供创作材料的那位水手显然经历了一次惊心动魄但又极具教育意义的航行，前往产锡的土地。他至少和公元前4世纪的那个马萨利亚人皮西亚斯一样配得上先驱的称号。皮西亚斯更有名，但并没有留下更多的记录；他追随阿维艾努斯笔下那位水手的脚步，然后冒险走得更远。

※ 三

皮西亚斯既是探险家，又是作家。他的作品写于公元前320年前后。因为这部作品只是他的一面之词，所以后来的希腊作家在描述世界并涉及大西洋的时候，认为自己可以无所顾忌地嘲讽皮西亚斯的说法。这些希腊作家包括波利比乌斯，他是一位严肃的历史学家，在公元前2世纪写作；以及斯特拉波，一位同样严肃的地理学家，在公元1世纪初写作。要了解皮西亚斯，我们必须先过滤波利比乌斯和斯特拉波对他充满敌意的评论，还有比斯特拉波稍晚一些的老普林尼的言论。[26]尽管皮西亚斯的作品在古典时代遭到批评，但两位研究古代探险的现代历史学家大胆地表示，皮西亚斯"在古代旅行者中最有资格与近代的伟大发现者相提并论"。[27]他甚至被描述为“发现不列颠的人”，尽管阿维艾努斯笔下的旅行者早在几个世纪前就知道不列颠。[28]问题在于，皮西亚斯自己的作品已经佚失，所以很多人根本不把他当回事。有人指责他“肆意欺骗”。[29]斯特拉波和波利比乌斯都认为，皮西亚斯的航行根本不可信：“一个普通人，而且是一个穷人，怎么可能通过乘船和步行走完这么远的路?”皮西亚斯声称自己到了“宇宙的边界。就算是赫耳墨斯这么说，人们也不会相信”。[30]

皮西亚斯远赴不列颠，甚至更远，其动机似乎很明显。他与他后来的对手埃拉托色尼（Eratosthenes）和斯特拉波一样，对人类可居住世界的形状充满了好奇心。这是伟大的亚历山大港的世界测量家们的时代。即使在遥远的马萨利亚，人们也一定知道并读过主要的希腊 historia（意为“调查”）著作，尤其是希罗多德对希波战争的描写，其中也包含了对蛮族土地的详细描述，如黑海以北的斯基泰人的土地。还有一种可能性是，皮西亚斯热衷于促进贸易发展，或者想要查明与哪些地方可以建立有价值的贸易联系。我们已经看到，随着阿尔卑斯山以北拉登文化的兴起，通过法国南部运送希腊和伊特鲁里亚货物的贸易路线已经向东转移，这对意大利北部和亚得里亚海上游的伊特鲁里亚和希腊城镇有利。欧洲大陆对希腊和伊特鲁里亚货物仍有强烈的需求，但问题是，从马萨利亚的角度来看，新的交通路线很不方便。因此，有人认为皮西亚斯带着一支庞大的舰队出发，目的是打破迦太基人对大西洋锡贸易的垄断。但更有可能的是，他是一个孤独的旅行者，而正因为他是孤独的，他才能走得如此之远，收集有关不同地方、距离和产品的信息，这些信息对他的同胞来说很珍贵。[31]并且，去哪里寻找锡的问题始终存在。北方的布列塔尼和康沃尔的岩石海岬在召唤他。[32]

尽管以波利比乌斯和斯特拉波为代表的质疑之声不绝于耳，但我们没有理由怀疑皮西亚斯在公元前 4 世纪从马赛出发，至少到了不列颠群岛的说法，也没有理由怀疑他利用了当地的船只，而不是自费改装船只。以帆和桨为动力的船非常适合在地中海沿岸航行，但我们无法想象一艘三列桨座战船在比斯开湾和英吉利海峡的远海上艰难挣扎而不被迅速淹没并下沉。[33]另一个复杂的问题是，在公元前 4 世纪，迦太基人控制着西班牙地中海海岸线上的关键点，他们不大可能允许希腊船自由经过卡尔佩（Kalpe）巨岩，也就是后来的直布罗陀。[34]虽然皮西亚斯显然知道卡尔佩和加的斯/加地尔（马萨利亚人都知道它们的存在），但他更有可能主要沿着陆路从马萨利亚到高卢的大西洋海岸，然后在那里登上一艘高卢船。毕竟，这些从法国南部出去的陆路，同连接马萨利亚城与意大利、西班牙和地中海诸岛的海路一样，本身就是马萨利亚的意义所在。巴里・坎利夫认为，皮西亚斯确实从家乡走海路出发，然而只航行了一小段路：在坎利夫看来，皮西亚斯经过了位于今天朗格多克（Languedoc）南部的希腊人定居点阿格德（Agde），然后到达“土著港口”纳尔博［Narbo，即今天的纳博讷（Narbonne）］。从那里，他前往在高卢人定居点布尔迪加拉（Burdigala，即今天的波尔多）附近注入大西洋的河流体系。这段旅程可能只需要一个星期。[35]

经过三天的海上航行，他到达布列塔尼西端的乌伊西萨姆（Ouexisame），即今天的韦桑岛（Ushant），但他在那里做了什么，甚至他是否在那里停留了较长时间，我们都只能猜测。坎利夫认为他到了布列塔尼的北岸，到了戒备森严的铁器时代港口勒约戴（Le Yaudet），它位于雷吉埃河（River Léguer）的入海口，是跨越英吉利海峡去不列颠南部的贸易路线中的一站。[36]没有证据表明皮西亚斯去过不列颠南部，可如果他去过，他就会发现高卢北部或不列颠南部沿海的各个港口与他繁华的家乡马萨利亚（那里有巍峨的石制神庙正立面和宏伟的有天篷的市场）形成了鲜明的对比。这种对北方诸民族更原始的生活的困惑，反映在一篇对早期布立吞人俭朴生活的浪漫描述中。该描述由希腊作家西西里的狄奥多罗斯（Diodoros the Sicilian）在公元1世纪写下，可能源自皮西亚斯自己的书《海洋》。狄奥多罗斯写道，布立吞人“远离今人的狡猾和奸诈”，住在泥笆墙小屋里，吃用他们种植的谷物熬成的浓粥。狄奥多罗斯笔下的纯真形象构成了一个伟大文学传统的一部分，该传统一直延续到中世纪和文艺复兴时期，颂扬清贫，抨击财富带来的腐败。[37]希腊人在这些大西洋旅行中遇到的民族并没有因为其质朴而遭到嘲笑，相反，质朴被希腊人视为非常值得称赞的优秀品质。

英吉利海峡的各港口是锡贸易的重要环节，锡贸易从不列颠一直延伸到地中海。有一份关于不列颠西南部锡贸易的记载保存至今，这份记载也是出自狄奥多罗斯之手，并可能反映了佚失的皮西亚斯著作的内容。[38]狄奥多罗斯描述了一个名为贝勒里昂（Belerion）的海角，那里的锡矿很容易开采。锡被加工成指关节骨的形状，然后被运到一个名为伊克提斯（Ictis）的近海岛屿，该岛通过一条在涨潮时会被淹没的天然堤道与不列颠主岛相连。整车的锡在退潮时被运到伊克提斯，之后卖给商人，他们先穿过英吉利海峡把锡运到高卢，然后从陆路一直运到罗讷河河口，可能从那里再运到马萨利亚。老普林尼提供的信息略有不同，他称那个岛为米克提斯（Mictis），并指出布立吞人是用覆盖着兽皮的柳条船而不是通过堤道把货物运到米克提斯的。伊克提斯也许就是康沃尔海岸外的圣迈克尔山（St Michael's Mount），不过没有发现可以证实这种猜想的那个时期的遗迹。[39]

更具猜测性的是皮西亚斯沿不列颠海岸向北的路线。他乘坐不列颠船从一个岛移动到另一个岛，驶向已知世界的边缘。在试图弄清他的去向时，一切都取决于他后来的读者（如斯特拉波）引用的正午时分太阳高度的测量值（斯特拉波等人对皮西亚斯的评价往往很刻薄）。斯特拉波自己搞错了北欧土地的方向，甚至将爱尔兰置于大不列颠以北。他认为，不列颠的东海岸与今天的法国北部和荷兰平行。但斯特拉波对爱尔兰有一种古怪的看法，他认为爱尔兰是世界的最边缘，“只是勉强可以居住”。[40]皮西亚斯和斯特拉波之间的区别是，皮西亚斯到访过他描述的大部分土地，而斯特拉波则是没有真正去过那些地方的空想家。对于这一点，斯特拉波心知肚明。皮西亚斯很可能到过的一个地方，是苏格兰西北岸的刘易斯岛（Isle of Lewis）。老普林尼对奥克尼群岛做过非常简短的描述，而他也许就是从皮西亚斯那里得到这些信息的。[41]问题在于，皮西亚斯在奥克尼群岛之外还走了多远。老普林尼重复了皮西亚斯的说法，即在不列颠以北六天航程外有一个叫泰尔（Tyle）的岛，在那里，一年中有一半的时间看不到太阳，而在另外六个月则能持续看到太阳（这是对极昼现象的夸张表述）。[42]皮西亚斯旅程中最引人关注的部分，莫过于他到访被后来的戏剧家和思想家塞内卡（Seneca）① 称为“最远图勒”（Ultima Thule）的地方，这个名称让人联想到世界最边缘的一片遥远而无人居住的土地。斯特拉波驳斥皮西亚斯到过图勒的说法，说这是谎言。[43]另外，中世纪早期的作家，如爱尔兰僧侣迪奎（Dicuil）将图勒与冰岛联系在一起。他是一位敏锐的世界测量家，于9世纪初在法兰克皇帝、查理曼之子“虔诚者”路易（Louis the Pious）的宫廷写了《论地球的测量》。此时，一些爱尔兰僧侣正在造访冰岛，9世纪第一批到冰岛的诺斯移民发现那里有爱尔兰僧侣。[44]不过，图勒也很有可能是其他地方，如设得兰群岛或法罗群岛（Faroe Islands），因为没有迹象表明皮西亚斯笔下的图勒是冰岛这样规模的大岛。

更重要的问题是，皮西亚斯是否真的环绕不列颠，然后进入了北海。对于这个问题，只有一些一笔带过的文字可供参考，其中一处文字可能与肯特有关，这表明他从东边通过了英吉利海峡。老普林尼根据皮西亚斯的作品对一个叫阿巴鲁斯（Abalus）的岛所做的描述十分引人注目，其中说阿巴鲁斯堆积着从一个大河口流出来的琥珀。那里的居民对琥珀不感兴趣，用它来代替木柴。但住在一天路程之外的大陆上的条顿人（Teutoni）很重视琥珀，乐于向阿巴鲁斯人购买。[45]老普林尼知道，琥珀是一种树脂，它被冲到了北欧的部分海岸。[46]说到琥珀，我们又只能猜测，所以关于这是波罗的海琥珀

① 此处指小塞内卡（约公元前4—公元65年），罗马斯多葛派哲学家、政治家、戏剧家、幽默家。他是尼禄皇帝的教师和谋臣，后因被怀疑参与刺杀尼禄的阴谋而被迫自杀。他的父亲老塞内卡是著名的修辞学家和作家。

还是日德兰琥珀（日德兰琥珀的可能性似乎更大）的争论，以及关于这条大河是莱茵河还是沿着低地国家和丹麦之间的海岸流入北海的几条河流的争论十分激烈。看来，在皮西亚斯的时代，日德兰琥珀的供应正在减少。而且，正如他寻找锡的来源一样，他可能打算收集有关琥珀来源的信息。波罗的海琥珀此时仍占主导地位，已经向南渗透，因为波罗的海人用琥珀换取来自遥远地中海的伊特鲁里亚城市的青铜货物。其中一些琥珀到达现代的斯洛文尼亚，这表明运送琥珀的路线是陆路路线，而且这些路线在从马萨利亚出发可以到达的路线以东很远的地方。一个古老的问题，即地中海产品的需求中心向东转移，使马萨利亚陷入困境。[47]

也许皮西亚斯是一个刺探商业情报的间谍，但是，通过狄奥多罗斯和老普林尼的转述，他留下了对大西洋世界的简短记述。最重要的是，与地中海、黑海、红海和印度洋相比，大西洋还是一个陌生的世界。因为欧洲的大西洋海岸线仍然是已知世界的外缘，而印度洋已经成为连接地中海和南海，以及连接罗马帝国的先进文化和远东先进文化的纽带。

注　释

1. J. Henderson, *The Atlantic Iron Age: Settlement and Identity in the First Millennium BC* (London, 2007), pp. 121-2.

2. Ibid., pp. 122, 136, 212.

3. A. Ritchie, *Prehistoric Orkney* (London, 1995), pp. 96–116.

4. Henderson, *Atlantic Iron Age*, p. 168.

5. Ibid., p. 276.

6. Julius Caesar, *Gallic Wars*, 3. 12.

7. Henderson, *Atlantic Iron Age*, p. 129, fig. 4. 13.

8. M. Costa et al., *Casa dos Nichos, núcleo de arqueologia* (Gabineto de Arqueologia, Viana do Castelo, s. d.).

9. J. Koch, *Tartessian: Celtic in the South-West at the Dawn of History* (2nd edn, Aberystwyth, 2013), p. 270.

10. Ibid., pp. 81 (J. 14. 1) and 223 – 4; cf. S. Celestino and C. López-Ruiz, *Tartessos and the Phoenicians in Iberia* (Oxford, 2016), pp. 289–300.

11. Caesar, *Gallic Wars*, 3. 13.

12. B. Cunliffe, *The Extraordinary Voyage of Pytheas the Greek* (2nd edn, London, 2002), pp. 104–5.

13. I. Finkel, *The Ark before Noah* (London, 2014).

14. Herodotos, 1. 163–7; David Abulafia, *The Great Sea: A Human History of the Mediterranean* (London, 2011), pp. 123–5; Cunliffe, *Pytheas the Greek*, pp. 6–8.

15. Facsimile of *editio princeps* in Avienus, *Ora Maritima*, ed. J. P. Murphy (Chicago, 1977), pp. 101 – 39; see L. Antonelli, *Il Periplo nascosto: Lettura stratigrafica e Commento storicoarcheologico dell' Ora Maritima di Avieno* (Padua, 1998) (with edition); F. J. González Ponce, *Avieno y el Periplo* (Ecija, 1995).

16. A. Jodin, *Mogador: Comptoir phénicien du Maroc atlantique* (Tangier, 1966), pp. 191–3.

17. Cunliffe, *Pytheas the Greek*, pp. 45–7.

18. Avienus, ll. 85, 267–74; Celestino and López-Ruiz, *Tartessos*, pp. 88–91.

19. Avienus, ll. 80–332, especially ll. 85, 113–16, 254, 308, 290–98.

20. Cunliffe, *Pytheas the Greek*, p. 46; Avienus, ll. 95–9, 154–7.

21. Avienus, ll. 98–109, 据墨菲（Murphy）的翻译修改。

22. Ibid., ll. 110–16.

23. Ibid., ll. 164–71.

24. Ibid., ll. 202–4.

25. Ibid., ll. 390–93.

26. Pytheas of Massalia, *On the Ocean*, ed. C. H. Roseman (Chicago, 1994).

27. M. Cary and E. H. Warmington, *The Ancient Explorers* (2nd edn, Harmondsworth, 1963), p. 47.

28. 见 Cunliffe, *Pytheas the Greek* 企鹅版的封面。

29. Strabo, *Geography*, 1: 4. 3, in Pytheas, *On the Ocean*, p. 25, and 3: 2. 11, p. 60, as also 1: 4. 5 and 2: 3. 5, pp. 38, 46.

30. Ibid., 2: 4. 2, pp. 48–9; 第二句引文是斯特拉波从宇宙学家埃拉托色尼的作品中引用的。

31. Cf. Cary and Warmington, *Ancient Explorers*, p. 48.

32. Roseman in Pytheas, *On the Ocean*, pp. 152–3.

33. Ibid., pp. 148–50.

34. Cf. Cary and Warmington, *Ancient Explorers*, p. 47.

35. Cunliffe, *Pytheas the Greek*, pp. 56–8, 61; Roseman in Pytheas, *On the Ocean*, pp. 152–4.

36. Cunliffe, *Pytheas the Greek*, pp. 65–6.

37. Diodoros the Sicilian, 5. 21; 可以对比大约公元 1500 年的图景, D. Abulafia, *The Discovery of Mankind: Atlantic Encounters in the Age of Columbus* (New Haven, 2008)。

38. Roseman in Pytheas, *On the Ocean*, pp. 18–19; cf. Cunliffe, *Pytheas the Greek*, pp. 75–7; Cary and Warmington, *Ancient Explorers*, p. 49.

39. Diodoros the Sicilian, 5. 1–4; Pliny the Elder, *Natural History*, 4. 104; Cary and Warmington, *Ancient Explorers*, p. 47.

40. Strabo, *Geography*, 2: 1. 17.

41. Pliny the Elder, *Natural History*, 4. 103, in Pytheas, *On the Ocean*, pp. 89–90; Cunliffe, *Pytheas the Greek*, p. 100 假设老普林尼确实是在引用皮西亚斯的作品。

42. Pliny the Elder, *Natural History*, 2. 186–7 and 4. 104, in Pytheas, *On the Ocean*, pp. 75, 91–2; Cunliffe, *Pytheas the Greek*, p. 127.

43. Cunliffe, *Pytheas the Greek*, p. 125.

44. J. Byock, *Viking Age Iceland* (London, 2001), p. 11.

45. Pliny the Elder, *Natural History*, 37. 35–6; Cunliffe, *Pytheas the Greek*, p. 144.

46. Cunliffe, *Pytheas the Greek*, p. 140.

47. Ibid., p. 142.

第十八章

北海袭掠者

※ 一

地中海旅行者对北欧水域的描述往往忽略了当地居民的视角。尽管文字（其形式为如尼文，可能源自伊特鲁里亚文或另一种北意大利的文字）越过阿尔卑斯山向北传播，但在公元初的几个世纪，大西洋沿岸没有任何文字存留。相关的考古学证据很零散。在积水和沼泽土壤中保存了木船甚至献祭牺牲品遗迹的地区，考古学证据最为丰富，例如丹麦的格洛布教授研究的“沼泽人”。在丹麦出土了相当丰富的证据，因为丹麦有许多岛屿和大量可用作港口的海湾。在公元前7千纪和前6千纪，随着北极冰的融化和海平面的上升，丹麦的土地从海中升起。撇开日德兰内陆不谈，这是一片最适合海上旅行的土地，与斯堪的纳维亚半岛的联系也很便捷。最早的船是用椴树、桤木或橡树的树干做成的，树干被挖空后变成小渔船，也许只适合几个人乘坐。从在距离丹麦博恩霍尔姆岛（Bornholm）20公里的波罗的海捞出的一个罐子可以看出，到了公元前4千纪中期，已经有船向开放水域航行。[1]

除了鱼，这些船还运载“北方的黄金”，即琥珀，它不仅被用作首饰，还被用来供奉神灵。公元前4千纪的一个罐子里装着12849颗琥珀珠子，不过没有一颗是大的（这么多珠子的总重量只有4公斤）。前文已述，到了公元1世纪，日德兰琥珀的供应量在减少，这激发了人们对波罗的海琥珀的兴趣。波罗的海在经历了漫长的几个世纪的落后之后，开始焕发生机。琥珀是太阳的礼物，到了公元2千纪，它已经成为陆路贸易中最受欢迎的商品之一。通过这种陆路贸易，古人在地中海与北欧之间分阶段地来回运送货物。[2]丹麦和波罗的海世界通过中欧和东欧的河流，长期与南方的土地联系在一起，其密切程度不亚于甚至超过长途海路的联系，直到维京时代依然如此。[3]罗马货物确实进入了古代斯堪的纳维亚半岛，其中丹麦收到的货物超过总量的一半，挪威超过五分之一，瑞典超过六分之一。但是，这些罗马货物并没有在海上运输很远的距离：它们是从特里尔和科隆等主要罗马城市向北运来的。[4]然而在波罗的海地区，博恩霍尔姆岛位于连接丹麦东部和更东地区的海路上，地理位置十分便利。从将当地名流埋葬在船形坟墓中的习俗来看，博恩霍尔姆岛是一个重要的航运中心。

大约在皮西亚斯航行的时期，有证据表明北欧人在战争中使用了小船。这并不意味着发生了海战。即使在维京人的时代，海战也很罕见。在北欧，船主要被用于运输（无论是运送武士还是商人），或者用来追击敌人［在中世纪冰岛最伟大的文学作品之一《尼亚尔萨迦》

挪威海
北海
日德兰
罗马的
不列颠尼亚行省
萨顿胡
弗里斯兰
乌得勒支
多雷斯塔德
波切斯特
佩文西
多佛尔海峡
泽兰
佛兰德
昆托维克
比利时高卢
科隆
特里尔
布列塔尼
南特

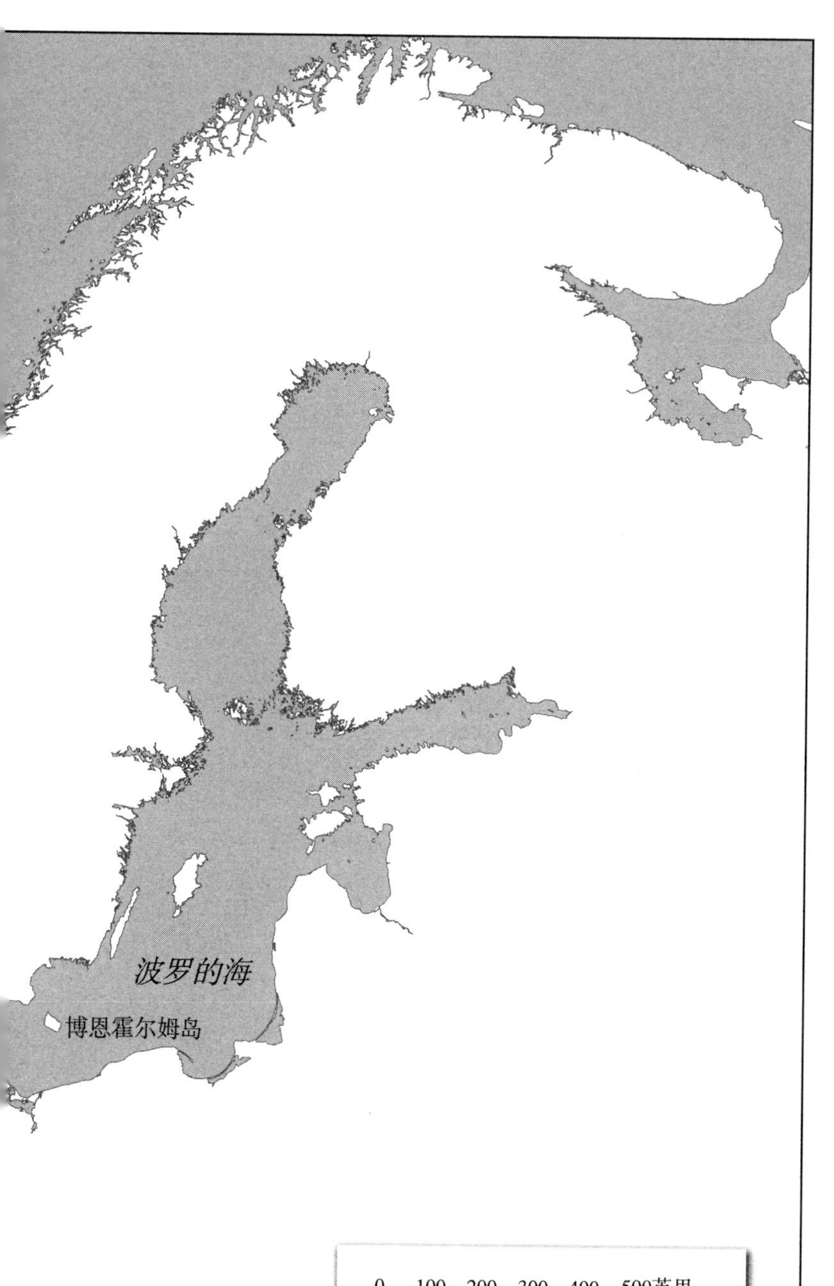
波罗的海
博恩霍尔姆岛

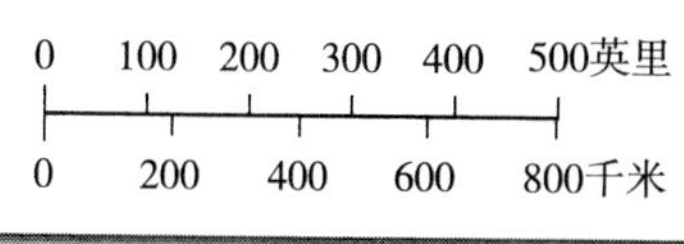
0 100 200 300 400 500英里
0 200 400 600 800千米

(*Njál's Saga*)① 中，追击敌人的任务被托付给名字令人不安的“不洗澡的乌尔夫”]，但船并不经常在海上作战。[5]公元前4世纪末，在阿尔斯岛（Als Island）发生了一场战斗，在那之前还发生了可能来自今天德国北部（阿尔斯位于丹麦东部，就在今天德国边境以北不远处）的袭掠：至少3艘，也许多达6艘长约20米的作战划艇扑向丹麦海岸，每艘艇上有20名或更多的武士，他们装备有长矛、长枪、标枪和剑，有些还穿着链甲。入侵者很可能被彻底打败了，因为他们在这场战斗中留存下来的只有一堆残缺不全的武器，这些武器在一处沼泽中被献祭，他们的一艘船也被拖进了沼泽。[6]由于该地区的物理形态，船是早期斯堪的纳维亚半岛日常生活的一个重要元素。从公元前2千纪起就有描绘长而窄的船只的雕刻。有时，正如瑞典东约特兰（Östergötland）的一个例子所示，船上的人物似乎正在交媾。这背后意味着什么是个谜，不过这些场景可能来自关于众神的神话故事。

即使在公元初的几个世纪，帆的力量也很少被使用，而且它不是很有效，船的动力主要是由桨（有的有桨架，有的没有）提供的。公元1世纪，塔西佗在他的《日耳曼尼亚志》中提到了被称为绥约内斯人（Suenones）的民族的船，他们显然生活在瑞典南部和丹麦附近，这些船是用桨划的：

① 《尼亚尔萨迦》是13世纪冰岛的萨迦传奇之一，也是最长和发展最完善的一部萨迦，讲述两个家族之间的世代血仇。

在这些部落之外则有绥约内斯人，他们住在海中，不仅人多兵强，而且还有很强的海军。他们船只的形式是很特殊的，两端都有一个船头，准备随时可以靠岸。他们的船不张帆，两旁也没有排桨，桨位的排列是不固定的，好像内河的艇子一样，可以随着需要左右变换方向划动。绥约内斯人更重视财富……①[7]

在发明了更高的干舷、更坚固的龙骨以及新龙骨能支持的更大的桅杆和风帆之后，风力才能够完全发挥作用，这个时间可能晚至维京时代。但是，在公元初的几个世纪里，船舶设计肯定在发生变化。在丹麦的尼达姆（Nydam，距离阿尔斯很近）发现的一艘战船在服役数十年后，于公元350年前后被作为祭品，连同大量武器一起沉没。这艘船是用橡木制成的，有一个锚。它的船头和船尾没有5个世纪后建造的那些著名的维京船的船头和船尾那么陡峭，但它已经不是一根挖空的树干。正如在北欧水域常见的那样，这艘船是瓦叠式外壳的（clinker-built），即由重叠的木板建造。它是现存最古老的瓦叠式外壳的船，长23米，最宽处为4米，每边用5块大木板建造，每块木板长约15米，木板被铁钉固定在一起，不过列板（strake）、肋骨（rib）和龙骨（keel）是用纤维捆绑在一起的，这使得船体具有更大的灵活性。船上有15对桨的空间，还有一个侧

① 译文借用〔古罗马〕塔西佗《阿古利可拉传·日耳曼尼亚志》第四十四章，马雍、傅正元译，北京：商务印书馆，1985，第78页。

舵（side rudder）。[8]我们不知道这艘船的沉没是否表明它是在战争中被敌人缴获的，或者当时的人们是否认为，这对一个忠诚服务了多年、值得信赖的海上伙伴来说，是最好的归宿。它是于公元320年前后在距离尼达姆不远的地方建造的，因为它是用来自日德兰或石勒苏益格的木材制成的。

还有一艘松木船，只出土了一些碎片，似乎也是4世纪的。船的长度和宽度都不大，这艘船可能是从挪威、瑞典甚至不列颠来的，因为阿尔斯岛周边地区的松树很少。[9]不过，如果因为丹麦沼泽地的居民不怎么使用船帆，就认为当时没有人这样做，那就错了。在布鲁日（Bruges）发现的一艘平底船可以追溯到2世纪或3世纪，很可能是商船，适合北海的条件，有足够的空间装货，而且有一面大的中央帆。它没有龙骨，适合在沙洲之上航行，退潮时可以在那里休息。这一时期的莱茵河驳船的遗物通常包括用于插入桅杆的阶形梁（stepped beam），而且罗马人肯定在他们以科隆为基地的莱茵河舰队中使用过帆船。[10]依赖风力的麻烦在于，较难控制何时出发和去哪里。如果目的是发动突袭，使用桨就更有意义。

在阿尔斯岛和尼达姆的考古发现让人觉得，这是一个经常发生跨海袭掠的世界。由此产生的问题是，这些袭击总体上是局限于个别区域的，还是更有野心的、横跨北海的远征。这就涉及盎格鲁人、撒克逊人和朱特人的身份问题（这是很棘手的问题），他们从出土了上述船只的地区出发，在后来被称为英格兰的土地上定居。他们是公元1世纪以后活跃的日耳曼袭掠者的后继者。关于日耳曼海盗的最早记载来自塔西佗对罗马将军阿古利可拉（Agricola）平定不列颠的描述。一些来自被塔西佗称为乌西皮（Usipi）的部落的日耳曼人叛变了，夺取了一些桨帆船，向北逃窜，绕过不列颠，与其他日耳曼人发生冲突，最后在他们家乡附近的某处落脚，那里位于莱茵河下游的弗里斯兰（Friesland 或 Frisia）①。弗里斯兰人杀掉一些乌西皮人，奴役剩余的人。乌西皮人并不是熟练的航海家，这趟旅程称得上悲惨：食物吃完后发生了人相食的惨剧。[11]此时莱茵河河口的构造与后来几个世纪的非常不同，有许多海湾深入今天的比利时和荷兰境内。而在东面，一直到丹麦的边界，绵延着沙岸和一排排的小岛屿。要想在这些湿地居住，只能于潜在的洪水线之上建造土丘（terpen）。沿海的一些村庄不仅作为渔港，而且作为接收罗马玻璃制品和金属制品的贸易中心而繁荣起来。位于今天德国北部的主要罗马城市之一科隆就在莱茵河上，而罗马治下的不列颠则在北海对面不远处。弗里斯兰人在中世纪早期的北海贸易中非常活跃，他们在这个地区与其他日耳曼群体生活在一起，特别是被塔西佗称为考契人（Chauci）的人群。[12]

“考契人”这样的部落标签到底指的是什么，是研究古代和中世纪的历史学家乐于思考的难题。我们所知的盎格鲁人和撒克逊人这一更大的移民浪潮，是由多个群体组成的，考契人就是其中之一。在公元 1 世纪，考契人的海盗活动令罗马人恼火，于是罗马舰队奉命去讨伐他们，为此，罗马人甚至调动了他们在科隆的舰船。

① 弗里斯兰是一个历史地区，在北海南岸，今天大部分在荷兰境内，小部分在德国境内。

有一段时间，考契人由一个名叫甘纳斯库斯（Gannascus）的野心勃勃的日耳曼军阀领导，他对比利时高卢省（Gallia Belgica）发动了大胆的海上袭击。最终，他在公元47年被罗马人俘获并处决。[13]不过，他的失败进一步刺激了考契人。公元1世纪下半叶，在与比利时高卢接壤的土地上多次爆发冲突。在公元175年的袭击之后，考契人不再于史料中出现，无疑是因为他们从此被称为“撒克逊人”了。在一次交战中，日耳曼人乘坐五花八门的船只，有些是从罗马人那里缴获的，有些是传统日耳曼风格的划桨船。他们也会把自己五颜六色的斗篷挂起来，把大量的船变成简单的帆船。[14]告诉我们这些故事的塔西佗，并不掩饰自己对日耳曼诸民族的活力和自由的欣赏，以及对罗马皇帝及其将军们未能驯服他们而感到的喜悦。尽管有所偏颇，但他的记述总的来讲还是值得信赖的，即当时罗马人一次又一次地被生活在罗马帝国边缘的巴达维亚人（Batavians）和其他民族打败，这往往发生在日耳曼辅助士兵叛逃到与罗马敌对的海军中之后。[15]到大约公元200年，住在海边已经不安全了。布列塔尼的一些别墅被烧毁，钱币被埋藏在布列塔尼海岸的一些地方，切尔姆斯福德（Chelmsford）和撒克逊人称为埃塞克斯（Essex）的不列颠部分地区的村庄遭到严重破坏，这些都有力地证明，是来自海上的袭掠，而不是内部的冲突，使沿海地带变得不安全。[16]

到了3世纪，袭掠已经变得很严重，因此罗马人在不列颠尼亚行省东部海岸和比利时高卢海岸建造了要塞。“撒克逊海岸”在其指挥官的领导下，成为抵御从海上来的日耳曼袭掠者的第一道防线，尽管还是有很多人能越过界墙（Limes，罗马治下日耳曼尼亚行省与邻近民族的边界）发动袭击。这些袭掠者有时会被罗马人招安，但也可能结盟反对罗马人，例如，在后来的历史中被称为法兰克人（意思是“自由人”）的大型族群和撒克逊人就是这样结盟而成的。撒克逊人当时生活在北海附近，他们的联盟（包括考契人）是在塔西佗于公元 1 世纪写完《日耳曼尼亚志》之后才出现的，因为塔西佗提到了许多部落，但没提到撒克逊人。不过，托勒密在 2 世纪中叶就已经知道撒克逊人了。无论这些部落是否贪恋边境对面高卢和海对面不列颠的罗马土地的财富，从 3 世纪开始，他们一直受到很大压力：上升的海平面正在侵蚀他们在佛兰德和弗里斯兰之间海岸的宜居土地，这种原因不明的现象被称为“敦刻尔克二期海侵”（Dunkirk II Marine Transgression）。土地的丧失促使人们迁出曾由考契人和他们的撒克逊后裔定居的土地。同时，沼泽地的出现促使罗马人从他们位于比利时高卢的要塞撤退，于是那里的土地被法兰克部落占领。

对于那些被迫越来越依赖海洋生存的人来说，海盗活动成为谋生的手段。有时陆上袭掠和海上袭掠相结合，如在 3 世纪中叶法兰克人对罗马帝国的第一次大规模袭掠中，法兰克人最远到达西班牙的塔拉戈纳（Tarragona），然后夺走了他们在塔拉戈纳港口发现的船只，之后袭掠了北非。后来，另一支法兰克人队伍甚至到了黑海。这些人的适应能力极强。这种高调的冒险刺激了罗马作家的想象力。但真正影响到北海和英吉利海峡的，是日耳曼人对布列塔尼和比利时高卢的一系列袭击，这些袭击使几十个村庄（*vici*）持续遭到破坏或陷入贫困，我们可以找到相关的考古证据。[17]在罗马的不列颠尼亚行省南部的波切斯特（Portchester）和法国西部的南特（Nantes）等地沿海岸线修建的要塞究竟有多大效果，是一个有争议的问题。令人震惊的是，日耳曼人的袭击能够深入到南特，这说明袭击的范围非常大。诚然，这些要塞不仅充当瞭望塔，还是罗马舰队的基地，舰队可以从那里出发去攻击敌人，也可以从那里监视邻近的海域。同样，不列颠尼亚行省的东侧有大片的区域暴露在闪电般的袭击之下。有人认为，只有在多佛尔海峡，罗马帝国才能指望控制跨海交通，即使如此，控制得也不是很成功。在4世纪初至中期，在黑斯廷斯附近的佩文西（Pevensey）建造的巨大要塞表明，保卫不列颠南部需要更强大的防御工事。

海防是一个牵连甚广的问题：当经验丰富的海军指挥官卡劳修斯（Carausius）在北海建立了活跃的巡逻队，并似乎遏制了来自海盗的威胁时，皇帝出于嫉妒而反对他，甚至指控他与法兰克人勾结（毫无疑问，为了取得这样的好成绩，除了用军事手段，卡劳修斯肯定也用了外交手段）。卡劳修斯的回应是在286年宣布自己为不列颠和高卢北部的皇帝。罗马陆军和海军在接下来的十年里努力争取重新征服不列颠。不过，这确实促使罗马人建立了一支庞大的舰队，而且他们在收复不列颠后似乎一直维持着这支舰队，因为海盗活动虽有所减少，但并没有消失。大约在这个时候，剑桥附近的高德曼彻斯特（Godmanchester）的居民惨遭袭掠者屠杀，袭掠者一定是从海上进入东英吉利的河网的。[18]到了4世纪末，撒克逊人及其邻人对不列颠的袭击并没有减少，而皮克特人（Picts）和盖尔人（Scots）的陆路袭击则进一步加剧了不列颠尼亚居民的痛苦。晚期罗马的历史学家阿米阿努斯·马尔凯利努斯（Ammianus Marcellinus）写道，包括不列颠尼亚在内的整个罗马帝国的边境地区“不断受到困扰”。一旦袭掠者在367年开始互相合作（在阿米阿努斯看来，这是“蛮族的大阴谋”），罗马在不列颠的统治就走到了崩溃的边缘。[19]

我们有理由相信，撒克逊人来到不列颠时的身份既是袭掠者，也是定居者。而且，因为出土了撒克逊风格的陶器碎片，甚至有人认为，罗马帝国授予抵御海上袭掠者的防御网络的指挥官“撒克逊海岸总司令”称号，这反映了撒克逊人是这片海岸的定居者，而不是袭掠者。[20]但实际上，罗马人的力量正在衰退，撒克逊人的袭击越来越肆无忌惮，甚至到了罗马不列颠尼亚行省边界之外的奥克尼群岛。因此，随着410年罗马军团撤离不列颠，以及大家都认识到罗马不再能掌控不列颠的命运，不列颠的大门就敞开了：来自今天丹麦南部和德国北部的盎格鲁人，还有来自日德兰的朱特人，与撒克逊人一起，对不列颠进行了殖民。随着海洋淹没了北欧沿海地区的更多土地，这些民族自己的土地持续减少，于是他们加速了殖民不列颠的过程。[21]关于盎格鲁-撒克逊人在后来的英格兰的定居，仍有许多未解之谜。DNA证据表明，入侵者往往娶布立吞女子为妻，或者可能与被奴役的布立吞女子生了孩子，而被称为*wealhas*的下层布立吞奴隶劳工存在了几个世纪。*Wealhas*这个词的意思是“外国人”，讲日耳曼语的人用这个词指代多种异族人，特别是后来被称为威尔士的地区的居民。不列颠西部和极北部成为凯尔特人的避难所，而在这些地区之外，入侵者人数众多，足以将他们的日耳曼语言和多神教信仰强加给曾经讲凯尔特语言并且日益基督教化的人群。

任何对维京人的袭击有所了解的人，都会发现撒克逊人及其邻人对罗马晚期不列颠的袭击，以及他们对不列颠部分地区的征服，与丹麦人和诺斯人在9世纪和10世纪的活动有惊人的相似。尽管正如后文所示，维京人的造船技术已经有了相当大的发展，但海盗活动、对沿海地带的暴力攻击和随后的拓殖，是许多个世纪以来北海世界的一个长期特征。只是在维京时代，一些长期存在的东西更显突出。此外，斯堪的纳维亚半岛常常是蹂躏法国北部海岸的舰队的来源地，有时这些舰队还渗透了莱茵河三角洲复杂的河流系统。相关记载最为详细的攻击是一个叫赫依拉（Hygelac）的丹麦国王发动的，发生在516—534年，目标是法兰克人的土地。袭掠者掳走了一些货物和人口，但法兰克人的国王，墨洛温王朝的提乌德里克（Theodoric），派他的儿子带着一支军队（显然是在海上）攻击丹麦人。法兰克人取得了胜利，赫依拉丧命，据说所有的战利品和俘虏都被法兰克人收回。[22]这场冲突被人们长期铭记，因为它出现在伟大的盎格鲁-撒克逊诗歌《贝奥武甫》中，该诗是在赫依拉的袭击的至少一百年后，也许是四百年后写成的。在杀死怪物葛婪代（Grendel）之后，英雄贝奥武甫得到了赫依拉在最后一次袭击期间佩戴的项圈，因为贝奥武甫是赫依拉的亲戚："我是赫依拉的外甥并家将，少年时代，便以奇功闻名。"① 诗人回顾了赫依拉在"弗里斯兰"的一场战斗中死亡的悲剧。贝奥武甫也参加了那场战斗，

① 译文借用《贝奥武甫》，冯象译，北京：生活·读书·新知三联书店，1992，第22页，第408—409行。

他背着缴获的一大堆铠甲战利品游走，逃离了险境（这不奇怪，他的所有成就都是超人才能做到的）。[23]

以上关于跨北海交流的叙述并不完整。到目前为止，历史呈现的都是暴力与其后的拓殖，其规模之大，足以抹去罗马不列颠尼亚行省文化的大部分痕迹。即使是已经被发现的船只，一般也是战船。不过，正如来自布鲁日的船表明的那样（尽管它的年代很早），货物与袭掠者一样来回流动。袭掠者自己也经常通过市场交换他们缴获的货物。他们正是因为渴望得到在家乡不容易得到的产品，才开始了海盗式的袭击。他们的一些墓葬用品表明了他们有多珍视罗马各城市制造的产品。[24]正如后文所示，在7世纪确实有一个连接北海沿岸土地的商业网络。然而，很难说这样的网络在撒克逊人袭击的时代就已存在，在那个时期，城镇作为贸易和手工业中心已经衰落。或者更夸张地说，西罗马帝国在衰亡。[25]

※ 二

盎格鲁人、撒克逊人和朱特人在来到不列颠后，带来了他们的仪式性船葬习俗，这并不让人感到意外。最令人印象深刻的例子是1939年在萨福克被发掘的奢华的萨顿胡船葬（Sutton Hoo ship burial），尽管船的结构只剩下了钉子。这座墓葬的年代是7世纪初，墓葬显示出基督教影响的痕迹，因此它似乎记录了基督教逐渐浸润一个仍然遵守多神教价值观的社会的时期。奢华的船葬仪式清楚地表明，多神教习俗仍然盛行。该遗址可能是强大的东英吉利国王雷德瓦尔德（Rædwald）的坟墓。在去世之前，他似乎已经在英格兰南部众多互相竞争的盎格鲁-撒克逊国王当中确立了自己的领导地位。他在驾崩的若干年前，确实接受了洗礼，但也保留了一个多神教的神龛，因此他皈依新宗教似乎是一种投机，是为了讨好不远处的信奉基督教的肯特国王。在墓葬物品中，有拜占庭式的银盘。用于船葬的这艘船长27米，宽4米。从它的木头在土壤中留下的印迹来看，这是一艘经历过维修的大船。在它的瓦叠式外壳结构中使用的列板不是单一的木板，而是由几根长木头相互黏合而成的复合条。这种技术在北欧还是首次出现，不过我们不知道这种方法是在尼达姆船和萨顿胡船葬之间的哪个阶段首创的。船头和船尾的柱子比龙骨高出4米，令人印象深刻。如果曾经有一个桅杆座（mast step）的话，它显然被拆掉了，以便在船中部为国王安放墓室。遗憾的是，同一时期在日德兰和东英吉利的其他考古发现，仍然无法让我们搞清楚船只推进力的问题。但是，我们很难绕开这样的结论：当风的条件合适时，风帆至少是一种辅助动力来源。由于使用风力会使航行时间大大缩短，风帆的存在与否，对盎格鲁-撒克逊人定居的新土地和他们的旧家园之间的联系是否方便有重大影响。事实甚至有可能是，前几代人懂得的航海技术已经失传，因为随着罗马政权和罗马城市的萎缩，以及对奢侈品需求的急剧下降，对以风为动力的货船的需求也大大减少。罗马政权崩溃的一个后果是，人们放弃了精心建造的带有码头的港口，而改为在海滩装载货物和乘客。需要停在沙滩上的船只，在构造上也与需要始终浮在水面上的船只不同。例如，需要停在沙滩上的船只的龙骨不应过于凸出，否则船只很可能会失去平衡。[26]

盎格鲁-撒克逊人的航运史可以从船葬以外的证据中得到还原。盎格鲁-撒克逊文学的一个显著特征是对海上旅行的书面描述得以保存至今。大量用典的头韵诗赞美了航行和航行者。在《流浪者》（*The Wanderer*）中，一个流亡者讲述了无法回家的人的艰难生活：

> *Ond ic hean þonan wod wintercearig ofer waþema gebind ...*
> 我凄凉地离开了，
> 厌倦了冬日，越过海浪的界限；
> 我在沉闷中寻找赐金者的大厅，
> 我可以在远处或近处找到
> 在宴会厅可能会注意到我的那个人，
> 他可以为一个没有朋友的人提供慰藉，
> 赢得我的欢呼。[27]

另一首笔力雄劲的诗《水手》（*The Seafarer*）打动了埃兹拉·庞德（Ezra Pound），让他写出了自己的奇异版本。《水手》讲述了每个旅行者在出发前都必将经历的恐惧：

> *Forþan cnyssaðnu heortan geþohtas þæt ic hean streamas ...*
> 现在，思绪来了，
> 敲打我的心，想到我将再次越过的
> 高高的浪和激荡的盐水之峰。

心中的欲望使人疯狂，随着我的呼吸移动
出发的灵魂，寻找道路
到一个遥远的洪荒之外的国度。
因为没有一个人是如此心情舒畅，
如此装备齐全，如此迅速地行动，
如此青春强健，或有如此强大的主
于是在航海之前，他一点儿也不畏惧
主最后会领他去哪里。[28]

无论这首诗是否像人们所说的那样记录了一次真实的海上航行，或传达了暗含的基督教讯息，对海洋及其危险的认识都成为盎格鲁-撒克逊人生动的文学作品中的一个共同主题。他们仍然清楚地记得自己的海洋传统。

《贝奥武甫》的作者也非常熟悉海洋，以及赫依拉的家乡，即丹麦的土地。贝奥武甫是高特人（Geat），这是作者对丹麦人的称呼。这部最古老的英格兰史诗不是关于英格兰的。故事开始于一场船葬。不过与那些已经被发掘出来的船葬不同，这场船葬是在海上进行的。人们都知道，这是纪念一个人的最受欢迎的方式，他（或她）的崇高地位为他（或她）赢得了一场船葬：

港口，等着一只曲颈的木舟，
他们主公的灵船，
遍被冰霜，行将远航。

他们把他放入船舱，项圈的赐主

骄傲地靠着桅杆，

四周堆起八方收归的无数缴获——

我从未听说，

世上的战舰，哪一艘

用胄甲和刀剑装饰得这般漂亮！……

他们还在他头顶上，悬一面金线绣成的战旗，

让浪花托起他，将他交还大海。

人们的心碎了。①[29]

在谢默斯·希尼（Seamus Heaney）语言优美的《贝奥武甫》现代英文译本中，还有对准备离港的战舰的精彩描述，“周身箍紧了的木舟”“极像一只水鸟，项上沾着泡沫，乘风而去了！”②[30]这些船是有帆的：

他们张开风帆，驶向万顷碧波，

缆绳抓紧了大海的斗篷。

航船劈浪，吱呀作响，

狂风留不住它，它已昂首向着航道

顶起雪白的泡沫，攀上惊涛，

① 译文借用《贝奥武甫》，第3—4页，第32—49行。

② 同上，第12页，第216—219行。

这曲颈的木舟，驾驭了滚滚洋流！
终于，他们远远望见了高特的峭崖，
熟悉的海岬。借着风力
战船急冲向前，停到岸边。①[31]

然后，一名海港警卫来迎接这艘船，并确保它被用锚索固定在海滩上，“以免波涛不羁，撞坏了欢乐的战舰”②。在这个世界里，英格兰人和丹麦人克服了对大海的恐惧，因为他们意识到，在他们擅长建造（以及描述）的巨大木制海鸟（船）的帮助下，大海是可以被驾驭的。在这个社会里，地位较高的人彼此交换礼物，从而确定人际关系，比如贝奥武甫的项圈就是一位王后馈赠的礼物。而且，在这个社会里，袭掠为大家所接受，在袭掠中展现实力是赢得财富也是赢得荣誉的一种方式。

※ 三

跨越北海的行动不只是由战船执行的。早在6世纪，乘船的商人就从一个被广泛地称为“弗里斯兰”的地区出发。该地区从日德兰南部一直延伸到今天德国北部和荷兰遍布沼泽的海岸。这不是军

① 译文借用《贝奥武甫》，第99页，第1905—1913行。
② 同上，第99页，第1918—1919行。

队可以轻易征服的地区，这里水网复杂，还有几块土地的海拔接近海平面，所以容易被海水淹没。土地不断增减，因为三角洲不断变化，河床移动使得在不断变化的冲积土壤中时而出现新的水道。对于试图在那里生活的人来说，最好是在水面之上的土丘定居。其中一些土丘演变成港口（*vici*）。考古学家在那里找到了金银币，这说明土丘绝不是孤立的社区。“大海”可以说是“无所不在的”：水呵水，到处都是水。① 不过，水提供了宝贵的资源，如盐和鱼。弗里斯兰人还利用为数不多的旱地放牧，所以能够交易羊毛和皮革，这些成为他们船上的常见货物。对他们来说，牛和船一样重要，因为他们的饮食富含肉类和牛奶。弗里斯兰人既是商人又是农民，他们开发利用当地的资源，同时建立起延伸得越来越远的联系网。[32]造船需要大量的木材，木材必须从莱茵河运来，谷物和他们难以生产的其他主食也要从莱茵河运来。因此，早期的弗里斯兰人提供了一个极好的例子，说明不平衡的地方经济和专业化的必要性如何刺激贸易发展。他们从事贸易，并不是为了积累财富和过上奢侈的生活，而是为了确保生存。他们成功地保障了基本生存条件，这就为更加雄心勃勃的贸易航行提供了基础。如后文所示，他们向北海周边的消费者提供葡萄酒、纺织品和其他制成品。[33]

这是一片顽固的土地，不欢迎征服者，赫依拉国王就死在这里。这个地区早先是盎格鲁人和其他入侵英格兰（这片土地后来的

① 这是柯勒律治的名诗《古舟子咏》中的名句：水呵水，到处都是水，/却没有一滴能解我焦渴。译文借用〔英〕华兹华斯等《英国湖畔三诗人选集：诗苑译林》，顾子欣译，长沙：湖南人民出版社，1986，第172页。

名字）的民族的家园。弗里斯兰语至今仍然是与盎格鲁-撒克逊语乃至现代英语最接近的日耳曼语言。这些居民即使皈依了基督教，也仍被认为是“凶残的”。他们的生活基本上不受外界干扰，直到法兰克人的“宫相”（墨洛温王朝的实际统治者）铁锤查理（Charles Martel）对“最可怕的民族”，即弗里斯兰人，发起了一场雄心勃勃的战役。[34]不过，基督教在弗里斯兰有立足点，因为早期的约克大主教威尔弗里德（Wilfred）在7世纪晚期向弗里斯兰居民传教，另一位传教士威利布罗德（Willibrord）则在7世纪末从爱尔兰出发，完成了让弗里斯兰人皈依基督教的进程。传教活动是从不列颠群岛发起的，这一事实已经证明弗里斯兰和北海对岸的土地之间存在交通。[35]

这种交通是双向的：在英格兰北部写作的尊者比德（The Venerable Bede）① 知道，678年，一个来自诺森布里亚（Northumbria）的贵族战俘伊玛（Imma）被带到伦敦，卖给一个弗里斯兰商人。这个商人心地善良，允许伊玛去肯特找人赎自己，而伊玛也成功地做到了。如此一来，伊玛获得了自由，弗里斯兰商人也没吃亏。[36]到了8世纪晚期，在维京人第一次袭击英格兰的前夕，有很多弗里斯兰商人在英格兰居住，特别是在约克、伊普斯威奇（Ipswich）和汉威（Hamwih，今天的南安普顿）；他们也在法国北部和莱茵河下游地区居住。弗里斯兰铸造的银币在英格兰东部多次出土，在奥斯陆

---

① 尊者比德（672—735年），英国盎格鲁-撒克逊时期的编年史家和神学家，亦为本笃会修士，著有《英吉利教会史》，被尊为“英国历史之父”。他的一生似乎都是在英格兰北部韦尔茅斯-雅罗的修道院中度过的。据盎格鲁-撒克逊人的文献记载，比德精通语言学，对天文学、地理学、神学甚至哲学都颇有研究。

附近的考邦（Kaupang）和日德兰的耶灵（Jelling）也发现了弗里斯兰铸造的金币，这些金币的年代是7世纪70年代。在弗里斯兰发现了来自斯堪的纳维亚的胸针，在斯堪的纳维亚也发现了来自弗里斯兰的胸针。[37]弗里斯兰的一个特别重要的贸易中心位于莱茵河三角洲内乌得勒支（Utrecht）附近的多雷斯塔德（Dorestad）。到公元600年前后，在布洛涅上游几英里处，在一个叫昆托维克（Quentovic）的地方出现了另一个贸易中心。佛兰德地区及其周围的一些弗里斯兰基地曾是罗马的贸易中心，而另一些则是新出现的，或至少是复苏的贸易港口。在这些地方，人们可以买到羊毛及羊毛织物、兽皮和奴隶。高级的莱茵兰陶器、玻璃器皿和优质的磨石也顺着注入北海的河流而来。[38]

在海陆交融方面，没有哪个国家能与荷兰相提并论。位于多雷斯塔德的弗里斯兰主要港口将海洋世界和陆地世界联系在一起。虽然多雷斯塔德在罗马时代晚期就已经以某种形式存在了，但在中世纪早期，它经历了特别快速的发展。在8世纪末，它的面积达到了250公顷。在多雷斯塔德，商人的房子是长长的大厅式结构，周围有栅栏，栅栏范围内有水井和垃圾坑。房屋通过长长的木制防波堤与流经该城的河流相连。在这里，装满莱茵兰葡萄酒的桶或罐子被运往海岸的小港口。这片海岸向北延伸至日德兰，然后进入波罗的海，远至哥得兰岛和瑞典东部，那里出土了大量莱茵兰陶器碎片和玻璃碎片。在多雷斯塔德发现的陶器有80%不是本地的，而是外国的，主要来自莱茵河流域。不过，包括多雷斯塔德在内的弗里斯兰城镇虽然富裕，外观却很普通：“从宏伟程度上看，它们远远谈不上令人印象深刻。对来自科隆甚至图尔（Tours）的游客来说，多雷斯塔德看起来非常功利，尽管它作为城市中心比图尔更活跃。”[39] 9世纪初，从科隆前往丹麦的船会经过多雷斯塔德，后者是连接莱茵兰和北海的关键纽带。多雷斯塔德在8世纪和9世纪初也是一个特别重要的铸币厂的所在地，这很合理，因为它在贸易中的突出地位为该城带来了大量的金银，于是它成为查理曼的帝国境内最重要的铸币厂的所在地。查理曼改革了其帝国的货币，放弃铸造金币，转而使用更容易获得的白银铸造银币。[40]在加洛林王朝的统治被强加给该地区后，多雷斯塔德、昆托维克和其他城镇因与当地的法兰克王室官员的关系而受益。这几个地方的繁荣的高潮恰好与加洛林王朝国运的高潮一致。将近9世纪中叶的时候，加洛林帝国四分五裂，这些城镇的重要性也随之减弱。[41]这表明，加洛林统治者的宫廷是最好的利润来源之一。众所周知，加洛林统治者欢迎商人，如来自地中海的犹太人。加洛林统治者试图通过奢华和富丽的生活方式，将自己打扮为新一代的罗马皇帝。

弗里斯兰人不仅是北欧贸易网络的主宰，也是航海专家。从他们钱币上的图像来看，他们建造了一种圆底船，它吃水很深，适合在远海进行中程航行，可以一直航行至英格兰。这种船可能就是在中世纪晚期被称为hulk的货船的祖先。在靠近海岸处或在河流上航行的船是平底的，有较高的船舷，类似于另一种中世纪晚期的货船，即柯克船（cog）。除了钱币上的示意图，还有1939年在乌得勒支出土的一艘弗里斯兰船的证据。利用碳14分析，现在能确定它的年代约为790年，即弗里斯兰商业活动的高峰期。这艘船很像弗里斯兰钱币上的香蕉形船，用橡木制成，长近 18 米，最大宽度为 4 米，排水量约为 10 吨。关于它拥有什么样的桅杆和船帆，学界争论不休，而如果不解答这个问题，就无法确定这艘船是否能在远海航行。[42]这是一艘原始 hulk。但在瑞典比尔卡（Birka）发现的弗里斯兰钱币也描绘了平底柯克船，后者有很大的中央桅杆、索具和大型方帆。无论弗里斯兰水手使用哪种类型的船只，他们都喜欢尽可能紧贴海岸航行，并在前往丹麦和更远的地方时，在北弗里斯兰群岛附近的瓦登海（Wadden Sea）躲避风雨。这样他们就可以一直航行到丹麦西南部的里伯（Ribe），而不需要向黑尔戈兰岛（Heligoland）以西的远海航行。向西走也有岛屿的庇护，这些岛屿现在已经成为欧洲陆地的一部分，位于今天荷兰的泽兰省（Zeeland）。按照这个路线，弗里斯兰水手几乎可以从多雷斯塔德一直航行到昆托维克。他们在远海旅行时似乎是以船队形式行进的，而且不会在冬天出发，因为海上旅行有严格的季节性。他们在北海贸易中占据主导地位，所以同时代的人将弗里斯兰和英格兰之间的水域称为"弗里斯兰海"。[43]

尽管弗里斯兰商人显然会互相合作（正如他们组成船队、集体航行所表明的那样），但没有确凿的证据表明当时存在贸易公司，商人显然是在个人之间进行交易的。有人认为，他们有栅栏的房屋表达了强烈的个人主义：在多雷斯塔德，"莱茵河边的房屋密密麻麻，但每间都自成一岛"，因此他们同时拥有"土丘能提供的对外联系和私密性"。[44]无论如何，他们将货物储存在自己的房子里，而不使用公共仓库，这表明他们有强烈的私有财产意识。另外，他们可能是创建商人行会的先驱，这些行会构成了后来在布鲁日、根特和其他佛兰德城市蓬勃发展的著名城市行会的基础。[45]无论是否存在这种程度的延续性，关于弗里斯兰商人最重要的一点是，他们确实为中世纪佛兰德的巨大贸易网络奠定了基础。他们在后来属于佛兰德伯国的城镇经商，对新机遇持开放态度。他们的城镇吸收了来自法兰克、英格兰和斯堪的纳维亚的移民，还在远离弗里斯兰的地方建立了自己的贸易站，如在奥斯陆峡湾内的考邦和斯德哥尔摩城外的比尔卡。这两个地方将在后文详细介绍。9世纪初，维京海盗开始掠夺弗里斯兰和盎格鲁－撒克逊贸易世界的财富，与此同时，弗里斯兰商人对在日德兰半岛另一侧的波罗的海出现的绝佳新机遇持开放态度。到了10世纪，"弗里斯兰人"一词已经成为泛指商人的词，就像在墨洛温时代的高卢，"叙利亚人"甚至"犹太人"表达了同样的意思。因此，尽管弗里斯兰人起源于他们的土丘，但从他们探索的世界和他们远离家乡的经历中产生了一种世界性的身份，这种身份使他们能够成为北海沿岸各民族之间的中介。

一边是8世纪弗里斯兰的和平的商人，另一边是从今天的日德兰和德国北部出发、将罗马不列颠尼亚行省的大部分地区转变为盎格鲁－撒克逊时代英格兰的侵略者。本章将这两群人并置。但是，海盗和正经商人之间的界限一直都很模糊。随着新一波斯堪的纳维亚袭掠者进入北海和大西洋，袭掠者和商人之间的区别变得更加含糊。如下一章所示，在某些方面，维京人也是这样。然而在其他方面，比如他们的攻击规模和新航运技术的发展，维京人的世界与以前的世界有很大的不同。

注　释

1. J. Jensen, *The Prehistory of Denmark from the Stone Age to the Vikings* (Copenhagen, 2013), pp. 74, 94, 99, 145, 159.

2. G. Graichen and A. Hesse, *Die Bernsteinstraße: Verborgene Handelswege zwischen Ostsee und Nil* (Hamburg, 2013); Jensen, *Prehistory of Denmark*, pp. 410-12, 503-6.

3. M. North, *The Baltic: A History* (Cambridge, Mass., 2015), pp. 25-6.

4. Jensen, *Prehistory of Denmark*, pp. 706, 753, 768.

5. Þ. Gylfason, ed., *Njál's Saga* (London, 1998), p. 10.

6. Jensen, *Prehistory of Denmark*, pp. 582-3.

7. Tacitus, *Germania*, ch. 44.

8. Jensen, *Prehistory of Denmark*, pp. 326-7, 812-15; J. Haywood, *Dark Age Naval Power: A Reassessment of Frankish and Anglo-Saxon Seafaring Activity* (London, 1991), pp. 63-5, p. 64 含图表; O. Crumlin-Pedersen, *Archaeology and the Sea in Scandinavia and Britain: A Personal Account* (Roskilde, 2010), pp. 65-7。

9. Haywood, *Dark Age Naval Power*, p. 66.

10. Ibid., pp. 17-18; R. Unger, *The Ship in the Medieval Economy 600-1600* (London, 1980), p. 60.

11. Tacitus, *Agricola*, ch. 28; Haywood, *Dark Age Naval Power*, pp. 5-6.

12. Haywood, *Dark Age Naval Power*, p. 9.

13. Tacitus, *Annals*, 11. 19; E. Knoll and N. IJssennagger, 'Palaeogeography

and People: Historical Frisians in an Archeological Light', in J. Hines and N. IJssennagger, *Frisians and Their North Sea Neighbours from the Fifth Century to the Viking Age* (Woodbridge, 2017), pp. 10–11.

14. Tacitus, *Histories*, 5. 23.

15. C. Krebs, *A Most Dangerous Book: Tacitus's Germania from the Roman Empire to the Third Reich* (New York, 2011).

16. Haywood, *Dark Age Naval Power*, p. 12.

17. Ibid., pp. 24 – 34; L. P. Louwe Kooijmans, 'Archaeology and Coastal Change in the Netherlands', in F. H. Thompson, ed., *Archaeology and Coastal Change* (London, 1980), pp. 106–33.

18. Haywood, *Dark Age Naval Power*, pp. 37–41.

19. Ammianus Marcellinus, 26. 4. 5; 27. 8. 1.

20. J. N. L. Myres, *The Oxford History of England*, vol. 1b: *The English Settlements: English Political and Social Life from the Collapse of Roman Rule to the Emergence of Anglo-Saxon Kingdoms* (2nd edn, Oxford, 1989), pp. 74–103.

21. Ibid., pp. 55, 107–8.

22. Haywood, *Dark Age Naval Power*, pp. 78–85, 179（含史料摘录）; Gregory of Tours, *The History of the Franks*, transl. L. Thorpe (Harmondsworth, 1974), pp. 163–4。

23. *Beowulf*, l. 407 (transl. Seamus Heaney, London, 2000); also ll. 812, 1202–14, 1820, 1830, 2354–68, 2497–2506.

24. R. Hodges and D. Whitehouse, *Mohammed, Charlemagne and the Origins of Europe* (London, 1983), p. 79.

25. B. Ward-Perkins, *The Fall of Rome and the End of Civilization* (Oxford, 2005).

26. Haywood, *Dark Age Naval Power*, pp. 66–73; Unger, *Ship in the Medieval Economy*, pp. 63 – 4; Crumlin-Pedersen, *Archaeology and the Sea*, pp. 96 – 7; G. Asaert, *Westeuropese Scheepvaart in de Middeleeuwen* (Bussum, 1974), pp. 14–15.

27. M. Alexander, transl., *The Earliest English Poems* (Harmondsworth, 1966), p. 70.

28. Ibid., p. 75.

29. *Beowulf*, ll. 32–40, 47–50, 240 (transl. Heaney).

30. Ibid., ll. 216, 218–19.

31. Ibid., ll. 1905–13.

32. C. Loveluck, *Northwest Europe in the Early Middle Ages, c. AD 600 – 1150* (Cambridge, 2013), pp. 191–2; Knoll and IJssennagger, 'Paleogeography and People', pp. 6, 9–10.

33. M. Pye, *The Edge of the World: How the North Sea Made Us Who We Are* (London, 2014), p. 35; R. Latouche, *The Birth of Western Economy: Economic Aspects of the Dark Ages* (London, 1961), pp. 122, 134–6.

34. Haywood, *Dark Age Naval Power*, pp. 88 – 9; S. Lebecq, *Marchands et navigateurs frisons du haut moyen âge* (2 vols., Lille, 1983), vol. 1, pp. 114, 123–7, and vol. 2, pp. 258–9, doc. 52. 5.

35. Lebecq, *Marchands et navigateurs*, vol. 2, pp. 59, doc. 10. 2, and p. 63, doc. 11. 1; W. Levison, *England and the Continent in the Eighth Century* (Oxford, 1946), pp. 49 – 54; H. Mayr-Harting, *The Coming of Christianity to Anglo-Saxon England* (London, 1972), pp. 129 – 47; J. Hines, 'The Anglo-Frisian Question', and T. Pestell, 'The Kingdom of East Anglia, Frisia and Continental Connections, c. AD 600–900', both in Hines and IJssennagger, *Frisians*, pp. 25–42, 193–222.

36. Lebecq, *Marchands et navigateurs*, vol. 2, p. 232, doc. 46. 5.

37. Loveluck, *Northwest Europe*, pp. 186, 194–7.

38. A. Verhulst, *The Rise of Cities in North-West Europe* (Cambridge, 1999), p. 20; D. Meier, *Seafarers, Merchants and Pirates in the Middle Ages* (Woodbridge, 2006), pp. 56–62.

39. Hodges and Whitehouse, *Mohammed, Charlemagne*, pp. 93–101; Lebecq, *Marchands et navigateurs*, vol. 1, pp. 78–83, 149–63; 引文出自 C. Wickham, *Framing the Early Middle Ages: Europe and the Mediterranean, 400–800* (Oxford, 2005), pp. 682–5，该著作者给出的面积比较小，只有60公顷。

40. Lebecq, *Marchands et navigateurs*, vol. 1, pp. 60–66; Verhulst, *Rise of Cities*, pp. 27–8；很好的插图见 J. Rozemeyer, *De Ontdekking van Dorestad* (Breda, 2012), pp. 20–30（忽略将多雷斯塔德视为乌得勒支的意图）, and also in Unger, *Ship in the Medieval Economy*, p. 79, fig. 5; Asaert, *Westeuropese Scheepvaart*, pp. 18–19。

41. Verhulst, *Rise of Cities*, pp. 45–6.

42. Lebecq, *Marchands et navigateurs*, vol. 1, pp. 169–76.

43. Ibid., vol. 1, pp. 190–95, 213–15, 258–61.

44. Pye, *Edge of the World*, p. 44.

45. Lebecq, *Marchands et navigateurs*, vol. 1, p. 260, and vol. 2, pp. 281–2; Alpertus van Metz, *Gebeurtenissen van deze tijd en Een fragment over bisschop Diederik I van Metz*, ed. H. van Rij and A. Sapir Abulafia (Amsterdam, 1980), pp. 18–19.

第十九章

“这条镶铁的龙”[1]

※ 一

船舶设计的变化将斯堪的纳维亚袭掠者的威胁提升到一个新的水平。这一点可以从挪威和丹麦的重要考古发掘中看出，这些发掘使沉没的和被埋藏的船重见天日，而瑞典哥得兰岛的纪念石上有船只的图像，其中有关于未能存世的部件（如船帆和索具）的丰富信息。还有考古学证据表明，斯堪的纳维亚人的城镇和贸易网络远离他们的家乡，这有助于解释他们的攻击是否有经济动机。[2]

另一条引起持续关注的证据，是描述“丹麦人”首次抵达英格兰海岸，以及描述僧侣和其他人对“异教徒”和“丹麦人”首次出现感到多么惊恐的文献。“丹麦人”是个泛指，也包括来自“北方之路”（“挪威”这个名字的含义）的袭掠者，偶尔还包括来自瑞典的袭掠者。这些关于谋杀和偷窃的记载，穿插在关于盎格鲁-撒克逊时代英格兰诸王之间同样血腥的冲突的记载中，因此主要的信息来源——《盎格鲁-撒克逊编年史》（有好几个版本）——让读

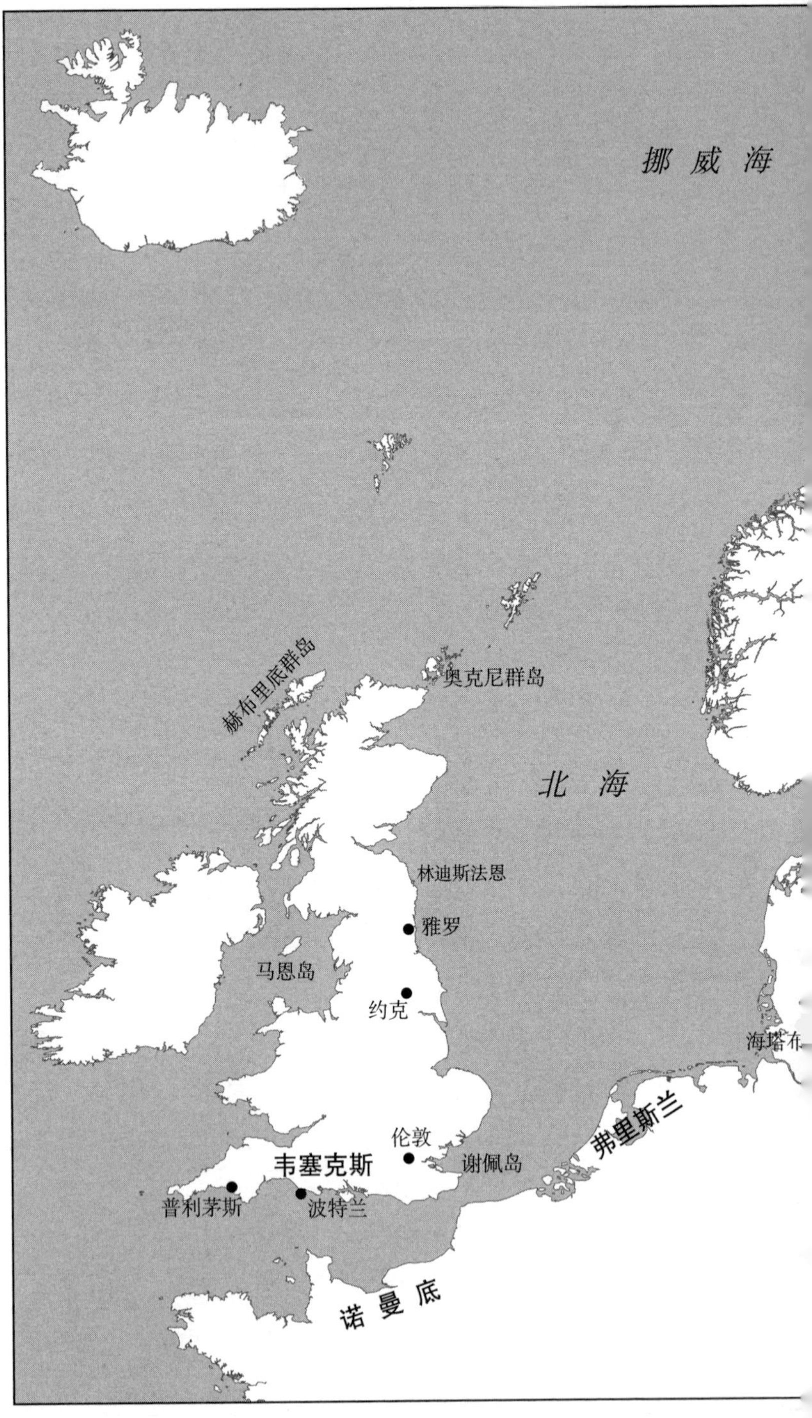

挪 威 海

赫布里底群岛

奥克尼群岛

北 海

林迪斯法恩

雅罗

马恩岛

约克

海塔布

伦敦

韦塞克斯

谢佩岛

弗里斯兰

普利茅斯

波特兰

诺 曼 底

奥兰群岛
旧拉多加
比尔卡
哥得兰岛
波罗的海
沃林
0 100 200 300 400 500英里
0 200 400 600 800千米

者难以理解，英格兰究竟是如何在盎格鲁-撒克逊人的统治下成为一个繁荣且秩序良好的国家的。《盎格鲁-撒克逊编年史》告诉我们，在878年，韦塞克斯的“很大一部分居民”逃到了海对岸，而英格兰人的国王阿尔弗雷德在树林和沼泽地里避难。[3]英格兰的繁荣是吸引维京人的因素之一。维京人也许意识到，不应该杀死下金蛋的鹅，尽管一些关于维京人恣意破坏的描述给人的印象是，大片土地被“骚扰”到了毁灭的程度。

根据《盎格鲁-撒克逊编年史》，维京人对英格兰的袭击始于789年。当时挪威人，也可能是丹麦人，对今天多塞特郡的波特兰（Portland）发动了一次小规模袭击：“这是第一批来到英格兰的丹麦船。”[4]但是，真正恐怖的袭击发生在793年，这一年出现了显著的凶兆（“有人看到火龙在空中飞行”），发生了严重的饥荒，异教徒来到诺森布里亚海岸的林迪斯法恩（Lindisfarne）修道院（诺森布里亚教会的荣耀），并将其夷为平地。第二年，雅罗（Jarrow）的僧侣遭到了攻击，尽管编年史家满意地记录道，一些丹麦船在暴风雨中损毁，许多丹麦人被淹死或杀死。[5]维京人的袭击在9世纪30年代变得激烈起来，这些袭击的一个显著特点是范围很广：835年，肯特近海的谢佩岛（Isle of Sheppey）遭到攻击；855年，一群维京人在那里过冬；他们也出现在普利茅斯（Plymouth）附近，丹麦人在那里与康沃尔布立吞人结盟；838年，韦塞克斯的埃格伯特（Egbert）国王在普利茅斯取得了一场胜利，这场胜利格外喜人，因为在前一年，埃格伯特被一帮丹麦人击败，这些丹麦人乘坐35艘，或者可能是25艘船抵达萨默塞特（Somerset）附近。[6]丹麦人袭掠队伍的规模有多大，一直是个有争议的话题。《盎格鲁-撒克逊编年史》的作者多次提到865年到达英格兰的“异教徒大军”（*mycel hæþen here*），不过也记录了更早时候的大规模的丹麦舰队，如在851年，350艘维京船进入泰晤士河，在伦敦肆虐，然后向内陆进军，后来被彻底击败。这正好是843年记录的船只数量的10倍，所以要么是攻击的规模发生了巨大变化，要么是著史的僧侣变得越来越喜欢夸张。[7]维京人已经了解到，在英格兰以及法兰克帝国的北部沿海地区可以找到丰富的战利品，而且他们的野心开始向新的方向扩展：在肯特，撒克逊人承诺给维京人金钱，希望他们能够保持和平。然而，撒克逊人低估了战利品的诱惑力，维京人拿到钱之后还是蹂躏了肯特东部地区。[8]

随着一批批斯堪的纳维亚定居者到来，以及征服英格兰部分地区的计划得到发展，丹麦人的野心越来越大。9世纪初，丹麦人的袭掠还只是一群志同道合的武士在战争领袖的带领下出发去寻找战利品和冒险，船只的数量往往只有几艘，后来变成了由国王和其他大领主领导的更大规模的远征。不过，早在810年，丹麦国王古德弗雷德（Godfred）就率领200艘船入侵了附近的弗里斯兰，并从查理曼帝国最繁荣的省份之一带走了200磅白银作为贡品。每艘船能有1磅白银的利润，毫无疑问，这有一定的吸引力，何况组建如此庞大的舰队的费用很高。然而，必须从区域政治的角度来理解这次袭击，因为这是一场邻国之间的冲突。但是，它表明丹麦国王有能力调动大型舰队；而在更远的挪威，王室还没有强大的权力，所以私掠才是常态。[9]斯堪的纳维亚人的一个王国在约维克（Jorvik，即约克）建立，而阿尔弗雷德国王在 9 世纪晚些时候，同意与维京人统治者古斯鲁姆（Guðrum）分享英格兰的大部分地区，可古斯鲁姆接受了基督教洗礼。英格兰方面认识到，海上的预防性行动比试图在陆地上打败异教徒大军更有效。阿尔弗雷德新组建的舰队在 882 年成功击败了一支小型丹麦舰队。此役的结果之一是“异教徒大军”离开了阿尔弗雷德的领地，转而沿斯海尔德河（River Scheldt）逆流而上，在法国北部和佛兰德惹是生非。[10]到 896 年，阿尔弗雷德国王建立了海防。在一些关于英国海军历史的记载中，这就是英格兰海军创立的时刻：

> ［国王］令人建造“长船”抵御丹麦战船。这些战船比别的船几乎长一倍，有的有 60 根桨，有的更多。它们既更快更稳，又比其他的船高。它们既非按弗里斯兰船仿造，又非按丹麦船仿造，而是按他本人认为最能起作用的格式造的。①[11]

这些船究竟是什么样子的，仍然是一个谜，因为我们只知道它们不是什么样子的，而它们的尺寸听起来很惊人。此后，一直到埃塞尔斯坦（Athelstan）国王统治时期，盎格鲁-撒克逊王国的海岸都能得到英格兰海军的保卫。但有一个问题，即袭掠不只是从斯堪的纳维亚发起的。[12]911 年，法兰克人统治者把后来被称为诺曼底的地区

---

① 译文借用《盎格鲁-撒克逊编年史》，寿纪瑜译，北京：商务印书馆，2009，第 96—97 页。

的控制权让给了诺斯人（诺曼底的名字就是从他们的名字来的）。在这之后，仍然有海上袭掠者从法国北部抵达英格兰南部，沿着塞文河（River Severn）航行。他们还袭击了威尔士海岸，因为凯尔特人的土地，特别是爱尔兰，一直是维京人袭击的目标，而且维京人在都柏林周围的地区长期定居。[13]

关于维京人袭击英格兰的详细记录表明，即使斯堪的纳维亚的基督教化正在进行，袭击也没有停止。11 世纪初，八字胡斯文（Svein Forkbeard）和他的儿子克努特（Cnut）来到英格兰，随后英格兰臣服于这些统治者。克努特建立了一个包括英格兰、丹麦和挪威在内的帝国，但这并不意味着斯堪的纳维亚人不再袭击英格兰。[14] 1066 年，挪威国王无情者哈拉尔（Harald Hardraða）带着英格兰王位宣称者托斯蒂格（Tostig）渡海来到英格兰北部。在那里，两人都被托斯蒂格同父异母的兄弟①哈罗德·葛温森（Harold Godwinsson）国王击败并杀死。此时，诺曼底公爵威廉（他本人也是斯堪的纳维亚人的后裔）对英格兰南部发动了进攻。[15]维京人的袭掠只是随着时间流逝而逐渐平息，因为当他们发动袭掠的动机并非征服土地的时候，总是可以给予他们丰厚的贿赂，然后请他们离开。像所有形式的勒索一样，后来被称为“丹麦金”（Danegeld）的赎金变成了一种邀请，吸引维京人以后再来并索要更多。

到目前为止，我们按年份描述了维京人袭掠行动中最凶残的一些，这是一个关于谋杀、偷窃和最终部分征服英格兰的故事。

① 原文有误，哈罗德·葛温森和托斯蒂格应当是同父同母的兄弟。

然而，这并没有解释袭掠者是什么人，以及他们为什么发起攻击。甚至“维京人”（Viking）这个词也一直是辩论的主题。最合理的解释是，它的意思是“*vik* 的人”，*vik* 就是袭掠者出发的小海湾，无论是挪威雄伟陡峭的峡湾，还是丹麦和瑞典南部的低洼小海湾。在斯堪的纳维亚半岛，*víkingr* 一词指的是海盗，这些人在海上进行 *í víking*，即跨海袭掠。纪念他们的石碑上有歌颂他们的如尼文。[16]“维京”这个词被用得太广泛了，因此，即使是中世纪晚期格陵兰的斯堪的纳维亚人定居点（后文会详谈）也经常被称为“维京的”。“维京”这个词最好仅用于指本章描述的袭掠者。在波罗的海地区，瑞典维京人袭击了波罗的海南岸，并乘着他们的船只，沿着东欧的河流体系抵达“大城市”（*Mikelgarð*，指君士坦丁堡）。这些维京人经常被称为瓦良格人（Varangians），这是另一个来源不明的术语，源自希腊语 *Varangoi*，特指受到拜占庭军队高度重视的斯堪的纳维亚和盎格鲁-撒克逊雇佣兵。在 11 世纪晚期，波罗的海地区的袭掠并没有停止。后来瑞典沿着今天波罗的海三国的海岸开展的征服战争，与早先几个世纪的瓦良格人的袭击有很多共同之处，不过瑞典的征服战争有时会有强烈的基督教传教因素。[17]

很显然，这些袭击的原因并不是单一的。试图把原因归结为斯堪的纳维亚半岛内部的人口过剩或政治纷争（导致异议者大量出走），可能符合一些证据，但不能解释维京人袭击的巨大多样性：有的是来自海上的闪电式袭击，目标是富裕的修道院，袭掠者可以在那里夺取大量的金银财宝；有的是政治征服的尝试；有的是拖家带口一起渡海的迁徙（如冰岛和其他一些地区的情况）；此外，还有乘坐后文描述的那种船只进行的和平的贸易远航。[18]向冰岛的移民显然是在金发哈拉尔（Harald Fairhair）国王于9世纪晚期控制了挪威的大片土地并要求缴纳新的赋税之后发生的，那些之前不受王室干预、如今心怀不满的诺斯人开始在大洋彼岸几乎空无一人的土地上建立自己的新国度。[19]然而，我们不能忽视维京人（这个词用来指那些发动袭掠的特定群体）社会的一个非常显著的特点。维京人非但不认为偷窃财宝和杀人是可耻的，反而为自己的“成就”感到自豪。他们阐释了一种对暴力英雄的崇拜：

> 牛会死，亲戚也会死，
> 就这样，人也会死；
> 但高贵的名字永远不会消失，
> 如果一个人获得了好名声。[20]

好名声是通过英雄事迹赢得的，战死沙场能够带来名声和荣耀，这些比生命本身更有价值。

最大的荣耀是好名声，不仅是要做伟大的战争领袖，而且要当慷慨的东道主。如果不发动袭掠，就不可能成为慷慨的东道主。满载着战利品回到家乡，并向自己的追随者分发战利品，这标志着维京人一年生活的高潮。《奥克尼萨迦》描述了11世纪一个维京人的故事，他名叫斯文·阿斯莱法松（Svein Asleifarson），曾经带着哈康［Hakon，他的父亲是奥克尼的雅尔（jarl）①］去参加袭掠，“一待他足够强壮，可以和成年男子一起旅行……就尽其所能建立起哈康的声誉”。斯文每年都会在奥克尼群岛度过冬天，“他在那里自掏腰包招待了大约八十个人”。经过一个冬天的纵酒狂欢，以及一个春天的播种，他会在春末和秋天各出击一次，到达赫布里底群岛、马恩岛和爱尔兰。除了在陆地上抢劫外，斯文和他的手下还会袭击商船，如他们在爱尔兰海发现的两艘英格兰船。这些船载有大量精美布匹，维京人夺取了这些布匹，并悬挂一些色彩鲜艳的帆布，来炫耀他们的成功。[21]海盗行为和掠夺维持着这种贵族生活方式，一个人的伟大程度是由他的慷慨和战争事迹来衡量的，而这种慷慨又只能通过从战争中获得的资金来维持。

维京人“战争与盛宴”的文化影响了他们在北海周围的邻居。这些邻居包括盎格鲁-撒克逊人以及苏格兰和爱尔兰的凯尔特民族，维京人经常与他们通婚。奥克尼群岛等地的斯堪的纳维亚人对掠夺挪威就像对袭击苏格兰群岛或爱尔兰一样习以为常。斯堪的纳维亚半岛的维京人有共同的语言（已经分裂成多种方言，但可以相互理解），可能也能听懂盎格鲁-撒克逊语。维京人和他们的邻居之间的

---

① 雅尔是古代斯堪的纳维亚的头衔，意为“酋长”“首领”等。在斯堪的纳维亚，雅尔的地位有时相当于国王。而在中世纪挪威，雅尔是国内仅次于国王的大贵族，一般来讲，挪威在任何时候都只有一位雅尔。后来，挪威不再使用“雅尔”的头衔，而开始用“公爵”等。挪威的属地奥克尼的统治者也被称为雅尔。

Jarl这个词在传入英格兰之后，演化为英语earl，在诺曼征服之后，earl相当于欧洲大陆的count，即伯爵。本书中维京人的earl/jarl和奥克尼的earl/jarl与后来的贵族头衔“伯爵”不是一回事，所以音译为雅尔。

主要区别不在于民族血统，也不在于战争与盛宴的文化，而在于维京人信奉多神教。对于他们的受害者来说，793 年袭击林迪斯法恩以及在后来几十年袭击爱尔兰修道院的袭掠者的最重要特征，不是他们来自斯堪的纳维亚，而在于他们是多神教徒，毫不尊重基督教圣地以及盎格鲁-撒克逊和爱尔兰教会积累的财富。[22]不过，到了 11 世纪，斯堪的纳维亚国王已经接受了基督教（这并不是说国王的所有臣民都放弃了多神教）的时候，维京人的袭击仍在继续。《奥克尼萨迦》认为，信仰基督与袭掠生活之间并无矛盾。12 世纪奥克尼的雅尔罗格瓦尔德（Rognvald）曾去耶路撒冷朝圣，从海上出发，经罗马回国。袭掠文化根深蒂固。

※ 二

整个欧洲和西亚经济关系的变化是否刺激了维京人的劫掠行为，这点尚不得而知。只要横跨波罗的海和顺着河流体系的路线是开放的，瓦良格人就能与欧亚草原上繁荣的城市化社会取得联系，并以钱币或银条（包括碎银，即切成碎块并按重量计价的银制品）的形式向北输送大量白银。瓦良格商人最远到达里海沿岸。其作品被广泛阅读的一些阿拉伯作家注意到了瓦良格人的特殊习俗，包括船葬和在主人的葬礼上献祭一个女奴（在献祭前，主人的伙伴会轮奸她）。[23]在斯堪的纳维亚半岛已经出土了超过 10 万枚伊斯兰世界的钱币，而且出土的数量还在不断增加。[24]通过里海，维京人可以进入伊朗北部，那里有银矿，再往前走就是阿拔斯帝国统治下的伊拉克。

所有这些活动，都发生在斯堪的纳维亚半岛出现第一批城镇的同时。瑞典最古老的城镇是比尔卡，它位于梅拉伦湖（Lake Mälaren）的一个小岛上。梅拉伦湖是一个大湖，有众多岛屿，从今天的斯德哥尔摩向西延伸。在这个时期，梅拉伦湖的许多岛屿还没有从海中升起，或者比今天的小得多（比尔卡所在的岛在当时只有今天的一半大小）。梅拉伦湖是咸水湖，实际上是波罗的海的延伸。在斯德哥尔摩群岛的数千个岛上，出现了一些小型定居点，它们通过船相互交流，每个社区都有自己的小船队，从小型渔船到适合维京人袭掠或长途贸易的大型船只都有。所有这些都意味着，很容易从远海乘船到达比尔卡。该城受瑞典中部的国王的保护，他在比尔卡对岸较大的霍高尔登岛（Hovgården）拥有一座庄园。如果没有国王的保护，谁能确保比尔卡的船安全地穿过密集的岛屿网络？这些岛都远在瑞典的海岸线之外，每一个都可能成为维京海盗的基地。不过，如果能安全地穿越波罗的海，传说中的财富就唾手可得：在像旧拉多加（Staraya Ladoga）这样沿着通往基辅罗斯的河流只需前进一点距离就能到达的地方，可以轻易获得罗斯的毛皮和东方的白银。到了10世纪，比尔卡的人口大约有1000人，他们是造船工人、工匠、水手和商人，住在小块土地上的结实木屋里。离现代奥斯陆不远的无名贸易中心也类似，它面向北海，被考古学家称为考邦（意思是“贸易中心”），是挪威的第一座城镇。[25]

另一座城镇海泽比港［Hedeby，即海塔布（Haithabu）］的历史，有助于我们将波罗的海与北海世界联系起来。海泽比港位于石勒苏益格的波罗的海一侧，在今天丹麦和德国的交界处。有人说，“海塔布的遗迹位于整个欧洲考古资源最丰富的区域之一”。[26]在它附近可能曾经有一个更早的、规模小得多的贸易定居点。海塔布本身的建立可以确定地追溯到810年前后丹麦国王古德弗雷德和他的邻居查理曼之间的战争，因为在发掘现场发现的木材是810年或那不久之后的。在丹麦东部与查理曼的盟友作战时，古德弗雷德袭击了奥博德里特人（Obodrites，斯拉夫人的一支）在今天吕贝克附近建立的一个港口，并将那里的商人驱赶到自己的新城镇海塔布。奥博德里特人曾向来自北海的弗里斯兰商人和他们在法国北部的客户提供经波罗的海运来的货物，其中最重要的是毛皮和琥珀。[27]古德弗雷德想建立一个位于丹麦的转口港，掌控波罗的海和北海之间的交通。查理曼认为这是不可容忍的干涉，于是率领军队出发了（随行的还有巴格达的哈里发哈伦·拉希德送给他的大象）。古德弗雷德加强了防御，但由于宫廷中发生争斗，他被敌对的丹麦人杀害了。

尽管如此，海塔布仍然存续下来，并欣欣向荣，特别是在大约850—980年。它是一个琥珀工艺中心，人口混杂，包括斯堪的纳维亚人、斯拉夫人和弗里斯兰人，他们发现该城的位置比以前的任何地方都要好：它位于一个距离日德兰半岛西侧很近的海湾，因此在北海卸下的货物可以非常轻松地被输送到海塔布。我们可以将海塔布比作古代地中海上面朝两个方向的科林斯（Corinth）。海塔布在陆地的那一侧有一道坚固的防御墙，而它的港口为来往船只提供了大量的码头。到达这个港口的货物包括可能来自西班牙或英格兰的锡和水银。[28]一条运河穿过该城的中部。与多雷斯塔德的房屋一样，该城的房屋用木材和荆条建成，每座房屋位于各自的小块土地上，彼此之间由狭窄的小路连接。海塔布的扩张标志着商业网络建设的第一阶段，该网络将两个正在经历快速经济增长的地区——北海和波罗的海——联系起来。[29]

波罗的海开始活跃起来，海上的许多小岛链促进了海上交通的发展。瑞典和芬兰之间的奥兰群岛（Åland Islands）成为来自西方的斯堪的纳维亚人和来自东方的芬兰-乌戈尔人（Finno-Ugrians）的交会点。直到19世纪才被记录下来的芬兰民族史诗《卡勒瓦拉》（*Kalevala*）中的许多故事可能就起源于这些岛周围的水世界。[30]瑞典南部海岸近海的哥得兰岛最能体现波罗的海网络的兴旺。比尔卡的衰落使哥得兰岛脱颖而出，因为该岛地理位置优越，通过海路可以轻松到达波罗的海的所有海岸。在哥得兰岛的帕维肯（Paviken）发现了阿拔斯王朝哈里发国的迪拉姆（dirham）银币，而帕维肯只是哥得兰人众多贸易中心中的一个。[31]哥得兰人囤积的更多是日耳曼钱币和欧洲大陆其他地区的钱币。通过贸易或掠夺而来的大量金银涌入哥得兰，发生了囤积（thésaurisation），这肯定对西欧和西亚的经济造成了相当大的压力。有异域风情的奢侈品有时会与白银一起到达斯堪的纳维亚半岛，最著名的例子是一尊在克什米尔铸造的小佛像出现在瑞典中部。[32]

一般来说，来到斯堪的纳维亚的伊斯兰迪拉姆银币的命运是被熔化，因为在10世纪末之前，维京人唯一的钱币是在海塔布建立不久后制作的一些加洛林货币的仿制品。[33]有时，正如盎格鲁-撒克逊史诗《贝奥武甫》的作者表明的那样，贵金属被用于礼物交换，因为国王和著名的武士会相互赠予臂环和其他显示地位的物品。欧洲的钱币也经常被送回日耳曼地区，作为购买莱茵兰葡萄酒的款项，因为维京人世界一个不变的特点是喜爱烈酒，在斯堪的纳维亚半岛发现的大量莱茵兰酒罐碎片证实了这一点。海塔布、比尔卡和哥得兰的商人知道，英格兰、法兰克和其他地方的人对他们在波罗的海承运的货物有持续的需求，而满足这种需求则是这些商人的生计所在。

这种贸易显然是通过海路进行的，但斯堪的纳维亚要与伊斯兰世界建立联系，就只有借助向南流向欧亚草原的河流系统，并且要在基辅出现一个由瓦良格人统治的政权，即罗斯公国之后才办得到。到旧拉多加和诺夫哥罗德（Novgorod）做生意的斯堪的纳维亚商人开辟了进入罗斯内陆的路线，获得几乎无限的毛皮供应。毛皮在德意志汉萨同盟的全盛时期会再次变得很重要。[34]连接波罗的海和欧亚大陆的一个重要城镇是沃林（Wolin），它位于今天德国和波兰的边界上。沃林从 10 世纪到 12 世纪一直很繁荣，而且像海塔布一样，它不是一个普通的村庄：它的房屋沿着 4 公里长的木制道路排列，这些房屋是令人印象深刻的建筑，规模相当大，装饰华丽。沃林向波罗的海和其他地区提供来自内陆的货物，反之亦然，但它也有自己活跃的陶器作坊、琥珀作坊和玻璃制造商。在 11 世纪末写作的不来梅的亚当（Adam of Bremen）声称，“它［沃林］确实是欧洲所有城市中最大的一个”，并认为沃林的居民中甚至有希腊人。然而，当地居民“都仍被他们的异教邪说所桎梏”，他对此表示遗憾，因为他们在其他方面都是值得信赖和友好的。在沃林的基督徒最好对自己的信仰保密。[35]不来梅的亚当写了一本关于汉堡大主教的史书，大肆宣扬基督教会在击败对手可憎的多神教信仰方面取得的成功。他以耸人听闻的方式描写了乌普萨拉（Uppsala）的维京人的人祭。他生活的地方距离沃林不远，不过他是个喜欢夸大其词的人。无论如何，沃林的重要性是有事实根据的。

※ 三

船对维京人的荣耀特别重要。缅怀已故武士的纪念石往往描绘了维京人的长船，上面满载武士，挂好了大方帆。在哥得兰岛出土了大量这样的纪念石，描绘了武士进入瓦尔哈拉，以及北欧神话的其他场景。还有一块纪念石展示了一艘雄伟的船、战斗场景和祭坛上的人祭牺牲品。瑞典的一部名为《哥得兰人萨迦》（*Gotlanders' Saga*）的哥得兰岛简史，也讲述了整个岛的最高议事会举行的人祭。[36]哥得兰纪念石的年代大约从公元 400 年开始，所以是在维京时代之前。哥得兰人起初将这些石头用作墓碑，但与在瑞典各地发现的刻有如尼文的石头一样，它们越来越多地被放置在路边，以吸引人们对它们纪念的人的关注。在维京人的世界里，即使不是每个人都有资格得到精心的船葬（像英格兰的盎格鲁人享有的那样），去往另一个世界的旅程也应该在船上进行，这是完全合情合理的。如果一个人不能被埋在船上，那么退而求其次的选择就是被埋在一块用鲜艳的颜色描绘船只的石头之下或其附近。在青铜时代（约公元前 500 年之前），哥得兰人已经将他们的死者埋葬在用石头砌成的船形坟墓中，而在哥得兰岛和大陆上，图案是划桨船的岩石雕刻很常见。维京时期的石画描绘了船帆和索具，其细节足以表明船帆是由布条编织而成的，因为当地的织布机无法生产足够宽的单块布作为船帆。编织是一种比缝合更有效的连接布条的方法，因为它没有接缝，风不会把船帆撕碎。在20世纪80年代，人们复刻了一艘哥得兰船，驾驶它一直航行到伊斯坦布尔，它的编织船帆虽然很重，却能胜任这项工作，没有破碎。用来制作船帆的布条有不同的颜色，排列成菱形或棋盘状。现代电影制作人喜爱的条纹船帆确实曾经存在，但不是那么常见。[37]更重要的是，承载这些船帆的桅杆要足够结实，使帆在风向合适的时候可以提供主要推进力。

航运技术的这些进步，使维京人得以在北海和大西洋开展他们的伟大航行。维京人延续了用瓦叠式外壳造船的传统，先用重叠的板条建造船体，然后再插入相对较轻的框架，用铆钉或钉子将框架与船体固定在一起。[38]如前文所述，用这种方法建造的船比较灵活，能够很好地适应大西洋的惊涛骇浪。幸运的是，有几个大型样品幸存下来，其中最古老的是挪威的奥塞贝格船（Oseberg ship），它是在820年前后用橡木建造的，大约在十四年后被用于船葬。在船上发现的两具骸骨中，有一具是在80岁左右去世的妇女，她一定是王后或高级女祭司。[39]奥塞贝格船在20世纪初出土，原船几乎完整地保存至今。除了装饰船头和船尾的精美雕刻外，它还有一个墓室，里面有各种各样精美的墓葬物品。另外，它的桅杆不可能特别坚固，而且它的船舷很低，不适合在远海航行。有人推测，这是一艘“王家游艇”，用于展示，很少出海。它长21.5米，最宽处为

4.2米，每侧有15个桨孔，还有一支舵桨，因此很容易计算出船员的数量。[40]另一艘非常好的船是戈科斯塔德船（Gokstadship），大约在同一时期出土，略长也略宽一些，每边多一个桨孔。这艘船建于9世纪末，在910年前后被埋葬。它的船舷建得相当高，而且每个桨孔上都有小的圆形百叶窗，在远海航行时可以关闭，这表明这艘船确实曾在大洋上冒险。其桅杆和龙骨的强度足以承受大型重帆的压力。[41]与奥塞贝格船相比，它的适航性更强，但这是反映了造船业的日益成熟，还是反映了不同的船具有不同用途，我们无法确定。

在9世纪初，维京人的船很可能被不加选择地用于袭掠和贸易。奥塞贝格船、戈科斯塔德船和其他船有足够的空间来储存货物，无论是通过贸易获得的货物，还是缴获的战利品。长船很适合在远海进行快速和具有攻击性的冒险，可以深入泰晤士河和塞纳河等河流，使其船员能够在内陆大肆破坏。最坚固的维京战船到达西班牙，并进入地中海。12世纪中叶在穆斯林统治下的西班牙（安达卢西亚）写作的地理学家祖赫里（az-Zuhrī）知道维京人的战舰早先发动过袭击：

> 过去，从这片海域［大西洋］来了一些大船，安达卢西亚人称之为*qarāqīr*。它们是配方帆的大船，可以向前或向后航行。它们由被称为*majūs*的人驾驶，这些人凶猛、勇敢、强壮，是优秀的水手。它们每隔六七年才出现一次，从来没有少于40艘的，有时甚至达到100艘。它们战胜了在海上遇到的所有人，抢劫并俘虏了他们。[42]

qarāqīr 一词在欧洲语言中被称为 carrack（克拉克帆船），不过克拉克帆船是中世纪晚期的货船，外观与维京长船有很大不同。使用 *majūs* 一词来描述这些人，进一步强调了他们的凶悍可怕，因为该词最初指的是琐罗亚斯德教的祭司（Magi），此处指的是来自已知世界边缘的残酷无情的异教徒。他们制造的恐惧一直传播到西班牙南部。[43]844 年，他们途经里斯本和加的斯，航行到瓜达尔基维尔河（Guadalquivir）的河口，然后乘船前往塞维利亚，据说他们在那里抢劫了整整一个星期，抓走或杀害了许多男人、妇女和儿童。然而，现代的研究表明，古人对维京人如何为非作歹的耸人听闻的描述，往往是对真实发生过的某次攻击的极大夸张。[44]

维京人有能力到达西班牙南部，后来还到过地中海，这说明他们的航海技术很先进，但一种使用天然磁石（*leiðarstein*，即 lodestone）的非常基本的罗盘在 14 世纪或更晚的文献中才有提及。诺斯人使用太阳石（*sólarstein*）导航的可能性更大一些，不过太阳石也是在中世纪晚期的文献中才首次被提及的。太阳石是对光敏感的堇青石晶体，使水手在即使有厚厚云层的情况下也能找到太阳。冰岛的萨迦故事讲述了一位国王命令一个叫西居尔（Sigurð）的人告诉他，在饱含雪花的云层上，太阳究竟在哪里。西居尔说他知道，于是国王要求把“太阳石”拿来，用它验证西居尔的说法：“然后国王让他们取来太阳石，把它举起来，看到光从石头上放射出来，从而直接验证了西居尔的预测。”维京航海家在夜间通过密切观察北极星来帮助自己前进，而法罗群岛的居民懂得如何测量一年中太阳的赤纬（declination），但他们的维京祖先可能不知道这种办法。[45]

在丹麦罗斯基勒（Roskilde）附近的斯库勒莱乌（Skuldelev）发现的一组船只，增进了我们对这一时期使用的船只的类型和功能的了解。罗斯基勒位于一个短而浅的峡湾的末端，在维京时代的某个时刻，有几艘船在这里被凿沉，以阻断通往罗斯基勒的海上通道。[46]与保存在奥斯陆的船相比，这些船更为残破，建造时间比奥塞贝格船和戈科斯塔德船要晚，其中几艘的建造时间大约是在诺曼人征服英格兰的时候。贝叶挂毯（Bayeux Tapestry）上有一些船的图像与罗斯基勒的船相差不大，不过罗斯基勒的一艘特别大的长船可能是在11世纪早些时候为丹麦、挪威和英格兰的统治者克努特国王或其继承者之一建造的。[47]货船不会让人想起维京海盗，所以受到的关注较少。但在斯库勒莱乌出土了一艘货船，长11米，于11世纪初在挪威西部建造。学界认为它只需十几名桨手操作，不过它也有一根桅杆，而且吃水很浅，所以很适合在丹麦和弗里斯兰海岸的沙洲和小海湾中航行。斯库勒莱乌的另一艘在11世纪初用挪威松木建造的船的载重量约为25吨，吃水较深，因此它在到访海塔布或其他港口时需要利用当地的码头。在海塔布已经出土了一艘也许能装载多达60吨货物的商船的碎片。这是一种被称为克诺尔船（*knǫrr*）的船只，它们是远洋货船，很适合航行到冰岛和更远的地方，不仅可以供殖民者搭乘，还可以装载牛，甚至家具。克诺尔船的吃水较深，在变幻莫测的海上更安全。[48]斯堪的纳维亚的船只，无论是为战争还是为贸易而建造的，都拥有一种灵活的外壳，这种外壳在后来的几个世纪中似乎没有被延续下来。随着船只尺寸增大，有必要把它们建得更加坚固。于是，船只的轻便性让位于坚固性。

在维京人袭掠的早期，轻型长船最适合打了就跑的袭掠策略，比如袭击诺森布里亚的修道院或法国北部的小港口。随着海塔布的发展和一个活跃的贸易网络的出现（它在某些方面复制了弗里斯兰商人的贸易网络），从海平线上探出的色彩斑斓的斯堪的纳维亚风帆更有可能属于一艘相当短粗的货船，其乘客愿意为他们想要的东西付钱，而不是抢夺，并且他们是基督徒，而不是多神教徒。此外，这些船，无论是长船还是货船，都在进行越来越雄心勃勃的航行，它们越过苏格兰的顶部，离开北海，向奥克尼群岛、设得兰群岛、法罗群岛、冰岛以及更远的地方前进。在北欧神话中，这是被米德加尔德（Miðgarðr，北欧神话中人类居住的世界）之巨蛇的庞大身躯环绕的大洋。当这个怪物从它的嘴里放出尾巴时，世界就会走向灭亡。这些都是危险的水域。[49]

注　释

1. 出自 Þjóðólfr Arnórsson 的一首诗，引自 G. Williams，*The Viking Ship*（London，2014），p. 8。

2. 相关的综述性文献汗牛充栋，其中可参考 J. Brøndsted，*The Vikings*（2nd edn，Harmondsworth，1965）；E. Oxenstierna，*The Norsemen*（London，1966）；G. Jones，*A History of the Vikings*（2nd edn，Oxford，1984）；E. Roesdahl，*The Vikings*（2nd edn，

London, 1998); F. D. Logan, *The Vikings in History* (3rd edn, London, 2005); P. Parker, *The Norsemen's Fury: A History of the Viking World* (London, 2014)。

3. *Anglo-Saxon Chronicle*, Cambridge MS (Parker Library, Corpus Christi College), s. a. 878.

4. Ibid., 多种版本, s. a. 789。

5. Ibid., Peterborough MS, s. a. 793, 794.

6. Ibid., Cambridge MS, s. a. 835, 837, 838, 855.

7. P. Sawyer, *The Age of the Vikings* (2nd edn, London, 1971), p. 202.

8. *Anglo-Saxon Chronicle*, Cambridge MS, s. a. 865.

9. Brøndsted, *Vikings*, p. 34.

10. *Anglo-Saxon Chronicle*, Cambridge MS, s. a. 882.

11. Ibid., s. a. 896.

12. J. Haywood, *Dark Age Naval Power: A Reassessment of Frankish and Anglo-Saxon Seafaring Activity* (London, 1991), pp. 75–6.

13. *Anglo-Saxon Chronicle*, Cambridge MS, s. a. 917.

14. M. Lawson, *Cnut: The Danes in England in the Early Eleventh Century* (Harlow, 1993), pp. 16–48.

15. M. Magnusson and H. Pálsson, eds. and transl., *King Harald's Saga: Harald Hardradi of Norway, from Snorri Sturluson's Heimskringla* (Harmondsworth, 1966), pp. 133–54.

16. Brøndsted, *Vikings*, pp. 36–9; J. Byock, *Viking Age Iceland* (London, 2001), pp. 12–13.

17. H. Ellis Davidson, *The Viking Road to Byzantium* (London, 1976); E. Christiansen, *The Northern Crusades* (2nd edn, London, 1997).

18. Brøndsted, *Vikings*, pp. 31–6.

19. Byock, *Viking Age Iceland*, pp. 82-4.

20. 出自古老的诺斯诗歌 *Hávamál*, transl. H. A. Bellows, *The Poetic Edda* (New York, 1923), p. 44, stanza 77; J. de Vries, *Heroic Song and Heroic Legend* (London and Oxford, 1963), pp. 184, 187。

21. H. Pálsson and P. Edwards, transl., *Orkneyinga Saga: The History of the Earls of Orkney* (Harmondsworth, 1981), pp. 214-16.

22. Sawyer, *Age of the Vikings*, p. 206.

23. Ibn Fadlān, 'The Book of Ahmad ibn Fadlān', in C. Stone and P. Lunde, ed. and transl., *Ibn Fadlān and the Land of Darkness: Arab Travellers in the Far North* (London, 2012), pp. 45-55, 以及这本书中的其他摘录。

24. S. Kleingärtner and G. Williams, 'Contact and Exchange', in G. Williams, P. Pentz and M. Wemhoff, eds., *Vikings: Life and Legend* (London, 2014), p. 54.

25. B. Magnus and I. Gustin, *Birka and Hovgården-A Story That Enriches Time* (Stockholm, 2012); D. Skre and F.-A. Stylegar, *Kaupang the Viking Town: The Kaupang Exhibition at UKM, Oslo, 2004-2005* (Oslo, 2004).

26. R. Hodges and D. Whitehouse, *Mohammed, Charlemagne and the Origins of Europe* (London, 1983), p. 111; K. Struve, 'Haithabu and the Early Harbours of the Baltic Sea', in *The World of the Vikings: An Exhibition Mounted by the Statens Historiska Museum Stockholm in Cooperation with the National Maritime Museum, Greenwich, London* (London, 1973), pp. 27-8; D. Meier, *Seafarers, Merchants and Pirates in the Middle Ages* (Woodbridge, 2006), pp. 76-9.

27. 关于奥博德里特人，见 M. North, *The Baltic: A History* (Cambridge, Mass., 2015), pp. 14-15。

28. Ibid., pp. 19-20.

29. Meier, *Seafarers, Merchants and Pirates*, pp. 72-3, 80.

30. J. Ahola, Frog and J. Lucenius, eds., *The Viking Age in Åland: Insights into Identity and Remnants of Culture* (Helsinki, 2014).

31. Hodges and Whitehouse, *Mohammed, Charlemagne*, p. 116, fig. 46; generally, L. Thålin, 'Baltic Trade and the Varangians', in *World of the Vikings*, pp. 22–3.

32. Hodges and Whitehouse, *Mohammed, Charlemagne*, p. 119, fig. 49.

33. Ibid., p. 118.

34. Ibid., pp. 114–15, 117, and fig. 47, p. 116.

35. North, *Baltic*, p. 9, citing Adam of Bremen.

36. R. Öhrman, *Gotlands Fornsal: Bildstenar* (2nd edn, Visby, 2000); E. Nylén and J. P. Lamm, *Stones, Ships and Symbols: The Picture Stones of Gotland from the Viking Age and Before* (Stockholm, 1988), pp. 62–3, 68–71, 109–35, 162–9; D. Rossi, ed., *Guta Saga: La Saga dei Gotlandesi* (Milan, 2010), pp. 26–7.

37. Nylén and Lamm, *Stones, Ships and Symbols*, pp. 42, 166–7; R. Simek, *Die Schiffe der Wikinger* (Stuttgart, 2014), pp. 54–5.

38. Williams, *Viking Ship*, pp. 34–9; Simek, *Schiffe der Wikinger*, pp. 79–82; D. Ellmers, 'The Ships of the Vikings', in *World of the Vikings*, pp. 13–14.

39. J. Bill, 'The Oseberg Ship and Ritual Burial', in Williams et al., eds., *Vikings*, pp. 200–201.

40. Williams, *Viking Ship*, pp. 26–7, 48–52; G. Asaert, *Westeuropese Scheepvaart in de Middeleeuwen* (Bussum, 1974), pp. 20–22；特别感谢约恩·维达尔·西古德森（Jón Viðar Sigurðsson）教授带我参观了奥斯陆的维京船博物馆。

41. Williams, *Viking Ship*, pp. 52–5; R. Unger, *The Ship in the Medieval Economy 600–1600* (London, 1980), pp. 82–9.

42. 'Zuhrī on Viking Ships c. 1160', in Stone and Lunde, ed. and transl., *Ibn*

Fadlān and the Land of Darkness, p. 110.

43. A. Christys, *Vikings in the South: Voyages to Iberia and the Mediterranean* (London, 2015), pp. 19–25.

44. 'Ibn Hayyān on the Viking Attack on Seville 844', in Stone and Lunde, ed. and transl., *Ibn Fadlān and the Land of Darkness*, pp. 105–9; E. Morales Romero, *Historia de los Vikingos en España: Ataques e Incursiones contra los Reinos Cristianos y Musulmanes de la Península Ibérica en los siglos IX–XI* (2nd edn, Madrid, 2006), pp. 127–47; Christys, *Vikings in the South*, pp. 29–45.

45. Simek, *Schiffe der Wikinger*, pp. 64–5; F. Brandt, 'On the Navigation of the Vikings', in *World of the Vikings*, pp. 14–18.

46. Williams, *Viking Ship*, p. 30; O. Crumlin-Pedersen, *Archaeology and the Sea in Scandinavia and Britain: A Personal Account* (Roskilde, 2010), pp. 82–8.

47. 罗斯基勒 6 号船，2014 年大英博物馆维京展的重头展品，见 J. Bill, 'Roskilde 6', in Williams et al., eds., *Vikings*, pp. 228–33; Williams, *Viking Ship*, pp. 67–73。

48. Williams, *Viking Ship*, pp. 74–81; Unger, *Ship in the Medieval Economy*, p. 91; Crumlin Pedersen, *Archaeology and the Sea*, pp. 109–13.

49. M. Egeler, *Islands in the West: Classical Myth and the Medieval Norse and Irish Geographical Imagination* (Turnhout, 2017).

第二十章

新的岛屿世界

※ 一

前文已述，793 年维京人对林迪斯法恩修道院的袭击引起了人们的特别关注，因为这是多神教袭掠者对基督教圣地的亵渎。这并不是说维京人袭掠的历史始于英格兰北岸。维京人很可能在袭击英格兰之前，就已经穿越北海，到达奥克尼群岛和设得兰群岛，甚至793 年的袭掠者可能是从苏格兰群岛，而不是从挪威出发的。维京人开始向西骚扰赫布里底群岛，并进入爱尔兰水域，最南到达马恩岛和爱尔兰西部。《阿尔斯特编年史》（*Annals of Ulster*）指出，在794 年，"异教徒蹂躏了不列颠的所有岛屿"。奥克尼群岛和设得兰群岛上的维京人坟墓，以及在设得兰群岛发现的一批银器，可以追溯到公元 800 年前后，而设得兰群岛雅尔斯霍夫（Jarlshof）的斯堪的纳维亚人定居点里有一座可追溯到 9 世纪初的大型农舍。[1]这并不能证明这些北方岛屿在维京人开始袭击英格兰之前就已有人定居。在这些岛屿的定居，很可能发生在维京人袭击和探索的时期之后，所以我们可以有把握地说，在整个不列颠群岛，维京人最早抵达的地方是群岛的北端，而且他们的后代直到 15 世纪都会对挪威王室保持忠诚。他们建立了一个海洋帝国（如果这样说不嫌夸张的话），这个帝国一直延伸到爱尔兰海，并在不同时期由奥克尼的雅尔以及马恩岛的国王统治。

奥克尼群岛拥有丰富的新石器时代的考古遗址，位于一直延伸到葡萄牙海岸的“大西洋弧”的末端。在中世纪早期，奥克尼群岛的重要性不在于它位于一条线的末端，而在于它位于一条线的中间，这条线连接着挪威、苏格兰、爱尔兰、法罗群岛、冰岛以及更远的地方。这些岛屿提供了大量的牧草，因此当地的主要产业可能是养羊，而不是捕鱼或农业。不过，从前述斯文·阿斯莱法松的经历可以看出，生活在奥克尼群岛的维京人很注意播种和收割，阿斯莱法松就是在春秋两季的袭掠活动之间耕作的：“他一直待到收割庄稼，谷物被安全地放入粮仓。然后他会再次出击。”[2]随着维京人的统治范围从奥克尼群岛和设得兰群岛扩展到苏格兰的部分地区，食物的供应肯定是充足的，同时，当地绵羊的羊毛可用于生产厚重的布料。当诺斯殖民者到达后，奥克尼群岛和设得兰群岛的燕麦产量明显增加，这是因为燕麦既可作为人类的食物，也可作为牲口的饲料。燕麦是一种坚韧的谷物，非常适合北方的环境。从出土的鱼骨来看，贝类被食用，而鳕鱼变得越来越受欢迎。从来自奥克尼群岛的克伊格鲁（Quoygrew）的考古证据来看，亚麻也是足够耐寒的植物，所以能够在这么北的地方生长。[3]这些岛屿的最大优点是其战略位置，无论是从制海权的角度还是从商业网络的角度来看都是如此。在诺斯人的统治下，这些岛屿与爱尔兰和冰岛、挪威和约克的贸易联系得到了发展。[4]

奥克尼群岛的早期历史被记录在《奥克尼萨迦》中，细节很丰富。这是所有冰岛萨迦中最生动的一部。当然，问题就出在这里，因为它是在大约 1200 年，在离奥克尼群岛很远的地方写成的，这意味着它对 12 世纪事件的记述，如雅尔罗格瓦尔德的朝圣，是有根据的；但它对奥克尼群岛第一批雅尔的祖先的描述，却让人想起在遥远的北方，芬兰人和拉普人（Lapps）以及诺斯人居住的半神话的多神教世界。不过，《奥克尼萨迦》中关于挪威国王如何在苏格兰群岛获得宗主权的故事是可信的。在 9 世纪，挪威国王金发哈拉尔被维京袭掠者激怒了，这些袭掠者从他们的冬季基地奥克尼群岛和设得兰群岛出发，一直到达挪威本土。国王决心给这些袭掠者一个教训，于是夺取了一些西方土地的控制权（比他任何一位前任的土地都更靠西），一直到马恩岛。他任命一个叫西居尔的人为奥克尼群岛和设得兰群岛的雅尔，西居尔的侄子罗洛（Rolf）后来成为诺曼底的第一位诺斯统治者。西居尔随后继续推进自己在当地的帝国建设。于是，奥克尼群岛以南的苏格兰海岸，即凯瑟尼斯（Caithness），落入诺斯人的统治之下。[5]随着时间的推移，奥克尼雅尔承认苏格兰国王是他们在凯瑟尼斯的宗主，同时继续接受挪威国王为他们在奥克尼群岛的宗主。由于苏格兰人和挪威人联姻，所以这一点比较容易做到。真正的问题不是这两位国王之间的竞争（尽管那确实爆发了），而是苏格兰内部的纷争，其波及范围有时远至奥克尼的国度。用“国度”一词是恰当的，因为挪威国王的权力是通过所谓“间接领主制”来行使的，西居尔的后代只需要承认挪威的宗主地位，就可以在很大程度上自治。这种状况一直持续到 1195 年挪威国王将这些岛屿置于自己的直接控制之下。“雅尔”的头衔可译为“酋长”甚至“王公”，雅尔的地位与国王没有多大区别。奥克尼雅尔和挪威国王一样，为了获得和保住权力，与对手展开了残酷的斗争。和北欧世界其他地方的统治者一样，在自己的房子里被烧死是奥克尼雅尔的职业风险。[6]

西居尔在苏格兰的征服使他与苏格兰人的雅尔梅尔布里格特（Mælbrigte，《奥克尼萨迦》这样称呼他）的关系变得紧张。他们的争端只能通过战斗来解决。胜利后的西居尔将梅尔布里格特斩首，并将他的头绑在自己的马鞍上。当他带着这个可怕的战利品到处骑行时，他的腿被梅尔布里格特的牙齿擦伤，引发了败血症。西居尔很快就死了。虽然继承问题得到了解决，但奥克尼群岛成了一群掠夺成性的丹麦人和挪威人的猎物，他们有“树胡子”和“坏蛋”这样的绰号。他们在奥克尼群岛居住，并从那里发动维京式袭掠。[7]秩序恢复之后，在奥克尼群岛的诺斯人以经常袭掠而闻名：“哈瓦德（Havard）雅尔有一个叫黄油面包埃纳尔（Einar Buttered-Bread）的侄子，后者是一位德高望重的酋长，有很多追随者，经常在夏季出去袭掠。”[8]在 10 世纪末，奥克尼雅尔卷入了比控制苏格兰北部更大的问题，因为军阀奥拉夫·特里格维松（Olaf Tryggvason）在不列颠群岛烧杀抢掠，这一方面是为了自己的利益，另一方面是为了支持丹麦国王八字胡斯文。斯文最终战胜了盎格鲁-撒克逊王国，并把它交给了他那更著名的儿子克努特。

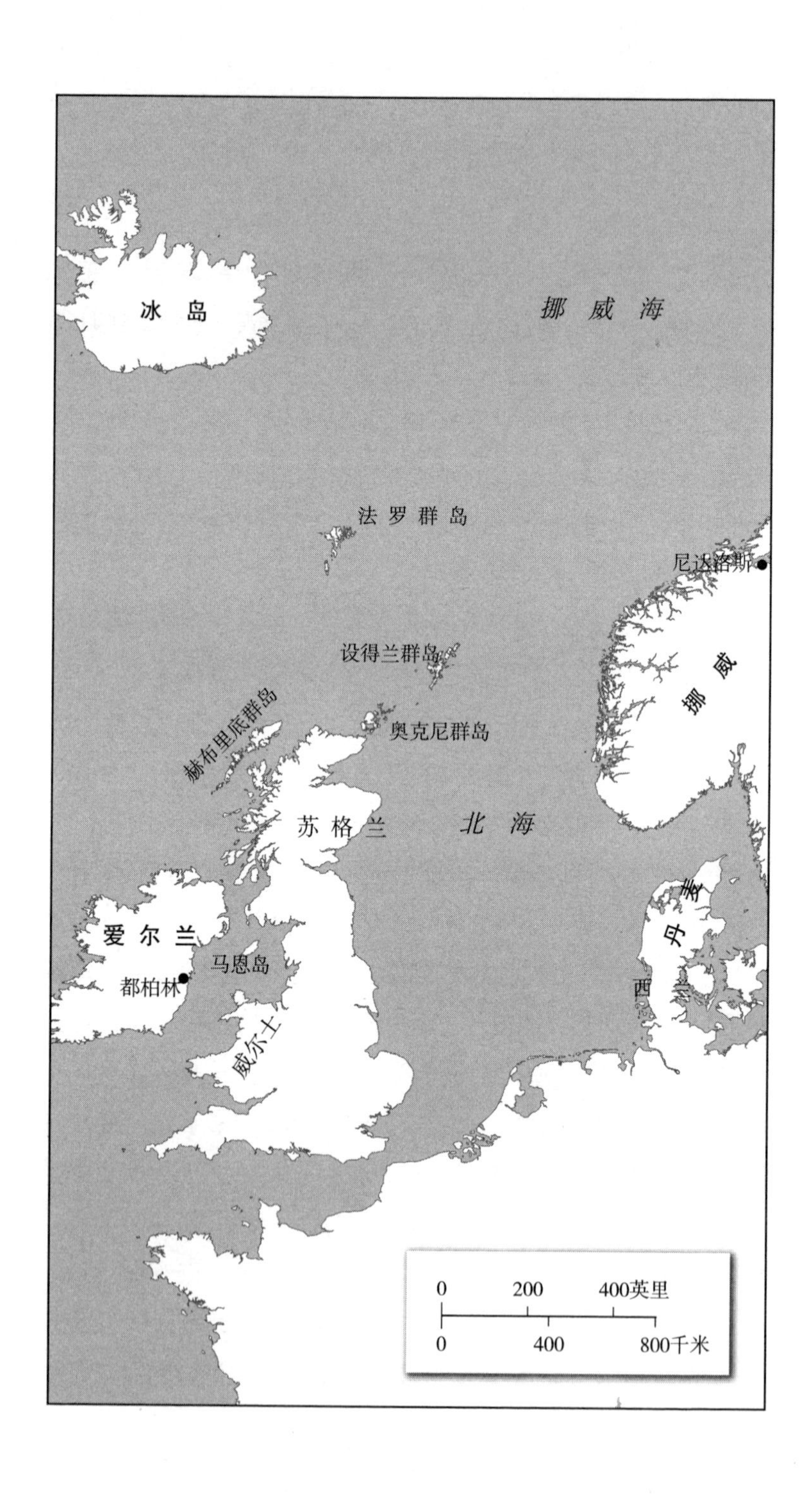
冰岛
挪威海
法罗群岛
尼达洛斯
设得兰群岛
挪威
赫布里底群岛
奥克尼群岛
苏格兰
北海
丹麦
爱尔兰
马恩岛
都柏林
西
威尔士
0
200
400英里
0
400
800千米

奥拉夫接受了洗礼［如果《奥克尼萨迦》可信的话，地点是锡利群岛（Scilly Isles）］，并突然决定让他的臣民也接受洗礼。奥拉夫占据挪威王位一直到公元1000年，在他争夺挪威王位的过程中，他的五艘长船到达奥克尼群岛，在那里，他们遇到了现任奥克尼雅尔（他的名字也叫西居尔）率领的正在进行维京式袭击的三艘船。西居尔被召唤到奥拉夫的船上。“我希望你和你所有的臣民都接受洗礼，”奥拉夫要求，“如果你拒绝，我就立刻让人杀了你。我发誓，我将用火与剑蹂躏每个岛。”“此后，”《奥克尼萨迦》简短地叙述道，“整个奥克尼群岛都接受了基督教信仰。”皈依之后的西居尔就可以娶苏格兰国王马尔科姆（Malcolm）的女儿了。西居尔的母亲是爱尔兰基督徒，斯堪的纳维亚人和凯尔特人之间的这种跨民族婚姻在爱尔兰也很常见，这进一步证明维京袭掠者往往是斯堪的纳维亚人、凯尔特人和凯尔特-斯堪的纳维亚人的混合体。西居尔的母亲在《奥克尼萨迦》中被描述为“女巫”，她没有摒弃魔法，而是将一面神奇的“鸦旗”赐予她的儿子。这面旗帜会给它代表的人带来胜利，但携带它的人会死亡。西居尔接受洗礼后在爱尔兰征战，然而，他的追随者中没有人愿意携带鸦旗。他决定亲自举旗，于是他母亲的预言成真，他战死沙场。[9]

奥克尼群岛的领主靠海军保住自己的地位，并将他们的长臂伸到马恩岛。11世纪的奥克尼雅尔托尔芬（Þorfinn）用“五艘兵员充足的长船”来保卫他在凯瑟尼斯的领地，萨迦中说这是“一支相当强大的力量”。对托尔芬来说不幸的是，苏格兰国王卡尔·亨达森（Karl Hundason，可能就是那个被称为麦克白的国王）带着十一艘长船迎战托尔芬的舰队。双方的海军短兵相接：

> 面对敌人，托尔芬的
> 五艘船组成的舰队
> 在愤怒中坚定地
> 冲向卡尔的水手们。
> 战船纠缠在
> 一起；随着敌人倒下，硬铁
> 沐浴着污血，
> 被苏格兰人的血染黑；
> 弓弦在歌唱，鲜血
> 四溅，钢铁在咬啮；
> 尽管明晃晃的剑尖在飞舞，
> 却不能满足托尔芬。[10]

这是一场真正的海战，战船相互靠近，用抓钩抓住敌船。经过艰苦的战斗，托尔芬的人试图抓住卡尔国王的船，托尔芬跟随旗帜登上了卡尔国王座舰的甲板。卡尔逃脱了，但他的大部分船员被杀。

即使考虑到萨迦对这场战斗的艺术夸张，此处对海上战斗的描述也是很重要的，因为它证明了战船不仅被用来快速运输武士及其战利品，也可以被当作在开放水域进行激烈战斗的平台。如果我们拿奥塞贝格船的尺寸做一个非常粗略的参考，可以估算，每艘船大约有 30 名桨手，但船上肯定还有其他士兵，随时准备换班。这样一来，托尔芬的部队大约有 300 名武士，而卡尔国王舰队中的武士数量是其两倍以上，因此可能有大约 1000 名士兵参与了这场海战，至少也有 500 人。托尔芬成为奥克尼群岛最成功、最强大的雅尔之一，在赫布里底群岛，甚至在北爱尔兰的部分地区行使控制权。他的生涯表明，奥克尼群岛是很好的基地，从那里能够控制更广阔的海洋空间。

挪威国王并没有忘记奥克尼群岛的战略意义。1066 年，挪威国王无情者哈拉尔决定支持托斯蒂格。托斯蒂格正在挑战其兄弟哈罗德·葛温森对英格兰王位的权利。哈拉尔乘船前往设得兰群岛和奥克尼群岛，在那里招募新兵，然后一路南下，但于 1066 年 10 月在斯坦福桥（Stamford Bridge）战败身亡。当时，奥克尼群岛的权力由两兄弟分享。他们也陪同哈拉尔前往约克郡，并在战斗中幸存，但被后来的挪威国王赤脚王马格努斯（Magnus Barelegs，卒于 1103 年）击败。赤脚王马格努斯决定将挪威的统治强加于远至安格尔西的大片土地。他于 1098 年率领一支舰队出发，将两位雅尔驱逐出奥克尼群岛，并让自己的小儿子取而代之，不过，他将奥克尼群岛的管理权交给了摄政者。他推翻了早先让雅尔们负责奥克尼群岛和设得兰群岛日常管理的政策，因为他有更大的雄心。他需要一个海军基地，从那里，他可以控制更远的土地。他带着奥克尼雅尔领地的几个继承人去了威尔士，其中一个叫马格努斯·埃兰德松（Magnus Erlendsson）的继承人很讨厌，因为他不肯与赤脚王马格努斯合作：

> 当部队为战斗准备好武器时，马格努斯·埃兰德松在主舱里安坐，拒绝披挂备战。国王问他为什么坐着不动，他的回答是，他与那里［威尔士］的任何人都没有恩怨。“这就是为什么我不打算战斗。”他说。“在我看来，这与你的信仰无关，”国王说，“如果你没有胆量战斗，那你就到下面去。不要躺在大家的脚下。”马格努斯·埃兰德松拿出他的《圣咏经》，在整场战斗中吟唱“诗篇”，而拒绝躲避。[11]

这是马格努斯·埃兰德松要成为圣人的早期迹象。若干年后，在奥克尼群岛，由于他与另一位奥克尼雅尔发生争执，他对手的大厨打碎了他的头颅，于是马格努斯·埃兰德松被视为殉道者，据称能够创造奇迹。不管他的生平是否像他的支持者坚称的那样神圣，在奥克尼群岛建造的大教堂是以他的名字命名的，他残破的头骨也在教堂里出土。[12]尽管年轻的马格努斯·埃兰德松是赤脚王马格努斯的侍酒官，但赤脚王“十分不喜欢他”。当舰队向北经过苏格兰时，马格努斯·埃兰德松在夜间偷偷溜走，游到了岸上。他穿着睡衣，光脚在灌木丛中跌跌撞撞地走着，受了许多伤。在次日早上吃早饭时，国王发现他不在，就派人到他的铺位去找他。当他们发现他已不在船上时，就派人到陆地上，带着猎犬搜寻。然而，年轻的马格努斯爬到一棵树上，把发现他的那条狗吓跑了。他一路来到苏格兰宫廷，然后来到英格兰和威尔士，在那里受到款待，并等待马格努斯国王的死讯。[13]

不过，马格努斯国王对获得安格尔西岛更感兴趣，“它位于之前挪威历代国王统治地区的最南端，面积占威尔士的三分之一”，至少佚名的萨迦作者是这样认为的。[14]马格努斯对马恩岛的干预，是对这块面积小却有战略价值的土地（马恩岛控制着通往爱尔兰中部和南部的路线）的控制权的广泛争夺的一部分。马恩岛有一位叫戈德雷德·克洛万（Guðroð Crovan）的国王，他于1079—1095年在位，是诺斯人和爱尔兰人混血儿。在岛上的碑文中发现的盖尔语名字足以表明，马恩岛的主要人群要么是该岛的老居民，要么是爱尔兰定居者。在戈德雷德·克洛万死后，马格努斯看到了夺取马恩岛的机会，但他的计划受到了爱尔兰对手的挑战。到1103年，戈德雷德的儿子掌管了马恩岛，建立了一个延续到1265年的家系。[15]然而，马恩岛只是控制更广大空间的钥匙，而挪威国王马格努斯是个野心勃勃的人。甚至有人说，挪威国王急于入侵英格兰，为他的祖父无情者哈拉尔报仇。后来，在1103年，马格努斯在阿尔斯特①战死。[16]赤脚王马格努斯是一系列挪威国王中的一个，这些国王在11世纪将维京人以掠夺为目的且分散的袭掠，转变为一个协调的计划。战利品和荣耀仍然很重要，但诺斯人的远征越来越受到中央集权的控制，袭掠在当时是王室权力扩展到整个北大西洋的手段，尽管其成功程度值得怀疑：赤脚王马格努斯被杀后，奥克尼群岛重新由当地雅尔统治。

诺斯人的统治如何影响奥克尼群岛，以及其他在挪威王权控制

---

① 阿尔斯特在爱尔兰岛东北部，是爱尔兰历史上的四个省之一。其中六个郡组成了北爱尔兰，是英国的一部分，其余三郡属于爱尔兰共和国。17世纪起，有大量苏格兰新教徒移民到阿尔斯特。

下的不列颠岛屿，如赫布里底群岛，并不完全清楚。先前的本地人口很可能被奴役，或通过通婚被同化。古代凯尔特人的土地划分制度被延续下来。另外，没有证据表明凯尔特人的基督教在诺斯人的征服后在这些岛屿继续存在。就像盎格鲁-撒克逊人征服英格兰一样，多神教在一段时间内取得了胜利，西居尔的皈依不可能使古老的崇拜终结。在这方面更重要的是圣马格努斯崇拜的传播，它给了奥克尼群岛和奥克尼人一种独特的宗教身份。奥克尼群岛和设得兰群岛的诺斯特色并不是现代人捏造的，这一点从诺恩语（Norn，诺斯语的一种方言）在岛上的长期存在就可以看出。诺恩语直到19世纪中叶才消亡，而且在中世纪的凯瑟尼斯，即奥克尼人统治的苏格兰土地上，人们似乎也讲海对岸的诺恩语。[17]

诺斯文化和凯尔特文化的独特混合在爱尔兰体现得淋漓尽致，爱尔兰这个名字就是维京人取的。[18]我们与其记录维京人对爱尔兰一波又一波攻击的流水账，不如看看诺斯人侵袭该国的模式。引人注目的是，早期的袭掠在8世纪末从北方而来，维京人的船沿着连接挪威峡湾、奥克尼群岛和赫布里底群岛的大弧线向南，一直到阿尔斯特，最南到了圣帕特里克岛（Isle of St Patrick 或 Inispatrick），它靠近都柏林，即后来诺斯人在爱尔兰的权力中心。毫不奇怪，维京人的早期目标包括修道院，不过他们也掳走了妇女和儿童，并对其进行奴役。这些妇女中有许多人生下了新一代的维京人，他们是混血儿。一个主要的定居点位于都柏林（Duibhlinn），意思是“黑池”，除此之外，全岛的其他许多城镇是维京人的杰作。因此，他们既是破坏者，也是创造者。由于斯堪的纳维亚定居者的参与，爱尔兰不同国王之间的区域性战争变得更加复杂。斯堪的纳维亚定居者有时是爱尔兰人的攻击目标，但他们开始越来越多地在凯尔特人中选边站了。871 年，夸夸其谈的斯堪的纳维亚军阀伊瓦尔（Ivar）自称“整个爱尔兰和不列颠的诺斯人的国王”。然而，到了 10 世纪中叶，爱尔兰的诺斯人互相厮杀，尽管都柏林作为爱尔兰海内的一个巨大的贸易中心而繁荣起来。可以肯定的是，其中一些商品是维京人不断深入该岛和跨海袭掠威尔士得来的战利品，因为都柏林的奴隶市场上有大量的威尔士俘虏。[19]

维京人的袭掠对爱尔兰岛上兴旺的凯尔特教会造成了巨大的破坏，不过斯堪的纳维亚人从他们掳掠的精美手抄本的复杂装饰风格中学到了一些东西。“维京艺术”受到了凯尔特人的影响。1014 年，在爱尔兰国王兼“大祭司”布莱恩·博鲁（Brian Boru）率军于克朗塔夫（Clontarf）战胜了诺斯人（尽管布莱恩自己阵亡）之后，诺斯人并没有被逐出爱尔兰。他们继续融入爱尔兰社会，而同化的最重要标志之一，就是他们接受了自己曾经无情掠夺的宗教。基督教在爱尔兰全岛得到了恢复。但我们需要指出的是，爱尔兰国王们也将爱尔兰富裕的修道院视为猎物，而爱尔兰编年史所记载的破坏，有的是诺斯军队造成的，有的实际上是凯尔特人自己造成的。[20]

※ 二

诺斯定居者在北大西洋的一些早就有人居住的土地（如奥克尼群岛）和几乎无人居住的土地（如冰岛和格陵兰，诺斯人在那里的处女地创造了全新的社会）缔造了一个复杂的海上世界。我们是否可以认真地用“维京”这个词来描述这个海上世界，尚且存疑。当格陵兰和北美被发现时，维京掠夺者的时代还远未结束。但诺斯人在格陵兰居住了四百多年，也早已超过了维京人暴力袭掠的时代。此外，“维京”这个词有些负面影响，因为它强调暴力的形象，而暴力对那些喜欢血腥历史的人有吸引力。当然，在冰岛，生动的萨迦故事中充斥着邻居之间的血腥冲突，这表明诺斯男人，甚至诺斯女人，完全有能力在家乡制造混乱，而不需要带着他们的武器穿越远海。不过，在大西洋上确实出现了一些定居社会，它们通过贸易实现了繁荣，如在法罗群岛、冰岛和格陵兰。

在法罗群岛定居，据说是于9世纪末金发哈拉尔的时期开始的，比维京人第一次袭击英格兰晚了一百年，所以这可能是哈拉尔国王试图在挪威的大片土地上实行统治的结果，也是因为一些桀骜不驯的诺斯人决定逃避他试图强加的税收。[21]另外，杂乱无章的萨迦提到的第一个法罗群岛殖民者是格里米尔·坎班（Grim Kamban）。“坎班”是盖尔语，它再次表明，自从斯堪的纳维亚人进入不列颠水域以后，就有凯尔特人的血液不断注入诺斯社区。这说明，法罗群岛的许多早期定居者并非来自挪威，而是来自苏格兰群岛、爱尔兰和日益增多的“维京人流散地”。“法罗”这个名字的含义就是“羊岛”（*Færeyjar*），这一连串岩石岛屿上具有明显吸引力的是其牧场。[22]法罗群岛的可耕地非常有限，在今天只占总面积的5%。虽然有大量的漂流木从美洲过来，但质量更好的木材必须从挪威或不列颠运过来。法罗群岛没有什么东西可以作为战利品让维京人带走。尽管地处非常靠北的地方，但法罗群岛的气候比人们想象的要温和，因为该群岛沐浴在横跨大西洋的暖流中。[23]

无论几个世纪前皮西亚斯是否看到过这些岛屿，当诺斯定居者开始对它们感兴趣时，唯一的常客是爱尔兰隐士，他们可能于公元700年就已经在法罗群岛生活。从一些泥炭灰和烧过的大麦粒的碳测定结果来看，法罗群岛在4—6世纪就有定居者，在此后的几个世纪里再次出现了定居者，但他们的存在几乎可以肯定是零星的。可以想象，他们是从设得兰群岛北上的季节性移民。[24]他们不像林迪斯法恩等修道院那样坐拥大量财富。不过，根据爱尔兰僧侣和地理学家迪奎的说法，在法罗群岛的僧侣也会感觉到维京人偶尔到访他们的偏远隐居地而带来的威胁：

> 在这些岛屿上，从我们的国家斯科舍［爱尔兰］跨海而来的隐士已经生活了近百年。但是，正如这些岛屿从世界之初就一直被遗弃一样，由于诺斯海盗的存在，隐士们离开了这些岛屿，现在那里成了无数的绵羊和各种各样的海鸟的家园。[25]

绵羊应当是隐士带到岛上的，这些羊与海鸟、蛋和鱼一起，为他们提供了丰富的食物。此外，羊的几乎每个部分都有用，无论是织布，用骨头制作工具，制造奶酪、黄油和动物油脂，还是烤羊羔肉的盛宴（僧侣不太可能这样飨宴）。13世纪法罗群岛的一部法典说，鲸鱼被驱赶上岸，而一旦它们处于高水位线以上，那片土地的主人就可以得到鲸鱼的大部分，而猎人只能得到四分之一。[26]

古书提到古代隐士，就引发了有关爱尔兰僧侣航行的问题。这些问题虽然没有多大实际意义，但人们对其兴趣盎然。僧侣圣布伦丹（St Brendan）曾被认为是第一个横跨大西洋的航海家，因此，爱尔兰人的航行已经与“谁最先到达美洲”这个古老的、在很多方面都没有启发性的问题纠缠在一起。爱尔兰圣徒的传记描述了一些有冒险精神的僧侣，他们为了避开尘世、觅得清静，至少从6世纪起就乘坐小型兽皮船前往远海上的岛屿。一份被称为《安格斯连祷文》（*Oengus Litany*）的古老文献记载，“有60个人与布伦丹一起去寻找应许之地”。圣布伦丹与爱尔兰和苏格兰西侧的许多地方有联系，据说他在6世纪初去过这些地方。这些地方的地名清单非常长，听起来好像是由“历代爱尔兰航海家的集体航海经验”形成的，这表明确实有一位爱尔兰圣人到过这些地方。[27]换句话说，“航海家圣布伦丹”不是一个人，而是几个人，不过，他是以真实的克朗弗特（Clonfert，一所修道院学校的所在地）的布伦丹的形象为基础的，这个布伦丹激励他的追随者与他一起乘船驶入大洋。他出身于爱尔兰芒斯特（Munster）王国的贵族家庭，出生时就伴随着奇迹和预言。[28]

布伦丹寻找天堂的过程，被记录在题为《布伦丹游记》（*Navigatio Brendani*）的短文中，短文讲述了布伦丹如何从另一位僧侣的海上冒险故事中得到启发，去寻找一些据说散布在开阔大洋上的社区。他决定带着14名僧侣进行探险，寻找“圣人的应许之地”，但文中所有的细节都是很“套路”的：有陡峭悬崖的岩石岛屿、挤满了成群的纯白绵羊的岛屿、一个被证明是鲸鱼背部的荒岛、有鸟儿连续一小时唱着赞美耶路撒冷的诗篇的岛；不过，也有虔诚的僧侣居住的一个岛，这些僧侣从未患过疾病，而且从未变老；还有一个由三个阶层居住的岛，三个阶层分别是男孩、青年男子和老人，没有女人这点让人不禁怀疑男孩是从哪里来的。《布伦丹游记》生动地描绘了海上的危险，如大雾和海龙卷风，更不用说在遥远的海岸与海怪和愤怒的野蛮人作战；以及“最悲惨的人犹大”，他遭受地狱的折磨，仅在每个复活节得到一天的休息。[29]布伦丹的航行故事不应被解读为一次真实的横跨大西洋的旅行，而更像是一系列关于虔诚的修道士应该过什么样的生活的劝诫。

确实有一些僧侣还不知道自己要去哪里就出发了，希望找到“海洋中的沙漠”，如一个叫拜丹（Baitán）的人。还有科马克·列尔萨尼（Cormac ui Liatháin），他多次乘坐克勒克艇，从爱尔兰一直航行到奥克尼群岛；科马克还深入大西洋，但没有找到陆地，他在遇到一大群红色水母的时候就折回来了。[30]另一位无畏的僧侣圣高隆（St Columba），据他的爱尔兰传记作者说，航行“穿过了大洋中的所有岛屿”。在他到访过的礁石和近海岛屿上也建立了一些僧侣社区，如在戈尔韦（Galway）近海饱受海风劲吹的阿伦群岛（Aran Islands）和苏格兰西部的斯凯岛（Skye）。这些成就当然比被归功于圣布伦丹的成就更可信。而且进行这些航行的不只是圣徒故事歌颂的著名僧侣，还有船员（估计是僧侣），因为要在偏远岛屿上建立孤独的隐居地，团队合作必不可少（这有点矛盾）。另外，圣布伦丹的故事广为流传，激发了人们对大西洋上的事物的猜测。而所谓神佑群屿（Islands of the Blessed）的故事，在古典著作和基督教著作中不断流传，在整个中世纪继续吸引着航海家们。例如，很多人相信加那利群岛就是圣布伦丹到访过的岛屿。[31]然而，爱尔兰僧侣发现的不是已经有柏柏尔人居住的阳光明媚的加那利群岛，而是北大西洋上明显更冷的岛屿：首先是法罗群岛，然后是冰岛。

僧侣的定居显然无法产生永久性的殖民地，除非有源源不断的新人到来（就像阿索斯山的修道院维持至今一样）。对僧侣们来说不幸的是，这些新来的人虽然带来了妇女，但他们是信奉多神教的斯堪的纳维亚人。法罗群岛的第一批诺斯定居者的多神教信仰反映在首府托尔斯港（Torshavn）的名字上，它的意思是“托尔的港口”。不过，到 11 世纪初，法罗群岛已经接受了基督教，这可能是源于奥拉夫·特里格维松的坚持，他是奥克尼群岛基督教化的策划者。法罗群岛最终被尼达洛斯［Niðaros，今天的特隆赫姆（Trondheim）］大主教控制，尼达洛斯是世界上最北端的大主教区。基督教的这种扩张反映了 12 世纪晚期挪威君主国在北大西洋权力的不断增长，可在那之前，法罗岛民在年度议会（*Þing*）上管理自己的事务，该议会由当地最富有的家族主导。法罗群岛不像奥克尼群岛那样拥有吸引挪威宫廷密切关注的战略优势。即使当从挪威到冰岛的航运变得非常有规律时，直接航线也绕过了法罗群岛。然而在从挪威到格陵兰的航线建立后，法罗群岛是其中一站。所有这些都可能让我们得出这样的结论：法罗群岛并不具有重大意义；它的意义仅在于，人们在一片空旷（绵羊除外）的土地上建立了一个全新的社会，这种社会实验将在冰岛以更大的规模重复进行。[32]

※ 三

冰岛被描述为诺斯文明的“最高点”，不仅因为诺斯人在抵达后没有伤害原住民（当地也没有原住民可以伤害），而且因为它的文化成就，以杰出的萨迦文学为代表。冰岛人利用黑暗的冬季来回忆和编织他们过去的历史，以及他们在斯堪的纳维亚半岛的祖先的历史。萨迦是中世纪的伟大文学成就之一，而且它是在当时拉丁基督教世界的几乎最外层边缘产生的，所以更显非凡。[33]发现冰岛的诺斯人可能是从法罗群岛出发的。关于冰岛的发现，现存的故事无疑更多是关于它们被编纂的时代，即 12—14 世纪的记录，而不是关于 9 世纪的记录；更多是在说一个日益受到挪威王国威胁的岛，而不是在说一个早期的由独立的农民和水手组成的社区。因此，冰岛萨迦的许多文本强调了挪威国王金发哈拉尔的暴政，但也许其作者想到的是当时的挪威国王。[34]

在一部关于冰岛“定居”（*Landnám*）历史的书中，有一个比较可信的版本，故事如下。一个名叫纳多德（Naddoð）的法罗群岛定居者在 9 世纪初因为风暴而偏离航线，来到了遥远的北方。他注意到山上有雪，便将其命名为 *Snæland*，即“雪国”。另一个故事讲述道，一个在海上漂泊的瑞典人加达・斯瓦瓦尔松（Garðar Svávarsson），住在丹麦的西兰岛（Sjælland）上，不过他的妻子来自赫布里底群岛。他听说过“雪国”。他的母亲是个女巫，劝他去寻找它。他绕着冰岛航行，证明了它是一个岛，然后他在那儿的一间陋室里度过了一个（肯定很艰难的）冬天。后来，他的儿子来到冰岛，希望挪威国王能任命他为冰岛的雅尔，就像挪威国王曾经任命奥克尼雅尔那样，但其他定居者不同意。和他一起来到冰岛的这些人，小心翼翼地与挪威国王保持距离。

纳多德和加达都很重视他们发现的这片土地。“伟大的维京人”弗洛基·维尔格达松（Flóki Vilgerðarson）却不是这样，他对冰岛的到访以灾难告终，因为他的手下没有准备干草，他的所有绵羊都因缺乏饲料而死亡。他和他的同伴忙于以鱼为食，而没有考虑到他们的牲口。“当被问起这个地方时，他给它取了个坏名字。”冰岛这个名字流传至今。最后，根据冰岛作家的说法，一个叫英格尔夫·阿纳尔松（Ingolf Arnarson）的人受到弗洛基的启发，去寻找冰岛。他在发现冰岛的南海岸后返回挪威，然后和他的义兄弟，一个名叫希约莱夫（Hjǫrleif）的维京袭掠者一起回到冰岛，时间大约是 870 年。英格尔夫在出发前小心地向神灵献祭，而且在接近冰岛海岸后，就把本来安装在家乡的房子里的高座柱子扔进海中。这种柱子被放置在诺斯人一家之主的仪式性座位的两侧，可能被刻上了托尔和其他神的图像。英格尔夫注意观察柱子靠岸的地点，因为这将显示出神明要把他送到哪里去。它们最终在今天冰岛首都雷克雅未克（Reykjavík，意思是“冒烟的海湾”，无疑是因其温泉中升起的蒸汽命名的）所在的地方靠岸。他的义兄弟希约莱夫没有向神灵献祭，后来遭到其奴隶的攻击。奴隶们怒不可遏，因为希约莱夫没有足够的牛（只带了一头），于是把奴隶拴在犁上，让他们代替牛耕地。奴隶们抢走了希约莱夫船上的妇女和货物。然而，当英格尔夫的奴隶发现希约莱夫残缺不全的尸体时，英格尔夫大惊，追赶那些造反的奴隶，并将他们全部杀死。[35]我们没有办法证明这些故事是真实的，但一艘船带着牲畜、补给物资、奴隶和妇女（可能是自由人，也可能是女奴）来到冰岛的故事是可信的。

他们发现的土地位于北美和欧洲板块之间，不过这并不意味着冰岛的一半在地质意义上是美洲的一部分，因为该岛（就像法罗群岛一样）是由火山爆发而喷出的物质构成的，这些火山活动持续到今天。与其他火山地区不同，由于地处北极圈以南不远处，冰岛的土地并不特别肥沃。但在诺斯定居者到达时，岛上的牧场比今天的要多得多，而且很快就出现了过度放牧，因为牧场几乎没有时间从岛上的严冬中恢复。农民收割青草，将其制成干草。岛民也生产了一些大麦，但仍需进口粮食，否则就得靠羊群和当地丰富的野味来养活自己。野味包括海鸟及鸟蛋、海豹，还有鲸鱼。“索尔吉尔斯（Þorgils）勤于觅食，他每年都会去冰岛北端的海滩。他在那里收集野味，发现了鲸鱼和其他漂流物。”有一年夏天，他发现一条搁浅的鲸鱼，但有两个不诚实的商人，他们都是没有土地的人，乘着货船来到这里，试图夺走索尔吉尔斯和他的同伴还没有切割的那部分鲸鱼。战斗爆发了，索尔吉尔斯被杀。[36]鲸鱼的价值在于它的鲸脂和肉，而海象除了肉和油脂之外还能提供海象牙。[37]

第一批冰岛定居者在离开挪威的时候乘坐的不是维京人的长船，而是短粗的克诺尔船，这种帆船能够装载 30 吨的货物、绵羊和殖民者白手起家所需要的其他东西。他们要永远地离开故乡。有些定居者是乘坐他们自己拥有的船来的，所以这些人并不是贫穷的难民。他们似乎是在逃避金发哈拉尔的暴虐统治。[38]在大约 870—930 年，可能有 2 万人（肯定超过 1 万人）移民到冰岛，这些定居者主要来自挪威，不过也包括瑞典人、丹麦人，以及北欧和凯尔特混血儿。DNA 测试彻底改变了我们对冰岛人祖先的认识，特别是现在可以追踪母系和父系的祖先（分别通过对线粒体 DNA 和 Y 染色体的分析）。大约三分之二的现代冰岛男性似乎是诺斯人的后裔，三分之一是凯尔特人的后裔。但是，当我们看一下母系血统时，比例就颠倒了。这证实了凯尔特血统的因素是多么重要，凯尔特血统来自女奴（自由人与女奴生的孩子能被冰岛社会接受），以及来自苏格兰诸岛和爱尔兰的维京人的凯尔特妻子。在法罗群岛和苏格兰的西部群岛（Western Isles）也可以看到类似的情况（而在奥克尼群岛和设得兰群岛则不然，那里的居民的母系和父系血统在同等程度上来自挪威，这表明整个家庭都是从挪威移民过来的，而不只是男性武士）。[39]冰岛最精彩的萨迦之一的英雄主人公 Njáll（尼亚尔）的名字就来自爱尔兰语的 *Niall* 或 *Neil*。12 世纪和 13 世纪冰岛的定居记录也提到了 *Iskr*，即爱尔兰定居者，如一个叫凯迪尔（Ketill）的人。大多数被迫来到冰岛的奴隶可能也是凯尔特人。[40]现在学界普遍认为，到 11 世纪末，大约有 4 万人在冰岛生活，人口甚至可能达到这个数字的两倍。在中世纪的这一阶段，冰岛的气候相对温和，居民的生活比较容易。然而即便如此，火山灰造成的饥荒、气候较差的夏季以及无法从挪威获得补给的事情也时有发生。冰岛人的生活并不完全是险象环生的，但（就像西欧大部分地区一样）很容易出现口粮不足的情况。[41]

就像在法罗群岛一样，第一批定居者在冰岛发现了一些已经在那里的居民，他们称之为“帕帕尔”（*papar*，即“神父”）。这些人也是凯尔特人，主要是爱尔兰隐士，他们在冰岛留下的印记不是在血统上，而是在地名上，如帕佩岛（Papey），这是冰岛南部附近的一个小岛。一些爱尔兰隐士每年乘坐简易的皮船来回迁徙，避开冰岛的冬天，他们的航行可能更多是依赖信仰，而不是先进的航海技术。前文已经引用过爱尔兰僧侣迪奎对法罗群岛的描述，他对冰岛的极昼感到惊异：“人可以想做什么就做什么，甚至可以从衬衫上去除虱子，就像太阳还在空中一样。而且，如果一个人站在山顶上，也许他还能看到太阳。”[42]从冰岛回来的爱尔兰僧侣可能带来了关于冰与火的国度的故事，满足了爱尔兰听众的胃口。有人认为，当北极的海市蜃楼将冰岛海岸的影像投射到遥远南方的法罗群岛时（在该纬度，这种情况可能在黎明不久后发生），爱尔兰僧侣第一次知道了冰岛的存在。[43]

诺斯人在这片土地的定居在后来的冰岛萨迦中得到了非常细致的记录，因为土地是按照严格的规则划分的。一个奇怪的传说将土地划分制度归功于他们试图逃避的挪威国王金发哈拉尔。据说国王说服了定居者，“每个男人可以占据的土地的上限，是他和他的船员在一天内可以运载火种的最大面积”。尽管女性定居者也受到欢迎，可她们最多只能获得在春季的一天里带着一头两岁的奶牛走一圈的面积。[44]基本原则是，每个地主都可以自由地管理自己的事务，但要遵守在阿尔庭议会（*Alþing*）上商定的法律。该议会从 930 年起每年 6 月在天空有充足光亮的时候召开，参加会议的是被称为

goðar（字面意思是“神”）的有权有势的地主。他们不仅是政治领袖，也是祭司，负责代表他们的社区举行祭祀和其他仪式。这并不是许多人想象中的民主的人民大会，但它使这个偏远的岛能够按照自己的居民制定的法律来自治，只承认挪威国王最松散的宗主权。因此，将冰岛描述为一个“共和国”或“联邦”是完全说得通的。[45]

在冰岛历史的第一个世纪里，大多数冰岛人是多神教徒。但是，也有基督徒生活在那里，包括许多来自爱尔兰的定居者和奴隶。傻瓜凯迪尔（Ketill the Fool）是一个诺斯基督徒，他之所以叫这个名字是因为他的多神教徒邻居嘲笑他的信仰。他住在教堂农场（*Kirkjubœr*），那里早先是一个爱尔兰隐士的居所。传说多神教徒不能住在那里，凯迪尔死后，一个多神教徒来到这里，占据他的农场；然而，这个多神教徒刚越过边界就死了。[46]冰岛在公元1000年接受了基督教，但阿尔庭议会的议员们并没有被取代。地主们建造了自己的教堂，并把它们视为私人财产，就像多神教圣所曾是他们的私人财产一样。挪威国王奥拉夫知道冰岛依靠与斯堪的纳维亚半岛的贸易来维持生计，因此只要冰岛人仍是坚定的多神教徒，他就禁止与冰岛的贸易。这一点，加上在岛上长期存在的基督徒，阿尔庭议会决定进行紧急讨论。结论是，如果多神教徒拒绝和基督徒共同生活，大伙都会遭殃。阿尔庭议会颁布了通行的法律，规定洗礼将是普遍性和强制性的，尽管个人仍然可以继续私下崇拜多神教的神。他们也可以继续吃马肉，这是少数被西方天主教禁止的食物之一。到11世纪中叶，冰岛才有了主教，在那之前，阿尔庭议会的议员们保留了他们的宗教职能，为新宗教服务。就像在世界上其他地方一样，宗教思想漂洋过海，改变了它们所渗透的社会。这并没有使冰岛人变得更加和平，我们可以从萨迦中的争斗和暴力故事里看出这一点。这些萨迦故事来自一个已经接受了基督教的世界，但这个世界仍然清楚地意识到自己的多神教往昔，依旧对诺斯诸神的故事着迷。[47]

法罗群岛和冰岛是一种现象的早期例子。到了中世纪末期，这种现象将在大西洋地区普遍存在：在无人（或几乎无人）居住的岛屿上建立全新的社会。15 世纪，葡萄牙人成为开发岛屿处女地的先驱。斯堪的纳维亚人和葡萄牙人都建立了在某些方面与母国相似，但又非常独特的新社会。这些新社会不是旧世界的克隆体。冰岛的政治结构围绕着在强大的阿尔庭议会议员们领导下的地方自治原则而建立，有意表达了对王室干预的拒绝。岛民试图创造一个理想化的社会，这个社会以他们理想化的挪威为基础。也许他们想象自己的祖先在王室权力开始侵入峡湾之前曾经拥有那样一个理想化的社会。即便如此，他们还是了解到，为了确保因仇杀和争夺土地而陷入困境的社区有一定程度的秩序，有必要召开年度议会和建立共同的法律体系。虽然他们为自己的自治感到自豪，但冰岛人也对自己的诺斯祖先的历史着迷，以至于在冰岛接受基督教很久之后，他们还在颂扬维京人的袭掠和他们的多神教崇拜。冰岛人讲述关于挪威国王的故事，他们的精神视野延伸到了君士坦丁堡、西班牙和波罗的海。下一章会介绍，冰岛人的精神视野还向西延伸，横跨大西洋。

※ 四

海洋为许多冰岛萨迦提供了持续的背景，无论这些萨迦是关于挪威和欧洲的，还是关于冰岛和它西面的土地的。由于这些萨迦是在13世纪及以后成书的，所以它们告诉我们的实际上更多是中世纪中叶和后期的冰岛人如何看待他们与海洋的关系，而不是关于最早定居冰岛时的情况。最著名的萨迦之一《埃吉尔萨迦》（*Egil's Saga*）写于13世纪初，其中充满了血腥的背叛和光荣的忠诚的故事。它的情节中交织着对主要人物从挪威到冰岛的海上旅行的描述，据说时代背景是金发哈拉尔正在将他的意志强加于挪威人，迫使他的对手远走他乡。比如，故事里写道，船长克维尔德乌尔夫（Kveldulf）死在船上，他的尸体被装在棺材里扔进了大海。这艘船与一艘同行的船接近冰岛，进入一个峡湾，但在船员们能够登陆之前，大雨和大雾将两艘船分开，它们走散了。然后，当天气好转时，船员们等待潮水，让船漂到河流上游，然后把船拉到沙滩上，卸下货物。他们在探索海岸线时，发现克维尔德乌尔夫的棺材被冲上岸，于是把它放在一个石堆下面。[48]这一系列事件的讲述，为一个更宏大的关于定居者之间竞争的故事增添了地方色彩，肯定反映了从挪威到冰岛的旅行者的经历。

另一个值得注意的故事是，有一艘从设得兰群岛开往冰岛的船，船员以前没有走过这条路线。他们被风吹过大洋，很快就到达目的地，但后来被逆风吹到了冰岛以西，向西驶去。[49]如后文所示，逆风或浓雾让人们在冰岛以西海域有了一些非同寻常的发现。一幅肯定出自 13 世纪的图像显示了商船如何抵达冰岛，并停泊在河流、水道和小溪内。[50]另一幅图像可能来自更早的几个世纪，显示了维京人埃吉尔远至波罗的海的烧杀抢掠，他沿着库尔兰（位于今拉脱维亚境内）海岸行动。到了 13 世纪，斯堪的纳维亚人（主要是丹麦人和瑞典人）仍在袭击波罗的海海岸，不过是打着十字军的旗号。据说埃吉尔烧毁了一个正在和同伴喝酒的富裕的库尔兰农民的房子，所以埃吉尔显然是个杀人不眨眼的家伙。他缴获了一个宝箱，里面全是白银。此后，他逃到了丹麦："他们全都在这年夏季的晚些时候乘船前往丹麦，伏击商船，大肆掳掠。"[51]还有一次，埃吉尔拜访了英格兰国王埃塞尔斯坦，国王向他赠送了"一艘上乘的商船和一批货物，其中大部分是小麦和蜂蜜"。[52]这个故事和其他冰岛萨迦一样，充满了海洋的气息。

不过，冰岛在这一时期没有城镇，也没有完全以贸易为生的商人群体，尽管袭掠者会从事贸易，有时是为了出售他们掠夺来的东西，有时是为了顺便赚取一些利润。[53]维京时期的挪威确实很少有城镇。在今天的特隆赫姆建立尼达洛斯是王室有意为之，这为挪威教会脱离隆德（Lund）教区的监督提供了机会。隆德教区虽然现在属于瑞典，但那时位于丹麦境内。当时有一两个贸易站，如奥斯陆附近的考邦，它的位置很好，在维京时代早期可以获得通过东欧河流运来的白银和其他精美物品。到了 13 世纪，卑尔根已经成为挪威王室权力和北海贸易的一个重要中心，拥有 5000—10000 名居民，并成为冰岛贸易的主要港口。[54]冰岛贸易有好几个奇特之处。冰岛人不铸造钱币，但很乐意使用碎银。如果想在冰岛购买货物，通常会采取以物易物的方式。然而，随着 11 世纪和 12 世纪冰岛与挪威贸易的发展，显然需要某种价值标准。斯堪的纳维亚半岛需要的冰岛产品主要是被称为*瓦德马尔布*（*vaðmal*）的厚毛料织物，它至今仍然是冰岛最贵重的出口产品。所以它被选中，被当作一种货币。*瓦德马尔布*很好的保暖性弥补了它在柔软性方面的不足。厄尔（ell 或*ǫln*）是布匹的标准度量单位，据说 1 厄尔是英格兰国王亨利一世的手臂长度，即从肘部到指尖的长度。2 厄尔折合 1 码。阿尔庭议会法令规定，所有在冰岛编织的*瓦德马尔布*都是 2 厄尔宽的。一块 2 厄尔×6 厄尔的布相当于 1“法定盎司”的白银，不过随着时间的推移，兑换率有变化，厄尔的长度也有变化。这里最重要的一点是，早期冰岛的“货币”是编织的布块。文献中的*瓦德马尔布*有时是一种货币单位，有时则是一种贸易实物。[55]总的来说，这个体制似乎运作良好，无论如何比依赖进口（或掠夺）白银要好。可以说，绵羊是冰岛的银矿。

在罗斯基勒附近发现的克诺尔类型的货船（斯库勒莱乌一号）可以装载大约 3 吨*瓦德马尔布*、30 吨细粉谷物或 5 吨未经碾磨的粗大麦。谷物是冰岛人渴望的欧洲产品之一，因为冰岛国内缺乏合适的土壤。冰岛人熟悉各种船，这些船越来越多地由挪威人而不是冰岛人操作。毕竟，冰岛的木材供应不足，用于制作钉子和铆钉的金属以及造船所需的其他许多东西也很匮乏。除了克诺尔船之外，还有“布扎船”（*búza* 或 buss），这是一种高船舷的船，更适合波涛汹涌的海面，在 11 世纪初开始流行。高船舷意味着它的船舱更深，有更多的载货空间，但货物更重，吃水就更深，使这种类型的船更慢，而且不适合克诺尔船能够停泊的浅水。不过，使用更大的船只，表明贸易额在增加。[56]最重要的是，在海盗猖獗的时代，这完全是合法的贸易，而且是在挪威国王的保护下进行的。有共和主义思想的冰岛人对挪威国王也有利用价值。大约在 1022 年，挪威国王与冰岛签订了一项商业条约，为冰岛人用羊毛织物换取粮食的贸易做了担保。到访挪威的冰岛人将获得与自由挪威人相同的特权，甚至可以从国王的森林中获取木材和水。到访冰岛的挪威人的利益同样得到了保护，例如，如果他们在冰岛死亡，他们的财产将得到保护。诚然，冰岛人确实需要在挪威支付相当高的登陆费（如果他们愿意，可以用瓦德马尔布支付）。但是，即使他们与第三国做生意，挪威国王也不会干涉。这项条约在随后的几个世纪里一直有效，其根源无疑在于国王试图以最具善意的方式展示他对冰岛的权威。[57]

随着挪威人口的增长和新城镇的粮食供应压力的增大，挪威人对为冰岛提供粮食越来越不感兴趣。英格兰人出手相救，向挪威出口粮食。如前所述，埃吉尔从英格兰国王那里得到的临别礼物是一艘主要装载小麦的船。[58]1189 年，一名神父乘坐一艘从英格兰出发的船来到卑尔根，船上载着粮食、葡萄酒和蜂蜜。神父打算一直航行到他的家乡冰岛，结果货物被盗。[59]挪威可以从许多来源获取厚重布匹，挪威与冰岛的关系对冰岛人来说至关重要，但对挪威人来说无关紧要。不过，还有其他一些物品让挪威人觉得值得冒险航海去冰岛（这条海路只能在春末和整个夏季使用）。冰岛是北欧唯一的硫黄产地，而且欧洲各大宫廷都需要冰岛隼和格陵兰隼。[60]有人认为，北极熊有时会乘着浮冰抵达冰岛附近，被捕获并被带到欧洲。关于奥敦（Auðun）想献给丹麦国王的那只白熊的有趣故事，后文会详谈。海象牙可能是在这个阶段被从格陵兰运到冰岛的，因为冰岛人似乎在他们到达后的几十年内就把岛上的海象消灭光了。冰岛由于缺乏可靠的铁资源，所以不得不从挪威进口当地或经转口贸易而来的铁，同时还进口各种工具和衣物。[61]

从挪威到冰岛的海路构成了一个了不起的贸易网络的一部分，在维京海盗成为记忆之后，这个网络仍然存在。正如冰岛萨迦表达的那样，这是一个非常强大的网络。然而，这个网络也延伸到更远的地方，横跨北大西洋，一直延伸到北美海岸。

注　释

1. F. D. Logan, *The Vikings in History* (3rd edn, London, 2005), pp. 21-2, 26-8; A. Forte, R. Oram and F. Pedersen, *Viking Empires* (Cambridge, 2005), p. 265.

2. H. Pálsson and P. Edwards, transl., *Orkneyinga Saga: The History of the Earls of Orkney* (Harmondsworth, 1981), p. 215.

3. J. Jesch, *The Viking Diaspora* (London, 2015), pp. 32-3.

4. Forte et al., *Viking Empires*, p. 268.

5. Pálsson and Edwards, transl., *Orkneyinga Saga*, pp. 26-7.

6. B. Crawford, *The Northern Earldoms: Orkney and Caithness from AD 870 to*

1470 (Edinburgh, 2013), pp. 36, 85-7.

7. Pálsson and Edwards, transl., *Orkneyinga Saga*, pp. 28-31.

8. Ibid., p. 34.

9. Ibid., pp. 36-8; Crawford, *Northern Earldoms*, pp. 125-8; Forte et al., *Viking Empires*, p. 270.

10. Pálsson and Edwards, transl., *Orkneyinga Saga*, pp. 50-53.

11. Ibid., p. 84.

12. Crawford, *Northern Earldoms*, pp. 68, 198-212; 黑白插图 1。

13. Pálsson and Edwards, transl., *Orkneyinga Saga*, pp. 85-6.

14. Ibid., p. 85.

15. R. A. McDonald, 'The Manx Sea Kings and the Western Oceans: The Late Norse Isle of Man in Its North Atlantic Context, 1079-1265', in B. Hudson, ed., *Studies in the Medieval Atlantic* (New York, 2012), p. 150; P. Sawyer, *Kings and Vikings: Scandinavia and Europe AD 700-1100* (New York, 1994), p. 111; A. W. Moore, *A History of the Isle of Man* (London, 1900), vol. 1, p. 102.

16. Crawford, *Northern Earldoms*, pp. 166-7.

17. Sawyer, *Kings and Vikings*, p. 110; Logan, *Vikings in History*, pp. 27-8; M. Barnes, *The Norn Language of Orkney and Shetland* (Lerwick, 1998).

18. Logan, *Vikings in History*, p. 29.

19. Ibid., pp. 30, 32-5; D. Meier, *Seafarers, Merchants and Pirates in the Middle Ages* (Woodbridge, 2006), p. 108.

20. Logan, *Vikings in History*, pp. 38-40.

21. C. Sauer, *Northern Mists* (2nd edn, San Francisco, 1973), pp. 84-6; R. Painter, transl., *Faroe-Islander Saga* (Jefferson, NC, 2016).

22. Jesch, *Viking Diaspora*, pp. 48-9.

23. Ibid., p. 22; S. Auge, 'Vikings in the Faeroe Islands', in W. W. Fitzhugh and E. I. Ward, eds., *Vikings: The North Atlantic Saga* (Washington DC, 2000), pp. 154–63.

24. Jesch, *Viking Diaspora*, p. 30.

25. 引自 Logan, *Vikings in History*, p. 44（略有改动）; G. Turville-Petre, *The Heroic Age of Scandinavia* (London, 1951), pp. 95–6; G. J. Marcus, *The Conquest of the North Atlantic* (Woodbridge, 1980), pp. 22–3。

26. V. Szabo, 'Subsistence Whaling and the Norse Diaspora: Norsemen, Basques, and Whale Use in the Western North Atlantic, ca. AD 900–1640', in Hudson, ed., *Studies in the Medieval Atlantic*, p. 82.

27. Marcus, *Conquest of the North Atlantic*, pp. 16–17.

28. Irish *Life of St Brendan* in the *Book of Lismore*, in S. Webb, ed., *The Voyage of Saint Brendan* (2014), doc. 1.

29. *Navigatio Brendani,* in Webb, ed., *Voyage of Saint Brendan*, doc. 2.

30. Marcus, *Conquest of the North Atlantic*, pp. 19–20.

31. D. Abulafia, *The Discovery of Mankind: Atlantic Encounters in the Age of Columbus* (New Haven, 2008), p. 41; M. Egeler, *Islands in the West: Classical Myth and the Medieval Norse and Irish Geographical Imagination* (Turnhout, 2017).

32. Forte et al., *Viking Empires*, pp. 304–6; Logan, *Vikings in History*, pp. 43–5.

33. Logan, *Vikings in History*, p. 45; also Jesch, *Viking Diaspora*, p. 182.

34. Jesch, *Viking Diaspora*, pp. 194–8.

35. 12 世纪的 *Landnámabók*, in Logan, *Vikings in History*, pp. 47–8; Turville-Petre, *Heroic Age of Scandinavia*, pp. 97–8; Sauer, *Northern Mists*, pp. 86–94。

36. J. Byock, *Viking Age Iceland* (London, 2001), pp. 48–51 (citing the *Saga*

of the Foster-Brothers), and p. 56; Jesch, *Viking Diaspora*, p. 22; also Sauer, *Northern Mists*, pp. 94–6.

37. Jesch, *Viking Diaspora*, p. 40.

38. Byock, *Viking Age Iceland*, pp. 10–11.

39. Jesch, *Viking Diaspora*, pp. 34–5, 56–7.

40. Logan, *Vikings in History*, p. 51.

41. Jesch, *Viking Diaspora*, p. 39; Byock, *Viking Age Iceland*, pp. 57–62.

42. Logan, *Vikings in History*, pp. 45 – 7; Turville-Petre, *Heroic Age of Scandinavia*, pp. 100–101.

43. Marcus, *Conquest of the North Atlantic*, p. 26.

44. Byock, *Viking Age Iceland*, pp. 10–11, 82–4, 86.

45. Ibid., pp. 14, 174, 294; Logan, *Vikings in History*, p. 53.

46. Turville-Petre, *Heroic Age of Scandinavia*, pp. 101–2.

47. Byock, *Viking Age Iceland*, pp. 292–301; Logan, *Vikings in History*, p. 54; Turville-Petre, *Heroic Age of Scandinavia*, pp. 101, 107.

48. 'Egil's Saga', in *The Sagas of the Icelanders* (New York, 2000; 此版本基于 *The Complete Sagas of Icelanders*, vols. 1–5, Reykjavík, 1997), ch. 27, pp. 46–7。

49. Ibid., ch. 33, p. 54.

50. Ibid., ch. 39, p. 61.

51. Ibid., ch. 46, pp. 71–4.

52. Ibid., ch. 63, p. 120; B. Gelsinger, *Icelandic Enterprise: Commerce and Economy in the Middle Ages* (Columbia, SC, 1981), p. 126.

53. Ibid., p. 31.

54. S. Bagge, *Cross and Scepter: The Rise of the Scandinavian Kingdoms from the Vikings to the Reformation* (Princeton, 2014), p. 137.

55. 关于瓦德马尔布的主要著作可惜只有冰岛文版本，而且没有概述，见 H. Þorláksson, *Vaðmal og Verðlag: Vaðmal í Utanlandsviðskiptum og Búskop Íslendinga á 13. og 14. Öld* ［'*Vaðmal* and prices: *Vaðmal* in the foreign shipping and farming of 13th and 14th-century Iceland'］(Reykjavik, 1991)；但关于其论点可参考 O. Vésteinsson, 'Commercial Shipping and the Political Economy of Medieval Iceland', in J. Barrett and D. Orton, eds., *Cod and Herring: The Archaeology and History of Medieval Sea Fishing* (Oxford, 2016), pp. 71-9。

56. Gelsinger, *Icelandic Enterprise*, pp. 34-6, 46-7, 77-8.

57. Ibid., pp. 69-76.

58. E. Carus-Wilson, 'The Iceland Venture', in E. Carus-Wilson, *Medieval Merchant Venturers: Collected Studies* (2nd edn, London, 1967), pp. 98-142.

59. Gelsinger, *Icelandic Enterprise*, pp. 127, 154.

60. D. Abulafia, *Frederick II: A Medieval Emperor* (London, 1988), p. 268.

61. Gelsinger, *Icelandic Enterprise*, pp. 83, 151.

第二十一章

白熊、鲸鱼和海象

※ 一

格陵兰经常被描述为世界上最大的岛。[1]但在地质学上，它是北美洲的一部分。把巴芬岛（Baffin Island）算作诺斯航海家在美洲的发现之一，而把格陵兰排除在外，是另一个可以被称为“大洲的社会建构”的例子。即使在16世纪，人们有时也认为格陵兰以某种方式与亚洲连接在一起；在11世纪晚期，不来梅的亚当就是这么认为的。而在1300年前后，一位冰岛地理学家说，“有些人认为”美洲大陆实际上是非洲的一部分；亚当则认为它是亚洲的一部分。这种观点一直延续到哥伦布和卡博特的时代之后。[2]不过，航海家们很少为这个问题烦恼。环绕格陵兰的海洋很不安全，因为这里的环境被巨大的冰帽主宰，对人类充满敌意，难以通行。格陵兰岛只有一小部分适合定居，这要归功于第一批诺斯探险家的坚毅，他们找到了通往草地的峡湾，尽管它们位于该岛的西侧。

乘坐诺斯人使用的那种船到达这些遥远的地方，是对毅力的挑

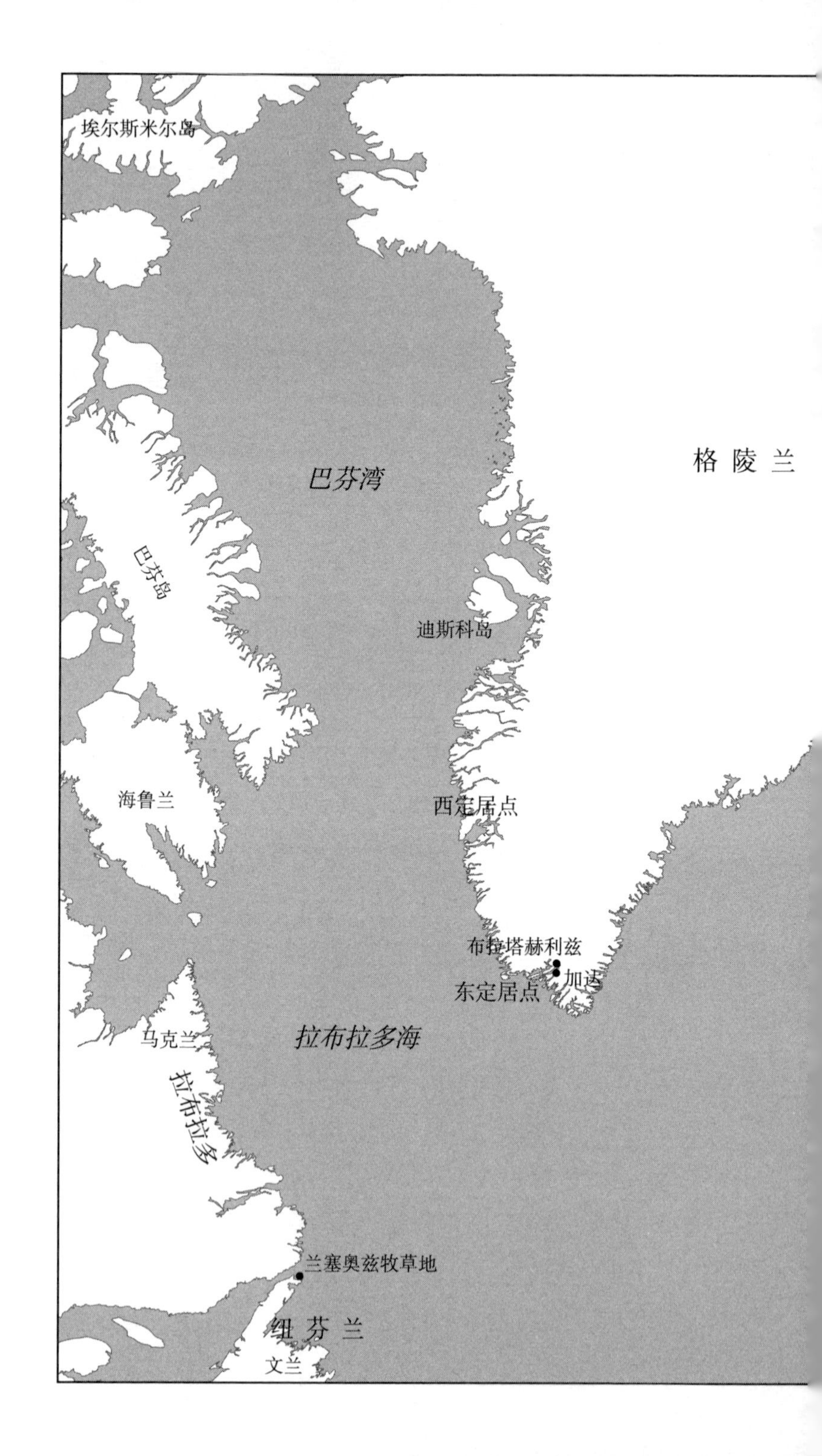
埃尔斯米尔岛
巴芬湾
格陵兰
巴芬岛
迪斯科岛
海鲁兰
西定居点
布拉塔赫利兹
加达
东定居点
马克兰
拉布拉多海
拉布拉多
兰塞奥兹牧草地
纽芬兰
文兰

斯匹次卑尔根岛
格陵兰海
扬马延岛
挪 威 海
冰 岛
法罗群岛
设得兰群岛
卑尔根
大 西 洋
0
1000
2000英里
0
500
1000
1500千米

战：红发埃里克（Eirík the Red）于986年前后率领第一批定居者渡海前往格陵兰，他带着一支由25艘船组成的船队从冰岛出发，但只有14艘到达格陵兰，有些船沉没了，有些船不得不折返。[3]虽然晚上会搭起棚子保护船员和乘客，但船舱里的空间很紧张，尤其是当人畜挤在一起时。从挪威到冰岛东海岸估计需要航行7天，从冰岛西部到格陵兰的诺斯人定居点需要4天，而从冰岛到爱尔兰需要5天。到13世纪，诺斯船已经发现了比冰岛更靠北的土地，到达扬马延岛（Jan Mayen Island）和斯匹次卑尔根岛（Spitsbergen，从冰岛北部出发需要航行4天），不过这两个岛的环境太恶劣了，探险家们不会试图在那里定居。另一个环境非常恶劣的地方是格陵兰的东海岸，尽管从冰岛到那里最快只需要1天。一旦与格陵兰的交通开始变得规律，挪威船长也学会了完全绕过冰岛，从挪威的赫纳尔（Hernar）出发，向正西航行，在设得兰群岛和法罗群岛之间直行，“这样的话，大海仿佛在半山坡”，然后不在冰岛的任何港口停靠，直接前往格陵兰。[4]

从萨迦来看，诺斯人是偶然发现格陵兰的。考虑到那些船被风吹向西方的故事，这就非常合理了。10世纪初，冰岛发现者之一纳多德的侄子贡比约恩·乌尔夫-克拉库松（Gunnbjorn Ulf-Krakuson）在从挪威到冰岛的航行途中被吹偏了方向，他看到了冰岛以西的一群小石岛，以及远处的一片陆地。今天我们认为他看到的实际上是北极的海市蜃楼，可即使他真的看到了格陵兰，也会发现它陡峭的东海岸非常令人生畏。[5]虽然他没有进一步探索，也没有兴趣建立定居点，但贡比约恩的家人似乎对他取得的成就感到非常自豪，并继续谈论西方的土地。在 10 世纪 70 年代，贡比约恩家附近的定居者红发埃里克，显然很重视这个故事。埃里克和他的父亲因犯法而被逐出挪威。他们来到冰岛，妄想获得早期诺斯定居者获得的那种大片的地产。然而当他们到达冰岛时，最好的土地早已被阿尔庭议会的议员及其追随者占据。[6]埃里克在挪威杀了一个人，没过多久又卷入了冰岛的纷争。到 983 年，他被从冰岛流放，刑期三年。如果他在冰岛公开露面，人人皆可诛之而不受惩罚。

他想要土地，因此离开冰岛是显而易见的选择。埃里克选择的不是不列颠群岛上诺斯人的土地，而是贡比约恩看到的遥远的冰封之地。格陵兰的东海岸有高耸的、被冰雪覆盖的悬崖，相当不适合定居。许多关于诺斯水手被海浪冲到这片海岸的故事流传下来，其中一些人很幸运地被人发现，还有一些人试图越野跋涉到定居点，但被寒冷打败，他们的尸体在十四年后被发现并确认身份。在一个案例中，还发现了蜡板，上面记录了一个卑尔根旅行者在前往冰岛的旅途中遭遇的挫折。[7]埃里克避开了这些后来被称为“无人定居的荒野”的地方，绕过了格陵兰的南端，找到了两个适合定居的地区：在南部，沿着远离岩石海岸的水道，经过栖息着大量鸟类的岛屿，他发现了后来被称为格陵兰东定居点的草地（尽管它被称为南定居点可能更好）。在东定居点以北 400 英里处，他发现了另一个地区，那里更凉爽，他认为那里是狩猎探险的好基地，那就是所谓的格陵兰西定居点，它一直比更南面的主要基地小。他很可能从西定居点满载着海豹皮、海象牙和其他极地战利品回来，所有这些战利品都宣传了熟练的猎人可以从这个地区获得怎样的财富。格陵兰东定居点的潜力及其翠绿的田野，让他把这块土地命名为格陵兰（字面意思为“绿色的土地”），“因为他认为，如果这块土地有一个吸引人的名字，人们就会被吸引到那里去”。[8]使用格陵兰这个名字其实并非不诚实，因为他提议的殖民地点确实是绿色的，而且全球气温的上升使这块土地更加碧绿。三年后，他回到了冰岛，不再是一个流放犯。976 年的一场严重饥荒使冰岛人意志消沉。埃里克大肆宣扬格陵兰的美妙，几乎不费吹灰之力就从冰岛招募到了大约 400 名定居者。[9]

按照惯例，当埃里克接近为格陵兰东定居点标出的土地时，他将自己的高座柱子扔到了海里，观察它们会被冲到哪里，所以他是依靠神灵来告诉他在哪里定居的。他选择的地方，布拉塔赫利兹（Brattahlíð），已经被确认和发掘，因为有人在那里定居的时间长达数百年。布拉塔赫利兹位于一片离海岸较远的宽阔平原，该平原一直通往海边的峡湾。这些定居点就像冰岛的定居点一样，并不是真正的城镇。格陵兰东定居点有近 200 座分散的农场，西定居点有 90 座农场。其中一些农场被后来的定居者占据，他们听到了这片新土地可以提供机遇的好消息，于是赶来。[10]在诺斯定居者皈依基督教之后，格陵兰东定居点的加达（Gardar）有一座主教座堂，其他定居点也有几座教堂。东西两个定居点的坚韧不拔的居民有时会乘坐六支桨的小船往北走，许多农民拥有这种船。他们可能最远到达迪斯科岛（Disko Island，北纬 70 度），寻找海象、北极熊和独角鲸。在欧洲，人们通常认为独角鲸的长牙是独角兽的角。著名的刘易斯岛象棋棋子就是用海象牙制成的，不过它们实际上应该是在挪威海岸的尼达洛斯制作的。

14 世纪中叶，海象牙贸易开始衰败，可能是因为对海象牙资源的过度开发致使海象数量锐减。另一种解释是，欧洲人越来越容易从西非和红海获得象牙。但至少就西非而言，这是 15 世纪而不是 14 世纪的事情。海象皮在北欧受到珍视，因为它可以被拧成坚韧的绳子。保存在丹麦国家博物馆的两个小护身符分别是一只北极熊和一只海象的形状。[11] 13 世纪意大利南部酷爱猎鹰的皇帝弗里德里希二世收到的一件完美礼物是一只格陵兰隼。据说在 1396 年勃艮第公爵的儿子参加十字军东征被土耳其人俘虏后，他的赎金就是 12 只格陵兰隼。[12] 所以，格陵兰在中世纪的国际贸易中拥有一定的地位，绝不只是由诺斯流亡者居住的与世隔绝的土地。13 世纪的一位挪威作家解释说，航行到格陵兰有三个很好的理由：好奇心，寻求名望，寻找财富。正是由于格陵兰如此遥远，而且比其他地方更少有人去，所以它提供了“丰厚的利润”。这不仅是因为格陵兰乃罕见的北极产品的来源地；商人还可以从格陵兰对铁和木材的需求中谋利，因为“改善［格陵兰］土地所需的一切都必须在国外购买”。[13]

格陵兰和冰岛的最大区别在于，在诺斯定居者第一次抵达格陵兰时，这片广阔土地西海岸的部分地区已经有人居住，不是像冰岛那样只有少数贞洁的神父居住，而是由爱斯基摩诸民族居住。“爱斯基摩人”（Eskimo）这个词已经过时了，因为它是一个源自美洲原住民的词，意思是“吃生肉的人”（有轻蔑的意思）。然而，本书用爱斯基摩人这个词来泛指拥有不同文化的多个民族：所谓的多塞特人（Dorset people），得名自巴芬岛附近的一个小岛；然后是我们更熟悉的因纽特人（Inuit），他们至今仍然在格陵兰居住，有时被称为“新爱斯基摩人”。“因纽特”一词的意思是“人类”，因为许多民族除了“我们自己”之外没有词来指代自己（这是相当合理的）。[14]在诺斯人发现格陵兰的时候，多塞特爱斯基摩人可能还在格陵兰，因为《冰岛人之书》（*Íslendingabók*）提到，埃里克和他的同伴“朝东和朝西发现了许多定居点，还有皮船和石器的遗迹”。《冰岛人之书》的作者假设，曾经生活在这些地方的人与埃里克后来在美洲大陆东侧南部的文兰（Vínland）遇到的难对付的土著是同族。[15]考古证据不太支持这点，《冰岛人之书》很可能是用在很久之后收集到的信息对埃里克的发现添油加醋。尽管如此，多塞特爱斯基摩人可能一直存在于格陵兰，直到公元 1000 年前后，但他们生活的地方比诺斯移民定居的两个地区更靠北。在下一波爱斯基摩定居者（因纽特人）中流传的传说，记录了这样的故事：在格陵兰和加拿大大陆之间的巴芬岛上猎海豹的居民，被新来的因纽特人驱赶向南。被因纽特人驱赶的这些前辈应该是乘坐皮艇（kayak）渡海抵达格陵兰的，可他们并不是真正的海洋民族，而且他们后来被格陵兰的自然条件打败了：他们住在结构简单的房子里，用开放式炉灶取暖，而在格陵兰这样缺乏木材的地方很难找到燃料。[16]

因纽特人学会了用不断改良的皮艇在北极的水路上航行，并从西伯利亚和阿拉斯加沿着加拿大遥远的北部海岸和岛屿，进入格陵兰的西北部。他们大约在公元 1000 年进入格陵兰，那正是诺斯人定居格陵兰的时间。到公元 1200 年前后，这些因努苏克因纽特人

（Inugsuk Inuits，这是他们的准确名字）已经与格陵兰的诺斯居民打过照面。与爱斯基摩人居住在用冰块建成的冰屋中的流行形象相反，因纽特人实际上居住在略微下沉的房屋中，通过狭窄的通道进入，房屋用石块、石片、草皮和鲸骨堆积而成。与诺斯人一样，他们狩猎海象和海豹；他们是非常活跃的捕鲸者，装备着沉重但工艺精美的鱼叉，甚至能捕获巨大的须鲸。在格陵兰的因纽特遗址发现的源自诺斯人的物品（一块有对称装饰的海象牙、一块青铜勺碎片和一块青铜壶碎片等）表明，诺斯人和因纽特人社区之间有贸易往来（或掠夺）。随着因纽特人慢慢南移，以及诺斯探险家不断北上，双方的接触变得更加频繁。但是，在格陵兰的诺斯人遗址发现的因纽特物品非常少。[17]

在较大的格陵兰东定居点，人们更希望建立一个自给自足的社区。和在冰岛一样，自给自足其实是不可能的，因为没有办法大面积播种谷物；格陵兰定居者的主要生计来源是羊群。13 世纪的挪威文本《君王宝鉴》描述了格陵兰定居者如何获得大量奶酪和黄油，养牛吃肉，以及狩猎驯鹿、鲸鱼和海豹，从而获取肉或油脂，并捕猎当地的鱼（特别是鳕鱼）和北极兔。被称为斯基尔（*skýr*）的乳质饮料是他们最喜欢的食物之一。当地木材稀少，质量差。即使是顺着洋流从西伯利亚漂来的漂流木也不适合造船，不过可以当燃料。他们不得不四处寻找木材。如后文所示，这迫使他们不得不进一步向西走。可是，他们和冰岛人一样，生产厚重的毛料织物，它们出现在贸易路线各处。在格陵兰发现的一个织布机配件（warp weight）上装饰着一把锤子，这是托尔神的象征，表明多神教神祇对格陵兰的诺斯定居者仍有吸引力。格陵兰的粮食产量很少，以至于（如果《君王宝鉴》是可信的）大多数格陵兰人不知道面包是什么。[18]这些定居者很强悍：当红发埃里克拜访他的亲戚远行者托基尔（Þorkell the Far-Travelled）时，托基尔需要招待他吃晚餐；然而，托基尔的羊群在1英里外的小岛上，而且托基尔当时没有船。于是他游到岛上，宰了一只公羊，把它背在背上，再一路游回来，为埃里克准备了一顿烤羊肉。[19]

格陵兰的第一批诺斯定居者是多神教徒，而我们对格陵兰接受基督教的情况并不清楚。根据《红发埃里克萨迦》，埃里克是一个虔诚的多神教徒，当发现家人热衷于接受新的信仰时，他感到很不安。他的儿子幸运的莱夫（Leif the Lucky）在挪威国王奥拉夫·特里格维松的宫廷待过一段时间。国王劝莱夫回到格陵兰，在那里传播基督教。莱夫在说这是一项困难的任务的时候，无疑想到了自己的父亲。但国王很坚持。莱夫先被风吹到北美，然后抵达格陵兰，随即让自己的母亲皈依了基督教，于是她拒绝与埃里克一起生活，“这让他非常恼火”。在家人建造了一座小教堂（只有6米长、3米宽，在布拉塔赫利兹被发掘出来）之后，埃里克就更加恼火了。[20]奥拉夫国王使格陵兰皈依基督教的说法可能是一种夸张，关于他参与其中的故事，是为了进一步提高他在13世纪形成的诺斯基督教之父的声誉。他并没有成功地将新宗教强加给挪威那些比较偏远的角落，也没有成功地在冰岛和格陵兰根除多神教。然而，人们逐渐被争取过去，从加达主教座堂的遗迹和格陵兰主教断断续续的继任谱系中可以看到其影响，这些主教从12世纪初开始被派往格陵兰东定居点工作。由于缺乏良好的木材，布拉塔赫利兹的教堂是用大块草皮围绕简单的木质框架建造的，其建造方式与格陵兰和冰岛的农舍相同。[21]在很长一段时间里，格陵兰并非冰岛的附属国。格陵兰的政府体制效仿冰岛，有一个召集主要居民的“庭”（Þing），庭在法律发言人（Law-Speaker）的指导下通过法律。格陵兰与挪威的关系，和冰岛与挪威的关系一样模糊不清。到1261年，格陵兰与冰岛一样，接受了挪威国王的权威，不过，挪威国王没有办法对其事务施加过多的控制。

一个来自中世纪冰岛的迷人故事，讲述了冰岛人奥敦的经历，他从挪威一路走到格陵兰，在那里，他用自己所有的钱买了一头熊，那“绝对是个宝贝”。他决定返回挪威，然后向南旅行，目的是将熊献给丹麦国王斯文。然而当他到达挪威时，挪威国王哈拉尔（他是丹麦国王的对手）听说奥敦到达，就把他召到宫中。国王彬彬有礼地问奥敦：“你有一头熊，绝对是个宝贝？”奥敦含糊其词，因为他能猜到接下来会发生什么。“你愿意以你买它的原价卖给我吗？”奥敦礼貌而坚定地拒绝了。于是，国王问他打算如何处理这头熊。国王在听说奥敦想把它送给丹麦国王时，便告诫道：“难道你是个大傻瓜，没有听说我们两国正处于战争状态吗？”不过，哈拉尔国王还是很客气地放他走了，只要他答应在回来时告诉哈拉尔国王，斯文给他的奖励是什么。奥敦继续往南走，但发现自己已经没有钱了，也没有办法养活自己和熊。他说服丹麦国王的管家卖给他一些食物，但要付出这头熊的一半所有权。毕竟，管家说得很清楚，如果不达成交易，熊就会饿死，到那时奥敦还有什么好处？

“当他明白这点的时候，他觉得管家说得很有道理，所以他们就这样决定了。”

奥敦和管家一起来到丹麦国王面前，解释了他的来意，并说现在有一个新的问题：他不能把熊献给国王，因为他只拥有它的一半。国王责备管家对带着这么好的礼物来到宫廷的旅行者不够慷慨，因为就连斯文的敌人哈拉尔国王都让奥敦安全上路了。管家立即被流放，而奥敦被邀请留在宫廷，只要他愿意，待多久都可以。过了一阵子，奥敦对旅行的热爱再次表现出来，他决定和一群朝圣者一起去罗马。国王对他大力支持。不过当他回到丹麦时，他又一次变得一贫如洗，在宴会厅外徘徊，不敢穿着破衣烂衫露面。最终，国王发现有一个人在外面徘徊，并知道了他是谁。奥敦再次被邀请在宫廷度过他的余生。可是，奥敦对旅行的渴望又一次压倒了一切：“陛下，因您给我的荣誉，上帝会奖赏您。但我真正想要的，是回到冰岛。”他担心他的母亲在冰岛过着贫困的生活，而自己却在宫廷里狂欢。

> 在春末的一天，斯文国王走到码头，那里的人正在检修船只，准备航行到许多地方，如波罗的海、德意志、瑞典和挪威。他和奥敦来到一艘非常好的船前，人们正在为那艘船的出航做准备工作。国王问：“奥敦，你觉得这艘船怎么样？”他回答：“非常好，陛下。”国王说：“我打算把这艘船送给你，作为你送我那头熊的报答。”

然而，丹麦国王担心这艘船会在危险的冰岛海岸失事，所以他给了奥敦一个装满白银的钱包和一个他自己戴着的金臂环，要求奥敦只能把金臂环交给一个对其特别有恩的人。

奥敦首先航向哈拉尔国王的宫廷，受到了热烈的欢迎。他告诉国王，国王的对手斯文非常乐意收下那头熊，并给予丰厚的礼物作为回报。奥敦说："您有机会剥夺我的这两样东西，我的熊和我的生命。其他人可能会要我的命，您却让我安全地离开了。"说着，他把丹麦国王的臂环送给了哈拉尔国王，然后启程前往冰岛，在那里，"他被认为是最幸运的人"。[22]遗憾的是，故事没说那头熊的结局是什么。不过，奥敦的故事并不只是提供了古人捕获格陵兰北极熊的证据，这些北极熊被一直带到斯堪的纳维亚半岛。故事还描绘了一个将格陵兰和挪威联系在一起的贸易世界，有时是通过冰岛的中介，有时是直接联系。向伟大的君主赠送北极熊的故事有史实基础：11 世纪的德意志皇帝亨利三世和被称为"耶路撒冷旅行者"的挪威国王西居尔（Sigurð）都收到过这样一份礼物，西居尔曾在12 世纪初前往圣地参加十字军东征。格陵兰人向这位挪威国王馈赠这份礼物，是希望他能够支持建立一个格陵兰主教区。[23]

※ 二

格陵兰和欧洲之间的接触在 14 世纪开始减少。即便如此，接触的程度仍比过去想象的要高，这证明在四百多年的时间里，格陵兰通过定期贸易与欧洲联系在一起。到中世纪晚期，每年只有一艘克诺尔船到达格陵兰，甚至可能连一艘都没有，因为在 1346—1355 年，没有一艘船到达格陵兰。这恰恰是好事，因为就在欧洲被黑死病蹂躏的时候，格陵兰与挪威断了联系。到了 14 世纪，只有获得王家许可的船才被允许前往格陵兰做生意。不过，这也表明挪威国王看到了格陵兰贸易的真正价值，并希望从中攫取巨大的收益。来自格陵兰的船只的抵达，往往会被记入挪威的史册，如 1383 年，一艘满载北极货物的船直接从格陵兰抵达卑尔根（船主是冰岛人）。它带来了格陵兰主教在几年前去世的消息，这表明双方的联系是断断续续的。事实上，这艘船的船长从未获得在格陵兰从事贸易的王家特许状。但船员们坚持说，这艘船是被风意外地吹向格陵兰的，那并不是他们真正的目的地。税务部门选择相信这个很可能是虚构的故事，因为船上的货物太令人感兴趣了。这类事情发生了好几次，挪威当局对其睁一只眼闭一只眼。1389 年，另一个冰岛人带着四艘满载挪威货物的船抵达格陵兰。这个冰岛商人漫不经心地声称，是格陵兰人在挪威国王派驻格陵兰的官员的领导下，要求他卸下货物，并把北极货物搬上船的。[24]

可是，格陵兰人要求获取欧洲商品，这恰恰表明双方的接触没有以往那么密切了。格陵兰的最后一位主教从 1365 年到 1378 年在那里任职。格陵兰与欧洲接触的减少可能有几个原因：在中世纪末，气温可能有所下降，大块的浮冰出现在比以往更南的海域，因此前往格陵兰的航行变得越来越危险；格陵兰人自己越来越不愿意支付教宗征收的所谓“彼得税”（用瓦德玛尔布或海象产品支付）；挪威国王手头拮据，并开始高度依赖德意志汉萨同盟的商人，他们过去没有参与横跨北大西洋的雄心勃勃的航行；黑死病于 1402 年传播到冰岛（比传播到斯堪的纳维亚半岛晚得多），导致前往格陵兰的航行至少在一段时间内暂停。[25]从约 800 年到约 1200 年的温暖期已经结束，所以浮冰肯定是一个日益严重的问题：大约在 1342 年，挪威神父伊瓦尔·鲍扎尔松（Ívar Bárdarson）被派往格陵兰，负责照看加达主教的田产，鲍扎尔松描述了从冰岛到格陵兰的海路。他把几个世纪前贡比约恩在无意中经过格陵兰时发现的小岩礁作为参照物。神父知道以前的航海路线，因为他接着写道："这是旧的路线，但如今，冰从西北方向的海湾下来，离上述小岩礁如此之近，所以任何沿着旧路线航行的人都会遇到极端的危险，可能从此音信全无。"[26]

格陵兰西定居点因气候恶化和因纽特人与诺斯人争夺狩猎场而衰亡。因纽特人不断向南迁移，因为他们追猎的海豹试图逃避极北地区的严寒天气。当挪威神父伊瓦尔·鲍扎尔松于 1342 年到访格陵兰西定居点时，他发现那里只有"马、山羊、牛和绵羊，都是野生的，没有人，无论是基督徒还是多神教徒都没有"，尽管他听到了一些传闻，说斯克赖林人（Skrælings），即因纽特人，一直在骚扰诺斯定居点的居民。[27]格陵兰西定居点存在的理由，始终是获取海象牙和其他北极产品，然后将其输送到欧洲。长期以来，学界一直认为这个较小的定居点在 1342 年便不复存在。不过，考古学证据完全推翻了这一点。1990 年，因纽特人发现了所谓的"沙下农场"，随后考古学家对其进行了发掘。该农场从 11 世纪一直维持到 15 世纪。没有发现家具，这表明最后一批居民在离开时带走了他们的绝大部分财产。然而，动物继续在农舍中游荡，因为考古学家在一堵内墙边发现了一只未被埋葬的山羊的遗骸，它被主人留下，后来饿死或冻死了。[28]

尽管1492年教宗的一封信宣称，自15世纪初以后，便不再有船前往格陵兰，但考古证据表明事实并非如此：在格陵兰一座教堂的墙壁上发现了15世纪的莱茵兰陶器碎片。在赫约尔夫斯尼斯（Herjólfsnes）一座农场的坟墓中发掘出的服装值得注意，那表明格陵兰东定居点，或者至少是它的一些住户，在15世纪一直与外界保持着联系：出土的一个头饰反映了15世纪晚期的勃艮第时尚，而且剪裁基本符合15世纪欧洲的风格。赫约尔夫斯尼斯的港口是船在接近格陵兰东定居点时可能会遇到的第一个停靠港，因为它的位置很不寻常，位于海岸线上，而且比其他定居点更靠南。[29]出自14世纪初的一面小银盾上有坎贝尔氏族（Clan Campbell）的纹章，说明格陵兰与不列颠群岛之间有某种联系。显而易见的结论是，即使挪威船队未能前往格陵兰并且格陵兰与冰岛的联系一度中断多年，也有其他访客来到格陵兰，很可能是英格兰和巴斯克水手，他们在中世纪末开始探索北大西洋资源丰富的渔场。到1420年，英格兰船主宰了通往冰岛的航线。[30]

不过，格陵兰的诺斯人定居点还是衰亡了。赫约尔夫斯尼斯的一个集体墓地可能说明，当黑死病从挪威和冰岛蔓延到格陵兰（这几乎不可避免）时，它消灭了大量人口。所有可能的解释，包括黑死病或其他疾病、饥荒、营养不良、气候变化、因纽特人的攻击、欧洲人转而偏好象牙、格陵兰无法吸引到欧洲物资，都能很好地解释它的衰亡，简直就像阿加莎·克里斯蒂的悬疑小说。[31] 1769 年，来自挪威北部的路德宗牧师尼尔斯·埃格德（Niels Egede）记载了他在格陵兰听到的一个传说。在这个传说中，因纽特人与诺斯定居者做生意。有一天，三艘小船运来了一些因纽特人，他们袭击了诺斯人，但诺斯人成功地击退了他们。因纽特人吓得逃走了。一年后，一支舰队从海上驶来。袭掠者屠杀了诺斯居民并掳走了他们的牲畜。在次年的另一次袭掠之后，因纽特人回到了海岸，看到被蹂躏的诺斯定居点。因纽特人找到了一些诺斯妇女和儿童，把他们带走了。诺斯妇女嫁到了因纽特人社区，他们从此和谐共处。过了很久，一个"英格兰私掠船主"来到这个地区，因纽特人很高兴地发现，他只是想和他们做生意。由于这个传说描述的定居点就在海岸上，所以人们再次假定它就是赫约尔夫斯尼斯。这是一个非常晚近的口述证据，可能经过几个世纪的添油加醋，并由尼尔斯·埃格德进一步润色，而他一定受到了自己所处时代的影响，因为当时英格兰海盗在大西洋上游荡。[32]即便如此，因纽特人和诺斯人以外的第三方在格陵兰定居点的衰亡过程中起了作用的猜想，是对上面谜团的一种有趣解答。

在通往格陵兰东定居点主要部分的一个峡湾尽头的一座农舍里的考古发现，使这个谜团更加复杂。这是一座相当大的建筑，有 15 个房间。在一条通道里发现了一个头骨和其他若干人骨，由此出现了一种无法证实的说法：也许这是最后一个格陵兰诺斯人，没有人埋葬他。头骨已被确认属于一个诺斯人。如果我们相信来自冰岛的约恩·格伦兰德尔（Jon Grønlænder）的报告，这些证据就变得更加神秘了。格伦兰德尔于 1540 年前后乘坐一艘德意志船前往他的家乡，但船被风吹向格陵兰。在那里，在一个峡湾的深处，他看到了沿着海滩排列的房屋，以及晒鱼用的小屋。然后，他发现了一具穿着毛料衣服和海豹皮大衣、戴着精美兜帽的尸体，这个人似乎就在那里倒下并死去。[33]所以这个死者可能才是最后一个格陵兰诺斯人，不过他也可能是来自欧洲某地的访客，甚至可能是一个找到了欧式服装的因纽特人。因纽特人肯定会袭击诺斯人的农舍，这很容易做到，因为诺斯定居者一直生活在分散的住宅中，而不是在城镇里。例如，在 1379 年，斯克赖林人杀害了 18 个格陵兰诺斯人，并抓了 2 个男孩为奴。[34]

一个简单但重要的问题是，为什么因纽特人能够在格陵兰生存和发展，而诺斯人却消失了。事实证明，因纽特人的适应能力比诺斯人强得多：他们把格陵兰西部的整条海岸线以及格陵兰之外的一些北极岛屿作为自己的领地，格陵兰东定居点的传统经济则更多是基于在一小片真正有绿色植被的地区从事畜牧业，而不是基于狩猎和捕鱼。[35]长期以来，人们认为诺斯人在格陵兰的殖民地之所以衰亡，是因为不均衡的饮食使人的身体虚弱，在赫约尔夫斯尼斯发现的几具骷髅的糟糕状况就是证据。据说可以从格陵兰人的小尺寸头骨看出这种退化（学界已经分析了 457 具骨架）。这项研究大部分是基于值得商榷的假设，不仅关于尸体的年代，而且关于他们在更广泛的人口中的代表性，以及关于想象中的 6 英尺高的维京武士和实际从地下挖出的较矮的人之间的差异。毕竟，在中世纪欧洲的任何墓地中都有可能找到类似的身体不健康的证据，但这不能说明欧洲人口的健康水平在不断退化。另外，在坟墓中发现的年轻妇女的比例很高，表明格陵兰妇女死于难产的比例比西欧的高，或者也可能是妇女留在原地，而男子去了更远的地方。对这一点，稍后会有更多解释。从骨骼中找到的营养不良的证据极少。对于格陵兰殖民地的衰亡，最令人信服的人口学解释是缓慢而稳定的对外移民，因为格陵兰居民，特别是年轻的男性，会去冰岛或挪威寻找更有利可图的生计。[36]在这种情况下，运送北极产品回欧洲的船也很可能载有格陵兰人，他们无意返回他们的祖先自公元 1000 年就一直生活的土地。此外，因纽特人切断了进入狩猎场的通道，所以诺斯人更难获得北极产品。因纽特人很乐意用熊皮和海象牙做交易，但需要的不只是酸乳和毛料织物。同时，人力成为一个主要问题：红发埃里克原先的定居点布拉塔赫利兹周围的田地被允许恢复为草地，这表明耕作的人越来越少，也许要养活的人也越来越少。一些格陵兰诺斯人可能已经融入了因纽特人，因为因纽特人有关于异族通婚的故事流传至今。有人认为，有些格陵兰诺斯人去了美洲大陆，寻找新的牧场，这种观点可以追溯到 17 世纪的一位冰岛主教，这位主教还认为格陵兰的诺斯人都变成了多神教徒。[37]

从冰岛到格陵兰，以及从挪威到格陵兰的路线在 11—14 世纪的夏季一直正常运作。虽然偶尔会有中断，但教宗亚历山大六世在哥伦布抵达加勒比海的那一年表达了他对格陵兰人的宗教关怀，这表明欧洲人对这个巨大岛屿的记忆并没有消失。亚历山大六世写道："加达的教堂就在世界的尽头。"[38]到 1492 年，格陵兰的诺斯定居点已经荒废。然而，如果它们是在那时消亡的，那么它们已经存在了五百年，大约与从葡萄牙人在 16 世纪初重新发现格陵兰到本书写作的时间一样长。

※ 三

欧洲与格陵兰的贸易体量，以及在格陵兰建立的诺斯人殖民地的规模，可能都很小，但关于北大西洋的知识在北欧出版的地理著作中得到了广泛传播，格陵兰及其以外地区的发现在两部萨迦中得到了叙述，即《格陵兰人萨迦》和《红发埃里克萨迦》。这两部萨迦在几个世纪中被抄写和校订，导致了一个不幸的结果，那就是从后来的修饰中难以恢复故事的原貌。[39]这些萨迦中关于诺斯人发现后来被称为美洲的地方的信息，比关于格陵兰的信息更丰富。即便如此，它们也只揭示了接触的第一阶段。在莱夫·埃里克松（Leif Eiríksson）于公元 1000 年前后沿着北美海岸航行之后，诺斯航海家肯定会继续到访拉布拉多（Labrador），以寻找木材和其他原材料。尽管诺斯人在冰岛的定居被证明是永久性的，在格陵兰的定居也持续了几个世纪，可事实证明，他们在北美顶多只有临时性的定居点。诺斯人去往美洲的航行证明了这些航海家的高超技能，然而，这些航行是无用功。

在探讨更著名的前往美洲东海岸（诺斯人称之为海鲁兰、马克兰和文兰）的航行之前，我们需要谈一下从格陵兰向北的航行，这些航行将诺斯人带到了加拿大北极地区的边缘。这里有许多大小不一的岛屿，从巴芬岛和埃尔斯米尔岛（Ellesmere Island）到极小的多塞特岛，为格陵兰西定居点的人们提供了寻找独角鲸、海象牙、北极熊、海豹或鲸鱼脂肪（用于照明，也可作为食物）的机会。在13世纪或更晚的时候，格陵兰诺斯人至少有一次深入到北纬72度55分，并留下了如尼文铭文："埃尔林·西格瓦德松（Erling Sigvaðsson）、比亚德尼·索尔达松（Bjarni Þordarson）和恩里迪·阿松（Enriði Ásson）在小祈祷日［4月25日］前的星期六，建造了这些石堆。"1266年，一支前往北方的探险队看到了因纽特人的房屋，不过被大量北极熊吓跑了，它们阻止了诺斯人的登陆。在格陵兰西部的遗址中发现的几个小型因纽特雕刻，被认为描绘了一个欧洲人，因纽特人与他有过接触。[40]在格陵兰西定居点的一座农场里发现的一个箭头，是用格陵兰西北部的陨铁制成的，这表明诺斯商人有时会从因纽特人那里获得铁，而不仅是从挪威商人那里获得。[41]有人认为，诺斯人去过一个环境好得出乎意料的地方，即北纬83度的埃尔斯米尔岛。它是世界上最北端的大岛之一，基本上没有雪（不过有冰），而且在过去的年代里，这里有大量的麝牛，还有丰富的植物和地衣供它们食用。在埃尔斯米尔岛的某些地区，夏季温度在10℃—15℃。在埃尔斯米尔岛上一座因纽特人房屋遗迹的地下，发现了诺斯人的链甲碎片和一颗铁铆钉。尽管一些作家给出了热情洋溢的猜想，但这些碎片不能证明诺斯人去过那里，更可能是诺斯人与前往埃尔斯米尔岛的因纽特人做过生意。[42]毫无疑问，在一些极端的情况下，格陵兰人的冒险精神使他们走出了通常的狩猎区，然而，到迪斯科岛的旅行更频繁：会有大量的漂流木从西伯利亚漂到这里。[43]

一块很小的落叶松碎片被认为来自一艘船，它讲述的故事本身就像上述的两部萨迦一样细节丰富。这块碎片是在格陵兰被发现的，出自一种不生长在格陵兰、冰岛或挪威的树木，但这种树在加拿大东北部有很多。[44]它不是漂流木，因为漂流木在水中会退化，其质量不足以建造任何大型和坚固的东西。然后是在格陵兰西定居点的“沙下农场”发现的微小痕迹：熊毛皮的碎片，不是来自当地的北极熊，而是来自栖息在加拿大北部的黑熊或棕熊，以及野牛毛皮的碎片。在同一地区的坟墓附近发现的一个箭头，起源于哈得孙湾（Hudson Bay）附近。此外，两套冰岛编年史讲述了一艘船从格陵兰之外一个叫马克兰的地方意外抵达冰岛的故事。那是在 1347 年，这艘船被吹离了航线：“还有一艘船从格陵兰来，它的尺寸比冰岛的小船要小；它来到外斯特劳姆峡湾（Straumfjord），没有锚。船上有 17 个人。他们曾航行到马克兰，后来被风暴吹到了这里。”[45]估计这艘船曾航行到马克兰寻找木材。冰岛人，甚至斯堪的纳维亚人，都会对马克兰这个地名感到熟悉。

冰岛的一些地理著作认为，格陵兰以西的土地属于非洲。这些著作似乎可以上溯到 12 世纪，不过现存的文本只能上溯到公元 1300 年前后。其中写道：

> 挪威以北是芬马克［Finnmark，即拉普兰（Lapland）］。从那里，土地向东北方和东方延伸到比亚马兰［Bjarmaland，即彼尔姆（Permia）］，那里的人向普鲁士国王进贡。从彼尔姆开始，无人居住的土地一直向北延伸，直到格陵兰。格陵兰

以南是海鲁兰，然后是马克兰。从那里到文兰就不远了，有些人认为文兰是从非洲延伸过来的。[46]

这段文字描述了一个封闭的大西洋（就像托勒密假设存在一个封闭的印度洋一样），格陵兰通过一片北极大陆与欧洲相连。这种说法可能比公元 1200 年前后的《格陵兰人萨迦》和 13 世纪中叶成书的《红发埃里克萨迦》还要早。《格陵兰人萨迦》声称记录了发现海鲁兰、马克兰和文兰三块土地的关键人物之一托尔芬·卡尔塞夫尼（Þorfinn Karlsefni）的回忆，而《红发埃里克萨迦》显然更富于幻想，例如，其中写道，一个独腿人（一种被认为生活在非洲的单足人形动物）对这些新土地上的诺斯访客发起了攻击。因此，这也意味着萨迦作者假定文兰是与非洲相连的。这不仅显示了中世纪动物寓言集和其他幻想文学的影响，也显示了古典作家的影响，因为冰岛人正以其他地方的人几乎无法比拟的热情大量阅读来自欧洲的拉丁文文献（一个可能的信息来源是塞维利亚的伊西多尔，他写作的时间大约是公元 600 年）。[47]

中世纪有关于西方土地的幻想，现代则有关于谁“发现”美洲的幻想。诺斯人到过北美洲，这是毫无疑问的。在故事的一个版本中，诺斯人最远到达今天的明尼苏达州，那里有一块明显是 19 世纪制造的假符石，“证明”诺斯人在 1362 年就已经到了明尼苏达。在另一个故事中，耶鲁大学在不仔细甄别的情况下购买的一张伪造的 15 世纪地图，据说证明了 15 世纪欧洲人对北美部分地区的确切了解，这些信息可能传到了哥伦布的耳朵里，他或许在年轻的时候到访过冰岛。1957 年在缅因州的一个美洲原住民遗址发现的一枚 11 世纪末的诺斯钱币可能会引起更多的关注。它引起了人们极大的兴趣，但它被打了孔，当作首饰。几乎可以肯定它是沿着现有的贸易路线一路南下，从一个人手中传到另一个人手中的。[48]我们最好还是去读萨迦，然后尝试搞清楚它们讲述的内容，以及萨迦与北美的考古证据是否相符。

※ 四

在《格陵兰人萨迦》中，我们了解到，格陵兰以西的新土地是由比亚德尼·赫约尔夫松（Bjarni Herjólfsson）首次发现的，他于 985 年前后试图从冰岛前往格陵兰，但被风吹偏了方向。他意识到映入眼帘的山丘和林地不可能是地形崎岖、冰冷的格陵兰，于是干脆拒绝登陆去寻找淡水和木材。他还看到了他认为“毫无价值的”土地，那里有山脉和冰川。然后，他在赫约尔夫斯尼斯靠岸，这个地方是以他父亲赫约尔夫的农场命名的。“人们认为他非常缺乏好奇心，因为他对这些土地一无所知”，但是，“现在有很多关于发现新土地的讨论”。[49]对新土地最热情的格陵兰人是莱夫·埃里克松，即格陵兰殖民地创始人红发埃里克的儿子，埃里克现在已经太老太疲惫了，无法参加新的冒险。莱夫被描述为“出色的水手，据说是第一个在格陵兰、苏格兰、挪威之间直接航行并返回的船长”。[50]萨迦对前往新土地的远航有六次还是三次的说法不一，《红发埃里克萨迦》甚至没有提到缺乏好奇心的比亚德尼。

莱夫和他的手下首先来到了比亚德尼认为没有价值的土地，他们同意这一观点，并把这块土地命名为海鲁兰，意思是“平石之地”。不过，再往南，他们发现了白色的沙滩，沙滩环绕着平坦的森林地带，这块土地被他们称为“马克兰”。再经过两天的航行，他们到达一个岛和一个海岬。“在这个地方，白天和黑夜的长度比在格陵兰或冰岛都更均衡”，他们看到的河流中有很多鲑鱼。这里水草丰美。有一天，一个叫蒂尔克尔（Tyrkir）的德意志奴隶因为吃了太多的野葡萄而醉醺醺地回到营地，于是他们决定把这块土地称为“文兰”，即“葡萄酒之乡”。他们建造了一些大房子，并在文兰过冬。[51]

在这一点上，我们可以看到萨迦作者或他的消息来源是如何为故事增添色彩的。吃葡萄并不会使人醉倒，但那些生活在距离葡萄酒产地很遥远的北方的人有这样的想象，也是情有可原的。这片土地的命名和蒂尔克尔的故事引发了一场关于诺斯探险家在哪里登陆以及文兰（Vínland）中的 Vín 是否真的代表“葡萄酒”的辩论。表示“肥沃土地”的 *vin* 一词有时被认为是真正的词源，然而在古诺斯语中，元音 i 和 í 是截然不同的，而且看起来旅行者确实到了一片土地，那里大量生长的水果至少看起来像葡萄。一种说法是，他们发现的实际上是醋栗，而醋栗实在是很像一种毛茸茸的葡萄，或者古诺斯语混淆了醋栗和葡萄。另外，如果他们的确发现了野葡萄，那么他们一定到了今天的新斯科舍（Nova Scotia）南部或加拿大与美国的边境地区，最南甚至可能到了今天的波士顿。[52]

由莱夫的兄弟托尔瓦尔德（Þorvald）率领的第二支探险队回到

了莱夫在文兰的房子，这里似乎很适合定居，直到他们发现了三艘覆盖兽皮的小船，它们翻倒在沙滩上，每艘船下面有一个人。没有证据表明这些人有恶意，但托尔瓦尔德的队伍杀了两个人，另一个人逃脱了。于是托尔瓦尔德等人意识到，不远处有某种定居点。不久他们就遭到一群兽皮船的攻击，这些兽皮船的船员被他们称为"斯克赖林人"，他们也用这个词指称因纽特人。"斯克赖林人"的意思大致是"可怜虫"。[53]莱夫因为在格陵兰附近救下了一些遭遇海难的船员而获得"幸运"的称号。托尔瓦尔德的称号应该叫"不幸的"，因为他在离开莱夫的营地时，被一支箭射中，这支箭穿过了他的船舷和盾牌之间的狭窄开口。托尔瓦尔德死在了文兰。这预示着格陵兰人和美洲原住民之间会有麻烦。[54]

不久之后，在格陵兰，成功的挪威商人托尔芬·卡尔塞夫尼到莱夫·埃里克松那里，爱上了美丽的寡妇古德丽德（Guðrið），并与她结婚。他们成了一对令人敬畏的夫妻。文兰的故事不断被人提起，古德丽德敦促她的丈夫组建一支探险队。他招募到了60名男子和5名女子。"他们带着各种牲畜，因为如果可能的话，他们打算在那里建立一个永久的定居点。"他们以莱夫的营地为基地，砍伐了一批树木，在这片土地上过着舒适的生活。过了一个冬天之后，他们才遇到斯克赖林人。起初，局势很不妙。不过，诺斯定居者带来了一头公牛，这头公牛被突然从树林中出现的大批斯克赖林人激怒，于是冲着他们大吼大叫，并向他们冲锋，把许多人吓跑了。

好奇心和交易（而不是战斗）的愿望占了上风，于是斯克赖林人回来了，提供毛皮和皮草以换取武器。卡尔塞夫尼明智地预见到，武器贸易会给将来几代的北美定居者带来麻烦。他规定，诺斯人只能提供牛奶。诺斯定居点的妇女把牛奶拿给斯克赖林人，他们很高兴，“斯克赖林人把他们买的东西装在肚子里带走了”。[55]为了防止双方的关系变坏，卡尔塞夫尼在定居点周围建了一道栅栏，而古德丽德生下了已知的第一个在美洲土地上出生的欧洲人。不过，斯克赖林人越来越爱惹麻烦。他们在偷窃武器时被抓。不久之后，诺斯人和斯克赖林人之间爆发了一场战斗。卡尔塞弗尼的商人本能开始发挥作用。他决定，是时候把他收集的大量毛皮和皮草装上船、返回格陵兰了。最终，他把货物一直带到了挪威，并在那里卖掉，“他和他的妻子得到了这个国家最尊贵的人的青睐”。[56]

当他准备驶回冰岛时，一个来自不来梅的德意志人拜访了他。这个德意志人想购买卡尔塞夫尼船上展示的一个装饰性木雕。卡尔塞夫尼答道：“我不想卖。”德意志人说：“我可以给你半马克的黄金。”卡尔塞夫尼认为这是一个很好的报价，于是同意了。然而，他不知道这是什么类型的木材，只知道“它来自文兰”。[57]也许它是一个美洲原住民的作品，这是吸引不来梅商人的地方。

后来又有一次在莱夫营地定居的尝试，这次是红发埃里克的私生女弗蕾迪丝（Freydis）与定居者一起去的。这一次，麻烦是在定居者内部爆发的，有一群人因为在莱夫建造的房子里存放货物而受到指责。他们走了，在离莱夫定居点不远的地方建立了自己的定居点，可生性残暴的弗蕾迪丝（她是坚定而善良的古德丽德的反面）把他们杀了。她在发现她的男性同伴中没有人愿意杀死受害者的女性同伴时，就拿起斧头把五个女人也杀了。这是一场“滔天罪行”，她在格陵兰从未因此受到惩罚，但成了千夫所指的人物。她逃脱惩罚的一个原因也许是她在面对斯克赖林人的攻击时表现出的英雄气概。《红发埃里克萨迦》如此叙述这个故事，也许带有幻想色彩：“当斯克赖林人向她冲来时，她从紧身胸衣里拉出一只乳房，用剑拍打它。斯克赖林人看到这一幕，感到很害怕，于是逃回船上，匆匆离开。”她真是布伦希尔德（Brünnhilde）① 转世。不过，萨迦中说，“尽管这块土地很好，但由于土著居民的存在，他们无法安全地在那里生活，也无法免于恐惧。所以他们准备离开这个地方，返回家园”。在路上，他们在马克兰抓了几个斯克赖林男孩，并把他们带回家，由此了解了斯克赖林人的一些风俗。这些男孩很可能是因纽特人，然而在更远的南方，诺斯人可能遇到了米克马克印第安人（Mic-Mac Indians）。米克马克印第安人下一次见到欧洲人，是1497年约翰·卡博特在纽芬兰登陆的时候。[58]古德丽德的生活比弗蕾迪丝要体面得多，古德丽德最终去了罗马朝圣。我们已经基本上确认了她从文兰和格陵兰返回冰岛后居住的长屋。她以隐士的身份在冰岛度过晚年，因对基督教的虔诚而受到赞誉。因为她在美洲生下了儿子斯诺里（Snorri）和另一个孩子，她也是几代杰出的冰岛人的祖先。[59]

《格陵兰人萨迦》中包含的信息就这么多，在某种程度上，

---

① 布伦希尔德是日耳曼神话传说中的女英雄。在诺斯传说中，她是一名女武神（valkyrie），故事见于多部萨迦和《埃达》。在德意志神话中，她是一位强悍的女王。

《红发埃里克萨迦》的信息也就是这些。即便如此，书中的奇幻元素还是让读者感到困惑。托尔斯坦·埃里克松（Þorstein Eiríksson）和他的妻子格莉希尔德（Grimhild）是否真的在死于瘟疫后仍然笔挺地坐在床上？托尔斯坦的船员都死于这场瘟疫（也许是他们在美洲染上的某种疾病）。[60]而且，这是关于文兰的两部萨迦中幻想元素较少的那一部里的故事。对于文兰的所在地，考古学再次发挥了作用，尽管实物遗迹没有格陵兰的遗迹那么令人印象深刻。英斯塔夫妇黑尔格和安妮·斯蒂纳（Helge and Anne Stine Ingstad）花了很多年时间，在以格陵兰为圆心的合理范围内的北美地区搜寻，最终于1960年将纽芬兰岛北端的一个遗址确定为诺斯人的定居点，尽管诺斯人在那里居住的时间显然仅仅是11世纪初的几十年。将兰塞奥兹牧草地（L'Anse aux Meadows）确定为莱夫·埃里克松的扎营地点，这是一种很诱人的想法，虽然该地点与萨迦中的描述不一致：这里离可以找到野生葡萄的地区有一定距离，而且有人对它是否适合作为港口、冬季气候有多温和提出了疑问，这些都是萨迦对莱夫营地的描述中提到的。然而，兰塞奥兹牧草地肯定曾经是一个港口，因为在那里出土的东西包括可以存放相当小的船只的船棚。如前文所述，从格陵兰西定居点北上的诺斯猎人经常使用这种船只。

毋庸置疑，兰塞奥兹牧草地是诺斯人的一个遗址。除了澡堂之外，还有一个炭窑和一个锻炉。该遗址有一个沼泽铁矿，这可能是诺斯人在此定居的原因——北美原住民从未使用过铁，而如果有铁和冶炼设施，在这里建立定居点就会更有优势：可以修理船只，可以制造工具，总之，使定居者减少对格陵兰的依赖，何况格陵兰也无法为他们提供铁。一个纺锤的螺盘（spindle whorl）表明有妇女在这个地方居住，因为纺线是妇女的工作。当然，这些建筑有可能是另一群格陵兰人建造的，而不是我们在萨迦中了解到的那些人。但最有可能的情况是，萨迦认为文兰的资源状况相当理想，至少对莱夫定居点周围的地区是这么看的，这样看来，兰塞奥兹牧草地确实是探险家们建立基地的地方。定居者的确从这个基地进一步向南旅行，因为在这个遗址发现了不在如此高纬度地区生长的冬南瓜的遗迹。因此，即使这个定居点曾是莱夫的营地，它后来也成为南下路线上的一个服务站。然而，诺斯人是否在南方建立了其他定居点，或者仅仅是为贸易而旅行（就像他们在格陵兰北上是为了打猎一样），是一个有待解决的问题。他们是否将这一地区算作马克兰或文兰，也没有定论。[61]一个显而易见的结论是，在一个短暂的时期内确实存在美洲毛皮的贸易，（根据萨迦）诺斯人越来越倾向于用布条交换毛皮和皮草。不过，与斯克赖林人打交道并不简单，而且诺斯人很快就认为这么做的风险超过了好处。此外，诺斯人在美洲大陆停留的时间太短，以至于没有必要建立墓地：在兰塞奥兹牧草地没有发现任何骸骨。

无论诺斯人是否到达遥远北方的埃尔斯米尔岛，可以肯定的是，马克兰为格陵兰人提供了木材。顺着从格陵兰岛两个定居点向北运动然后绕过巴芬岛的洋流，很容易就能到达马克兰。该洋流把用马克兰木材建造的船带到达拉布拉多海岸，最终到达靠近大海的森林地区。因此，与连接格陵兰和冰岛及挪威的航行不同，诺斯人到文兰和马克兰的航行并不规律，而且在饱含敌意的土著居民中定居也不是好主意。诺斯商人在美洲的存在并没有像五百年后哥伦布、卡博特和韦斯普奇的探险那样改变海洋世界，但欧洲与北美洲的联系并没有停止。诺斯商人不知道马克兰和文兰并非冰岛和格陵兰那样的大岛，也许还认为马克兰和文兰是亚洲的一部分，可这并不是他们非常关心的事情。

注　释

1. K. Seaver, *The Last Vikings: The Epic Story of the Great Norse Voyages* (2nd edn, London, 2015), fig. 2, p. xxiii, and p. 3; K. Seaver, *The Frozen Echo: Greenland and the Exploration of North America ca AD 1000-1500* (Stanford, 1996); also F. Gad, *The History of Greenland*, vol. 1: *Earliest Times to 1700* (London, 1970), pp. 1-7; 以及往往很尖刻的 A. Nedkvitne, *Norse Greenland: Viking Peasants in the Arctic* (Abingdon, 2019)。

2. H. Pálsson and M. Magnusson, ed. and transl., *The Vinland Sagas: The Norse Discovery of America* (Harmondsworth, 1965), pp. 15, 39; Seaver, *Last Vikings*, pp. 14-15.

3. Seaver, *Last Vikings*, p. 8; Nedkvitne, *Norse Greenland*, pp. 21-30.

4. 时间估算来自 'Book of the Settlements' (*Landnámabók*), in G. Jones, *The Norse Atlantic Saga, being the Norse Voyages of Discovery and Settlement to Iceland, Greenland, and North America* (2nd edn, Oxford, 1986), p. 157; Pálsson and Magnusson, ed. and transl., *Vinland Sagas*, pp. 14-15。

5. Seaver, *Last Vikings*, p. 16; Gad, *History of Greenland*, vol. 1, p. 27.

6. Jones, *Norse Atlantic Saga*, pp. 73–7; Gad, *History of Greenland*, vol. 1, p. 29.

7. Gad, *History of Greenland*, vol. 1, pp. 103–4.

8. 'Greenlanders' Saga', in Jones, *Norse Atlantic Saga*, p. 187; Pálsson and Magnusson, ed. and transl., *Vinland Sagas*, p. 50.

9. Seaver, *Last Vikings*, pp. 15–16; Jones, *Norse Atlantic Saga*, p. 77.

10. Gad, *History of Greenland*, vol. 1, pp. 33–4, 42–5.

11. 丹麦国家博物馆（哥本哈根）格陵兰展厅的展品；Seaver, *Last Vikings*, p. 104; Gad, *History of Greenland*, vol. 1, p. 85; B. Star et al., 'Ancient DNA Reveals the Chronology of Walrus Ivory Trade in Norse Greenland', *Proceedings of the Royal Society B*, vol. 285 (2018), 2018. 0978; Nedkvitne, *Norse Greenland*, pp. 170–72。

12. Seaver, *Last Vikings*, pp. 102–3; G. J. Marcus, *The Conquest of the North Atlantic* (Woodbridge, 1980), p. 92; D. Abulafia, *Frederick II: A Medieval Emperor* (London, 1988), p. 268.

13. Seaver, *Last Vikings*, p. 101; Marcus, *Conquest of the North Atlantic*, pp. 91, 96; J. Arneborg, 'Greenland and Europe', in W. W. Fitzhugh and E. I. Ward, eds., *Vikings: The North Atlantic Saga* (Washington DC, 2000), pp. 304–17.

14. Gad, *History of Greenland*, vol. 1, p. 172; G. Davies, *Vikings in America* (Edinburgh, 2009), pp. 130–38 驳斥了关于金属加工的论点。

15. Ari Frodi, *Íslendingabók*, cited in Gad, *History of Greenland*, vol. 1, p. 19.

16. Gad, *History of Greenland*, vol. 1, pp. 20–21.

17. Ibid., pp. 23–4, 91–3, 97–102; Jones, *Norse Atlantic Saga*, pp. 93–5; H. C. Gulløv, 'Natives and Norse in Greenland', in Fitzhugh and Ward, eds.,

Vikings, pp. 318 – 26; V. Szabo, ‘Subsistence Whaling and the Norse Diaspora: Norsemen, Basques, and Whale Use in the Western North Atlantic, ca. AD 900 – 1640’, in B. Hudson, ed., *Studies in the Medieval Atlantic* (New York, 2012), p. 83; Nedkvitne, *Norse Greenland*, p. 328.

18. 丹麦国家博物馆（哥本哈根）格陵兰展厅的织布机配件; Jones, *Norse Atlantic Saga*, pp. 84 – 5; Seaver, *Last Vikings*, p. 35; Gad, *History of Greenland*, vol. 1, pp. 39, 84–5。

19. Seaver, *Last Vikings*, p. 23.

20. ‘Eirík the Red's Saga’, in Jones, *Norse Atlantic Saga*, pp. 216–17; Pálsson and Magnusson, ed. and transl., *Vinland Sagas*, pp. 85–6; 关于布拉塔赫利兹教堂，见 Gad, *History of Greenland*, vol. 1, pp. 41–2。

21. G. Turville-Petre, *The Heroic Age of Scandinavia* (London, 1951), p. 138; Seaver, *Last Vikings*, pp. 26–9.

22. ‘Authun and the Bear’, in G. Jones, ed. and transl., *Eirík the Red and Other Icelandic Sagas* (Oxford, 1961), pp. 163–70.

23. Gad, *History of Greenland*, vol. 1, pp. 57, 62–3; Marcus, *Conquest of the North Atlantic*, p. 92.

24. Seaver, *Last Vikings*, p. 114.

25. Ibid., pp. 111, 118–19.

26. Ívar Bárdason, cited by Marcus, *Conquest of the North Atlantic*, p. 98; also Jones, *Norse Atlantic Saga*, pp. 89–92.

27. Jones, *Norse Atlantic Saga*, p. 95; Nedkvitne, *Norse Greenland*, pp. 343–9.

28. J. Berglund, ‘The Farm beneath the Sand’, in Fitzhugh and Ward, eds., *Vikings*, pp. 295–303.

29. 丹麦国家博物馆（哥本哈根）格陵兰展厅的展品; Gad, *History of*

Greenland, vol. 1, pp. 154-61; Jones, *Norse Atlantic Saga*, pp. 110-11; Seaver, *Last Vikings*, p. 112。

30. B. Fagan, *Fish on Friday: Feasting, Fasting, and the Discovery of the New World* (New York, 2007); Gad, *History of Greenland*, vol. 1, pp. 161-2, 181-2; Seaver, *Last Vikings*, p. 143.

31. T. McGovern, 'The Demise of Norse Greenland', in Fitzhugh and Ward, eds., *Vikings*, pp. 327-39.

32. Text in H. Ingstad, *Land under the Pole Star* (London, 1966), pp. 329-30; Gad, *History of Greenland*, vol. 1, pp. 158-9.

33. Gad, *History of Greenland*, vol. 1, p. 164; Jones, *Norse Atlantic Saga*, pp. 112-13.

34. 'Ungortok the Chief of Kakorttok', in Jones, *Norse Atlantic Saga*, Appendix iii, pp. 262-7.

35. McGovern, 'Demise of Norse Greenland', p. 338.

36. N. Lynnerup, 'Life and Death in Norse Greenland', in Fitzhugh and Ward, eds., *Vikings*, pp. 285-94.

37. Seaver, *Last Vikings*, pp. 159, 163.

38. Jones, *Norse Atlantic Saga*, p. 87.

39. Pálsson and Magnusson, ed. and transl., *Vinland Sagas*, pp. 29-35.

40. 丹麦国家博物馆（哥本哈根）格陵兰展厅的如尼文石块和雕刻；Pálsson and Magnusson, ed. and transl., *Vinland Sagas*, p. 21; Jones, *Norse Atlantic Saga*, p. 80; Seaver, *Last Vikings*, pp. 42, 112。

41. R. McGhee, 'Remarks on the Arctic Finds', in Jones, *Norse Atlantic Saga*, Appendix v, p. 283; P. Sutherland, 'The Norse and Native North Americans', in Fitzhugh and Ward, eds., *Vikings*, pp. 238-47.

42. P. Schledermann, 'Ellesmere: Vikings in the Far North', in Fitzhugh and Ward, eds., *Vikings*, pp. 248-56; Davies, *Vikings in America*, pp. 89-104.

43. Marcus, *Conquest of the North Atlantic*, p. 92; T. Haine, 'Greenland Norse Knowledge of the North Atlantic Environment', in Hudson, ed., *Studies in the Medieval Atlantic*, pp. 110-16.

44. 这块碎片在丹麦国家博物馆（哥本哈根）格陵兰展厅展出。

45. *Skálholtsannáll*, cited from Jones, *Norse Atlantic Saga*, p. 136; K. Seaver, 'Unanswered Questions', in Fitzhugh and Ward, eds., *Vikings*, p. 275; Seaver, *Last Vikings*, p. 59.

46. Cited in Pálsson and Magnusson, ed. and transl., *Vinland Sagas*, p. 15.

47. Jones, *Norse Atlantic Saga*, p. 285; M. Egeler, *Islands in the West: Classical Myth and the Medieval Norse and Irish Geographical Imagination* (Turnhout, 2017).

48. 对此表示正当怀疑的文献包括 K. Seaver, *Maps, Myths, and Men: The Story of the Vínland Map* (Stanford, 2004)；缺乏根据的辩护文献包括 Davies, *Vikings in America*；地图的支持者包括 R. Skelton, T. Marston and G. Painter, *The Vinland Map and the Tartar Relation* (2nd edn, New Haven, 1995); S. Cox, 'A Norse Penny from Maine', in Fitzhugh and Ward, eds., *Vikings*, pp. 206-7。

49. Pálsson and Magnusson, ed. and transl., *Vinland Sagas*, pp. 53-4.

50. Jones, *Norse Atlantic Saga*, p. 117.

51. Pálsson and Magnusson, ed. and transl., *Vinland Sagas*, pp. 55-8.

52. E. Wahlgren, *The Vikings and America* (London, 1986), pp. 139-46, 158; cf. Davies, *Vikings in America*, pp. 74-5, and Jones, *Norse Atlantic Saga*, p. 124.

53. Sutherland, 'The Norse and Native North Americans', pp. 238-9.

54. Wahlgren, *Vikings and America*, pp. 74, 92-3.

55. Pálsson and Magnusson, ed. and transl., *Vinland Sagas*, pp. 64-5.

56. Ibid., pp. 66, 70–71.

57. Ibid., pp. 70–71.

58. Ibid., pp. 67–70, 100.

59. N. Brown, *The Far Traveler: Voyages of a Viking Woman* (New York, 2007); Pálsson and Magnusson, ed. and transl., *Vinland Sagas*, p. 71.

60. Pálsson and Magnusson, ed. and transl., *Vinland Sagas*, p. 63.

61. H. Ingstad, *Westward to Vinland: The Discovery of Pre-Columbian Norse House-sites in North America* (London, 1969); B. Linderoth Wallace, 'The Viking Settlement at L'Anse aux Meadows', in Fitzhugh and Ward, eds., *Vikings*, pp. 208–16; B. Linderoth Wallace, 'The Anse aux Meadows site', in Jones, *Norse Atlantic Saga*, Appendix vii, pp. 285–304; Seaver, *Last Vikings*, pp. 50–52; Jones, *Norse Atlantic Saga*, pp. 129–30; Davies, *Vikings in America*, pp. 76–81; P. Bergþórsson, *The Wineland Millennium* (Reykjavik, 2000).

第二十二章

来自罗斯的利润

※ 一

在冰岛贸易和格陵兰贸易存续的几个世纪里，在更东方的波罗的海与北海相连的空间，即“北方的地中海”，更密集的海上网络正在发展。上一章讨论的北极奢侈品通过卑尔根被送入这个空间。[1]这是一个有组织的空间，商人的活动受到松散的城镇联盟越来越严密的控制，这个城镇联盟本身是从商人法团发展而来的。在这一时期，即从1100年到1400年前后，地中海成为热那亚人、比萨人、威尼斯人和后来的加泰罗尼亚人之间竞争的舞台，他们有时联合起来对付拉丁基督教世界在伊斯兰世界和拜占庭的敌人（不管是真实的还是想象的），有时则相互挑战。[2]相比之下，在“北方的地中海”，商人的目标惊人地一致。他们当然也相互竞争，并且努力排斥来自英格兰或荷兰的外来者，但合作才是常态。

由来自波罗的海和北海沿岸城镇以及北德广袤腹地的商人组成的联盟，被称为德意志汉萨同盟。“汉萨”（*Hansa* 或 *Hanse*）这个

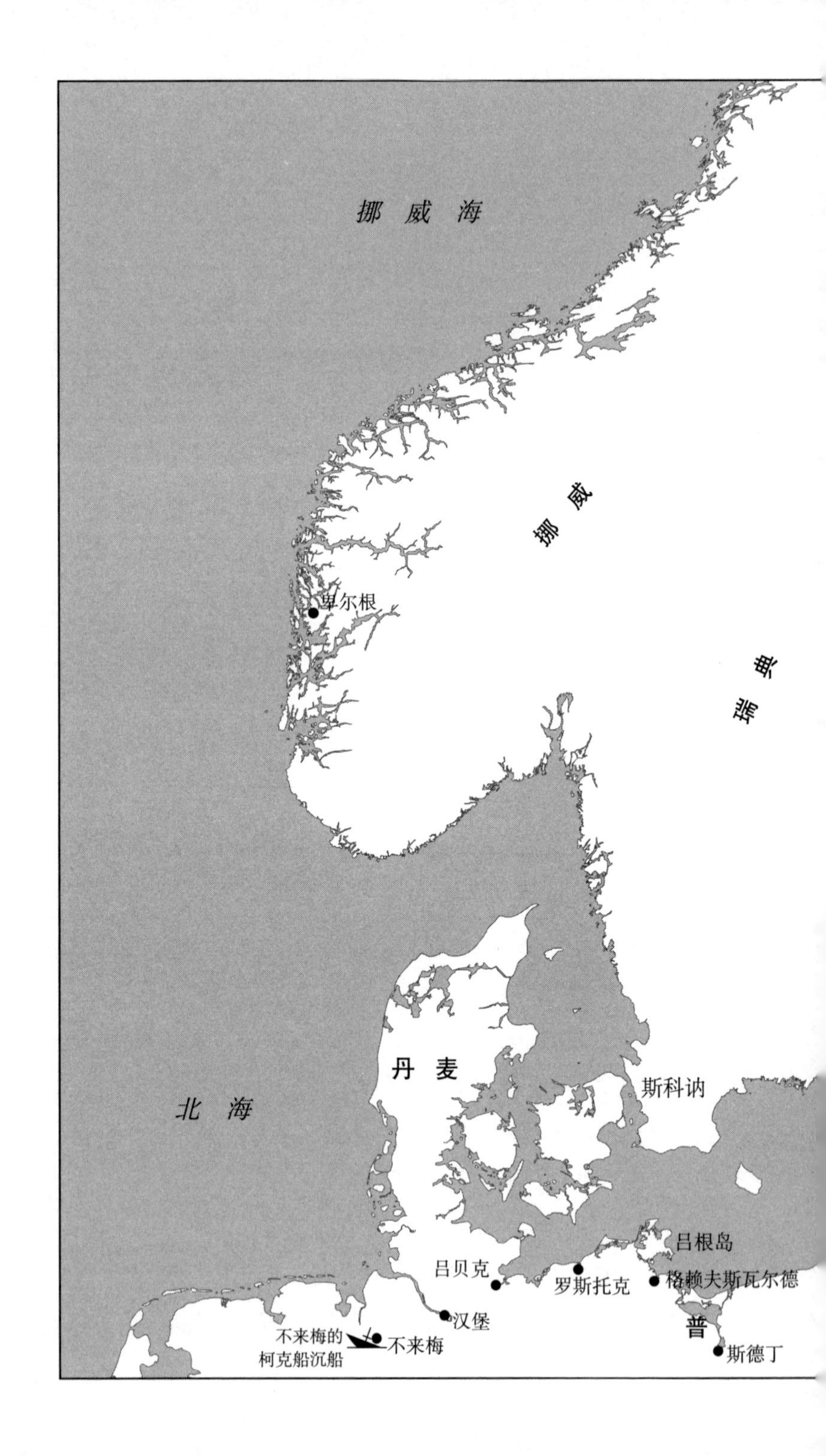
挪 威 海
挪 威
卑尔根
瑞 典
丹 麦
北 海
斯科讷
吕根岛
吕贝克
罗斯托克
格赖夫斯瓦尔德
汉堡
不来梅的
柯克船沉船
不来梅
普
斯德丁

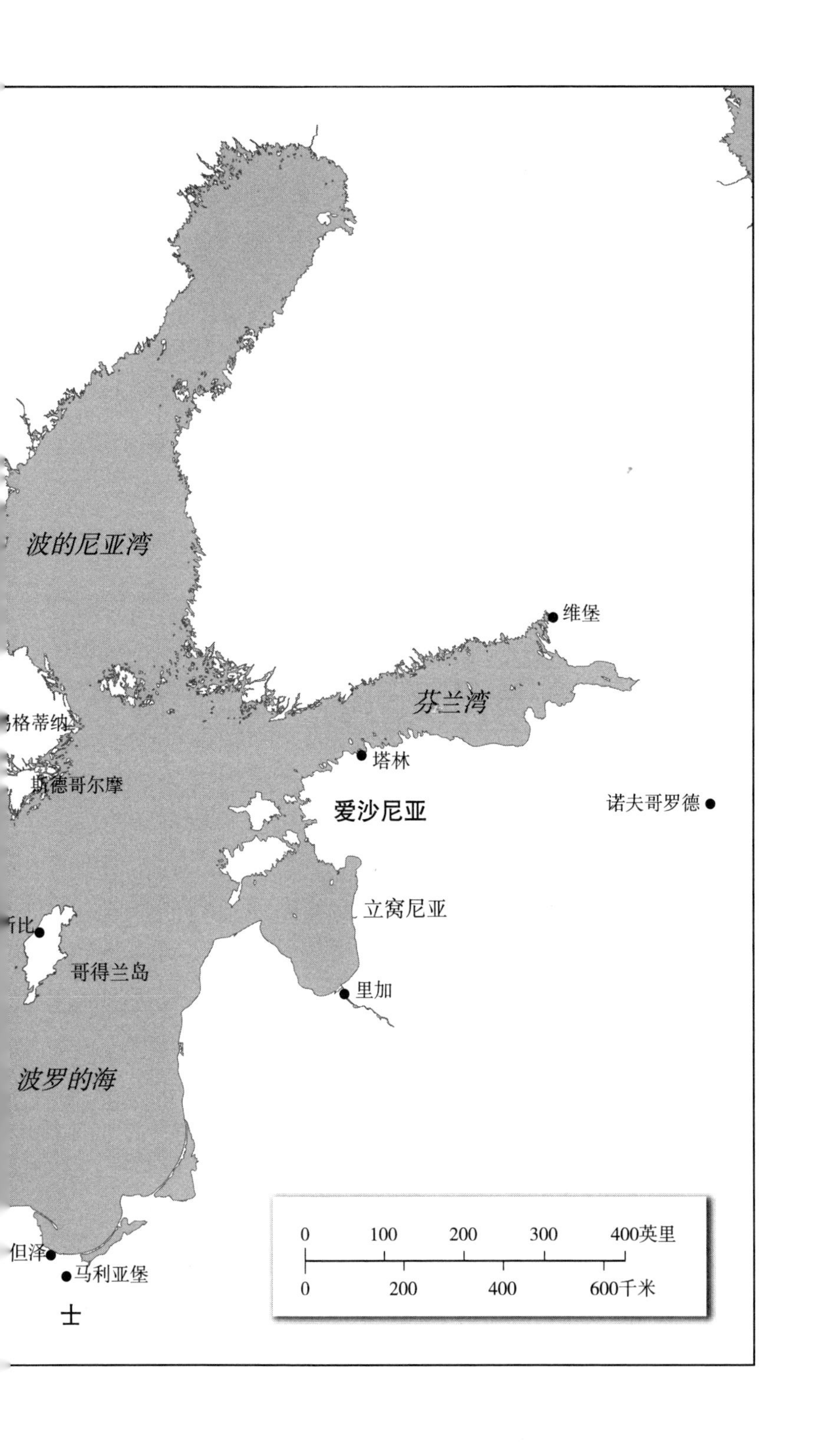
波的尼亚湾
维堡
芬兰湾
格蒂纳
塔林
斯德哥尔摩
诺夫哥罗德
爱沙尼亚
立窝尼亚
哥得兰岛
里加
波罗的海
但泽
马利亚堡
0
100
200
300
400英里
0
200
400
600千米

词泛指一群人，例如，一支武装部队或一群商人。在13世纪，*Hansa*一词被用来指来自不同地区（如科隆周围的威斯特法伦诸城镇，或由大城市吕贝克领导的波罗的海诸城镇）的不同商人群体，包括德意志人或佛兰德人。但在1343年，瑞典和挪威国王向“德意志汉萨的所有商人”（*universos mercatores de Hansa Teutonicorum*）发表了讲话，此后，“这是一个超级汉萨，囊括了所有小汉萨”的想法开始传播。[3]“德意志汉萨”（中古低地德语 *dudesche hanze*，现代高地德语为 *Deutsche Hanse*）这一短语是非正式的。然而，早期汉萨（有时被称为Hansard）商人在他们成功扎根的地方，如挪威的卑尔根或瑞典的哥得兰岛，用于自称的官方术语则相当不同：在拉丁语中为 *mercatores Romani imperii*，在低地德语中为 *coepmanne van de Roemschen rike*，意思都是“罗马帝国的商人”。[4]因为，即使是在远离莱茵河和多瑙河、从未落入罗马人统治之下的德意志土地上，贵族、骑士和商人也对中世纪德意志国王的帝国权威感到自豪，大多数德意志国王获得了神圣罗马帝国的皇冠。波罗的海地区的主要汉萨城市吕贝克在1226年被皇帝弗里德里希二世提升到帝国自由城市的特殊地位。其实在12世纪，吕贝克已经从这位皇帝的祖父弗里德里希·巴巴罗萨那里获得了一些特权。由于丹麦国王一直在争取控制吕贝克和邻近的石勒苏益格的土地，弗里德里希·巴巴罗萨明白赢得吕贝克人的忠诚是多么重要。[5]

对汉萨历史的描述受到了现代政治的深刻影响。19世纪晚期，俾斯麦和德皇梦想着将德国打造成一个能够在海上与英国对抗的海军强国。困难在于，德国似乎缺乏英国拥有的那种海军传统。不过，只要稍加探究，就会在汉萨城市的船队中发现这种传统。汉萨是德意志的，或者至少是日耳曼的，这一点很容易证明：确实有佛兰德、瑞典和其他非德意志的城镇参与了汉萨同盟的贸易，但这些人有共同的日耳曼血统，而且在维斯比（Visby）和斯德哥尔摩等中心的德意志商人构成了当地最早的商人群体的核心。第三帝国的历史学家对这种想法有了进一步的阐发。在他们的笔下，汉萨同盟不仅与种族纯洁性联系在一起，而且与德意志的征服联系在一起，因为商人和十字军在波罗的海沿岸建立的城市（后文会详谈）可以被描绘为“东进”的闪亮灯塔。

按照纳粹历史学家的说法，德意志人的“东进”曾经征服并将再次征服斯拉夫和波罗的海各民族。即使在第三帝国覆灭后，对汉萨同盟历史的政治化仍在继续，然而有了新的方向。由于几个最重要的汉萨城镇，如罗斯托克（Rostock）和格赖夫斯瓦尔德（Greifswald），位于原德意志民主共和国的海岸，所以原民主德国的历史学家对汉萨同盟很感兴趣。他们赞同马克思主义关于阶级结构的观点，对这些城市的“资产阶级”特征大加渲染。这些城市基本上是自治社区，直到15世纪还能抵制当地王公将其纳入他们的政治网络的企图。原民主德国的历史学家也非常重视汉萨城镇工匠阶层发出政治抗议的证据，从而考虑在这些地方是否出现了早熟的原始资本主义（不管这个术语究竟指的是什么）。[6]

两德统一后，对汉萨同盟历史的阐释已经转向不同的方向，德国历史学家再次发挥了主导作用。汉萨同盟如今被视为区域一体化的典范，它是一个跨越政治边界的经济体系，将德意志、英格兰、佛兰德、挪威、瑞典、后来的波罗的海国家，甚至罗斯①，联系在一起。爱沙尼亚总理安德鲁斯·安西普（Andrus Ansip）在庆祝他的国家加入欧元区时宣称："欧盟是一个新的汉萨同盟。"现代德国对汉萨同盟的描述几乎没有掩饰自己的洋洋得意，即德国在欧洲的经济主导地位似乎可以追溯到中世纪鼓舞人心的先例：德意志汉萨同盟鼓励其成员之间的自由贸易，并构成一个"商业超级大国"。[7]汉萨同盟甚至还有一定程度的政治一体化，因为同盟的商业法律遵循的是为数不多的几个模板：起初，许多航海城市遵循哥得兰岛上维斯比的海洋法；后来，吕贝克的商业法律成为标准。不过，研究汉萨的法国著名历史学家菲利普·多兰热（Philippe Dollinger）对"汉萨同盟"这一常见提法持反对意见，因为德意志汉萨并不是一个拥有中央组织和官僚机构的联盟（如欧盟），而是多个联盟的混合体，其中一些只是在短期内为处理特定问题而建立的联盟。他非常明智地建议，"汉萨共同体"一词最适合。[8]

所有这些解读汉萨历史的方式，都以一种大致相同的方式扭曲了它的过去。德意志汉萨同盟不仅是一个海上贸易网络。到了14世纪，它已经成为一支重要的海军力量，能够击败对手，也能控制其成员从事贸易的水域。在科隆的领导下，一些内陆城市在汉萨同盟与英格兰的贸易中发挥了非常重要的作用，不过这一点经常被忽

---

① 为方便起见，本书将莫斯科大公伊凡三世（伊凡大帝，1440—1505年，莫斯科大公国统一罗斯后的首任君主）时代之后的那个东斯拉夫民族及国家称为"俄罗斯"，而将之前的相应民族和多个政权称为"罗斯"。当然，"俄罗斯"和"罗斯"的不同译名，实际上是因为汉语经蒙古语翻译而来。

视。[9]汉萨同盟在其城市网络之外有三个主要贸易站（汉萨商人被允许在一座城市中建立自己聚居区的地方）：一个是诺夫哥罗德，位于内陆；但另外两个，卑尔根和伦敦，只能从海路进入。汉萨同盟既是一个陆地“强国”（也许应该说是河流“强国”），也是一个海上“强国”，它有能力将德意志腹地的城市和有出海口的城市的利益结合起来，所以汉萨同盟具有强大的经济实力。它是奢侈品的供应来源，如罗斯的毛皮、黎凡特的香料（通过布鲁日而来）和波罗的海的琥珀。可是，它的成员更积极地运送不计其数的鲱鱼、大量风干的鳕鱼或在波罗的海沿岸条顿骑士团领地上生产的黑麦。汉萨同盟与这个十字军骑士团（普鲁士和爱沙尼亚大部分地区的领主）的联系是如此密切，以至于德意志骑士团（这是条顿骑士团的正确名称）的大团长也是汉萨会议（*Hansetage*）的成员。除了为汉萨城市提供它们生存和发展所需的大部分粮食，条顿骑士团大团长还是德意志商人在波罗的海南岸建立的几座城镇的宗主。[10]

一个十字军军事修会参加德意志汉萨同盟会议，这一点提醒我们，中世纪欧洲基督徒对波罗的海的征服不只是商人努力的结果。正如热那亚人、比萨人和威尼斯人充分利用地中海的十字军东征，在地中海东部的贸易中心安家落户一样，德意志商人来到普鲁士、立窝尼亚（相当于今天的拉脱维亚）和爱沙尼亚，是由于“北方十字军东征”的胜利。北方十字军东征是针对多神教徒，有时也针对东正教罗斯人的战争。在这些战争中，两个德意志军事修会，即宝剑骑士团和条顿骑士团，以及丹麦和瑞典国王，都发挥了重要作用。宝剑骑士团于13 世纪初成立，当时阿尔伯特·冯·布克斯赫夫登（Albert von Buxhövden，一位与汉堡-布莱梅大主教有密切亲戚关系的雄心勃勃的教士）带着23艘船，载着500名十字军战士，来到拉脱维亚。他的目标始终是在该地区建立一支永久性的德意志势力，因此，他于1201年在里加建立了一个贸易中心。这里也成为宝剑骑士团的基地，他们的任务是使当地的立窝尼亚人（一个与芬兰人和爱沙尼亚人有亲缘关系的民族）皈依基督教，如果有必要的话，可以使用武力。北方十字军东征借用了更有名的巴勒斯坦圣地的十字军东征的概念和词汇，将北方的厮杀描述为保卫献给圣母的土地的战争，就像远征耶路撒冷是为了保卫上帝之子的遗产一样。后来，条顿骑士团将他们在普鲁士的指挥中心命名为马利亚堡（Marienburg），即"圣母马利亚的要塞"。如果没有汉萨船横跨波罗的海持续运来最先进的武器装备，这些对抗狡黠、训练有素、顽强的土著民族的战争几乎没有成功的机会。德意志人的凶猛攻击更多的是使反对势力团结起来，而不是将其击垮。[11]

很快，征服立窝尼亚的土地就成了目的，而西方对立窝尼亚人精神生活的兴趣也减弱了，如果德意志人确实曾经有这样的兴趣的话。当时的一位名叫海因里希的作家写了一本关于征服立窝尼亚的编年史。他认为，所有针对立窝尼亚人的暴力都是有正当理由的。作为多神教徒，立窝尼亚人曾抢劫、杀人、犯下变态的性罪行，包括乱伦，但在受洗之后，他们要接受神圣的矫正，这似乎常常奏效。有一次，与爱沙尼亚多神教徒作战的宝剑骑士团连续几天围攻多神教徒的一个据点，当着被围困者的面冷酷无情地杀死俘虏，直到爱沙尼亚人受不了："我们承认你们的神比我们的神更伟大。他通过战胜我们，使我们的心倾向于敬拜他。”就像斯堪的纳维亚人皈依时一样，这里传达的信息是，基督是一位武士，应受到高于其他所有权威的尊重。[12]宝剑骑士团是里加主教的追随者，直到骑士团开始干涉从爱沙尼亚划出的丹麦土地，包括丹麦人在那里建立的贸易城市烈韦里（Reval），即今天的塔林（Tallinn，意思可能“丹麦人的城堡”）。[13]到 1237 年，这一丑闻和其他丑闻都传到了教宗的耳边，结果是宝剑骑士团被强行并入了规模更大、组织得更好的条顿骑士团。可是，那时宝剑骑士团已经将德意志的军事存在，以及德意志的贸易存在，沿着波罗的海南岸扩张了很远。[14]

正如塔林的建立表明的那样，13 世纪对波罗的海的征服并不只是由德意志人完成的。丹麦国王和瑞典国王往往水火不容的政治野心，也改变了这个地区，并为德意志商人带来了更多的机遇。从 1252 年前后斯德哥尔摩的建立开始，德意志商人就在这座岛屿城市受到欢迎，因为瑞典统治者明白，他们的征服战争所需要的资源，在很大程度上来自贸易的利润。瑞典国王通过袭掠控制了芬兰海岸，而爱沙尼亚一度落入丹麦人的统治之下，直到它被交给条顿骑士团。在不违背考古证据的情况下，我们可以将这些攻击视为过去的丹麦和瑞典统治者以及维京袭掠者进行的战争的延续，那时，海塔布和沃林是坐落在多神教国家边缘的主要贸易基地。

关于这个时期的历史，我们主要是从对多神教邻居持激烈批评态度的基督徒所写的德语和斯堪的纳维亚语言的著作中得知的。这段历史太容易被表述为无情的十字军陆海军向东进入波罗的海地区的单向运动。当地的实际情况更为复杂。到了 12 世纪和 13

世纪，在波罗的海沿岸居住的斯拉夫人、波罗的海人和芬兰-乌戈尔人（大部分是多神教徒）对德意志和丹麦的船及定居点发动他们自己的维京式袭掠。正如盎格鲁-撒克逊人曾经祈求从诺斯人的愤怒中得到解救一样，中世纪的丹麦人也在祈求从库尔兰袭掠者（生活在今天拉脱维亚西海岸的多神教徒）手中得到解救。1187年，爱沙尼亚袭掠者最远到达梅拉伦湖上的重要贸易基地锡格蒂纳（Sigtuna），他们智胜瑞典守军后洗劫了那里。这一壮举足以与在早先几个世纪沿着塞纳河或瓜达尔基维尔河航行的维京人的远征媲美，那些维京人的目的是洗劫法国和西班牙的富庶城镇。[15]再往后，瑞典国王比尔耶尔（Birger）在1295年通知汉萨同盟，他已经征服了芬兰南部的卡累利阿人（Karelians），并使他们皈依基督教。他认为这是完全正义的，因为卡累利阿人一直在对基督徒的航运发动海盗袭击，并经常将受害者开膛破肚。比尔耶尔还在维堡（Viborg）建造了一座城堡，“为了上帝和光荣的圣母的荣誉，为了保护我们的王国，为了海员的安全与和平”。在维堡，比尔耶尔国王提议要密切关注对罗斯的贸易，甚至限制可以登上波罗的海船只的罗斯商人的数量。他的真正目的是在罗斯的毛皮贸易中占有一席之地，并将他的政治控制权扩展到芬兰南部海岸。[16]随着跨海贸易体量的增加，德意志和斯堪的纳维亚的船成为各种袭掠者的目标。因此，在这些危险的海域建立秩序，会带来丰厚的回报。无论是在波罗的海还是在地中海，贸易都和十字军东征紧密地纠缠在一起。当然，在瑞典的十字军国王们的算计中，政治野心也占了很大比重。

※ 二

为什么德意志人会在波罗的海和北海成为主宰，这是一个很好的问题。毕竟，在1100年前后，德意志船并不像斯堪的纳维亚船那样经常在北海或波罗的海出现，而佛兰德人在北欧的河道上引人注目，在德意志更南的地方则有繁忙的犹太商人社区，他们在葡萄酒贸易中特别活跃。无论是因为遭到故意排斥，还是他们对遥远的北方不感兴趣，德意志犹太人都没有参与汉萨同盟领导的对波罗的海和北海的改造。[17]在吕贝克于12世纪开始繁荣发展之前，波罗的海之滨没有德意志城镇，而后来成为德意志民主共和国的地区确实有与德意志其他地区不同的身份：这一地区的居民是多神教徒斯拉夫人，特别是文德人（Wends）①，即索布人（Sorbians），他们今天仍然生活在柏林附近的施普雷瓦尔德（Spreewald）。在吕贝克的前身柳比策（Liubice），或称老吕贝克（Alt-Lübeck），有一座由易北河畔斯拉夫人的王公建造的要塞，而不远处的另一个非常小的斯拉

---

① 文德人不是单一民族，而是日耳曼民族（斯堪的纳维亚人、德意志人等）对居住在他们附近的斯拉夫人的泛称，所以文德人包括多个民族和部落群体。对斯堪的纳维亚人来说，文德人是波罗的海南岸的斯拉夫人。对中世纪神圣罗马帝国的居民来说，文德人是奥德河以西的斯拉夫人。文德人不断与他们的邻居德意志人、丹麦人和波兰人发生冲突。1147年的文德十字军东征是北方十字军东征的一部分，有强迫异教徒文德人皈依基督教的因素，也有经济掠夺和攫取土地的因素。著名的萨克森公爵狮子亨利和第一代勃兰登堡边疆伯爵大熊阿尔布雷希特一世参加了此次东征。12—14世纪，德意志人不断向文德人的土地移民和扩张。大部分文德人被德意志人消灭或同化，今天只剩下一支文德人，即生活在德国东部的索布人。今天德国的一些地名和姓氏起源于文德人的语言，如莱比锡和柏林这两个地名就很可能源自文德人的语言。

夫人定居点位于罗斯托克，在奥博德里特人（Abotrite）的土地上；再往东有鲁吉人（Rugians）、瓦格利亚人（Wagrians）和波美拉尼亚人（Pomeranians）。靠近现代德国和波兰边界的什切青［Szczecin，德语名字是斯德丁（Stettin）］，因其三座多神教神庙和坚固的城墙而闻名。[18]这里有大量不同的民族，他们说着不同的语言或方言。他们分裂成许多小群体，所以在德意志人和丹麦人有组织的攻击面前更显得脆弱。但是，也有很多和平的接触。这些斯拉夫民族中的一些人乐于从事跨海贸易，罗斯商人也到过这里，他们抵达瑞典附近的哥得兰岛，并于1157年到达石勒苏益格。毫无疑问，他们进入波罗的海的时间比这要早得多，因为波罗的海与罗斯的联系可以追溯到斯堪的纳维亚王公成为基辅统治者的时期。来自瑞典的瓦良格商人长期以来一直熟悉延伸到南方的河道，这些河道穿过乌克兰，然后经过一小段陆地，到达黑海。不过，12世纪的罗斯商人来自诺夫哥罗德，而不是基辅。他们出售来自北极边缘的毛皮和皮草，这些商品此时已经出现在诺夫哥罗德当地。[19]

然而，波罗的海地区的变革是德意志人的功劳，这里的德意志人指的是一组语言的使用者，这些语言（中世纪晚期的书面形式）被称为中古低地德语，乍一看更像荷兰语而不是南边的高地德语，这意味着说中古低地德语的人比较容易维持与佛兰德人和荷兰人的关系。在汉萨同盟的早期，有两个地方主宰着波罗的海：哥得兰，特别是它最大的城镇维斯比，以及吕贝克。维斯比根本不在德意志土地上，而在瑞典的一个岛上，这似乎很奇怪；但如前文所述，吕贝克也几乎不在德意志土地上，如果“德意志”是指说德语的人居住的地区的话。吕贝克与柳比策老城的位置并不完全相同，后者更靠近大海。[20]吕贝克新城的建立是分阶段进行的，首先是柳比策在斯拉夫人和德意志人之间的战争中被摧毁，然后是1143年荷尔斯泰因的统治者阿道夫·冯·绍恩堡（Adolf von Schauenburg）建立了一座新城市。这是一个糟糕的时机，因为不久之后，教廷宣布在三条战线上开展十字军东征：不仅是鼓动了法兰西国王和德意志国王到叙利亚，妄想征服大马士革的第二次十字军东征；还有基督教军队在西班牙向穆斯林的进攻；以及对多神教徒文德人的战争，教宗希望德意志国王也加入。

教宗担心，两位国王同时参加东方的十字军东征，只会彼此妨碍。他的担心不无道理。1147年，在德意志人针对文德人的战争中，奥博德里特人的统治者尼克洛特（Niklot）袭击了吕贝克，但吕贝克已经有足够的防御能力来抵御。另外，事实证明，要抵抗狮子亨利（萨克森公爵，德意志最强大的王公之一）日益增长的权力更加困难，他在1159年重建了吕贝克，并授予它“最尊贵的城市权利宪章”（*iur ahonestissima*）。尽管德意志皇帝巴巴罗萨在12世纪80年代击败了狮子亨利，但巴巴罗萨承认了吕贝克的上述权利。“最尊贵的城市权利宪章”向吕贝克的显要市民授予立法权，使他们成为城市精英。[21]德意志编年史家博绍的黑尔莫尔德（Helmold von Bosau）认为，狮子亨利只对赚钱感兴趣，并不真正关心周围农村的斯拉夫人是否变成了基督徒。不过，亨利肯定清楚地知道，怎样才能让他的新城市繁荣发展：

> 公爵［狮子亨利］向北方的城镇和丹麦、瑞典、挪威、罗斯等国家派遣了特使，与这些城镇和国家议和，并给予它们自由进出他的吕贝克城的权利。他还在吕贝克建立了一家铸币厂和一个市场，并授予该城最高的特权。从那时起，该城就繁荣兴旺，人口也大大增加。[22]

狮子亨利特别热衷于吸引来自维斯比的商人，因为他知道，一个连接哥得兰（位于波罗的海中部）和吕贝克（可以从那里通往内陆）的网络将是非常有利可图的。从1163年起，哥得兰人被允许去吕贝克，并免交通行费。亨利希望吕贝克人在到访哥得兰时享有对等的权利。吕贝克不断发展壮大。虽然我们只能猜测公元1300年之前的人口规模，但有人认为，吕贝克在14世纪初有1.5万名居民，而在14世纪末（当时欧洲大部分地区暴发了瘟疫），人口可能达到2万人。[23]

吕贝克面朝两个方向。向西，一条较短的陆路将这座新城市与汉堡连接起来，使其能够进入北海，这一点在1241年吕贝克与汉堡之间的正式协议中得到了保证。到了14世纪，穿越厄勒海峡（Øresund，在丹麦与今天的瑞典南部之间）的狭窄海上通道成为优先选择。当然，使用这条路线要获得丹麦国王的批准，而吕贝克和丹麦人之间的关系并不总是那么友好。在早期，狮子亨利通过与丹麦国王瓦尔德马一世（Valdemar）密切合作，征服了从吕贝克向东延伸至吕根岛的海岸线，使吕贝克得到了发展。在吕根岛被征服后，岛上斯拉夫人的神祇斯万托维特（Svantovit）的雕像被“砍碎并投入火中”。然后，丹麦国王夺取了他在吕根岛发现的神庙财宝。丹麦国王一直试图将这些海岸纳入他的帝国。这些征服的一个重要结果是，在吕贝克的商业势力范围内建立了一些卫星城镇，这些城镇遵循吕贝克的法律。前文已经提到了罗斯托克，它始建于 13 世纪初。但泽和其他地方也有类似的建城故事，这些城镇的建立得到了当地领主的允许。这些领主，无论是德意志人还是斯拉夫人，都热衷于从不断扩大的贸易中获取利润。新的城镇庇护着在德意志中心地带不断增长的人口，他们趁机在农村定居，与当地的斯拉夫人一起生活，或取代他们。尼德兰人最远到达易北河上游，在那里，他们引入了在自己的沼泽地学到的排水技术，并留下了在 20 世纪初仍然可以听到的荷兰语方言。这种“东进”（*Drang nach Osten*）既是海上的，也是陆地上的。[24]

丹麦的沿海帝国（有一段时间甚至包括吕贝克）的崛起貌似不可阻挡，直到 1226 年才被一场失败阻止。德意志皇帝弗里德里希二世袖手旁观，带头攻击丹麦人的是什未林（Schwerin）伯爵（皇帝不安分的臣民之一）和吕贝克人。[25]不过，丹麦人拒绝停止干涉。1340—1375 年在位的丹麦国王瓦尔德马四世·阿道戴（Valdemar IV Atterdag）的野心促使各个汉萨城市团结起来。他毫不留情地企图打败维斯比和哥得兰，并在那里建立一个服务于波罗的海扩张的基地，直到 1361 年惨败之后，他的野心才受到遏制。围攻维斯比的丹麦军队留下的残缺不全的可怕骷髅，如今是瑞典若干博物馆的恐怖展品。[26] 1370 年，各个汉萨城市终于在施特拉尔松德（Stralsund）与丹麦人议和，汉萨同盟甚至能够要求瓦尔德马四世的继承人在获得加冕之前，必须得到汉萨同盟的批准。对汉萨同盟来说，这是一个很光荣的战果。但是，还有其他更有价值的奖赏：丹麦人被迫将控制着狭窄的厄勒海峡交通的城镇赫尔辛堡（Helsingborg）、马尔默（Malmö）和其他地方，割让给汉萨同盟。[27]

汉萨同盟的前景一片光明。吕贝克人斥巨资用砖建造的美观的哥特式建筑反映了汉萨同盟的胜利。这些哥特式建筑中有宏伟的教堂，如吕贝克的马利亚教堂（Marienkirche）和圣彼得教堂（Sankt Petri），也有由带山墙的商人住宅组成的街道。这些建筑都成为罗斯托克、格赖夫斯瓦尔德、不来梅以及从布鲁日延伸到塔林的大弧线上一座又一座城市的石匠们模仿的对象。这些房屋的设计是由一个简单的需求决定的，那就是需要将仓库、办公室和生活区结合在一起，因为汉萨商人照管他们自己的货物，而不是像地中海商人那样将货物存放在中央仓库。不过，非常富有的汉萨商人也会用哥特式褶边和其他华丽的装饰来炫耀他们的财富，如用进口的石头装饰外墙，以使他们的住宅与邻居房屋的正面区分开。[28]来自吕贝克的艺术家，如伯恩特·诺特科（Bernt Notke）和赫尔曼·罗德（Hermen Rode，大型雕刻祭坛的创造者），在遥远的瑞典中部很受欢迎，因此柯克船有时不仅运送黑麦和鲱鱼，还运送被精心包装的祭坛画到斯德哥尔摩和其他地方的教堂。[29]共同的法律标准，即吕贝克的海事法，确保在相隔甚远的地方能通过类似的方式来解决商业纠纷。共同的语言，即低地德语，取代了拉丁语，成为记录商业交易的媒介。汉萨城镇的中产阶级学习识字不是为了研究圣奥古斯丁或托马斯·阿奎那的思想，尽管吕贝克和其他城市都有一些富裕的修道院，而且罗斯托克和格赖夫斯瓦尔德分别在1419年和1456年建立了存续至今的大学。读写能力为商业之轮提供了润滑。[30]

※ 三

中世纪晚期的吕贝克以“汉萨之首”（*Caput Hanse*）的称号为荣，然而在德意志汉萨同盟的早期，维斯比比吕贝克更有影响力，因为它在波罗的海南部中央的位置非常有利。[31]一个由德意志商人组成的自治团体开始在维斯比凝聚，它在印章上自豪地宣称自己是 *universitas mercatorum Romani imperii Gotlandiam frequentantium*，即“到访哥得兰的罗马帝国商人的法团”。*Universitas* 这个词在当时还没有“大学”的意思，它保留了“社区”“法团”的一般含义，与低地德语的术语 *Hansa* 差不多。在13世纪，有足够多的德意志人在哥得兰岛永久定居，于是形成了第二个平行的自治团体，使用类似的印章，但用 *manentium*（居留于）取代了 *frequentantium*（到访）。德意志人在维斯比有非常宏伟的教堂，即德意志人的圣马利亚教堂，它今天是维斯比的主教座堂。德意志人还按照当时的习惯，把这座教堂作为储存货物和金钱的安全场所。除了长度超过2英里（约3.5公里）的相当雄伟的城墙，维斯比还有十几座规模较大的中世纪教堂，可是，随着该城在中世纪末期的衰落，除了圣马利亚教堂外，所有的教堂都年久失修。比尔卡可能是瑞典的第一座城镇，而维斯比是瑞典的第一座城市。

维斯比最宏伟的教堂之一，圣拉斯教堂（Sankt Lars），显示了罗斯建筑风格的影响。哥得兰岛南部的一座小教堂有拜占庭-罗斯风格的壁画，维斯比还有一座罗斯东正教教堂，这座教堂现在被埋在一家咖啡馆的地下。哥得兰岛是接收毛皮和蜡等罗斯货物的大型商业中心，这些货物有一部分是通过河流运输的，经过拉多加湖和涅瓦河进入波罗的海，然后穿过可能很危险的水域，到达哥得兰岛。在这条路线的另一端，即诺夫哥罗德，哥得兰人拥有自己的贸易定居点，或称“哥得兰庭院”，其中有一座供奉挪威国王圣奥拉夫（St Olaf）的教堂，大约在 1080 年就已存在。[32]诺夫哥罗德这个名字的意思是“新城”，由此可以看出它不是一座古老的城市：在 20 世纪 50 年代被发掘的中世纪诺夫哥罗德的木制街道上做的检测表明，该城的历史最早只能上溯到公元 950 年。[33]因此，与波罗的海的联系对诺夫哥罗德非常重要，正如与罗斯的联系对哥得兰非常重要一样。狮子亨利和吕贝克人很想利用这一联系。起初，德意志人利用了哥得兰人。1191 年或 1192 年，诺夫哥罗德大公雅罗斯拉夫三世（Yaroslav III）与哥得兰人和德意志人签订了一份条约，但其中提到了一份更早的现已佚失的条约，这份条约是否涉及德意志人则不得而知。[34]

二十年后，诺夫哥罗德的另一位王公康斯坦丁（Konstantin）授权德意志人在诺夫哥罗德建立自己的贸易站，即献给圣彼得的彼得霍夫（Peterhof）。德意志人在这之前就已经在诺夫哥罗德设立了自己的机构，并建造了一座石制教堂。使用石头很奢侈但有必要，因为商人在教堂储存他们的财富。然后，他们会在每年冬天结束时回到维斯比，带去装有社区资金的箱子，直到他们在次年夏天返回诺夫哥罗德。在冬季和夏季之间，德意志商人不在诺夫哥罗德，因为冬季的貂皮和其他北极货物的贸易很活跃，而夏季是收集蜡以及购买从黑海和更远地方辗转运来的奢侈品的好时机。也有人试图与罗斯的其他城市建立联系，但这些联系从未像与诺夫哥罗德的联系那样成功。诺夫哥罗德的优势是距离海岸不算太远。大海只是更宏大的故事的一部分，因为科隆吸收了很多这样的罗斯产品，然后将其卖给佛兰德和英格兰商人。[35]整个欧洲对高质量的罗斯蜡有巨大的需求，这些蜡大部分被用于教堂仪式。而且，从罗斯和芬兰可以获得的毛皮种类是别处难以比拟的：不仅有大量廉价的兔子和松鼠毛皮，还有松貂皮、狐狸皮，以及顶级的白色貂皮（在帝王的宫廷是绝对必需品）。

※ 四

早期的汉萨商人受益于他们与德意志诸城市（最远可达科隆）的联系，能够为进入罗斯的雄心勃勃的商业活动筹集所需的资金，并通过具有法律约束力的合同，精心管理这些资金。所以他们比传统的斯堪的纳维亚商人更有优势，后者的经营方法没有那么先进。汉萨商人可以购买船舶的股份，而不是整艘船的所有权，这样就可以将海上航行的相关风险分散到多项投资中。与罗斯的贸易为德意志汉萨同盟的崛起提供了必要条件。但波罗的海和北海对汉萨商人来说越来越重要，因为英格兰和挪威成为他们远途航行的重点，而在波罗的海之内，随着德意志诸城市的发展和它们对食物的持续需求超过当地的资源供应能力，黑麦、鲱鱼和其他基本食品变得越来越重要。这些德意志城市是作为贸易和手工业中心建立的，发展起来之后就成了农产品的主要消费市场。这对生产食物的人非常有利，尤其是条顿骑士团的大团长，他是大量庄园的主人。在那些庄园，古普鲁士人和爱沙尼亚人像奴隶一样为基督教征服者劳动。粮食贸易，主要是黑麦贸易，成为遥远的佛兰德和荷兰诸城市的生命线，而且这种依赖性在随后几个世纪里不断增强。当条顿骑士团大团长在普鲁士和其他地方成为遥远记忆的时候，佛兰德和荷兰的城市仍然依赖来自波罗的海地区的粮食。[36]

汉萨商人在早期使用的船主要是柯克船，它们吃水浅，但载货量大，在北海和波罗的海已经发展了几个世纪。1962年，在威悉河（River Weser）的淤泥中发现了一艘14世纪末的柯克船，不来梅哈芬（Bremerhaven）的德国海事博物馆对其做了精心修复。根据木材上的年轮判断，这艘船的年代可以切实地上溯到1378年。它长24米，最大宽度8米，载重约100吨。它原本拥有一面方帆和一只位于船尾中央的舵。船上除了造船匠的工具之外，基本上没有发现其他东西，所以我们推测它从未出过海，很可能是在潮汐涌动时沉没的。它的结构略显怪异（在龙骨周围是外板平接结构，木板是齐平地连接起来的，而不是在北欧常见的瓦叠式外壳）。然而，到1380年，这已经是一种相当老式的船了：汉萨同盟越来越多地使用更大的船只，在船首和船尾分别安装有“艏楼”和“艉楼”，这就是该地区许多中世纪城镇印章上的“大船”。[37]所有这些都引发了关于什么样的船才算真正的柯克船的技术争论，尽管结构上的怪异肯定是存在的。柯克船（*Kogge*）是一个统称，这些船与同一时期的威尼斯桨帆船不同，并不是在流水线上生产的。柯克船不像现代城市电车那样规格一致，不过，人们一眼就能看出它们是同一类船只。重要的是，它们把适航性放在载货量之前。[38]

无论是否典型，不来梅哈芬的这艘柯克船都代表了汉萨同盟航海活动的日常现实。丝绸和香料肯定会到达德意志北部的诸港口，无论它们是沿着中世纪晚期威尼斯、加泰罗尼亚和佛罗伦萨的桨帆船喜欢的长长的海路从地中海一路运来，还是从威尼斯的德意志人仓库（*Fondaco dei Tedeschi*）走陆路运来，经过博尔扎诺（Bolzano），越过阿尔卑斯山口，直到到达德意志南部的富裕城市（纽伦堡、奥格斯堡、雷根斯堡），然后再踏上旅途，到达吕贝克及其邻近地区。到吕贝克的现代游客，如果不参观尼德艾格（Niederegger）家族于1806年创办的著名的扁桃仁膏商店，就会错过这些美食。但在尼德艾格家族之前，这座城市已经吸引了生姜、糖、丁香和杏仁，而且（很可能在汉萨同盟的黄金时代）北德人发现他们可以利用到达他们城市的异域商品制作甜食和辣味香肠。美味的香肠是汉萨同盟的遗产。

不过，汉萨同盟的财富并不是用扁桃仁膏和姜饼赚来的。鱼、粮食和盐，这些看似不起眼的动物、植物和矿物食材，当它们被德意志汉萨同盟以惊人的数量进行交易时，利润还是非常丰厚的。在远至加泰罗尼亚的欧洲基督徒的饮食中，鲱鱼占有特殊的地位，因为大斋节期间禁食肉类，人们可以用鲱鱼完美地替代肉类，而且保存鲱鱼的方法变得更加先进。鲱鱼的麻烦之处在于它是一种非常油腻的鱼，而油腻的鱼比那些脂肪含量很低的鱼（如鳕鱼）腐烂得更快。因此才能生产出风干的鳕鱼，这种鱼（经过浸泡）在多年后仍可食用。而鲱鱼在捕捞后必须尽快用盐腌制。[39]据传说，在 14 世纪，来自泽兰的尼德兰水手威廉·伯克尔斯宗（Willem Beukelszoon）改变了鲱鱼渔业的未来。他设计了一种方法，腌制已除去部分内脏的鲱鱼，并将其放在大桶中的盐层之间。这套操作必须在鲱鱼被捞上甲板后立即进行（秘诀是保留肝脏和胰腺，以改善口味，同时去除其余内脏）。这似乎已经是汉萨同盟的标准做法，但在佛兰德，直到 1390 年前后才被采用，当时在北海的战斗中断了向佛兰德输送鲱鱼的航运。[40]无论伯克尔斯宗是先驱还是剽窃者，他都被评为历史上第 157 位最重要的荷兰人，这在一个如此热爱腌鲱鱼（Nieuwe Haring）的国家并不奇怪，也纪念了荷兰人在后来几个世纪中通过出口这种不起眼的鱼而获得的财富。

可是，在波罗的海，鲱鱼最多的地方是鲱鱼的产卵地——斯科讷（Skania）近海。斯科讷今天是瑞典最南的省份，但在中世纪，一般处于丹麦统治之下。据说在斯科讷，人可以涉足大海，用手把鲱鱼从水里捞出来。那片水域与其说是海，不如说是大量扭动的鱼。一位中世纪早期的丹麦作家如此写道："整个海里都是鱼，以至于船经常被拦住，费尽力气也难以划走。"[41]这对在斯科讷海岸举办的集市极为有利，集市上有许多商品，但最有名的是它的鲱鱼市场。到处是临时棚屋，为前来参加集市的数千人提供住宿，同时也为腌制、烘干以及以其他无数方式处理鱼的劳动提供操作间。随着欧洲人对鲱鱼需求的扩大，以及斯科讷作为这一行业无与伦比的中心的声誉的提高，斯科讷集市成为一个越来越有吸引力的贸易中心，访客从法国北部、英格兰甚至冰岛来到这里。[42]

在15世纪，鲱鱼开始向更北的地方聚集，原因不明（也许与气候条件有关），斯科讷集市的辉煌也随之结束。但在它的高峰期，如1368年，仅在吕贝克就有250艘满载鲱鱼的船进港，这在当时是稀松平常的事情。仅吕贝克一地，鲱鱼一年的收获量就可能达到7万桶。[43]不过，如果没有盐来保存收获的银色鲱鱼，这一切都不可能发生。一些荷兰人甚至不那么有诗意地称盐为“金矿”。吕贝克的巨大优势就在这里。在距离吕贝克不远的吕讷堡石楠荒原（Lüneburg Heath）附近，有丰富的浓卤水，可以通过煮沸它来制盐。然而，这不是最便宜的工艺。当15世纪初法国西部的竞争对手开始向市场大量投放他们更便宜的盐（有时即使经过长途运输，价格仍然只有吕讷堡盐的一半）时，吕讷堡就陷入了衰退。而汉萨商人为了寻找便宜的盐，很乐意到更远的地方，一直到布尔讷夫湾（Bay of Bourgneuf），甚至伊比利亚。[44]

于是，这个既有争斗又有合作的汉萨世界，将目光远远地投向波罗的海和北海之外。前文已述，为了寻找廉价的盐，德意志船一直到了法国西部。在那里，他们可能会遇到葡萄牙人的船只，葡萄牙人正在学习如何绕过大西洋。葡萄牙人在佛兰德的基地位于米德尔堡（Middelburg），靠近现代比利时和荷兰的边界。但到了15世纪，汉萨商人走得更远，到达葡萄牙本土，他们认识到葡萄牙（包括里斯本周围的平坦土地）也是盐的来源。他们还认识到葡萄牙缺少粮食，而他们可以很容易地用波罗的海的丰富储备向葡萄牙输送粮食。他们同时给葡萄牙带来了各种各样的其他食物，包括啤酒和甜菜头，甚至还有咸鱼，这是葡萄牙人可以自己大量供应的东西。1415年，葡萄牙人占领了摩洛哥的休达港。在这场战役中，航海家恩里克王子首战告捷。此役之后，德意志船开始把粮食运到休达，因为休达与仍在穆斯林统治下的肥沃粮田隔绝，所以急需给养。德意志人能这么做并非偶然：对葡萄牙感兴趣的汉萨商人包括但泽市民中的精英，他们对与苏格兰、英格兰、佛兰德和法国的贸易很有经验。[45]随着葡萄牙在15世纪成为重要的海上强国，它与汉萨同盟的关系使它能够进入一个比伊比利亚附近水域更广阔的世界。

注 释

1. P. Dollinger, *The German Hansa* (London, 1970), p. 3; H. Brand and E. Knol, eds., *Koggen, Kooplieden en Kantoren: De Hanze, een praktisch Netwerk* (Hilversum, 2011).

2. David Abulafia, *The Great Sea: A Human History of the Mediterranean* (London, 2011), pp. 287–369.

3. Dollinger, *German Hansa*, pp. xix–xx.

4. G. Graichen et al., *Die Deutsche Hanse: Eine heimliche Supermacht* (Reinbek bei Hamburg, 2011), p. 115.

5. D. Abulafia, *Frederick II: A Medieval Emperor* (London, 1988), p. 229.

6. J. Schildhauer, K. Fritze and W. Stark, *Die Hanse* (Berlin, DDR, 1982); J. Schildhauer, *The Hansa: History and Culture* (Leipzig, 1985).

7. Graichen et al. , *Deutsche Hanse*, p. 6.

8. Dollinger, *German Hansa*, p. xx.

9. 见欧盟资助的研究 *Hansekarte: Map of the Hanseatic League* (Lübeck, 2014)。

10. J. Sarnowsky, 'Die Hanse und der Deutsche Orden-eine ertragreiche Beziehung', in Graichen et al. , *Deutsche Hanse*, pp. 163-81.

11. A. Kasekamp, *A History of the Baltic States* (Basingstoke, 2010), pp. 12-13.

12. E. Christiansen, *The Northern Crusades* (2nd edn, London, 1997), pp. 94-5.

13. Kasekamp, *History of the Baltic States*, p. 200 n. 37.

14. Christiansen, *Northern Crusades*, pp. 79-82, 99-103.

15. Kasekamp, *History of the Baltic States*, pp. 9, 11.

16. Christiansen, *Northern Crusades*, pp. 54-5, 120.

17. Dollinger, *German Hansa*, p. 4.

18. Christiansen, *Northern Crusades*, pp. 29-31.

19. Schildhauer, *The Hansa*, p. 20.

20. Dollinger, *German Hansa*, doc. 1, p. 379.

21. Ibid. , p. 22.

22. Ibid. , doc. 1, p. 380; Schildhauer, *The Hansa*, p. 19.

23. R. Hammel-Kiesow, 'Novgorod und Lübeck: Siedlungsgefüge zweier Handelsstädte im Vergleich', in N. Angermann and K. Friedland, eds. , *Novgorod: Markt und Kontor der Hanse* (Cologne, 2002), p. 53.

24. Dollinger, *German Hansa*, pp. 31-5; R. Bartlett, *The Making of Europe: Conquest, Colonization and Cultural Change 950-1300* (London, 1993).

25. Abulafia, *Frederick II*, p. 229.

26. G. Westholm, *Visby 1361 Invasionen* (Stockholm, 2007), 以及哥得兰博物

馆（维斯比）和瑞典历史博物馆（斯德哥尔摩）的展品。

27. Dollinger, *German Hansa*, pp. 70-71.

28. Schildhauer, *The Hansa*, pp. 73-4.

29. 赫尔曼·罗德的作品藏于圣安妮博物馆（吕贝克）和瑞典历史博物馆（斯德哥尔摩）；M. North, *The Baltic: A History* (Cambridge, Mass., 2015), pp. 77-80。

30. North, *Baltic*, pp. 80-82.

31. D. Kattinger, *Die Gotländische Gesellschaft: Der frühhansisch-gotlandische Handel in Nord-und Westeuropa* (Cologne, 1999).

32. Dollinger, *German Hansa*, pp. 7-8, 27; North, *Baltic*, pp. 43-6.

33. M. W. Thompson, eds., *Novgorod the Great: Excavations at the Medieval City 1951-62 directed by A. V. Artikhovsky and B. A. Kolchin* (London, 1967), p. 12; Hammel-Kiesow, 'Novgorod und Lübeck', p. 60; E. A. Rybina, 'Früher Handel und westeuropäische Funde in Novgorod', in Angermann and Friedland, eds., *Novgorod*, pp. 121-32.

34. 年份自1189年修订而来，见 A. Choroškevič, 'Der Ostsee Handel und der deutschrussisch-gotländische Vertrag 1191/1192', in S. Jenks and M. North, eds., *Der Hansische Sonderweg? Beiträge zur Sozial-und Wirtschaftsgeschichte der Hanse* (Cologne, 1993), pp. 1-12; also B. Schubert, 'Die Russische Kaufmannschaft und ihre Beziehung zur Hanse', in Jenks and North, eds., *Hansische Sonderweg?*, pp. 13-22; B. Schubert, 'Hansische Kaufleute im Novgoroder Handelskontor', in Angermann and Friedland, eds., *Novgorod*, pp. 79-95; E. Harder-Gersdorff, 'Hansische Handelsgüter auf dem Großmarkt Novgorod (13.-17. Jh.): Grundstrukturen und Forschungsfragen', in Angermann and Friedland, eds., *Novgorod*, pp. 133-43。

35. Dollinger, *German Hansa*, pp. 27-30.

36. North, *Baltic*, pp. 40–43.

37. G. Hoffmann and U. Schnall, eds., *Die Kogge: Sternstunde des deutschen Schiffsarchäologie* (Hamburg, 2003); also S. Rose, *The Medieval Sea* (London, 2007), pp. 16, 21–2.

38. O. Crumlin-Pedersen, 'To be or not to be a cog: The Bremen Cog in Perspective', *International Journal of Nautical Archaeology*, vol. 29 (2000), pp. 230–46.

39. B. Fagan, *Fish on Friday: Feasting, Fasting, and the Discovery of the New World* (New York, 2007), pp. 51–6.

40. J. van Houtte, *An Economic History of the Low Countries 800 – 1800* (London, 1977), p. 90.

41. Saxo Grammaticus (c. 1150–c. 1220), cited by J. Gade, *The Hanseatic Control of Norwegian Commerce during the Late Middle Ages* (Leiden, 1951), p. 17; P. Holm, 'Commercial Sea Fisheries in the Baltic Region c. AD 1000 – 1600', in J. Barrett and D. Orton, eds., *Cod and Herring: The Archaeology and History of Medieval Sea Fishing* (Oxford, 2016), pp. 13–22.

42. Gade, *Hanseatic Control*, pp. 17–18.

43. Schildhauer et al., *Die Hanse*, pp. 99–100.

44. A. R. Bridbury, *England and the Salt Trade in the Later Middle Ages* (Oxford, 1955), pp. 94–8.

45. A. de Oliveira Marques, *Hansa e Portugal na Idade Média* (Lisbon, 1993).

第二十三章

鱼干和香料

※ 一

从 1347 年到 1351 年前后，黑死病首先袭击了地中海地区，然后席卷北欧，随后每隔一段时间就会暴发腺鼠疫和肺炎性鼠疫。严重的人口损失（在某些地区，多达一半的人口死亡）减轻了最基本的食品特别是谷物的供应压力，但扭曲了食品的生产和分配。大片土地无人耕种，因为村庄失去了劳动力，无以为继。农民向工匠短缺的城镇迁移，改变了城市和农村人口之间的平衡，因此，西欧和北欧多达 95%的人口在农村生活和工作的说法不再是事实。即使是那些留在农村的农民，也往往能够设法摆脱农奴制的残余枷锁。这是一场伟大的经济变革的开始，然而，资源的重新配置需要能够便捷地运输大量粮食。海上运输变得至关重要，因为它使粮食、鱼干、奶制品、葡萄酒、啤酒和其他必需品或非必需品的大量运输成为可能。而汉萨商人利用这些机遇的能力意味着，对他们来说，就像对大西洋和地中海其他许多地区的商人一样，1400 年前后（通常被定性为瘟疫之后的深度衰退期）是一个有可能获得丰厚利润并与统治者抗衡的时期。直到那时，统治者都将商人视为相当令人讨厌、贪婪和不可靠的家伙，商人唯一的价值是提供名贵奢侈品。

因此，在黑死病暴发之后的几年内，汉萨商人开始更紧密地组织起来，定期举行会议，即所谓汉萨会议。这也是吕贝克和其他一些主要城市展示其实力的机会。这通常被解释为从“商人的汉萨”到“城镇的汉萨”的转变，甚至被视为“汉萨同盟”的建立，（按照这种观点）这是当时在德意志帝国四分五裂的土地上出现的许多城市联盟之一，其中最著名的（因为它存续至今）是德意志南部的城市和农民社区的联盟，即今天的瑞士。不过，这些城市联盟并不谋求国家的地位，这对汉萨商人来说没有多少意义。此外，汉萨同盟与其他联盟不同，因为它包括位于神圣罗马帝国之外的许多地方，如里加和塔林。[1]由于海盗袭击、商人受侵害而无法得到赔偿，以及与佛兰德伯爵和布鲁日城的关系破裂，第一届汉萨会议于1356年在吕贝克举行。各城市之间的团结，是迫使佛兰德人恢复汉萨商人权利的最佳途径。[2]如后文所示，汉萨同盟和布鲁日之间的关系总是很微妙，因为双方彼此需要，但对于滥用现有权利的抱怨比比皆是，所以汉萨同盟一次又一次地威胁要把他们的生意转移到布鲁日的一个较小的竞争对手那里。这一形势将各汉萨城市联系在一起，到1480年已经举行了72届会议。其中有54次是在吕贝克举行的，这不足为奇。除了在科隆举行过一次会议外，这些会议大多是在滨海城镇或距离海岸比较近的城镇举行的，如不来梅。[3]

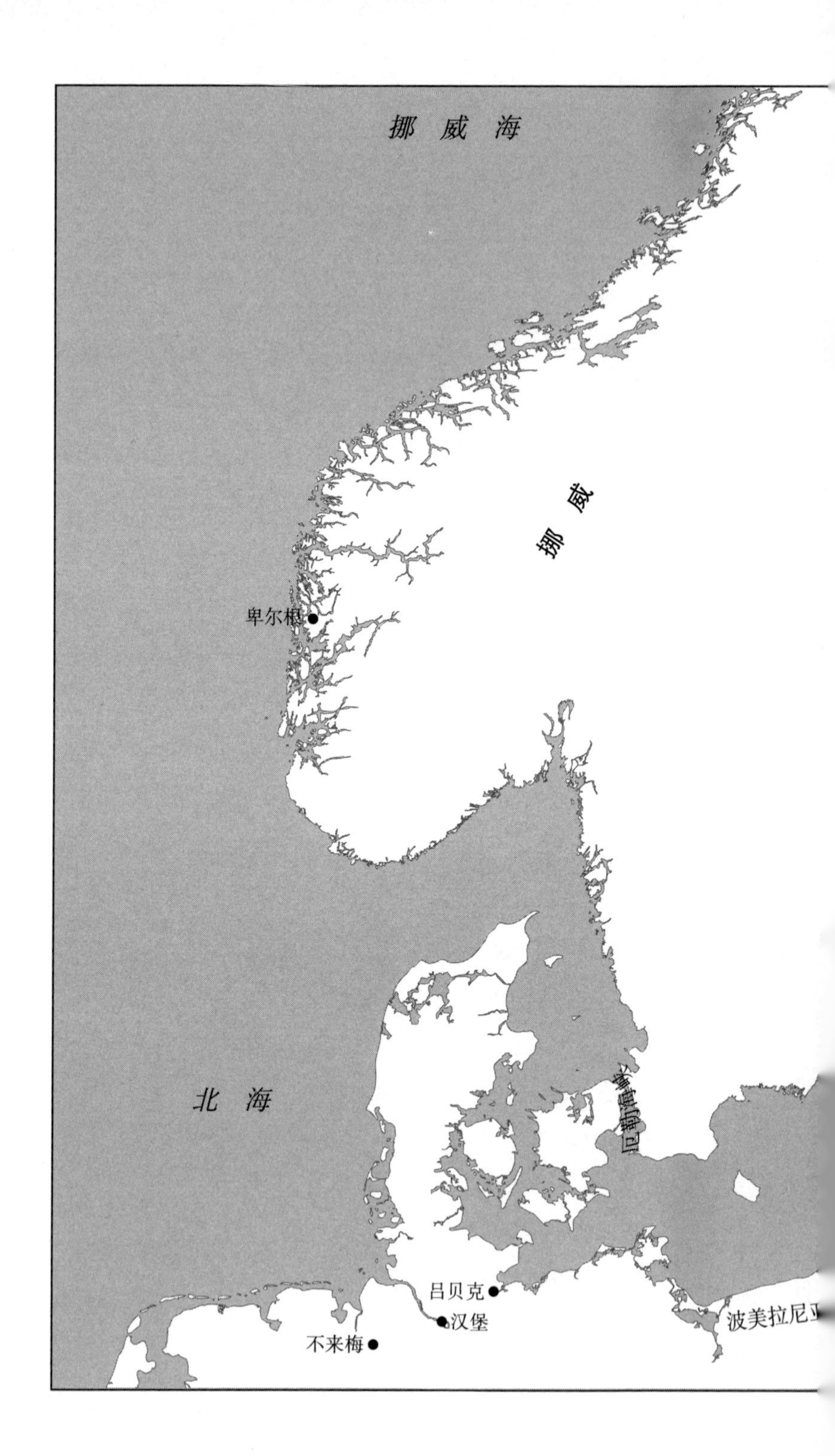
挪威海
挪威
卑尔根
北海
厄勒海峡
吕贝克
汉堡
不来梅
波美拉尼

波的尼亚湾
芬兰湾
斯德哥尔摩
塔林
诺夫哥罗德
塔尔图
立窝尼亚
哥得兰岛
里加
波罗的海
但泽
0 100 200 300 400英里
0 200 400 600千米

这并不意味着汉萨同盟已经成为一个类似国家的实体，它仍然是一个松散的超级联盟，其成员城市来源广泛，如科隆占主导地位的莱茵兰地区、吕贝克主宰的波罗的海南部（或称“文德”的波罗的海），以及以里加为代表的波罗的海东部的较新城市。汉萨会议的会议记录被保存下来。但汉萨同盟没有行政机构，也没有入盟的正式条约。也许，这正是汉萨同盟之所以强大的原因之一。不过，由于缺乏宪法，吕贝克的公民可以利用他们对汉萨同盟的实际领导权为自己谋利。尽管但泽和科隆发出过抱怨，但吕贝克的特殊地位从未受到真正的威胁，它的规模、财富和位置使它具有极大的优势。如果我们将每个曾在某一阶段被视为“汉萨城市”的城市都计算在内，那么汉萨城市的总数约为 200 个，多到吕贝克的好市民提供的集会大厅无法容纳。大多数成员城市太小，无法发挥任何政治影响，它们寻求的是税收优惠和贸易机遇。许多内陆城镇尤其如此，如因花衣魔笛手而闻名的哈默尔恩（Hamelin），或当时还无足轻重的柏林。波罗的海之滨的成员城市在数量上要少得多，可是，由于吕贝克、但泽、里加和维斯比的存在，它们数量虽少，却极其重要。[4]此外，各成员城市的政治制度差别极大。再往东，条顿骑士团对当地有宗主权，而那些偶尔派代表参加汉萨会议的内陆城市基本上受制于当地的公爵或伯爵。这在 1400 年前后并不是一个大问题，因为当时德意志的王公权力非常薄弱。然而一旦王公们在 15 世纪中叶开始夺回权力（有时会禁止城镇派代表参加汉萨会议），问题就会变得更加严重。[5]

1356 年之后，汉萨同盟展现出了更强的实力，它不仅抵抗丹麦人，还抵抗被称为“粮食兄弟会”（*Vitalienbrüder*）的海盗。这帮海盗在14世纪末制造了很多事端，粮食兄弟会这个奇怪的名字可能是源于1392年丹麦人围攻斯德哥尔摩期间，他们作为私掠船主向斯德哥尔摩供应粮食。这次围攻是一场继承战争中的戏剧性时刻。从这场战争结束到15世纪初，斯堪的纳维亚的三个王国成为共主联邦。可是，战争蔓延到了波罗的海，因为战争的主要参与者包括梅克伦堡公爵以及一位特别能干和坚定的女王，即丹麦的玛格丽特女王①。瑞典王位继承的一个问题是，如果一位北德公爵成为瑞典国王，就会进一步扩大德意志在瑞典的强大影响力，这种影响力已经通过繁荣城市斯德哥尔摩的规模相当大的德意志社区强烈地体现出来。不过，玛格丽特女王意识到她应该拉拢汉萨城市，虽然这些城市不愿意被直接卷入一场可能导致北欧政治地图重绘的冲突。她已经将丹麦的权力扩张到瑞典南部（斯科讷），这个地区在过去几个世纪的大部分时间里是由丹麦统治的。[6]斯德哥尔摩围城战结束后，粮食兄弟会继续使用他们的舰船，袭击波罗的海上的汉萨船只和其他船只。鲱鱼渔场受到威胁，这使数年内世界其他地区的鲱鱼供应出现了问题。玛格丽特女王甚至呼吁英格兰国王理查二世

---

① 又称玛格丽特一世（1353—1412年），是丹麦、瑞典和挪威的统治者。她原本是丹麦公主，后来嫁给挪威国王哈康六世（也是瑞典国王）。她与哈康六世的儿子奥拉夫随后继承了三国的王位，但奥拉夫英年早逝，随后玛格丽特成为三国的女王。她创建了“卡尔马联盟”，将丹麦、瑞典（包括今天芬兰的大部分地区）和挪威（包括冰岛、格陵兰等）三个王国通过卡尔马联盟联合起来，形成了共主邦联。三国在法律上仍然是独立的主权国家，但遵奉同一位君主。三国之所以联合，主要是为了对抗德意志人的汉萨同盟向北欧的扩张。但最后，因为国王希望三国联合而贵族希望独立，卡尔马联盟在1523年分崩离析。

提供海军援助，以帮助清剿波罗的海海盗，从而重新保证鲱鱼供应。这一呼吁失败了，至多刺激了人们去北海寻找优质鲱鱼。诚然，北海鲱鱼的质量从来没有像波罗的海鲱鱼那样好，但得益于伯克尔斯宗的加工方法，北海鲱鱼可以被很好地保存。

玛格丽特女王最后成功获得了斯堪的纳维亚三国的控制权。她的亲戚波美拉尼亚公爵埃里克①于1397年被加冕为这个北欧联盟的统治者。那时，波罗的海的鱼仍然被各方觊觎：1394年，条顿骑士团，而非玛格丽特女王，将粮食兄弟会逐出哥得兰岛，尽管十五年后条顿骑士团将该岛卖给了玛格丽特女王和埃里克。这些年里，条顿骑士团无事可做，因为立陶宛大公国（一直延伸到白俄罗斯②和乌克兰的大部分地区）的统治者终于在1385年接受了基督教，这是立陶宛大公与他的波兰邻居签订的婚姻条约的一部分。尽管东正教罗斯作为异端的土地进入了条顿骑士团的视野，但骑士团还是发现自己征服东方多神教徒土地的借口越来越少。纳粹把中世纪的条顿骑士团视为英雄，可几个世纪以来，粮食兄弟会的形象更浪漫，大量的小说和电影把他们的海盗首领克劳斯·施多特贝克（Klaus Störtebeker）描绘得比现实中的更正面。当波罗的海变得过于危险

---

① 波美拉尼亚的埃里克（1381/1382—1459年）是波美拉尼亚公爵的儿子，也是丹麦、瑞典和挪威女王玛格丽特的姐姐的外孙。玛格丽特女王选择埃里克为自己的继承人。他于1397年被加冕为丹麦、瑞典和挪威国王。但玛格丽特继续实际掌权，直到她于1412年驾崩。埃里克后来在三个国家都被废黜，他回到波美拉尼亚，担任波美拉尼亚-斯武普斯克公爵。

② 虽然白俄罗斯政府要求使用的官方中文译名是“白罗斯”（这从历史角度来说也更有道理），但因为“白俄罗斯”的译名在中文里根深蒂固，所以暂时仍用旧译。

时，粮食兄弟会逃到了北海的东弗里斯兰群岛，在那里继续从事掠夺。大约在1400年，克劳斯·施多特贝克被抓获，他和他的几十个同伙被满腹怨恨的汉堡市民以残酷的手段处决。即便如此，海盗活动仍然是北海的一大隐患，下一代海盗会于1440年在遥远北方的卑尔根闹事。[7]

因此，汉萨会议有真正的政治和军事（或者说是海军）要务需要讨论。[8]汉萨会议期望能做出一致决定，但代表团往往会坚持说他们无权支持某一特定立场。汉萨会议不是一个提出、讨论和解决共同问题的议会，而是一个记录和宣布决定（通常是吕贝克及其政治盟友的决定）的地方。这就是中世纪晚期议会的运作方式。有些城市可能懒得派代表参加汉萨会议，而较大和较有实力的城市更愿意参会。不过，人们一定觉得，汉萨会议似乎是吕贝克炫耀其领导地位的机会。汉萨同盟的强大源于其城市中商人的专业知识，而不是其仍然很脆弱的政治结构。

※ 二

组成汉萨同盟的不同社区因旅行商人而联系在一起，一些商人短暂地经过，另一些人则与他们的汉萨伙伴一起定居。在北欧广大地区的许多港口，汉萨商人有一种宾至如归的感觉。15世纪初，费金许森家的两兄弟希尔德布兰德和西弗特（Hildebrand and Sivert von Veckinchusen）与家族成员还有代理人一起，在伦敦、布鲁日、但泽、里加、塔林和塔尔图［Tartu，也称多尔帕特（Dorpat）］以及科隆和遥远的威尼斯经商，他们有同样的职业伦理、商业手段和文化偏好。1921 年，有人在一个箱子里发现了费金许森家族成员之间的五百多封信件，这些信件被埋在一堆胡椒里，今天被保存在塔林的爱沙尼亚国家档案馆。另外，费金许森家族的账本也得以存世。除此之外，再没有其他汉萨商人留下了如此丰富的文献记录。费金许森家族之所以令人感兴趣，正是因为他们并不总是成功的。他们的职业生涯清楚地表明，如果要保持贸易路线的活力，就必须承担一定的风险。因为当时海盗仍然是持续的威胁，丹麦人在波罗的海耀武扬威，英格兰水手正试图在市场上寻求一席之地，而且汉萨城镇紧张的内部关系有可能把一切都搞砸。[9]

费金许森兄弟出身于今天爱沙尼亚的塔尔图，不过他们最终成为吕贝克公民。[10]我们知道他们于 14 世纪 80 年代在布鲁日工作。因此，他们在北欧两个最重要的贸易中心之间经商，这两个中心通过厄勒海峡的汉萨海路联系在一起。[11]布鲁日的汉萨社区的运作方式与诺夫哥罗德、伦敦和卑尔根的相当不同，在这几个地方，德意志商人拥有自己的活动空间，并且紧密抱团。而布鲁日是一个吸引了来自西欧各地（特别是热那亚和佛罗伦萨）的商人，以及波罗的海商人的国际大都市，所以汉萨商人分散在布鲁日城的各个角落，住在租来的房子里，但他们在加尔默罗会（Carmelite）修士的修道院租用了一个会议场所，也在加尔默罗会的教堂做礼拜。1478 年，汉萨商人开始建造美观的“东方人之家”（*Oosterlingenhuis*），我们今天仍然可以在布鲁日老贸易区的中心看到它（尽管经过了大规模重建）。它拥有自己的院子，位于几年前市政府官员分配给汉萨同盟的一块土地上。于是，他们有了开会的场所和一些办公空间，邻近波尔蒂纳里（Portinari）家族（扬·范·艾克的赞助人）名下伟大的佛罗伦萨贸易公司的房子，也靠近热那亚领事馆。这个领事馆是一座精美的哥特式建筑，今天更加辉煌，成为比利时国家炸薯条博物馆。大家都希望在布鲁日有一个基地。公元1500年前后，英格兰人、苏格兰人、葡萄牙人、卡斯蒂利亚人、比斯开人、卢卡人、威尼斯人、热那亚人、佛罗伦萨人，无疑还有其他人，都在布鲁日市中心拥有商业房屋。[12]这些社区中的许多人，包括大多数汉萨商人，仅在几年后就搬去了安特卫普。随着通往远海的水道淤塞，以及国际政治（当时哈布斯堡王朝逐渐强盛）有利于交通更方便的安特卫普港口的发展，布鲁日的商业吸引力越来越小。[13]

在此之前，各处商人的会集，为布鲁日提供了其存在的理由。按照中世纪的标准，布鲁日是一座非常大的城市，在黑死病暴发前夕，其居民多达3.6万人。尽管这里的居民确实享用了大量波罗的海黑麦和鲱鱼，但布鲁日本地市场并不是商人来到这里的首要目标。在15世纪，布鲁日商人的主要功能之一是结算账单。这座城市是北欧的主要金融中心，这意味着即使港口淤塞、通过该城的货物减少，那些精通会计业务的人仍然有很多工作。费金许森家族主要从事货物买卖，不过，货币兑换和提供信用证也是他们及其同行的利润来源，尽管汉萨商人把类似国际银行的工作主要留给了意大利人，如美第奇家族在布鲁日就有一个重要的分支机构。[14]一般来说，汉萨商人会怀疑信贷的作用，这意味着他们的金融手段从未达到佛罗伦萨人和热那亚人的先进水平。即便如此，中世纪晚期的布鲁日对于欧洲大部分地区的经济来说，就像现代伦敦在全球经济中的地位一样。[15]

从汉萨同盟的角度来看，这既有好处也有坏处。一系列时常发生的问题，如货物被没收、关于免税权的争吵、居民社区权利的保障、佛兰德伯爵及其强大的继承者瓦卢瓦家族的勃艮第公爵的横加干涉，都使汉萨同盟和布鲁日之间的关系恶化。在14世纪末，汉萨商人认真考虑将他们的生意从布鲁日向北转移到多德雷赫特（Dordrecht）。14世纪80年代，汉萨商人在布鲁日不仅失去了财产，还失去了生命，这个时期的革命和动乱以勃艮第公爵“勇敢的”腓力掌权而告终。不过，腓力并不愿意满足汉萨商人的索赔要求，所以在1388年，汉萨商人真的转移到了多德雷赫特。那里并非穷乡僻壤：1390年，希尔德布兰德·费金许森从多德雷赫特将佛兰德的布匹和相当数量的葡萄酒一直送到塔林。又过了几年，汉萨同盟与布鲁日的关系有所缓和，希尔德布兰德成为布鲁日的汉萨社区的议员。他赢得了足够的信任，被任命为度量衡检查员，这项任务需要与当地官员合作。[16]因为，实际上汉萨商人和布鲁日市民乐于密切合作。

费金许森家族并没有与布鲁日人联姻。希尔德布兰德的新娘是一个来自里加富裕家庭的年轻女子。[17]希尔德布兰德的一个兄弟安排他去里加结婚，使他有机会体验去诺夫哥罗德的路线。在诺夫哥罗德，汉萨贸易站继续蓬勃发展。希尔德布兰德在那里买了13匹伊普尔（Ypres）的布，数量不少，而且这种布是当时的佛兰德织机生产的最好的毛料织物，每匹布应该有24码长和1码宽（大约22

米×0.9米)。他用这些布换了6500张毛皮，这不仅说明佛兰德布的价值高，也说明在15世纪的罗斯，松鼠皮、兔皮和更精细的皮毛很容易获得。还有一次，他的兄弟西弗特将1.5万张毛皮从爱沙尼亚运到布鲁日。希尔德布兰德在布鲁日重新站稳了脚跟。1402年，他在城里租了一栋楼，包括仓库以及供他的妻子和7个孩子居住的公寓。[18]年景好时，费金许森家族可望获得15%—20%的利润。[19]与此同时，他移居到吕贝克的兄弟西弗特警告他，他承担了太多的金融风险："我一再警告你，你的赌注太高了。"于是希尔德布兰德把妻子和孩子送到吕贝克居住，但他自己仍留在布鲁日赚钱。[20]他在商业交易中的这种顽固态度在接下来的几年里让他损失惨重。

尽管警告过自己的兄弟，西弗特自己也面临着不确定的未来。他在吕贝克城的声誉很高，因为他应邀加入了"圆圈社团"(Society of the Circle)，这是一个有影响力的俱乐部，只有商人精英才能加入。不过，吕贝克正面临着造成混乱的政治纷争，这种政治纷争同样发生在布鲁日、巴塞罗那、佛罗伦萨和公元1400年前后的其他许多欧洲城市。[21]例如，吕贝克的屠夫在14世纪80年代领导了两次起义，即"屠夫起义"，但都没有成功。起义能否成功，在很大程度上取决于起义者是否团结。1408年，一个由该市各行会派代表参加的新议事会挑战了现有市议会的权威。现有市议会被视为一个奢靡和封闭的精英集团，更多是为"圆圈社团"而不是为全体市民说话，并且未能对14世纪末的经济变革做出反应。在黑死病之后的几十年里，人口压力的减轻使人们能获得更好的食物和更高的生活水平，城市中产阶级日益发展壮大，他们要求在市政府中有更大的话语权。新议事会试图保持其成员的广泛代表性，因此，天生同情旧秩序的西弗特·费金许森也被选入了新议事会。可是，他随后跟随旧议会的许多成员流亡到了科隆。于是，神圣罗马皇帝卢森堡的西吉斯蒙德（Sigismund of Luxembourg）面临着一个棘手的问题，即谁来管理帝国自由城市吕贝克。这对汉萨同盟的其他成员来说非常重要，因为吕贝克是汉萨同盟的名誉首脑。西吉斯蒙德无视原则，倾向于看吕贝克的哪一方能给他更多的钱。当新议事会未能满足他贪得无厌的要求（2.4万弗罗林）时，他站到了旧议会那边。然而，旧议会的成员明智地将他们的一些对手吸收进在接下来几年里形成的和解政府，这有助于恢复吕贝克急需的稳定。[22]

与此同时，西弗特将注意力转向德意志和意大利之间的陆路联系，在科隆成立了一家“威尼斯公司”（*venedyesche selskop*），为意大利人提供毛皮、布料和波罗的海琥珀（条顿骑士团的垄断产品）制成的念珠。他的兄弟希尔德布兰德也加入了这家公司。有一段时间，生意前景大好，但后来，情况开始变得不妙：有人欠他们公司的钱不还，同时，兄弟俩在（通过海运和陆运）往吕贝克和北方输送的商品品类，以及往威尼斯输送的商品品类的问题上做出了不明智的选择。事实证明，他们误判了威尼斯人对毛皮和琥珀的胃口。西弗特不得不向他的兄弟报告说，家族应该继续做它最熟悉的业务，即从布鲁日到波罗的海东部的海上贸易。西弗特抱怨道：“真希望我从来没有参与过威尼斯的生意。”[23]然而，即使是费金许森家族的波罗的海贸易也没有预期的那么好：发往立窝尼亚的毛料织物被发现有很多蛀洞，而从布鲁日运到但泽的大米被水淹坏。不管是什么原因，在1418年前后的几年里，无论是在但泽、诺夫哥罗德还是德意志的内陆城市，市场条件都很差，所以费金许森家族并不是唯一的受害者。市场上的商品似乎已经饱和，所以1408—1418年的整十年间，利润都很低。[24]1420年，希尔德布兰德听说通常可以在布尔讷夫湾采集的盐没有了，由此他认为可以通过抢购立窝尼亚的盐并将其向西送到吕贝克来翻身。可是，他的立窝尼亚信息源很差，而且其他商人也有同样的想法，于是他垄断市场的尝试失败了。[25]

希尔德布兰德回到布鲁日，试图借意大利人的贷款来维持生意，可他无力还贷，便逃到安特卫普，妄想躲避债权人。朋友们承诺帮他整顿财务，引诱他回到布鲁日，却将他投进了债务人监狱。他在痛苦中徘徊了三四年。在此期间，连西弗特都不愿意给他任何帮助。与此同时，西弗特过得相当不错，被选入吕贝克的“圆圈社团”，这个富人和权贵的俱乐部在几年前接受过他的兄弟。[26]在债务人监狱，如果有钱购买食物和支付单人牢房的租金的话，条件不算太差。然而，到了1426年希尔德布兰德获释时，他显然已经崩溃。他的一个老伙伴怜悯地写道：“你遇到这种情况，愿上帝怜悯你。”[27]希尔德布兰德启程前往吕贝克，但没过几年就死了。纷至沓来的磨难让他筋疲力尽。[28]他虽然雄心勃勃，却从未取得与之相配的成功。

希尔德布兰德的家人辜负了他，而家庭团结是这些汉萨贸易家族成功的关键。费金许森家族的兴衰绝非孤例。贸易永远是有风险的，在一个有海盗和海战的时代，商人不可能一直稳赚不赔。费金许森家族最感兴趣的地方是临海或近海的城市，尽管他们曾经尝试打入汉萨同盟的内陆城市科隆的市场和走陆路经德意志南部城市到达威尼斯。这表明，跨海航线是汉萨同盟的命脉，而汉萨同盟中的许多北德城镇主要对穿越波罗的海和北海的货物感兴趣。当德意志第二帝国时期的历史学家把所有的重点放在汉萨舰队上而忽略了内陆城镇时，他们并没有完全歪曲德意志汉萨同盟的特点和历史。

※ 三

挪威北部的鳕鱼渔场，以及在冰岛甚至格陵兰岛附近开阔的大西洋上捕捞鳕鱼的机会，给汉萨同盟和挪威统治者带来了繁荣。风干和盐渍的鳕鱼有好几种，但在挪威沿海的小港湾里，大西洋的风把这些大鱼柔软的肉变成了三角形的坚韧如皮革的肉板。风干技术创造了一种可以保存数年而不腐烂的商品，满足了黑死病疫情结束后少数人群对高蛋白食品日益增长的需求，他们有能力负担这种食品。挪威也成为乳制品的绝佳来源，因为挪威的粮食产量很低，山区牧场却很多。挪威乳制品被用来换取进口的黑麦和小麦。饮食改善了，汉萨商人和挪威国王的收入也随之增加。长期以来，德意志商人一直认为卑尔根是集中其大部分北海业务的中心。卑尔根有一座王宫，而如果没有国王的保护，商人就不可能有什么成就。这座城市在 12 世纪就已经出现了。根据传说，它是由挪威国王“和平的”奥拉夫在 1070 年建立的，但考古证据表明，卑尔根海岸上的木质结构是在 1120 年前后开始建造的。这组建筑被称为布吕根（Bryggen），意思是“码头”，是汉萨商人在这座城市的家。布吕根发生了许多次火灾，甚至在非常晚近的时代也发生过。不过，卑尔根的繁荣并不是由德意志商人创造的。他们之所以选择这里作为基地，是因为这里早就是一个繁荣的毛皮、鱼类和海豹产品的交易中心，也是更北方的森林、峡湾和远海的其他所有产品的交易中心。这里是往返冰岛的船只所用的港口，是“天然门户”和“转运的节点”，这是一位挪威历史学家对该城起源的描述。[29]

卑尔根不仅是德意志人的贸易中心，更是挪威的一个贸易中心。在这方面有一些意想不到的证据，即发掘出的几十根 14 世纪的木条，上面竟然刻有如尼文，而如尼文学家认为彼时如尼文早已绝迹。有些木条只是标签，与现代的行李标签没有太大区别。在两个案例中，标签上的文字表明，它们是被附在成捆的纱线上的。刻文甚至出现在一个海象头骨上，简洁地写着“约翰所有”。即使这个头骨只是一个珍奇的玩物，也可以作为证据，证明有一对真正贵重的海象牙被从遥远的北方运到了卑尔根，海象牙很可能来自格陵兰。还有一些经过仔细检查的收据，上面标有（如尼文）*uihi*，这被认为是拉丁文 *vidi* 的讹误形式，即“我看到了”，是现代符号✓的起源。另有几封较长的信件，其中一封是托罗尔·费尔（Þorer Fair）从挪威南部给他的搭档哈弗格里姆（Havgrim）写的，语气很沮丧：“搭档，我的情况很糟糕。我没有搞到啤酒，也没有搞到鱼。”他担心托尔斯坦·朗格（Þorstein Lang，估计是他的赞助人）会知道他的失败。费尔似乎受到了寒冷的折磨，他补充道：“给我寄些手套！”但卑尔根如尼文中也包含了简短的情书：“来自法纳（Fana）① 的腰带让你变得更漂亮。”用如尼文写的一些拉丁文诗歌的片段也保存至今。所有这些都表明，书写能力并不局限于小规模的商人网络。很多人会阅读和书写如尼文，而如尼文的笔画主要是笔直的，可以被轻易地刻在木片上。即使我们对贸易站中的德意志人有更多的了解，而且德意志人在卑尔根的经济中越来越占据主导地位，我们也不应该低估卑尔根的挪威社区的活力。[30]

在黑死病暴发之前的几年里，随着欧洲人口的增长，粮食供应的压力越来越大，并在1315年前后达到高峰。在12世纪和13世纪，英格兰的小麦和大麦被定期出口到卑尔根。1186年，挪威国王斯韦雷（Sverre）在卑尔根发表演讲：“我们感谢所有英格兰人，因为他们来到这里，带来了小麦、蜂蜜、面粉和布匹。我们还要感谢那些带来麻布、亚麻、蜡和烧水壶的人。”同时，他感谢所有来自北大西洋岛屿的人，如法罗群岛和奥克尼群岛的居民，“他们为这个国家带来了不可或缺的东西，这些东西对我国非常有用”。他对德意志人的态度就不那么正面了：“许多德意志人乘着大船来到这里，带走黄油和鳕鱼，而他们出口的产品对我国有很大的破坏作用。”国王对德意志人的“侵扰”感到反感，不仅是因为他们拿走了挪威能提供的最好的东西，更是因为他们的船带来了危险的产品：葡萄酒。卑尔根人已经开始酗酒：“许多人失去了生命，有些人失去了肢体，有些人终身残疾，还有一些人蒙受耻辱，受伤或被

① 法纳是卑尔根的一个区。

殴打。这一切都是因为饮酒过度。”[31]国王的这场内容丰富多彩的演讲被记录在一部冰岛萨迦中。我们很难知道在多大程度上可以把这场演讲当真（尽管萨迦的作者认识国王本人），但这里有一个有趣的暗示，即在卑尔根的德意志人的贸易网络延伸到德意志中部的葡萄产地。科隆及其邻近地区会将葡萄酒送到莱茵河下游，在那里，葡萄酒被纳入早期汉萨同盟的北海网络。

不过，英格兰也开始感受到人口增长的压力。在国内粮食供应经常捉襟见肘的情况下，英格兰人更不愿意将粮食出口到北海。挪威国王对他们的德意志客人变得更加慷慨，因为国王开始看到德意志商人的存在变得多么重要。波罗的海黑麦正在变成黑金。1278年，马格努斯六世（Magnus VI）国王向德意志人（两名来自吕贝克的商人代表）保证，挪威欢迎他们来卑尔根，并鼓励他们购买兽皮和黄油。德意志商人得到挪威王室的保护，国王要求“给予吕贝克的公民一切可能的恩惠和善意”。[32]即便如此，汉萨商人在挪威并没有得到完全的自由行动权。到1295年，虽然挪威王廷进一步保证赋予汉萨商人豁免权，但还是禁止他们从卑尔根北上、进入挪威商人获取商品的地方，并禁止汉萨商人在一年中的特定时间出口鱼，除非他们将价值相当的谷物运到卑尔根：“在冬季枯坐而不带来面粉、麦芽或黑麦的外国人，在十字架弥撒期间（9月14日至次年5月30日）不得购买黄油、毛皮或鱼干。”[33]

到1300年，卑尔根的德意志人社区中不仅有每年春天从海上抵达的人，而且有“在冬季枯坐的人”，包括鞋匠和其他至少从1250年开始就在该城定居的德意志工匠。到1300年，卑尔根的汉萨商人已经认识到，挪威国王猜疑和欢迎夹杂的态度，充分表明汉萨商人的互相合作是多么重要。在卑尔根的汉萨商人成立了一个法团，并得到了挪威王廷的认可。1343年，汉萨商人首次被描述为“德意志汉萨同盟商人”（*mercatores de Hansa theotonicorum*）。在接下来的几年里（肯定在1365年之前），出现了所谓的贸易站（*Kontor*），这是一个受到严格控制的组织，为通过卑尔根从事贸易的德意志商人进行谈判并管理他们的生活。事实上，这是一个吕贝克人的机构，根据吕贝克的商法运作，尽管其中也有来自汉堡、不来梅和其他地方的成员：“贸易站是吕贝克的一个分支机构办公室”，实际上是吕贝克在卑尔根的有治外法权的飞地。[34]德意志人根据自己的法律生活，这只是他们与卑尔根其他居民分隔开的标志之一。但在14世纪中叶之后，卑尔根的绝大多数汉萨商人住在布吕根，住在港口边排列紧密的木屋里，形成了一块德意志飞地。[35]

这种飞地是中世纪贸易世界的一个常见特征（可能是犹太人隔都的雏形）。前文已经谈过诺夫哥罗德的彼得霍夫的例子，后文会探讨伦敦钢院（Steelyard）的例子。这种飞地使统治者能够监视商人社区。然而，它们也为商人的母城（在这个例子里是吕贝克）提供了建立管理机构的机会，在社区内部征税来承担运营成本，并根据成员熟悉的法律制度提供司法服务。最重要的是，当这些社区的成员认为他们的利益受到当地统治者的威胁时（这在卑尔根时常发生），就可以构建统一战线。[36]在地中海地区，这些飞地通常是由国王或苏丹下令建立的，但卑尔根的汉萨飞地的建立是一个渐进的过程，因为德意志商人在码头区获得了越来越多的房屋。而且至少在一百年里，该地区的一些房屋仍然属于挪威人。此外，德意志人的仓库所处的地块是从当地贵族或教会那里租用的。[37]

布吕根是一个人口稠密的地方。1400 年前后，卑尔根全城人口有 1.4 万人，其中德意志人大约有 3000 人。许多人是相当年轻的学徒和熟练工，他们在七到十年的时间里面对着艰难的生活，遵照严格的等级制度，从地位卑微的小厮（*Stubenjunge*）攀升到地位尊贵的大师（*Meister*）。学徒的生活受到严格控制，他们在一年中相当多的时间里，基本上被限制在居住的房子里。这些定居点中只有男性，学徒住在狭窄的宿舍里，每天工作 12 个小时，其中不包括吃饭时间。许多人在夜间悄悄溜出去，去位于汉萨商人聚居区后面的红灯区。但这就需要避开布吕根区域外围的大群看门狗，这些看门狗不仅是为了挡住入侵者，也是为了防止有人逃跑。汉萨商人之所以担心生活在贸易站的人与挪威妇女发生关系，是因为害怕他们把了解到的商业机密泄露给当地的妇人或妓女：他们可能“在当地妇女的魅力和酒的影响下，告诉她们一些她们最好不知道的事情”。谁要是被发现与“荡妇”私通，就要缴纳一桶啤酒作为罚款，而女人的遭遇更糟，她们会被扔进港口。熟练工要接受残酷的入会仪式，其中可能包括被吊在烟囱里用火烤，在港口被淹得半死，以及仪式性鞭笞等“有益于健康”的“娱乐活动”。不过熟练工在受到这些虐待之前，都会被允许喝得半醉，这是仁慈的表现。[38]这些是贸易站生活消极的一面，而在老家吕贝克，到了 16 世纪中叶，有人担忧这些入会仪式已经变得太疯狂了。考虑到宗教节日和贸易不景气的时期，以及汉萨社区内强烈的共同体意识，贸易站的生活可以被描述为严酷且艰苦的，但并非不堪忍受。贸易站是德意志商人学习正经的贸易技能的地方。在这里，他们充分意识到，自己首先是汉萨商人（大部分是吕贝克人），其次才是卑尔根的居民。

注 释

1. H. Spruyt, *The Sovereign State and Its Competitors: An Analysis of Systems Change* (Princeton, 1994), pp. 109 - 29; T. Brady, *Turning Swiss: Cities and Empire, 1450-1550* (Cambridge, 1985).

2. P. Dollinger, *The German Hansa* (London, 1970), pp. 62-3.

3. Ibid., pp. 88-93.

4. Ibid., pp. ix-x.

5. Ibid., p. 91.

6. V. Etting, *Queen Margarete, 1353-1412, and the Founding of the Nordic Union* (Leiden, 2004).

7. M. Puhle, *Die Vitalienbrüder: Klaus Störtebeker und die Seeräuber der Hanse* (Frankfurt-am-Main, 1992).

8. Dollinger, *German Hansa*, p. 96.

9. W. Stieda, *Hildebrand Veckinchusen: Briefwechsel eines deutschen Kaufmanns im 15. Jahrhundert* (Leipzig, 1921); M. Lesnikov, *Die Handelsbücher des Hansischen Kaufmannes Veckinchusen* (Berlin, 1973); M. Lesnikov and W. Stark, *Die Handelsbücher des Hildebrand Veckinchusen* (Cologne, 2013); A. Lorenz-Ridderbecks, *Krisenhandel und Ruin des Hansekaufmanns Hildebrand Veckinchusen im späten Mittelalter: Untersuchung des*

Briefwechsels (1417–1428) (Hamburg, 2014), pp. 13, 15, 27, 32–3; G. Graichen et al., *Die Deutsche Hanse: Eine heimliche Supermacht* (Reinbek bei Hamburg, 2011), pp. 222, 233 (描绘了装满胡椒的箱子)。

10. Graichen et al., *Die Deutsche Hanse*, p. 223.

11. Ibid., p. 227; Lorenz-Ridderbecks, *Krisenhandel und Ruin*, p. 25.

12. A. Vandewalle, *Hanze @ M€dici: Bruges, Crossroads of European Cultures* (Oostkamp, 2002), pp. 48–9 以及相应的地图。

13. J. van Houtte, *Bruges: Essai d'histoire urbaine* (Brussels, 1967), p. 90.

14. Graichen et al., *Die Deutsche Hanse*, pp. 231–2.

15. Van Houtte, *Bruges*, pp. 41, 57–8; J. Murray, *Bruges, Cradle of Capitalism, 1280–1390* (Cambridge, 2005), pp. 244–5.

16. J. and F. Gies, *Merchants and Moneymen: The Commercial Revolution, 1000–1500* (London, 1972), pp. 199–202, 205.

17. Graichen et al., *Die Deutsche Hanse*, p. 229.

18. J. Martin, *Treasure in the Land of Darkness: The Fur Trade and Its Significance for Medieval Russia* (Cambridge, 1986).

19. Graichen et al., *Die Deutsche Hanse*, p. 234.

20. Gies, *Merchants and Moneymen*, p. 206.

21. P. Lantschner, *The Logic of Political Conflict in Medieval Cities: Italy and the Southern Low Countries, 1370–1440* (Oxford, 2015).

22. Gies, *Merchants and Moneymen*, pp. 206–8, 211.

23. Ibid., p. 209; Graichen et al., *Die Deutsche Hanse*, pp. 235–6; Lorenz-Ridderbecks, *Krisenhandel und Ruin*, pp. 33–40.

24. Dollinger, *German Hansa*, p. 216.

25. Gies, *Merchants and Moneymen*, pp. 210–11; Graichen et al., *Die Deutsche*

Hanse, p. 239.

26. Gies, *Merchants and Moneymen*, p. 214; Graichen et al., *Die Deutsche Hanse*, pp. 240–42; Lorenz-Ridderbecks, *Krisenhandel und Ruin*, pp. 69–95.

27. 现代德语的翻译，见 *Gott erbarme, daß es mit Dir so gekommen ist*: Lorenz-Ridderbecks, *Krisenhandel und Ruin*, p. 13。

28. Dollinger, *German Hansa*, pp. 165 – 6, 173 – 6; Gies, *Merchants and Moneymen*, pp. 209–14.

29. K. Helle, 'The Emergence of the Town of Bergen in the Light of the Latest Research Results', in A. Graßmann, ed., *Das Hansische Kontor zu Bergen und die Lübecker Bergenfahrer–International Workshop Lübeck 2003* (Lübeck, 2005), pp. 12–27; also A. Nedkvitne, *The German Hansa and Bergen 1100–1600* (Cologne, 2013).

30. A. Liestol, 'The Runes from Bergen: Voices from the Middle Ages', *Minnesota History*, vol. 40 (1966), part 2, pp. 49–58.

31. Cited from the *Sverre Saga*, ch. 104, in J. Gade, *The Hanseatic Control of Norwegian Commerce during the Late Middle Ages* (Leiden, 1951), pp. 30–31.

32. Text in Gade, *Hanseatic Control*, pp. 38–41.

33. Ibid., p. 30 n. 1.

34. Ibid., p. 55.

35. G. A. Ersland, 'Was the Kontor in Bergen a Topographically Closed Entity?', in Graßmann, ed., *Das Hansische Kontor zu Bergen*, pp. 41–57; Gade, *Hanseatic Control*, p. 51.

36. David Abulafia, *The Great Sea: A Human History of the Mediterranean* (London, 2011), pp. 298–9.

37. Ersland, 'Was the Kontor?', pp. 47, 53.

38. Gade, *Hanseatic Control*, pp. 74–7, 80–81.

第二十四章

英格兰的挑战

※ 一

在15世纪，汉萨同盟的统治地位受到了来自两方面的挑战。一方面是尼德兰，那里已经有一些汉萨城镇；另一方面是英格兰王国，它是汉萨同盟在北海最喜欢的贸易目的地之一。汉萨同盟的所谓垄断（其实垄断性并不强）正在被慢慢打破，尽管它在之前已经遭受了一些压力，如科隆或但泽挑战吕贝克，或者粮食兄弟会骚扰波罗的海和北海的航运。为了理解这些新挑战，我们最好暂时将目光停留在汉萨同盟，看看他们在英格兰建立的基地，不仅是在伦敦的，还有在林恩（Lynn）、波士顿（Boston）[1]、赫尔（Hull）和拉文瑟（Ravenser，赫尔附近的一个港口，很久以前就毁于海浪）的。

---

① 此处是指英格兰东海岸林肯郡的一个城镇兼港口。美国马萨诸塞州的波士顿即得名自英格兰的这座城镇。

伦敦是当时英格兰最大的城市，汉萨同盟在英格兰的总部当然设在伦敦。他们在泰晤士河之滨的贸易站经营，那个地方被称为“钢院”（*Stahlhof*）。这个名字似乎是 *Stapelhof* 一词的变形，意思是“交易日用品的院子”，与钢铁无关。伦敦的德意志贸易站遗址已被在 19 世纪中叶建造的坎农街火车站（Cannon Street Railway Station）覆盖。火车站的建造者拆除了整个钢院，包括其地基。在 1987 年的发掘过程中发现的东西很少（就连发现的陶器都被证明主要是英格兰的）。不过，有一些 16 世纪的图纸和描述存世。钢院有三个门，有大厅、仓库和寝室，还有行政办公室。尽管如此，与伦敦其他地方的庭院和方庭（如现在已经成为律师活动场所的律师学院）相比，钢院并不是一个特别气派的地方。它比较拥挤，是一个几乎没有浪费一寸空间的商业区。汉萨商人想要的是特权，而不是精美的建筑。

与在卑尔根的情况一样，汉萨商人的伦敦贸易站形成了一块特权飞地，既享有英格兰王家的保护，又享有自治权。而且，与卑尔根的定居点一样，它也是在相当长的时间里慢慢形成的。在伦敦，对德意志商人特殊地位的承认并不是由于吕贝克人的努力，而是因为科隆和哥得兰的商人。在 13 世纪，英格兰王家行政当局谈到了几个“汉萨”——他们用这个词指称佛兰德人的团体——以及那些后来成为汉萨商人的人。对于佛兰德商人和德意志商人来说，英格兰是一个非常理想的市场。英格兰供应优质羊毛，佛兰德各城市的织布机如饥似渴地消费这些羊毛，而英格兰人很早就对莱茵兰葡萄酒产生了兴趣。不过，葡萄酒绝不是从德意志穿越北海被送往英格

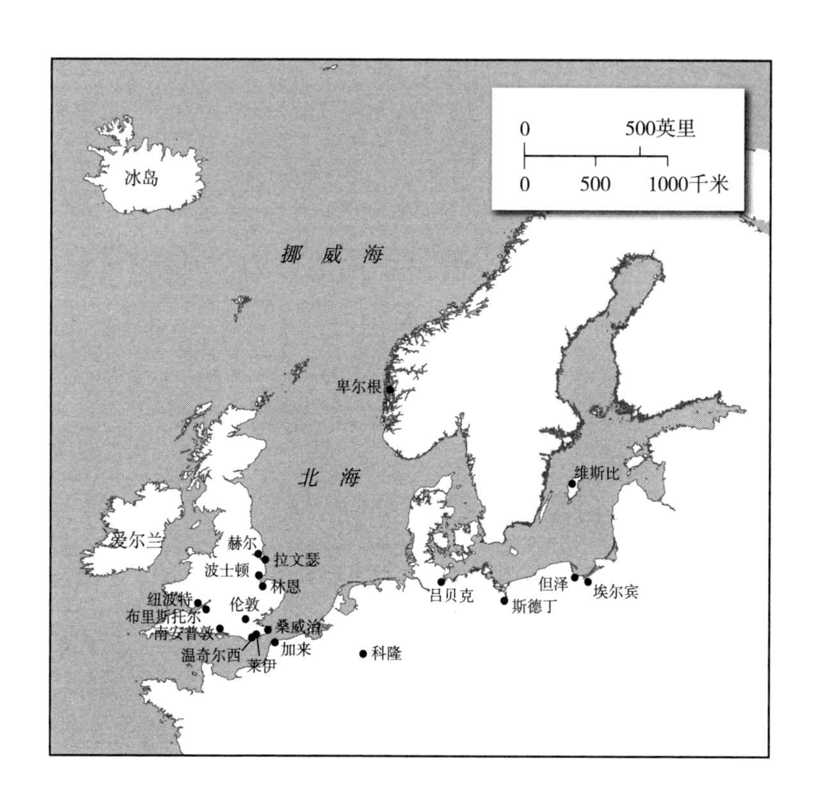

兰的最重要物品。欧洲大陆对英格兰产品的需求如此强烈，以至于大量白银涌入英格兰王国，所以在欧洲其他地区通过添加贱金属不断使其银币贬值的时候，英格兰能够在 13 世纪继续使用高质量的银币。除了英格兰，欧洲没有任何一个王国的白银资源如此丰富，也没有任何一个王国可以说其钱币的银含量从 9 世纪到 1250 年一直保持稳定。到 1200 年，白银（主要来自德意志开采的丰富矿藏）大量涌入英格兰，导致相当严重的通货膨胀，影响了食品等基

本商品的价格。[1]英格兰标准纯银（Sterling silver）在今天被规定为925‰的含银量，这是有悠久历史的。不足为奇的是，在欧洲北部有一个能生产质量与英格兰钱币媲美的钱币的地方，那就是科隆的铸币厂，因为科隆是英格兰商品被发往欧洲大陆各地的集散中心。即使科隆当地有白银供应，也无法阻止德意志其他地方钱币质量的严重下降。

英格兰国王认为白银的流入是理所当然的。他们向科隆商人施以恩惠，是对后者作为优质葡萄酒经销商的成就的认可。到了 12 世纪中叶，科隆人得到了英格兰王室的保护，被保证有权以与法国酒商相同的条件出售自己的葡萄酒。科隆人在伦敦已经拥有了一个运营中心（*domus*），它后来被描述为他们的 *gildhalla*，即“行会”，意味着这不是一群零散的访客，而是一群有组织的人。我们并不清楚这个行会大厅到底在哪里。意料之外的事件给在伦敦的德意志商人带来了新的好处。英格兰国王理查一世参加第三次十字军东征，未能收复耶路撒冷，并在回家途中被德意志皇帝——霍亨施陶芬家族的亨利六世囚禁。科隆大主教是愿意向理查一世提供帮助的德意志诸侯之一。因此，心怀感激的英格兰国王在 1194 年扩大了科隆商人的特权，使他们从此免于纳税和进贡。他们还可以在彼此之间实行自己的内部海关制度，这对于承担行会大厅的运营成本是非常重要的。后来的英格兰国王对这一慷慨赠予的态度有所动摇，但政治动机从未消失：约翰国王也依赖他与科隆大主教的联盟。在亨利六世皇帝驾崩之后，约翰和科隆大主教支持同一个人登上德意志皇位（此事给英格兰国王带来了灾难性的后果）。因此，即使是贪财的约翰国王也有意让科隆商人保留他们的特权。这些科隆商人拥有自己的海船，还租用佛兰德船只，在连接英格兰和佛兰德纺织城镇的羊毛贸易中充当中间人。[2]

渐渐地，伦敦的德意志社区的服务对象增加了，不再局限于科隆商人，因为有访客从维斯比、吕贝克、不来梅和汉堡来到这里。他们不仅来到伦敦，还到了英格兰东海岸一些交通便利的地方，如林恩和波士顿，吕贝克人于 1271 年在那里购买羊毛。[3]当皇帝弗里德里希二世于 1226 年授予吕贝克特权时，他认为在英格兰从事贸易的吕贝克商人应该被免于向科隆商人纳税。在接下来的几年里，与德意志皇帝有姻亲关系的英格兰国王亨利三世也将吕贝克人置于他的保护之下。[4]科隆商人对这些竞争对手的存在感到不满，这提醒我们，家族纠纷经常会破坏汉萨同盟的兄弟关系。这些群体建立了自己的法团，或称汉萨。因此，在 13 世纪的英格兰，汉萨商人不是一个统一的团体，而是好几个争夺英格兰王室宠爱的小汉萨。伦敦市民抱怨说，德意志人在伦敦比伦敦市民拥有更大的自由。

当英王爱德华一世试图将历史上对到访他的王国的商人的所有授权合理化时，汉萨同盟明确表示支持。1303 年，他颁布了《商人宪章》（*Carta Mercatoria*），该法对外商征收的税款高于对本国商人征收的税款，但德意志人认为这是一个相对不错的交易。他们想要的是保障和稳定，而且他们明白，应当互相合作，而不是忍受科隆、吕贝克和其他对手的傲慢。不幸的是，故事还没有结束，因为下一任国王，倒霉的爱德华二世，在 1311 年取消了他父亲的法律。汉萨商人坚持索要他们的豁免权，而爱德华二世希望从他的臣民那里榨取尽可能多的金钱，用于针对苏格兰的战争。尽管如此，到 14 世纪中叶，汉萨商人在经历了各种暂时的挫折之后，还是零零散散地重新获得了他们曾在 1303 年拥有的许多权利。[5]

之后也并非一帆风顺。爱德华三世掌权后，就在法国发动了雄心勃勃的战争，这些战争经常扰乱海上交通。佛兰德航线可能被切断，船可能遭受敌方海军的袭击，英吉利海峡和北海成为重要且危险的战场。[6]对商人们来说幸运的是，爱德华三世需要贷款。在 14 世纪 40 年代耗尽了佛罗伦萨几家大银行的资金后，他向德意志银行家索要贷款，以王室珠宝为抵押。这意味着他必须对来自德意志的商人客客气气（有趣的是，他的债权人包括犹太银行家，在过去半个世纪里，他们被排除在英格兰之外）。不过也发生了一些丑陋的事情，德意志人被指控对穿越北海运送英格兰羊毛的船发动海盗式袭击，导致德意志人在英格兰王国的一些财产被没收，这可以说是杀鸡儆猴。当时，汉萨同盟和英格兰王室之间的关系并不融洽，但总的来说，彼此都需要对方。不仅是白银，毛皮、蜡和鱼干的需求量也很大。到了 1400 年，英格兰人已经开始认识到，波罗的海鲱鱼有多受欢迎。到达赫尔的许多船装载的唯一货物就是鲱鱼，由英国进口商出资购买。在过去，这些货物很多是由挪威人提供的，然而，德意志人越来越多地参与这项业务。到 1300 年，他们已经在卑尔根取得了主导地位。佛兰德的情况也差不多，汉萨同盟的柯克船在佛兰德海岸和英格兰之间来回穿梭，而佛兰德人更倾向于集中力量生产纺织品。

在 15 世纪，英格兰和波罗的海东部之间的整个空间都充满了贸易的气息。英格兰与但泽和普鲁士沿海的各城镇（当时普鲁士包括但泽）建立了联系，英格兰东部和波罗的海更远地区之间的直接联系变得司空见惯。不仅是但泽或埃尔宾（Elbing）的有进取心的公民到访英格兰，普鲁士人也经常抱怨他们的城镇受到英国布商的“入侵”。[7]这反映了中世纪末期英格兰贸易性质的一个重要变化。虽然英格兰一直在出口质量非常高的成品布，但在12世纪和13世纪，英格兰真正的专长是出口羊毛，佛兰德和其他地方的人把羊毛变成北欧著名的精美毛料织物，这些织物可能会再被运往摩洛哥和埃及。14世纪初英格兰与佛兰德的贸易战偶尔会阻碍英格兰对佛兰德纺织品的进口，即使在贸易战结束后，高额的关税也使这种纺织品的进口失去吸引力。这强烈地激励英格兰人在国内生产纺织品，而不是依赖进口。佛兰德人被鼓励前来英格兰定居，向英格兰人介绍佛兰德纺织业的秘密。东英吉利的富裕城镇成为许多佛兰德织工的家。到14世纪末，富有进取心的英格兰人促进了他们自己纺织业的发展，为其注入新的活力。英格兰的毛料织物，而不是未经加工的羊毛，成为出口的首选。英格兰正在从专注于原材料出口的国家转变为专注于成品出口的国家，这个过程可以被粗略地称为原始工业化。[8]

正如佛兰德的纺织品被送到波罗的海的遥远角落并一直送到地中海一样，在距离东英吉利和科茨沃尔德（Cotswolds）① 的羊毛城

---

① 科茨沃尔德是英格兰中南部的一个地区，跨越牛津郡、格洛斯特郡等地，历史悠久，在中古时期已经因羊毛相关的商业活动而蓬勃发展。此地出过不少名人，如作家简·奥斯丁、艺术家威廉·莫里斯等。该地区风景优美，古色古香，是旅游胜地。

镇很远的地方也能找到英格兰纺织品。越来越多的英格兰人出现在普鲁士，这并不令人惊讶。当生意进展顺利时，来自林恩和波士顿的英格兰人租用汉萨同盟的船只，将英格兰的纺织品一直运到但泽，甚至更远。在但泽，来自林恩的理查德·肖顿（Richard Schottun）给英格兰商人带来了恶名。他吹嘘自己无视税收规定，带回了被称为 *wrak et wrak-wrak* 的劣质木材，他假装这些是从但泽购买的木材，但实际上它们可能来自腐烂的船体或漂流木。他和另外三个英格兰人在但泽买了一艘船，即“克里斯托弗号”（*Krystoffer*）。然而，他的生意过度扩张，在但泽有人向他追债。即便如此，他与但泽的联系仍持续了十年之久，看来他的名声还没有坏到迫使他离开这座城市的地步。从存世的记录来看，到1422年，有55名英格兰商人经常到但泽港。由此，英格兰的普通民众有机会与远在普鲁士的人建立婚姻关系。著名的英格兰神秘主义者玛杰丽·肯普（Margery Kempe）的儿子娶了一个但泽女子，玛杰丽本人也拜访过这座城市。[9]

普鲁士同时是英格兰十字军战士最喜欢的目的地之一。加入条顿骑士团在多神教徒土地的扫荡，被认为是很好的军事娱乐，不管它对灵魂有没有好处。参与者包括德比伯爵亨利，他在回到英格兰之后，从日益暴虐的理查二世手中夺取英格兰王位。亨利到达斯德丁（什切青）时带着多达150名仆人和新兵，因此对那些把他运过海的人来说，维持他的供给是一笔大生意。15世纪20年代，条顿骑士团的大团长仍然对英格兰人很友好，尽管汉萨同盟的普鲁士成员严厉要求逮捕英格兰人，以报复他们对在英格兰的德意志商人所谓的侮辱。[10]在1410年的坦能堡战役中，条顿骑士团愚蠢地对抗至少在名义上皈依天主教的波兰-立陶宛，结果一败涂地。此后，汉萨同盟和条顿骑士团的关系一落千丈。波兰-立陶宛国王、条顿骑士团和汉萨同盟的普鲁士成员之间进行了三方的权力角逐。外来者发现自己陷入了与自己无关的竞争，这种事情在历史上并不罕见。[11]

1469—1474年，英格兰和汉萨同盟的关系恶化到双方处于交战状态。科隆不出意料地反对战争，然而，吕贝克和但泽鼓吹对英作战，因为这两座城市都吃过英格兰海盗的苦头。英格兰人虽然闯入波罗的海，但与北海联系更紧密的汉萨城市对此满不在乎。[12]这一切的背后是一个简单的事实：人们更愿意维持和平、恢复良好关系，而不是发生冲突。如果为了和平需要对英格兰人进入波罗的海的权利做出妥协，那也只能接受。1474年，汉萨同盟和英格兰王廷在乌得勒支签署了和约，随后是十年的和平。实际上，英格兰人在海上已经有了无法撼动的一席之地，特别是布里斯托尔人已经大摇大摆、肆无忌惮地航行在北海和大西洋的广阔海域。[13]到15世纪90年代，德英贸易的黄金时代显然已经接近尾声。不仅经济环境很困难，而且都铎王朝早期政治的复杂性，使来自神圣罗马帝国的商人，也就是亨利八世的对手查理五世的臣民，不禁怀疑他们在英格兰海岸是否还受欢迎。[14]

但是，有些东西仍然延续下来。曾短期被英格兰王廷没收的钢院于1474年被归还汉萨商人，直到1598年才被伊丽莎白一世女王关闭。《乌得勒支条约》首次将汉萨商人在伦敦的场所，以及汉萨同盟在林恩和波士顿的全部财产物归原主。林恩的新钢院被委托给但泽的商人管理，因为汉萨会议认为，“你们的商人比其他汉萨商人更常去林恩，因此这件事对你们来说比对其他任何人都更重要”。[15]汉萨商人在林恩的建筑屹立至今，不过它现在被改成了当地政府的办公楼。然而，它的外部木质框架和内部的梁柱仍然足以证明它是英格兰唯一仍然存在的汉萨建筑。它由七间房子连接而成，原本包含厨房、大厅和院子。林恩的最大优势是，从那里可以接触到东英吉利的财富。如前文所述，东英吉利正在从毛料织物生产中汲取巨额财富。拉文纳姆（Lavenham）和朗梅尔福德（Long Melford）的大型羊毛教堂（wool church）① 见证了该地区的繁荣，而这种繁荣在很大程度上取决于从英格兰东部出发的海上贸易。

※ 二

在中世纪，除汉萨商人之外，还有很多人被羊毛吸引到英格兰。13世纪末，从地中海到北海的海路开通，这与意大利对优质羊毛的需求激增密切相关。佛罗伦萨在13世纪从相对默默无闻的状态中走出，凭借其优质布匹以及在1252年新推出的金币，很快闻名于世。随着纺织业的发展，佛罗伦萨人从对别人的布进行加工（对来自佛兰德和法国的布进行清洗和染色），发展到自己用羊毛生产布。他们明白，只有用最好的羊毛生产的布，才能与佛兰德的高

① 羊毛教堂的名字来源于出资建造它们的是因中世纪羊毛贸易而致富的商人或养羊场主。在英格兰的科茨沃尔德和东英吉利地区有很多羊毛教堂。1525—1600年，羊毛贸易衰败，再加上英格兰宗教改革的影响，人们不再修建羊毛教堂。

质量产品媲美，即使这意味着要去遥远的英格兰获取优质羊毛。佛罗伦萨没有自己的舰队，但到了1277年，热那亚水手已经学会了如何通过直布罗陀海峡的危险水域，然后向佛兰德航行。从1281年起，马略卡人和热那亚人的船开始从地中海到达伦敦，开辟了一条新航线。在14世纪和15世纪，热那亚人以及后来的威尼斯人、加泰罗尼亚人和佛罗伦萨人都时断时续地维持着这条航线。据了解，1281年停在伦敦港的船在出发前都装满了羊毛。这条新航线能将更多的英格兰羊毛运入地中海，或者让从布鲁日外港出发的船将更多的英格兰细布运入地中海地区。15世纪，从威尼斯和佛罗伦萨的港口比萨派出的大型桨帆船将糖、香料、精美陶瓷和异国丝绸运到北欧，包括从穆斯林的格拉纳达王国的港口或塞维利亚的外港收集的货物。塞维利亚已经成为连接地中海和大西洋贸易的纽带。13世纪末，来自卢卡、佛罗伦萨和其他地方的意大利银行家在英格兰开展业务，此时的意大利人在英格兰宫廷获得了相当大的影响力，直到英法战争使坏账产生，一定程度上导致14世纪40年代意大利人大规模破产。[16]

伦敦是意大利人的一个目标，但对于那些希望拜访佛兰德的人来说，在英格兰南海岸的某个地方停留更有意义。这刺激了南安普敦（Southampton）的发展，它已经与法国建立了密切的联系（南安普敦的“法国街”纪念了这段历史）。[17]与地中海的城市或较大的汉萨城市相比，南安普敦很小：1300年，其人口约为2500人，而在黑死病疫情结束之后的1377年，人口下降到仅1600人。[18]此时，显赫的热那亚使者雅努斯·因佩里亚莱（Janus Imperiale）来到爱德华三世的宫廷，建议将南安普敦宣布为羊毛出口港，使之成为外商获取羊毛的唯一地点。热那亚人显然希望垄断市场，然而在 1379 年 8 月 26 日晚，有人在雅努斯位于伦敦的住宅前门外发现了他的尸体。他是被他的英格兰对手暗杀的。英王已经占领加来（Calais），并将其确定为羊毛出口的主要港口。暗杀雅努斯的凶手认为，热那亚人的计划将破坏他们的优势地位。[19]不过，在 14 世纪末和 15 世纪初，意大利人继续涌向南安普顿。有 50—100 个意大利人在该城居住，尽管他们没有专门的聚居区。有的意大利人，如佛罗伦萨商业代理人克里斯托弗·安布罗斯（Christopher Ambrose，意大利语名字是 Cristoforo Ambruogi），认为自己在较寒冷的英格兰更有前途，于是申请入籍。可是，也有一种适合其他很多人的中间身份，即拥有居住权的“居民”。安布罗斯甚至成为南安普顿的市长。[20]

伦敦来了意大利人，也来了西班牙人。加泰罗尼亚人乘坐桨帆船从巴塞罗那和马略卡来到伦敦，但海盗袭击常常让他们畏缩不前。[21]大多数伊比利亚访客来自西班牙北部海岸，他们带来了铁、菘蓝和皮革，而不是意大利桨帆船经过格拉纳达王国时收购的糖、陶瓷和丝绸。[22]来自西班牙大西洋沿海地带的坎塔布里亚人（Cantabrians）、加利西亚人和巴斯克人既在伊比利亚半岛周围的水域航行，也深入地中海。他们沿着法国的西侧向布尔讷夫、诺曼底和布鲁日进发。[23]早在 1270 年，安德烈斯·佩雷斯·德·卡斯特罗赫里斯（Andrés Pérez de Castrogeríz）等西班牙人就从布尔戈斯（Burgos）来到伦敦，他还在英格兰统治下的加斯科涅（Gascony）

从事贸易，那里是英格兰市场主要的葡萄酒来源。后来有许多西班牙人效仿他。他们的辛勤工作得到了回报，英格兰王室授予他们在伦敦和南安普敦免税的特权。英格兰国王希望他们继续来这两地做生意。[24]在15世纪初，一位打油诗诗人，即《对英格兰政策的控诉》（*Libelle of Englyshe Polycye*，一部颂扬英格兰对外贸易的诗体著作）的作者，写道：

> 美味的无花果、葡萄干、葡萄酒、次等酒和枣子，
> 还有甘草、塞维利亚橄榄油和*grayne*，
> 卡斯蒂利亚的白肥皂和蜡。

然后继续赞扬西班牙提供的铁、藏红花和水银。（*grayne*即graine，不是指小麦，而是指*grana*，一种由粉碎的昆虫制成的红色染料，是西班牙的特产。）[25]

在伦敦最突出的外商群体是热那亚人和德意志人，但15世纪的伦敦是相当国际化的。拉古萨商人从遥远的杜布罗夫尼克（Dubrovnik）出发，乘坐他们自己的或威尼斯人的船来到伦敦，船上带着从希腊运来的甜美的马姆齐酒（Malmsey wine）。拉古萨人伊万·马内维奇（Ivan Manević）特别有进取心，他成了英格兰王国的归化臣民和地主，还担任包税人，替王室征收英格兰南部大片地区的纺织作坊的赋税。到16世纪初，得益于他们与君士坦丁堡的奥斯曼宫廷的友好关系，拉古萨人成为英格兰与地中海东部的纺织品贸易的主宰者。[26]这可能让人觉得，英格兰人扮演了相当被动的角

色，他们欢迎汉萨商人和热那亚人，在一定程度上也欢迎西班牙人，而自己在海上并不十分积极。即便英格兰人曾经是这样，他们在中世纪晚期肯定不是这样的，温奇尔西（Winchelsea）和布里斯托尔的例子就清楚地表明了这一点。

※ 三

温奇尔西是五港联盟（Cinque Ports）① 的成员。11世纪以后，“五港”被赋予了保卫英吉利海峡东端的任务。今天，温奇尔西距离海岸有一段路程；可历史上，它曾位于形状不规则且不断变化的沼泽地海岸线的旁边。在13世纪80年代，该城在王廷的命令下迁移到一个地势较高的地方，远离不断侵蚀陆地的海浪，但仍然是一个港口。温奇尔西新城的街道格局呈正方形，是以英格兰人和法国人在法国西南部的争议土地上建造的设防城镇（bastide）为蓝本的，英王爱德华一世对这种设防城镇非常熟悉。[27]温奇尔西和附近莱伊（Rye）的居民利用相对和平的时期对英吉利海峡的航运发动袭击，因此，海盗活动和贸易造就了在新址出现的富裕社区。威廉·朗格（William Longe）是15世纪初的一名英格兰议会议员，也是奉命在英吉利海峡巡逻以防海盗的莱伊官员之一，可是，他监守自

① 五港联盟是历史上由英格兰东南沿海若干城镇组成的联盟，起初有军事和商业功能，今天仅有象征意义。五港联盟原本包括黑斯廷斯、新罗姆尼、海斯、多佛尔、桑威治。另有两个所谓“古镇”负责支持五港，即莱伊和温奇尔西。莱伊本来只是新罗姆尼的一个附属港口，它在1287年新罗姆尼毁于风暴后取而代之，成为五港之一。除了五港和两个古镇，五港联盟还包括七座所谓“分支”城镇。

盗，袭击佛罗伦萨和佛兰德的船只。法庭不能坐视不管，于是，朗格被送进监狱一段时间。然而，他的声望越来越高，一次又一次地被选入下议院。[28]海盗活动和官方认可的战争之间的界限，始终是很容易跨越的。

英格兰和西班牙双方都犯下了暴行。1349 年，一位卡斯蒂利亚海军将领在加斯科涅近海扣押了装载葡萄酒的英格兰船只，他的突然袭击在英格兰引起了恐慌。一年后，复仇的时机到来了，一支满载西班牙羊毛的卡斯蒂利亚船队在前往佛兰德的途中通过了英吉利海峡。英格兰人对此的理解是，卡斯蒂利亚人在侮辱英格兰人，侮辱他们在与佛兰德的羊毛贸易中的主导地位。在来自温奇尔西的庞大柯克船“托马斯号”的带领下，英格兰人在卡斯蒂利亚船队从佛兰德返回时向其发起猛攻。尽管来自桑威治（Sandwich）、莱伊和其他地方的船也参加了战斗，但这场战役还是被称为温奇尔西之战。卡斯蒂利亚的船比英格兰船大，不过英格兰人还是大获全胜。这可能是西方第一次使用大炮的海战。英格兰人打赢了这场战役，然而用老生常谈的话说，他们并没有打赢整场战争：英吉利海峡仍然是一个不安全的区域。为了避免被法国人或他们的卡斯蒂利亚盟友袭击，英格兰人不得不以大型船队的方式航行。可是，这并不足以保护温奇尔西。1380 年，这座城镇遭到卡斯蒂利亚袭掠者的洗劫。[29]

毫无疑问，留存至今的温奇尔西石砌酒窖一度经常被用来存储海盗的战利品；但温奇尔西并不是海盗的巢穴，因为在这里有很多合法的贸易。温奇尔西的公民是葡萄酒商人。在 1303—1304 年，温奇尔西的 12 艘船去了波尔多，在那里收购了 1575 桶葡萄酒，相当于 4000 加仑。温奇尔西的葡萄酒贸易曾是这条海岸线上所有城镇中最成功的，然而，温奇尔西今天的萎缩状态让人很难想象它曾是一个繁荣的、与海外联系紧密的港口。[30]不过，最适合葡萄酒贸易的那座城镇拥有更光明的未来，那就是布里斯托尔，它很快就成为英格兰王国的第三大城市。

※ 四

布里斯托尔原名 Brig-stowe，即“桥之地”，是世界上最不寻常的港口之一。它位于埃文河（River Avon）的峡谷之外。在与雄壮的塞文河交汇的地方，埃文河会变窄。当涨潮时，水位会惊人地上升，有时高达 12 米，即 40 英尺。前往布里斯托尔的船会等待涨潮，然后被潮水冲向城市。退潮时，港口的泥泞海底会暴露出来，船只的龙骨要在柔软的泥地上保持平衡。[31]布里斯托尔位于英格兰的一个富饶地区，它早年与威尔士和爱尔兰的贸易为该城带来了一些财富。可即使在 14 世纪，它与爱尔兰做生意的船仍然很小（这种船的载货量一般是 20—30 吨），反映出业务量相对较小。随着中世纪末期爱尔兰亚麻布手工业的兴起，在这条外贸航线上确实出现了更多的商机。但船本身大多数是爱尔兰人自己的，布里斯托尔的繁荣更多得益于同更远的地方开展贸易。[32]布里斯托尔港口贸易增长的一个原因是英格兰纺织业的兴起，因为在制作高级布料方面，布里斯托尔以东的科茨沃尔德各村庄是东英吉利羊毛城镇的有力竞争对手。而用雪花石膏（英格兰人用这种石膏状石头雕刻精美的祭坛）雕刻的物品则被从考文垂运来，再从布里斯托尔运往国外。布里斯托尔商人还与南安普顿保持着联系，因此即使他们不通过母港运送布匹，也可以穿过索尔兹伯里平原（Salisbury Plain），将布匹运给在南安普顿等待的意大利桨帆船。同时，布里斯托尔的布匹也被运往伦敦，卖给汉萨商人，据说他们开出的条件比英格兰同行的更好。[33]

不过，布里斯托尔成功的真正原因在于葡萄酒贸易。[34]这种成功除了商业因素还得益于政治因素：12 世纪，在亨利二世与阿基坦的埃莉诺（Eleanor of Aquitaine）结婚后，英格兰获得了加斯科涅。然而，加斯科涅葡萄酒的声誉还需要一段时间才能建立起来。到 13 世纪末，在波尔多商人的鼓励下，波尔多地区的平地几乎全部被用于种植葡萄树。这不仅是因为波尔多的土壤适合种植用于酿酒的葡萄，还因为葡萄酒可以顺着吉伦特河（Gironde）的小支流被轻松地运往波尔多。波尔多商人为自己创造了一个垄断区，让他们可以在葡萄酒经过该城时大肆征税。加斯科涅虽然处于英格兰统治下，但行政管理是自治的，所以英格兰商人不得不忍受这些税收。他们的反对意见于 1444 年传到了英格兰下议院，可是，这些反对意见有点夸大其词。英格兰商人事实上没有为他们输入加斯科涅的货物支付任何税费，而且在英格兰和波尔多之间来回穿梭的船绝大多数属于英格兰人。在 15 世纪初，每年有大约 200 艘船从波尔多出发，满载葡萄酒，在秋季或早春抵达英格兰，在 12 月或 3 月离开，一趟航程通常需要 10 天左右的时间。[35]

波尔多人的财富依赖葡萄的好收成，以及用这些葡萄酒换取主食。在以谷物为主食，且人口增加对粮食供应造成压力的时候，与布里斯托尔的联系为波尔多提供了一条生命线，让波尔多人可以从英格兰南部购买粮食。哪怕是在英格兰国内粮食短缺的情况下（这在14世纪初很常见），英格兰商人也尽一切努力将粮食送往加斯科涅。船运葡萄酒的规模越来越大，直到1453年法国占领整个加斯科涅（英法百年战争就此结束）为止。1443年秋天，单单是6艘布里斯托尔船从波尔多运出的葡萄酒数量，就差不多相当于15世纪初一整年的装载量。由于英格兰纺织品主宰了北欧市场，纺织品也成为被运往加斯科涅的重要出口商品，而加斯科涅人以向布里斯托尔提供大量的菘蓝染料作为回报，这种染料是法国西南部的特产。[36]英格兰的战败并没有使这种葡萄酒贸易终结，因为法王路易十一不会拒绝从该贸易中征税的机会。到15世纪末，尽管葡萄酒贸易和波尔多本身的巅峰期已经过去了，但据说仍有多达6000名英格兰商人涌入波尔多购买葡萄酒。

其他的机会在向布里斯托尔水手或希望在布里斯托尔销售产品的外国水手招手。15世纪，巴斯克船和来自西班牙北部海岸其他地区的船越来越多地来到布里斯托尔。布里斯托尔商人认可巴斯克人高超的航海技术，所以有时将自己的货物装在巴斯克船上。巴斯克人和布里斯托尔人都对开阔的大西洋及其鱼类资源有强烈的兴趣。巴斯克人的家乡资源贫乏，所以他们将目光投向开阔的大海，并发展了捕鲸的专业技术，这使他们成为16世纪的捕鲸高手。考古学家在拉布拉多近海精心发掘出一艘16世纪的巴斯克捕鲸船。[37]

在布里斯托尔海湾对面的威尔士城市纽波特（Newport），出土了一艘1450年前后的巴斯克船的船体。据说这是迄今为止发现的最大的15世纪船体，可以装载160吨货物（很可能是葡萄酒）。在现场发现的钱币和陶器表明，它最远到过葡萄牙，而葡萄牙在15世纪中叶是英格兰关系最密切的贸易伙伴之一。有一段时间，这艘船可能主要由西班牙或葡萄牙船员操作。然而在1469年前后，它在纽波特的船厂接受维修时，它的主人可能是英格兰商人（甚至可能是一位英格兰贵族）。[38]英格兰商人曾明智地试图插手西班牙北部的葡萄酒贸易，我们几乎可以肯定这艘船运载的就是西班牙北部的葡萄酒。不过，前往西班牙北部的交通并不完全是为了贸易。布里斯托尔的船还搭载乘客，即前往圣地亚哥-德孔波斯特拉（Santiago de Compostela）的朝圣者，驶向西班牙西北角的加利西亚，这些朝圣者不愿意在著名的圣地亚哥朝圣之路（*Camino*）上徒步跋涉，所以选择坐船。除了卡斯蒂利亚统治下的土地，英格兰商人在葡萄牙也有很好的商机。葡萄牙王室与兰开斯特王室有姻亲关系。随着葡萄牙成为海上强国，英格兰人能够利用它的成功，从葡萄牙本土进口葡萄酒，甚至通过中间商从马德拉岛购买糖。[39]

所有这一切，给布里斯托尔带来了巨大的财富，从宏伟的圣马利亚红崖教堂（St Mary Redcliffe）可以看出布里斯托尔的富庶。富有的船东威廉·坎宁斯（William Canynges）在这座教堂为自己和妻子建造了礼拜堂和坟墓。他对教堂慷慨的捐赠源于他个人的不幸：他的儿子们先于他而去，所以他没有继承人。于是布里斯托尔市成了他的继承人。他出身于贸易世家，该家族的成员自14世纪末起一直以纺织品为生（19世纪的英国政治家乔治·坎宁就是这个家族的子弟）。坎宁斯家族起初与巴约讷（Bayonne）和西班牙做生意，但到了15世纪中叶，当威廉·坎宁斯年富力强时，坎宁斯家族将目光投向了更远的地方：他向波罗的海和冰岛，以及葡萄牙、佛兰德和法国派遣了船只。[40]

另一位布里斯托尔商人则因其失败而被人记住。罗伯特·斯特米（Robert Sturmy）通过为驻加斯科涅的英格兰军队提供粮食而致富。1446年，他的野心转向了一个全新的方向：地中海。[41]到了15世纪中叶，布里斯托尔的船东和海员已经在计划航行到已知世界的极限：到普鲁士、葡萄牙、冰岛，并最终跨越大西洋。地中海是他们更熟悉的地区。斯特米收到的消息说，富庶的威尼斯商人群体被逐出了亚历山大港。他希望利用这一机会，建立从黎凡特到英格兰的直接香料贸易。他有一艘船，即柯克船"安妮号"，并准备用这艘船进行这次冒险。他获得了将羊毛一直出口到比萨（供佛罗伦萨的织布机使用）的许可证，并打算随后向东前往圣地。他的船员有37人，船上还有160名买单程票的朝圣者。他盘算着回程时船将装满东方的香料，而不是乘客。朝圣者在雅法（Jaffa）上岸后，一路向耶路撒冷进发。但是，他的船员在圣诞节临近时试图穿越地中海东部，这表明他们缺乏经验。毫无疑问，他们认为地中海的风暴永远比不上大西洋远海的惊涛骇浪。然而，当他们接近位于伯罗奔尼撒半岛南端的威尼斯海军基地莫东（Modon）时，暴风雨来袭。"安妮号"不幸失控，在岩石上被撞碎，无人幸存。[42]

斯特米一直待在家里，没有在船上，他的财富也没有受到致命的打击。在接下来的几年里，他在布里斯托尔担任高级职务，还被选为市长。当英格兰议会要求他在打击海盗的战争中出力时，斯特米出资建造了一艘新船。在此期间，他一直留意来自黎凡特的消息，包括 1453 年君士坦丁堡被土耳其人攻陷的消息。他希望，随着在地中海东部出现新的政治格局，他终于可以闯入利润丰厚的黎凡特贸易。因此，在 1457 年，他又准备了一批货物，运往意大利和黎凡特，货物包括小麦、锡、铅、羊毛和布，仅布的价值就高达 2 万英镑。所有这些货物都将由“凯瑟琳·斯特米号”（*Katharine Sturmy*）“通过摩洛哥（Marrok）海峡［直布罗陀海峡］运到山外”。这艘船在前一年已经证明了自己的实力，一路航行到加利西亚，运送朝圣者到圣雅各的圣地。“凯瑟琳·斯特米号”到达黎凡特，在那里不仅装载了香料，还装载了青椒种子，人们希望这些种子能在英格兰土地上发芽。不过，在 1458 年的归途中，斯特米的船在马耳他附近被热那亚水手扣押，货物被劫。这一暴行激起了英格兰人对意大利人长期的敌意，在伦敦的热那亚人被集体逮捕。斯特米的损失从未得到充分赔偿，他在这年年底去世。[43]英格兰商人意识到，试图进入葡萄牙以外的地区实在是太冒险了。又过了半个世纪，从英格兰到黎凡特的定期交通才建立起来。而大西洋的大片区域，包括冰岛周边和冰岛以外的地区，还有待探索和开发。

※ 五

在 15 世纪，英格兰人，特别是布里斯托尔的商人和船主，决心利用冰岛的日益孤立，打破挪威对冰岛贸易的垄断。冰岛在 1262 年臣服于挪威，条件是挪威人每年向该岛派出 6 艘船。但遥远的距离意味着挪威国王很难对冰岛发生的事情进行严格控制。冰岛人一次又一次地抱怨挪威人没有如约派船到冰岛。[44]以卑尔根为基地的汉萨商人将冰岛的货物运往欧洲，然而，他们被禁止进入冰岛海域。不过，他们偶尔也会冒险前往冰岛，因为似乎没有人阻止他们。

在这种情况下，冰岛人非常欢迎从卑尔根以外的地方来的满载食品和其他所需物资的船只。挪威国王埃里克写信给冰岛人，抱怨他们与“外国人”做生意。其实，英格兰人也开始在冰岛水域捕鱼，岛上总督（*hirðstjóri*）已经开始自己颁发捕鱼和贸易许可证。总督亲自把这封信带到了埃里克国王的宫廷：

> 我们的法律规定，每年应该有 6 艘船从挪威来冰岛，但这已经很久没有发生了，使陛下和我们可怜的国家遭受了最严重的伤害。因此，我们信赖上帝的恩典和您的帮助，与那些和平来此做合法生意的外国人进行交易，我们也惩罚了那些在海上抢劫和制造混乱的渔民和渔船主。[45]

他的辩解无效，他也没有被送回冰岛。禁止对外贸易对冰岛人民的生存不利，特别是如果 15 世纪恶劣的天气条件真的使前往冰岛（和格陵兰）的航行变得更加困难的话。英格兰船敢于承担这些风险，哪怕在一天内有 25 艘船在风暴中沉没。在林恩，有一个由与冰岛做生意的英格兰商人组成的社团。[46]吸引他们的，是向冰岛附近水域迁徙的成群鳕鱼。

到了1420年，形势已经变得非常严峻。一个德意志商人去冰岛为汉萨同盟和埃里克国王刺探情报，并认为如果国王不采取果断行动，冰岛就会被英格兰人占领。这听起来可能有点夸张，但英格兰海盗确实入侵了该岛，“排成整齐的战斗队形，号角齐鸣，旌旗招展”。他们的目标之一是埃里克任命的丹麦籍总督，他试图维持对冰岛经济的严格控制，这引起了英格兰人的强烈不满。总督记录了英格兰商人的罪行，这些商人抢夺岛民的牛羊，甚至破坏岛上的教堂。爱抱怨的总督被英格兰人抓获并被带到英格兰。在那里，他对英格兰人在冰岛的行为做了长篇大论的控诉，导致英格兰宫廷陷入尴尬，并且导致英格兰当局在1426年试图禁止与冰岛的贸易。此举引起了林恩商人的激烈反对。前往冰岛的航行仍在继续。英格兰走私者（从某种意义上说，他们确实已经变成了走私者）与港口官员斗智斗勇，而在英格兰港口偶尔没收冰岛货物并没有影响冰岛贸易，因为走私者经常使用像康沃尔的弗维宜（Fowey）这样的偏僻港口，不过在布里斯托尔、赫尔和其他地方也能买到冰岛鱼干。然而，英格兰人实际上仍有可能获得英格兰的官方批准去冰岛做生意。向王廷申请许可证需要花钱，但这笔钱也可以被看作防止货物被没收的保险。斯堪的纳维亚国王也提供这个服务。如在1442年，有14艘英格兰船获得了前往冰岛的许可。它们装载的货物几乎无所不包，从烧水壶到梳子，从啤酒到黄油，从手套到腰带，应有尽有。[47]在接下来的几十年里，英格兰宫廷、英格兰商人、丹麦宫廷以及汉萨商人之间的争论持续不断。1467年，英格兰袭掠者杀死了冰岛总督，这无助于解决问题。英王理查三世向汉堡市抱怨说，3艘英格兰船在冰岛被汉萨商人夺走了。汉萨商人也有话可说，因为布里斯托尔水手同样在冰岛水域攻击汉萨船只。[48]

解决这些持续不断的纠纷的办法之一是，不管冰岛的鱼有多受欢迎，都放弃冰岛，转而去寻找北大西洋其他盛产鳕鱼的地方。在15世纪80年代，布里斯托尔的船主们就是这么做的。最大的问题是，在这个过程中，他们是否远航到了拉布拉多附近的渔场。关于英格兰水手在15世纪80年代到达美洲的说法并不是简单的猜测。在约翰·卡博特于1497年航行到纽芬兰后不久，一个名叫约翰·戴（John Day）的英格兰人给西班牙的一位海军将领（可能是克里斯托弗·哥伦布）写了一封信。戴写道：

> 可以肯定的是，布里斯托尔人在其他时代发现了上述土地［纽芬兰］的海角，他们还发现了“巴西”，这一点阁下是知道的。它被称为“巴西岛”（Ysle of Brasil），人们认定并且相信，它就是布里斯托尔人发现的大陆。[49]

（此处的“大陆”并不意味着整个大陆，可能只是指一个大岛。）注意不要将这个“巴西”与现代巴西混淆，后者是葡萄牙人在1500年发现的。因为该地区盛产巴西木（一种非常贵重的染料），所以葡萄牙人将那片土地命名为巴西。而引文中的“巴西”是中世纪晚期地图上大西洋的一个传奇海岛，可以追溯到中世纪早期爱尔兰航海家编的关于大洋中一个海岛的故事。

比“巴西”这个名字更重要的证据是，布里斯托尔水手在15世纪80年代确实曾经深入大西洋。[50]1480年7月15日，约翰·杰伊（John Jay）从布里斯托尔派出一艘船，船长是声名显赫的水手斯洛伊德（Thloyde），或劳埃德（Lloyd），目的地是“爱尔兰西部的巴西岛”。但在海上航行九周后，由于天气恶劣，这艘船被迫一无所获地返回爱尔兰。[51]约翰·杰伊或一个与他同名的人（杰伊家族是著名的贸易家族）于1461年从挪威进口鳕鱼干。[52]1481年，也就是斯洛伊德航行的不到一年之后，同样来自布里斯托尔的“圣三一号”和“乔治号”扬帆起航，“去搜索和寻找一个名为巴西岛的地方”。[53]尽管这两艘船的船主都认为这不是一次贸易航行，可两艘船都装载了盐，这让人觉得其目的是捕鱼，然后立刻把鱼腌起来。没有证据表明这两艘船找到了它们寻找的东西。“圣三一号”和其他开往“巴西”的船只的船长用虚构的目的地掩盖其真实目的地，这种情况并不罕见。1498年，卡斯蒂利亚的天主教双王斐迪南和伊莎贝拉收到了他们在英格兰的代理人的报告，报告称，七年来，布里斯托尔人多次派两到四艘船寻找巴西和“七城”，后者是大洋上的另一个神话国度。[54]如果寻找鱼是他们的目的，那么他们的野心与约翰·卡博特的非常不同。卡博特于1497年出发，想要获得中国和东方其他地方的神话般的财富。与克里斯托弗·哥伦布一样，他认为向西航行就能到达亚洲。由穆斯林入侵西班牙时的基督教难民居住的七城之岛这样的神话仍然很有影响力，寻回失散多年的基督教兄弟的浪漫梦想也很有吸引力。同样在15世纪的最后十年，为葡萄牙国王服务的佛兰德人斐迪南·范·奥尔曼（Ferdinand van Olmen）从亚速尔群岛出发，希望能找到七城之岛。后来，他音信全无。[55]

还有其他的可能，即布里斯托尔的船可能到了格陵兰。尽管格陵兰的诺斯人到那时可能已经消亡，但关于格陵兰的消息肯定流传下来了。布里斯托尔水手可能终于明白过来，顺着洋流南下到达拉布拉多海岸，他们会有更大的收获。也可能有更简单的解释。直到1490年，丹麦国王才放松了对英格兰人直接去冰岛从事贸易的禁令。根据布里斯托尔的海关记录，1481年，确实有一些船从布里斯托尔出发前往冰岛，可仍有一些人不愿意花钱买正式的许可证。[56]即便布里斯托尔人的确抵达了拉布拉多，无人知晓的发现就不能算是发现。布里斯托尔商人关注的另一个大西洋目的地是葡萄牙的马德拉岛，那里有大量的优质糖。1480年，他们用布列塔尼的船将货物运往那里，再往后是亚速尔群岛。他们计划建立一条通往摩洛哥的航线，然而葡萄牙人反对，就像1481年英格兰商人考虑前往西非时遭到葡萄牙人阻挠一样。[57]现在让我们来看看葡萄牙人在大西洋水域正在做什么，以及他们的小王国如何成为一个大帝国。

注　释

1. P. D. A. Harvey, ‘The English Inflation of 1180-1220’, *Past and Present*, no. 61 (1973), pp. 26-7.

2. T. H. Lloyd, *England and the German Hanse 1157–1611: A Study of Their Trade and Diplomacy* (Cambridge, 1991), p. 15; T. H. Lloyd, *Alien Merchants in England in the High Middle Ages* (Brighton, 1982), pp. 128–9.

3. P. Richards, 'The Hinterland and Overseas Trade of King's Lynn 1205–1537: an Introduction', in K. Friedland and P. Richards, eds., *Essays in Hanseatic History: The King's Lynn Symposium* 1998 (Dereham, Norfolk, 2005), pp. 10–21.

4. Lloyd, *Alien Merchants*, pp. 130–31.

5. Lloyd, *England and the German Hanse*, pp. 23–31.

6. G. Cushway, *Edward III and the War at Sea, 1327–1377* (Woodbridge, 2011).

7. Lloyd, *England and the German Hanse*, pp. 73, 89; S. Jenks, 'Lynn and the Hanse: Trade and Relations in the Middle Ages', in Friedland and Richards, eds., *Essays in Hanseatic History*, pp. 101–3.

8. E. Carus-Wilson, 'Trends in the Export of English Woollens in the Fourteenth Century', in E. Carus-Wilson, *Medieval Merchant Venturers: Collected Studies* (2nd edn, London, 1967), pp. 239–64; J. Fudge, *Cargoes, Embargoes, and Emissaries: The Commercial and Political Interaction of England and the German Hanse 1450–1510* (Toronto, 1995), p. 5.

9. Richards, 'Hinterland and Overseas Trade', p. 19; W. Stark, 'English Merchants in Danzig', in Friedland and Richards, eds., *Essays in Hanseatic History*, pp. 64–6; Fudge, *Cargoes, Embargoes*, p. 10.

10. E. Christiansen, *The Northern Crusades* (2nd edn, London, 1997), pp. 156–7; Lloyd, *England and the German Hanse*, pp. 131–2; Fudge, *Cargoes, Embargoes*, pp. 7–9.

11. M. Burleigh, *Prussian Society and the German Order: An Aristocratic*

Corporation in Crisis c. 1410–1466 (Cambridge, 1984); Lloyd, *England and the German Hanse*, pp. 178–9; M. M. Postan, 'The Economic and Political Relations of England and the Hanse from 1400 to 1475', in M. M. Postan and E. Power, eds., *Studies in English Trade in the Fifteenth Century* (London, 1933), pp. 91–153; S. Jenks, *England, die Hanse und Preußen: Handel und Diplomatie 1377–1474* (3 vols., Cologne, 1992).

12. Fudge, *Cargoes, Embargoes*, pp. 66–74.

13. E. Carus-Wilson, 'The Overseas Trade of Bristol in the Fifteenth Century', in Carus-Wilson, *Medieval Merchant Venturers*, pp. 1–97; also Carus-Wilson, 'The Iceland Venture', ibid., pp. 98–142.

14. Fudge, *Cargoes, Embargoes*, pp. 144–51.

15. Cited in Jenks, 'Lynn and the Hanse', p. 103; Fudge, *Cargoes, Embargoes*, pp. 74, 109–10.

16. D. Pifarré Torres, *El comerç internacional de Barcelona i el Mar del Nord (Bruges) a Finals del segle XIV* (Montserrat, 2002); J. Hinojosa Montalvo, *De Valencia a Flandes: La nave della frutta* (Valencia, 2007).

17. A. Ruddock, *Italian Merchants and Shipping in Southampton, 1270–1600* (Southampton, 1951); D. Abulafia, 'Cittadino e denizen: mercanti mediterranei a Southampton e a Londra', in M. del Treppo, ed., *Sistema di rapporti ed élites economiche in Europa (secoli XII–XVII)* (Naples, 1994), pp. 273–91, repr. in D. Abulafia, *Mediterranean Encounters, Economic, Religious, Political, 1100–1550* (Aldershot, 2000), essay VII.

18. C. Platt, *Medieval Southampton: The Port and the Trading Community, A. D. 1000–1600* (London, 1973), pp. 262–3.

19. B. Kedar, *Merchants in Crisis: Genoese and Venetian Men of Affairs and the Fourteenth-Century Depression* (New Haven, 1976), pp. 31–7; P. Strohm, 'Trade,

Treason and the Murder of Janus Imperial', *Journal of British Studies*, vol. 35 (1996), pp. 1-23.

20. Abulafia, 'Cittadino e denizen', pp. 278-9; Platt, *Medieval Southampton*, pp. 229-30; Ruddock, *Italian Merchants*, pp. 183-5.

21. Lloyd, *Alien Merchants*, p. 163.

22. W. Childs, *Anglo-Castilian Trade in the Later Middle Ages* (Manchester, 1978); T. Ruiz, 'Castilian Merchants in England, 1248-1350', in W. C. Jordan, B. McNab and T. Ruiz, eds., *Order and Innovation in the Middle Ages: Essays in Honor of Joseph R. Strayer* (Princeton, 1976), pp. 173-85; Lloyd, *Alien Merchants*, pp. 164-5.

23. E. Ferreira Priegue, *Galicia en el comercio marítimo medieval* (Santiago de Compostela, 1988).

24. Childs, *Anglo-Castilian Trade*, pp. 227-30.

25. G. Warner, ed., *The Libelle of Englyshe Polycye: A Poem on the Use of Sea-Power, 1436* (Oxford, 1926), p. 4.

26. V. Kostić, *Dubrovnik i Engleska, 1300-1650* (Belgrade, 1975), pp. 113, 572, 576.

27. M. Pratt, *Winchelsea: The Tale of a Medieval Town* (Bexhill-on-Sea, 2005), pp. 41-50.

28. Ibid., p. 131.

29. Ibid., pp. 95-8, 112.

30. Ibid., p. 78.

31. Carus-Wilson, *Medieval Merchant Venturers*, p. 2.

32. T. O'Neill, *Merchants and Mariners in Medieval Ireland* (Dublin, 1987), pp. 29, 67-8, 108; Carus-Wilson, *Medieval Merchant Venturers*, pp. 13-28.

33. Carus-Wilson, *Medieval Merchant Venturers*, pp. 5-11.

34. A. Crawford, *Bristol and the Wine Trade* (Bristol, 1984); M. K. James, *Studies in the Medieval Wine Trade* (Oxford, 1971).

35. J. Bernard, *Navires et gens de mer à Bordeaux (vers 1400–vers 1500)* (3 vols., Paris, 1968); Carus-Wilson, *Medieval Merchant Venturers*, pp. 32–6.

36. Carus-Wilson, *Medieval Merchant Venturers*, p. 43.

37. M. Barkham, 'The Offshore and Distant-Water Fisheries of the Spanish Basques, c. 1500–1650', in D. Starkey, J. Þór and I. Heidbrink, eds., *A History of the North Atlantic Fisheries*, vol. 1: *From Early Times to the mid-Nineteenth Century* (Bremerhaven, 2009), pp. 229–49; J. Proulx, 'The Presence of Basques in Labrador in the 16th Century', in R. Grenier, M.-A. Bernier and W. Stevens, eds., *The Underwater Archaeology of Red Bay: Basque Shipbuilding and Whaling in the 16th Century* (5 vols., Ottawa, 2007), vol. 1: *Archaeology Underwater: The Project*, pp. 25–42.

38. 见 E. Jones and R. Stone, eds., *The World of the Newport Medieval Ship: Trade, Politics and Shipping in the mid-Fifteenth Century* (Cardiff, 2018) 中的12篇一流论文。

39. Carus-Wilson, *Medieval Merchant Venturers*, pp. 47–9, 53–4, 58–64; I. Sanderson, *A History of Whaling* (New York, 1993), pp. 136–41.

40. B. Little and J. Sansom, *The Story of Bristol from the Middle Ages to Today* (3rd edn, Wellington, Somerset, 2003), pp. 14–15; Carus-Wilson, *Medieval Merchant Venturers*, pp. 80–81.

41. S. Jenks, *Robert Sturmy's Commercial Expedition to the Mediterranean (1457/8)* (Bristol, 2006).

42. Carus-Wilson, *Medieval Merchant Venturers*, pp. 67–8.

43. D. H. Sacks, *The Widening Gate: Bristol and the Atlantic Economy, 1450–*

1700 (Berkeley and Los Angeles, 1991), p. 33; Carus-Wilson, *Medieval Merchant Venturers*, pp. 70-71.

44. B. Gelsinger, *Icelandic Enterprise: Commerce and Economy in the Middle Ages* (Columbia, SC, 1981), p. 190.

45. Cited in Carus-Wilson, *Medieval Merchant Venturers*, p. 111, and in Gelsinger, *Icelandic Enterprise*, p. 192.

46. Carus-Wilson, *Medieval Merchant Venturers*, pp. 101, 103-4, 110-13.

47. Ibid. , pp. 113, 115, 118-20, 125, 131, 137.

48. Gelsinger, *Icelandic Enterprise*, p. 193; Carus-Wilson, *Medieval Merchant Venturers*, pp. 133-42.

49. 引自 D. Quinn, 'The Argument for the English Discovery of America between 1480 and 1494', *Geographical Journal*, vol. 127 (1961), p. 277; 原始文本来自 Archivo General de Simancas, Estado de Castilla, leg. 2, f. 6r-v, 见 pp. 284-285 的插图; J. Williamson, ed. , *The Cabot Voyages and Bristol Discovery under Henry VII* (Cambridge, 1962), pp. 30-31; E. Jones and M. Condon, *Cabot and Bristol's Age of Discovery: The Bristol Discovery Voyages 1480-1508* (Bristol, 2016), p. 18。

50. Williamson, ed. , *Cabot Voyages*, pp. 19-32.

51. William of Worcester, *Itinerarium*, ibid. , pp. 187-8 (doc. 6).

52. Williamson, ed. , *Cabot Voyages*, pp. 19-20, 175 (doc. 1, ii).

53. Ibid. , pp. 188-9 (doc. 7, i and ii) ; Jones and Condon, *Cabot and Bristol's Age of Discovery*, pp. 15-17.

54. Quinn, 'Argument for the English Discovery', pp. 278-9; Carus-Wilson, *Medieval Merchant Venturers*, p. 97（将两次航行混为一谈）; Williamson, ed. , *Cabot Voyages*, pp. 23-4。

55. C. Verlinden, *The Beginnings of Modern Colonization* (Ithaca, NY, 1970),

pp. 181–95.

56. Williamson, ed., *Cabot Voyages*, p. 176 (doc. 1, vi).

57. Ibid., pp. 15, 187 (doc. 5); J. Blake, *West Africa: Quest for God and Gold, 1454–1587* (London, 1977), pp. 60–62.

第二十五章

葡萄牙崛起

※ 一

在中世纪末期，大西洋东北部正在成为一片内部联系相当紧密的海域。但是，如果我们不关注更南边的海岸线，就无法书写早期大西洋的历史。即便如此，从加那利群岛到非洲南端的广阔区域的历史仍然是空白的。加那利岛民的祖先无疑是通过海路到达那里的，然而，当欧洲探险家在 14 世纪偶然发现他们的岛屿时，加那利人已经不会航海了。撒哈拉以南非洲的各民族没有冒险出海，沿着西非海岸的长途海路是由欧洲人开辟的，葡萄牙人在 15 世纪下半叶开辟了这些海路。葡萄牙人沿着非洲海岸向南和向西去往大西洋诸岛的雄心勃勃的航行，令葡萄牙和西班牙在大西洋沿海地区的早期航海史黯然失色。因为当航海家恩里克王子发起第一批南下的探险时，葡萄牙水手的主要兴趣在北方水域，以及布鲁日、米德尔堡和英格兰。[1]本章的第一个目的，是了解葡萄牙的航海史是否真的早在 15 世纪之前就开始了。

在葡萄牙人和卡斯蒂利亚人向大西洋派遣舰队之前（他们有非常能干的热那亚海军将领），伊比利亚半岛附近的大西洋海域就已经比一般人想象的要活跃得多。维京人对西班牙的袭击促使安达卢西亚统治者建立了一支大西洋舰队，并更加重视可能来自大西洋的危险。859年，伊斯兰舰队在船上携带了希腊火和弓箭手，出发挑战维京袭掠者，搜寻范围远至西班牙北部海岸附近的海域。这些“摩尔人”（Mauri）的出现，与维京人的到来一样，让统治西班牙北部的基督徒感到震惊。伊斯兰舰队不断追击，取得了一系列胜利，最终在直布罗陀附近击毁了14艘维京船。966年，一支来自塞维利亚的伊斯兰舰队吓退了一直渗透到锡尔维什（Silves）的维京人。锡尔维什是一座重镇，位于今天葡萄牙阿尔加维（Algarve）地区的河流入海口的上游不远处。[2]这表明，以塞维利亚为基地的穆斯林完全有能力组建大西洋舰队。此外，由于维京人的袭击是闪电式的，所以上述的伊斯兰舰队并不是专门为迎战维京人而建造的，但显然是安达卢西亚的埃米尔和哈里发的常备军的一部分。

追踪伊斯兰舰队以及穆斯林商人在大西洋水域的活动的难点是证据非常少，主要包括二手或三手的战斗故事，或提到被从安达卢西亚运到伊斯兰中心地带的稀有货物的文献。[3]诚然，塞维利亚主要关注东方，将西班牙南部的橄榄油通过直布罗陀海峡送往地中海东部。然而，这并不意味着大西洋的资源被忽视了。在伊斯兰统治时期，直到13世纪初，葡萄牙海岸和安达卢西亚的大西洋海岸的人们都在寻找被称为龙涎香的鲸鱼呕吐物或排泄物。尽管来源不雅，但龙涎香长期以来一直是昂贵的香水原料，人们可以在海岸上收集

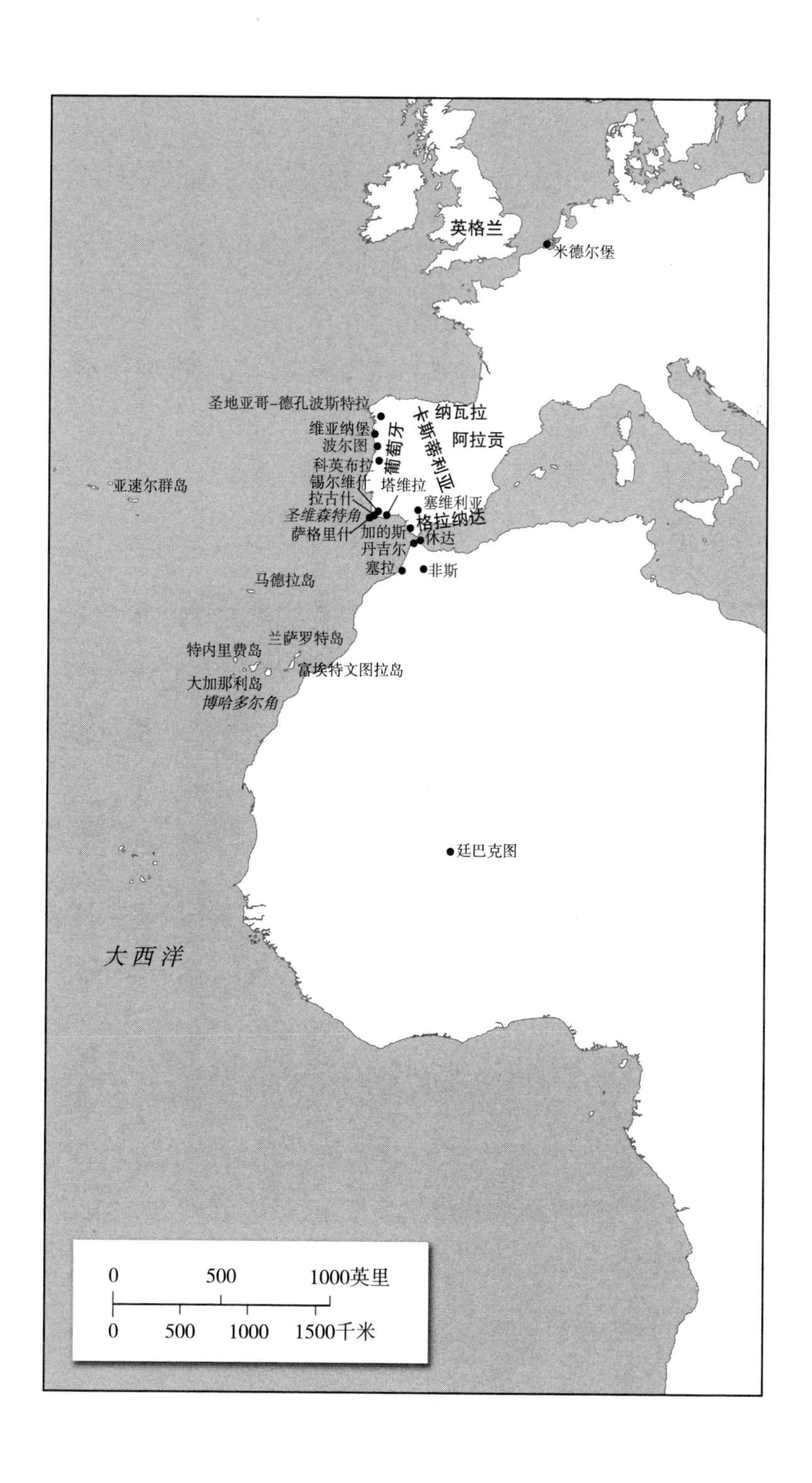
英格兰
米德尔堡
圣地亚哥-德孔波斯特拉
纳瓦拉
维亚纳堡
葡萄牙
卡斯蒂利亚
阿拉贡
波尔图
科英布拉
亚速尔群岛
锡尔维什
塔维拉
拉古什
塞维利亚
圣维森特角
格拉纳达
萨格里什
加的斯
休达
丹吉尔
塞拉
非斯
马德拉岛
兰萨罗特岛
特内里费岛
富埃特文图拉岛
大加那利岛
博哈多尔角
廷巴克图
大西洋
0
500
1000英里
0
500
1000
1500千米

被冲刷上岸的富含脂肪的块状龙涎香。龙涎香与大西洋珊瑚一起，被一直运到埃及。同时，大西洋鱼类也得到开发，在当地市场出售。在加的斯和休达附近捕获的金枪鱼特别名贵。渔民既有穆斯林，也有莫扎拉布人（Mozarabs），也就是阿拉伯化的基督徒，他们主要是前伊斯兰时代的西班牙人和葡萄牙人的后裔。在阿尔加维可以找到适合造船的木材。锡尔维什的居民将他们精美的陶瓷制品远销海外，该城在11世纪拥有自己的兵工厂，当时塞维利亚的穆斯林国王统治着该城。[4]安达卢西亚的居民也没有忽视摩洛哥的海岸，他们在12世纪就航行到了拉巴特（Rabat）对面的塞拉（Salé）。而摩洛哥海岸的其他港口，包括阿西拉（Arzila），可能还有摩加多尔，安达卢西亚人在9世纪就去过了。[5]虽然伊比利亚半岛大西洋沿岸的交通在密集程度上比不上地中海的交通，但对穆斯林来说，大西洋并不是一片神秘的海域。

摩洛哥和毛里塔尼亚沿海水域的相对平静，与伊比利亚沿海水域基督徒和穆斯林之间日益活跃的交往形成鲜明对比。在12世纪，随着信奉基督教的葡萄牙伯国（后来成为王国）在伊比利亚半岛西部的波尔图和科英布拉（Coimbra）附近开疆拓土，穆斯林不得不面对葡萄牙人海陆两面的挑战。这时，在宗教激进主义的穆瓦希德王朝（Almohads）的领导下，伊比利亚半岛的伊斯兰势力似乎恢复了元气。穆瓦希德王朝激进的复兴主义运动最初受到阿特拉斯山脉（Atlas Mountains）的柏柏尔人的影响。穆瓦希德王朝哈里发面临的第一个冲击，是一支相当强大的海军对里斯本的突然袭击。据说这支海军在第二次十字军东征的号召下，于1148年从英格兰的达特茅斯（Dartmouth）出发前往圣地，舰船数量在164艘以上。当这支舰队到达波尔图时，该城主教言辞激昂，让十字军舰队里的英格兰、佛兰德和德意志水手知道，在进入地中海之前会驶过穆斯林控制的海域。十字军相信，攻击里斯本将服务于伟大的十字军圣战。此时不仅在叙利亚，而且在与德意志接壤的文德人土地和与加泰罗尼亚接壤的穆斯林土地，都正在进行十字军圣战。因此，十字军急切地加入了葡萄牙人对里斯本的远征，并在经历了血腥的厮杀之后，迫使该城投降。十字军破城之后将其洗劫一空，就连城内的莫扎拉布基督徒的主教也被杀害了。[6]攻占里斯本后，葡萄牙人在伊比利亚半岛南部有了一个极好的基地。13世纪，横跨西班牙和北非的穆瓦希德帝国的衰弱和崩溃使葡萄牙人可以在阿尔加维自由地攻城略地。到1242年，葡萄牙人已经成为锡尔维什的主人。

不过早在那之前，葡萄牙船长们就已经在骚扰穆斯林的船只和海岸了。为了应对穆瓦希德海军对葡萄牙中部的不断袭击，葡萄牙人建立了一支舰队，因此穆瓦希德王朝的政策似乎适得其反，让葡萄牙人以前所未有的方式组织起来。到了12世纪70年代末，无畏的海军将领堂福阿什·鲁皮尼奥（Dom Fuas Roupinho）将他的战舰开进了大西洋，并领导了对穆瓦希德王朝统治下的安达卢西亚的攻击，一直打到塞维利亚附近的海岸，还攻击了摩洛哥北端的休达。在1177/1178—1184年，双方进行了一场被一位法国历史学家称为“名副其实的大西洋之战”的战斗，其间发生了一些戏剧性事件，如1180年，葡萄牙人俘虏了穆瓦希德海军的旗舰和另外8艘船。然而，葡萄牙人并不总是占上风：1181年，堂福阿什的20艘或40

艘船被穆瓦希德军队俘获，他自己也丢了性命。三年后，穆瓦希德军队从海上袭击了里斯本，但他们无法像三十六年前的十字军那样成功地占领里斯本。[7]穆瓦希德王朝在西班牙的势力直到1212年才被打垮。在1212年的拉斯纳瓦斯-德托洛萨（Las Navas de Tolosa）战役中，卡斯蒂利亚、阿拉贡、纳瓦拉和葡萄牙的国王们一反常态地搁置分歧，对柏柏尔人的这个帝国发起了联合攻击。而此前穆瓦希德王朝已经受到过度扩张的影响，并且放弃了建国时的严苛教条。

※ 二

13世纪末，人们对连接地中海与英格兰和佛兰德的航线越来越关注，里斯本和西班牙北部的港口也从中获益。从这时起，巴斯克水手在文献记载中变得越来越引人注目，而跨海前往卡斯蒂利亚治下的圣地亚哥的朝圣者越来越多。尽管在中世纪，人们对葡萄牙葡萄酒的需求不断增加，但葡萄牙的内陆资源依然贫乏。港口，特别是里斯本和波尔图，还有一些较小的地方，如该国北部的维亚纳堡（Viana do Castelo），才是真正的经济活动中心。葡萄牙国王们认识到了这些地方的重要性，所以授予它们一项又一项的特权：1204年和1210年的王室信件提到了“船舶指挥官”（*alcaide dos navios*）。在大约同一时间，葡萄牙商人在英格兰受到了一直在寻找财源的约翰国王的欢迎。约翰的儿子亨利三世则慷慨地为葡萄牙商人颁发安全通行证，仅1226年一年就授予了100多项此类特权。[8]在

1303年英王爱德华一世授予所有外商《商人宪章》之后，葡萄牙人和其他所有人一样，必须支付更高的关税，然而英格兰变得比以往更有吸引力，因为商人们现在得到了王室的保护。为此，花钱也是值得的。在1353年的商业条约之后是1386年的《温莎条约》，葡萄牙和英格兰结成了政治联盟，这反映了两个王国在百年战争期间的共同利益，以及英格兰对1383年夺取葡萄牙王位的阿维斯（Aviz）王朝的支持（主要是为了防止葡萄牙王位落入他们讨厌的邻居卡斯蒂利亚人手中）。在兰开斯特的菲利帕（Philippa of Lancaster）与葡萄牙国王结婚后，婚姻关系也将两个王国联系在一起。探索大西洋的先驱“航海家恩里克”王子和佩德罗王子都是她的儿子。[9]英葡联盟就这样建立了，在后来的许多个世纪里，双方都愿意相信两国的盟约从来没有中断过。

葡萄牙国王比外国的商业伙伴更热衷于促进葡萄牙贸易的发展，这是理所当然的。迪尼什一世（Dinis I）国王在1293年设立了一个很新颖的保险项目。根据该项目，海上的风险将由贸易界共同承担。他明白，在动乱时期需要一支有战斗力的舰队，所以在1317年聘请热那亚海军将领埃马努埃莱·佩萨尼奥（Emanuele Pessagno）建造一支舰队。卡斯蒂利亚人甚至法国人的舰队也很仰仗热那亚的人才。[10]早在1200年，葡萄牙的产品就已经流入布鲁日。该市的一个市民写道：“从葡萄牙王国来的货物有蜂蜜、兽皮、蜡、谷物、软膏、油、无花果、葡萄干和细茎针茅。”[11]到1237年，里斯本的王家兵工厂已建成了一段时间。我们不可以说葡萄牙此时已经是一个主要的海上强国，而且我们不能断定这些成就必然会让葡萄牙在15世纪的大西洋取得成功。但是，如果没有迪尼什一世等人的奠基，葡萄牙恐怕很难成为一个规模与国土面积和自然资源完全不成比例的海军强国。

如果葡萄牙要作为商业中心蓬勃发展，吸引资本到里斯本是至关重要的事情，显而易见的资本来源则是意大利北部各城市。因此，葡萄牙王室很想让意大利商人在首都感到舒适。1365年，葡萄牙国王慷慨地向来自热那亚、米兰和皮亚琴察（银行业的一个主要中心）的商人授予豁免权，使他们不受监督货物装船的王家官员管辖。葡萄牙国王明白，必须鼓励葡萄牙境内最富有的商人通过里斯本从事贸易。几年后，当葡萄牙海盗袭击热那亚人的船只，将船只连同珍贵的佛兰德和法国布匹一起劫走时，葡萄牙国王向热那亚人道歉。葡萄牙国王们为在里斯本的热那亚人和其他人提供了特权，而没有将这些特权授予本国的其他港口。里斯本成为几个最有权势的热那亚家族的分支所在地，如洛梅利尼（Lomellini）家族和斯皮诺拉（Spinola）家族。[12]里斯本正在慢慢转变为一座重要的港口城市。

尽管葡萄牙王室采取了这些举措，但对海洋的兴趣取决于船东、水手和商人的积极性。他们从里斯本和其他港口出发，既有前往佛兰德和英格兰的，也有前往更南方的温暖水域的。到了15世纪，葡萄牙船经常出现在地中海，穿过直布罗陀海峡带来干果和其他相对较便宜的货物。摩洛哥北端富裕的伊斯兰城市休达则雄踞于直布罗陀海峡之上。[13]来自伊比利亚半岛大西洋沿岸的船出现在地中海，不仅有葡萄牙船只，还有加利西亚和坎塔布里亚的船只，包括许多巴斯克船只，这表明直布罗陀海峡不再是一道障碍，而是成为连接地中海世界与大西洋网络的活跃贸易链的一个环节。[14]从印度洋东端到红海，从埃及和叙利亚到威尼斯、热那亚和巴塞罗那，再从这几个地方穿过直布罗陀海峡到大西洋水域，一直到布鲁日，接着从布鲁日到吕贝克、但泽和里加，货物被分阶段输送。葡萄牙的港口特别适合从这些世界性贸易中获益（至少在欧洲人还不知道美洲的时代，这种贸易可以算是世界性的）。激发他们兴趣的一个因素是，地图绘制者能越来越准确地勾勒欧洲海岸和更远的土地。到了14世纪中叶，在马略卡岛、热那亚和其他地方绘制的地图显示大西洋上有一些很有意思的岛屿，这些岛屿尚未有人定居：其中肯定有马德拉岛，也许还有亚速尔群岛。亚速尔群岛距离欧洲大陆更远，这说明无论是通过征服还是贸易，欧洲人在进行相当大胆的尝试，横扫大西洋东部，寻找可供开发的土地。

对非洲海岸的探索在1291年就开始了，当时热那亚的维瓦尔第（Vivaldi）兄弟从马略卡岛和直布罗陀海峡出发，寻找一条直通印度的海路。他们在非洲近海的某个地方失踪，他们的船无疑是被海浪淹没了，或者是在仍无地图而极其危险的海岸触礁沉没了。有人认为维瓦尔第兄弟是哥伦布的老前辈，向西前往大西洋的对岸（以及他们认为是中国的地方）。这种观点是不成立的。不过，即使在两百年后的哥伦布时代，热那亚人仍然对维瓦尔第兄弟未完成的探索惊叹不已，并做了许多猜测。当船开始经过休达前往摩洛哥海岸的港口时，欧洲人更加强烈地感受到，更远方有某种东西在召唤他们。早在1260年，卡斯蒂利亚国王出动了一支舰队对付塞拉，这个位于现代拉巴特对面的港口几个世纪以来一直是海盗巢穴。阿方索十世国王没能占领塞拉，也没能攻入摩洛哥。但加泰罗尼亚船只的和平贸易表明，在摩洛哥海岸有赚钱的好机会。非斯（Fez）周围种植了大量的谷物，这解释了为什么有船从巴塞罗那和马略卡抵达摩洛哥诸港口。那么问题来了：更远方是什么？来到摩洛哥的欧洲商人不可能不知道，摩洛哥与更南边的土地有密切的联系，通过来自撒哈拉以南非洲的运送黄金和奴隶的商队路线连接起来。加泰罗尼亚地图绘制者推测，有一条“黄金河”横跨撒哈拉，沿着非洲海岸行驶的船可能会到达“黄金河”。热那亚探险家兰切洛塔·马洛切罗（Lançalotto Malocello）于 1336 年到达加那利群岛，该群岛最东边的兰萨罗特岛（Lanzarote）就是用他的名字命名的。[15]

几个世纪以来，加那利群岛一直被模糊地称为“幸福之岛”（*Insulae Fortunatae*），然而，欧洲人很少到访那里。12 世纪的地理学家伊德里西（al-Idrisi）出身于休达，但在西西里岛的诺曼人国王罗杰二世的宫廷避难。伊德里西提到，穆斯林曾尝试征服加那利群岛，但失败了，不过，这在很大程度上仍然是神话。他说，加那利群岛有一座奇怪而宏伟的神庙，那里的居民向前来做生意的西北非洲的拉姆图纳部落柏柏尔人（Lamtuna Berbers）出售琥珀。[16]加那利岛民也是柏柏尔人，他们早在伊斯兰教席卷北非之前就到了加那利群岛，并丧失了航海技术，因此他们在加那利群岛的七个主要岛屿上与世隔绝（并且实际上还处于石器时代）。这些岛屿互相之间甚至都没有往来。最著名的群体是特内里费岛（Tenerife）好战的关切人（Guanches），该岛的巨大火山泰德峰（Mount Teide）从很远处就能看到，但丁在《神曲》中提到了这一点。[17]兰切洛塔·马洛切罗肯定遇到过兰萨罗特岛和富埃特文图拉岛（Fuerteventura）的马霍人（Majos）和马霍雷洛人（Majoreros），他们和关切人一样都是骁勇的武士，尽管加纳利岛民还在使用硬木和石头制成的武器。[18]

马洛切罗到达加那利群岛后，各方势力对加那利群岛的争夺开始了。1341 年 7 月，一支探险队从里斯本出发，显然是由意大利人资助的。探险队由三艘船组成，船员是葡萄牙人、卡斯蒂利亚人、加泰罗尼亚人和意大利人。身处佛罗伦萨的大作家乔瓦尼·薄伽丘根据从他在里斯本的联系人那里得到的信息写了一封信，描述了这支探险队的经历。[19]探险家们带去了马匹和重型武器，因为他们错误地以为需要攻打防守严密的城镇与要塞。他们在第一次看到加那利岛民时，不禁感到很惊愕：那里的岩石上和森林里居住着赤裸的男人和女人，他们形容这些人“举止粗鲁”。探险队员得到了一些简陋的货物：山羊皮、海豹皮和油脂。但他们没有兴趣在那里建立基地，于是继续航行。他们真正想要的是撒哈拉以南非洲的黄金，这些黄金在马略卡岛和其他地方正在制作的世界地图上占据了重要位置。他们对加那利群岛可能有丰富黄金的幻想很快就破灭了。

继续前进，小舰队到达第二个岛加那利岛（Canaria），即今天的大加那利岛（Grand Canary），它比前一个岛要大。他们的船停在近海，吸引了土著的注意。探险家们看到一大群男人和女人聚集在一起，他们是来围观欧洲人的。大多数土著（包括未婚姑娘）赤身裸体。有些人穿着染色的皮革制成的短裙，显然地位更高。岛民似乎很欢迎欧洲人，于是二十五名武装水手上了岸。他们表现出后来在欧洲海外征服史上一再重演的那种莽撞，闯入一些石屋，其中一间是用加工过的石块砌成的神庙，他们从里面偷走了一尊裸体男子的雕像。薄伽丘显然认为这尊神像与他在家乡托斯卡纳见过的古典雕像相似，这几乎是完全不可能的。探险家们还说服或胁迫四名年轻的加那利人与他们一起返回葡萄牙。这些加那利人相貌英俊且举止优雅，从他们的短裙来看，一定是加那利人的精英。在船上，大家发现，这些加那利人显然从未见过面包或葡萄酒，而且令探险家们失望的是，加那利人也从未见过黄金和白银。这表明“黄金河”并不在加那利群岛。薄伽丘说：“这些岛屿似乎并不富裕。”那些筹划了此次探险的人不得不通过出售在加那利群岛获得的山羊皮、牛油和染料来收回投资。[20]葡萄牙人此次航行的结果令人失望，但并没有让马略卡岛的加泰罗尼亚国王海梅三世（James III）灰心丧气。这位精神不正常的统治者梦想建立一个包括巴利阿里群岛和加纳利群岛的岛屿帝国。海梅三世向加纳利群岛派出了全副武装的探险队。1343年，他被他的亲戚阿拉贡国王赶下王位。在那之后，加泰罗尼亚-阿拉贡在大加那利岛设立了一个负责传教的主教职位。[21]

1341年的航行标志着中世纪西欧人第一次接触到与世隔绝的石器时代社会，薄伽丘的叙述编织了一幅理想化的社会图景，它存在于人类堕落之前的纯真状态中，人们对裸体不感到羞耻就是这种纯真清晰而美丽的标志。不过也有更黑暗的说法：生活在加那利群岛的各民族是森林中的野人，处于原始和赤裸的野蛮状态。这是薄伽丘的朋友和文学同行彼特拉克的观点。这种观点可以用来为欧洲人在这些岛屿的征服行为辩护，并为后来欧洲人征服美洲大陆辩护。[22] 1341 年葡萄牙航行的另一个黑暗后果是，它在欧洲商人的头脑中植入了这样一种观念：可以毫无顾忌地把这些原始人带走并奴役他们。四名被带回里斯本的加那利人的命运无从知晓，但 14 世纪晚期的文献经常提到加那利岛民在马略卡岛的庄园当奴隶，这种现象从 1345 年开始，即马略卡人第一次远征加纳利群岛的仅仅三年之后。在 1347 年黑死病横扫欧洲并导致大约一半人口死亡之后的几十年里，人力短缺刺激了加泰罗尼亚人和卡斯蒂利亚人从加那利群岛掳掠人口的奴隶贸易，他们毫无顾忌地绑架加那利岛民。对加那利群岛的密集袭击使兰萨罗特岛十室九空。1400 年前后，诺曼冒险家夺取了兰萨罗特岛和富埃特文图拉岛，打算在那里建立独立的领地，这使情况变得更糟。15 世纪初，教宗表示了严重关切，因为有人试图掳走已经接受传教士洗礼的加那利岛民。[23]

欧洲探险家更感兴趣的是找到一条通往“黄金河”的海路，以及想办法绕过穿越撒哈拉沙漠去廷巴克图（Timbuktu）的骆驼商队路线，基督教商人被禁止使用这些路线。欧洲探险家对前往偏远岛屿的低利润航行不太关心，因为这些岛屿的资源只有难以管教的奴隶和一种不太有价值的蓝紫色染料，即地衣红（orchil）。这种染料是用加那利群岛的地衣制成的。1346 年，马略卡岛的探险家豪梅·费雷尔（Jaume Ferrer）进行了一次探险，很可能到了非洲海岸较南的一些地方，预示着葡萄牙人将在 15 世纪努力克服博哈多尔角（Cape Bojador）的障碍。费雷尔的航行没有留下确凿的文献证据，但一张又一张的加泰罗尼亚地图都纪念了他，如 1375 年献给法国国王的用泥金装饰的精美地图集，现存于法国国家图书馆。在这本地图集里，费雷尔那艘坚固的船（*uxer*）正在向南航行，船上不仅有商人和士兵，还有准备传播基督教的神父。[24]

后世葡萄牙人对非洲黄金的迷恋，是一种更长期和更广泛的传统的一部分，即希望走海路到达黄金产地。即便如此，葡萄牙并不打算把重点从较冷的大西洋水域转向非洲海岸。葡萄牙与英格兰和佛兰德的联系，通过条约敲定并以联姻加强，旨在确认葡萄牙在北大西洋的政治和贸易中日益增长的重要性。但在14世纪80年代，葡萄牙的政治动荡使得一个新王朝，即阿维斯王朝掌权。在这场动荡期间，葡萄牙人无力挑战正在干涉非洲海域的卡斯蒂利亚人、加泰罗尼亚人和诺曼底人。到了大约公元1400年之后，随着葡萄牙的新王朝站稳脚跟，尤其是得到城镇居民的接受，葡萄牙才有了新的远航计划。这些计划揭示了一个处于欧洲边缘的王族，是如何梦想以上帝的名义，同时也是为了自己的利益，去争取更大成就的。

※ 三

休达位于一条狭长的地带，是赫拉克勒斯双柱中较小的那一根——今天的雅科山（Mount Hacho）——与非洲大陆相连之地。令人印象深刻的休达城墙保存至今，部分城墙可以追溯到阿拉伯人长期统治休达的时期，即从7世纪末到1415年。易守难攻的雅科山成为俯瞰直布罗陀海峡的灯塔（*hacho*）。小小的休达地峡两侧是热闹的港口，在刮东风或西风时为船提供庇护。许多船从休达出发，沿着摩洛哥海岸航行，穿过直布罗陀海峡的复杂水域，然后停靠在塞拉等港口，在那里装载来自非斯周围平原的粮食。休达有许多粮仓（休达及其周边地区有 43 座磨坊），前来购买粮食的客户中，最热心的是热那亚和巴塞罗那的商人。如果他们不用西西里岛、撒丁岛和摩洛哥的小麦供应他们的城市，国内将面临严重的粮食短缺。[25]早在 12 世纪，每当频繁发生的政治危机切断了用以获取西西里诺曼王国所产粮食的海路时，热那亚人就会前往休达，以弥补短缺。[26]除了粮食，休达别的商品也很有诱惑力，比如美丽诺（Merino）绵羊的精细羊毛和羊皮。这种羊得名自摩洛哥马林王朝（Marinid dynasty），不过后来卡斯蒂利亚也大量饲养这种羊。[27]休达曾是骆驼商队的重要目的地，这些商队携带金粉穿越撒哈拉沙漠，换取欧洲纺织品和地中海的盐。然而，我们不太确定到了 1400 年前后是否仍然如此。[28]

在 13 世纪晚期和 14 世纪初，休达由当地的阿扎菲德（'Azafids）家族控制，在一段时间内享有实际上的独立。当卡斯蒂利亚人试图征服直布罗陀隔壁的阿尔赫西拉斯（Algeciras）时，阿扎菲德家族阻止了他们。阿扎菲德家族在 13 世纪控制摩洛哥的马林王朝和统治格拉纳达的纳斯尔王朝（Nasrid dynasty）之间成功地维护自己的独立，而且这种状态延续了好几十年。赫拉克勒斯双柱的另一根，即直布罗陀巨岩，就在格拉纳达境内。[29]休达公共建筑的木质装饰的碎片表明，当地的宫殿和清真寺是相当豪华的。此外，据说这座城市有几十所伊斯兰学校，而且有一些著名学者，如 12 世纪伟大的地理学家伊德里斯（他后来流亡到了西西里岛）和哲学家伊本·萨宾（Ibn Sab'in），后者曾（以相当高傲的方式）与13世纪的神圣罗马皇帝兼西西里国王弗里德里希二世通信。[30]

休达的战略价值是显而易见的，它一直是欧洲多国海军以及马林王朝和纳斯尔王朝的目标。到了1400年，当从意大利和加泰罗尼亚地区通过直布罗陀海峡前往佛兰德和英格兰的交通变得相当稳定时，休达就开始繁荣起来，令人垂涎。即便如此，当葡萄牙宫廷决定将休达作为大规模海上十字军圣战的目标时，欧洲和伊斯兰世界还是感到惊讶。休达与葡萄牙隔着大海，而且固若金汤，其他国家都无法征服休达，而葡萄牙似乎并没有跨海作战并征服这座城市所需的资源。由于葡萄牙朝廷对远征的目的地严格保密，所以大家看到葡萄牙人的目标是休达时就更惊愕了。从1413年开始，里斯本显然正在筹划着什么。大家似乎都没有理解的一点是，葡萄牙国王若昂一世（João I）下旨禁止与北非的贸易，不仅禁止向伊斯兰国家出口武器（教宗长期以来一直要求这么做，但总是白费口舌），还禁止向北非出口葡萄牙一直出售的干果和其他的普通产品。[31]这道禁令几乎不可能撼动休达、丹吉尔（Tangier）或葡萄牙的其他贸易伙伴的根基，却至少可以防止葡萄牙商人在战争期间滞留于摩洛哥的城市。

有人猜测，葡萄牙人打算在北大西洋发动远至佛兰德或法国北部的袭掠，也许会与即将打响阿金库尔（Agincourt）战役的英格兰国王亨利五世联手。可能性更大的是，葡萄牙人要攻击西班牙的最后一个伊斯兰王国格拉纳达，尽管伊比利亚半岛的统治者们之间有一个长期的协议，即格拉纳达被保留为卡斯蒂利亚国王的未来战利品。虽然两个王国之间的敌意在 1384 年卡斯蒂利亚人围攻里斯本时达到了顶峰，葡萄牙人还是在 1411 年与卡斯蒂利亚人签署了一份条约。[32]葡萄牙宫廷和卡斯蒂利亚宫廷之间来回传递信件，葡萄牙人提议帮助进攻格拉纳达，而卡斯蒂利亚人当时正忙于其他事务，所以没有答应。[33]此外，葡萄牙宫廷中的一些人，特别是恩里克王子，仍然对卡斯蒂利亚的意图深表怀疑。1411 年的条约缓和了两国之间的紧张气氛，但未能将其消除。引用一位 15 世纪葡萄牙国王的话说："两个王国恶战了二十年，所以和平条约并不能消除人们心中如此巨大的仇恨和恶意。"[34]恩里克和他的兄弟对十字军圣战和十字军骑士的成就充满了热情，决心在战场上证明自己，于是不断催促采取行动。

1415 年的远征花费了 3360 万白雷阿尔（*reais brancos*，意思是"白色的王家钱币"）。尽管这是一种严重贬值的货币，约合 28 万金多布拉（dobras），但仍然是一笔巨款。这只是直接支出，远征的成本还包括贷款和赊购。为了筹集这笔军费，葡萄牙朝廷要求所有拥有银或铜（白雷阿尔钱币的成分）储备的人将其上交给朝廷。朝廷还以人为的低价购买了大量的盐，然后以更高的价格出售。这是中世纪国王快速赚钱的经典手段。即便如此，也很难相信这样的命令会有多大效果。国王搜刮了最后一点家底。[35]

然后还要组建舰队。朝廷征用了葡萄牙各港口内的船只。1415 年 8 月出发的舰队中有一半是非葡萄牙籍的船只。许多船来自西班牙西北部和比斯开湾，因为加利西亚和巴斯克的水手在前往地中海的路上把里斯本和波尔图作为停靠点。也有 22 艘佛兰德船和德意志船，前文谈到德意志汉萨同盟与葡萄牙有相当密切的关系。有一艘来自佛兰德的“大船”，排水量为500吨。还有10艘英格兰船。除了船只，海员也被征召，其中有几百人不是葡萄牙人。战斗部队中有一些北欧骑士。英格兰人尽管与葡萄牙结盟，但因为亨利五世在法国的战争而未能参加葡萄牙人的远征。在亨利五世于法国登陆的那几天，葡萄牙舰队正朝着目的地前进。[36]

来自葡萄牙以外的骑士的参与，揭示了这场战争的一个动机。占领一座富有的城市固然是目标之一，但这场战争是一场十字军圣战，是伊比利亚半岛的基督徒和穆斯林之间冲突（所谓的西班牙“收复失地运动”）的延续。此时小小的格拉纳达王国是西班牙土地上仅存的伊斯兰国家，“收复失地运动”已经接近尾声。西班牙人早就打算在整个伊比利亚半岛成为基督教领地之后，或甚至在那之前，就继续在非洲开展十字军圣战。问题是，卡斯蒂利亚把摩洛哥确定为自己的目标，阿尔及利亚则属于阿拉贡。这就没有给新来者葡萄牙留下任何空间。由于并不与穆斯林的土地接壤，葡萄牙国王不得不以基督的名义，在自己的边界之外寻求光荣的胜利。因此，葡萄牙陆海军在阿尔加维附近听取了国王的告解神父关于十字军圣战的宣讲。神父把这场战役说成是若昂一世国王的忏悔行为，因为他与卡斯蒂利亚的战争导致太多的基督徒流血丧命。然而，与异教徒的战争就没有这样的道德问题。

8月初，葡萄牙舰队从阿尔加维地区的拉古什湾（Bay of Lagos）向东南行进，驶入直布罗陀海峡的麻烦水域。由于被风和水流冲散，只有部分舰船能够靠近休达。不久，一场风暴将舰队吹回阿尔赫西拉斯海湾，该海湾的西部在卡斯蒂利亚治下。卡斯蒂利亚国王对葡萄牙的计划产生了怀疑，禁止其官员给葡萄牙人提供任何帮助。因为天气恶劣，一些葡萄牙指挥官提出，直布罗陀就在海湾对面，而且也是格拉纳达的土地，是一个更容易接近的目标，所以不如改为攻打直布罗陀。但其他人，特别是恩里克王子，对休达念念不忘。此外，几天前的失败尝试让葡萄牙舰队有机会观察休达在雅科山上的防御工事，并看到该城拥有什么样的陆墙。现在，世人皆知休达是葡萄牙人的预定目标，所以如果他们选择其他目标，在他们的基督徒邻居眼中就会显得很愚蠢。还有一个他们不知道的利好是，休达的总督（*qadi*）已经认定，既然葡萄牙舰队被吹回西班牙，那么来自葡萄牙的威胁已经消退了。于是他遣散了从摩洛哥带来的部队，也没有试图派军舰环绕和守卫城市。葡萄牙人在战役的早期阶段确实犯了错误，可休达人犯的错误更严重。1415 年 8 月 21 日，葡萄牙人卷土重来，休达总督让他的军队从城垛上下来，阻止葡萄牙人登陆。然而反登陆失败，还导致守军自己的部分防线暴露了。

争夺休达城的战斗持续了一整天，到了晚上，休达已经落入基督徒手中。自那以后，休达一直被基督徒控制，只是在 17 世纪从葡萄牙人手中转到西班牙人手中。但是，如果葡萄牙人期望获得一座繁荣且交通便利的城市，他们马上就会感到失望。这次攻击已经使绝大部分休达人逃往摩洛哥腹地。他们也许想返回，可葡萄牙人的胜利把他们吓跑了，毕竟，大清真寺被改成了主教座堂。不仅是穆斯林，在这座城市的商业生活中发挥了重要作用的热那亚人也消失了。他们看到的情况很难让他们感到鼓舞：一位葡萄牙贵族没收了居住在休达的一个西西里商人拥有的所有粮食，然后对他施以酷刑，直到他签署一份契约，交出他在遥远的巴伦西亚（Valencia）储存的金币。[37]葡萄牙人把休达变成了一个有2500名士兵居住的驻军城市，并把各种不受欢迎的人送到那里，于是它成了葡萄牙的西伯利亚。休达曾经是马格里布（Maghrib）地区的伟大城市之一，然而在葡萄牙人接手之后，它实际上就不再算得上城市，风光不再。由于与内陆地区没有联系，休达不得不从葡萄牙阿尔加维地区的塔维拉（Tavira）获得供给，这就会持续消耗公共财政。[38]葡萄牙人的这次胜利激怒了卡斯蒂利亚人，也惊动了摩洛哥人，不过提高了葡萄牙王室，特别是国王的第三个儿子恩里克王子的威望。他在休达的巷战中表现得极其勇敢，甚至到了莽撞的程度——他一度被困在穆斯林士兵当中，被一名忠诚的骑士救了出来，但这位骑士在此过程中失去了自己的生命。在舰队返回塔维拉后，恩里克王子被封为骑士，并被任命为休达总督，以作为对他勇敢的奖励。正如他的传记作者彼得·罗素爵士（Sir Peter Russell）展示的那样，恩里克王子对骑士精神和十字军圣战的痴迷贯穿了他的一生，这让老一代的葡萄牙历史学家感到惊愕，他们把他看作后来世界性的葡萄牙帝国的第一位建设者。

不过，最重要的问题是，1415年的事件是否真的标志着“欧洲对外扩张的起源”，这是在休达举行的纪念其被征服六百周年的会议的主题。鉴于摩洛哥对北非海岸的两座城市（现在属于西班牙）① 的敏感度，这次会议相当低调。要摆脱对葡萄牙帝国使命的

① 这两座城市指的是休达和梅利利亚，都在北非海岸，至今仍属于西班牙。

执念并不容易，在16世纪葡萄牙文学的最伟大作品——路易斯·卡蒙斯的《卢济塔尼亚人之歌》中就可以看到这种执念：

> 看吧，一千条战船展翅翱翔，
> 劈开忒提斯汹涌的银色海浪，
> 乘着被海风鼓鼓涨圆的风帆，
> 向着那座赫拉克勒斯树立的
> 世界之边缘的石柱所在驶去……①[39]

一个有说服力的观点是，葡萄牙人想要的不是向全世界扩张，而是从摩洛哥北端的这个立足点，沿着海岸线向丹吉尔和靠近直布罗陀海峡的其他城市扩张。1437年葡萄牙人对丹吉尔的进攻是一场彻底的灾难，葡萄牙几乎被逼到了用休达换取恩里克一个被俘的兄弟的境地。但恩里克宁愿让兄弟死在摩洛哥的监狱里，因为他爱休达胜过爱自己的兄弟。葡萄牙人不断进攻摩洛哥，直到16世纪晚期。塞巴斯蒂昂（Sebastian）国王以救世主般的热情领导针对伊斯兰世界的十字军圣战，在他1578年死于“三王之战”后，他的王朝就灭亡了。[40]在摩洛哥的十字军圣战是葡萄牙外交政策的最重要目标。

对恩里克王子的传统看法是，他促进了航海科学的发展，他在海事方面的地位相当于意大利文艺复兴时期伟大文化人物的地位。据称，他在位于葡萄牙南端圣维森特角附近的萨格里什（Sagres）

① 译文借用《卢济塔尼亚人之歌》第四章第四十九节，第172页。

的宫殿里建立了一所革命性的航海学校，并得到了一个名叫豪梅·德·马略卡（Jaume de Mallorca）的马略卡犹太人（可能皈依了基督教）的帮助。豪梅将马略卡犹太人至少从1300年起就开始积累的制图学和天文学知识带到了葡萄牙。恩里克王子可能确实把著名的制图世家克雷斯克斯（Cresques）家族的一名成员带到了葡萄牙，但在萨格里什有一所成熟学院的神话是站不住脚的。[41]说恩里克是一个彻头彻尾的现代人，不过是一种迷思。恩里克的雕像矗立在里斯本附近贝伦（Belém）的码头上，为他的航海家们指明了远洋的方向。该雕像是在1940年为一个展览而建造的，在1960年为纪念恩里克去世五百周年而做了重建。与其说它讲述的是恩里克王子时代的葡萄牙，不如说它是萨拉查博士①统治时期葡萄牙的帝国迷思的化身。

注　释

1. W. Childs, *Trade and Shipping in the Medieval West: Portugal, Castile and England* (Porto, 2013), p. 139.

2. A. Christys, *Vikings in the South: Voyages to Iberia and the Mediterranean*

① 即安东尼奥·德·奥利维拉·萨拉查（António de Oliveira Salazar, 1889—1970年），他于1932—1968年担任葡萄牙总理。他建立了一个叫作“新国家政体”的独裁政权，该政权对葡萄牙的统治一直持续到1974年的康乃馨革命。此后，葡萄牙成为民主国家。萨拉查是经济学家出身，反对民主、共产主义、社会主义、无政府主义和自由主义，他的统治在本质上是保守的和民族主义的。

(London, 2015), pp. 49–50, 73, 87–8.

3. C. Picard, *L'Océan Atlantique musulman de la conquête arabe à l'époque almohade: Navigation et mise en valeur des côtes d'al-Andalus et du Maghreb occidental (Portugal-Espagne-Maroc)* (Paris, 1997), pp. 79 – 80, 112, 118; also his *Le Portugal musulman (VIIIe-XIIIe siècle): L'Occident d'al-Andalus sous domination islamique* (Paris, 2000).

4. Picard, *Océan Atlantique musulman*, pp. 112, 361–3, 375, 434–44, 518.

5. Ibid., pp. 39, 42–3, 132–4, 171.

6. C. W. David, ed., *De Expugnatione Lyxbonensi: The Conquest of Lisbon* (2nd edn, revised by J. Phillips, New York, 2001).

7. Picard, *Océan Atlantique musulman*, pp. 125, 174, 181, 353, 355 – 6; Picard, *Portugal musulman*, pp. 105, 110; S. Lay, *The Reconquest Kings of Portugal: Political and Cultural Reorientation on the Medieval Frontier* (Basingstoke, 2009), pp. 152–3.

8. B. Diffie, *Prelude to Empire: Portugal Overseas before Henry the Navigator* (Lincoln, Neb., 1960), pp. 30, 32–3.

9. F. Miranda, *Portugal and the Medieval Atlantic: Commercial Diplomacy, Merchants, and Trade, 1143–1488* (Porto, 2012), pp. 2, 72; T. Viula de Faria, *The Politics of Anglo-Portuguese Relations and Their Protagonists in the Later Middle Ages (c. 1369–c. 1449)* (D. Phil. thesis, University of Oxford, 2012); V. Shillington and A. Wallis Chapman, *The Commercial Relations of England and Portugal* (London, 1907), pp. 31, 41–5; Childs, *Trade and Shipping*, pp. 83, 109, 113–14.

10. Miranda, *Portugal and the Medieval Atlantic*, pp. 65, 161, 183.

11. Cited ibid., p. 64.

12. C. Verlinden, *The Beginnings of Modern Colonization* (Ithaca, NY, 1970),

pp. 98–112.

13. F. Themudo Barata, *Navegação, comércio e relações políticas: Os portugueses no Mediterrâneo Ocidental (1385–1466)* (Lisbon, 1998); J. Heers, 'L'Expansion maritime portugaise à la fin du Moyen-Âge: La Méditerranée', *Actas do III Colóquio internacional de estudios luso-brasileiros* (Lisbon, 1960), vol. 2, pp. 138–47, repr. in J. Heers, *Société et économie à Gênes (XIVe–XVe siècles)* (London, 1979), essay III; H. Ferhat, *Sabta des origines au XIVe siècle* (Rabat 1993; 重印时使用了新页码, Rabat, 2014)。

14. E. Ferreira Priegue, *Galicia en el comercio marítimo medieval* (Santiago de Compostela, 1988); J. Heers, 'Le Commerce des Basques en Méditerranée au XVe siècle (d'après les archives de Gênes)', *Bulletin Hispanique*, vol. 57 (1955), pp. 292–324.

15. F. Fernández-Armesto, 'Atlantic Exploration before Columbus: The Evidence of Maps', *Renaissance and Modern Studies*, vol. 30 (1986), pp. 12–34, repr. in F. Fernández-Armesto, ed., *The European Opportunity: An Expanding World* (Aldershot, 1995), vol. 2, pp. 278–300.

16. D. Abulafia, *The Discovery of Mankind: Atlantic Encounters in the Age of Columbus* (New Haven, 2008), p. 34.

17. Dante Alighieri, *Divina Commedia*, 'Purgatorio', canto 26, verses 133–5; T. Cachey, *Le Isole Fortunate: Appunti di storia letteraria italiana* (Rome, 1995), p. 18.

18. Abulafia, *Discovery of Mankind*, pp. 49–64.

19. Giovanni Boccaccio, *De Canaria*, in M. Pastore Stocchi, 'Il "De Canaria" boccaccesco e un locus deperditus nel "De Insulis" di Domenico Silvestri', *Rinascimento*, vol. 10 (1959), pp. 153–6.

20. Boccaccio, *De Canaria*, p. 155.

21. Abulafia, *Discovery of Mankind*, pp. 65 – 7; F. Fernández-Armesto, *Before Columbus: Exploration and Colonization from the Mediterranean to the Atlantic, 1229–1492* (London, 1987), pp. 153 – 9; A. Rumeu de Armas, *El obispado de Telde: Misioneros mallorquines y catalanes en el Atlántico* (2nd edn, Madrid and Telde, 1986); J. Muldoon, *Popes, Lawyers and Infidels: The Church and the non-Christian world, 1250–1500* (Liverpool, 1979).

22. Abulafia, *Discovery of Mankind*, pp. 42–4.

23. M. Adhikari, ' Europe's First Settler Colonial Incursion into Africa: The Genocide of Aboriginal Canary Islanders', *African Historical Review*, vol. 49 (2017), pp. 1–26.

24. Fernández-Armesto, *Before Columbus*, pp. 158, 167.

25. Ferhat, *Sabta*, pp. 19 – 28 (old edn), pp. 17 – 25 (new edn); L. Miguel Duarte, *Ceuta 1415* (Lisbon, 2015), pp. 132 – 9; A. Unali, *Ceuta 1415* (Rome, 2000).

26. D. Abulafia, *The Two Italies: Economic Relations between the Norman Kingdom of Sicily and the Northern Communes* (Cambridge, 1977).

27. C. R. and W. D. Phillips, *Spain's Golden Fleece: Wool Production and the Wool Trade from the Middle Ages to the Nineteenth Century* (Baltimore, 1997).

28. F. Miranda, ' Os antecedentes económicos da conquista de Ceuta de 1415 reavaliados', *Congreso Internacional: Los orígines de la expansión europea: Ceuta 1415; VI Centenario de la Toma de Ceuta, Ceuta 1, 2 y 3 de octubre de 2015* (Ceuta, 2019); C. Gozalbes Cravioto, *Ceuta en los portulanos medievales, siglos XIII, XIV y XV* (Ceuta, 1997).

29. *Ceuta en el Medievo: La ciudad en el mundo árabe. II. Jornadas de historia de Ceuta* (Ceuta, 2002); M. Chérif, *Ceuta aux époques almohade et mérinide* (Paris, 1996).

30. D. Abulafia, *Frederick II: A Medieval Emperor* (London, 1988), p. 258.

31. Unali, *Ceuta 1415*, pp. 198–200.

32. Ibid., pp. 192–8.

33. Gomes Eanes de Zurara, *Crónica da Tomada de Ceuta* (Mem Martins, 1992), pp. 44–63.

34. King Duarte I, cited by P. Russell, *Prince Henry 'the Navigator': A Life* (New Haven and London, 2000), p. 40.

35. Ibid., p. 44.

36. Duarte, *Ceuta 1415*, pp. 88–90.

37. Russell, *Prince Henry*, pp. 49, 51–2.

38. P. Drumond Braga, *Uma lança em África: História da conquista de Ceuta* (Lisbon, 2015), p. 58.

39. Luis Vaz de Camões, *The Lusiads*, transl. L. White (Oxford, 1997), canto 4: 49, p. 86. See also e. g. D. Nobre Santos, *Povoamento da ilha da Madeira e o sentido ecuménico da cultura lusíada* (Estudos Gerais Universitários de Angola, Sáda Bandeira, Angola, 1966).

40. B. Rogerson, *The Last Crusaders: The Hundred-Year Battle for the Centre of the World* (London, 2009), pp. 399–402.

41. Russell, *Prince Henry*, pp. 120, 291–2.

第二十六章

岛屿处女地

※ 一

否认葡萄牙人攻占休达是“欧洲扩张”的起点，并不意味着否认恩里克王子在开辟大西洋水域方面的关键作用。他的雄心所指不止休达一处。1424 年，他对加那利群岛发起了进攻，但被岛民打退。他可能知道葡萄牙人曾在 1341 年远征加那利群岛，并在之后宣称拥有这些岛屿。可以肯定的是，他一直在寻找一片土地，能让自己成为独立的统治者，而仅仅承认葡萄牙的松散宗主权。在他漫长的一生中（他于 1460 年去世），他在摩洛哥的十字军圣战、对加那利群岛的野心、对新殖民的大西洋诸岛的管理，以及为寻找黄金而对西非海岸进行的探索之间游刃有余，尽管他本人从未航行到休达以外的地方。这几个目标并不是没有关联的：黄金可以支付十字军圣战的费用，在大西洋诸岛开始蓬勃发展的制糖业带来的利润也可以充当军费。他是基督骑士团（Order of Christ）的领导者，这是一个十字军骑士团，是在 14 世纪初被解散的圣殿骑士团的基础上成立的。葡萄牙朝廷把圣殿骑士团在葡萄牙的财产移交给新的基督骑士团之后，以其名义进行大西洋航行。

落入葡萄牙手中的那些无人居住的大西洋岛屿，有一个方面特别需要关注。与太平洋的岛屿一样，在这些地方，人类的存在决定性地改变了环境，人类利用或在某些情况下破坏了当地环境的肥力。在这些地方，定居者远离家乡，在简单的条件下生活。家乡的王国政府无法关注这些遥远岛屿的日常事务，所以定居者必须创造一个能够有效运作的社会。它们也是不同人群混合的地方，比如热那亚人来到马德拉岛，佛兰德人来到亚速尔群岛，改宗的犹太人、黑奴和葡萄牙罪犯来到最偏远的圣多美岛（São Tomé）。通过这些岛屿，我们能了解到欧洲人从非洲开始经营的奴隶贸易的最早期阶段。在佛得角群岛的考古发掘之后，我们对奴隶贸易还会有进一步的了解。这是一个干净的新世界，是第一个新世界，比即将被发现的新大陆还要新，因为除了加那利群岛之外，大西洋东部的所有岛屿群都无人居住。贪婪的欧洲人对这片处女地的侵犯，是本章的主题之一。

地理学家给这些分散的岛屿取了一个共同的名字——马卡罗尼西亚（Macaronesia），源自希腊语“幸福之岛”（*Μακάρων Νῆσοι*, *Makarōn Nēsoi*），这个词在古代被用来描述加那利群岛。马卡罗尼西亚这个词听起来像 macaroni（通心粉），经常被缩短为 Macronesia，与太平洋的密克罗尼西亚（Micronesia）相似。一些历史学家倾向于使用“大西洋的地中海”（*Méditerranée Atlantique*）这一术语，认为大西洋东部诸岛是一个相互联系的世界。随着商人和

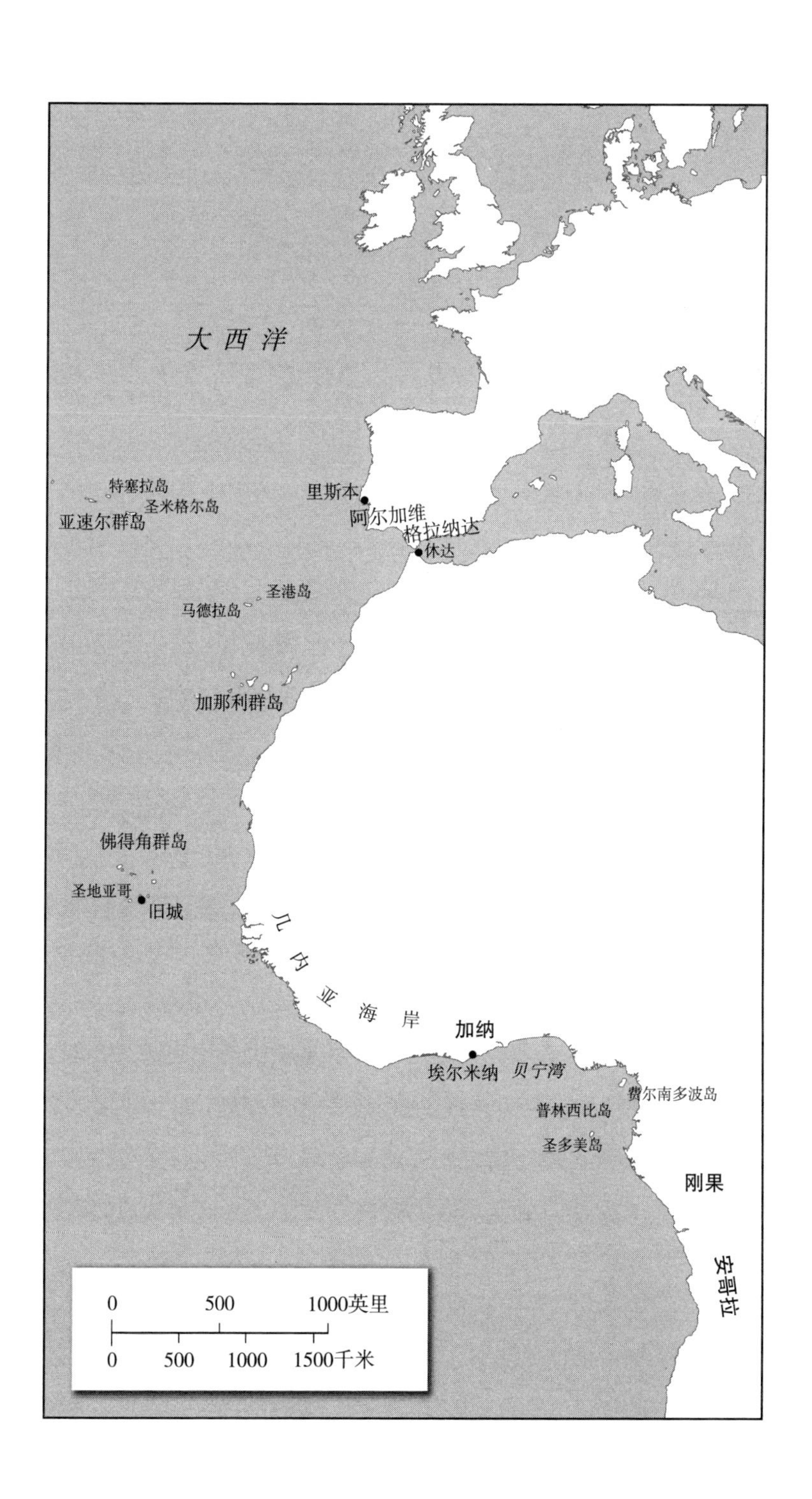

大西洋
特塞拉岛
圣米格尔岛
亚速尔群岛
里斯本
阿尔加维
格拉纳达
休达
圣港岛
马德拉岛
加那利群岛
佛得角群岛
圣地亚哥
旧城
几内亚海岸
加纳
埃尔米纳
贝宁湾
费尔南多波岛
普林西比岛
圣多美岛
刚果
安哥拉
0
500
1000英里
0
500
1000
1500千米

移民走出地中海和大西洋东部海岸附近的熟悉水域，扩张到在14世纪之前很少有人航行的远海，“大西洋的地中海”世界就出现了。[1]第一批有人定居的大西洋岛屿是马德拉群岛。虽然在后来的传说中，有一对遭遇风暴、命途多舛的英国恋人被海浪冲到了马德拉岛，但当恩里克王子的侍从、独眼的若昂·贡萨尔维斯·扎尔科（João Gonçalves Zarc）和他的同僚特里斯唐·瓦斯（Tristão Vaz）于1420年探索马德拉群岛时，这些岛屿还是无人居住的。靠近马德拉岛的地势较低的圣港岛（Porto Santo）被置于一位名叫佩雷斯特雷洛（Perestrello）的船长的管辖之下，他的家族起源于意大利北部的皮亚琴察，不过在葡萄牙定居。后来，克里斯托弗·哥伦布与这个家族的女子结婚，很可能通过研究这个家族保存的资料而获得了关于大西洋海域的知识。[2]

14世纪的意大利和加泰罗尼亚航海家已经知道这些岛屿：马德拉岛在波特兰海图（portolan chart）①上被称为“木之岛”（*Legname*），这正是葡萄牙语“马德拉”（*Madeira*）一词的含义。在劫掠奴隶之后从加那利群岛航行回来的人都会知道如何通过绕向西北方来利用当时的风向，这将使他们看到马德拉岛，而如果绕一个更大的弯，航海者就可能来到亚速尔群岛。一个非同寻常的事实是，人类在太平洋的定居已经随着大约一个世纪前在新西兰的定居

---

① 波特兰海图是写实地描绘港口和海岸线的航海图。自13世纪开始，意大利、西班牙、葡萄牙开始制作描绘大西洋与印度洋海岸线的波特兰海图，并视其为国家机密。对于航海事业起步较晚的英国和荷兰而言，这些资料是具有无上价值的珍宝。Portlan一词源自意大利语的形容词portolano，意思是“与港口或海湾相关的”。

而完成，在大西洋岛屿的定居却远远落后。部分原因是大西洋的岛屿较少，而且更分散，还有部分原因是造船业的发展相对缓慢。最终，葡萄牙卡拉维尔帆船（caravel）成为早期葡萄牙探险家的标志性船只。这种配有三角帆的多功能船只的排水量大约为 50 吨，龙骨较平，适合在内河逆流而上，这对那些在西非寻找“黄金河”的人来说是一个重要的优势。与那些往返于北方水域的克拉克帆船和柯克船相比，或者与威尼斯人和佛罗伦萨人连接佛兰德和意大利的远洋桨帆船相比，卡拉维尔帆船的小尺寸还有其他优势。葡萄牙的木材资源有限，并且（事实证明）最好的木材不在葡萄牙，而是在大西洋上。

马德拉岛的殖民化真正开始于 1433 年，当时老国王若昂一世驾崩，恩里克王子完全掌管了该岛。即使如此，他为自己僭取的权力也比王室愿意让出的权力更大。恩里克和葡萄牙国王之间关于马德拉岛管辖权的争执到 1451 年仍在继续。[3]如果我们相信恩里克的传记作者的话，马德拉这个小岛能够成为强大的经济体，要感谢恩里克。根据祖拉拉①的说法，恩里克为第一批马德拉定居者提供支持，给他们送去种子和工具。他对该岛的兴趣越来越大，因为他想在摩洛哥进一步站稳脚跟的尝试完全失败了。在 1437 年于丹吉尔战败后，他把注意力转向大西洋诸岛。虽然他主要把这些岛屿视为收入来源，但他向教宗吹嘘说，他把马德拉岛的居民从穆斯林的统治下解放出来，并使他们恢复了基督教信仰。这种无稽之谈揭示的

① 即戈梅斯·埃亚内斯·德·祖拉拉（Gomes Eanes de Zurara，约 1410—1474 年），地理大发现时代的葡萄牙编年史家；他的作品《几内亚的发现和征服编年史》是现存最早的关于在西非活动的葡萄牙人的史料，对航海家恩里克王子的生平也有记述。

更多是他对自我推销的热爱，而不能说明针对穆斯林的十字军圣战的情况。[4]

马德拉到摩洛哥的距离约为350英里，和到加那利群岛的距离差不多。岛上丰富的硬木是其最好的出口产品之一，据说这种硬木非常结实，里斯本的居民可以用它来为自己的房屋建造新的楼层。[5]硬木对不断扩张的葡萄牙舰队具有重要价值，马德拉和里斯本都成了造船中心。探险家们瓜分了马德拉的土地。独眼扎尔科在“茴香之地”（*O Funchal*，今天的马德拉首府丰沙尔）建立了自己的基地，他和他的追随者的事业在这里发展得风生水起。马德拉肥沃且灌溉良好的土壤自该岛从海中升起后就一直没有人打理，现在产出了大量的小麦。由于定居人口不多（据祖拉拉说，1450年有150户），马德拉岛为里斯本提供了一条生命线。当时正值葡萄牙人对马林王朝发动战争之际，里斯本因无法获得摩洛哥的粮食而烦恼。恩里克王子麾下的威尼斯船长阿尔维塞·卡达莫斯托（Alvise da Cà da Mosto或Cadamosto）说，1455年前后，马德拉每年生产6.8万蒲式耳的小麦。因此，马德拉的生态在第一批人类定居者到来之后肯定发生了巨大的变化，葡萄牙人定居的其他大西洋岛屿的情况也是如此。[6]

尽管如此，在这样一个多山的岛上，要找到适合种植小麦的平地并不容易，而且恩里克王子还有更宏伟的计划。卡达莫斯托乘坐一艘开往佛兰德的威尼斯桨帆船，在经过圣维森特角时暂时靠岸。恩里克王子向卡达莫斯托展示了马德拉岛出产的糖的样品（这对任何意大利商人都有诱惑力），引诱他为自己效力。[7]欧洲对糖的需求很旺盛，而且当时地中海东部的糖供给正受到土耳其人向君士坦丁堡进军的威胁。王公贵族和富裕商人热衷于消费奢侈食品，包括蜜饯和装在小箱子里的白糖块。[8]西西里岛、巴伦西亚和穆斯林统治下的格拉纳达是地中海伟大的制糖业中心。马德拉的产糖甘蔗是西西里的品种，或者是不久前由热那亚企业家在阿尔加维种植的葡萄牙南部品种。在马德拉的亚热带气候下生产糖是一个绝妙的想法。马德拉的条件很适合制糖，因为它拥有大量木材（熬甘蔗需要的燃料）和水。马德拉的水是从陡峭的山丘上流下来的。马德拉的糖可以通过里斯本供应给佛兰德，不久之后还直接供应给佛兰德。丰沙尔神圣艺术博物馆中许多绚丽的佛兰德油画是15世纪末和16世纪初的马德拉商人用糖换来的。

卡达莫斯托认为，到了1456年，马德拉岛每年的糖产量已经达到1600阿罗瓦（arrobas），折合2.4万公斤。但这只是一个微小的开始：到1498年，仅运往佛兰德的糖就有60万公斤，运往威尼斯的有22.5万公斤，运往葡萄牙的只有10.5万公斤。仅运往这些地方的糖的总量就接近100万公斤。不过在这一年，葡萄牙人决定将出口量限制在180万公斤（12万阿罗瓦）以内，这是好事，因为甘蔗已经开始耗尽土地的肥力。[9]欧洲人越来越爱吃糖，而糖的产量也不断增加。1481—1482年的葡萄牙议会指出，有20艘大船和40—50艘小船正在装载糖和其他货物，“因为他们在上述岛屿拥有和收获的商品价值很高，而且很丰富”。教宗保罗二世赞扬了扎尔科和他的同僚为向伊比利亚诸国提供糖、小麦和其他“令人愉快的产品”而做的工作。[10]

管理距离里斯本很远的地方，这本身就是一个挑战。马德拉岛的扎尔科和瓦斯，以及圣港岛的佩雷斯特雷洛是这些岛屿的发现人，也是恩里克王子在那些地方的代理人，他们被授权管理当地的法庭。岛屿收入的十分之一归他们所有，其余的十分之九被交给恩里克，或者说被交给基督骑士团。扎尔科等人拿到的份额看似微不足道，但只要马德拉群岛继续如此大规模地出口糖和小麦，他们的收益是相当惊人的。1444 年，葡萄牙王室决定对从马德拉运往葡萄牙的货物免征贸易税，马德拉人普遍能从中受益。难怪到了 15 世纪末，马德拉吸引了来自葡萄牙、热那亚和托斯卡纳的定居者。因为糖的贸易，马德拉与佛兰德之间建立了密切联系，于是佛兰德和德意志也有人到马德拉定居。1457 年，一些德意志定居者被允许在马德拉种植葡萄和甘蔗，并建造一座小礼拜堂和若干房屋。葡萄牙人对定居者的限制很少，不过马德拉人热切希望驱逐被引进糖厂工作的桀骜不驯的加那利岛民奴隶。[11]热那亚人给马德拉带来了资本和企业，并帮助启动了当地的制糖业。克里斯托弗·哥伦布也露了面。他于 1478 年到访马德拉群岛，目的是购买糖以换取布匹。他在马德拉的商业伙伴是佛兰德人让·德·埃斯梅罗（Jean de Esmerault）。到 1500 年，马德拉的人口已达到约 1.5 万人，包括神父、商人和工匠，以及最初的耕作者的后代。在这个总数中，约有 2000 人是奴隶，他们要么来自加那利群岛，要么来自西非。这是一个低得令人惊讶的数字，因为制糖业需要大量的廉价劳动力从事繁重的工作。此时，马德拉的主要劳动力是葡萄牙人和意大利人。

马德拉之所以能够保持稳定，部分是因为第一批欧洲业主在马德拉生活了很长时间，扎尔科管理马德拉南部的时间大约为四十年。他们能活这么久的原因是显而易见的。他们远离西欧的瘟疫和其他疾病的传播中心，饮食比伊比利亚或意大利的小贵族的饮食更朴素，但更健康；马德拉的水很干净；他们几乎从不打仗。对马德拉的自然条件可以进行人工改造：无论是通过种植蔗糖，还是通过引进最早栖息在亚速尔群岛的牛羊。诚然，人工改造有时适得其反：被引入圣港岛的兔子吞噬了植被，将该岛变成了半沙漠，而且该岛的环境一直没能恢复。马德拉岛也失去了部分植被，那是因为它的木材被出口，或在糖厂的炉子里烧掉了。[12]

※ 二

在亚速尔群岛有人定居之前，地图绘制者显然也已经对其有所了解。在14世纪马略卡岛的波特兰海图上就可以看到亚速尔群岛。[13]这九座火山峰位于里斯本正西800—1000英里处。亚速尔群岛逐渐因其本身而受到重视，而不是因为它们在打击西北非洲的伊斯兰国家方面有什么价值。虽然它们比马德拉岛离葡萄牙远得多，但从马德拉岛或加那利群岛返回的船会利用盛行风，沿着一个巨大的弧线向亚速尔群岛驶去，然后转向东方，驶往里斯本。有一种说法是，葡萄牙人到了传说中的“巴西岛”（据说该岛位于大西洋上），也可能到了七百多年前穆斯林征服西班牙后基督徒难民居住的“七城之岛”。[14]葡萄牙人被盘旋在这些岛屿上空的鹰打动，给这些岛屿取名为“鹰群岛”，即亚速尔群岛。这些岛屿完全没有人类居住，有人试图论证腓尼基人知道这些岛屿或岛上的石头结构可以追溯到新石器时代，然而都是基于非常不可靠的证据。1439 年，航海家恩里克得到了朝廷的许可，派人在“亚速尔群岛的七个岛”定居，所以此时葡萄牙人已经给亚速尔群岛取了名字，也知道了岛屿的数量。不过“七”这个数字是错误的，它是“七城之岛”里的数量。

在 15 世纪 50 年代，恩里克王子以他典型的风格吹嘘道，亚速尔群岛“除了他以外，从来没有受过任何人的统治”。这是一个公然的谎言，因为葡萄牙国王在早些时候曾主张恩里克必须与他的兄弟堂佩德罗（Dom Pedro）分享亚速尔群岛的统治权。但当恩里克提出他的主张时，佩德罗已经反叛王室，战败身死，所以佩德罗对亚速尔群岛的权利就作废了。和在休达一样，罪犯经常被扔到亚速尔群岛。不过在 1453 年，一个罪犯争辩称，他不应该被流放到亚速尔群岛度过余生，因为该岛的条件仍然很原始。肯定是他朝中有人，才能使他站不住脚的狡辩得到接受，因为亚速尔群岛有坚实的建筑，也有大量乳制品和小麦。里斯本关心的主要问题不是如何惩罚罪犯，而是如何让遥远岛屿的人口增加，并确保定居者留下来。[15]

亚速尔群岛比马德拉岛更潮湿、更多风，尽管有良好的气候，但似乎更适合牛而不是人。随着亚速尔群岛对外开放、接受定居者，船运来了牛、羊和马，而不是人，并让这些牲口停留一段时间，直到它们繁殖、散布并清理了一些草地。亚速尔群岛在今天仍然是葡萄牙乳制品的一个主要来源地，同时以其黄油和奶酪而闻名。它曾尝试生产糖，但气候不够温暖，人力也很短缺。岛屿之一圣马利亚岛（Santa Maria）不得不将甘蔗送到海对面的圣米格尔岛

（São Miguel）加工，因为圣马利亚岛没有所需的机器。1510 年，亚速尔群岛出口的糖仅相当于马德拉岛出口量的 6%，有时甚至比这还少。[16]

对亚速尔群岛居民来说，他们与葡萄牙人的关系很重要，与佛兰德人的关系同样重要。富有进取心的佛兰德人前来定居，但不是因为喜欢吃甜食（这是他们定居马德拉的原因）。亚速尔群岛中第三个有人定居的岛被恰当地称为特塞拉岛（Terceira），意思是“第三岛”。雅科梅·德·布鲁日（James of Bruges）在特塞拉岛东北部的小海滩普拉亚达维多利亚（Praia da Vitória）周围建立了一个领地，用从欧洲带来的材料建造了一座带有哥特式大门的优雅教堂和有石拱的小礼拜堂。恩里克王子给他发了一份特许状，敦促他在这个“世界上从来没有人定居过”的岛上安置善良的天主教徒。此后，许多佛兰德人来到这里，所以整个群岛通常被称为“佛兰德群岛”而不是亚速尔群岛。[17]他们种植的作物包括深蓝色的菘蓝，这是靛青的一种替代品，佛兰德的纺织品工坊对菘蓝的需求量很大。到 1500 年，亚速尔群岛菘蓝每年的出口量达到 6 万包。渐渐地，随着亚速尔群岛、马德拉群岛和加那利群岛之间货物和人员的交换，一个相互交织的岛屿网络出现了：来自特内里费岛的土著关切人被强迫在马德拉群岛定居；葡萄牙劳工移民到加那利群岛；热那亚人和佛兰德人抵达各岛。这个岛屿网络与新兴的商业中心里斯本联系在一起。里斯本不再是一个规模和重要性都很一般的城市，而是横跨大西洋东部和北部大片海域的海上贸易世界的中心。[18]到 16 世纪晚期，亚速尔群岛成为一个商路网络的战略中心。从南美来的船，以及从印度绕过好望角而来的船在特塞拉岛的英雄港（Angra do Heroísmo）聚集，然后以船队形式前往葡萄牙，以逃避潜伏在这些水域的掠夺者，如英格兰海盗。亚速尔群岛也是长途航运的重要补给中心。[19]

※ 三

葡萄牙人对非洲海岸的探索（这是下一章的主题），让他们在塞内加尔以西发现了更多无人居住的岛屿。关于谁在1460年航海家恩里克去世前后首次发现佛得角群岛的问题，尚无定论。也许是恩里克王子麾下的威尼斯船长阿尔维塞·卡达莫斯托，也许是热那亚人安东尼奥·达·诺里（Antonio da Noli），也许是葡萄牙人迪奥戈·戈梅斯（Diogo Gomes）。这三人中有两人是意大利人，说明葡萄牙人对意大利航海技术还是很依赖的。在发现佛得角群岛后，这些岛屿由安东尼奥·达·诺里统治，他被任命为佛得角群岛的总司令。他也是一个长寿的殖民者，一直掌握着佛得角群岛的权力。不过，在1486—1487年卡斯蒂利亚和葡萄牙交战的短暂时期，他被带到了西班牙。在那里，他显然放弃了对葡萄牙国王的效忠，承认斐迪南和伊莎贝拉为他的宗主。[20]他可能再也没有回到佛得角群岛。然而，西班牙和葡萄牙都不可能真正维持对这些遥远属地的控制。等到卡斯蒂利亚和葡萄牙再次处于和平状态的时候，教宗于1493年或1494年将佛得角群岛裁定给葡萄牙，西班牙再也不能挑战葡萄牙对这些岛屿的统治权。

与亚速尔群岛一样，佛得角群岛也养了牲畜，但与其说是为了养活岛上的少量人口，不如说是为了供应那些从欧洲向西航行经过佛得角群岛的水手。不过，在牲畜被引入佛得角群岛之后，山羊和绵羊吃光了植物，土壤不再保留原有的水分。因为降雨量很少，植被变得比原来更加干枯和光秃。动物以某种方式存活下来，然而将佛得角变成第二个马德拉的希望落空了。在 1462 年命令于佛得角群岛建立葡萄牙定居点的御旨大肆谈论河流、树林、渔场、珊瑚、染料和矿山，可现实是，除了无处不在的地衣红（用于制造紫色染料）和来自被称为盐岛（Sal Island）的岛屿的盐（用来腌咸肉，咸肉可以卖给过往船只）以外，佛得角能提供的东西很少。在克里斯托弗·哥伦布的时代，佛得角有一个岛被用作麻风病人的聚居区，而其他岛屿，包括盐岛，则无人居住。[21]

佛得角群岛的资源有限，这并不是一个无法应对的难题，反而激发了葡萄牙人与西非做生意的浓厚兴趣，因为这才是更实际的利润来源。葡萄牙国王允许佛得角岛民在海对面的几内亚海岸自由地从事贸易，结果奴隶贸易和掠夺奴隶成了佛得角岛民的专长（将在下一章描述葡萄牙人抵达西非的情况）。[22]在 15 世纪 60 年代，葡萄牙朝廷坚持要求，如果佛得角定居者到几内亚海岸从事贸易，只能用佛得角的货物（包括食品）来支付，这对岛民来说并不容易。这个规定的结果之一是，刺激了岛上的棉花种植和棉布织造。[23]养马成为佛得角的另一项专长。虽然骑兵在非洲军队中很常见，但不管在哪里，如何获得好马都是一个令人头痛的问题。

流经佛得角群岛的主要商品是奴隶，不分年龄，不分男女。这是一件可怕的事情。[24]随着西非海岸成为黑奴的主要来源地，佛得角群岛开始成为从非洲向欧洲（以及在16世纪向巴西和加勒比地区）出口奴隶的中转站。[25]尽管葡萄牙商人深入西非，甚至在那里安家，但将佛得角群岛作为基地有很大的好处。在非洲，与当地统治者打交道始终是一个微妙的问题，要让他们相信这些衣着怪异的欧洲人是有价值的。对葡萄牙商人来说，住在葡萄牙的土地上，而只为做生意到访几内亚海岸，是一个更实际的选择。商人们可能因此要向葡萄牙官员交税，他们自然怨声载道，但葡萄牙国王的保护（即使在离里斯本这么远的地方）比非洲统治者的保护要好，因为非洲的统治者经常相互交战。非洲人之间的这些战争为欧洲买家提供了主要的奴隶来源。在1491年、1492年和1493年这三年里，大约有700名奴隶被带到佛得角的圣地亚哥岛（Santiago），或者说，有案可查的数字是这么多。实际上，肯定有更多的奴隶被走私出去，躲过了葡萄牙税务官员的检查。在1500—1530年，可能有多达2.5万名非洲奴隶经过圣地亚哥岛，因为不仅在欧洲，而且在大西洋彼岸新发现的土地上，对劳动力的需求都在增长。

佛得角的大部分人口在主岛圣地亚哥的一个叫作大里贝拉（Ribeira Grande，意思是“大河”）的小镇居住。这座小镇大约建于1462年，后来被弗朗西斯·德雷克（Francis Drake）洗劫一空。大里贝拉被放弃后，佛得角的首府改为普拉亚（Praia，就是今天的佛得角首都），大里贝拉也改名为“旧城”（Cidade Velha）。葡萄牙人利用“大河”（该城最初的葡萄牙语名字就是这么来的）的优越条件，在这样一个干旱的岛上保持植被繁茂的环境，迅速发展他们的贸易基地。他们建造了石屋（现在已经消失了）和教堂，首先是圣母无染原罪教堂（Nossa Senhora de Conceição），建造这座教堂的工程可能在发现佛得角群岛的仅仅几年后就开始了。这座教堂的地基已经被剑桥大学的一个考古小组发掘出来，它是热带地区最早的欧洲建筑遗址。[26]在旧首府只有一座教堂完好无损地保存下来，那就是15世纪90年代建在圣母无染原罪教堂附近的玫瑰经圣母教堂（Nossa Senhora do Rosário）。据称，瓦斯科·达·伽马和克里斯托弗·哥伦布都到过这里，哥伦布在1498年的第三次航行中经过了佛得角群岛。今天，玫瑰经圣母教堂的大部分已经被改造，但原先建筑的痕迹仍然清晰可辨：一个附属小堂保留的哥特式肋状拱顶是在葡萄牙制造的，然后在大里贝拉重新组装。因为葡萄牙人通常的做法是向海外定居点运输加工好的石料，雅科梅·德·布鲁日在亚速尔群岛的教堂的拱顶也是从葡萄牙运来的，而且与上面说的哥特式肋状拱顶非常相似。

大里贝拉在建城半个世纪之后，规模仍然很小。1513年，它有58名葡萄牙公民（*vezinhos*），56名访客或外国定居者，16名自由的非洲男性，10名自由的非洲女性和15名教士，奴隶的数量没有清点，但肯定比这些数字高得多。外国人包括热那亚人、加泰罗尼亚人、佛兰德人，甚至还有一个俄罗斯人。到了1600年，大里贝拉的人口可能已经上升到2000人，不过就到此为止了。[27]大里贝拉市议会认为奴隶是佛得角群岛繁荣的基础，并在1512年指出："如果不能购买非洲奴隶，卡斯蒂利亚、葡萄牙和加那利群岛的商人就不会到佛得角群岛来。"此时，奴隶主已经在将俘虏送往大西洋另一侧的加勒比海，以取代伊斯帕尼奥拉岛（Hispaniola）和其他岛屿的土著人口，那些地方的土著正在迅速灭绝。[28]1518年，西班牙国王从葡萄牙商人手中购买了4000名奴隶，送往加勒比地区。[29]

船在大里贝拉和它的竞争对手阿尔卡特拉济斯（Alcatrázes）停靠。阿尔卡特拉济斯的位置一直不明，直到21世纪初剑桥大学的考古学家确定了它的地点。考古学为研究大西洋的历史学家提供了帮助。考古证据表明，在1500年之后不久，大量奴隶在大里贝拉生活，其中许多人肯定皈依了基督教。从剑桥大学的同一个考古队发现的坟墓来看，在圣母无染原罪教堂地下和附近可能有多达1000个坟墓。许多坟墓的简朴特征以及初步的DNA分析表明，其中一半或更多坟墓的主人是奴隶。也有一些自由的黑人居民，他们最终与欧洲定居者融合，创造了延续至今的克里奥尔人（*Krioulu*）社会。不过，长期以来，白人精英主宰着佛得角群岛，包括希望与宗教裁判所保持距离的犹太裔新基督徒，他们的血液也在许多现代佛得角人的血管中流淌。[30]

佛得角从几内亚进口的小米和大米似乎主要是为了养活非洲奴隶。[31]佛得角依靠出售奴隶和其他货物来获取现金，从而购买最基本的物资。1513年，一艘载有139名奴隶和大量皮毛的船返回欧洲，其舱单很能说明问题。“马达内拉·坎西纳号”（*Madanela Cansina*）是一艘卡斯蒂利亚的卡拉维尔帆船，船长是迭戈·阿隆索·坎西诺（Diego Alonso Cansino）。该船于1512年向圣地亚哥岛运送了种类繁多的产品：亚麻布、深绿色的卡斯蒂利亚布、佛兰德布、无花果、面粉、葡萄酒、饼干、葡萄干、杏仁、奶酪、藏红花、小麦、橄榄油、豆子、肥皂、鞋子、桌布、碗、扫帚，这只是其中部分货物。[32]此外，在圣地亚哥岛旧城进行的新发掘中，考古学家发现了来自葡萄牙和非洲的陶器（后来还有中国陶器）、建材（特别是大理石）、瓷砖、钱币、钉子和扣子，这再次表明圣地亚哥岛对制成品（特别是欧洲产品）有多依赖。非洲陶瓷被从塞内加尔和非洲西北部的柏柏尔地区运来，欧洲陶瓷则包括来自葡萄牙的小酒杯和其他日常用品。根据考古学家玛丽·路易丝·瑟伦森（Marie Louise Sørensen）的说法，这“让人觉得，定居者在试图维持与他们故乡相似的日常生活习惯”。[33]

※ 四

非洲奴隶的遭遇无疑是非常悲惨的。他们要么在佛得角群岛苦苦挣扎，要么被送往葡萄牙，并从那里穿过伊比利亚半岛，被送到巴伦西亚和地中海西部的其他奴隶贸易中心。[34]随着葡萄牙探险队在西非进一步向南和向东前进，他们与当地统治者取得了联系。当地统治者很乐意将来自贝宁湾以及他们称为刚果和安哥拉的地区（在今天的安哥拉北面一点）的奴隶卖给葡萄牙人。葡萄牙人再次利用非洲海岸附近无人居住的岛屿作为奴隶的收集点，同时他们还试图研究如何利用这些新土地的资源。1472 年，葡萄牙船抵达圣多美岛，该岛位于非洲的一角，紧靠赤道。在十年内，该岛成为葡萄牙人从加纳购买和运输的数千奴隶的收集点，而附近的普林西比岛（Príncipe）则是葡萄牙与贝宁海岸的贸易的主要基地。[35]当葡萄牙人发现几内亚湾的第三个岛费尔南多波岛［Fernando Pô，今天的名字是比奥科岛（Bioko）］已经有人居住时，就暂时放弃在该岛定居，因为他们想要的是可以完全按照自己的需求改造的新土地。

过了一些年，葡萄牙朝廷和葡萄牙商人才对圣多美表示出浓厚的兴趣，那里茂密的热带森林让他们很好奇能从该岛获得什么。随着加纳的奴隶贸易于15世纪80年代开始兴旺，圣多美的价值才突显出来。[36]在公元1500年后发展起来的葡萄牙与东印度的贸易中，与佛得角群岛不同，圣多美岛扮演的角色无足轻重，因为它距离葡萄牙船绕过非洲南端或从巴西到葡萄牙的大抛物线形航线很遥远。不过，葡萄牙人逐渐试图利用圣多美自身的资源来赚钱。在15世纪末，他们试图将圣多美变成一个制糖中心。[37]圣多美的劳动力很便宜，包括刚果奴隶和来自葡萄牙的犹太儿童（这一点后文会谈到），但圣多美除了棕榈油和山药之外，几乎没有什么东西可以提供给它的第一批居民，因此他们饥肠辘辘。在初期，面粉、橄榄油和奶酪等主要的食物必须从葡萄牙和附近的、资源更丰富的普林西比岛进口。尽管如此，葡萄牙人在这里就像在其他大西洋岛屿一样，做出巨大的努力，把他们的殖民地变成了一个宜居的地方。他们带来了各种家畜、无花果、柑橘树、大蕉，后来还带来了美洲品种的椰子和甘薯。到1510年，他们已经有了盈余，所以能够为埃尔米纳（Elmina，葡萄牙人在加纳的主要基地）的殖民者提供食物，而不是反过来。[38]

在圣多美殖民者经营非洲奴隶生意的同时，糖开始主宰圣多美的经济。有一样东西对制糖业至关重要，那就是水。圣多美的降雨量大，所以水资源丰富，也有大量的木材可做燃料。而且岛上有陡峭的山坡，水沿坡而流。不过，过于丰富的水资源也是一个问题。在制造糖的过程中需要水，成品却必须经过干燥。圣多美潮湿的气候，让圣多美糖的质量远不如极受欢迎的马德拉糖。圣多美糖被描述为“世界上最糟糕的糖”，里面经常能发现昆虫，有的昆虫在抵达葡萄牙时还活着。此外，疟疾、过度劳累和普遍不卫生的条件导致圣多美居民的死亡率极高，特别是在不习惯热带环境的葡萄牙定居者当中。被指派去这个岛的葡萄牙教士竭力避免赴任，就不足为奇了。据粗略估计，在来到圣多美的人中有一半在到达后的几个月内死于疾病和其他因素。

16 世纪初，圣多美的人口仍然很少。根据当时在葡萄牙居住的德意志地理学家兼印刷商瓦伦廷·费尔南德斯（Valentim Fernandes）的统计，圣多美大约有 1000 人。但这只是定居者，岛上还有 2000 名奴隶和准备出口的 6000 名奴隶。自由定居者包括被解放的奴隶，其中一些妇女为葡萄牙男子生了孩子，因此很早就出现了自由的黑白混血人群。[39]像其他大西洋岛屿一样，圣多美被认为非常适合用来当作惩罚流放犯（*degredado*，在葡萄牙被定罪的人）的流放地。[40]圣多美作为一个流放地，其早期人口有一个非常大的特点。1493 年，葡萄牙国王若昂二世决定在岛上安置犹太儿童。这些儿童被强行从他们的父母身边带走，以确保他们接受洗礼并作为天主教徒成长。这些犹太人是在 1492 年西班牙驱逐犹太人时从西班牙逃到葡萄牙的，他们在葡萄牙居留的时间已经超过了葡萄牙国王勉强允许他们居留的8个月期限。这是葡萄牙强迫犹太人改宗的过程的一个阶段，最终结果是1497年所有葡萄牙犹太人都皈依了。[41]

好几部犹太教和基督教的文献描述了圣多美的犹太人定居点。宫廷编年史家鲁伊·皮纳（Rui Pina）在不久之后写到了若昂二世：

> 国王任命阿尔瓦罗·德·卡米尼亚（Alvaro de Caminha）为圣多美岛总督，其职位可以世袭。至于那些没有在指定日期之前离开他的王国的卡斯蒂利亚犹太人，国王命令根据当初允许他们入境的条件，将所有的犹太人男孩、年轻男子和女孩都囚禁起来。在把他们都变成基督徒之后，他把他们和阿尔瓦罗·德·卡米尼亚一起送到了圣多美岛。这样，与世隔绝的他们就有理由成为更好的基督徒，而这个岛也有了更多的人口。因此，这个岛发展很快。[42]

基督教作家瓦伦廷·费尔南德斯认为圣多美有2000名犹太儿童，而犹太作家对人数的估计则是800—5000人。这些儿童似乎绝大部分的年纪都很小，在两岁到十岁之间，所以他们被托付给寄养家庭，这些家庭绝大多数是被判刑的流放犯。[43]根据葡萄牙犹太人萨穆埃尔·乌斯克（Samuel Usque）的说法，“几乎所有犹太儿童都被岛上的巨蜥吞噬了，剩下的人躲过了这些爬行动物，却因饥饿和被遗弃而形容枯槁”。费尔南德斯说，到1510年，只有600名犹太儿童还活着。[44]不管定居者来自何方，恶劣的条件（酷热的天气、未清理的丛林、制糖过程中繁重的体力劳动以及疟疾等疾病）都杀死了其中的许多人。正是出于这个原因，黑奴开始被引进到圣多美的甘蔗种植园劳动。16 世纪，确实有葡萄牙的新基督徒（犹太人的后裔）在岛上定居，但上述的犹太儿童到那时早已死亡，或融入了其他葡萄牙定居者和非洲奴隶。关于圣多美犹太人的记忆仍然存在：晚至 17 世纪，一位主教报告说，他被一支“犹太教”的游行队伍吵醒，一头金牛犊被抬着沿街前进，经过了他的窗户下面。他对犹太教的了解，或者说对《圣经》中金牛犊的故事的了解，显然是非常有限的。[45]

瓦伦廷·费尔南德斯指出，圣多美的主城有大约 250 间木制房屋，还有一些石制教堂，都是用 1493 年随早期犹太定居者和基督徒定居者被运来的材料建造的。尽管条件很差，但事实证明圣多美是一个有利可图的地方。在 16 世纪初，葡萄牙朝廷可以期望每年从圣多美获得多达 1 万克鲁扎多（cruzados）①。[46]在 1500 年 3 月 20 日被颁给费尔南·德·梅洛（Fernão de Mello）和圣多美居民的一份特许状说明了朝廷的想法：

> 由于该岛离我们的诸王国如此遥远，人们不愿意去那里，除非他们获得优厚的特权和特许权。考虑到该岛的定居工作的开支，以及如果该岛拥有足够的人口（愿上帝保佑实现这一

① 克鲁扎多在葡萄牙语中的字面意思是“十字军战士”，是葡萄牙古时的金币或银币名称，面值和价值差别很大。巴西的货币也曾用这个名字。

> **点），我们就能从该岛获取丰厚的收益，兹决定给予该地某些特权和特许权，鼓励人们去那里。[47]**

圣多美的发展取得成功，最初靠的是与非洲大陆的贸易，使用的是自制的船只，这些船相当小（30 吨）且简单，而且在安哥拉和刚果使用海贝（cowrie）付款，而不是金属货币。[48]圣多美和埃尔米纳之间的定期奴隶贩运在 1510 年之后的三十年里达到高峰，当时有多达六七艘船在两地之间几乎不间断地来回穿梭。这些船满载非洲奴隶，前往埃尔米纳。这趟旅程通常需要一个月，大约每 50 天就从圣多美出发一次。有些船大到可以装载 100 名奴隶，有些只能装载大约 30 名奴隶。[49]

※ 五

葡萄牙人开始把大西洋看作一片岛屿遍布的大洋。1469 年和 1474 年，葡萄牙国王向两名骑士慷慨地封授了遥远西方的岛屿。其中一位骑士得到了两个岛，这表明有一些关于具体地点的模糊报告传到了葡萄牙。另一位骑士只被授予了“大洋海域若干部分”的岛屿，这意味着葡萄牙人只是模糊地认为可以找到更多像亚速尔群岛那样的地方。他们认为，如果有岛屿的话，这些岛屿很可能位于亚洲海岸附近，特别是 Cipangu（马可·波罗笔下的日本），或者是香料群岛（其昂贵的产品正在亚历山大港和贝鲁特出售）的一部分。[50]最可信的权威人士，如莫里森将军①，已经否定了现代葡萄牙人的说法，即当时里斯本方面确实了解西方的未知土地，只是由于担心西班牙或其他国家的竞争而保密。[51]否定这种说法的一个很好的理由是，葡萄牙王室不愿意支付寻找新土地的探险费用。如果个别冒险家想申请寻找新土地的许可证，那是另一回事，只要他们自掏腰包。

因此，当佛兰德船长斐迪南・范・奥尔曼于1486年夏天找到葡萄牙国王若昂二世，请求允许“他［奥尔曼］自费在一片大陆的近海，人们认为可以找到七城之岛的地方，为国王找到一个或多个大岛”，以换取世袭的管辖权时，国王满口答应。奥尔曼将与马德拉人埃斯特雷托（Estreito）结伴而行，埃斯特雷托负责提供两艘卡拉维尔帆船。国王空口白牙地承诺，如果新土地的土著抵抗的话，他将派遣一支舰队帮助奥尔曼镇压土著。范・奥尔曼认为，这段旅程可以在四十天内完成。他满怀希望地从亚速尔群岛出发，时间可能是1487年春天。他向西北方向航行，却从此杳无音信。即使听到了关于远方土地的传言，听到了关于格陵兰或拉布拉多岛附近的布里斯托尔渔民的模糊消息，他对大洋上的风和洋流也所知甚少，而且肯定迎头撞上了他没有办法应对的风暴。[52]范・奥尔曼的失踪证明这条路线是不可行的。也许确实有可能走海路到达东印度群岛，但显而易见的路线应该是沿“黄金河”而下。在一些记载中，

---

①　塞缪尔・艾略特・莫里森（1887—1976年）是美国航海史学家，他从哈佛大学获得博士学位并在该校任教四十年。他撰写了美国海军在二战中的官方战史，还写过哥伦布的传记，两次获得普利策奖，他的最终军衔为预备役海军少将。

黄金河穿过了非洲的腰部，甚至绕过了非洲的南端。当然首先要假设非洲有一个南端，并且印度洋不像托勒密认为的那样，是一个完全被陆地包围的封闭的地中海。不过谁能与这样一位伟大的权威争论呢？

注　释

1. S. Halikowski Smith, 'The Mid-Atlantic Islands: A Theatre of Early Modern Ecocide?', *International Review of Social History*, vol. 55 (2010), Supplement, p. 52.

2. R. Carita, *História da Madeira (1420 – 1566): Povoamento e produção açucareira* (Funchal, 1989), pp. 35 – 9; F. Fernández-Armesto, *Before Columbus: Exploration and Colonization from the Mediterranean to the Atlantic, 1229 – 1492* (London, 1987), pp. 195–6.

3. C. Verlinden, *The Beginnings of Modern Colonization* (Ithaca, NY, 1970), pp. 206–19.

4. P. Russell, *Prince Henry 'the Navigator': A Life* (New Haven and London, 2000), pp. 94, 98.

5. Ibid., p. 91; J. H. Parry, *The Discovery of the Sea* (2nd edn, Berkeley and Los Angeles, 1991), p. 97.

6. Halikowski Smith, 'Mid-Atlantic Islands', pp. 51–77.

7. A. da Cà da Mosto (Cadamosto), *The Voyages of Cadamosto and Other Documents on Western Africa in the Second Half of the Fifteenth Century*, ed. C. R. Crone (London, 1937), ch. 6, p. 9; Fernández-Armesto, *Before Columbus*, pp. 198–9.

8. D. Abulafia, 'Sugar in Spain', *European Review*, vol. 16 (2008), pp. 191-210.

9. V. Rau, 'The Madeiran Sugar Cane Plantations', in H. Johnson, ed., *From Reconquest to Empire: The Iberian Background to Latin American History* (New York, 1970), p. 75.

10. A. Vieira, 'Sugar Islands: The Sugar Economy of Madeira and the Canaries, 1450-1650', in S. Schwartz, ed., *Tropical Babylons: Sugar and the Making of the Atlantic World, 1450-1680* (Chapel Hill, 2004), pp. 42-84.

11. Carita, *História da Madeira*, p. 92.

12. Halikowski Smith, 'Mid-Atlantic Islands', p. 61.

13. Fernández-Armesto, *Before Columbus*, pp. 159-66.

14. R. Fuson, *Legendary Islands of the Ocean Sea* (Sarasota, 1995), pp. 44-55, 103-17; D. Johnson, *Phantom Islands of the Atlantic* (London, 1997), pp. 91-128.

15. Russell, *Prince Henry*, pp. 102-3.

16. Fernández-Armesto, *Before Columbus*, pp. 199-200; D. Birmingham, *Trade and Empire in the Atlantic, 1400-1600* (London, 2000), pp. 14-15.

17. Parry, *Discovery of the Sea*, p. 99; Halikowski Smith, 'Mid-Atlantic Islands', pp. 61-2.

18. Verlinden, *Beginnings of Modern Colonization*, pp. 220-27; A. Vieira, *O comércio inter-insular nos séculos XV e XVI: Madeira, Açores e Canárias* (Funchal, 1987).

19. *Angra, a Terceira e os Açores nas rotas da Índia e das Américas* (Angra do Heroísmo, 1999).

20. Verlinden, *Beginnings of Modern Colonization*, pp. 161-80; A. Peluffo, ed.,

Antonio de Noli e l'inizio delle scoperte del Nuovo Mondo（Noli，2013；线上英文版：M. Ferrado de Noli，ed.，*Antonio de Noli and the Beginnings of the New World*），不过一些文章有倾向性。

21. A. Leão Silva，*Histórias de um Sahel Insular*（Praia，1995）；J. Blake，ed.，*Europeans in West Africa (1450–1560): Documents to Illustrate the Nature and Scope of Portuguese Enterprise in West Africa*（2 vols.，London，1942）；Halikowski Smith，'Mid-Atlantic Islands'，pp. 73–4.

22. T. Green，*The Rise of the Trans-Atlantic Slave Trade in Western Africa, 1300–1589*（Cambridge，2012），pp. 95–115；T. Hall，ed. and transl.，*Before Middle Passage: Translated Portuguese Manuscripts of Atlantic Slave Trading from West Africa to Iberian Territories, 1513–26*（Farnham，2015）.

23. 可以在普拉亚民族志博物馆（圣地亚哥）看到一些例证。

24. Green，*Rise of the Trans-Atlantic Slave Trade*，pp. 99–100；关于棉花，可见 Hall，ed. and transl.，*Before Middle Passage*，pp. 36，149，180，213。

25. A. Carreira，*Cabo Verde: Formação e Extinção de uma Sociaedade escarvorata (1460–1878)*（3rd edn，Praia de Santiago，2000）.

26. C. Evans，M. L. Stig Sørensen and K. Richter，'An Early Christian Church in the Tropics：Excavation of the N.ª S.ª de Conceição，Cidade Velha，Cape Verde'，in T. Green，ed.，*Brokers of Change: Atlantic Commerce and Cultures in Precolonial Western Africa*（*Proceedings of the British Academy*，vol. 178（2012），pp. 173–92.

27. Hall，ed. and transl.，*Before Middle Passage*，p. 15；T. Green，*Masters of Difference: Creolization and the Jewish Presence in Cabo Verde 1497–1672*（Ph. D. dissertation，University of Birmingham，2007），p. 74；Green，*Rise of the Trans-Atlantic Slave Trade*，p. 98；Evans et al.，'An Early Christian Church in the Tropics'，pp. 175–6；关于大西洋上的加泰罗尼亚人，见 I. Armenteros Martínez，

Cataluña en la era de las navegaciones: La participación catalana en la primera economía atlántica (c. 1470–1540) (Barcelona, 2012)。

28. T. Green, 'The Export of Rice and Millet from Upper Guinea into the Sixteenth-Century Atlantic Trade', in R. Law, S. Schwarz and S. Strickrodt, eds., *Commercial Agriculture, the Slave Trade and Slavery in Atlantic Africa* (Woodbridge, 2013), pp. 79–97; T. Hall, 'Portuguese Archival Documentation of Europe's First Colony in the Tropics: The Cape Verde Islands, 1460–1530', in L. McCrank, ed., *Discovery in the Archives of Spain and Portugal: Quincentenary Essays, 1492–1992* (New York, 1993), p. 389.

29. T. Hall, *The Role of Cape Verde Islanders in Organizing and Operating Maritime Trade between West Africa and Iberian Territories, 1441 – 1616* (Ph. D. dissertation, Johns Hopkins University, Baltimore, 1992, distributed by University Microfilms International, 1992), p. 234; Hall, ed. And transl., *Before Middle Passage*, pp. 266, 275 – 6; Green, *Rise of the Trans-Atlantic Slave Trade*, p. 101.

30. I. Cabral, *A primeira elite colonial atlântica: Dos 'homens honrados brancos' de Santiago à 'Nobreza da Terra', finais do séc. V–início do séc. XVII* (Praia, 2015); Z. Cohen, *Os filhos da folha (Cabo Verde–séculos XV–XVIII)* (Praia, 2007); Green, *Rise of the Trans-Atlantic Slave Trade*, pp. 103–7.

31. *História geral do Cabo Verde* (Lisbon and Praia de Santiago, 1991), vol. 1, pp. 264–7, 276–9; Hall, ed. and transl., *Before Middle Passage*, pp. 84–5.

32. *História geral do Cabo Verde, corpo documental* (Lisbon, 1988–90), vol. 2, pp. 234–8; Hall, ed. and transl., *Before Middle Passage*, pp. 185–91.

33. M. L. Stig Sørensen, C. Evans and K. Richter, 'A Place of History: Archaeology and Heritage at Cidade Velha, Cape Verde', in P. Lane and K. McDonald, eds., *Slavery in Africa: Archaeology and Memory (Proceedings of the*

British Academy, vol. 168, 2011), pp. 421–42; 'A Place of Arrivals: Forging a Nation's Identity at Cidade Velha', *World Archaeology Magazine*, no. 75 (2016), pp. 32–6.

34. D. Blumenthal, *Enemies and Familiars: Slavery and Mastery in Fifteenth-Century Valencia* (Ithaca, NY, 2009).

35. J. Vogt, *Portuguese Rule on the Gold Coast 1469–1692* (Athens, Ga., 1979), pp. 19–92; P. E. H. Hair, *The Founding of the Castelo de São Jorge de Mina: An Analysis of the Sources* (Madison, 1994); C. DeCorse, *An Archaeology of Elmina: Africans and Europeans on the Gold Coast, 1400–1900* (Washington DC, 2006); A. Ryder, *Benin and the Europeans, 1485–1897* (London, 1969), pp. 42–5.

36. I. Batista de Sousa, *São Tomé et Príncipe de* 1485 *à* 1755*: Une société coloniale, de Blanc à Noir* (Paris, 2008), p. 17; G. Seibert, 'São Tomé & Príncipe: The First Plantation Economy in the Tropics', in R. Law, S. Schwarz and S. Strickrodt, eds., *Commercial Agriculture, the Slave Trade and Slavery in Atlantic Africa* (Woodbridge, 2013), pp. 54–78.

37. R. Garfield, *A History of São Tomé Island, 1470–1655: The Key to Guinea* (San Francisco, 1992), p. 64.

38. Seibert, 'São Tomé & Príncipe', pp. 60–61.

39. Batista de Souza, *São Tomé*, pp. 21, 23; Garfield, *History of São Tomé*, pp. 31, 35–6.

40. I. Castro Henriques, *São Tomé e Príncipe: A invenção de uma sociedade* (Lisbon, 2000), p. 34.

41. F. Soyer, *The Persecution of the Jews and Muslims of Portugal: King Manuel I and the End of Religious Tolerance (1496–7)* (Leiden, 2007).

42. Blake, ed., *Europeans in West Africa*, vol. 1, doc. 9, pp. 86–7.

43. Seibert, 'São Tomé & Príncipe', p. 58.

44. Samuel Usque, *Consolation for the Tribulations of Israel*, transl. M. Cohen (Philadelphia, 1965), pp. 201 - 2; Isaac Abravanel, *Commentary to Exodus* (Jerusalem, 1984), p. 67, cited by D. E. Cohen, *The Biblical Exegesis of Don Isaac Abrabanel* (Ph. D. dissertation, School of Oriental and African Studies, University of London, 2015), pp. 120, 428.

45. Garfield, *History of São Tomé*, pp. 65, 71 - 2, 85; R. Garfield, 'Public Christians, Secret Jews: Religion and Political Conflict on São Tomé in the Sixteenth and Seventeenth Centuries', *The Sixteenth Century Journal*, vol. 21 (1990), pp. 645-54; Batista de Sousa, *São Tomé*, pp. 50 - 56; Henriques, *São Tomé e Príncipe*, pp. 63-92.

46. Garfield, *History of São Tomé*, p. 31.

47. Blake, ed., *Europeans in West Africa*, vol. 1, pp. 89-90.

48. Ryder, *Benin*, pp. 42-3 n. 4, 55.

49. Vogt, *Portuguese Rule*, pp. 38, 46-7, 57-8, 72-3.

50. D. Abulafia, *The Discovery of Mankind: Atlantic Encounters in the Age of Columbus* (New Haven, 2008), pp. 145-61; R. Kowner, *From White to Yellow: The Japanese in European Racial Thought, 1300-1735* (Montreal, 2014), pp. 50-51.

51. S. E. Morison, *Portuguese Voyages to America in the Fifteenth Century* (Cambridge, Mass., 1940).

52. Verlinden, *Beginnings of Modern Colonization*, pp. 181 - 95; Morison, *Portuguese Voyages to America*, pp. 44-50.

第二十七章

几内亚的黄金与奴隶

※ 一

不同的大西洋群岛以不同的方式参与奴隶贸易：加那利群岛出口本地奴隶，最终也进口黑奴，以补充枯竭的人口；马德拉和亚速尔群岛是奴隶贸易的消费者，特别是因为不断发展的制糖业需要大量奴隶；佛得角是首先向葡萄牙、后来向加勒比海地区和巴西运送奴隶的基地；圣多美则是奴隶贸易的另一个消费者和另一个运输基地，也是被俘的西班牙犹太儿童最终的“家园”。阅读关于佛得角出口奴隶的赤裸裸的文献时，很难不感到深深的悲伤和厌恶。年仅两三岁的儿童经圣地亚哥岛被运往葡萄牙，其中很多人在途中死亡；奴隶被分成了同等人数的小组，因此妻离子散，五分之一的“活商品”会被分配给王室，另一部分则被分给执行十字军圣战使命的基督骑士团。恩里克王子的传记作者祖拉拉描述了在 1444 年抵达阿尔加维的拉古什的奴隶的悲惨遭遇：

不是他们的宗教，而是他们的人性，使我为他们的苦难而

> 哭泣。如果那些具有兽性的动物也能通过自然本能理解自己同类的痛苦，那么当我看到眼前这群可怜的人，想起他们也是亚当的后代时，我的人性该如何？……为了增加他们的痛苦，现在来了那些负责分配俘虏的人，那些人开始把一个人和另一个人分开，以使各组的人数相等。现在有必要把父亲和儿子分开，妻子和丈夫分开，兄弟和兄弟分开……你们这些忙着分俘虏的人，要怜悯地看着这么多的苦难，看到他们如何呼儿唤女，以致你们很难分开他们！[1]

在13世纪，托马斯·阿奎那曾主张，奴隶贩子不得拆散家庭，因为这违反了自然法。但是，恩里克王子和他的继任者不加思索地纵容这种情况发生。不过，祖拉拉和其他许多人认为，奴役也给这些悲惨的人带来了不可估量的好处：他们有机会成为优秀的基督徒，所以被囚禁实际上是他们的救赎之路。这种观念在19世纪的美国南方仍然流行。祖拉拉有他的偏见。他认为，黑人之所以沦为奴隶，是因为罪过，特别是他们所谓的祖先含（Ham）的罪过。含看到父亲挪亚醉酒而且赤身裸体，就嘲笑他。[2]祖拉拉抱怨道，他见到的黑奴都非常丑陋，如同地狱中的怪物。在过去，伊比利亚和地中海地区交易的奴隶是白皮肤或浅棕皮肤的，在肤色和面部特征上与南欧人相似，所以身体差异并不是问题。当时对加那利岛民的描述强调他们的体格与欧洲人相似，他们很聪明，而且比欧洲人更高大，尽管有的人肤色稍深。[3]没有人对黑奴的智力感兴趣，即便如后文所示，许多黑奴来自复杂的、部分城市化的社会，其技术水平远

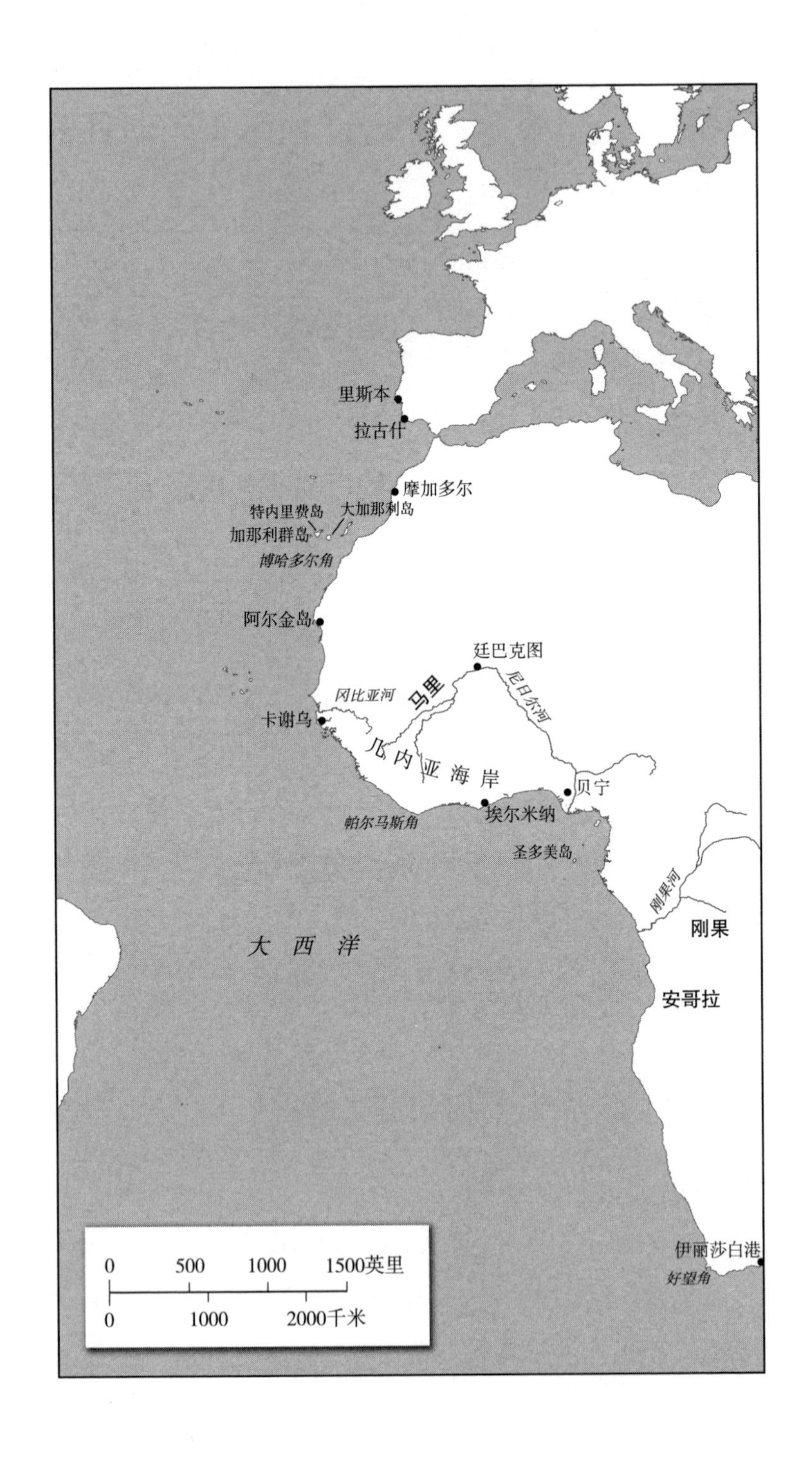

里斯本
拉古什
摩加多尔
特内里费岛
大加那利岛
加那利群岛
博哈多尔角
阿尔金岛
廷巴克图
尼日尔河
冈比亚河
马里
卡谢乌
几内亚海岸
贝宁
埃尔米纳
帕尔马斯角
圣多美岛
刚果河
刚果
大西洋
安哥拉
伊丽莎白港
好望角
0
500
1000
1500英里
0
1000
2000千米

远超过了处于新石器时代的加那利岛民。

葡萄牙人满口谈论基督教的救赎，同时却冷酷地把运抵葡萄牙的奴隶视为商品。公元1500年前后的葡萄牙贸易文件从未提到过这些奴隶的名字，仿佛他们是和象牙一样的物件。没有人问过奴隶是怎么来的。1513年的一份赤裸裸的清单提到了四“批”非洲奴隶，包括两名三十出头的男子、一名十几岁的男孩、两名成熟的妇女和五名儿童，其中一名十至十二岁的女孩被留下来，作为国王官员所征的税。这样的奴隶构成在当时相当典型。[4]这些让人触目惊心的事实本身无法解释奴隶贸易的渊源、作用，以及奴隶的来源。但是，了解跨大西洋人口贩卖的起源是很重要的，这种贩卖在接下来的四百年里持续，造成了巨大的苦难，重绘了北美、南美和加勒比海大片地区的种族地图。要了解这些，我们就要回到葡萄牙在大西洋的早期探索历史，这次是对海岸而不是岛屿的探索。

※ 二

探索非洲的挑战，与占领无人居住的岛屿的挑战完全不同。比如说，在疏林草原上控制大河（尤其是尼日尔河）的初步伊斯兰化的民族与森林中的民族是不同的，后者是泛灵论者，经常成为穆斯林针对异教徒的圣战的目标。例如，信奉多神教的塞雷尔人（Serer people）居住在今天的塞拉利昂，他们的周围要么是伊斯兰国家，要么是海洋。因此，他们会和葡萄牙人联手。当时的欧洲人知道，西非居住着文化水平很高的人群，其中许多人是穆斯林，许多人还居住在大城镇。这些城镇生产皮革、布匹，而且也有其他行业，支付手段通常是海贝。单个贝壳的价值很低，所以买一块布可能要花几万个贝壳。许多西非国王依赖骑兵。即使他们是多神教徒，他们的宫廷也欢迎来自北方的穆斯林商人，这些商人住在离宫廷不远的专门区域。虽然战俘会被奴役，但西非大部分地区的奴隶制与中世纪欧洲的农奴制有许多相似之处：奴隶偶尔会被出售，如用来购买战马，然而奴隶的主要功能是耕种土地。因此，这些社会的许多特征是西欧人很熟悉的。[5]

有关非洲的一些富裕宫廷［如马里国王曼萨·穆萨（Mansa Musa）的宫廷］的消息传到了欧洲。曼萨·穆萨神话般的黄金财富并不是虚构的。到15世纪，他仍然出现在加泰罗尼亚的世界地图上。传说他到访埃及时在开罗的街道上撒下黄金，引发了严重的通货膨胀。这个故事让欧洲人更加确信，只要绕过由信奉伊斯兰教的图阿雷格柏柏尔人（Tuareg Berbers）主导的穿越撒哈拉的商队路线，非洲的黄金就唾手可得。欧洲人并不知道，马里帝国在1400年达到巅峰，此后就衰败了。1431年，图阿雷格人甚至控制了廷巴克图，并在那里统治了三十八年。[6]前文已述，像在非洲海岸消失的马略卡人豪梅·费雷尔那样的冒险家在14世纪中叶就已经出发寻找“黄金河”。1400年前后，欧洲对黄金的需求非常高。日益富足的西欧城市中产阶级以及经常大肆消费以致超支的王公贵族，都渴望获得香料和东方奢侈品，金银因此大量流出，导致西欧严重缺乏金银。[7]西班牙南部和大西洋岛屿的制糖业减缓了金银流向伊斯兰世界的速度，但当时欧洲的金银匮乏是否真的那么严重和普遍，仍无定论。针对伊斯兰世界的经济战是中世纪晚期十字军大战略的一部分。如果能通过廷巴克图及其邻近地区，把北非和中东从撒哈拉以南非洲获得的黄金转移到基督教欧洲，伊斯兰世界就会受到双重打击：基督教世界将变得更加富有，而伊斯兰世界将变得贫穷。[8]

1444年，热那亚间谍安东尼奥·马尔方特（Antonio Malfante）深入撒哈拉，寻找黄金的来源，但只证明了由欧洲商人管理的穿越撒哈拉的陆路路线是行不通的。然后，对加那利群岛的占领展现了欧洲人在非洲侧翼建立基地的前景，可事实证明，加那利群岛位于黄金来源地以北很远的地方。此外，加那利群岛已经有人居住，那里的居民很难驯服（特内里费岛在1496年才被征服，大加那利岛在1483年被征服）。所以，看看在非洲海岸上能找到什么，更有意义。根据传统的说法，葡萄牙人进入西非的年份是1434年。当时，在基督骑士团的赞助下（因此也是在恩里克王子的赞助下），吉尔·埃亚内斯（Gil Eanes）努力绕过博哈多尔角的礁石，进入所谓的未知水域，尽管可能有一些先驱者（如1291年的热那亚人维瓦尔第兄弟和1346年的豪梅·费雷尔）已经走到了更远的地方。不过，埃亚内斯不仅抵达博哈多尔角之外，还安全回到了家乡。一年后，他第二次探险归来，报告了人类和骆驼在沙地上留下的脚印，以及富饶的渔场，因为葡萄牙人一如既往地在寻找优质鱼类。[9]葡萄牙人逐渐收集了关于谁在非洲西北部海岸生活的信息。这些土地上居住着桑哈贾柏柏尔人［Sanhaja Berbers，或称阿兹纳吉人（Aznaghi）］，他们的祖先曾在11世纪晚期入侵伊比利亚的强悍的穆拉比特（Almoravid）军队中担任主力。

葡萄牙人没有深入参与西非的复杂政治。他们的目标是找到可以与之进行贸易的盟友，最好能够获得黄金或象牙。尽管恩里克王子通过马德拉糖获得了丰厚的利润，但他的资源仍然是有限的，而且休达的驻军不断消耗着这个刚刚摆脱相对贫困的王国的资源。恩里克王子的探险家必须找到其他收入来源。于是葡萄牙人在今天毛里塔尼亚近海的一个岛上建立了离岸贸易基地，这个岛就是阿尔金（Arguim）。选择一个小岛是非常实际的。除了一些桑哈贾渔民外，没有人住在那里。葡萄牙人占据该岛，不会对任何一位统治者的统治权构成挑战。该岛也很容易防守。至少从腓尼基人的时代开始，地中海的商人就一再选择近海岛屿和利于防御的海角，作为渗透到对面腹地的安全基地。[10]葡萄牙人还短暂地占领了摩加多尔近海的一些岛屿，它们在紫色染料贸易的时代曾是腓尼基人的基地。[11]

有一个基地固然很好，但海豹皮、地衣红染料甚至鱼，都没有带来很多利润。在绕过博哈多尔角十年后，恩里克王子麾下的一位热那亚船长用卡拉维尔帆船将他在西非海岸捕获的 235 名柏柏尔人（或“摩尔人”）奴隶带回了拉古什。这些柏柏尔人在拉古什被公开展示。恩里克王子和祖拉拉看到了他们，其中一个人怜悯他们，另一个人则没有。[12]因此，第一批从非洲大规模抵达葡萄牙的奴隶是白人或棕色人种，而不是黑人。加那利奴隶向西班牙和葡萄牙流动的涓涓细流已经持续了一个世纪；但恩里克王子想证明的是，他可以更容易地获得更多、更好的奴隶。在随后的几年里，葡萄牙人的袭掠队伍进一步向南渗透，远征队带着黑皮肤和棕色皮肤的奴隶返回。最后，他们只带着黑奴回来。阿尔金和后来的佛得角群岛成为中转站，俘虏从那里被送往葡萄牙。[13]袭击并不是最令人满意的方式，贸易更为有效。这就要求葡萄牙人与当地的统治者签订条约，这些统治者可能会在与葡萄牙人的联盟中看到一些好处，如能获得贸易品、军械和雇佣兵，以及向土著武士传授骑术的军事顾问。当葡萄牙人与塞雷尔人接触时就发生了这种情况，塞雷尔人是不懂得使用马匹的泛灵论者，然而，他们意识到马匹在抵御边境上的穆斯林曼丁哥人（Mandinga）和沃洛夫人（Wolofs）的骑兵时是多么有用。因此，佛得角群岛成为一个重要的养马中心，它距离塞雷尔人的土地很近，能够满足塞雷尔人的需求。即便如此，佛得角殖民者还是不得不从葡萄牙进口大量的基本装备，如马笼头、马衔和马刺，然后再把它们转交给非洲盟友。[14]

葡萄牙人面对的不是海洋民族。当他们沿着非洲海岸南下时，遇到的船要么是河船，要么是贴近海岸航行的船，如阿尔金渔民使用的船。沿岸没有港口，不过在河口找到安全的停靠地并不难。这一切都意味着，与内陆的土著统治者建立联系，要比沿着海岸建立联系容易得多。然而，通过充分利用卡拉维尔帆船的优势，葡萄牙人可以在河道逆流而上很远，无论是去寻找非洲城镇和村庄，还是去寻找“黄金河”。1455 年，为恩里克王子服务的威尼斯贵族阿尔维塞·卡达莫斯托乘着他的卡拉维尔帆船沿塞内加尔河而上，到达非洲的一位国王布多梅尔（Budomel）的宫廷。布多梅尔对这个好奇心极强的旅行者表示了热烈的欢迎，尽管他这样做的动机之一是希望进一步提高性能力。卡达莫斯托含蓄地写道，布多梅尔“每天晚上都吃不同的晚餐”。[15]这些河上旅行一直在进行：后来，葡萄牙人从他们位于卡谢乌–圣多明戈斯（Cacheu-São Domingos，下文简称卡谢乌）的基地沿河而上，行驶多达 60 英里。到 15 世纪末，卡谢乌是他们在非洲海岸的最大基地，他们在那里与内陆的曼丁哥人进行蜂蜜和优质蜂蜡的贸易。[16]到 1500 年，葡萄牙人也不仅生活在佛得角群岛、阿尔金和卡谢乌。有些人，即所谓“被抛弃的人”（*lançados*），基本上是有充分理由不希望返回葡萄牙的人。他们生活在非洲人当中，与非洲妇女发生关系，一代黑白混血儿由此诞生。[17]这些“被抛弃的人”不愿意回葡萄牙，原因之一即他们被怀疑是没有放弃犹太教的新基督徒。“被抛弃的人”作为文化中介，发挥了重要作用，启发了非洲象牙工匠制作葡萄牙士兵和商人形象的精美雕像，这些雕像在 15 世纪末开始出现。

这仍然留下了一个有争议的问题，即葡萄牙人如何获得他们出口的成千上万的奴隶。现代政治主导了相关的讨论。研究奴隶贸易的历史学家起初不愿意承认是黑人统治者将奴隶卖给白人商人。认为这些统治者出卖自己的臣民，当然是过于简单化了。塞雷尔人并没有奴役塞雷尔人。战俘是另一回事。在疏林草原和森林之间的边界地区，激烈的权力斗争导致大量战俘出现。再往南，刚果和安哥拉的情况更加复杂。在 16 世纪初，葡萄牙人依靠当地的统治者提供大量的奴隶，这些奴隶甚至是从统治者自己的臣民中提供的。事实是，奴隶贸易之所以能够出现，是因为很多不同的人在合作：在葡萄牙，先是恩里克王子，然后是王室；各地商人，包括西班牙人、热那亚人和葡萄牙人；佛得角群岛定居者；生活在西非的“被抛弃的人”；非洲当地统治者；甚至是那些幻想把儿女卖给葡萄牙人会让他们在遥远的富裕土地获得新机遇的父母。支付手段通常是可以佩戴也可以被熔化的黄铜手镯（*manilhas*），以满足非洲精英对铜和黄铜制品的渴望，他们相当依赖进口铜。一个奴隶可能值40—50个手镯。1526年，一艘名为“圣地亚哥号”的船前往塞拉利昂，装载了2345个黄铜手镯，这可能足以购买50个或60个奴隶。这次航行的主要目的，就是在塞拉利昂和几内亚比绍收购奴隶，然后取道佛得角群岛和亚速尔群岛的特塞拉岛，返回葡萄牙。[18]然而，并非每艘船都装载奴隶。例如，一艘由一名贵族出身的葡萄牙水手担任船长的佛兰德商船对象牙和原棉更感兴趣。生活在西非河流上游的各民族热衷于收购原棉，而原棉在佛得角群岛生长得很好；然后，这些民族再出售用这种棉花制成的布。[19]

※ 三

只要还没有找到黄金的来源，葡萄牙人就继续沿着后来被称为几内亚海岸的地方从事奴隶和象牙贸易。葡萄牙国王给自己取了“几内亚航行的领主”这一宏伟而并非完全不切实际的称号。一种辛辣香料［梅莱盖塔胡椒（Malagueta pepper），名字源于它首次被发现的那段海岸的名字］的发现，增加了几内亚贸易的吸引力，但梅莱盖塔胡椒实际上不是胡椒，而是姜科的成员，所以梅莱盖塔胡椒在质量上无法与那些沿着印度洋海路源源不断地抵达地中海东部的真正胡椒相比。不过，葡萄牙王室等了一段时间，然后才直接控制几内亚海岸的交通。富有的商人兼船主费尔南·戈梅斯（Fernão

Gomes）获得的许可证允许他在塞拉利昂之外从事贸易。戈梅斯不仅每年要为他的特权支付一笔可观的费用，还必须将他搞到的所有象牙以低价卖给国王（然后国王再转卖，以获得巨大利润），并承诺每年探索 100 英里的海岸。即使没有黄金，利润也足够吸引阿方索五世国王不断增加他在几内亚贸易中的份额。例如，他垄断了麝猫的进口。麝猫的肛门腺会产生一种恶臭的排泄物，香水工匠能够将其变成世界上最名贵的香水之一。[20]

几内亚的吸引力越大，葡萄牙人的事业受到欧洲其他国家干预的危险就越大，特别是加那利群岛被卡斯蒂利亚军队占领（当时还只是部分占领），这为卡斯蒂利亚在几内亚海岸寻找猎物的海盗提供了一个很好的基地。1474 年，这个问题变得更加严重了，因为卡斯蒂利亚国王无能的恩里克四世驾崩后，葡萄牙国王提出了对卡斯蒂利亚王位的主张。恩里克四世并不是真的性无能，但他同父异母的妹妹伊莎贝拉（五年前嫁给了阿拉贡的王位继承人）认为，任何被指责为同性恋的人必然无法生育。于是她拒绝承认恩里克四世的女儿胡安娜的王位继承权，自己夺取了王位。葡萄牙国王阿方索五世是胡安娜的亲戚，他娶了她，并入侵卡斯蒂利亚。伊比利亚半岛的这场战争以斐迪南和伊莎贝拉的胜利告终。然而在大西洋上发生的事件，即使只是一个小插曲，也产生了持久的影响。[21]就是在这种情况下，卡斯蒂利亚人暂时控制了佛得角群岛，希望能从几内亚贸易中分一杯羹。[22]斐迪南和伊莎贝拉希望拦截载有梅莱盖塔胡椒、象牙甚至黄金的葡萄牙船队，同时提出了卡斯蒂利亚人统治几内亚海岸的主张，不过很难看出这些主张的依据是什么，因为此时葡萄牙人可以挥舞好几份教宗诏书，证明他们在几内亚海岸的权利。这一时期，西班牙商人乘坐三艘卡拉维尔帆船抵达冈比亚河口，开始与当地统治者交易，用铜手镯和其他物品换取奴隶。当地国王误以为这些欧洲人就是葡萄牙人。这位国王被诱骗去参观一艘船，然后他和 140 名最优秀的部下被卡斯蒂利亚人扣押，并被送到了西班牙。斐迪南国王认为抓捕一位国王是可耻的事情，因此把这位非洲国王送回了非洲，可他的同伴就没那么幸运了，被卖到了安达卢西亚当奴隶。[23]

葡萄牙和卡斯蒂利亚的这一冲突在 1479 年的《阿尔卡索瓦什条约》（Treaty of Alcáçovas）中得到了相当友好的解决：葡萄牙人保留了他们在大西洋岛屿（包括那些尚未被发现的岛屿）和几乎整个几内亚海岸的权利，而卡斯蒂利亚人则被允许保留加那利群岛和对面大陆的一小块土地。这个让步没有看上去的那么慷慨，因为大加那利岛和特内里费岛这两个最大的岛仍未被征服。[24]《阿尔卡索瓦什条约》是西班牙和葡萄牙更雄心勃勃地瓜分世界的第一步。随着哥伦布在加勒比海的发现，西葡两国在大西洋上画了一条线，划分双方的势力范围。

此时，葡萄牙（及其竞争对手）的船只已经绕过了帕尔马斯角（Cape Palmas）。它位于今天利比里亚和科特迪瓦的边界，在赤道以北几度的地方，是西非那几乎水平的南海岸线的开端。在西非南海岸线的西端，沿着“象牙海岸”，有许多沼泽和潟湖，所以在那里获得象牙并不像这个地区的名字暗示的那样轻松。不过，这里确实生活着很多大象，在陆地上很容易获得象牙。1471 年，葡萄牙人从这里向东探索，发现了另一片海岸，那里有一些村庄，村民漫不经心地用黄金饰品来装饰自己。故事越传越神：葡萄牙人推测，在这些村庄附近肯定有一个巨大的金矿，因此这段海岸被命名为“米纳”（Mina），意思是“矿区”。[25]葡萄牙人最终在这个潮湿酷热的环境里与当地统治者取得了联系，这些统治者将向他们提供黄金。这些黄金沿尼日尔河而来，穿过了分隔热带草原与海洋的茂密森林。伊斯兰教尚未渗透到这些地方，如贝宁等富裕王国，今天的贝宁以象牙和青铜器而闻名。在奥巴（Oba，即国王）的统治下，贝宁有一座巨大的城市，但与西非的其他城镇一样，它并不靠近大西洋。[26]目前，对葡萄牙人来说，贝宁城还遥不可及。葡萄牙船于 1472 年到达非洲的急转弯处，发现了一些无人居住的岛屿，即赤道上的圣多美和普林西比，这些岛屿后来成为他们的主要基地。

找到通往黄金的路线，比乐观的第一代葡萄牙探险家想象的要困难得多。但在发现米纳海岸之后，费尔南·戈梅斯变得比以前更富有了。葡萄牙国王开始考虑，戈梅斯的许可证在 1474 年到期后会发生什么，王室需要一个理想的机会来掌管如此有利可图的海路。阿方索五世国王观察到来自米纳的黄金流量不断增加，并意识到卡斯蒂利亚人和其他一些国家希望从葡萄牙人的成功中分一杯羹，因此决定不再续签戈梅斯的契约。不过，戈梅斯将因其贡献而获得贵族身份和印有三个黑奴头像的纹章。[27]从绕过博哈多尔角到发现拥有大量黄金的村庄，已经过去了三十七年。从今天的视角来看，葡萄牙人沿着非洲海岸的推进很迅速，而且有目的性。然而，推进的速度只是从 1469 年开始迅速提高，在瓦斯科·达·伽马前往印度（1497年）之前的十年又放缓了。

在戈梅斯的领导下，更是在朝廷的领导下，葡萄牙人掌握了在几内亚的贸易垄断权。可是，葡萄牙人和西班牙人都开始在米纳海岸获取黄金。1478年，巴塞罗那的胡安·博斯卡（Joan Boscà）到了米纳，用海贝、黄铜和其他杂物换取黄金。他以为自己进展顺利，直到葡萄牙人派船拦截他。1479年，他的黄金被没收。即使在《阿尔卡索瓦什条约》之后，西班牙船仍试图入侵西非。[28]更有趣的是，佛兰德人也出现在离家如此之远的地方。在15世纪末之前，北海和南大西洋已经开始连接起来。[29]来自佛兰德图尔奈（Tournai）的厄斯塔什·德·拉·福斯（Eustache de la Fosse）是1479年深入这一地区的几位北欧商人和旅行者之一。他从布鲁日出发，在西班牙北部开展业务，然后南下前往塞维利亚，在那里收集商品，准备在金矿区（*la Minne d'Or*）出售。[30]从他留下的航行记录可以看出，关于西非地理的精确知识已经传播到北欧，毕竟葡萄牙与北欧有密切的商业和政治联系。在前往米纳海岸的途中，他的船显然需要躲避葡萄牙的卡拉维尔帆船。[31]

当厄斯塔什沿着非洲海岸旅行时，他在看到梅莱盖塔胡椒，或他所说的“天堂椒”之后感到惊奇。他还对几内亚海岸的裸体居民感到惊愕，但这不足以打消他用铜手镯和其他金属物品购买几个妇女和儿童的念头。不过，他和其他商人都打算出售米纳海岸的奴隶，以换取黄金。这表明，在更东边的黑人区域中，黑奴是有市场的。前文已述，非洲人不愿意奴役自己的同胞，却不介意拥有或出售来自邻近民族的奴隶。后来，厄斯塔什很高兴找到一个他和他的伙伴可以购买黄金的地方，买了多达12磅或14磅的黄金。尽管这片海域相当荒芜，但他的生意似乎一帆风顺，直到他的船遭到由费尔南多·波（Fernando Pô）和迪奥戈·康（Diogo Cão）指挥的有4艘船的葡萄牙小舰队的袭击。迪奥戈·康是一位无畏的探险家，他在不久之后沿着非洲海岸走得很远。厄斯塔什写道："我们被洗劫一空（*fumes tout pillez*）。"[32]在被带回葡萄牙后，厄斯塔什和他的同伴被关进了监狱。在米纳海岸进行无证贸易的人，所受的惩罚是死刑，因为这种行为被看作纯粹的海盗行径。厄斯塔什用200个杜卡特①金币贿赂了狱卒，趁夜色溜出监狱，逃到了卡斯蒂利亚。[33]

所有人都想在几内亚贸易中获利。1481年，英格兰正在酝酿向西非派遣船只的计划。葡萄牙国王说服了他的英格兰盟友爱德华四世，禁止英格兰船出海，不过有人认为，英格兰航海计划的发起人约翰·廷塔姆（John Tintam）和威廉·费边（William Fabian）可能在大约一年前就到访过非洲，而英格兰人现在远征大西洋也就不足为奇了：前面的章节讲过，这一时期的英格兰船也在其他方向深入大西洋。[34]

※ 四

在近海停船然后与村民做生意，是贸易的一种方式；但更吸引

---

① 杜卡特是欧洲历史上很多国家使用过的一种金币，币值在不同时期、不同地区差别很大。

葡萄牙朝廷的，是在米纳海岸建立一个与阿尔金和卡谢乌类似的永久性基地。[35]葡萄牙国王声称自己是“几内亚航行”的主人，并没有计划在非洲大陆建立帝国，不过偶尔有非洲国王承认葡萄牙国王的宗主地位。所谓的葡萄牙帝国起初只是一个贸易站网络，在其早期历史的大部分时间里，它仍然如此，并扩展到了印度洋和太平洋，远至果阿、马六甲、澳门和长崎。可是，贸易站需要领地和安全保障，所以与当地统治者的谈判至关重要。因为葡萄牙人在米纳海岸成功购买了大量的黄金，所以他们在后来被称为米纳圣若热（São Jorge da Mina）或埃尔米纳的地方建造一座要塞的决定就显得顺理成章了。他们一直通过非洲村庄沙马（Shama）从事贸易，但那里的水资源有限。而且如果没有可供商人藏身的防御设施，面对不断躲避葡萄牙巡逻队而来的外国闯入者，停在近海的葡萄牙卡拉维尔帆船就是块肥肉。

1481 年，葡萄牙国王若昂二世组建了一支远征队，由忠诚而有经验的指挥官迪奥戈·德·阿赞布雅（Diogo de Azambuja）领导。[36]国王甚至从教宗那里获得了一项十字军特权，承诺完全宽恕任何可能死在“米纳”城堡的人。这座要塞在选址（更不用说竣工）之前，名字就已经取好了。教宗对什么人生活在非洲的这块土地上非常糊涂，说那里的“撒拉森人”（Saracens）已经成熟了，可以皈依。教宗还允许葡萄牙人与撒拉森人进行武器贸易。撒拉森人这个词经常被用来指称多神教徒和穆斯林。虽然获得了教宗的批准，但这次远征没有试图在米纳传播福音，陪同航行的神父只向葡萄牙人宣讲。尽管葡萄牙人并没有忽视传教的机会，可对他们来说，黄金的诱惑比灵魂的诱惑更强大。即便米纳海岸的土著居民不是穆斯林，但葡萄牙人说所有这些黄金最终会被用于针对穆斯林的战争。在16世纪，颇有影响力的葡萄牙编年史家若昂·德·巴罗斯（João de Barros）认为，这支远征队真正的计划是先用贸易品来诱惑非洲人，然后用价值不可估量的天堂来进一步诱惑他们。然而，这是后人对证据的重新解读。[37]

10艘卡拉维尔帆船被分配给远征队，载着500名士兵以及100名石匠和木匠，另有2艘坚固的乌尔卡船（*urcas*）先行出发，运输在葡萄牙加工好的石料，以便在现场快速安装预制的窗户和大门。远征队还运去了大量的瓷砖、砖头、木托梁和其他必要的物资，这些物资在米纳海岸是买不到的。在建造要塞的时候，大型乌尔卡船被拆解，为工程提供大量木材。[38]1482年初，在沙马以外约25英里的地方确定了理想的地点，这个地方被称为“两部村”，也许是因为该村位于两个部落的交界处。这里有一个岩石岬角、一些高地和通往内陆的河流，而且人们已经知道这里是黄金贸易的合适基地。交易的黄金不是几个世纪以来通过廷巴克图和其他城镇进行交易然后向北送过撒哈拉沙漠的黄金；黄金来自当地，在森林茂密的内陆地区，与葡萄牙人长期以来希望到达的金矿区隔绝。然而，不妨碍这些是明晃晃的黄金，而且数量极多。[39]

1482年1月20日，在现场只待了几天后，阿赞布雅就准备与当地的统治者面谈，这位统治者在历史上被称为卡拉曼萨（Caramansa），不过这可能是他的头衔，而不是名字。这次会面是一场“错误的喜剧”。阿赞布雅像他那个时代的许多探险家一样，在盛装打扮后去见国王，脖子上戴着饰以珠宝的金项圈，他的船长们也穿着节日的服装。卡拉曼萨不甘示弱。他带着士兵到来，伴随着鼓手和小号手，（巴罗斯说）他们演奏的音乐“震耳欲聋，而不是悦耳动听的”。欧洲人以为，（不适合热带地区的）华丽服装是展示权力和威望的方式，但卡拉曼萨和他的追随者赤身裸体，皮肤因擦了油而闪闪发光。他们全身只有生殖器被遮挡起来，然而国王戴着金手镯，项圈上挂着小铃铛，胡须上挂着金条，这样可以把卷曲的毛发拉直。[40]

巴罗斯虔诚但令人难以置信地认为，阿赞布雅在一开始确实提出了让对方皈依基督教的问题，但谈话主要转向了在会面地点建造一座葡萄牙要塞的问题。卡拉曼萨得到承诺，这将给他带来权力和财富。是这一点，而不是宗教，说服了他。不过，卡拉曼萨也意识到葡萄牙人拥有相当强大的火力，他希望避免与卡拉维尔帆船上的100名装备精良的士兵发生冲突。他确实抱怨说，以前来他村子的欧洲人都是“不诚实的、卑鄙的”，可他大方地承认，阿赞布雅不是那种人，阿赞布雅的奢华衣服表明他是一位国王的儿子或兄弟。衣冠楚楚的指挥官不得不尴尬地否定这种说法。[41]总之，卡拉曼萨允许葡萄牙人破土动工。除了带来的石头外，葡萄牙人还需要一些当地的石头，于是他们开始在一块对土著来说很神圣的岩石上切割石材。这就惹了麻烦，战斗爆发了。最后，葡萄牙人用额外的礼物安抚了卡拉曼萨的臣民。一座要塞在3周内建成，为葡萄牙驻军提供了一个安全区域。之后，要塞进一步扩建，包括一个庭院和若干蓄水池。在城墙外只建了一座小礼拜堂。要塞建成后，60名男子和3

名妇女留了下来，其余的葡萄牙人都回家了。[42]

这个定居点后来延续了数百年，先是被葡萄牙人统治，后来落入荷兰人手中。与建立定居点同样重要的是，葡萄牙人制定了一套规章制度来管理圣若热城堡（一般简称为埃尔米纳，意思是“矿场”）的贸易。贸易是在要塞的院子里进行的，而不是在要塞墙下发展起来的非洲村庄里。[43]这些规章制度在接下来的几十年里不断完善，它们证明了控制前所未有的长途交通（按欧洲标准）是多么困难，葡萄牙船如今都要航行非常长的距离。最重要的规矩是，船必须从里斯本直接航行到埃尔米纳，这通常需要一个月。对于一切事务都有仔细的规范：水手在漫长的航行中依赖的补给品包括规定数量的饼干、咸肉、醋和橄榄油，这不只是为了确保船员吃饱，也是为了确保他们不会装载多余的货物并在埃尔米纳出售获利。离开里斯本时，特别领航员一直待在船上，直到船离开特茹河（Tagus）①。领航员的工作是检查是否有小船靠过来在河口装载违禁品。抵达埃尔米纳后，也有严格规定——要升旗示意抵达，并等待埃尔米纳驻军用旗语回话。这些规则不仅适用于从里斯本来的船只，也适用于往返于圣多美和埃尔米纳之间的小船，这些小船运来了水果和鱼，最重要的是带来了从刚果和安哥拉海岸掳掠或在贝宁王国购买的奴隶。

按照规定，船应该每月从葡萄牙出发一次，前往埃尔米纳。在

① 特茹河是葡萄牙语名字。它是伊比利亚半岛最大的河流，发源于西班牙中部，向西流淌，最终在葡萄牙里斯本注入大西洋。它的西班牙语名字是塔霍河。

大多数年份，从里斯本到埃尔米纳的船没有那么多。在 1501 年，只有 6 艘船从里斯本抵达埃尔米纳，不过一直有奴隶船从圣多美来到埃尔米纳。甚至在完全没有船从葡萄牙来的年份，也有圣多美的奴隶船抵达埃尔米纳。早期是单船从里斯本出发，从 1502 年开始，葡萄牙人有时会组成一个小型船队，这是更安全的旅行方式。在回程中，装有黄金的箱子被密封起来，水手自己的储物箱也经常被仔细检查，以寻找违禁的黄金，因为黄金都是小金块和金粉，很容易携带。这些货物的价值与它们的重量完全不成比例，所以在回程时，船用岩石作为压舱物。[44]埃尔米纳的卡拉维尔帆船给非洲带来了纺织品，不仅有欧洲纺织品，还有在西非需求旺盛的摩洛哥条纹纺织品。到埃尔米纳的葡萄牙人带来了黄铜制品，和去其他地方的时候一样。他们还带来了海贝。购买黄金不是问题。葡萄牙人与当地居民的关系越来越融洽，从 1514 年开始，要塞城墙上有了非洲士兵。葡萄牙人和他们的非洲邻居开始相互依赖。[45]还有葡萄牙私贸商进入内陆，为埃尔米纳供应食物，因为该定居点不能仅依靠里斯本来维持补给。[46]

同时，从圣多美来的奴隶被分配到要塞中，从事体力劳动，包括从补给船上卸下货物。许多奴隶被卖给卡拉曼萨的王国。卡拉曼萨的臣民希望葡萄牙人用奴隶，而不是海贝或布来换取他们的黄金。[47]船在圣多美和埃尔米纳之间来回穿梭，在每一趟为期 4 周的航行中，最多可以运载 120 名奴隶前往埃尔米纳。粗略计算一下，每年大约有 3000 名奴隶经过埃尔米纳。[48]即便如此，埃尔米纳仍然算不上葡萄牙奴隶贸易的中心。葡萄牙国王决心从黄金贸易中榨取每一分每一毫的利润。到1506年，埃尔米纳带来了近4400万雷阿尔的收入，是几内亚奴隶和梅莱盖塔胡椒带来的收入的10倍以上。[49]随着小小的葡萄牙王国的舰队闯入印度洋，上述收入为葡萄牙的帝国扩张提供了资金。

※ 五

葡萄牙人一直试图抵达印度洋。对“黄金河”的探索是基于一个假设，即这条河流直接横穿非洲，连接各大洋，仿佛有已知的河流能做到这一点似的。寻找“黄金河”是为了获得对黄金的控制权。当没有黄金的时候，奴隶是不错的替代品。梅莱盖塔胡椒使葡萄牙人对东印度群岛的真正胡椒胃口大开。受命探索非洲海岸更远地区的先驱是迪奥戈·康，他第一次在史料中出现，是作为一艘卡拉维尔帆船的船长，参与逮捕闯入西非的佛兰德人厄斯塔什·德·拉·福斯的行动。在德·拉·福斯看来，康是一个“非常坏的家伙”。他买下了德·拉·福斯的船，强迫德·拉·福斯把自己在非洲沿岸搞来的货物卖给他，然后让德·拉·福斯每天晚上汇报销售情况。[50]葡萄牙探险家们即便在为国王效力的时候，也拥有海盗的残酷无情。

根据16世纪作家费尔南·洛佩斯·德·卡斯塔涅达（Fernão Lopes de Castanheda）的说法，若昂二世国王交给康的使命是，找到“他［国王］听说的印度的祭司王约翰的领地，这样就有可能进入印度，于是他［国王］能派船长去获取威尼斯人销售的贵重商品”。[51]由于“印度”一词被用来指代印度洋沿岸的任何土地，包括东非，所以葡萄牙国王的目的似乎更有可能是将他的部下派往埃塞俄比亚，而不是真正的印度；他希望康能找到一个既愿意满足自己对黄金和香料的渴望，又愿意在适当时候加入反伊斯兰战争的基督教盟友。在12世纪就出现了“祭司王约翰”的说法，而且他似乎长生不死，他的王国在中世纪欧洲人的想象中从印度到更远的亚洲再到非洲四处游走。不过，关于在东非有一个基督教王国的假设是完全有根据的，而且并非只有若昂二世在寻找埃塞俄比亚的统治者。阿拉贡国王阿方索五世在其漫长的统治期间（1416—1458年）向埃塞俄比亚派遣了修士，甚至梦想让阿拉贡公主和埃塞俄比亚王子结婚。[52]

康没有得到非常多的资源，很可能只带了两艘卡拉维尔帆船。但是，这些船携带了被称为“发现碑”（*padrões*）的石柱，这清楚地表明探险队打算标出新的领地。这些发现碑被刻上字，饰有葡萄牙王室纹章，并被竖立在一些岬角上。许多发现碑直到19世纪末仍然矗立在原地，之后被运回欧洲的博物馆收藏。发现碑既是路标，也是葡萄牙主权的声明，可这并不意味着葡萄牙人控制了非洲内陆。葡萄牙国王仍然是“几内亚航行的领主”，他只是指示康探索几内亚海岸的更多地区。康顺利地绕过圣多美，沿着非洲中部和南部的海岸南下，在刚果河河口竖立了他的第一座发现碑。有意思的是，尽管康已经离开伊斯兰教区域一段时间了，这座发现碑上的铭文除了拉丁文和葡萄牙文，还有阿拉伯文。这表明，葡萄牙航海家相信他们要不了多久就会再次遇到穆斯林。[53]

康不相信刚果河就是“黄金河”。他派了一个分队到上游去拜会当地的国王，承诺会等这些人回来。不过他们没有回来，于是他绑架了四个最显赫的村民，认为这些村民既是人质，也是潜在的信息来源。到达安哥拉附近一个向东延伸的大海湾时，康想知道他是否已经到了非洲的最南端，于是在这里竖立了他的第二座发现碑，上面写着：

> 自创世起第6681年，自我主耶稣基督降生以来第1482年，最高贵、卓越和强大的君主，葡萄牙国王若昂二世，派遣他的宫廷绅士迪奥戈·康，发现了这片土地，并竖立这些石柱。[54]

迪奥戈·康在赤道以外很远的地方展示了葡萄牙王室纹章，他于1484年春天返回后，获得了自己的纹章和一笔年金。国王显然认为这是一次非常有价值的远征。[55]同年晚些时候，葡萄牙驻教廷大使在教宗英诺森八世面前，颂扬了同胞的成就，并吹嘘说葡萄牙船已经到达阿拉伯湾（他指的是印度洋）的边缘。[56]这位大使，即博学的瓦斯科·费尔南德斯·德·卢塞纳博士（Dr Vasco Fernandes de Lucena）认为，从大西洋进入印度洋是有可能实现的。这是对托勒密的正统观念的公然挑战。在这个时期制作的地图中，印度洋仍然是一片面积巨大的封闭海域，非洲的最南端与一片长长的南方大陆交会，该大陆一直延伸到香料群岛。

康已经到达非洲最南端的说法未免过于乐观了；但这让若昂二

世国王在1485年给了他第二项使命，让他再次带着两艘卡拉维尔帆船出发。卡拉维尔帆船上有康上一次抓的四个俘虏，他们现在已经熟悉葡萄牙的习俗，愿意作为若昂二世国王的使者去见刚果国王。当康到达人质当初被绑架的村庄时，那里的每个人都欢欣鼓舞。然而，康狡猾地只把其中一个人质送到非洲国王那里，因为康决心救回他在第一次航行中派到内陆的葡萄牙人。被释放的人质携带的礼物帮助说服了非洲国王把葡萄牙人送回他们的船长那里。他们回来后，康亲自前往内陆会见国王。这一次，康和他的部下显然希望找到一条深入非洲的河流。他们一直航行到刚果河的航行极限，直到不能再往前走了，就在阻止他们进一步深入非洲的岩石上刻下了他们这趟非凡旅程的记录（它保存至今）："伟大的君主，葡萄牙国王若昂二世国王的船抵达此地，水手有迪奥戈·康、佩罗·阿内斯（Pero Añes）、佩德罗·达·科斯塔（Pero da Costa）。"[57]此后，康继续前进，与刚果国王会面，然后回到船上，继而探索了非洲南部海岸的更多地带。

尽管萨拉查博士时期的葡萄牙历史学家在1960年前后颂扬康是最终控制了非洲南部大片地区的帝国的缔造者之一，但康的探险大体上还是被忽视了。[58]康证明了，航行到葡萄牙在埃尔米纳和圣多美的新基地之外更远的地方，是有可能的。他们在未受伊斯兰教影响的土地上受到欢迎，而那些土地应该就是通往印度洋的大门。不过，这个大门比航海家恩里克王子、若昂二世或他们的制图师和航海家所设想的要远得多。显然有必要进行第三次探险。这次是在巴尔托洛梅乌·迪亚士（Bartomeu Dias）的领导下进行的，原本是两艘船，后来增加了第三艘装满补给物资的船。他们的想法是，这艘补给船可以停在非洲海岸的某个地方，并可以在其他卡拉维尔帆船结束旅程（这样的旅程可能很漫长，会使这两艘船的物资耗尽）返回时用于补给。迪亚士的船队于1487年出发，在非洲南部海域遭遇风暴。他们背离海岸，朝西南方向前进，在这个过程中，他们有了一个与发现陆地同样重要的发现：可以利用从西向东吹来的强风，推动他们的船返回非洲并到达更南的纬度。这使迪亚士找到了延伸到好望角（它实际上并不是非洲南部的最南端）以外的海岸，再往前延伸数百英里，远至今天的伊丽莎白港（Port Elizabeth）所在的海湾。到此时，显而易见，风和洋流都是继续向东的，船队已经绕过了非洲最南端，从一条崭新的海路进入了印度洋。[59]迪亚士竖立了一座发现碑。几个世纪以来，这座发现碑踪迹全无，直到年轻的南非历史学家埃里克·阿克塞尔森（Eric Axelson）在他认为最有可能的地点，即科瓦伊霍克（Kwaaihoek）岬角的沙地上搜寻，发现了发现碑的许多碎片，从而证实了16世纪那并不总是可靠的故事。[60]迪亚士的航行是一项巨大的成就。迪亚士本想继续前进，但他的船员担忧船上缺乏补给，所以决心回到补给船那里（瓦斯科·达·伽马在这片水域的下一次航行中，顺利地从当地居民那里获得了补给）。在返回补给船的过程中，他们绘制了来时错过的部分海岸线。1488年底，迪亚士回到里斯本。根据克里斯托弗·哥伦布的记录，他看到了迪亚士的非洲地图，并对其印象深刻，然而哥伦布仍坚持自己的理论。可是，葡萄牙国王没有像奖励康一样给迪亚士奖励，既没有给他荣誉，也没有给他金钱，因为迪亚士没有探索印度洋就返回了葡萄牙。[61]

不过，突然间，寻找通往东方的航线的使命变得更加紧迫。1493年，一个夸夸其谈的热那亚水手被冲上葡萄牙海岸。他声称自己发现了一条横跨大洋、通往中国和日本的新航线。

注 释

1. Text from Zurara in M. Newitt, ed., *The Portuguese in West Africa, 1415–1670: A Documentary History* (Cambridge, 2010), doc. 35, pp. 149–50.

2. A. Saunders, *A Social History of Black Slaves and Freedmen in Portugal 1441–1555* (Cambridge, 1982), pp. 38–9.

3. D. Abulafia, *The Discovery of Mankind: Atlantic Encounters in the Age of Columbus* (New Haven, 2008), pp. 39, 43.

4. T. Hall, ed. and transl., *Before Middle Passage: Translated Portuguese Manuscripts of Atlantic Slave Trading From West Africa to Iberian Territories, 1513–26* (Farnham, 2015), p. 52, also pp. 43, 45, 65.

5. R. Collins and J. Burns, *A History of Sub-Saharan Africa* (2nd edn, Cambridge, 2014), pp. 78–95; B. Davidson, *West Africa before the Colonial Era: A History to 1850* (Harlow, 1998); N. Levtzion, *Ancient Ghana and Mali* (London, 1973).

6. E. Bovill, *The Golden Trade of the Moors* (2nd edn, Oxford, 1970); Levtzion, *Ancient Ghana and Mali*, pp. 81–4; M. Gomez, *African Dominion: A New History of Empire in Early and Medieval West Africa* (Princeton, 2018).

7. J. Day, ‘The Great Bullion Famine of the Fifteenth Century’, *Past and Present*, no. 79 (1978), pp. 3-54.

8. S. Stantchev, *Spiritual Rationality: Papal Embargo as Cultural Practice* (Oxford, 2015).

9. J. H. Parry, *The Discovery of the Sea* (2nd edn, Berkeley and Los Angeles, 1991), pp. 99 - 100; J. Vogt, *Portuguese Rule on the Gold Coast 1469 - 1692* (Athens, Ga., 1979), p. 4.

10. Newitt, ed., *Portuguese in West Africa*, p. 47 n. 3.

11. J. Correia, *L'Implantation de la ville portugaise en Afrique du Nord de la prise de Ceuta jusqu'au milieu du XVIe siècle* (Porto, 2008; 同时出版了葡萄牙语版本)。

12. Newitt, ed., *Portuguese in West Africa*, pp. 148-50, doc. 35.

13. Vogt, *Portuguese Rule*, p. 7.

14. Hall, ed. and transl., *Before Middle Passage*, pp. 29-31.

15. A. da Cà da Mosto (Cadamosto), *The Voyages of Cadamosto and Other Documents on Western Africa in the Second Half of the Fifteenth Century*, ed. C. R. Crone (London, 1937), in Newitt, ed., *Portuguese in West Africa*, pp. 67-71, doc. 16.

16. Hall, ed. and transl., *Before Middle Passage*, p. 36.

17. Ibid., p. 39; T. Green, *Rise of the Trans-Atlantic Slave Trade in Western Africa, 1300-1589* (Cambridge, 2012), p. 248.

18. Hall, ed. and transl., *Before Middle Passage*, p. 227.

19. Ibid., pp. 5, 36, 222; C. Evans, M. L. Stig Sørensen and K. Richter, ‘An Early Christian Church in the Tropics: Excavation of the N.ª S.ª de Conceição, Cidade Velha, Cape Verde’, in T. Green, ed., *Brokers of Change: Atlantic Commerce and Cultures in Precolonial Western Africa* [*Proceedings of the British*

Academy, vol. 178 (2012)], pp. 173-92.

20. J. Blake, *West Africa: Quest for God and Gold, 1454 - 1587* (London, 1977), pp. 32-4, 83.

21. I. Armenteros Martínez, *Cataluña en la era de las navegaciones: La participación catalana en la primera economía atlántica(c. 1470-1540)* (Barcelona, 2012), pp. 72-80.

22. C. Verlinden, *The Beginnings of Modern Colonization* (Ithaca, NY, 1970), pp. 176-80.

23. Blake, *West Africa*, pp. 49-55.

24. Abulafia, *Discovery of Mankind*, p. 95; M. Á. Ladero Quesada, *Los últimos años de Fernando el Católico 1505-1517* (Madrid, 2016), p. 167 (1509 年确认)。

25. Vogt, *Portuguese Rule*, pp. 7-9.

26. A. Ryder, *Benin and the Europeans, 1485-1897* (London, 1969).

27. Vogt, *Portuguese Rule*, p. 9.

28. Armenteros Martínez, *Cataluña en la era de las navegaciones*, pp. 77-80.

29. Blake, *West Africa*, p. 37.

30. D. Escudier, ed., *Voyage d'Eustache Delafosse sur la côte de Guinée, au Portugal et en Espagne(1479-1481)* (Paris, 1992), pp. 12-15.

31. Ibid., pp. 16-17.

32. Ibid., pp. 24-5, 28-31.

33. Ibid., pp. 52-65.

34. Blake, *West Africa*, pp. 60-62.

35. P. E. H. Hair, *The Founding of the Castelo de São Jorge da Mina: An Analysis of the Sources* (Madison, 1994), p. 5.

36. C. Antero Ferreira, *Castelo da Mina: Da fundação às representações*

iconográficas dos séculos XVI e XVII（Lisbon，2007），p. 10.

37. Hair，*Founding of the Castelo*，pp. 7，10–11.

38. Vogt，*Portuguese Rule*，pp. 20 – 21；Hair，*Founding of the Castelo*，pp. 14–15.

39. Hair，*Founding of the Castelo*，pp. 15 – 17；Blake，*West Africa*，p. 99；Parry，*Discovery of the Sea*，p. 108.

40. Hair，*Founding of the Castelo*，pp. 20–31.

41. Pina and Barros in Hair，*Founding of the Castelo*，pp. 22–3，100–101，104 – 5；Pina in Newitt，ed.，*Portuguese in West Africa*，pp. 93 – 4；Vogt，*Portuguese Rule*，p. 25.

42. Vogt，*Portuguese Rule*，pp. 26 – 31；C. DeCorse，*An Archeology of Elmina: Africans and Europeans on the Gold Coast, 1400 – 1900*（Washington DC，2001），pp. 47–9；Blake，*West Africa*，p. 99.

43. DeCorse，*Archeology of Elmina*，pp. 49–51.

44. Vogt，*Portuguese Rule*，pp. 34–5，38–9.

45. DeCorse，*Archeology of Elmina*，p. 51；Blake，*West Africa*，p. 100.

46. 国王若昂三世1523年的信，见Newitt，ed.，*Portuguese in West Africa*，pp. 96–7，doc. 23。

47. H. Thomas，*The Slave Trade: A History of the Atlantic Slave Trade 1440–1870*（London，1997），p. 73.

48. Vogt，*Portuguese Rule*，p. 57.

49. Ibid.，p. 209.

50. Escudier，ed.，*Voyage d'Eustache Delafosse*，pp. 30–31；E. Axelson，*Congo to Cape: Early Portuguese Explorers*（London，1973），pp. 39，41；D. Peres，*A History of the Portuguese Discoveries*（Lisbon，1960），p. 59.

51. Cited by Axelson, *Congo to Cape*, p. 42.

52. C. Marinescu, *La Politique orientale d'Alfonse V d'Aragon roi de Naples (1416-1458)* (Barcelona, 1994), pp. 13-28.

53. Axelson, *Congo to Cape*, pp. 45-6, 50-51.

54. Ibid., p. 61; Peres, *History of the Portuguese Discoveries*, pp. 60-61.

55. J. Manuel Garcia, *Breve história dos descobrimentos e expansão de Portugal* (Lisbon, 1999), p. 50.

56. Axelson, *Congo to Cape*, pp. 63-4; Peres, *History of the Portuguese Discoveries*, pp. 63-4.

57. Axelson, *Congo to Cape*, pp. 69-76.

58. Peres, *History of the Portuguese Discoveries*, p. 69.

59. Ibid., pp. 69-70.

60. Axelson, *Congo to Cape*, pp. 115-44, 以及 p. 113 对页的图片 vii。

61. Ibid., p. 179.